第二十五届
计算机工程与工艺年会
暨第十一届微处理器技术
论坛论文集

中国计算机学会　主编

CNS | K 湖南科学技术出版社

·长沙·

目录 CONTENTS

SOC 硅后 I/O 系统调测试

范里政[1]　陈才[1]

[1]（飞腾信息技术有限公司　长沙 410000）

（fanlizheng@ phytium. com. cn）

摘要　随着芯片设计能力及制造工艺的进步，I/O 系统性能得到了快速提升。但随着 I/O 速度的提升，使得 I/O 偶发性异常问题也凸显了出来。针对该问题，本文提出了一种长效、带数据压缩的接口总线监控方案，以快速发现 I/O 异常问题点，提高问题解决的效率。

关键词：偶发性；I/O；数据压缩；监控；长效

中图法分类号　TP391

随着时代的发展，计算机已经成为人们生产生活中必不可少的一部分。而计算系统上的 I/O 接口，也随着时代的发展，变得越来越快。单接口所能连接的设备也越来越多。

I/O 的高速化及高承载能力演变，满足了人们对计算系统性能上的要求，但是也引入了一些问题。例如：如何发现并解决低概率 I/O 异常的问题。

针对上述问题，本文提出了一种便携性强、带长效监控机制、带数据压缩功能的 I/O 测试方案。

1　现有案例分析

1.1　示波器的弊端

当整个 I/O 互联结构中出现异常的时候，I/O 系统中的发送端、传输线、接收端都有可能有问题。为找到问题的根源，我们的常用做法是：用示波器抓取异常线路上的波形，然后对波形进行分析。以确定是发送者所发出的请求本身存在问题，还是接收者对数据的解析出错，或者是传输系统不稳定造成数据在传输的过程中出现异常。该方法看似清晰明了，其实存在明显弊端，其具体表现如下：

示波器为了还原更快的接口信号，需要更高的采样频率。而单位时间内采样次数越多，产生的数据量也越大。进而导致所需存储器的接口速度更快、存储容量更大。示波器厂商为压缩成本，通常给示波器配置的存储器接口速度及容量都并不理想。示波器常用存储器结构大致如图 1 所示。

为了减小存储器的接口带宽，增加容量，市面上还有一种采集装置——逻辑分析仪。

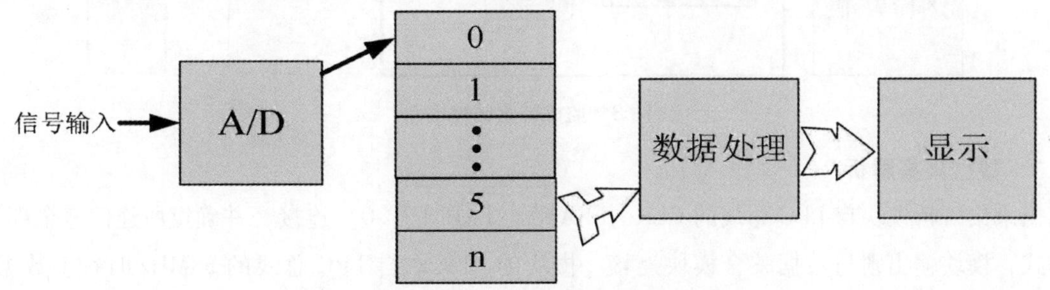

图 1　使用 FIFO 的示波器数据采集框图

1.2 逻辑分析仪的短板

逻辑分析仪会根据用户的设定，对被测信号进行固定时间长度的采集，然后进行数据的处理。该过程中，示波器与逻辑分析仪区别最大的是数据采样过程。示波器将被测信号进行 AD 转换，单次采样数据就有 8 位，部分示波器 16 位。而逻辑分析仪仅对被测信号进行“高”“低”分辨，单次采样数据一位，数据量将大大缩减。

但这种数据量的缩减，在面对接口上低概率问题（一天或两天复现一次）时，还是显得极其庞大。且固定时间长度的采集，有极大的概率会丢失错误现场。如图 2 所示，其中黄色圆圈位置模拟异常信号。因此长时间连续记录总线状态非常重要。为解决上述问题，本文提出了以下问题解决方案。

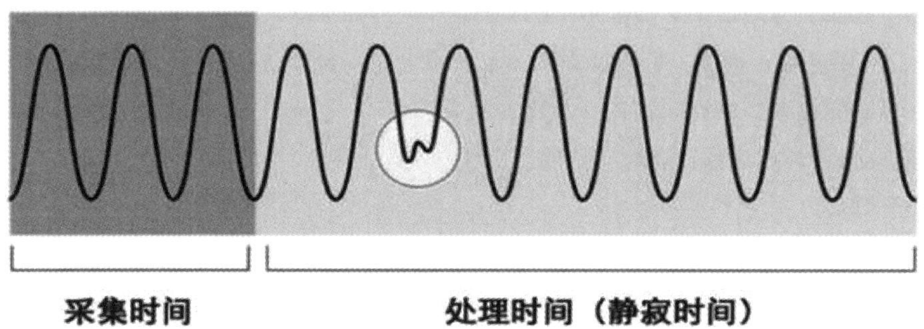

图 2 数据丢失示意图

2 具体实施过程

本文将以 LPC 接口为例，说明方案的实施过程。LPC 接口是英特尔定义的低速接口，其工作频率通常为 33MHz，有四根数据线，集成多种访问模式，可以连接如 BMC、superI/O、EC 等外设。

方案的总体架构为：在 LPC 总线的 master 与 slave 之间接入一块逻辑器件（FPGA 或 CPLD）。逻辑器件截取主从之间的通信数据，并做压缩、转换后，提交 PC 进行存储、显示。在逻辑器件的内部会集成数据采集、译码、数据缓存、接口转换等模块。整体方案如图 3 所示。

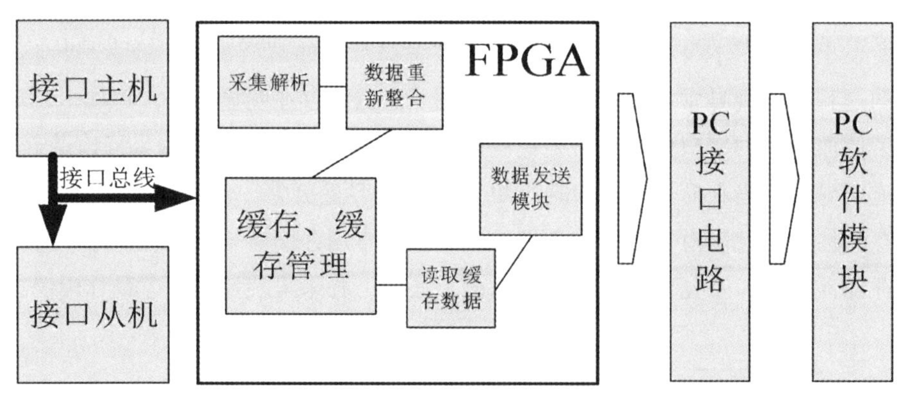

图 3 监控装置结构框图

2.1 数据采集解析

数据采集解析模块与 LPC 总线的 CLK、FRAME、LAD［3：0］连接，并确定所连信号全部设置为输入模式，模块输出则与数据整合模块连接。模块的 CLK 取自 LPC 总线的 33MHz 时钟，数据译码、数据解析，均使用该时钟。该时钟与从机时钟同源，具有工作频率低，数据产生量少的优势。

数据采集是通过判断 Start 节拍实现的。如果收到了 Start 信号，模块就会进入到下一个状态，反之则留在 Idle；若模块进入了下一个状态，则到达 CT/DIR 节拍。在此节拍中，模块会判断访问是否为 I/O 模式，如果不是 I/O 访问，则回到 Idle 状态。如果是 I/O 访问，则将本节拍的读写信息保存到 reg1 高位，模块进入下一个 Addr 状态。在 Addr 状态直接保存地址信息到 reg2，接着进入到 Tar 状态。在本状态会滤除 TAR 节拍信息，再进入到 Sync 状态，若 Sync 中同步出错，则返回 idle。若同步成功，将本状态的值保存到 reg1 低。到 Data 状态，直接保存数据信息到 reg3。然后状态机再次回到 idle 状态，等待下一帧数据到来。整个模块的逻辑运行如图 4 所示。

在进行总线数据采集的过程中，同步进行解析，并对总线开销数据（start tar）进行丢弃处理，以达到压缩的目的。最终留下的数据为图 5 所示的黄色部分。

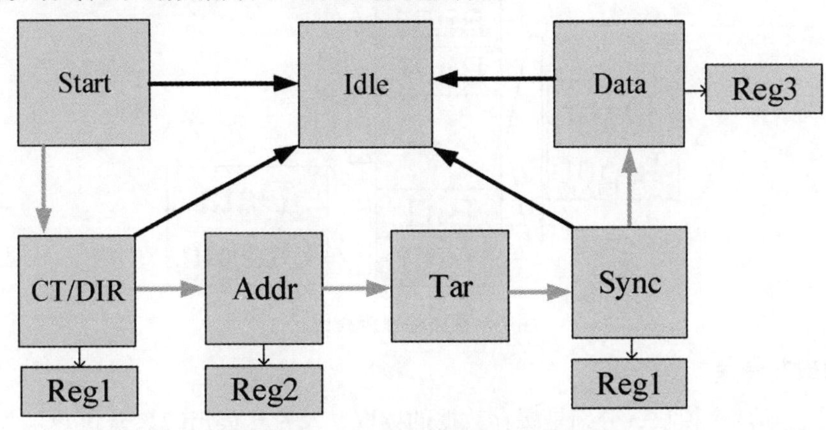

图 4　Decoder 模块运行框图

图 5　黄色为所需数据

2.2　数据重组

由于采集后的数据位宽不统一，因此总线数据采集后，需要将数据整合起来写入缓存，做统一位宽处理。

本案的做法是：将 CT/DIR 节拍内生成的读写信息，保存到一个 32 位宽的寄存器的第 7 位。将 Sync 生成的同步结果信息，写到了第 0 位。Addr 生成的地址信息存放在了第 31 位到第 16 位。Data 产生的信息存放到了第 15 到第 8 位。整个数据的放置方式如图 6 所示。

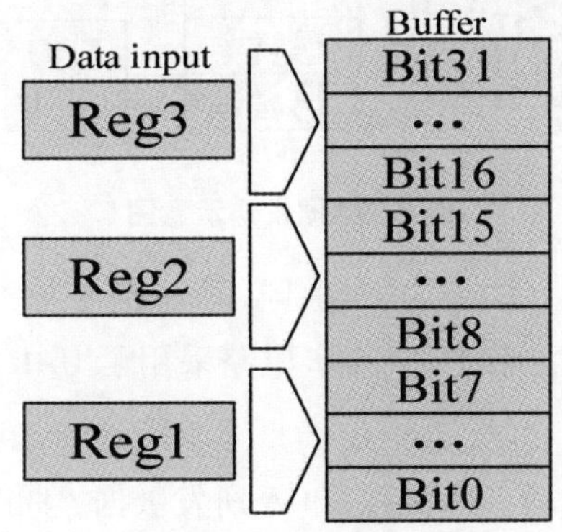

图 6　数据放置示意图

2.3　缓存及其管理

由于重组后的数据位宽为 32 位，与 PC 连接接口模块为 8 位，数据位宽不一致。且数据重组模块运行频率为 33MHz，与后级频率不对应。为防止数据溢出，需在模块间添加了缓存，并配缓存管理单元。

存储管理单元总体设计框架为：在写入端口添加缓存溢出标志位，在读取的端口添加缓存下溢标志位。也就是当写入的地址等于读取地址的值，即为向上溢出。而下溢为，读取的地址等于写入的地址。缓存的上行模块，及下行模块的存取操作是否进行，会依据上溢、下溢的标注位执行。

缓存大小设定，需要根据所监控的 I/O 而定。频率高，带宽大的，自然要设计大些，反之则小些。但也存在着若监控的 I/O 的速度高，带宽大，而逻辑器件与 PC 连接的 I/O 带宽有限的情况，缓存也要合理调大。法无长势，运用之妙，存乎一心。合理利用逻辑资源即可。本模块的运行过程如图 7 所示。

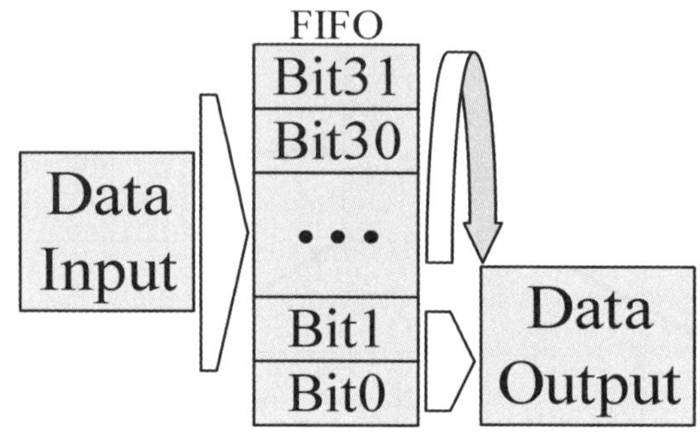

图 7　数据处理流程图

2.4　数据读取及发送

本小节的描述包括两个模块，分别是缓存数据的读取，及发送读出的数据到 PC。

缓存数据读取模块的加入，便于隔离缓存与发送模块，同时可以根据 LPC 静默时候，停止发送数据到 LPC 接口。

当数据发送模块收到来自数据取出模块的 8 位数据后，会启动发射装置。先在数据的头尾处加上起始位与停止位。然后，将整理好的数据，加载到载波发生器，将数据发送 PC 串口电路中。此处的载波频率依据 PC 的接口能力而定。波特率越快，缓存大小越小。数据的读取及发送框图如图 8 所示。

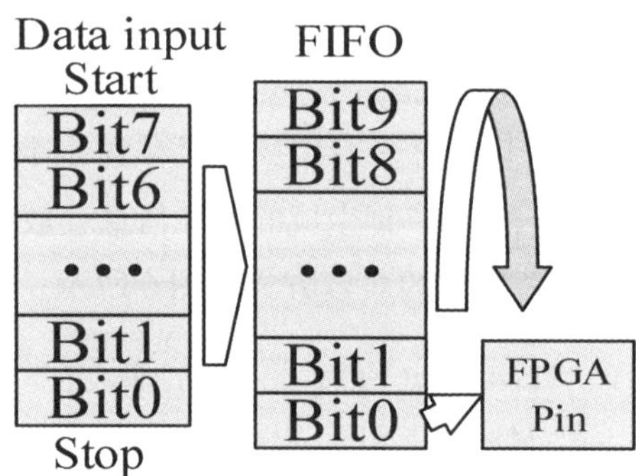

图 8　数据发送示意图

2.5　PC 接收处理

由于本案的 LPC 接口并不繁忙，因此 PC 接口电路采用了 UART 转 USB 的方式。FPGA 端所发的数据符合 UART 接口协议。

在 PC 端则直接调用 PC 串口驱动，获取到 FPGA 所发数据。同时对数据进行分行、添加间隔和排序后，以文件形式保存到磁盘。

2.6　方案数据流

本案的数据处理流程如图 9 所示。

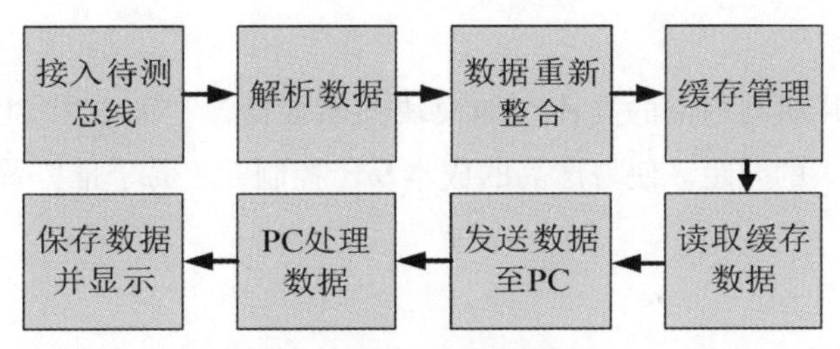

图 9　数据处理整体框图

3　本案的优势

本案主要的优势包括三点：体积小、使用接口系统时钟、数据存放介质性价比高。

3.1　体积的优势

由于本案采用的是 PC 作为数据的显示、存储平台。数据的采集、压缩和解析移到 FPGA 芯片。而示波器是将显示部分与数据的采集部分全部都整合到一个机器内。因此，本方案相比于传统的示波器在体积上有明显的优势。图 10 为常用示波器与本案的硬件平台对比图。

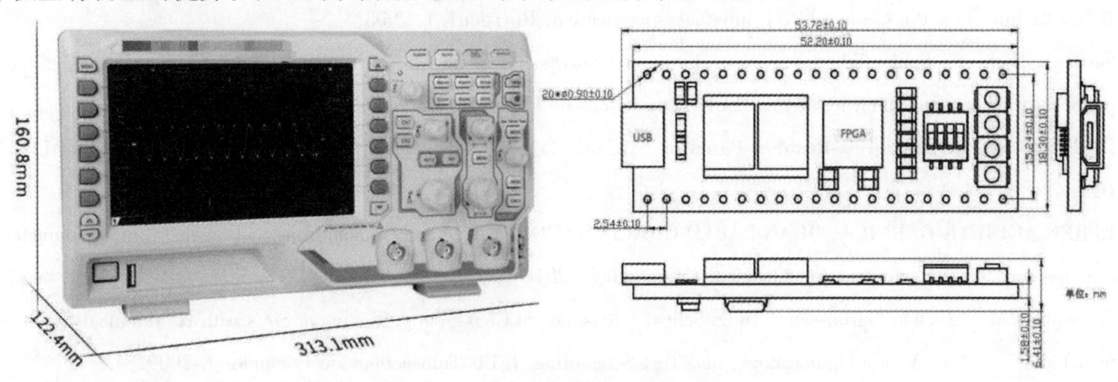

图 10　本案装置与示波器体积对比

3.2　数据生成量小

示波器为了还原被测信号，通常会使用较高的采样率采样。与传统示波器高速采样的方式相比，本方案使用同源时钟上升沿（下图中黄线位置）对被测信号进行“高”“低”判别的方式采样。

该采样方式生成数据量少，且更为真实地反映从机采样的准确性，同时降低了系统对存储单元的性能要求。再配合 FPGA 内部的数据压缩机制-有效数据外信息丢弃如图 5 TAR 节拍。就可以实现对总线进行长时间监控的目的。图 11 为示波器与本案所提出的采样方式对比示意图。

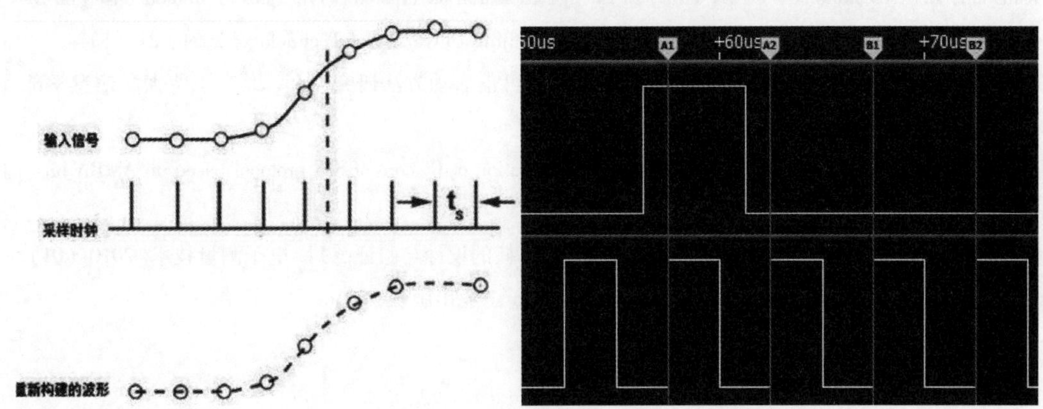

图 11　不同采样方式对比

3.3 便于普及

相比于传统示波器使用机器内部的高速存储模块存储数据，本案改用 PC 硬盘存储。两种存储介质在单位容量成本上有极大的差距。使得产品的成本易于控制，更易于推广普及。

4 总结

SOC 接口的发展从刚刚开始的并行低速接口，到如今串并行结合的高速 I/O。从 132MB/s 的 PCI 接口，到速度高达单 lan 4GB/s 且支持多 lan 并行的 PCIe5.0 接口。从原先 SPI、I2C 低速 I/O 到如今 eSPI、I3C 等更高速，兼容设备更多的 I/O。

随着更多新型 I/O 开发，高速 I/O 的普及，除了能给我们提供更快、更稳、更节能的计算系统之外，在新 I/O 的系统的使用上，也会存在着更多的挑战。但是我们相信，雪压枝头低，虽低不着泥，一朝红日出，依旧与天齐。

参考文献：

[1] JUNG K. Intel Low Pin Count (LPC) interface specification. Revision1. 1. 2008.

[2] Sarikaya, Behcet, Koukoulidis, Vassilios, Eswara, Srinivas, Barbeau, Michel. Analysis and testing of application layer protocols with an application to FTAM. IEEE Transactions on Communications . 1992.

[3] RICHARD D. ELDRED. Test Routines Based on Symbolic Logical Statements [J] . Journal of the ACM (JACM) . 1959 (1).

[4] EFRÉN AGUILAR-GARNICA, JUAN PAULO GARCíA-SANDOVAL. A robust monitoring tool for distributed parameter plug flow reactors [J]. Computers and Chemical Engineering . 2010 (3).

[5] Sandeep Goel, Erik Jan Marinissen, Anuja Sehgal, Krishnendu Chakrabarty. Testing of SoCs with Hierarchical Cores: Common Fallacies, Test Access Optimization, and Test Scheduling. IEEE Transactions on Computers . 2009.

[6] HENNESSY J AND PATTERSON D. Computer Organization and Design: The Hardware/Software Interface [M]. Cambridge: Morgan Kaufmann, 2010.

[7] Ge Chuanzhi, Song Lichen, Wang Darui, et al. Design and implementation of SPI-LPC bus bridge based on FPGA. 2013. (葛传志，宋立臣，王大锐，等. 基于 FPGA 的 SPI-LPC 总线桥的设计与实现. (2013).)

[8] TANG Hongfu. Design of serial port extender based on LPC series microcontroller [J]. Microcomputer & Its Applications. 2015 (13).
(唐洪富. 基于 LPC 系列单片机的串口扩展器设计 [J]. 微型机与应用. 2015 (13).)

[9] XU Wanshan, ZHANG Jianbiao, YUAN Yilin, LI Zheng. Research on Trusted Server Startup Method Based on BMC. School of Computer Science, Department of Information Science, Beijing University of Technology. 2021, 21 (5).
(徐万山，张建标，袁艺林，李铮. 基于 BMC 的服务器可信启动方法研究 [J]. 北京工业大学信息学部计算机学院. (2021).)

[10] ZHAO Jie, CAO Fan, JIANG Dianliang. Design and verification of IP core of SPI protocol based on AMBA bus [J]. Electronic Measurement Techniques. 2010 (01).
(赵杰，曹凡，江殿亮. 基于 AMBA 总线的 SPI 协议 IP 核的设计与验证 [J]. 电子测量技术. 2010 (01).)

[11] 韩彬. FPGA 设计技巧与案例开发详解 [M]. 北京：电子工业出版社，2014.

可配置低功耗乘法器设计

张伟[1]　朱斌[1]　王飙[1]　周琦[1]

[1]（上海高性能集成电路设计中心技术部　上海市 201204）

摘要：近年来，物联网、人工智能等新兴产业的不断发展对运算部件的设计提出了更高要求。新的应用不仅要求芯片实现更丰富的运算功能、更高的运算性能，同时要求更小的芯片面积和更低的运行功耗。本文实现了一种2级流水的功能可配置乘法器结构，该结构在基本32位乘法器基础上采用了创新的资源复用方法，增加有限逻辑完成了对4×8位、2×12位、2×16位、16位+2×8位、24位、32位等类型乘法运算的支持。该结构既可以直接用于整数运算器，也可用于浮点乘加运算器，支持单精度、2乘以半精度运算。基于28nm CMOS工艺的物理设计结果表明，该结构工作频率超过2GHz，相比设置多套乘法器面积节省了20%。

关键词：Booth 编码；Wallace 树；乘法器；浮点乘法；4：2 压缩器

中图法分类号：TP332.2

上世纪以来，微处理器在世界信息技术革命中发挥了举足轻重的作用。由于超算、服务器、个人电脑以及通讯等领域对高性能计算的不断追求，高端微处理器中普遍包含了复杂的浮点和整数运算部件。其中整数乘法器完成不同位宽的整数乘法运算，浮点乘加运算器完成浮点加法、乘法、融合乘加等操作，它们都是影响处理器性能的关键单元。

近十年来，物联网，大数据和人工智能等技术获得了快速发展。一方面许多应用场景对整数位宽或浮点精度要求不高，8位整数或半精度浮点数就可满足要求。另一方面，这些场景对整数、浮点运算的性能要求却进一步提高，同时要求功耗更低、面积更小[1-4]。采用设置多套不同位宽和精度的整数、浮点运算单元的方法无疑将导致芯片功耗和面积的急剧增加。因此研究人员开始致力于设计可配置的乘法器来同时实现多种不同数据宽度的乘法[5-7]。同样对于浮点乘加运算部件，尾数乘法器可以采用可配置结构来支持不同精度浮点数的尾数乘法，此外，浮点乘加部件的其他逻辑也可以用来支持更多类型的浮点运算[8-9]。例如，NVIDIA[10]实现了不同精度混合的融合浮点乘加部件，通过不同精度的运算共享复杂的硬件逻辑，整个部件的面积和功耗均大大降低。国内也有单位采用类似方式实现了对多精度的支持[11]。

本文改进了经典的32位乘法器结构[12-15]，通过采用关键硬件的高度共享设计，采用两阶段流水方式实现了对4×8位，2×16位，16位+2×8位，2×12位，24位，32位等多种位宽整数乘法操作的支持。该结构也可用于浮点乘加器的设计，支持单精度、2乘以半精度的浮点乘加操作，半精度浮点性能达到单精度浮点性能的2倍。相关设计完成了RTL代码设计和功能验证。基于28nm CMOS工艺的物理设计结果显示，乘法器工作频率达到2GHz，功耗为34.4mw。相比独立设置多套乘法部件面积减少20%。

通信作者：张伟（wei_zhang@fudan.edu.cn）

1　乘法器结构

1.1　数据格式

如图 1 所示，乘法器支持 6 种不同的数据格式。其中 4×8 位、16 位+2×8 位、2×16 位、32 位数据格式主要用于整数运算。2×12 位数据格式主要用于浮点半精度的乘法，24 位数据格式主要用于浮点单精度的乘法。这里设定所有数据均为无符号整数。

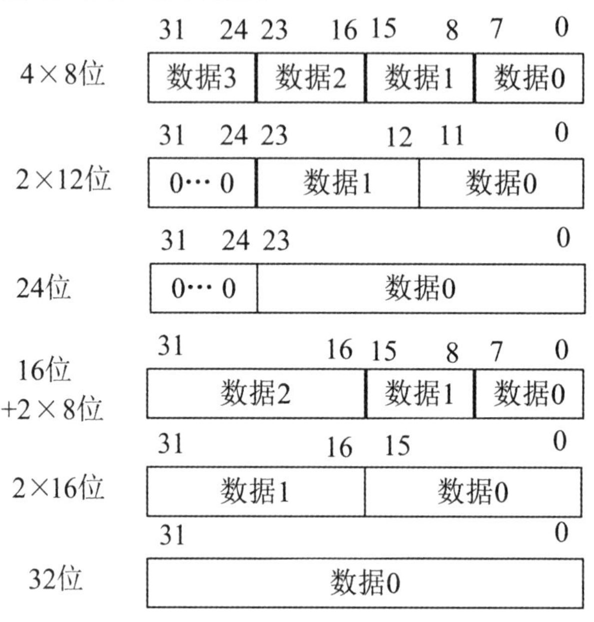

图 1　数据格式

1.2　乘法器功能

乘法器完成以下六种功能：

1）针对 4×8 位格式，同时完成 4 组 8 位的乘法操作，形成 4 个 16 位结果；

2）针对 16 位+2×8 位格式，同时完成 1 组 16 位和 2 组 8 位的乘法操作，形成 1 个 32 位结果和 2 个 16 位结果；

3）针对 2×16 位格式，同时完成 2 组 16 位的乘法操作，形成 2 个 32 位结果；

4）针对 32 位格式，完成 32 位标准乘法操作，形成 64 位结果；

5）针对 2×12 位格式，同时完成 2 组 12 位整数乘法，形成 2 组 24 位结果；

6）针对 24 位格式，完成 24 位整数乘法，形成 48 位结果。

1.3　乘法器基本结构

当前许多先进的处理器中都实现了采用同一个乘法结构来实现浮点和整数运算的方式。这样做的好处是避免重复设置复杂的乘法逻辑，减少芯片的面积和功耗[11]。为了支持 32 位整数乘法，乘法器需要完整的 32×32 的 Wallace 树形阵列结构来完成部分积的压缩。在进行单精度、半精度浮点运算时，由于尾数最多为 24 位，采用 32×32 的结构将带来不必要的信号翻转，增加了动态功耗。

为了尽可能降低浮点运算时的功耗，本文将乘法器设计为双通路结构：整数通路和浮点通路。执行整数运算时同时使用整数通路和浮点通路。执行浮点运算时只使用浮点通路，整数通路没有信号翻转，功耗大大降低。由于整数通路在逻辑上完全独立，因此可以单独进行物理设计，执行浮点操作时可以关闭这部分电源以进一步节省功耗。

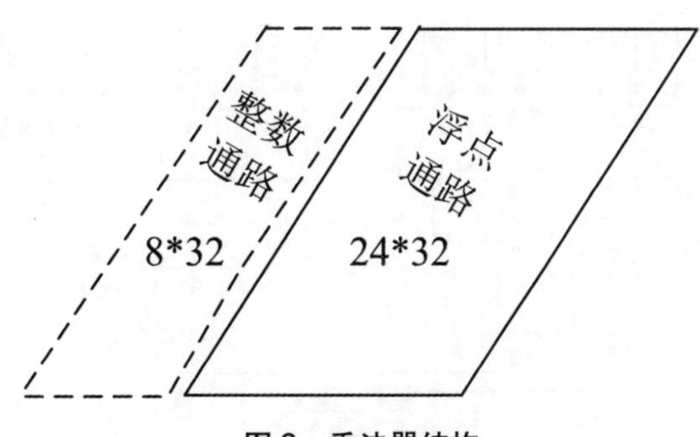

图2 乘法器结构

执行单精度和半精度浮点运算最多只需要 24 位×24 位的乘法，考虑到实现整数乘法的兼容性和资源复用性，浮点通路执行 24 位×32 位乘法操作，整数通路执行 8 位×32 位乘法操作。

浮点通路部分可以单独完成完整的 2 * 12 位和 24 位的乘法操作。同时，浮点通路还用于完成其他乘法操作的低 24 位部分。整数通路完成全部整数操作的高 8 位部分。

整数和浮点通路都采用了 2 拍流水结构，第 1 拍主要完成操作译码、操作数的整理、部分积生成、数据压缩操作。第 2 拍主要完成剩余的数据压缩和结果求和操作。

2 浮点通路设计

2.1 数据格式

浮点通路支持 24 位被乘数和 32 位乘数的乘法。当执行浮点尾数乘法时，24 位被乘数的格式如图 3 所示，32 位乘数的低 24 位格式与被乘数一致，高 8 位为全 0。

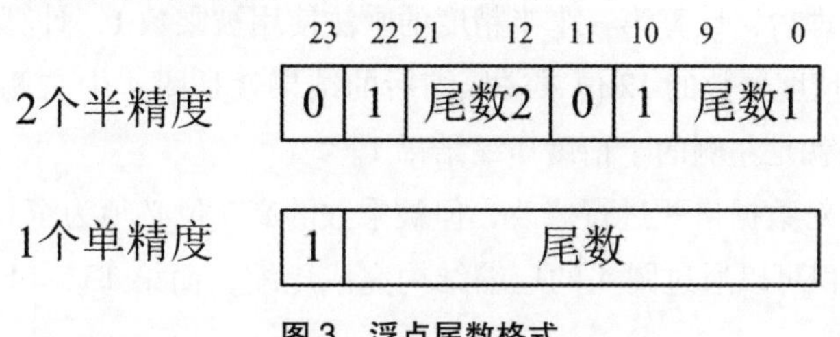

图3 浮点尾数格式

当运算为单精度时，被乘数第［23］位为 1，其余为单精度数的尾数。当运算为半精度时，［11：0］为第 1 个半精度数据，［23：12］为第 2 个半精度数据。其中第［23］、［11］为 0，第［22］、［10］为 1。［9：0］为第一个半精度数据的尾数，［21：12］为第二个半精度数的尾数。这种格式的优点在于无论是单精度运算还是半精度运算，由于第［11］位补 0，用于 Booth 编码的结构是一致的。

2.2 部分积压缩结构

浮点通路的部分积压缩结构如图 4 所示。32 位被乘数将产生部分积 pp0～pp16，采用对称形式的压缩结构完成 pp0～pp15 部分积的结果压缩，第 16 个部分积单独处理，未包含在图 4 中。这种对称结构的优点在于便于实现 8 位、16 位的乘法，缺点在于对于 12 位的乘法需要单独进行优化。

为了采用相同的压缩结构支持 2 乘以半精度的乘法运算，设计时需要对乘数和被乘数的格式进行修改，如图 5 所示。

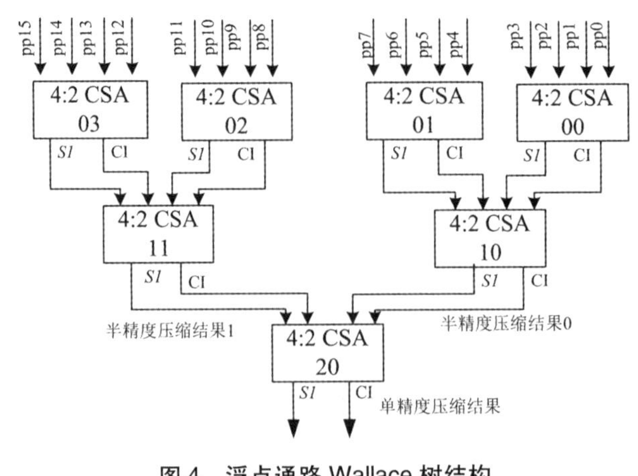

图 4　浮点通路 Wallace 树结构

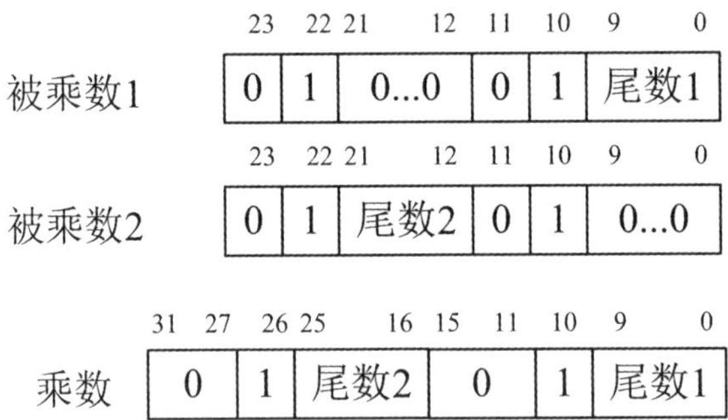

图 5　浮点半精度数据格式修改

按照图 5 进行数据处理后，计算第一个半精度的乘法使用被乘数 1，计算第二个半精度乘法使用被乘数 2。因此，第一个半精度尾数的 12 位乘法压缩后的结果就是图 4 中右侧的半精度压缩结果 0。第二个半精度尾数乘法结果就是左侧的半精度压缩结果 1。

单精度运算时不需要对数据格式进行修改，但被乘数的高 8 位必须为全 0。这样单精度尾数乘法运算产生的 pp0～pp12 部分积可以通过图 4 的压缩结构完成压缩，而第 13、14、15 部分积为全 0，不影响压缩的结果。

需要说明的是，图 4 中每个部分积的数据宽度是根据乘数的［23：0］为生成，位宽均为 25 位。完整的 32 * 32 的压缩结构中部分积宽度至少为 33 位。

3　整数通路设计

3.1　总体结构

整数通路需要支持被乘数为 32 位的情况，实现时将被乘数分为高 8 位和低 24 位。低 24 位的运算由浮点通路完成，另外增加高 8 位的部分积生成和压缩结构。最终结果为高 8 位结果左移 24 位后和低 24 位结果的和。

整数通路的总体结构如图 6 所示，它的部分积生成和压缩结构与图 4 中低 24 位结构完全一致，以便对应的结果的数据位保持固定的位置关系。同时整数通路还增加了相应逻辑来支持 4×8 位，2×16 位等特殊功能的实现，这些逻辑将和浮点通路逻辑配合进行操作。

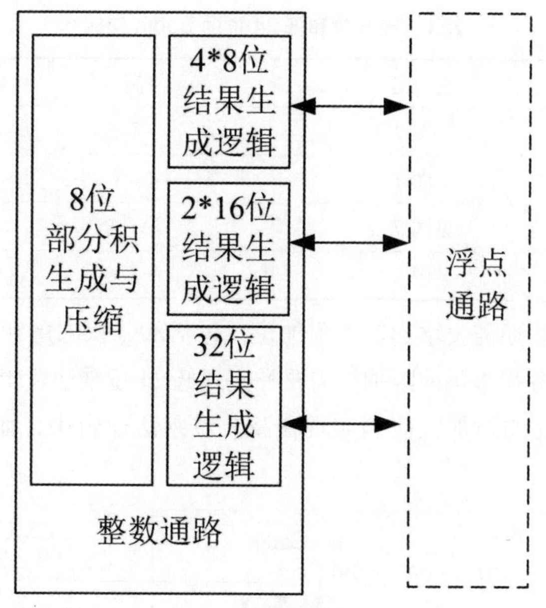

图 6　整数通路结构

3.2　BOOTH 编码修改

采用 Booth 编码形成部分积时，需要针对高 8 位和低 24 位进行部分修改。图 7 为标准的 Booth 编码生成方式和压缩结构。可以看出部分积的位宽比被乘数大 1，用来计算乘以 2 和乘以（-2）的结果。当一个 32 位整数分为高 8 位 A 和低 24 位 B 时，单独计算各自的部分积宽度分别为 9 位和 25 位。乘数为 1xx 的情况将导致负的部分积，此时如不进行特殊处理将产生错误。如图 8 所示，当乘数为 100 时，由 A 生成的 9 位部分积最低位为 1，与正常 32 位部分积相比，这位应为 0。同理，乘数为 101/110 时，由 B 生成的部分积高位应清 0。

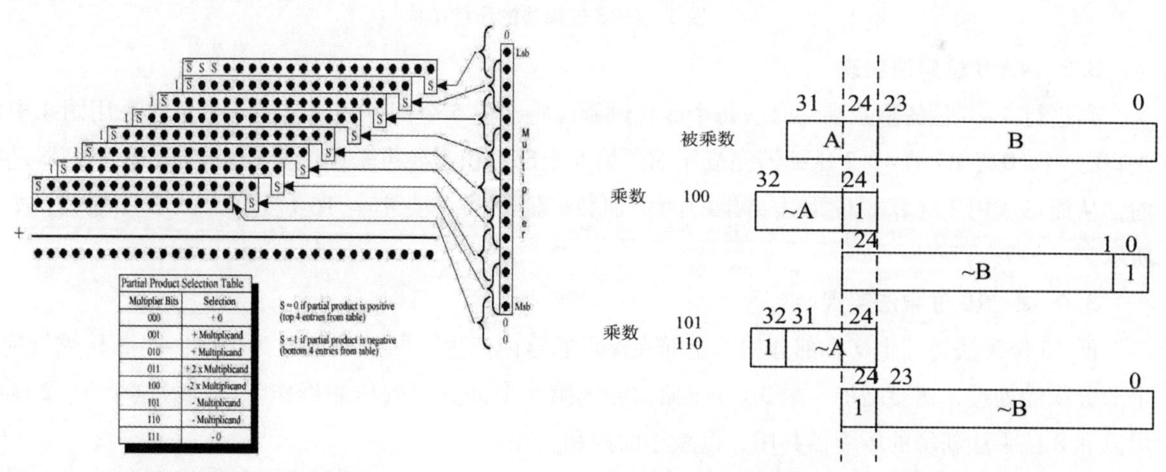

图 7　正常 Booth 编码　　　　图 8　分区域实现 Booth 编码需要纠正的错误

为了纠正这一错误，用于高 8 位计算的 Booth 编码和用于低 24 位计算的 Booth 编码需要分别进行调整，调整后的编码如表 1 所示。

表 1　高 8 位和低 24 位的 Booth 编码

乘法位［n+2，n］	原方案	高位	低位
0xx	见图 7	不变	不变
100	见图 7	{~A，1’b0}	不变
101/110	见图 7	不变	{1’b0，~B}
111	见图 7	不变	不变

此外，图 7 中形成部分积还需要增加若干附加位，包括部分积末尾和最高位补充的附加位。当数据分为高、低两部分后，部分积末尾的附加位需要补充到低 24 位乘法逻辑中，而高 8 位乘法逻辑此部分应补 0。而部分积高位补充的附加位应当实现在高 8 位乘法逻辑中，而低 24 位乘法逻辑此部分应补 0。

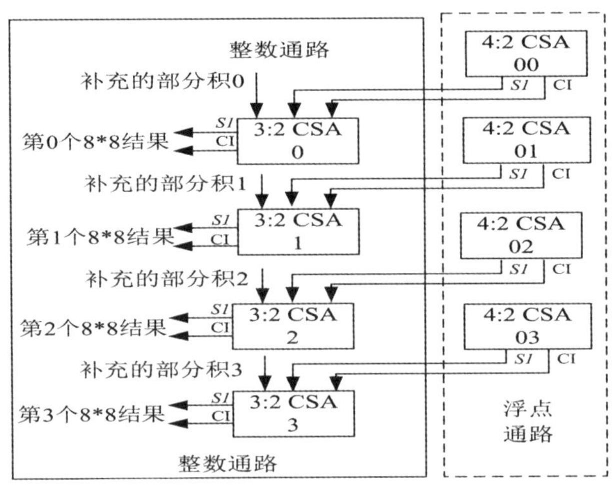

图 9　4＊8 位乘法的压缩结构

3.3　4＊8 位乘法实现

当进行 4＊8 位的整数乘法时，每个 8 位的乘法将产生 5 个部分积，其中 4 个可以采用图 4 中编号为 00、01、02、03 的 4∶2 压缩器完成压缩。第 5 个部分积需要再采用一个单独的 3∶2 压缩器进行压缩，从而形成用于计算 8 位乘法结果的两个加数。这样共需要 4 个 16 位宽的 3∶2 压缩器，如图 9 所示。

3.4　2＊16 位乘法实现

低 16 位乘法将产生 9 个部分积，全部在浮点通路内产生。图 4 中编号为 10 的 4∶2 压缩器完成 8 个部分积的处理，需要增加一个 3∶2 压缩器完成第 9 个部分积的压缩操作。设计时这个 3∶2 压缩器可以和 8 位乘法新增的压缩器共用，以减小面积和功耗。

对于高 16 位的乘法，浮点通路和整数通路将各产生 9 个部分积。按照相同的压缩结构，完成两级 4∶2 压缩后最后将剩余 6 个部分积，浮点通路和整数通路各 3 个。分别为编号 11 的压缩器的两个输出和第 9 个部分积。还需要增加额外逻辑完成两级压缩。如图 10 所示。

对于 16 位+2×8 位的乘法，低位的 2 个 8 位乘法可直接使用 4×8 位乘法的低位逻辑，高 16 位的乘法可以使用本节描述的结构完成计算。

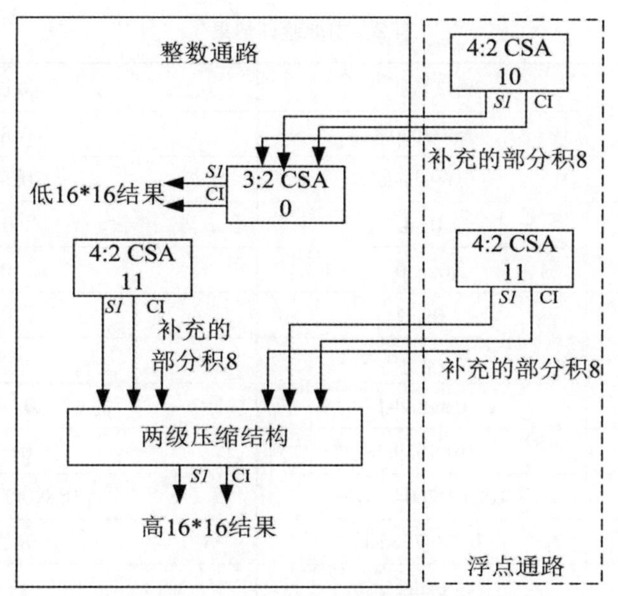

图 10　2 * 16 位乘法的压缩结构

3.5　32 位乘法实现

对于 32 位乘法，浮点通路和整数通路各产生 17 个部分积。图 4 的完整压缩结构可以完成 16 个部分积的压缩。这样最终仍有 6 个结果待处理，浮点通路和整数通路各 3 个，分别为编号 20 压缩器的两个输出和第 17 个部分积。同样需要进行两级压缩以获得最终压缩结果。

3.6　结构优化

为进一步减小芯片面积和功耗，可以对现有的结构进行进一步优化：

1）计算 4×8 位的乘法时，编号为 10、11、20 的 4：2 压缩器可以用于代替图 9 中的 3：2 压缩器，达到减少面积的目的；

2）计算 2×16 位和 32 位乘法时需要的两级压缩结构可以复用；

3）采用同一个 64 位加法器完成所有类型乘法结果的计算；

4）进行结果压缩时选择合适的位宽，在保证正确性的前提下减少位宽。

上述优化措施需要针对不同情况进行操作数的选择，这将带来额外的硬件逻辑，因此需要仔细评估才能确定是否采用。同时，增加选择逻辑将使操作延迟增加和工作频率下降，也需要进行平衡。

3.7　小结

本文提出的乘法结构每次可以执行 1.2 节描述的 6 类操作中的任意一类。进行多个同类操作运算时按照流水方式处理，即每个节拍接收新操作数进行处理，两拍完成运算。当进行多个不同类操作运算时，每个操作延迟仍为两拍，但不同类操作之间需要间隔 2 个拍以便完成流水线的重新配置。

4　仿真结果

4.1　功能仿真

本文实现了该乘法结构的 RTL 代码，采用 Modelsim 完成了代码的基本功能验证，结果表明功能正确。

表 2 列出了两组基本测试数据和相应的 4×8 位，2×16 位，2×12 位，24 位和 32 位乘法测试结果。图 11 给出了仿真结果的波形。为便于输入数据和仿真结果的对比，进行功能验证时乘法器修改为一个周期完成全部计算，进行性能仿真时设置为两个周期完成计算。

表 2 功能验证结果

被乘数	测试数据 1	测试数据 2
被乘数	0x10204080	0x89abcdef
乘数	0x89abcdef	0xfedcba98
Mul8 结果 0	0xef	0x8de8
Mul8 结果 1	0xcd0	0x94f2
Mul8 结果 2	0xab	0x92f4
Mul8 结果 3	0x890	0x87ee
Mul16 结果 0	0xcdfbdef	0x9619ebe8
Mul16 结果 1	0x89b39ab	0x890df8f4
Mul32 结果	0x89b4f260479bdef	0x890f2a50ad05ebe8
Mul24 结果 1	0x68b79bdef	0x94223305ebe8
Mul12 结果 0	0xdef	0x939be8
Mul12 结果 1	0xb67c	0x940f14

/add_testbench/mul1/i_DataA	32'h10011001	32'h89abcdef
/add_testbench/mul1/i_DataB	32'h89abcdef	32'hfedcba98
/add_testbench/mul5/mul8result1	16'h00ef	16'h8de8
/add_testbench/mul5/mul8result2	16'h0cd0	16'h94f2
/add_testbench/mul5/mul8result3	16'h00ab	16'h92f4
/add_testbench/mul5/hig8/mul8result4	16'h0890	16'h87ee
/add_testbench/mul4/mul16_result1	32'h0cdfbdef	32'h9619ebe8
/add_testbench/mul4/mul16_result2	32'h089b39ab	32'h890df8f4
/add_testbench/mul3/mul32_result	64'h089b4f260479bdef	64'h890f2a50ad05ebe8
/add_testbench/mul2/single_result	48'h00b68b79bdef	48'h94223305ebe8
/add_testbench/mul1/halfresult_l	24'h000def	24'h939be8
/add_testbench/mul1/halfresult_h	24'h00b67c	24'h940f14

图 11 功能仿真结果

4.2 性能仿真

图 12、图 13 列出了 4 个 8 位乘法器、2 个 16 位乘法器、1 个 32 位乘法器、1 个 24 位乘法器，以及本文的乘法器面积和功耗的对比。相关设计均基于 28nm 工艺，基于 ICC、PT 完成布局布线设计和时序、功耗仿真，设定工作频率均为 2GHz。

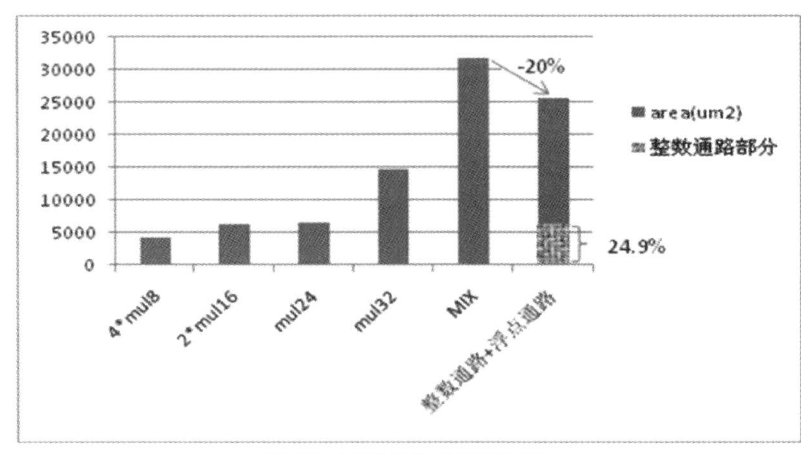

图 12 不同结构的面积对比

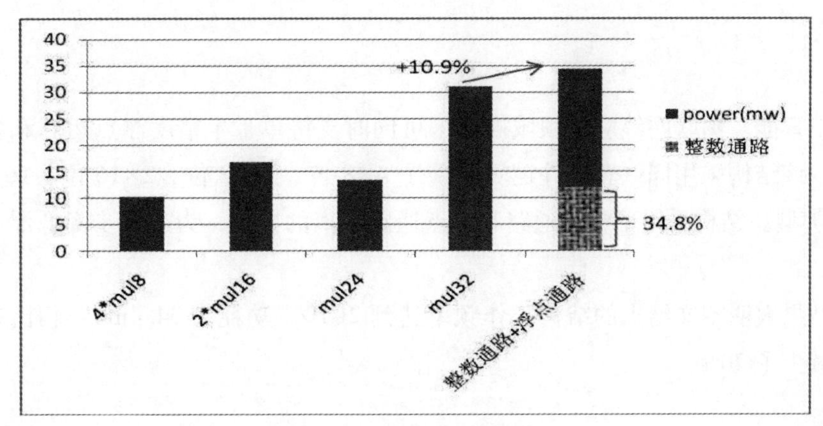

图 13　不同结构的功耗对比

通过分析可以看出，相比重复设置 32 位、24 位、2×16 位、4×8 位乘法器，本文的结构在面积减少了 20%，其中整数通路占的面积达到 24.9%。功耗方面，本文的结构比单纯的 32 位乘法器增加了 10.9%，其中 34.8% 为整数通路功耗。整数通路部分在进行浮点运算时可以关闭，进一步降低芯片动态功耗。

5　可配置乘法结构比较

乘法一直都是各类型处理器中最重要的运算，因此长期以来业界一直在研究兼顾性能、面积、功耗的乘法器结构。除了优化乘法算法本身的实现方式之外，在成熟结构基础上设计多精度、可配置的乘法器以具备更广的适用性也是一个重要的研究方向。

［16］提出了以 8 位×8 位乘法器为基本模块构建 16 位×16 位，24 位×24 位，32 位×32 位乘法器的方法，评估了其与经典 Booth 乘法器在面积和延迟上的差异。［16］的方法支持多个低位宽乘法操作的并行执行，但并没有详细描述，而且只采用 FPGA 方式进行了性能评估。本文与［16］相比描述了低位宽乘法的并行结构，和经典 Booth 乘法器进行了物理综合结果的性能比较分析。

［11］提出了面向人工智能的浮点单、半精度乘法器，该乘法器同时也可以支持 32 位、16 位和 8 位的整数乘法。本文的设计思想与［11］类似，但更专注于分析可配置精度的整数乘法器本身，排除了复杂浮点算法的影响，支持更多类型位宽乘法操作和混合精度乘法操作。本文的性能评估采用了业界标准的 ICC 工具进行物理综合，采用 PT 进行性能分析，采用 PT-PX 完成了功耗仿真。

表 3　不同的可配置乘法器

	本文	【16】	【11】
类型	整数	整数	整数+浮点
整数乘法类型	32、24 2×16、2×12、16+2×8、4×8	32、24、16	32、2×16 4×8
流水结构	2 拍	非流水	2
评估方式	物理综合	Xilinx FPGA	逻辑综合
工艺	28nm	XC4VLX15	28nm
性能	2GHz	–	2GHz

6 结论

本文面向人工智能、物联网等应用领域提出了可同时支持单、半精度浮点运算和多种类型整数运算的乘法器结构。该结构采用同一套硬件逻辑实现了 4×8 位、2×12 位、2×16 位、16 位+2×8 位、24 位、32 位等运算类型。结构采用了整数通路和浮点通路分离的方式，为进一步降低浮点运算功耗提供了支持。

设计和分析结果表明本文给出的结构工作频率达到 2GHz，功耗为 34.4mw。相比单独设计多个乘法器的方式面积减少了 20%。

参考文献：

[1] J. PARK, J. CHOI, K. ROY. Dynamic bit-width adaptation in DCT: An approach to trade off image quality and computation energy [J]. IEEE Trans on Very Large Scale Integr. (VLSI) Syst, May, 2010, 18 (5): 787 - 793.

[2] D. J. PAGLIARI, E. MACII, M. PONCINO. Dynamic bit-width reconfiguration for energy-efficient deep learning hardware [C] // Proceedings of the International Symposium on Low Power Electronics and Design. Seattle, WA, USA: ACM, 2018, 47: 1 - 47: 6.

[3] R. RAMYA, S. MOOTHI. Design and Implementation of Accuracy Configureable Multi-Precision Multiplier Architecture for Signal Processing Applications [C] // 2018 IEEE Recent Advances in Intelligent Computational Systems . IEEE, 2018: 89 - 93.

[4] D. J. PAGLIARI , M. PONCINO. Application-driven synthesis of energy efficient reconfigurable-precision operators [C] // IEEE International Symposium on Circuits & Systems, Florence: IEEE, 2018: 1 - 5.

[5] SHIANN-RONG KUANG, JIUN-PING WANG. Design of Power-Efficient Configurable Booth Multiplier [J] IEEE Trans on Circuits and Systems I: Regual Paper, 2010, 57 (3): 568 - 580.

[6] D. JACKULINE MONI, P. EBEN SOPHIA. Design of low power and high speed configurable booth multiplier [C] // 3rd Internati-onal Conference on Electronics Computer Technology, Kanyakumari: IEEE, 2011, vol 6: 338 - 342.

[7] R. SHRESTHA AND U. RASTOGIM. Design and Implementation of Area-Efficient and Low-Power Configurable Booth-Multiplier [C] // 2016 29th International Conference on VLSI Design and 2016 15th International Conference on Embedded Systems (VLSID), Kolkata: IEEE, 2016: 599 - 600.

[8] N. ANANE, H. BESSALAH, M. ISSAD, K. MESSAOUDI AND M. ANANE. Hardware implementation of variable precision multiplication on FPGA [C] // 4th International Conference on Design & Technology of Integrated Systems in Nanoscale Era, Cairo: IEEE, 2009: 77 - 81.

[9] S ARISH, R. K. SHARMA. Run-time reconfigurable multi-precision floating point multiplier design for high speed, low-power applications [C] // 2015 2nd International Conference on Signal Processing and Integrated Networks (SPIN). Noida: IEEE, 2015.

[10] NVIDIA Corporation. Logic configurable to perform 32 - bit or dual 16 - bit floating-point operation [P] //United States, US20150169289A1. 2015 - 06 - 18.

[11] 陈正博，吴铁彬，郑方，等. 面向人工智能的浮点乘加器设计 [J]. 计算机技术与发展，2019，29 (8): 96-01.
CHEN Zheng-bo, WU Tie-bin, ZHENG Fang, DING Ya-jun. Design of Floating Point Multiply-Adder for Artificial Intelligence [J]. COMPUTER TECHNOLOGY AND DEVELOPMENT, 2019, 29 (8): 96 - 101.

[12] C. S. WALLACE. A suggestion for fast multiplier [J]. IEEE Trans on Electronic Computers, 1964, EC - 13 (1): 14 - 17.

[13] JEN, C. W , YEH. W. C. High-Speed Booth Encoded Parallel Multiplier Design [J]. IEEE Trans on Computers, 2000,

49 (7): 692 - 701.

[14] NIICHI ITOH, YUKA NAEMURA, HIROSHI MAKINO, YASUNOBU NAKASE, TSUTOMU YOSHIHARA, AND YASUTAK HORIBA. A 600 - MHz 54x54 - bit Multiplier with Rectangular-Styled Wallace Tree [J]. IEEE JOURNAL OF SOLID-STATE CIRCUITS, 2001, 36 (2): 249 - 257.

[15] SUMOD ABRAHAM, SUKHMEET KAUR, SHIVANI SINGH. Study of various high speed multipliers [C] // 2015 International Conference on Computer Communication and Informatics, Coimbatore: IEEE, 2015: 1 - 5.

[16] ZHOU SHUN, OLIVER A. PFÄNDER, HANS-JÖRG PFLEIDERER, AND AMINE BERMAK. A VLSI architecture for a Run-time Multi-precision Reconfigurable Booth Multiplier [C] // IEEE International Conference on Electronics, Circuits & Systems, Marrakech: IEEE, 2007: 975 - 978.

一种面向 GPDSP 汇编代码的通用优化框架

孔玺畅　陈照云　文梅

（国防科技大学计算机学院　长沙 410072）[1]（604286954@ qq. com）

摘要　GPDSP（General-purpose Digital Signal Process）通用数字信号处理芯片，已经在许多应用领域取得了成功，例如通信与信号处理、图形图像处理、自动控制、高性能计算等等。为了提高其计算性能，目前主流的GPDSP 具有 VLIW（Very Long Instruction Word）和 SIMD（Single Instruction multiple Data）的基本特征。GPDSP通常能够支持高级语言编程，但为了充分使用硬件资源，提高程序核心级代码的执行效率，仍然具有汇编级编程优化的需求。GPDSP 手工编写高质量汇编程序相当困难，且很难保证最优排布。为了降低 GPDSP 的汇编编程难度，本文基于 GPDSP 的硬件特征，提出了一种面向 GPDSP 汇编代码的通用优化框架（Assemble Optimizing Framework，AOF）。AOF 提出一种基于倒计时缓冲的机制来分析排布后的汇编代码中指令间的依赖关系，并在依赖分析的基础上对指令进行并行调度。AOF 能够自动优化汇编代码执行效率，大大降低编程难度。基于 FT-Matrix DSP 平台的实验证明，AOF 能够对复杂手写汇编代码测试集的执行效率平均提升约 30%。

关键词　GPDSP；汇编；倒计时缓冲；优化；调度

中图法分类号 TP302

1　背景及挑战

随着摩尔定律的放缓，计算机体系结构的发展逐渐朝着多核与异构加速的方向发展。GPDSP（General-purpose Digital signal Process）也在日益增长的计算需求背景下逐渐朝着这个趋势发展，其中具有代表性的包括我国自主研发的 FT-Matrix 系列[1]。图 1 所示是 FT-Matrix DSP 的内核结构示意图。

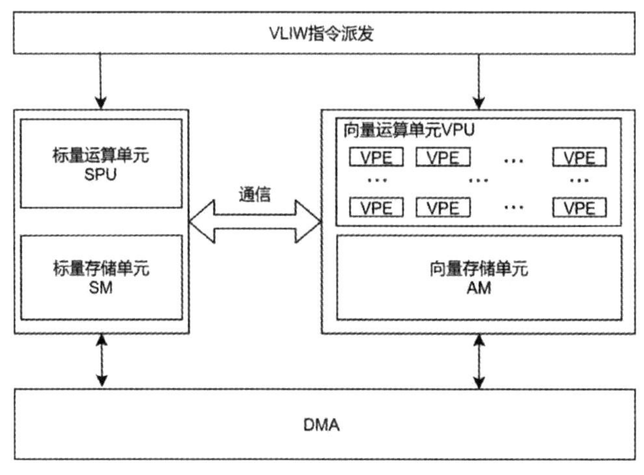

图 1　FT-Matrix 结构示意图

通信作者：陈照云（chenzhaoyun@ nudt. edu. cn）

目前主流的 GPDSP 具有典型的 VLIW[2-3]（Very Long Instruction Word）和 SIMD（Single Instruction multiple Data）特征，目的是为了提高硬件的计算能力，最大化挖掘利用应用中的可并行性。GPDSP 已经在诸如移动端 SoC（System on chip）芯片、HPC（High Performance Computing）、智能汽车车载芯片等领域取得了很大的发展，尤其适合于进行数字信号处理运算[4]。

然而 GPDSP 的编程方式与传统 CPU 相比具有一定的差异与特点：

1. GPDSP 对于汇编编程的需求较高。在 GPDSP 的编程方式上，高级语言编程固然是一种用户更容易接受，同时开发效率较高的一种解决方式。但正如 CPU 上的汇编语言编程仍存在于如今这个已经发展出脚本语言的时代一样，在核心代码开发领域，例如各类高性能库，汇编语言对于硬件的高效控制仍是高级语言编程无法达到的。在 GPDSP 这类计算资源密集的芯片上，汇编编程的要求更高。开发汇编级编程工具依然不可或缺。

2. 人工直接编写 GPDSP 上的汇编代码难度很高。通常需要程序员看到底层体系结构的细节，具体包括：指令选择、寄存器分配、指令节拍、功能单元选择、读写端口占用、指令并行打包、延迟槽隐藏调度等等。众多约束导致手动进行高质量的汇编级编程需要花费极高的人力与时间成本，给核心代码优化带来了相当大的困难。尤其对于较为复杂的核心代码，手工编写难以实现优秀的静态排布。

3. 传统高级语言编译器并非完全以汇编指令排布为根本目的来执行的。对于经典编译器来说，其核心是语义翻译，中端语言的功能是描述语义，代码优化的核心是语义优化，此类语言并不能胜任以分析指令依赖为核心的指令排布的工作。对于现代编译器来说，由于其高度复杂性，针对汇编指令的调度可能并不是最后进行的，也就是说编译器可能也存在部分优化空间未充分挖掘，并且现代编译器本身就是一个集成化的工具，汇编级优化工具当然可以作为现代编译器的一个模块。

GPDSP 汇编编程是一种基于 VLIW 结构特点的静态排布指令的代码。虽然有部分相关研究从事 VLIW 的指令调度优化方向[5]，但是大多是在高级语言编程和编译器的层面进行，其研究方法与研究成果无法有效降低汇编编程的难度。因此本文提出一种面向 GPDSP 汇编代码的通用优化框架（Assemble Optimizing Framework，简称 AOF）。该框架基于外部解耦合的指令集描述文件可以自动化分析汇编代码并根据硬件资源进行重调度，解放用户手写汇编代码的优化工作。程序员进行汇编语言编程时只需考虑语义和程序正确性，而不再需要考虑以充分利用硬件资源为目的的代码排布工作。这无疑将极大地降低汇编编程的难度。

本文的主要贡献包括：

1. 面向 GPDSP 提出一个完整的汇编代码分析及优化的框架。该框架参照主流编译器的实现架构，结合指令依赖分析的核心结构，采用了前中后端分离技术（前端指令解析器、中端依赖分析器、后端调度器）；

2. 提出了一种通用性的基于倒计时缓冲的汇编代码依赖分析方法，可以快速精确分析出经过排布的汇编代码中存在的数据依赖关系，并对分析后的指令进行重调度的高效排布；

3. 基于 FT-Matrix 的硬件平台对 AOF 优化框架进行性能评测，对于较为复杂的汇编程序相比于手写能够实现较高的性能提升。

2 GPDSP 的汇编编程模型

目前主流的 GPDSP 一般具有 VLIW 和 SIMD 的结构特点。鉴于 VLIW 的特点，汇编编程是需要全静态排布[6]的，用户或编译器产出的汇编代码只是显式地展示每条指令开始执行的节拍，而并不会体现每条指令生效时间，这需要查看指令集中的指令延迟来计算得出。在面向 GPDSP 进行汇编编程时，程序员需要直接面向底层芯片的体系结构细节，同时考虑程序的逻辑语义、每条指令的读写延迟、庞大而复杂的指令间数据依赖关系、指令在硬件功能单元上的分配、指令的并行打包、寄存器分配等等复杂约束。

具体进行汇编编程时，程序员首先要选择待使用的指令，并为变量分配寄存器，然后根据寄存器的读写关系判断出指令间依赖关系，据此关系结合程序逻辑语义计算出指令排布的合法位置，并在需要时合理插入空拍指令，若指令能够并行执行，还需要进一步考虑功能单元的使用情况确保不会产生端口占用冲突。

目前从事 VLIW 指令调度研究的大多基于高级语言和编译器来实现[7]，其研究方法和研究成果并不能直接简化汇编编程的难度。但同时考虑到汇编编程对于 GPDSP 领域仍然具有不可替代的作用。考虑到汇编代码的编程模型过于复杂，本文希望能够降低汇编编程的难度，将代码排布的优化工作通过自动化的过程来实现。

本文从这个实际难题出发，给出了一种面向 GPDSP 汇编代码的通用优化框架，旨在提高汇编代码的开发效率，补充和完善 GPDSP 上程序开发工具链。

3 AOF 的架构及实现

3.1 AOF 整体框架

本文提出了一种面向 GPDSP 汇编代码的通用优化框架 AOF（Assemble Optimizing Framework），整体实现框架如图 2 所示。AOF 根据功能可以将其划分为三个相对独立的部分：解析器、依赖分析器、调度器。我们参照主流编译器的实现架构，结合指令依赖分析的核心结构，采用了前中后端分离技术进行描述。三个模块功能具体包括：

1. 解析器对应于架构的前端，其主要负责参照指令集规范解析文本类型的汇编指令，同时每条指令中包含的信息存储到对应的数据结构中。由于解析器参照外部的指令集描述文件，因此通过修改外部指令集描述文件，AOF 框架可以适用于任意的 GPDSP 平台，不受平台本身限制；

2. 依赖分析器对应于中端，中端使用前端解析的数据对象——指令流（包含时序信息，因此称为流），分析它们之间的数据依赖关系，构建指令依赖关系图；

3. 调度器对应于后端，它基于依赖关系图使用拓扑排序法产生指令拓扑序列，参照硬件资源使用调度算法来重新排布指令流，最终产生优化后的汇编代码。

3.2 前端——解析器

AOF 前端并不进行语法语义分析，它为中端后端服务，只需要根据指令集所给出的参考信息来提取每条指令的读写操作数，指令读写端口占用延迟，以及可使用的功能单元等信息。相对于高级语言编译器的语法语义解析模块处理比较简单。前端的主要过程大致包括预处理与代码扫描两个阶段。

预处理的任务是读取指令集描述文件，生成参考数据对象，用于前端解析时指令类型匹配。之所以汇编代码与体系结构紧耦合性强，其关键在于指令集信息。而本文提出一种基于外部指令集描述文件的方式，实现汇编代码与体系结构的解耦合。指令集描述文件包含了每条指令在依赖分析与调度中所需的必要信息。该文件可以手工从指令集中抽取来构建，从而保证 AOF 框架能够面向任意 GPDSP 平台适用，确保该框架的普适性与可移植性。

汇编代码非常规整，本节不对识别技术展开讨论，仅给出代码扫描的思路与目标。汇编代码的基本排布格式如下：

行号：并行符号［条件域］指令名称。功能单元　操作数；注释

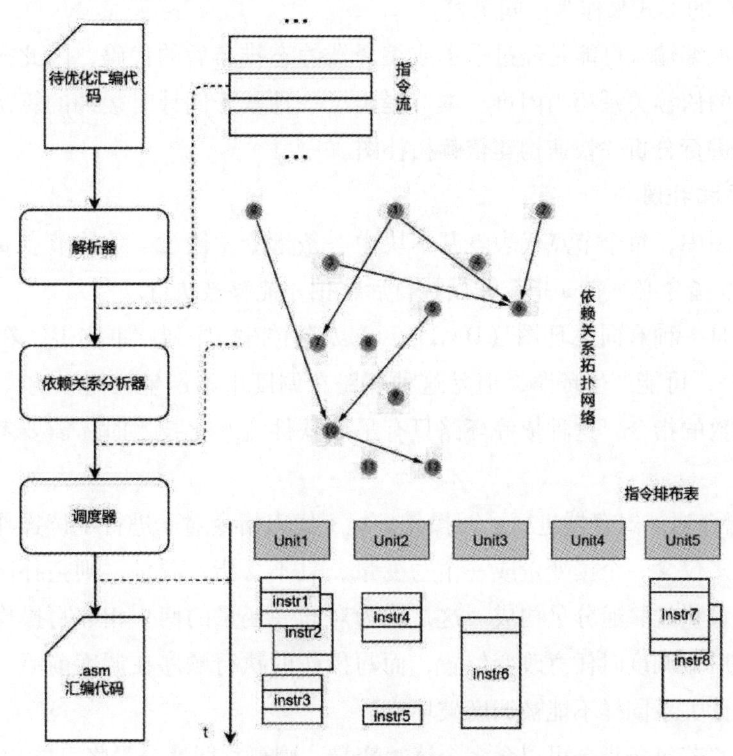

图 2　AOF 整体结构

将指令名称（或结合其他辅助信息）作为索引，在指令集描述文件中搜索参考指令。然后结合文件中约定的参考指令格式，对该指令进行格式解析，得到特定数据结构。为了简化表示，后文中称此数据结构为 Instr。该过程写成伪代码如下：

```
char * S：=NULL
Instr * R：=NULL
do
    INPUT（S）\\ 从标准输入流读取一个字符串到 S
    R：=Token（S）\\ 根据 S 查找参考指令，找到返回参考指令，否则返回 NULL。
while R=NULL
return PACK（R）\\ PACK（R）表示根据 R 给出信息继续扫描并封装有效信息，返回 Instr。
```

重复该步骤对整个汇编代码完成解析识别，最终每条指令都会抽象为 Instr。所有这些 Instr 按照原代码中的顺序组成的序列称为指令流。由于任何跳转类指令都会改变程序运行流，因此跳转类指令将会把整个程序分割为一个个独立的基本块，这些基本块转化为指令流后将作为后续模块处理的基本单位。

3.3　中端——依赖分析器

AOF 的中端在整个程序中起着承前启后的作用，它相对独立于前端和后端，因为它既不包含指令

语法信息也不包含硬件结构信息，而是描述着一个基本块内各指令间的依赖关系。功能上类似于高级语言编译器中的 IR[8]（Intermediate Representation）。在 AOF 中，我们采用一种有向无环图（Directed Acyclic Graph，DAG）的形式来作为中间语言。

由于我们面向的汇编输入可能是经过手工或编译器静态排布后的代码，因此人工从中识别出指令的生效节拍及相互间的依赖关系相当困难。本节提出了一种基于倒计时缓冲的算法，能够精确地对指令间的数据依赖关系进行分析并快速构建依赖拓扑图。

3.3.1 依赖关系拓扑图

在依赖关系拓扑图中，每个节点代表着基本块中一条指令，任意一条从节点 a 指向节点 b 的边有一个权值 v，代表着 b 指令必须在 a 指令开始执行后 v 拍才能够被执行。

依赖关系拓扑图是一种有向无环图（DAG），可以产生拓扑序列。事实上，在循环基本块中（即基本块是一个循环体），可能产生环路，但是这种环路在调度中不产生任何影响，因为 AOF 后端调度不会交叉不同迭代次数的指令。这种依赖环路只有采用软件流水化技术时才需要考虑[9]，本篇不深入探讨。

定义 x. w 代表指令对 x 寄存器进行了写操作，x. r 代表指令对 x 进行了读操作。下面讨论最简单的情况：每条指令最多仅含一个读变量或一个写变量，且不含指针寻址。则拓扑图将如图 3 所示，由若干互不相连的呈莲藕状的联通分量构成。这是因为对同一变量的两个相邻写操作间的读操作互相没有依赖关系，可以在后端调度时任意改变位置，而写操作的执行顺序在调度前后不能改变，任意两条指令的读后写、写后读关系同样不能被调度破坏。

将条件稍微放松，若每条指令可以含多个读写变量，则孤立联通分量将可能相连通，如图 4 所示。

最后考虑指针寻址，因为静态分析无法确定指针地址，因此所有指针寻址变量的依赖关系都需要考虑，即使他们使用了不同的寄存器寻址。指针寻址与寄存器变量间不会存在依赖，因为指针永远指向内存。需要指出，这种保守策略会使依赖图产生许多实际不必要的边，因为绝大多数的指针不会指向同一地址，这种冗余的依赖关系会大大限制后端调度的自由，从而降低调度效果。工程上，可以对编程做出限制："禁止使用不同的指针指向同一地址"。这个限制通常不会对程序员产生多少不便，却能给优化效果带来不错的提升。即使程序员一定要这么做，也可以选择放弃优化此基本块或给 AOF 加上"保守策略"选项。

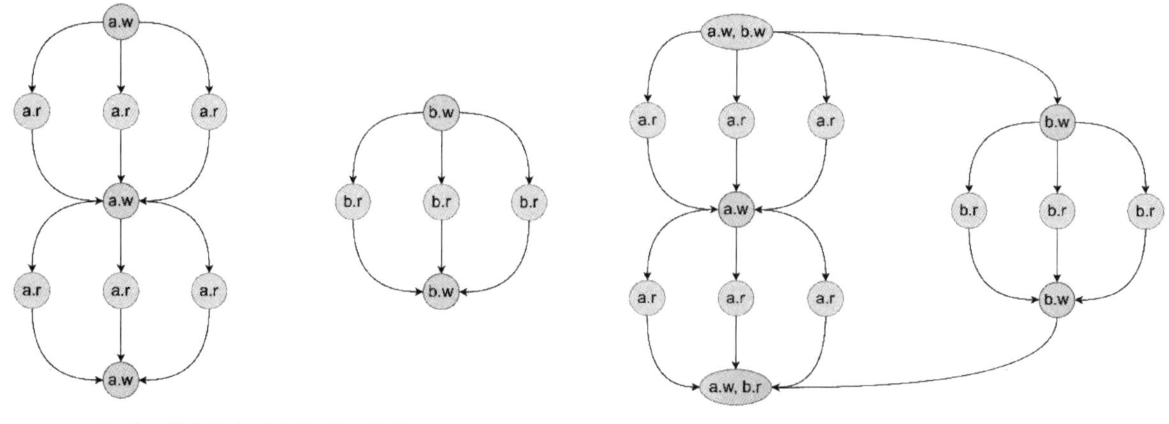

图 3　指令依赖关系拓扑图示例 1　　**图 4　指令依赖关系拓扑图示例 2**

3.3.2 虚指令

有些程序基本块对某个变量的第一个操作并非写，而是读，这样拓扑图的联通分量将不再是完整的“莲藕”型。为了解决这一问题，本文提出了“虚指令”这一概念。当然，虚指令的意义不只是“为了使依赖图好看”，它在依赖图自动生成算法及调度算法中都起着重要的规整化作用。

顾名思义，虚指令即原本不存在于代码中的指令，是程序生成的辅助指令。它在程序第一次识别到对某个未出现过的变量读操作时创建，并将虚指令设置为读操作指令的父节点。虚指令和普通指令一样采用 Instr 数据结构，但不具有指令名，可分配在任意功能单元上，读写生效延迟均为 0，无读变量，由写变量唯一确定自身。

虚指令具有的特征：对于任意指令 Ix，它读或写变量 a，变量 a 存在于虚指令 Iv 的写变量向量中，则 Iv 是 Ix 的祖先。

3.3.3　倒计时缓冲算法

本节将聚焦如何自动化产生依赖关系拓扑图。不同于高级语言的依赖分析，由于 GPDSP 的指令集特性，指令开始执行和读写生效时间均不一致，分析依赖关系异常复杂。为了解决这一问题，本文提出了一种基于倒计时缓冲的一遍扫描算法，能够规整巧妙地完成依赖分析任务，其核心思想是以执行流为输入将其分解为读、写端口占用两个流。

在倒计时缓冲算法中，使用读开始延迟作为读操作出列延迟，因为读操作要求取数据期间数据不发生改变。使用写生效延迟作为写操作出列延迟，因为判断依赖关系时，若某个变量未完成写操作，读取到该变量的值为其未改变的原值（读生效延迟与写开始延迟将在调度算法用到）。算法拥有两个容器：读缓冲容器、写缓冲容器（许多指令集的指令读开始与执行开始时间相同，这时可以省略读缓冲容器）。容器内的每个元素都是一个由读/写该变量的指令指针和生效倒计时构成的元组。容器是一个以倒计时为比较值的最小优先队列。算法拥有一个写生效表，该表的键为变量名或变量名的对应编码，值为指向最后对该变量写生效的指令指针（读生效表不需要存储，此信息可以查询写生效表中指令的儿子得到）。

整个算法如图 5 所示，由时间驱动，计时器（逻辑上的计时器，程序中可以省略）每增加一拍，程序依次执行下列步骤：

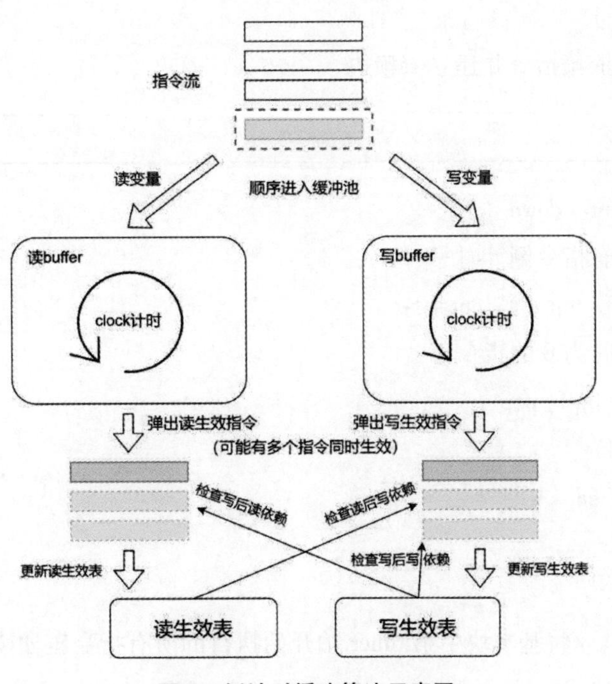

图 5　倒计时缓冲算法示意图

①读缓冲容器内每条指令倒计时-1，并弹出倒计时归0的指令。

②对每个被弹出的指令i，扫描其所有读变量，用读变量作为索引查找写生效表中对应的指令j，若该项为空，则建立一条虚指令。建立依赖边j→i，边权为j. wy-i. rx。j. wy为j的写生效延迟，i. rx为i的读开始延迟，下文中出现的wy、rx意义相同。

③写缓冲容器内每条指令倒计时-1，并弹出倒计时归0的指令。

④对每条被弹出的指令i，扫描其所有写变量，查找写生效表对应指令j。若j存在，则建立依赖边j→i，边权为j. wy-i. wy。最后更新写生效表对应位置指向此条指令。

⑤指令流指针前进一拍，将此拍执行的所有指令压入读缓冲容器和写缓冲容器，并分别设置读开始时间与写生效时间作为倒计时时间。

重复上述五个步骤，直至基本块所有指令均从读缓冲及写缓冲容器中弹出。该算法对所有指令均只进行一遍扫描，因此其处理效率非常高效。算法的伪代码如下：

```
----------------------------------------------------------------------
Instr * i
Instr * j
Int timer：=0
while Read_ buff. empty ( )! =TRUE or
Write_ buff. empty ( )! =TRUE:
    Read_ buff. count_ down ( )
    //读缓冲器中所有指令倒计时-1
    while Read_ buff. top ( ). cnt=0:
    //弹出所有倒计时为0的指令
        i：=Read_ buff. pop ( )
build_ dependency (i)
    //查表搜索所有依赖指令并建立依赖边
----------------------------------------------------------------------
----------------------------------------------------------------------
    Write_ buff. count_ down ( )
    //写缓冲器中所有指令倒计时-1
    while Write_ buff. top ( ). cnt=0:
    //弹出所有倒计时为0的指令
        i：=Write_ buff. pop ( )
build_ dependency (i)
        Write_ finished [v]：=i
    //更新写生效表
    timer++
load_ Instr (timer)    //将基本块中第timer拍开始执行的所有指令压如读/写缓冲器
----------------------------------------------------------------------
```

3.4 后端——调度器

一般来说，GPDSP 上的汇编代码与以功能单元及时间（通常以节拍为单位）为坐标轴的指令排布表一一对应。指令 i 处于调度表上的 k 功能单元及 t 时间就意味着程序执行时，指令 i 第 t 拍正在 k 功能单元上被执行。

后端的工作是将基本块内所有指令重新填入指令排布表，这个过程称为重调度。指令重调度需要考虑三种依赖关系：

1. 调度表的每个位置最多只能分配一条指令，即资源依赖；

2. 每类指令只能分配到一些对应的功能单元上，即功能单元依赖；

3. 调度表上指令间的时间距离需要满足拓扑图的依赖边限制，以确保调度前后读写数据的顺序不变，即数据依赖。

重调度的目的即在满足上述依赖的限制下，获得更短的指令排布表，即获得更短执行节拍的代码。这是个典型的约束满足最优化问题[10]，是 NP 难的。

以指令父亲数量作为节点的入度，对中端产生的拓扑依赖关系图使用拓扑排序[11]可以产生拓扑序列。该拓扑序列的特征是对于序列中任意一个元素，出现在其后的元素要么为该元素的兄弟，要么为该元素的子孙，但不会出现祖先。

如果我们按照拓扑序列的顺序给每条指令分配其执行时间及功能单元，这意味着每条需要被分配时，其所有祖先的执行时间已确定，再根据倒计时缓冲算法得到的依赖边，就可计算得到该指令的可分配时间区间，最后在可分配时间区间内顺序搜索最早的未占用的功能单元即可（此处简单贪心，也可以实现为不同的搜索算法）。

本文意在抽象出重调度算法的共性，而将不同的调度策略保留在搜索函数（本节伪代码中的 find_ fit 函数）中。用户可以根据自己的需求完善搜索函数，不同的搜索算法对应着不同的调度效果和搜索时间开销。第 4 节中，本文使用的是长指令优先策略的列表调度算法。即主体使用列表调度算法[12]，但在指令分配顺序上，优先分配指令延迟长的指令。

重调度每次从待排布序列（即 3.4.3 的拓扑序列）的头部取出一条指令，从 $\max\{j.\ pos + e_{ji} \mid j \in fa(i)\}$（pos 代表排布位置，e 代表边权，fa 代表所有父亲节点的集合）开始向下搜索其排布位置，安排完该指令后，将其所有儿子的入度-1，若儿子的入度归 0，则将儿子放入待排布序列尾部。写成伪代码如下：

```
----------------------------------------------------------------------
Ins * x
pair<int, int>pos
Load_ zero_ indeg_ ins ( ) //将所有入度为 0 的指令装载入 topo_ seq 容器
while topo_ seq. empty ( )! =TRUE:
    x: =topo_ seq. pop ( )
    pos: =find_ fit (x) //为指令 x 寻找分配位置 pos
    place (x, pos) //分配（放置）指令 x 到指令排布
        表中的 pos 位置（注意 pos 是二维地址）
    for y in x. chldren:
        y. indeg--
        if y. indeg=0:
            topo_ seq. push (y)
----------------------------------------------------------------------
```

需要补充的是，虚指令也会参与调度，也会在排布表上寻找分配位置（find_ fit)，但排布时（place）仅记录自己的排布位置并更新儿子的入度，而不占用排布表资源，也就是说其他指令也可以排布在虚指令排布的位置上，而不会产生资源冲突。由于虚指令的读写延迟为0（意味着端口占用时间为0)，程序并不会真正把虚指令记入排布表，因此代码是规整的，不需要特判虚指令。

虚指令对于调度的另一个意义在于，当算法需要设计回溯时，任何变量都具有对其进行操作的写指令，且该写指令只有子孙而无兄弟（类似树型结构的根)。当要移动某条指令 x 在指令排布表中的位置时，根据其所有读写变量的父亲写指令（可以是自己）就可以找到所有受其影响的子孙指令，这些指令需要随着 x 的移动而重新分配。

4 实验评测与分析

4.1 实验设置信息

1. 实验平台：作为目前主流的 GPDSP 典型代表，FT-MATRIX DSP 是国防科技大学自主研发的 GPDSP 系列，该系列产品使用自主指令集架构，能够适用于众多应用场景。本文将使用 FT-MATRIX DSP 系列产品作为测试平台，评测 AOF 的汇编优化功能。

2. 基准测试集：由于约束满足最优化问题是 NP 难的，对于规模稍大的代码，几乎不可能在有限的时间内找到确定的最优指令排布。为了测试 AOF 的汇编代码优化效果，我们将采用手工编写并优化的部分复杂数学库汇编代码作为基准测试集。同时我们也给出了这些代码的完全串行版本，将完全串行、人工优化及 AOF 优化结果做对比。

3. 评价指标：对 AOF 框架生成的汇编代码执行效率评测主要参照执行节拍，而优化效果主要参照优化率，其定义为

$$\left(1-\frac{\text{优化后代码执行拍数}}{\text{优化前代码执行拍数}}\right)\times 100\% 。$$

4.2 代码优化

因为条件分支的存在，程序的具体执行流依赖于输入数据，为了消除这一影响，统计时分支跳转部分与不跳转部分代码均计入代码执行拍数。为方便统计结果，代码执行节拍直接以所有指令执行一遍的节拍数为准。图6中给出了各版本代码执行节拍统计结果对比，图7展示了 AOF 相比串行代码和手写代码的优化率：

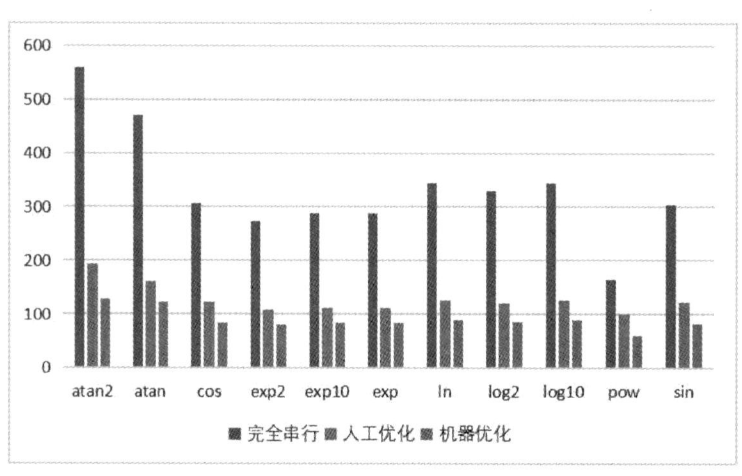

图6 代码执行节拍对比

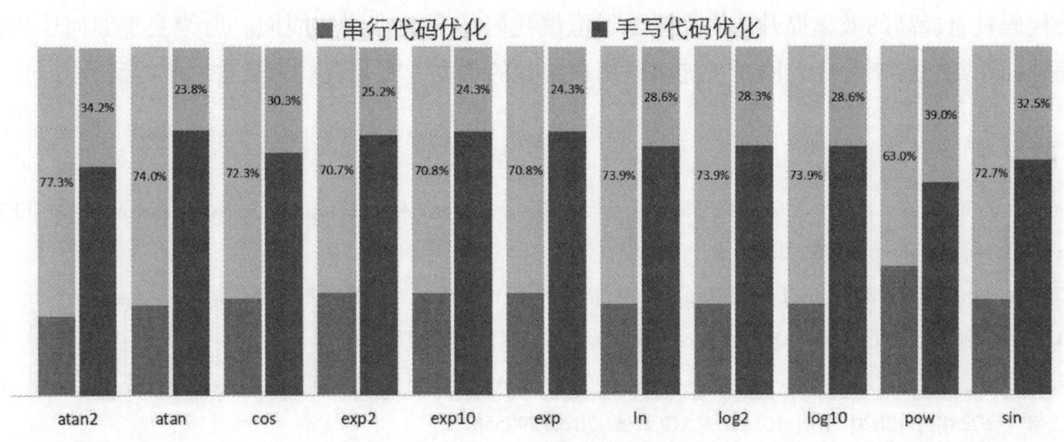

图 7　AOF 代码优化率对比结果

从结果中可以看出，AOF 对于完全串行代码的优化效果非常高，平均优化效果达到了 71.5%。对于数学库这样规模庞大的代码，挖掘指令级并行性十分困难。AOF 对于已经过人工排布的代码进行优化，依然能够有高达平均 29.2% 的优化效果，这说明 AOF 能挖掘人工优化难以发现的优化空间。这无疑证明 AOF 能够提高汇编代码的执行效率，在汇编编程领域很好地辅助人工编程，从而极大缩短程序开发周期。

4.3　讨论

AOF 能够自动化对 GPDSP 的汇编代码进行重调度优化，使得程序员编程时仅需考虑程序正确性，大大降低了 GPDSP 上的编程难度。对于已经经过人工优化的复杂汇编代码，AOF 依然可以进行效果相当不错的优化，对于高性能库的开发有着重要意义。

但是 AOF 直接分析汇编指令，无法确认寄存器的活性区间[13]，因为活性区间信息体现在变量中，程序员编程时已经将变量分配给寄存器，导致这部分信息丢失。故 AOF 无法根据活性区间，灵活分配寄存器，而只能采用源代码的寄存器分配方式。这意味着依赖关系图中一些限制可能是不必要的，给后端调度增加的约束，可能会降低后端调度效果。

这个缺陷意味着 AOF 的优化效果一部分取决于程序员编程时的寄存器使用策略。若程序员不必要地大量复用同一寄存器，这将导致 AOF 中端分析时产生过多不冗余依赖边，会大大降低后端调度的优化效果。因此程序员编程时应该尽可能均匀地使用所有寄存器。从这个角度来说 AOF 依然没有完全解放编程难度，还有改进空间。

5　总结

本篇整体性介绍了一种面向通用 GPDSP 汇编代码的通用优化框架 AOF，该架构参照编译器的架构，采用了前中后端分离技术，并对每个模块实现进行了抽象化表述。其中中端的依赖分析是整个框架中最复杂也最核心的部分，文章提出的倒计时缓冲思想及虚指令思想，不仅为设计中端提出了低复杂度的算法，并且在程序的规整化方面起到了重要作用。AOF 可以为以 FT-MATRIX 系列 DSP 为代表的 GPDSP 补充完善编译工具链，对复杂的 GPDSP 汇编代码进一步优化，以便用户使用汇编语言开发程序。此外我们提出一种基于外部指令集描述文件的方式实现汇编代码与体系结构的解耦合，当需要更换使用平台时，仅提供一个新平台指令集描述文件，并在必要时修改前端扫描模块即可，该方法极大提高了 AOF 的代码复用性。从实验结果上可以看出，AOF 对于较为复杂的汇编代码，相比于手工编写和串行代码具有极高的效率提升，大大降低了汇编代码的开发难度和周期。后续关于如何让用户既能在汇编层面精细化控制程序，同时又能解放用户编程的难度，将是我们未来进一步的研究方向。

参考文献：

[1] S. CHEN, Y. WANG, S. LIU, et al. "FT-Matrix: A Coordination-Aware Architecture for Signal Processing," in IEEE Micro, vol34, No. 6, pp. 64 - 73, 2014.

[2] JOSEPH A. FISHER. 1983. Very Long Instruction Word architectures and the ELI - 512. SIGARCH Comput. Archit. News 11, 3 (June 1983), 140 - 150. DOI: https://doi.org/10.1145/1067651.801649.

[3] G. Li, Y. Hou, J. Zhu. "An Efficient and Fast VLIW Compression Scheme for Stream Processor," in IEEE Access, vol. 8, pp. 224817 - 224824, 2020, doi: 10.1109/ACCESS.2020.2985501.

[4] DYER, S. A., HARMS, B. K. (1993). "Digital Signal Processing". In Yovits, M. C. (ed.). Advances in Computers. 37. Academic Press. pp. 104 - 107.

[5] N. V. Mujadiya, "Instruction scheduling for VLIW processors under variation scenario," 2009 International Symposium on Systems, Architectures, Modeling, and Simulation, 2009, pp. 33 - 40, doi: 10.1109/ICSAMOS.2009.5289239.

[6] K. -A. Tran et al., "Static Instruction Scheduling for High Performance on Limited Hardware," in IEEE Transactions on Computers, vol. 67, no. 4, pp. 513 - 527, 1 April 2018, doi: 10.1109/TC.2017.2769641.

[7] Cyril Six, Sylvain Boulmé, and David Monniaux. 2020. Certified and efficient instruction scheduling: application to interlocked VLIW processors. Proc. ACM Program. Lang. 4, OOPSLA, Article 129 (November 2020), 29 pages. DOI: https://doi.org/10.1145/3428197.

[8] Fred Chow. 2013. Intermediate representation. Commun. ACM 56, 12 (December 2013), 57 - 62. DOI: https://doi.org/10.1145/2534706.2534720.

[9] Alfred V. Aho, Ravi Sethi, Jeffrey D. Ullman: Compilers: Principles, Techniques, and Tools. Addison-Wesley series in computer science / World student series edition, Addison-Wesley 1986, ISBN 0 - 201 - 10088 - 6, pp. I-X, 1 - 796, section 10.5.5: 473 - 474.

[10] Steven Minton, Andy Philips, Mark D. Johnston. Philip Laird (1993). Minimizing Conflicts: A Heuristic Repair Method for Constraint-Satisfaction and Scheduling Problems. Journal of Artificial Intelligence Research. 58 (1 - 3): 161 - 205.

[11] Cormen, Thomas H.; Leiserson, Charles E.; Rivest, Ronald L.; Stein, Clifford (2001), Section 22.4: Topological sort, Introduction to Algorithms (2nd ed.), MIT Press and McGraw-Hill, pp. 549 - 552, ISBN 0 - 262 - 03293 - 7.

[12] Quingzhou Wang, Kam-Hoi Cheng. List Scheduling of Parallel Tasks. Inf. Process. Lett. 37 (5): 291 - 297 (1991).

[13] ALFRED V. AHO, RAVI SETHI, JEFFREY D. Ullman: Compilers: Principles, Techniques, and Tools. Addison-Wesley series in computer science / World student series edition, Addison-Wesley 1986, ISBN 0 - 201 - 10088 - 6, pp. I-X, 1 - 796, section 8.8.4: 358 - 359.

多层 PCB 高速连接器差分过孔的结构设计

李滔[1]　毛智辉[1]　郑浩[1]

[1]（江南计算技术研究所　无锡 214083）

（leetel@ 163. com）

摘要　本文主要讨论在多层电路板中如何设计满足传输链路阻抗要求的高速连接器差分过孔，降低差分过孔对串行通道性能的影响。介绍了高速 PCB 设计中过孔对信号完整性的影响，对影响过孔阻抗的结构参数进行了理论分析。采用三维电磁场仿真软件针对高速连接器压接过孔的结构设计展开仿真，着重分析了过孔短分支、过孔隔离盘和双孔径结构等不同设计参数以及相关组合参数下过孔阻抗变化的趋势。实验结果表明，通过有针对性地调整差分过孔结构，能有效提高高速连接器过孔阻抗，可最大化满足传输链路阻抗一致性的要求。

关键词　差分过孔；反钻；双孔径结构；过孔隔离盘；信号完整性

中图法分类号　**TP391**

1　引言

随着高速电路系统的迅速发展，高速信号传输速率已从 10 Gbps 提高到 56 Gbps 以上，高速信号传输问题是数字电路工程师面临的巨大挑战。信号传输速率的提高，使得信号传输带宽已经到了微波甚至是毫米波频段，在传输通道上出现的任何阻抗不连续点都会导致信号完整性问题，保持信号波形特征变得越来越困难。

过孔作为多层电路板中信号传输链路的重要组成部分，过孔的寄生电容、电感对高速信号影响越来越突出，它会产生信号的反射、延时、衰减等信号完整性问题[1-3]。如何处理好过孔，将其带来的负面影响降至最低成为多层高速 PCB 设计一次成功的关键一环。

本文以传输链路目标阻抗为 90Ω 的高速串行传输系统为背景，考虑 PCB 板厂的生产能力及工艺精度将 83. 5Ω 定为差分过孔的目标阻抗，利用全波电磁场仿真手段，研究不同过孔结构和设计参数对差分过孔阻抗值的影响，为解决实际工程问题给出参考依据。文中第二节对过孔特性和参数进行了理论分析，第三节介绍了差分过孔的结构和模型的建立，第四节是仿真结果分析，最后是结束语。

2　过孔的特性与参数分析

在多层电路板设计中信号从某信号层传输到另一信号层就需要通过过孔来实现连接，在频率低于 1GHz 时，过孔能起到很好的连接作用，其寄生电容、电感可以忽略。当频率高于 1GHZ，过孔的寄生效应对信号完整性的影响就明显增强，此时过孔在传输路径上表现为容性或者感性阻抗不连续点，会产生信号的反射、延时、衰减等信号完整性问题。图 1 展示了一个简单的集总 LC 模型来说明通孔电容

通信作者：李滔（leetel@ 163. com）

和电感效应。虽然该模型仅适用于通孔延迟小于信号上升时间 1/10 的情况，但对于理解过孔的寄生电容和寄生电感效应仍然有用。

该通孔模型的寄生电容和寄生电感可由公式 1 和公式 2 分别得出[4,5]：

$$C_{via} \approx \frac{1.41\varepsilon_r D_1 T}{D_2 - D_1} pF \tag{1}$$

$$L_{via} \approx 0.58h\left[\ln\left(\frac{4h}{d}\right)+1\right] nH \tag{2}$$

公式 1 中，ε_r 为 PCB 基材的相对介电常数，D_1 为通孔连接盘直径，D_2 为隔离盘直径，T 为 PCB 的厚度。

公式 2 中 h 为过孔长度，d 为过孔孔壁直径。

通过以上两个公式及公开发表的论文资料来看[6-8]，可得出以下结论：

- 最小化过孔寄生电容可采取以下手段
  - 减小过孔连接盘；
  - 去除非功能盘；
  - 增加隔离盘大小。
- 最小化过孔寄生电感可采取以下手段
  - 去除或减小过孔短分支；
  - 缩短过孔长度。

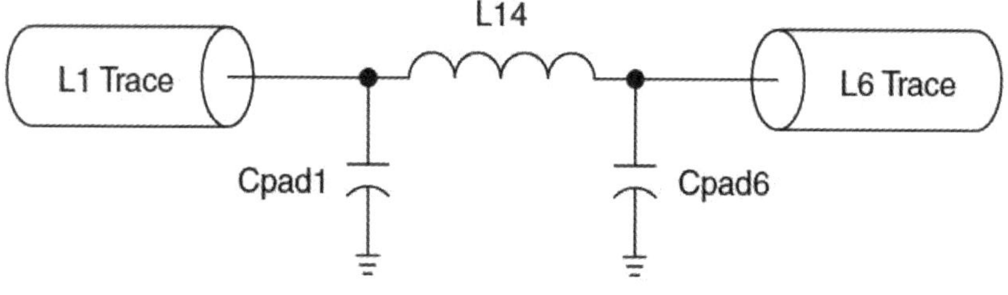

图 1　过孔的集总 LC 模型

3　过孔仿真模型建立

本文所讨论的 PCB 的总层数为 26 层如图 2 所示，可利用的布线信号层是 Top、Sig1、Sig2、Sig3、Sig4、Sig5、Sig6、Sig7、Sig8 和 Bottom 层。由于 PCB 板厂对外层印制线阻抗控制精度低于内层印制线阻抗控制精度，因此在设计只使用内层作为 25Gbps 高速差分信号线的引出层。

25Gbps 高速连接器的差分过孔结构如图 3 所示。该连接器为压接连接器，压接孔径要求为 0.36mm（±0.05mm）。根据生产工艺的相关要求，该孔的钻孔孔径为 0.46mm，隔离盘设置为 1.2mm 并使用连通结构。差分孔两孔中心距为 1.2mm，信号孔与相邻的隔离地孔中心距为 1.2mm。

在综合考虑所选压接连接器的压接孔径大小、压接针最短压接针长和过孔反钻控制精度等诸多因素后，使用 ADS Via designer 针对适合布设高速差分信号线 Sig3、Sig4、Sig5、Sig6、Sig7、Sig8 层建立差分过孔模型。

叠层结构			厚度	单位mm
叠层名称	材料		Cu	基材/半固化片
Top			0.049	
	半固化片			0.098
Pln1			0.018	
	芯板	TU883		0.1
Sig1			0.018	
	半固化片			0.091
Pln2			0.018	
	芯板	TU883		0.1
Sig2			0.018	
	半固化片			0.091
Pln3			0.018	
	芯板	TU883		0.1
Sig3			0.018	
	半固化片			0.091
Pln4			0.018	
	芯板	TU883		0.1
Sig4			0.018	
	半固化片			0.098
Pln5			0.035	
	芯板			
⋮	核心供电层			
	芯板			
Pln6			0.035	
	半固化片			0.098
Sig5			0.018	
	芯板	TU883		0.1
Pln7			0.018	
	半固化片			0.091
Sig6			0.018	
	芯板	TU883		0.1
Pln8			0.018	
	半固化片			0.091
Sig7			0.018	
	芯板	TU883		0.1
Pln9			0.018	
	半固化片			0.091
Sig8			0.018	
	芯板	TU883		0.1
Pln10			0.018	
	半固化片			0.098
Bottom			0.049	

图 2　叠层结构示意

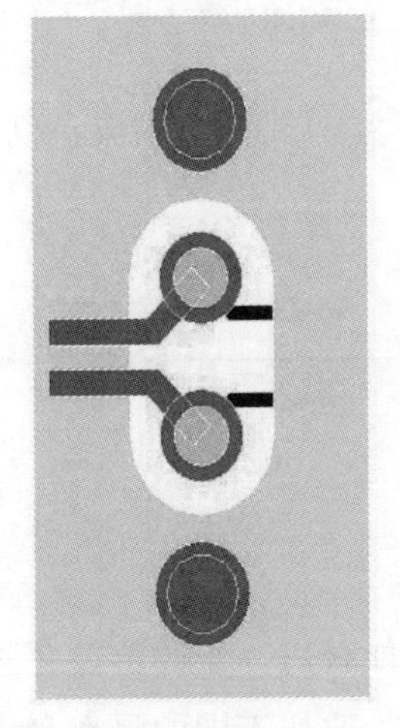

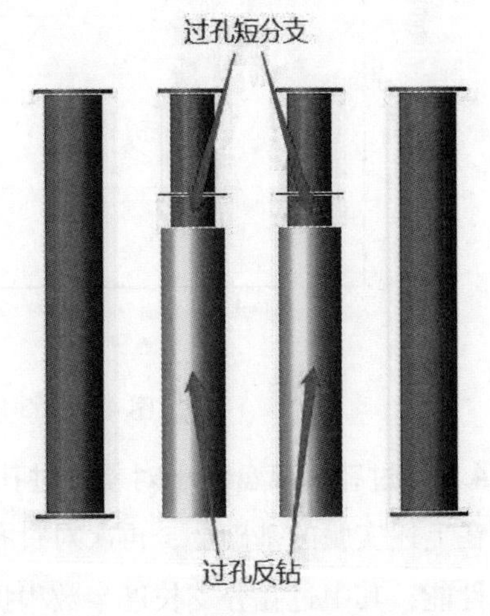

图 3　仿真过孔模型

4　结果分析

4.1　过孔短分支对差分过孔阻抗的影响

根据所建立的模型并行仿真，比较 Sig3、Sig4、Sig5、Sig6、Sig7 各层差分过孔阻抗值，在不同过孔短分支下的差异，具体阻抗值如表 1。

上面的实验中可以明显发现随着过孔孔深的逐渐增加，过孔短分支的缩小对过孔阻抗带来的提升逐渐减小。当过孔孔深≤1mm 时，在表 1 中描述的过孔结构下，分支长度每缩小 0.1mm 过孔阻抗可提高 3~4Ω，当过孔孔深≥2mm 时，分支长度每缩小 0.1mm 对过孔阻抗的优化能力逐渐降低。

如果仅通过反钻的手段，在板厚大于 2mm 的设计中，只有 Sig3 和 Sig4 引出层差分过孔满足目标阻抗要求。

表 1　不同过孔短分支差分阻抗值

信号引出层	Sig3	Sig4	Sig5	Sig6	Sig7
孔深/mm	0.757	0.986	2.833	3.062	3.292
孔直径/mm	0.45/0.36（钻孔孔径/成孔孔径）				
盘直径/mm	0.65				
隔离盘/mm	**1.2mm×2.4mm**				
分支长度/mm	0.5mm				
孔阻抗/Ω	81.71	78.57	75.49	76.25	77.30
分支长度/mm	**0.4mm**				
孔阻抗/Ω	85.44	81.28	76.31	76.77	77.35
分支长度/mm	**0.3mm**				
孔阻抗/Ω	88.62	84.32	77.02	77.31	77.58

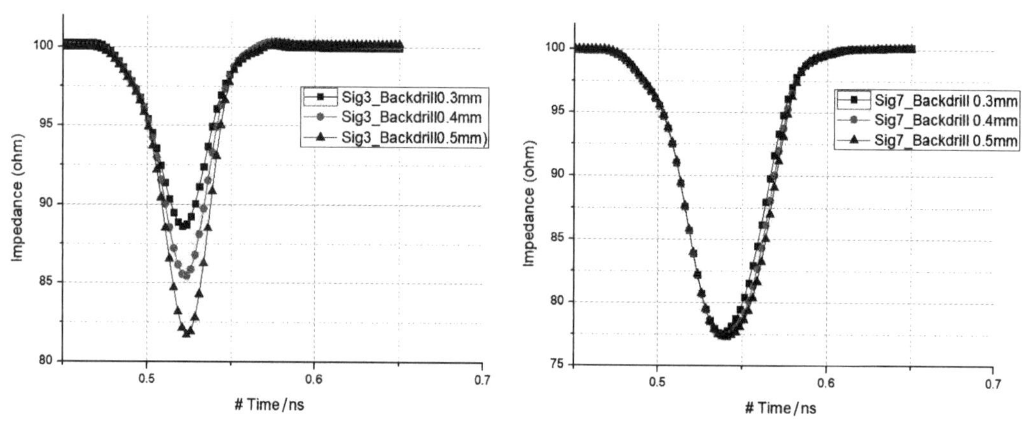

图 4　Sig3 层和 Sig7 层不同过孔分支长度阻抗变化对比

4.2　过孔隔离盘大小对差分过孔阻抗的影响

在上述实验的基础上，再次对过孔隔离盘大小进行优化修改，观察该参数能否进一步改善差分过孔的性能，其中过孔分支长度参数根据厂商工艺能力，选取比较合理的长度值。改变不同的隔离盘大小，各信号引出层的具体阻抗值如表 2 所示。仿真结果明显发现随着过孔隔离盘的逐渐增加，过孔阻抗也逐渐增大。过孔隔离盘每增大 0.1mm，所有信号引出层的差分过孔阻抗均可提高 2~3Ω。

增加隔离盘的大小对所有信号引出层的差分过孔阻抗的确都有提升效果，但由于孔深长的引出层过孔寄生电容远大于由隔离盘增大带来的优化效果，因此 Sig5、Sig6、Sig7 和 Sig8 引出层差分过孔还是无法满足 83.5Ω 目标阻抗要求。

表 2　不同隔离盘差分阻抗值

信号引出层	Sig3	Sig4	Sig5	Sig6	Sig7	Sig8
孔深/mm	0.757	0.986	2.833	3.062	3.292	3.537
分支长度/mm	0.429	0.29	0.325	0.325	0.325	0.265
孔直径/mm	0.45/0.36（drill/finish）					
盘直径/mm	0.65					

续表

信号引出层	Sig3	Sig4	Sig5	Sig6	Sig7	Sig8
隔离盘/mm×mm	**1.2mm×2.4mm**					
孔阻抗/Ω	84.23	85.38	76.84	77.19	77.31	77.97
隔离盘/mm×mm	**1.3mm×2.6mm**					
孔阻抗/Ω	87.36	88.54	79.75	79.96	80.05	80.64
隔离盘/mm×mm	**1.4mm×2.8mm**					
孔阻抗/Ω	90.20	91.35	82.24	82.46	82.43	83.17

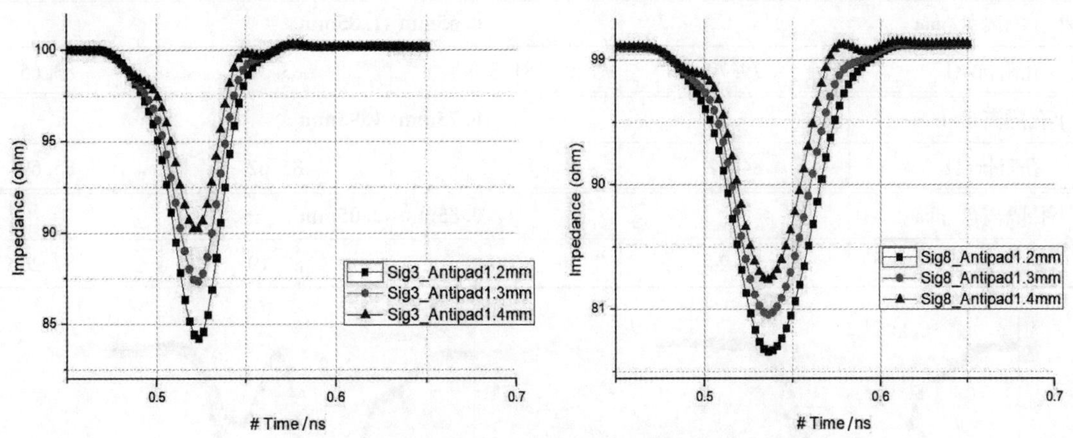

图 5　Sig3 和 Sig8 层不同隔离盘大小阻抗值变化对比

4.3　双孔径结构对差分过孔阻抗的影响

从以上两个实验发现，调整过孔短分支和过孔隔离盘，在一定条件下对提高差分过孔的阻抗具有良好效果，但随着过孔深度的逐渐增加，改善效果逐渐降低。

通过观察压接连接器的过孔设计要求可发现压接针长决定了孔径为 0.46mm 钻孔的最小深度，因此在实际设计中，可以采用双孔径结构降低压接连接器安装需求以外部分的过孔直径，最大化降低过孔寄生电容。

在原有过孔模型的基础上进行改进，建立如图 6 的双孔径差分过孔模型。

双孔径结构的差分过孔对大孔径差分压接孔的阻抗有显著提升。优化过后的双孔径结构，使 Sig5、Sig6、Sig7 和 Sig8 都达到了 83.5Ω 的目标阻抗要求。

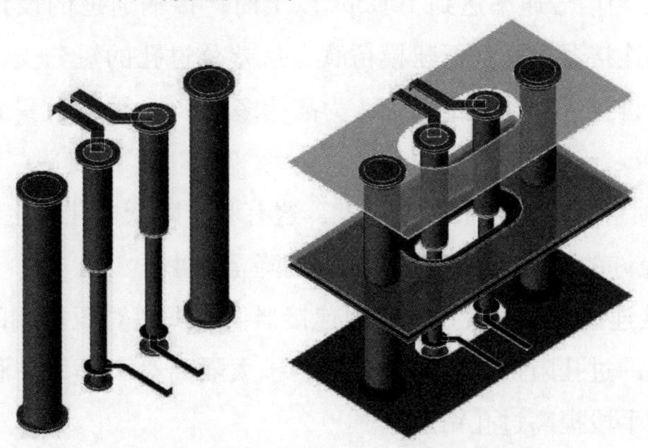

图 6　双孔径结构差分过孔建模示意图

表 3　双孔径结构差分过孔阻抗值

信号引出层	Sig5	Sig6	Sig7	Sig8
孔深/mm	0.757	0.986	2.833	3.062
大孔直径/mm	0.45/0.36（钻孔孔径/成孔孔径）			
大孔盘直径/mm	0.65			
大孔隔离盘/mm	1.4mm×2.6mm			
小孔直径/mm	0.25mm			
小孔盘直径/mm	0.45mm			
小孔隔离盘/mm	**0.65mm×1.85mm**			
孔阻抗/Ω	79.70	81.81	83.37	83.65
小孔隔离盘/mm	**0.75mm×1.95mm**			
孔阻抗/Ω	84.12	85.26	85.62	85.69
小孔隔离盘/mm	**0.85mm×2.05mm**			
孔阻抗/Ω	86.24	86.92	87.19	87.26

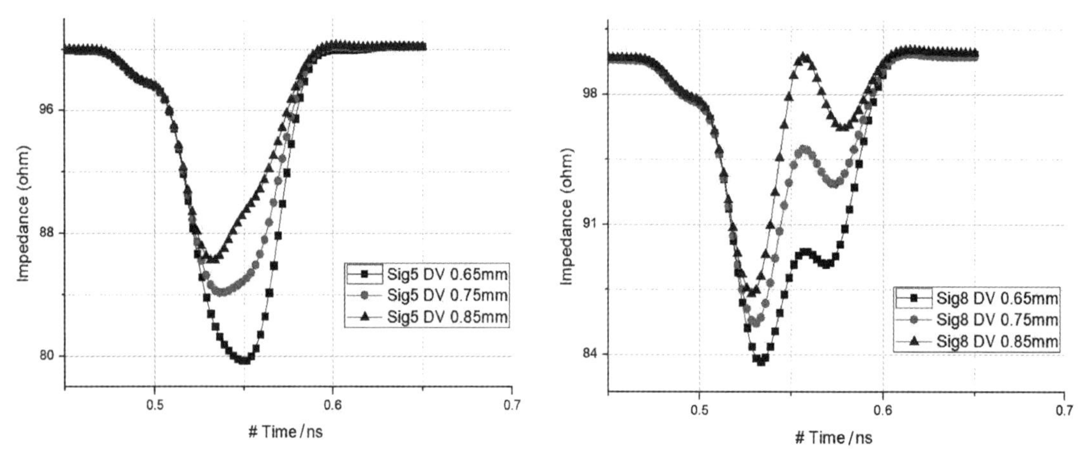

图 7　Sig5 和 Sig8 层在双孔径结构下不同隔离盘大小阻抗值变化对比

5　结束语

在高速 PCB 设计中，当信号速率达到 10Gbps 以上时，传输通道的设计充满了挑战。本文采用三维电磁场仿真软件对压接连接器过孔进行建模仿真，从差分过孔的短分支，隔离盘尺寸和双孔径隔离三个方面进行仿真分析，得到了如下几个结论，为高速多层 PCB 的阻抗一致性设计提供了设计思路和依据：

1. 在设计高速 PCB 时应尽可能降低叠层厚度，这有利于降低过孔寄生参数。

2. 在厂商工艺能力允许的情况下应将过孔短分支降至最小。

3. 针对高速背板压接连接器的安装过孔，因连接器供应厂商对压接端的孔径大小和孔壁厚度有严格要求，为提高压接大孔的过孔阻抗，可以采用适当扩大隔离盘大小，并利用反钻将孔深控制在压接针最短安装孔深要求内等手段提高过孔钻阻抗。

4. 使用双孔径结构，显著提升长孔深压接过孔的阻抗。

参考文献：

[1] HowardJohnson, MartinGraham, 高速数字设计. 北京：电子工业出版社，2004.

[2] HOU Ying-ying, GUAN Dan-dan Research on Via Design in High-speed PCB [J]. ELECTRONICS AND PACKAGING 2009, 09 (8) : 20-23.

侯盈盈，关丹丹. 高速 PCB 中的过孔设计研究 [J]. 电子与封装，2009，9 (8)：20-23.

[3] ZHAO Lian-qing, LIU Er-li. Effects of PCB Vias on High-Speed Signal Transmission [J]. PRINTED CIRCUIT INFORMATION 2009, 9 ; 46-47, 62.

赵莲清，刘二利. PCB 中过孔对高速信号传输的影响 [J]. 印制电路信息，2009，9：46-47，62.

[4] Shen Z, Tong J. Signal integrity analysis of high-speed single-ended and differential vias [C] // Proceedings of 10th Electronics Packaging Technology Conference. Singapore; IEEE, 2008; 65-70.

[5] Zhaowei Wang, Yuesheng Cao, Jinwen Li, Jun HU, Chao Chen Simulation Analysis for Differential Via in 25Gb/s datarate . The 17th National Youth Communication academic annual meeting, 2012 National Internet of things and information security academic annual meeting 2013; 88-92 (in China Beidaihe).

王罂伟，曹跃胜，李晋文，25Gb/s 速率下差分过孔的仿真分析，第十七届全国青年通信学术年会、2012 全国物联网与信息安全学术年会，2013；88-92 (北戴河).

[6] ZHAO Ling-bao, CHEN Qing-hua. Simulation Analysis of Differential Via's High Frequency Characteristics [J]. Telecommunication Engineering 2014, (4) : 518-523.

赵玲宝，陈清华. 差分过孔的高频特性仿真分析 [J]. 电讯技术，2014 (4)：518-523.

[7] LUO Huirong, HE Wenhao. Antipad Design and Its Influence on High Frequency Characteristics of Differential Vias [J]. Journal of Jianghan University Natural Science Edition 2018, (5). 389-394.

罗会容，何文浩. 反焊盘设计及其对差分过孔高频特性影响分析 [J]. 江汉大学学报（自然科学版），2018 (5)：389-394.

[8] ZHOU Zixiang. Analysis and Optimization of Differential Vias [J]. Electronic Science and Technology 2016, (6). 100-102, 106.

周子翔. 差分过孔的结构分析与优化 [J]. 电子科技，2016，(6)：100-102，106.

硅转接层高带宽存储互连通道设计及仿真

李川[1]　郑浩[1]　王彦辉[1]

[1]（江南计算技术研究所　无锡 214083）

[1]（lic_ jn@126. com）

摘要　High-Bandwidth Memory（HBM）存储器由于超高的存储带宽在大数据、智能计算等领域具有广阔的应用前景。支持超细线宽的硅转接板是实现存储器与芯片间 HBM 信号互连的主要载体，从 HBM1.0 到 HBM2E，信号速率达到 3.2Gbps，信号完整性问题不容忽视。从 HBM 颗粒管脚阵列结构出发，分析信号布线及线宽间距极值。建立两层信号线传输模型，提炼频域阻抗分析方法和总串扰计算方法，从频域角度分析结构参数对电性能传输参数的影响，并从时域进行验证。结果显示：HBM 信号线宽间距和应小于 6.8μm；在应用频点范围内，远硅层信号线阻抗比近硅层信号线阻抗高 6~8 欧姆，3μm 线宽的阻抗值更接近于 50 欧姆；线宽和线长是插入损耗敏感参数，间距和布线层对损耗影响较小。针对低频区的固有损耗，线宽影响占主导，针对高频区线损耗，线长影响较大。间距是串扰敏感因素，但受空间限制，间距优化有限，引入地屏蔽线是有效解决办法。

关键词　HBM；硅转接层；信号完整性；阻抗；插入损耗；总串扰；眼图

中图法分类号　TN41

1　引言

随着大数据、云计算、智能计算以及高性能计算领域的飞速发展，芯片存储带宽需求急剧增加，尤其是 T Byte/s（10E+12 Byte/s）带宽需求。为了缩小存储带宽与芯片计算性能之间的差距，动态随机存储架构（DRAM）的 I/O 速率逐年增加，DDR5 规范中 I/O 最高速率达到 6.4Gbps，GDDR6 产品最高速率达 18Gbps。但是对于 T Byte/s 带宽需求，DDR5 所需 I/O 数量大，封装以及存储颗粒布局难以解决，GDDR6 实现 T 级存储带宽，其匹配带宽的颗粒数量与可靠的高速并行互连难以兼得。由此，基于 3D 堆叠并且具有超高位宽的 HBM 存储技术发展迅速。

为了实现 HBM 存储颗粒与 CPU/GPU 芯片之间的高位宽信号互连，需要引入超细线宽和间距的转接板，常规的封装基板和印制板互连密度难以满足需求[1-2]。目前，硅基转接板工艺相对于有机和玻璃转接板更为成熟，并且布线更灵活，硅基转接板是 HBM 颗粒和 CPU/GPU 芯片之间互连的主流介质[3]。

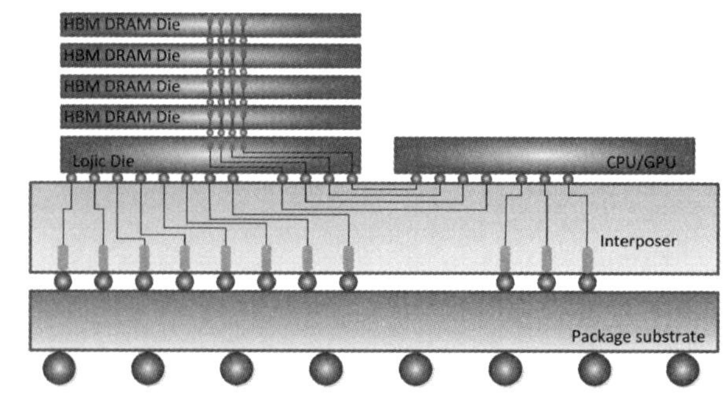

图 1　HBM 结构及信号互连示意图

硅转接板中，HBM 相关的物理传输路径如图

通信作者：李川（lic_ jn@126. com）

1 所示分为两类。一类是 HBM 与芯片之间的信号互连，包括 8 个通道的数据组信号和地址组信号，以单端信号为主，分布在硅转接板的 RDL 层（Redistribution Layer）。另一类是 HBM 相关的电源和地信号以及少量的外测试信号，贯穿整个转接板，通过微焊球与封装基板和印制板连接。本文主要分析 HBM 与芯片之间互连信号的电传输特性，属于第一类。

硅转接板不同于常规的封装基板和印制板，其硅基损耗特性明显，微小尺寸的阻抗特性特殊，经典的印制线阻抗近似理论不再适用。韩国科学院的 Heegon Kim 团队基于早期 HBM 产品的信号互连作了大量的仿真分析[4-7]，国内专家学者也在持续关注转接板上的多种信号传输特性[8-9]。但是，随着 HBM 颗粒升级到 HBM2E 的 3. 2Gbps，接口电平降至 1. 2V，这对于细节距条件下的串扰、损耗控制是极大考验，有必要针对新的应用环境对互连传输通道的信号完整性进行深入研究。

章节 2 是信号传输结构分析，章节 3 是模型设计，章节 4 先从频域出发，分析了阻抗、损耗和串扰特性，然后针对部分模型给出了眼图对比结果，最后一个部分是结论。

2　结构分析

根据固态技术协会关于 HBM 的最新规范[10]，单 HBM 存储颗粒与芯片互连信号共 8 组，约1 800 个。每组代表一个信号传输通道，有独立的数据组信号和地址组信号。8 组信号用后缀 a. b，c，d，e，f，g，h 区分，a~d 组信号管脚沿颗粒长边一字排开，e~f 组管脚与 a~d 组管脚沿颗粒短边并列。

无论是两颗粒 HBM 还是 4 颗粒 HBM 与芯片互连，沿颗粒长边平行方向放置颗粒和芯片可以最大程度增加同信号层布线数量。如果信号盘引出空间允许，两个信号层即可实现 8 组信号互连，a~d 组通道信号同层，e~f 组信号布设在另一层。

每通道包括 16 字节数据信号和一组约 20 pin 的地址信号。两字节共 24 Pin 数据信号为一个管脚阵列单元，通过上、下两排电/地信号与其他单元进行分隔。地址信号阵列与 2 字节数据信号阵列类似。

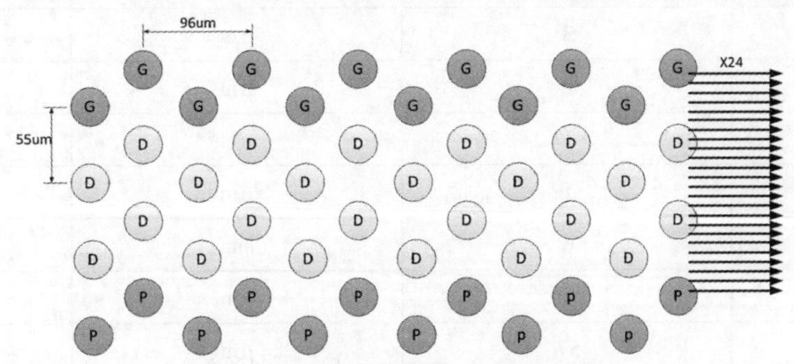

图 2　信号管脚及布线引出空间示意图

通道内部两字节信号管脚排布如图 2 所示，24 Pin 信号在图中用字母 D 标识。最上一排管脚是地管脚，最下一排是接口电源管脚。假设芯片位于右侧，HBM 颗粒位于左侧，24 个信号同时向右侧引出，瓶颈位置在最右列的电、地管脚之间，粗略估算，每个信号可以利用的空间为 55×3/24μm，即 6. 875μm。也就是说单根信号线宽度及信号间距之和小于 6. 8μm 时，两个信号层可以满足布线的引出需求。

根据上述分析，总的1 800 Pin 信号分两个信号层布设，单层信号个数为 900，沿颗粒长边方向布线宽度约为 900×6. 8μm，即 6. 1mm. 互连线长度可以用存储颗粒最内层信号管脚距封装壳边沿距离加上芯片外管脚距芯片封装壳边沿距离估算，约为 4. 6+1. 5，即 6. 1mm。单 HBM 存储颗粒与芯片互连布线区域面积估算为 6. 1×6. 1mm^2。

3 模型设计

两个信号层的互连通道仿真模型如图 3 所示。图 3（a）中，从下至上依次是硅基板、二氧化硅层、信号层 M_1、二氧化硅层、电地层、二氧化硅层、信号层 M_3、二氧化硅层、氮化硅层。图 3（b）与3（a)叠层结构相同，不同的是，M_1 层和 M_3 层的信号线之间加入了地屏蔽线。由此，用基本模型和 GND 屏蔽模型将二者进行区分。

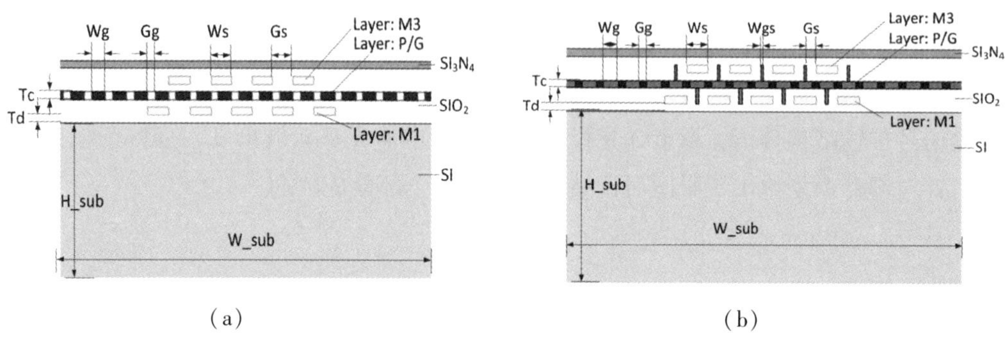

（a）　　　　（b）

图 3　仿真模型（a）基本模型（b）GND 屏蔽模型

基本模型的参数类别及意义如表 1 所示，屏蔽模型参数类别及意义如表 2 所示。电地层，即图中的 P/G 层采用栅格结构，所以也具有线宽和间距两种参数。栅格结构便于硅基铜工艺制造，同时对于近硅层的线损耗起到抑制作用。两种模型中，材料参数相同，如表 3 所示。

表 1　基本模型参数

参数	典型值	单位	意义
Ws	3	μm	M_1 和 M_3 层信号线宽
Gs	3	μm	M_1 和 M_3 层间距
Wg	2	μm	P/G 层地线线宽
Gg	1	μm	P/G 层地线间距
Tc/Td	1	μm	铜层/绝缘层厚度
L_ sub	6	mm	硅基长度
H_ sub	100	μm	硅基厚度
W_ sub	57	μm	硅基宽度

表 2　屏蔽模型参数

参数	典型值	单位	意义
Ws	3	μm	M_1 和 M_3 层信号线宽
Wgs	0. 4	μm	M_1 和 M_3 层地线线宽
Wg	2	μm	P/G 层地线线宽
Gs	1. 3	μm	M_1 和 M_3 层间距
Gg	1	μm	P/G 层地线间距
Tc/Td	1	μm	铜层/绝缘层厚度

续表

参数	典型值	单位	意义
L_ sub	6	mm	硅基长度
H_ sub	100	μm	硅基厚度
W_ sub	57	μm	硅基宽度

表 3　模型材料参数

材料	介电常数	电导率	损耗角正切
Si_3N_4	7.5	—	0.001
Si	11.9	10 s /m	—
SiO_2	3.9	—	0.001
Cu	1	5.8×10^7 s /m	—

4　结果分析

4.1　特征阻抗

PCB 印制线特征阻抗计算通常采用 Johnson and Graham 的近似理论公式[11]，商用软件 Polar9000 与该理论计算结果误差小于 1 欧姆。但对于硅基板上的 HBM 信号线，铜厚线宽比以及铜厚介厚比数值较大，与近似条件相违背。所以，从基本的 RLGC 参数着手，进行 HBM 信号线阻抗特性分析。

$$Z=R+j\omega L=\gamma Z_0,$$

$$Y=G+j\omega C=\gamma/Z_0$$

$$R=R_0+R_s\sqrt{f},$$

$$G=G_0+G_d\cdot f$$

其中，Z_0 为信号线的特征阻抗，γ 是传播常数，Z 和 Y 分别是信号线的阻抗和导纳。R 和 G 是随频率变化的电阻和电导，L 和 C 是电感和电容。

$$Z_0=\sqrt{\frac{R_0+R_s\sqrt{f}+j2\pi fL}{G_0+G_d\cdot f+j2\pi fC}}$$

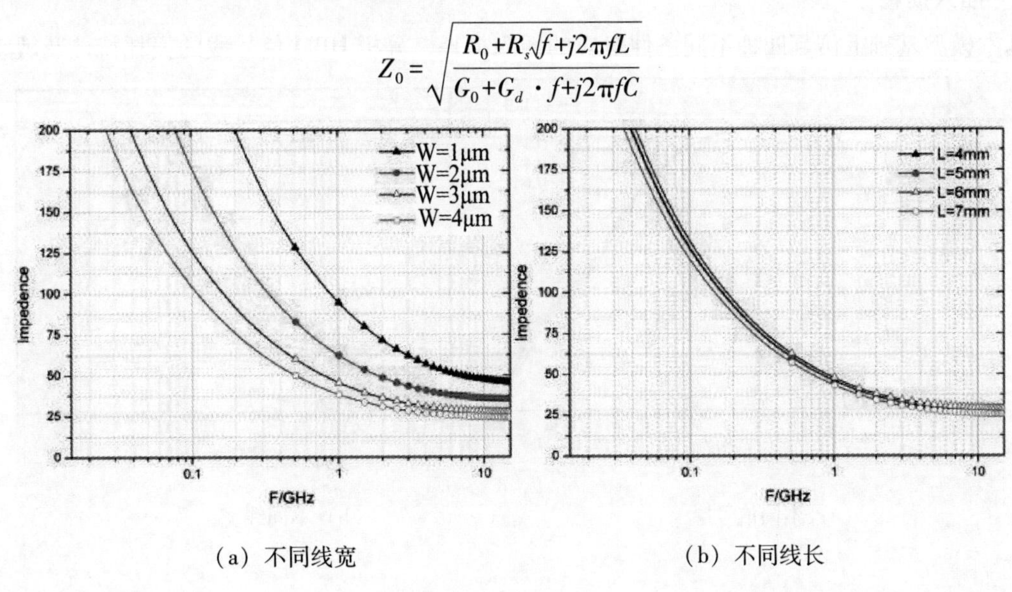

(a) 不同线宽　　(b) 不同线长

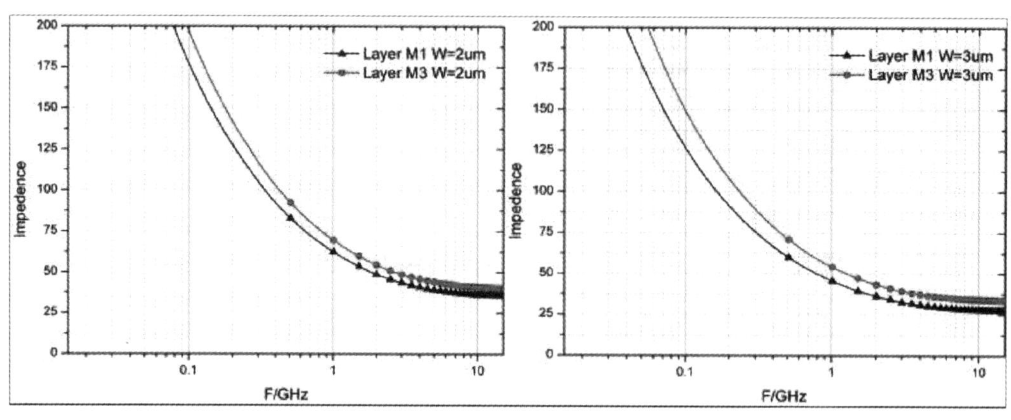

（c）2μm 线宽不同信号层　　　　（d）3μm 线宽不同信号层

图 4　四种条件阻抗曲线

通过对基本模型中单信号线进行三维电磁场仿真可以提取参数 R_0、R_S、G_0、G_d、L、C，从而得到信号线的阻抗频率曲线。HBM2/HBM2E 信号目标速率范围在 2Gbps～4Gbps，对应奈奎斯特频率为 1GHz～2GHz，这里称为目标频率。曲线横坐标统一采用对数坐标形式，便于观察目标频率结果及高频趋势。每幅图中线条采用了不同形状进行标识区分，为了清晰显示，标识密度远远低于实际仿真频点。

图 4（a）是固定线长 5mm 和信号层 M_1，线宽从 1μm 增加至 4μm 时的阻抗频率曲线，可以看出，随着频率的增加，不同线宽的阻抗都逐渐降低。5GHz 以下，阻抗下降趋势明显，5GHz 以上，阻抗值下降缓慢，趋于平稳。随着线宽的增加，各频点的阻抗值降低。目标频率内，1μm 线宽阻抗范围为 72～95Ω，2μm 线宽阻抗范围为 49～63Ω，3μm 线宽阻抗范围为 36～46Ω，4μm 线宽阻抗范围为 31～37Ω。图 4（b）是固定线宽 3mm 和信号层 M_1，线长从 4mm 增加至 7mm 时的阻抗频率曲线。结果显示，线长的改变对各频点的阻抗影响极小。图 4（c）和图 4（d）是不同信号层在 2μm 线宽和 3μm 线宽时的阻抗对比，可以看出，无论线宽是否变化，各频点 M_3 层的信号线阻抗都比 M_1 层的信号线高 6～8 欧姆。

4.2　插入损耗

在基本模型基础上仿真四种不同条件对应的插入损耗，分析 HBM 信号线的损耗特性及敏感参数。

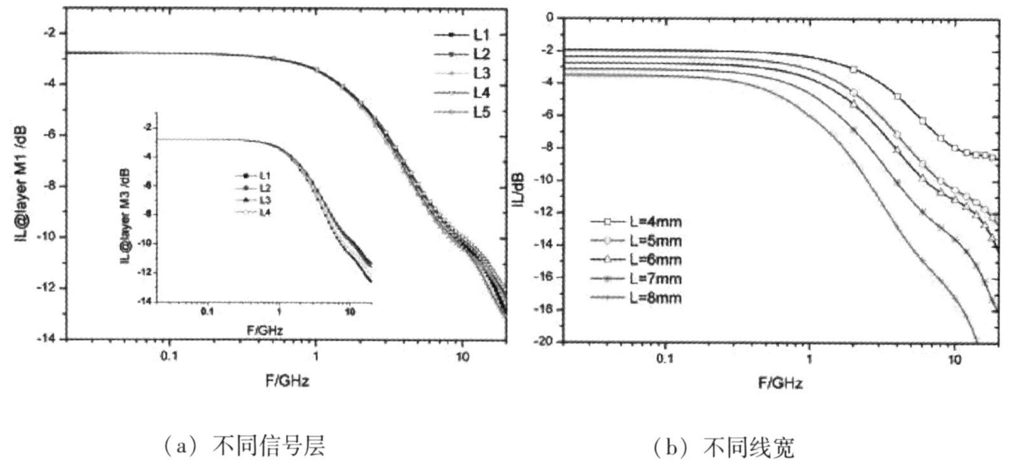

（a）不同信号层　　　　（b）不同线宽

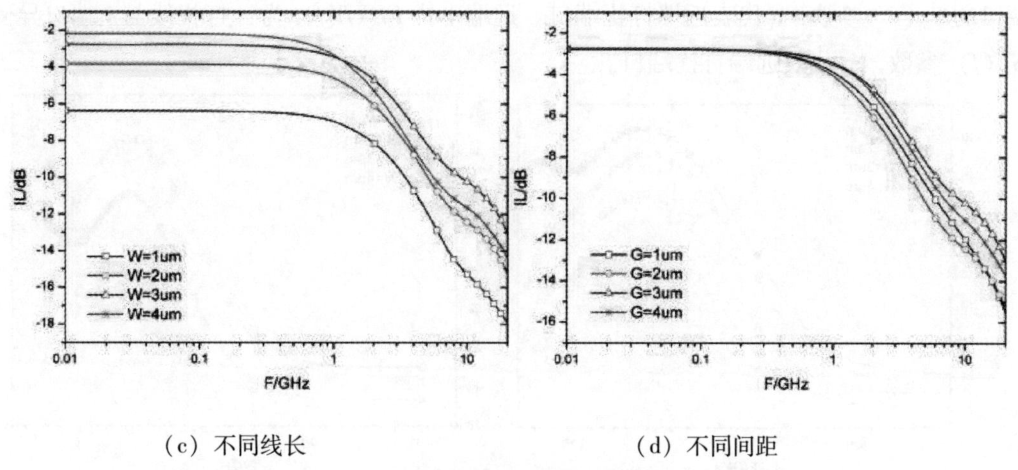

（c）不同线长　　　　　　　　　　　　　　（d）不同间距

图 5　四种条件插入损耗曲线

图 5（a）是在基本模型参照表 1 参数条件下，M_1 层和 M_3 层多条信号线的插损曲线。其中，嵌入的小图为 M_1 层信号线插损曲线，大图为 M_3 层信号线插损曲线。L_1 至 L_5 代表各层中多条参数相同的信号线。可以看出，每个信号层的不同信号线差损曲线比较一致，两个信号层的差损曲线差异很小。200MHz 以下，插入损耗值稳定在-2.8dB，可以把该值称为与结构对应的固有损耗。200MHz～1GHz，插入损耗缓慢增加，1GHz 以后随频率增幅明显。目标频率内，插入损耗值为-4.8dB～-3.5dB。

图 5（b）是在基本模型基础上，固定线宽为 3μm，间距为 3μm，信号层 M_1，线长从 4mm 增加至 8mm 时的插入损耗曲线。每一种线长的插损曲线具有相同的低频区平稳，高频区急剧下降的趋势。随着线长的增加，每个频点对应的损耗相应增加，从 4mm 至 8mm，固有损耗增幅为 1.6dB。频率越高，增幅越大。

图 5（c）是在基本模型基础上，固定线长为 6mm，间距为 3μm，信号层 M_1，线宽从 1μm 增加至 4μm 时的插入损耗曲线。线宽越大，固有损耗越小。1μm 与 4μm 线宽的固有损耗相差 4dB。频率大于 500MHz 时，插入损耗与线宽不再是单调递减关系：线宽从 1μm 增加至 3μm 时，各频点的插入损耗都逐渐变小，差值与固有损耗差值相当；线宽从 3μm 增加至 4μm 时，插入损耗曲线存在相交点。相交频点以前，细线宽损耗大。

图 5（d）是在基本模型基础上，固定线长为 6mm，线宽为 3μm，信号层 M_1，间距从 1μm 增加至 4μm 时的插入损耗曲线。间距的改变对固有损耗没影响。高频区域，插入损耗随间距变化没有固定规律，虽然存在差异，但幅度明显小于线长和线宽改变引起的损耗变化。

4.3　总串扰

进一步仿真分析信号线之间的相互影响及去干扰办法。

首先，选定 M_1 层最中间的信号线为目标线，M_1 层其他信号线及 M_3 层所有信号线为打扰线。借鉴文献［12］中的总串扰计算方法，用总串扰值评估不同结构参数的串扰情况。总串扰计 *PSXT* 计算如下：

$$PSNEXT(f) = -10\lg \sum_n {}^{-NEXT(f)/10}$$

$$PSFEXT(f) = -10\lg \sum_m {}^{-FEXT(f)/10}$$

$$PSXT(f) = -10\lg(10^{-PSNEXT(f)/10} + 10^{-PSFEXT(f)/10}$$

选择目标传输线一侧端口为目标端口，用 i 标识。近端串扰 $NEXT(f)$ 为：打扰线在与 i 端口同侧

的所有端口的 $S_{ni}(f)$ 参数，n 代表近端打扰端口。远端串扰 $FEXT(f)$ 为：打扰线与 i 端口异侧的所有端口的 $S_{mi}(f)$ 参数，m 代表远端打扰端口。

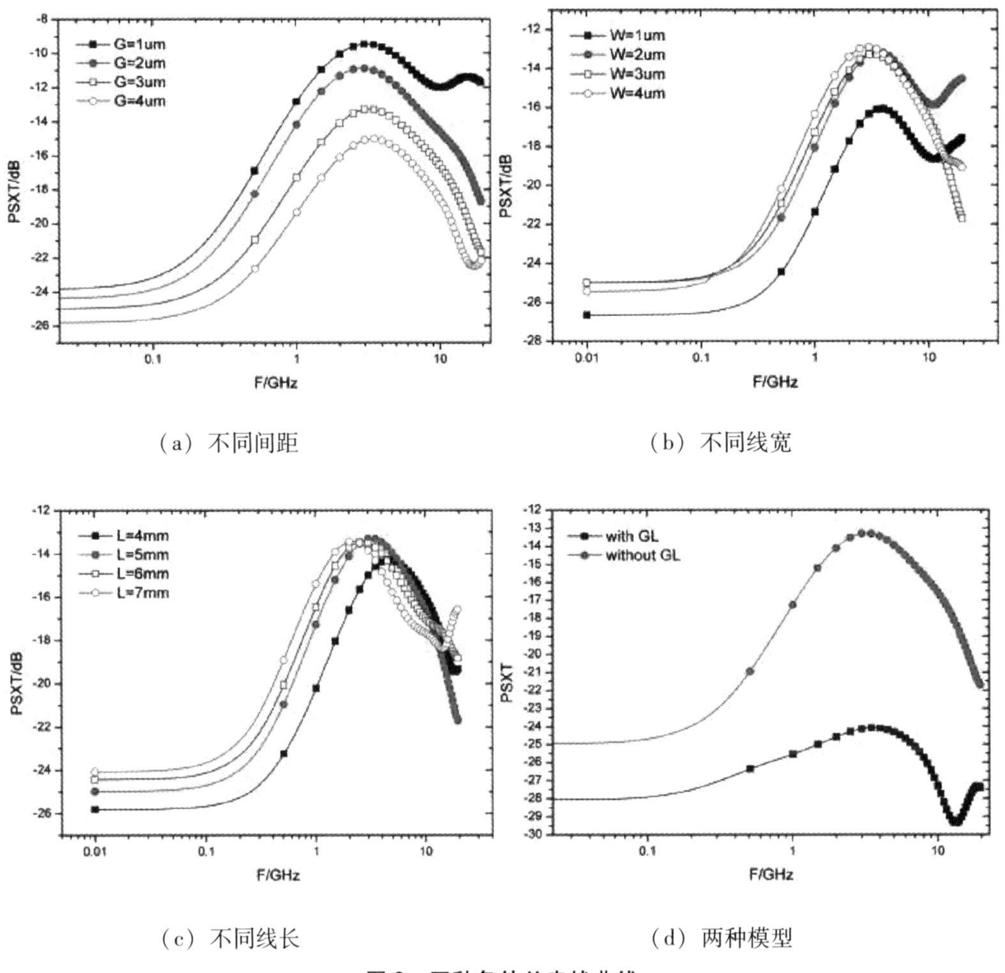

（a）不同间距　　（b）不同线宽

（c）不同线长　　（d）两种模型

图 6　四种条件总串扰曲线

计算结果如图 6 所示，图 6（a）是在基本模型基础上，固定线长为 6mm，线宽为 3μm，信号层 M_1，间距从 1μm 增加至 4μm 时的总串扰频变曲线。图 6（b）是在基本模型基础上，固定线长为 6mm，间距为 3μm，信号层 M_1，线宽从 1μm 增加至 4μm 时的总串扰频变曲线。图 6（c）是在基本模型基础上，固定线宽为 3μm，间距为 3μm，信号层 M_1，线长从 4mm 增加至 7mm 时的总串扰频变曲线。

三幅图中所有结构的总串扰最大值均在 3GHz 频点附近，全频段内，总串扰与信号间距呈反比关系，间距越大，耦合作用越小，总串扰值越小，间距增加 1μm，总串扰值减小约 1dB。线宽从 2μm 增加至 4μm 对总串扰曲线几乎没影响，线宽为 1μm 时，总串扰有 2~3dB 左右改善。目标频段以下，线长与串扰成正比关系，这时的耦合距离与耦合作用正相关，从 4mm 至 5mm，总串扰增幅为 1dB，从 5mm 至 7mm，每毫米串扰增幅为 0.5dB。

可以看出，增加间距是全频段内改善串扰的有效途径，其他结构参数也对串扰值有一定影响，但需要明确工作频点进行筛选。并且，根据第二章节对线宽和间距极值的评估，这些改善幅度十分有限。

在信号线中加入地屏蔽线，搭建地屏蔽结构仿真模型，设置如表 2 中满足极值 6.8μm 的结构参数，总串扰频率曲线如图 6（d）中方形标注线所示。可以看出，加入地屏蔽线后，总串扰值大幅降低，在目标频段内降低 8~12dB。

4.4 时域眼图

频域分析可以快速反映 HBM 信号通道结构参数对阻抗、损耗、串扰特性的规律性影响，便于参数优化设计。但是 JEDEC 规范中对于 HBM 收发信号是基于时域进行要求的，需要再从时域角度进行验证。

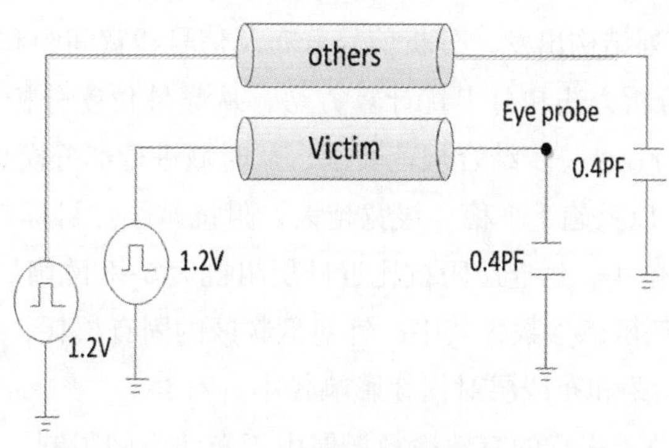

图 7　时域仿真拓扑

搭建如图 7 所示的时域仿真拓扑，用 1.2V、3.2Gbps 脉冲信号作为发射源，传输线采用对应模型在频域仿真中提取的 S 参数，接收负载根据规范要求设置为 0.4pf，在传输线末端查看接收眼图。Victim 通道为 M_1 层最中间通道，others 代表除目标通道外的其他所有通道。为最大程度反应通道间的相互作用，目标通道与其他通道采用不同信号源码型。

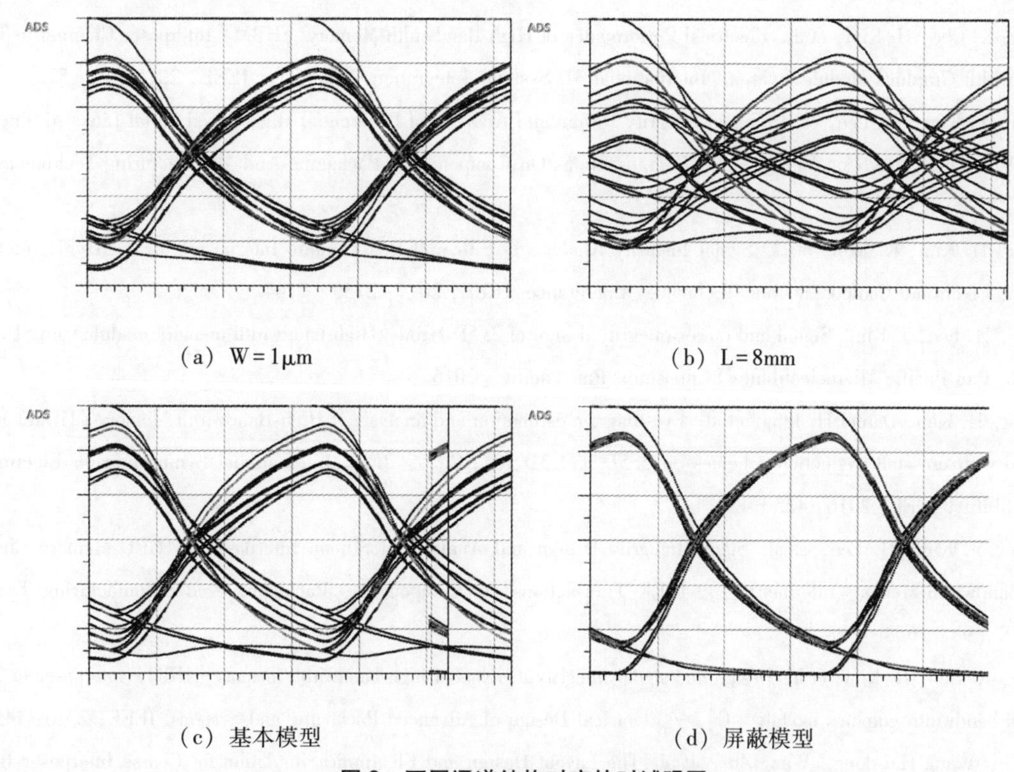

（a）W = 1μm　　（b）L = 8mm

（c）基本模型　　（d）屏蔽模型

图 8　不同通道结构对应的时域眼图

图 8（a）是在基本模型基础上改变线宽为 1μm 的信号通道对应的接收眼图，图 8（b）是在基本模型基础上改变线长为 8mm 的接收眼图，图 8（c）是基本模型信号通道接收眼图，图 8（d）是屏蔽模型信号通道接收眼图。可以看出，8mm 长度通道眼图已经闭合，基本模型 3μm 线宽通道的眼高略高于 1μm 线宽通道，但是 3μm 线宽通道受串扰影响抖动极大。地线屏蔽模型既具有 3μm 线宽的低损优

势，又有效解决了信号间的干扰，所以眼高和抖动参数明显优于 3μm 线宽，在满足规范中的 200ps 最小脉宽和 600±240mV 电平要求上，裕量充足。

4 结束语

本文从 HBM 颗粒管脚阵列结构出发，分析信号分布及信号线宽间距和的极值。通过建立两层信号线传输模型，提炼频域阻抗分析方法和总串扰计算方法，从频域角度分析信号层数、线宽、间距以及线长对电性能传输参数的影响。进一步结合规范要求，从时域进行部分模型分析验证。结果显示：

1. 阻抗是频变的，5GHz 以上趋于平稳。线宽越大，阻抗越小。目标频率范围内 3μm 线宽更接近于 50 欧姆。线长对阻抗影响微小，远硅层阻抗比近硅层阻抗大 6~8 欧姆。

2. 线宽和线长是插入损耗敏感参数，其中，针对低频区的固有损耗，线宽影响占主导，针对高频区线损耗，线长影响较大。间距和布线层对损耗影响较小。

3. 增加间距是全频段内改善串扰的有效途径，但由于布线空间限制，改善幅度十分有限。在信号线中加入地屏蔽线，总串扰值大幅降低，在目标频段内降低 8~12dB。

4. 地线屏蔽模型既具有 3μm 线宽的低损优势，又有效印制了信号间干扰，眼图参数质量高，是 HBM 信号传输结构设计中的优选。

参考文献：

[1] H. Lee, K. Cho, H. Kim, et al. Electrical Performance of High Bandwidth Memory (HBM) Interposer Channel in Terabyte/s Bandwidth Graphics Module [C] // International 3D Systems Integration Conference. IEEE, 2015: 49-52.

[2] K. Cho, Y. Kim, H. Lee, et al. Signal Integrity Design and Analysis of Differential High-Speed Serial Links in Silicon Interposer With Through-Silicon Via [J]. IEEE Transactions On Components, Packaging And Manufacturing Technology, 2019, 9 (1): 107-121.

[3] S. Choi, H. Kim, K. Kim, et al. Signal Integrity Analysis of Silicon/Glass/Organic Interposers for 2.5D/3D Interconnects [C] // Electronic Components and Technology Conference. IEEE, 2017: 2139-2144.

[4] K. Cho, H. Lee, J. Kim. Signal and power integrity design of 2.5D HBM (High bandwidth memory module) on SI interposer [C] // Pan Pacific Microelectronics Symposium. Pan Pacific, 2016.

[5] S. Choi, H. Kim, Daniel H. Jung, et al. Eye-diagram estimation and analysis of High-Bandwidth Memory (HBM) interposer channel with crosstalk reduction schemes on 2.5D and 3D IC [C] // IEEE International Symposium on Electromagnetic Compatibility. IEEE, 2016: 425-429.

[6] K. Cho, Y. Kim, H. Lee, et al. Signal Integrity Design and Analysis of Silicon Interposer for GPU-Memory Channels in High-Bandwidth Memory Interface [J]. IEEE Transactions On Components, Packaging And Manufacturing Technology, 2018, 8 (9): 1658-1671.

[7] H. Lee, K. Cho, H. Kim, et al. Design and signal integrity analysis of high bandwidth memory (HBM) interposer in 2.5D terabyte/s bandwidth graphics module [C] // Electrical Design of Advanced Packaging and Systems. IEEE, 2016: 145-148.

[8] Ping Ye, Wang Hai-dong, Wang Zhi, et al. The Layout Design and Electronic Simulation for Coarse Interposer RDL [J]. Science Technology and Engineering, 2014, 14 (23): 61-65. (平野，王海东，王志等. 粗线条的 2.5D 硅转接板高速信号布线设计与仿真分析 [J]. 科学技术与工程，2014，14 (23)：61-65.)

[9] Mo Ning-Ji, Guan ning, Jiang Jian-Fei, et al. Design Optimization of High Speed Interconnect on Silicon Interposer [J]. Microelectronics and Computer, 2018, 35 (8): 21-25.（莫宁基，关宁，蒋剑飞，等. 硅中介层中高速互连的优化设计 [J]. 微电子学计算机，2018，35 (8)：21-25.）

[10] JEDEC standard High Bandwidth Memory DRAM Specification [S]. JEDEC Solid State Technology Association: JESD235C, 2020.

[11] Howard W. Johnson, Martin Graham. High-Speed Digital Design: A Handbook of black Magic [M] //New Jersy: Pearson Education, 2003: 430-439.

[12] Li Chuan, Zheng Hao, Mao Zhi-Hui. A passive test method of crosstalk characteristics on high-speed backplane [C] // Proceedings of the 20th National Conference on Computer Engineering and Technology and 6th Microprocessor Forum, 2016: 2-8.（李川，郑浩，毛智辉. 一种高速背板串扰特性的无源测试方法 [C]. 第二十届计算机工程与工艺年会暨第六届微处理器技术论坛论文集//长沙：湖南科学技术出版社，2016：2-8.）

星载 SiP 产品设计关键技术

全勇涛　苗丰宸

西安微电子技术研究所，西安市太白南路 198 号 710000

摘要　随着航天任务功能和复杂度的增加，对小型化、轻质化需求的不断提升，SiP（System in Package）技术迎来了蓬勃发展期，SiP 产品也逐步在航天领域得到了应用。由于 SiP 是从封装的立场出发，对不同芯片进行并排或者叠加的封装形式，因此从电子封装与互连角度来看，SiP 属于混合集成电路，同时又是多芯片模块的集成与发展。作为航天型号任务的核心器件，SiP 产品的可靠性直接影响到航天器的正常使用和工作寿命，而 SiP 产品可靠性设计的重点是系统设计和集成封装两个方面。针对航天产品高可靠的要求，本文结合星载 SiP 的研制流程，提出了热设计技术、KGD（Known Good Die）技术、仿真及测试技术、封装技术及抗辐照加固技术五项影响 SiP 可靠性的设计关键技术，并对相关问题给出了解决措施，为后续星载 SiP 产品的可靠性设计及优化提供了依据和参考。

关键词　小型化；SiP；多芯片模块；研制流程；可靠性；设计关键技术

中图法分类号　V11

1　引言

随着航天事业的蓬勃发展，航天产品性能的提升和复杂度的增加，对产品载荷承载能力要求越来越高，尤其以火星为代表的深空探测领域的重大航天任务，因飞行器在轨飞行时间长，任务复杂度高，有效载荷承载能力需求大，故而对产品小型化要求非常高。

从微系统集成的角度看，小型化实现的技术途径主要有两种：系统级芯片（System on Chip，SoC）和系统级封装[1]。

SoC 是从设计角度出发，是将系统所需要的组件高度集成到一块芯片上；SiP 是从封装的立场出发，对不同芯片进行并排或者叠加的封装形式，将多个具有不同功能的有源电子元件和可选无源器件，以及诸如 MEMS 或者光学器件等其他器件优先组装到一起，实现一定功能的单个标准封装件。随着集成度越来越高，SoC 开发周期长，研制技术难度大，再加上材料、工艺的限制，已出现发展瓶颈，相比之下，SiP 具有功能更多、功耗更小、体积更小、重量更轻等优点。目前，集成电路技术的工艺水平正在接近其物理极限，传统的摩尔定律（Moore’S Law）特征尺寸等比例缩小原则，已不完全适应半导体电子技术的发展要求。SiP 技术作为在系统层面上延续摩尔定律的重要技术路线，是在不单纯依赖半导体工艺缩小的情况下高集成度的重要手段，是产业链发展中多种系统集成知识、技术、方法相互渗透交融和综合应用的结果，能够最大限度地灵活利用各种不同芯片资源和封装互连优势，尽可能地提高性能，降低成本，缩短产品开发周期，已成为微系统技术的主要研究方向之一，是实现星载电子系统小型化的关键技术[2]。

美国是全球集成电路的起源地，经过多年的发展涌现了一批如英特尔、高通、博通、得州仪器等优秀的集成电路生产企业，在全球集成电路市场几乎是一家独大。根据 Gartner 数据显示，2020 全球十大集成电路厂商中除韩国的三星电子、SK 海力士、中国台湾的联发科技和日本铠侠外，其余 6 家企业均为美国企业，且美国企业英特尔的营业收入占全球集成电路市场的 15.60%，排在第一位。美国是最早从事 SiP 技术研究的国家，拥有全球著名的，也最具影响力的 SiP 研究机构——乔治亚理工学院封装研究中心，在 SiP 的研究和应用上均取得了丰硕的成果。相比美国，我国在大规模混合集成电路方面发展较晚，水平较低[3]，随着我国在芯片研发领域的持续投入，航天产业的迅速发展，航天器小型化、智能化需求的不断提升，SiP 技术迎来了蓬勃发展期，我国的 SiP 产品取得了长足发展，逐步在航天领域得到了应用。考虑到空间环境复杂，为提升产品的可靠性，本文结合星载 SiP 的研制过程提出了五项影响可靠性的设计关键技术，并提出相应的优化建议。

2 星载 SiP 产品结构

SiP 产品是在多层布线基板上采用微电子互连工艺将 IC 裸芯片、无源元件（印制、沉积或片式化工艺制成）与对外 IO 引脚进行电气连接，然后与机械或气密封装构成的复合器件，是通过封装实现整机系统的功能[4]。一种典型的星载 SiP 产品结构如图 1 所示。

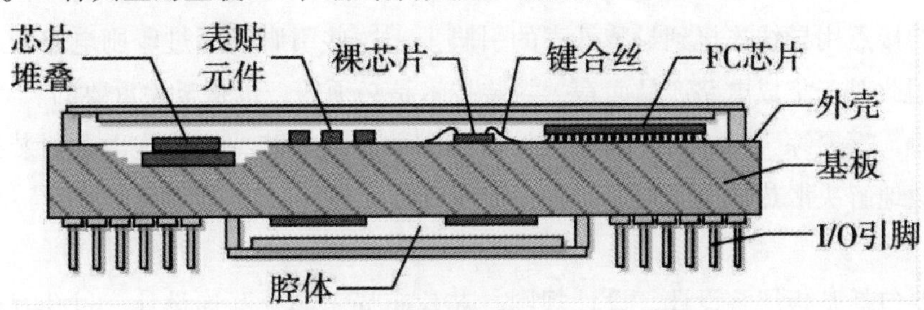

图 1 一种典型的星载 SiP 产品结构图

SiP 内部不同的芯片排列方式与不同的集成技术搭配，使 SiP 的封装并无一定型态，可以进行多样化的组合，并可依据客户或产品的需求进行定制。就芯片的排列方式而言，SiP 可以是多芯片模块（Multi-chip Module，MCM）的平面式 2D 封装[5]，也可以是 3D 封装结构；而其内部接合技术可以使用单纯的打线接合（Wire Bonding），也可使用覆晶结合（Flip Chip），也可二者混用。

3 星载 SiP 产品研制流程

星载 SiP 产品的研制流程可以分成设计、测试、制造三个环节，其中 SiP 设计是最重要的环节，是立足市场需求，综合考虑结构、工艺、封装、电气连接、协同仿真等众多因素而开展的工作。SiP 测试是研制设计正确性、剔除不良产品、提高产品质量的重要手段；SiP 制造是通过封装技术实现从裸芯到产品的过程，是先进工艺、先进封装在产品的体现过程。

3.1 星载 SiP 设计流程

星载 SiP 产品的设计流程大致可以分为需求分析、方案设计、原理设计、封装设计、版图设计、仿真验证及优化六个主要过程[6]：

1）需求分析

SiP 产品需求分析与通常项目需求分析基本一样，都是立足市场需求，确定产品功能的过程。该过程作为产品研制的第一步，是计划阶段的重要环节，对后续工作具有导向作用。

2）方案设计

方案设计是根据 SiP 产品的功能需求提出的一种解决方案，主要包括功能分解、裸芯选型、基板选型、封装形式、封装工艺等方面。具体来说：先将 SiP 系统按照功能模块划分为几个子模块，对相关子模块提出设计方案，选择满足功能性能的裸芯，结合封装工艺技术，将各子功能的裸芯合理规划在基板上。在裸芯选型时除了考虑功能性能外，还要考虑裸芯的质量等级及抗辐射指标；在封装形式和工艺技术的选择上，需要使用经过验证的成熟的可靠性高的技术，对于新技术需要进行充分的评估和验证。

3）原理设计

原理设计是通过逻辑关系将不同芯片进行互联，从而实现产品过程的电路设计。对于 SiP 产品来说，原理设计完成后需要在专门的测试板上对逻辑功能进行验证。由于 SiP 产品体积小，密度高，在原理设计时，不仅要关注逻辑功能的正确性，还要考虑力学效果、散热、抗辐照及后期测试等方面问题。

4）封装设计

封装技术是一种将集成电路用绝缘的塑料或陶瓷材料打包的技术[7]。对于芯片来，封装技术不仅起着安放、固定、密封、保护芯片和增强导热性能的作用，而且还是沟通芯片内部世界与外部电路的桥梁——芯片上的接点用导线连接到封装外壳的引脚上，这些引脚又通过印刷电路板上的导线与其他器件建立连接，因此对于集成电路产品而言，封装技术是必须的，也是至关重要的。

在封装设计时，需要综合考虑封装类型、封装引脚数量、封装结构形式以及封装工艺技术，好的封装设计可以有效地解决散热和空间辐照问题，提高产品可靠性。

5）版图设计

版图设计主要包括基板层叠设计、设计规则、芯片布局、芯片互连设计、过孔互连设计、平面层分割、详细布线设计等方面[8]，在芯片时，要充分考虑模拟数字信号干扰及大功耗器件散热问题，布线时关注模拟、高速信号，遵守设计规则，合理规划，尽量减少基板层数。

6）仿真验证及优化

仿真验证及优化给 SiP 产品设计提供了重要的理论依据，SiP 产品仿真主要包括力学强度、散热、信号完整性（Signal Integrity，SI）、电源完整性（Power Integrity，PI）、三维电磁场等方面[9]，仿真既是对前面设计的验证过程，也是提出改进措施，优化设计方案的重要依据。

3.2 星载 SiP 测试和制造流程

测试是保证产品质量的重要手段，贯穿在整个产品的研制过程中，从 SiP 产品设计开始到研制完成，每个环节都离不开产品测试。

针对 SiP 产品制造过程，采用分级测试的方法，即：组装前测试，组装过程中测试和组装完成后功能性能测试，确保在整个研制过程中产品均进行了有效的测试。组装前测试是剔除材料缺陷，保证产品质量的前提，可以最大限度的节省人力物力成本，主要包括逻辑功能验证、裸芯测试和基板测试；组装过程中测试主要采用边界扫描的方法，排除人工操作引入的工艺问题；组装后测试是通过专用的测试板验证产品功能、性能的测试方法。

4 星载 SiP 产品设计关键技术

由于 SiP 产品涉及多种材料、芯片和工艺技术，因此影响产品可靠性的因素很多。从电子封装与互连角度来看，SiP 属于混合集成电路，同时又是多芯片模块的集成与发展，芯片的集成度越来越高，得益于设计和封装的不断进步，因此 SiP 产品可靠性设计的重点是系统设计和集成封装两个方面，好的设计是提高可靠性的重要保证，面向裸芯的微系统集成封装是实现产品可靠性的关键措施。

针对 SiP 产品特点，结合 SiP 研制流程，从热设计技术、KGD 技术、仿真及测试技术、封装技术、抗辐照加固技术五项关键技术对 SiP 设计可靠性进行分析，并对相关问题提出了解决措施。

4.1 热设计技术

受体积限制，SiP 产品内部处理器、FPGA 等大功耗芯片放置密度高，若不能及时散热，将会导致热量过度集中，影响管芯寿命、降低产品性能；管芯与基板之间通过焊接或黏结材料进行连接，若黏结材料导热率不高、热阻较大，将会影响裸芯内部导热[10]；SiP 芯片通过基板、外壳及外部引脚等散热通道与外部环境进行导热，若基板导热率低或结构设计不合理，SiP 内部热量无法快速传导出去，也会造成内部裸芯结温快速升高。

合理的热设计是解决产品过热问题，保证产品安全性，提高产品可靠性的重要手段。针对功耗大于 0.5W 的 SiP 模块，采用热设计手段，结合热仿真结果，提出了四项解决措施，具体为：a. 对芯片进行降额设计，降低芯片工作频率，减小功耗；b. 将主要功率器件，放在外壳上表层，封装设计增加热沉等散热通道；c. 外壳设计芯片衬底尽可能设置通孔，并选用导热率高的外壳；d. 对裸芯和外壳连接尽量采用金属连通的方式，降低热阻。

4.2 KGD 技术

通过对裸芯片进行功能测试、老炼筛选、三温参数测试三个主要步骤，将隐含有内部缺陷的芯片及早剔除，使裸芯片在性能、质量、可靠性指标上达到封装产品的质量等级要求，得到被确认的好芯片的过程和方法被称为 KGD 技术，也称裸芯检测与筛选技术[11]。

SiP 的成品率与 SiP 中互联单个裸芯片的成品率紧密相关，裸芯 KGD 技术直接影响到裸芯的成品率，因此 KGD 技术是提高 SiP 可靠性的关键支撑，对降低产品成本，节约测试资源具有重要意义。针对裸芯检测与筛选问题，提出五项解决措施，具体为：a. 简化系统架构，减少裸芯种类、数量；b. 采用经过验证的、成熟的裸芯片；c. 对核心裸芯进行晶圆测试，筛出不合格或有瑕疵的裸芯；d. 与裸芯生产厂家联合开发模拟应用的裸芯筛选方案，由厂家在裸芯筛选过程中进行测试；e. 在 SiP 设计过程中增加测试电路、预留测试接口等。

4.3 仿真及测试技术

SiP 是通过封装实现的不同裸芯在基板上的高度集成，有些 SiP 包含高速、低速、模拟、数字信号，不同信号间会相互影响，信号传输过程干扰较大，信号质量较差，可能会出现误码[12]；SiP 内部裸芯数量多、管脚间距小、键合密度大，常规的物理探针无法进行接触测试。

微系统仿真与测试技术是在 SiP 生产完成前进行的可靠性保证技术，针对 SiP 信号种类复杂、测试难度大的问题，提出了两项解决措施，具体为：a. 通过先进的 EDA（Electronic Design Automation）工具对 SiP 内部 SI、PI 进行仿真和优化[13]，提供合理的原理设计及布局布线参考；b. 预留测试点，将待测信号引到 SiP 引脚上进行测试；c. 设置 JTAG 接口，通过 JTAG 边界扫描链测试 SiP 内部电路[14]。

4.4 封装技术

随着 SiP 功能的不断增加，内部集成的裸芯越来越多，封装尺寸、产品功耗越来越大，封装类型也逐步向 PGA、CBGA 等多引脚、大尺寸方向发展，但 PGA 封装管脚为通孔，不利于布线；大规格的 CBGA 封装可能会导致芯片在模块级使用过程中出现脱焊、虚焊等故障。

SiP 封装是内部裸芯与外界隔离的屏障，是实现产品的重要载体，合适的封装选用是提高 SiP 产品安全性、可靠性的重要保障。针对 SiP 功能需求、裸芯数量和封装尺寸的不断增加，提出了三项解决措施，具体为：a. 尽量选取小尺寸裸芯；b. 采用垂直硅通孔（TSV）等先进工艺[15]，优化布局，减小体积；c. 优化 SiP 封装设计，如选用 CCGA 封装替代 PGA 或 CBGA 封装，可以一定程度地缓解器件外壳与 PCB 之间的热失配。

4.5 抗辐照加固技术

随着航天器长寿命、高可靠的需求越来越高，SiP 产品需要重点关注空间辐照造成的总剂量效应、单粒子效应[16]。

作为星载产品的核心器件，SiP 抗辐照指标直接影响到产品的可靠性，SiP 抗辐照加固技术是保证产品在空间环境中正常工作的关键技术[17]，针对空间辐照问题，提出了四项解决措施，具体为：a. 选用具有高抗辐照指标的裸芯；b. 设计定时刷新和过流保护电路；c. 选择合适的芯片工艺，选择抗 TID、SEU 及 SEL 方面表现较好的 SOS CMOS 工艺；d. 选择合适的封装材料及封装形式，提高屏蔽效果。

5 结束语

设计是影响 SiP 产品可靠性的重要因素，好的设计是产品质量和可靠性的重要保证。随着航天产业小型化、智能化需求的不断提升，以系统集成技术为核心的新技术浪潮，推动着航天电子技术与信息技术的加速融合，未来航天领域将是 SiP 产品广泛应用的新阵地。针对航天产品高可靠的要求，本文结合星载 SiP 的研制流程，对热设计技术、KGD 技术、仿真及测试技术、封装技术及抗辐照加固技术进行了分析，对相关问题提出了解决措施，为后续星载 SiP 产品的可靠性设计与优化提供了依据和参考。

参考文献：

[1] ITRS. The next step in assemble and packing：system level integration in the package（SiP）[EB/OL]. 2011—04—30.

[2] 王豪. SiP 技术在宇航产品中的应用 [J]. 航天标准化，2013（1）：30-33.

[3] 李振亚，赵钰. SiP 封装技术现状与发展前景 [J]. 电子与封装，2009，9（2）：5-9.

[4] 张小龙，龚科，李文琛，等. 宇航用系统级封装产品可靠性设计综述 [J]. 质量与可靠性，2019（6）：17-21.

[5] 莫郁薇，张增照，古文刚，等. 多芯片组件 MCM 的失效率预计研究 [J]. 半导体技术，2006，31（3）：203-206.

[6] 曾声奎，赵廷弟，张建国，等. 系统可靠性设计分析教程 [M]. 北京：北京航空航天大学出版社，2001.

[7] 郭清军，王俊峰，余欢，等. SiP 封装结构研究 [D]. 2011.

[8] 曾声奎，赵廷弟，张建国，等. 系统可靠性设计分析教程 [M]. 北京：北京航空航天大学出版社，2001.

[9] 王卫杰，胡少亮，郑宇腾，等. 并行预处理有限元方法及其在系统级封装结构电磁模拟中的应用 [J]. 电子学报，2021，49（1）：58-63.

[10] 刘鸿瑾，李亚妮，刘群，等. 系统级封装（SiP）模块的热阻应用研究 [J]. 电子与封装，2021，21（5）：16-19.

[11] 虞勇坚，吕栋，邹巧云，等. 军用裸芯片 KGD 筛选方法探讨 [J]. 电子与封装，2018，18（10）：9-12.

[12] 王豪，陈敏，刘博. 采用国产基片的 SiP 星载计算机应用分析 [J]. 航天标准化，2015（2）：44-47.

[13] 李扬. SiP 系统级封装设计仿真技术 [J]. 电子技术应用，2017，43（7）：47-50，54.

[14] 王圣辉，陆锋. 一种基于 JTAG 协议的 SiP 测试方法 [J]. 测试技术学报，2020，34（3）：252-256.

[15] 林志艺. 基于三维 SiP 的高性能微处理器热能关键技术研究 [D]. 长沙：国防科技大学，2013.

[16] 柳鑫炜. 星载计算机 SiP 单粒子效应建模与仿真 [D]. 西安：西安电子科技大学，2020.

[17] 王良江，杨芳，陈子逢. 高密度 SIP 设计可靠性研究 [J]. 电子与封装，2014（4）：45-48.

高速芯片封装中多平行传输线的设计与优化

范宇清[1]　胡晋[1]　郑浩[1]

[1]（江南计算技术研究所　无锡 214083）

（120705947@ qq. com）

摘要：随着封装基板朝着高阶高密度方向发展，其信号完整性问题也日趋严重。为研究高速互连结构中反射、串扰等问题与封装基板类型、设计参数及传输线物理特性的相关性，本文改进了简单的二线平行耦合模型，采用三维电磁仿真软件构建了新的封装级三平行传输线模型，分析了陶瓷基板与有机基板上传输线反射、串扰特性，研究了该结构下减小反射系数与串扰噪声的方法。仿真结果表明，封装基板上传输线反射系数 S_{11} 与阻抗匹配程度相关，受信号线宽、厚度与介质厚度影响较大，且 S_{11} 最小值在不同频率下匹配的最优线宽也不同，需根据不同信号频率具体选择。近端串扰系数受边缘场作用，与线间距密切相关，远端串扰系数受介质厚度影响较大，在相同条件下，远端串扰噪声一般小于近端串扰，对其评估时要结合基板上信号密度、基板材料特性、介质厚度具体分析。

关键词　封装；基板；传输线；反射；串扰

中图法分类号：TN41

1　引言

随着大规模集成电路工艺尺寸不断缩小，工作频率不断提高，IC 封装中的信号传输路径对整个系统信号完整性的影响也越来越严重。由传输线、过孔、焊点等构成的互连结构所产生的寄生效应将导致衰减、反射、串扰等一系列信号完整性问题，这对高速互连设计尤其是封装基板的设计提出了严峻挑战[1]。

封装基板作为承载半导体芯片的载体，为芯片提供支撑、散热等机械物理功效与电气连接功能。随着 SIP，MCM 以及 2. 5D，3D 等先进封装技术的飞速发展与应用，封装基板信号密度不断提高。对单芯片封装而言，陶瓷基板与有机基板是基板常用的两种介质材料，不同介质材料的基板，其封装内信号互连特性，尤其是传输线的反射、损耗、串扰等信号完整性问题值得重视与研究[2-4]。

本文以陶瓷基板与有机基板封装为例，采用电磁场仿真软件建立了平行耦合的三线模型，仿真分析了基板类型、传输线线宽、线间距、线厚度与介质厚度等参数对信号完整性产生的影响，并对传输线进行了相应优化设计。

2　芯片封装中信号完整性问题产生机理分析

芯片信号完整性指的是高速芯片中由互连线引起的所有信号问题，它主要探究互连结构与数字信号的电压电流波形相互作用时其电气特性参数如何影响芯片的性能。通常在时序、噪声、电磁干扰三方面影响信号质量[5-6]。

在芯片封装中，信号由 die 上的 bump 经走线与过孔扇出后连接至基板底层的 BGA ball，当信号沿互连结构传播时受到的瞬态阻抗发生变化，一部分信号将被反射，另一部分发生失真并继续传播下去，此时信号就发生了反射。

此外，受生产工艺限制，芯片封装基板有限的面积导致信号布线密度较大，传输线间的线间距减少，相邻信道间的电容、电感耦合产生有害噪声影响信号传输质量，这便是串扰形成的机理[7-9]。对于 PCIE、Serdes 等高速信号，反射、串扰在封装内互连结构产生的噪声可能会引起延时、过冲和振铃现象，使信号质量下降，甚至出现电平、时序等错误，影响封装级，板级的信号质量，从而影响整体电路的稳定性与性能[10]。

传输线线宽、耦合长度、间距、厚度与封装基板所用介质材料特性对信号完整性都有影响，在芯片封装内对该类问题的研究多采用特定工具在基板上直接提取特定信号的网络参数分析后优化，而在前仿真阶段使用电磁仿真软件对基板上互连结构设计建模也是必要的[11-12]，通过建模仿真，可在基板设计初期对重要参数提前评估，从而提高封装设计整体效率与成功率。

3 陶瓷基板三平行传输线模型仿真分析

部分文献已经对平行传输线间的信号完整性问题进行了研究。但主要关注于比较简单的二平行传输线模型，该模型一般为一根受害线与一根攻击线，不能有效模拟复杂环境下多平行传输线的串扰仿真。此外，大部分文献中的传输线建模一般以 PCB 板级封装为背景，少有对芯片级封装开展研究。本文考虑到高速互连设计中的实际工程需要，改进了简单的二线平行耦合模型，以单芯片封装为例，建立了三平行传输线模型，以下为陶瓷基板的模型建立与分析过程[13]。

3.1 陶瓷基板上传输线模型

在仿真软件中建立了陶瓷基板上平行传输线模型，如图 1，图 2 所示，基板大小为 10mm×10mm×162.4μm，图中 layer1，layer3 为金属平面，layer2 为布线层，传输线类型为单端带状线，铜材质，线宽 $W_0=48\mu m$，线厚 $t=10\mu m$，介质层厚度 $h=66.2\mu m$，线间距 $d=200\mu m$。仿真频率设置为 0-10GHz，在传输线两侧分别设置相对应的端口，端口类型为 lumped port，阻抗设置为 50 欧姆，端口与传输线对应关系如表 1 所示：

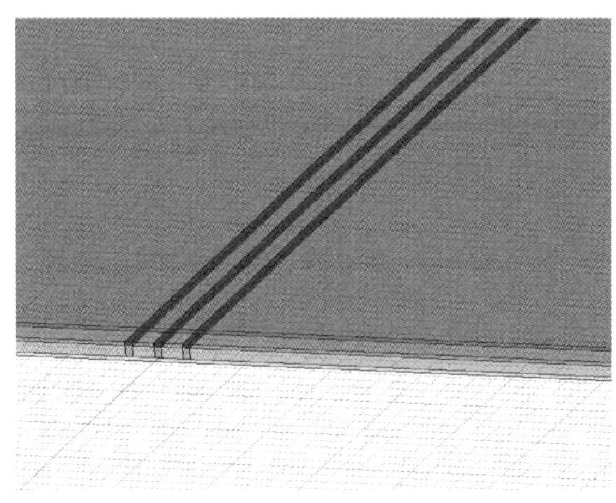

图 1 平行传输线模型

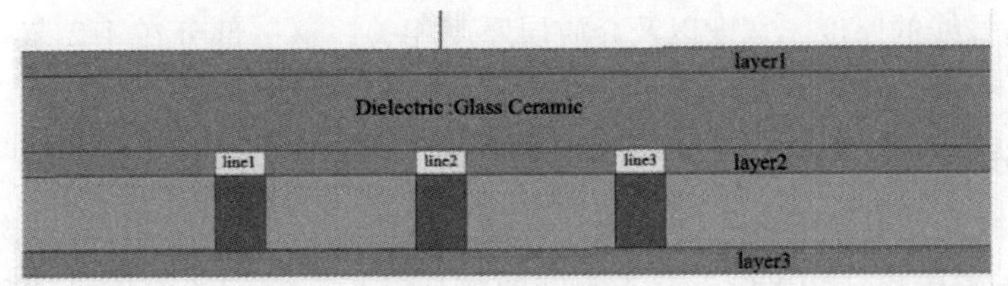

图 2　基板叠层结构

表 1　传输线对应端口

Transmission line	Port (front)	Port (back)
line1	Port3	Port6
line2	Port2	Port5
line3	Port1	Port4

3.2　反射系数（S_{11}）仿真分析

图 3 为信号线厚度 t=10μm，介质厚度 h=66.2μm，线间距 d=240μm 时，传输线 line3 的反射系数 S_{11} 随线宽 w_0（12μm~108μm，step：12μm）的变化，由图可知，在 5.7GHz 以下，线宽为 24μm 时 S_{11} 最小，在 5.7~8.4GHz，线宽为 48μm 时 S_{11} 最小，在 8.4~10GHz，线宽为 36μm 时 S_{11} 最小。

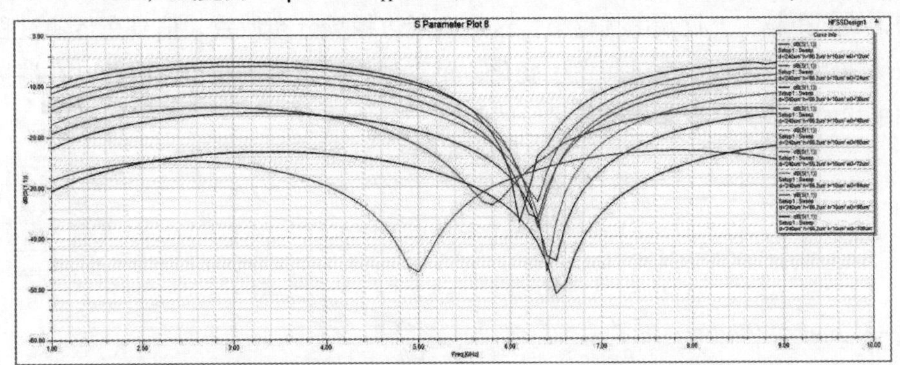

图 3　传输线 line3 反射系数 S_{11} 随线宽变化（t=10μm，h=66.2μm，d=240μm）

产生反射的根本原因是信号传输路径上阻抗的不连续，本文所建立的模型为较为简单的平行传输线，传输线上没有拐角、过孔、分支等结构，所以其反射系数主要与阻抗匹配程度有关，因端口阻抗设定为 50 欧姆，端口受到的阻抗由信号路径与和它最近平面构成的传输线阻抗决定，两平面间的阻抗可由式 1 求得：

$$Z_0=\frac{0.377\Omega}{\sqrt{\omega_r}}\frac{h}{w} \tag{1}$$

式中，Z_0 为平面特性阻抗（单位为 Ω），w_r 为平面间材料的介电常数，h 为介质厚度，w 为平面的宽度，计算可得平面阻抗为 1mΩ，可忽略不计，所以端口所受阻抗近似于信号路径阻抗。通过公式可近似求得 24μm、36μm、48μm 三种线宽下传输线 line1 的特征阻抗分别为 55Ω、48Ω 与 43Ω，可以发现，这三种线宽下的特征阻抗与设置的端口阻抗（50Ω）匹配程度都较好。

由图 3 也可以发现，不同频率下的 S_{11} 也不同，这是因为容性、感性负载值与介质材料介电常数在各个不同频点的值不同所致。所以在进行封装基板设计时要根据不同信号的频率需求来优化反射系数，如低频信号要关注其低频下反射系数；对于高频信号，如 PCIE 等需关注其总线频率，选择合适的频率范围结合其他设计参数来进行优化。

此外，S_{11}还与信号线的厚度、宽度以及介质层厚度相关，这一部分在4.2节有机基板的建模仿真中具体讨论。

3.3 串扰仿真分析

串扰主要由传输线间的电容耦合和电感耦合引起。高速电信号传输线的串扰分为两类，分别是远端串扰（FEXT）与近端串扰（NEXT），基于不同的拓扑结构，它们的形成机理和特性也不同。远端串扰（FEXT）是由攻击线的发送端激励，在传输线远端的受害线接收端观测到的串扰，而近端串扰（NEXT）是由攻击线的发送端激励，在传输线近端的受害线接收端观测到的串扰。

就本文所建立的带状传输线模型而言，电感耦合远大于电容耦合。攻击线发射的信号脉冲由于电容耦合在邻近的受害线上激励出的电流会流向传输线远端和近端。另一方面，由于电感耦合在邻近的受害线上产生的电流只会从远端流向近端，由楞次定律可知，它与攻击线或驱动线的电流方向相反。因此，远端串扰为电容耦合电流与电感耦合电流之差，近端串扰为电容耦合电流与电感耦合电流之和。通常情况下，电感耦合占主导地位，因此FEXT和NEXT的电压脉冲极性相反[14-15]。

1）近端串扰

图4与图5分别为介质厚度 $h=66.2\mu m$，走线厚度 $t=10\mu m$，线宽 $w_0=48\mu m$ 时，近端串扰 S_{12}、S_{13}与线间距（$60\mu m$、$120\mu m$、$180\mu m$、$240\mu m$、$300\mu m$）的关系，其中 S_{12}为传输线line2对line3的串扰，S_{13}为传输线line1对line3的串扰，由图可知，S_{13}与 S_{12}均在 $-30dB$ 以下，S_{13}整体比 S_{12}小。在 $0\sim10GHz$ 频段内，线间距越大，近端串扰越小，这是由于边缘场分布所致，信号在传输过程中在导线两侧产生的边缘场随距离信号线的远近而发生变化，距离越远，边缘场越小。因此，在端接匹配的情况下，减小近端串扰的有效方法就是增大信号线的距离。

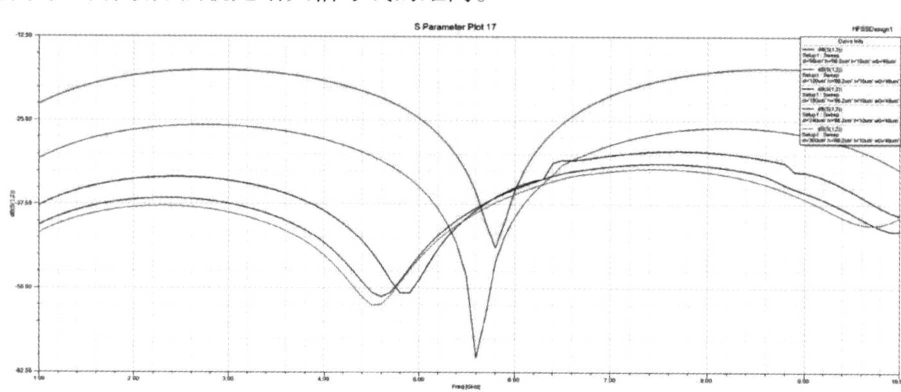

图4 近端串扰 S_{12}随线间距变化（$t=10\mu m$，$w_0=48\mu m$，$h=66.2\mu m$）

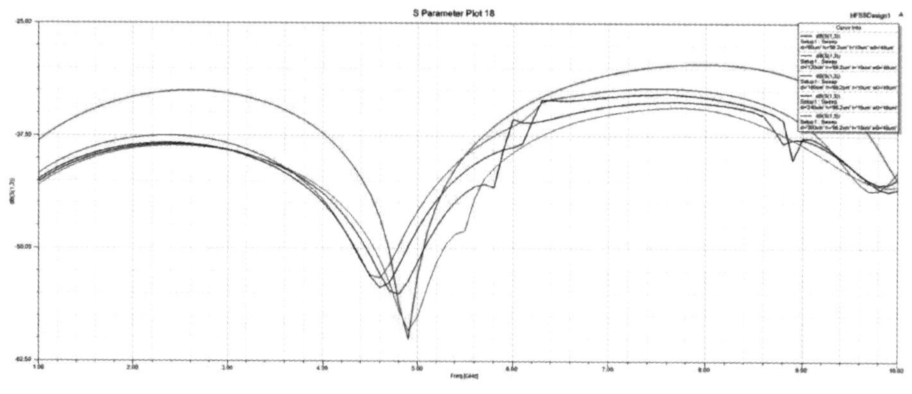

图5 近端串扰 S_{13}随线间距变化（$t=10\mu m$，$w_0=48\mu m$，$h=66.2\mu m$）

近端串扰 S_{12} 要大于 S_{13}，一方面是因为 line2 与 line3 的线间距比 line1 与 line3 大，另一方面，line1 除了影响 line3，其串扰能量有部分也耦合进了 line2 中，所以 S_{12} 在整个频段上大于 S_{13}。

2）远端串扰

图 6 与图 7 为 h=66.2μm，t=10μm，w_0=48μm 时，远端串扰 S_{15}、S_{16} 与线间距（60μm、120μm、180μm、240μm、300μm）的关系，S_{15} 为传输线 line2 对 line3 的串扰，S_{16} 为传输线 line1 对 line3 的串扰，图 6 中，在 0~6.2GHz 时，远端串扰与近端串扰一样，随线间距的增大而减小。当线间距 d=60μm 时，远端串扰 S_{15} 在 6.2~10GHz 的频率范围内较其他曲线小，S_{16} 在 0~10GHz 随着线间距的增大而减小，当线间距为 300μm 时 S_{16} 在 5.9GHz 处有一个谐振峰，不过持续的频率范围很小，这是由于该频率下传输线与端口阻抗失配导致的。

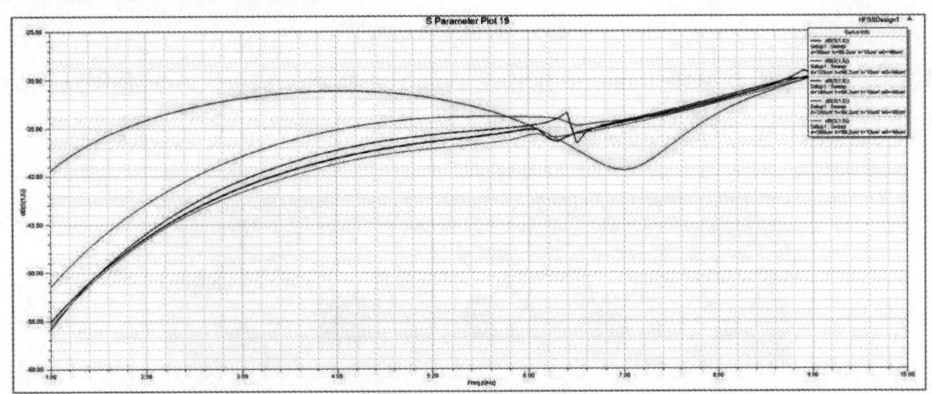

图 6　远端串扰 S_{15} 随线间距变化（t=10μm，w_0=48μm，h=66.2μm）

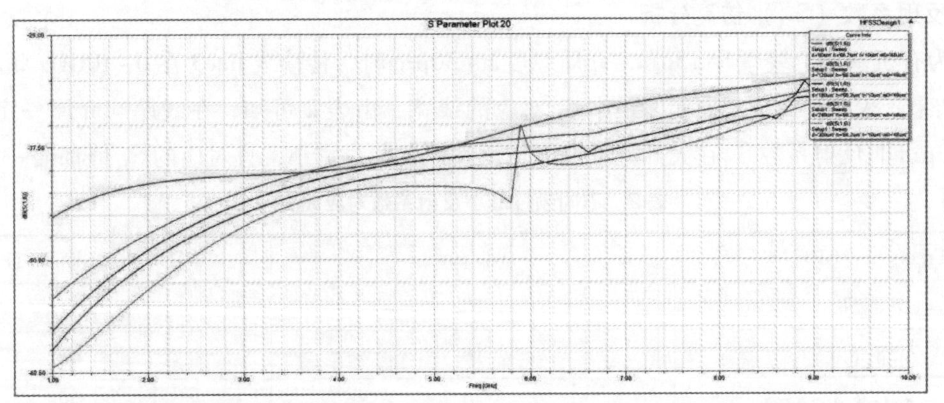

图 7　远端串扰 S_{16} 随线间距变化（t=10μm，w_0=48μm，h=66.2μm）

近端、远端串扰与线间距密切相关，间距增大可以迅速减小串扰系数，但这将导致封装基板布线密度降低，对于高密度互连基板，会大大提高设计难度与生产成本。此外，串扰同样与介质厚度、耦合长度等相关，这点在 4.3 节有机基板模型中具体讨论。

4　有机基板三平行传输线模型仿真分析

4.1　有机基板传输线建模

与陶瓷基板不同，有机基板的常用结构是顺序堆叠结构，如图 8 所示。该结构由三部分组成，中间是采用传统的 PCB 技术制作的一个芯板层（Core），芯板层的上下两面是利用微通孔（Micro-viahole）制作的叠层（Build-up layer），中间的芯板层用来提供机械硬度，两边的 Build-up layer 为倒装芯片的连接提供高密度的线路，这里主要研究其上下叠层的互连特性。

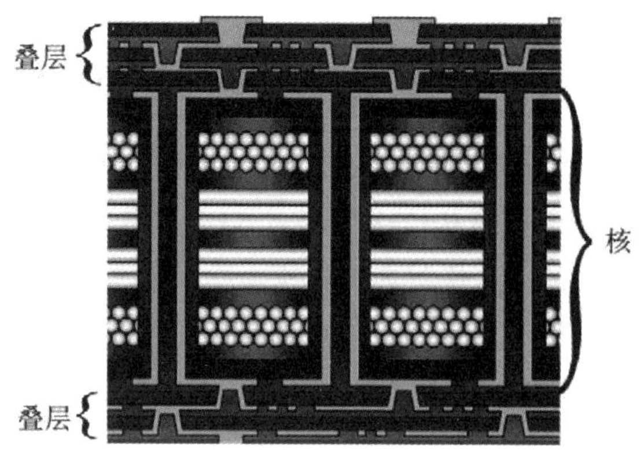

图 8　有机基板结构

在仿真软件中建立了有机基板 Build-up 层模型，如图 9 所示，基板大小，叠层结构均与陶瓷基板相同，金属层厚度为 15μm，介质层厚度为 30μm。

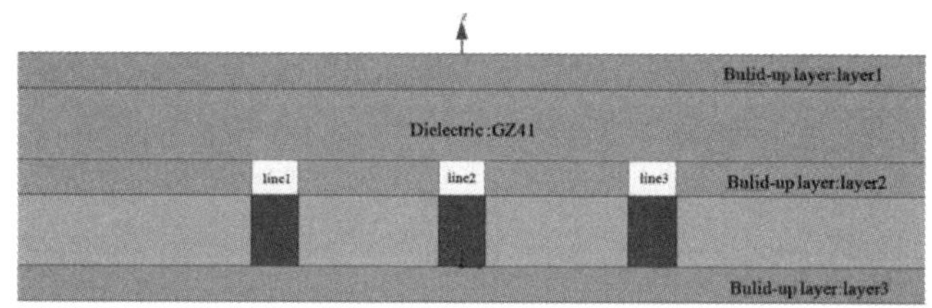

图 9　有机基板模型

4.2　反射系数（S_{11}）仿真分析

图 10 为有机基板上线厚 t=15μm，介质厚度 h=30μm 时，传输线 line3 在 0~10GHz 频段范围内的 S_{11} 的仿真结果，表 2 列举了不同频段最小 S_{11} 对应的线宽，由表 2 可知，在线厚与介厚一定的情况下，线宽 w_0=20μm 时反射系数 S_{11} 在大部分频点下均比其他几种线宽小，且对应的 S_{11} 值都在-30dB 以下。

表 2　不同频段最小反射系数对应线宽

Frequency/GHz	W_0/μm	Impedance/Ω
0-7. 58	20	51
7. 58-8. 1	10	62
8. 1-8. 4	40	38
8. 4-9. 1	30	44
9. 1-10	20	51

通常情况下，封装基板上线宽需根据 die 上 Bump 扇出可行性、封装基板面积与信号走线规范确定。令线宽 w_0=20μm，线厚 t=15μm，将介厚 h 设置为优化参数，可以得到介质厚度分别为 15μm、30μm、45μm 时的反射系数，如图 11 所示，介质厚度 h=15μm 时 S_{11} 在 2~6GHz 较大，此时反射噪声对信号质量影响较严重。当 h=30μm 时，S_{11} 在整个频段内的值都优于其他两种介质厚度对应的值。同理，设置线宽 w_0=20μm，介厚 h=30μm，线厚 t 为参数，可得 t 与 S_{11} 的关系，这里只列举 7. 5μm 与 15μm 两种，如图 12 所示，线厚 t=15μm 时传输线的反射系数小于 t=7. 5μm。

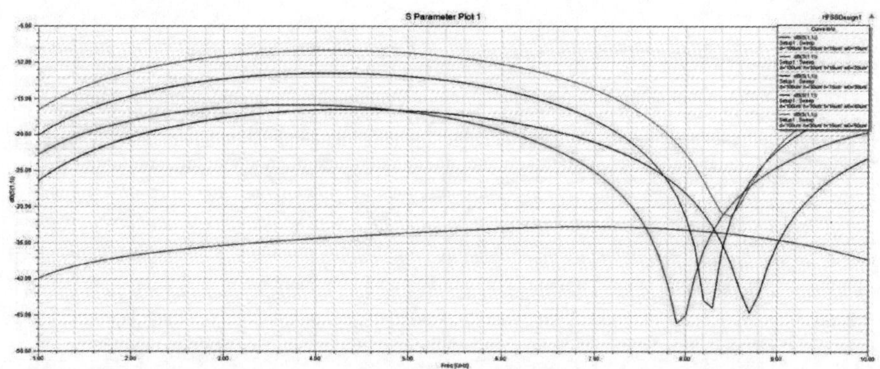

图 10　有机基板上传输线 line3 反射系数 S_{11} 随线宽 w_0 变化（t=15μm，h=30μm，d=100μm）

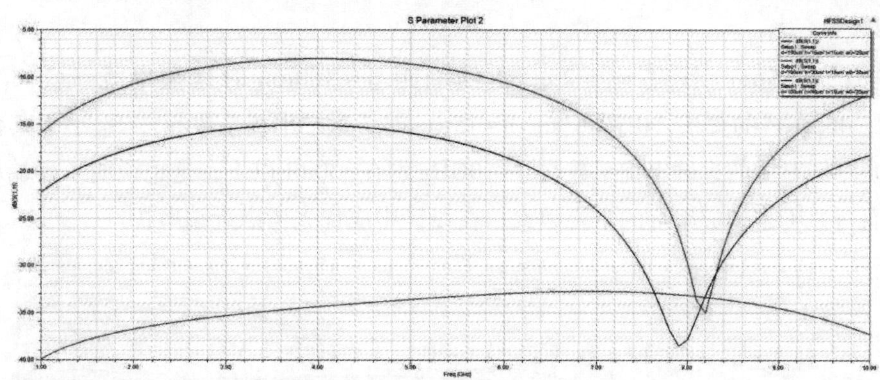

图 11　有机基板上传输线 line3 反射系数 S_{11} 随介质厚度 h 的变化（t=15μm，w_0=20μm，d=100μm）

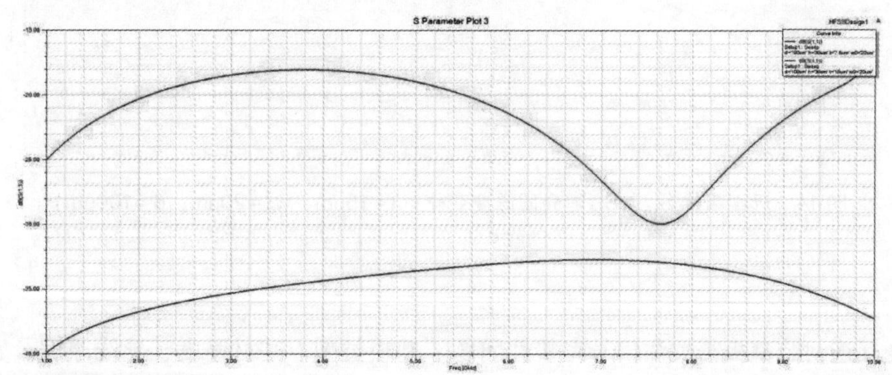

图 12　有机基板上传输线 line3 反射系数 S_{11} 随线厚 t 的变化（h=30μm，w_0=20μm，d=100μm）

4.3　串扰仿真分析

有机基板近端、远端串扰与陶瓷基板上传输线规律类似，均随着线间距的增大而减小，这里不再赘述，考虑到封装中传输线耦合长度也是影响串扰的主要因素，但封装基板上由 die 上 bump 到 BGA ball 的线长一般比较固定，因此将线长确定为一固定值，下面主要讨论串扰与介质厚度的关系。

1）近端串扰

图 13 为线厚 t = 15μm，线宽 w_0 = 20μm，线间距 d = 100μm 时近端串扰 S_{12}、S_{13} 与介质厚度（15μm、30μm、45μm）的关系，由图可知，当 h = 30μm 时，整体串扰噪声幅度要优于 h = 15μm，当 h = 15μm、30μm 时，S_{12} 在 8GHz 以内均在 −35dB 以下。S_{13} 对应的 3 种介质厚度在 7GHz 内均在 −40dB 以下。因此，介质厚度 h 为 30μm 时有机基板上传输线近端串扰整体较小。

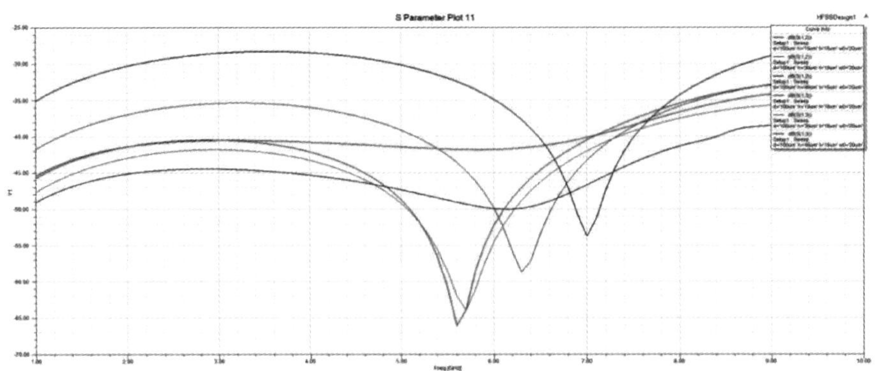

图 13　近端串扰 S_{12}、S_{13}随介质厚度变化（t=15μm，w_0=20μm，d=100μm）

2）远端串扰

图 14 为线厚 t = 15μm、线宽 w_0 = 20μm、线间距 d = 100μm 时远端串扰 S_{15}、S_{16}与介质厚度（15μm、30μm、45μm）的关系，由图可知，h=15μm 时，远端串扰系数 S_{15}，S_{16}小于其他介质厚度下该值。三种介质厚度对应的远端串扰系数在 0~10GHz 均在-30dB 以下，这也说明了远端串扰对于有机基板上传输线而言并不是构成串扰的主要因素，在设计中应优先考虑近端串扰。

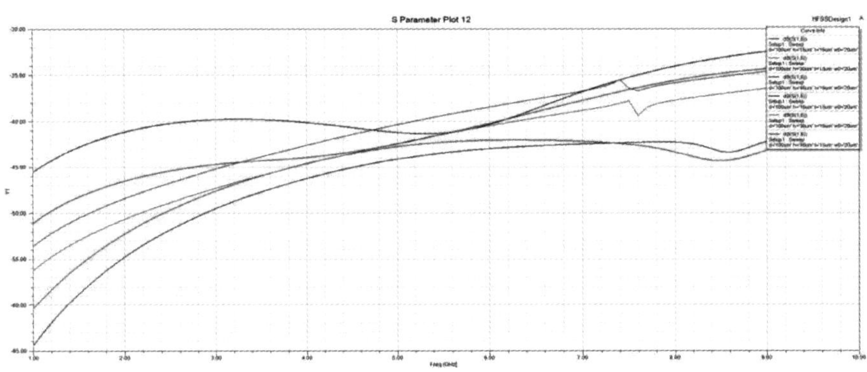

图 14　远端串扰 S_{15}、S_{16}随介质厚度变化（t=15μm，w_0=20μm，d=100μm）

5　总结

1. 高密度互连封装基板需关注信号完整性问题。基板类型、基材厚度、导线厚度、宽度、间距等设计参数不同，对传输线上信号质量影响也不同。

2. 反射系数 S_{11}与基板传输线端接匹配密切相关，受信号频率影响较大。在进行封装基板设计时要根据不同信号的频率需求合理设计基板各物理参数，以优化反射系数，满足系统性能要求。

3. 近端、远端串扰受封装基板上传输线间距影响较大。基板采用不同的介质厚度所造成的近端、远端串扰大小也不同。相同条件下，远端串扰噪声一般小于近端串扰，设计时应结合基板互连密度，传输线耦合长度，合理规划串扰余量。

4. 常规有机基板介质材料介电常数较陶瓷基板低，利于高速信号的传输，因此在端接匹配的情况下，有机基板上传输线反射也较陶瓷基板小。当封装内的高速信号较多时，采用有机基板可以更好地减小传输损耗。

参考文献：

[1] LIU XIAOYANG, CHEN WENLU. Research on Manufacturing Process of 2.5D Packaging Organic Substrate [J]. Printed

Circuit Information, 2020, 28 (01): 1-9.(刘晓阳，陈文录. 2.5D 封装有机基板制造工艺研究 [J]. 印制电路信息，2020，28 (01)：1-9.)

[2] CHANG YIFENG, KANG JIAN, ZOU XUJUN, LIN KAI, YOU HAIYAN. Modeling and simulation of crosstalk of multi-chip components under different transmission modes [J]. Communication Technology, 2018, 51 (09): 2064-2068.(畅艺峰，康健，邹旭军，林开，尤海艳. 不同传输模式下多芯片组件串扰的建模与仿真 [J]. 通信技术，2018，51 (09)：2064-2068.)

[3] WANG ZEYAN. High-speed circuit signal integrity analysis [M]. Nanjing: Southeast University Press, 201809. 257.(汪泽焱. 高速电路信号完整性分析 [M]. 南京：东南大学出版社，2018：09，257.)

[4] YUE MA, CHRISTIAN GONTRAND. Power, Thermal, Noise, and Signal Integrity Issues on Substrate/Interconnects Entanglement [M]. CRC Press: 2019—03—08.

[5] PAN MAOYUN, CAO LIQIANG, LI JUN, LIU FENGMAN. Two kinds of multi-chip package design and electrical performance analysis comparison [J]. Science Technology and Engineering, 2013, 13 (14): 4023-4027.(潘茂云，曹立强，李君，等. 两种多芯片封装设计及电性能分析比较 [J]. 科学技术与工程，2013，13 (14)：4023-4027.)

[6] ZHANG JIANHUA, ZHANG JINSONG, HUA ZIKAI. Chip high-density packaging interconnection technology [J]. Journal of Shanghai University (Natural Science Edition), 2011, 17 (04): 391-400.(张建华，张金松，华子恺. 芯片高密度封装互连技术 [J]. 上海大学学报 (自然科学版)，2011，17 (04)：391-400.)

[7] WANG QU, FAN KUANGANG, LI NA, QIU HAIYUN. Optimization analysis of symmetrical transmission line spacing and length under high frequency (5G) signals [J]. Modern Electronic Technology, 2021, 44 (07): 142-146.(王渠，樊宽刚，李娜，等. 高频 (5G) 信号下对称传输线间距和长度优化分析 [J]. 现代电子技术，2021，44 (07)：142-146.)

[8] Wu Xiaofei. Discussion on crosstalk analysis and control in high-speed PCB design [J]. China New Communications, 2019, 21 (24): 62.(武肖飞. 探讨高速 PCB 设计中的串扰分析与控制 [J]. 中国新通信，2019，21 (24)：62.)

[9] Ndagijimana Fabien. Signal Integrity: From High-Speed to Radiofrequency Applications [M]. John Wiley & Sons, Inc.: 2014—05—07.

[10] LI BO, DONG ZHIMIN, QU YUAN, ZHOU RUNJING. The influence of crosstalk on the signal integrity of HDMI high-speed transmission lines [J]. Shandong Industrial Technology, 2019 (06): 166-167.(李波，董志敏，屈原，等. 串扰对 HDMI 高速传输线的信号完整性影响 [J]. 山东工业技术，2019 (06)：166-167.)

[11] QIAO HONG. Analysis and minimization of high-speed PCB crosstalk [J]. China Integrated Circuits, 2007 (04): 35-38.(乔洪. 高速 PCB 串扰分析及其最小化 [J]. 中国集成电路，2007 (04)：35-38.)

[12] LI BINGWANG, XU CHUNYE, OUYANG JINGQIAO. Research on chip stack packaging technology [J]. Electronics and Packaging, 2012, 12 (01): 7-10.(李丙旺，徐春叶，欧阳径桥. 芯片叠层封装工艺技术研究 [J]. 电子与封装，2012，12 (01)：7-10.)

[13] NDAGIJIMANA FABIEN. Signal Integrity: From High-Speed to Radiofrequency Applications [M]. John Wiley & Sons, Inc.: 2014—05—07.

[14] LI LI, LI WEIBING, WANG XUEGANG, ZHANG QIAN. Analysis of crosstalk between two parallel transmission lines [J]. Chinese Journal of Radio Science, 2001 (02): 271-274+282.(李莉，李卫兵，王学刚，等. 二平行传输线间的串扰分析 [J]. 电波科学学报，2001 (02)：271-274，282.)

[15] CHULWOO KIM, HYUN WOO LEE, JUNYOUNG SONG. High-Bandwidth Memory Interface [M]. Springer, Cham: 2014—01—01.

[16] HALL STEPHEN H., HECK HOWARD L.. Advanced Signal Integrity for High-Speed Digital Designs [M]. John Wiley & Sons, Inc.: 2008—07—14.

基于 FPGA 的基-2^3算法 FFT 处理器设计

朱经纬　彭凌辉　周干

（中国人民解放军国防科技大学计算机学院　长沙 410073）

[1]（zjwasic@163.com）

摘要　随着5G时代的到来，各类应用对无线数字通信系统的带宽、速度、功耗有了更高的要求，与此同时频选衰落、多径干扰、频谱利用率低等负面效应也越发明显，成为了制约其发展的主要问题。MIMO 和 OFDM 技术能够有效地解决这些问题。而 MIMO-OFDM 系统的核心模块之一 FFT 正是影响系统性能的关键模块。在一些相关应用场景中，系统要求高频率分辨率、实时、小面积。因此，FFT 模块需要具有较大的变换点数，较快的处理速度、较低的资源消耗，还需要保证一定的数据精度来满足需求。本文针对这些需求设计了基于基-2^3 算法和单路延迟反馈结构的 4096 点 FFT 处理器。我们搭建了功能仿真平台和基于 FPGA 的硬件验证平台，分别对 HDL 代码实现后和硬件实现后的 FFT 处理器进行仿真验证。功能仿真时，在随机复数信号的激励下，本设计的信噪比为 56.41dB。在 FPGA 系统运行频率为 100MHz 时，完成一个 4096 点 FFT 计算需要 42μs，在随机复数信号的激励下测得信噪比为 56.26dB。

关键词　多输入多输出-正交频分复用；快速傅里叶变换；单路延迟反馈结构；现场可编程门阵列

中图法分类号　TP391

无线数字通信和终端多媒体应用等已经改变了现代人类的生活方式，各式的数字业务也已成为经济增长的重要支柱。从早期的 2G、3G 业务如语音短信通信到现如今主流的 4G 业务视频通话、智能家居、网络直播、车辆导航等已经不能满足人们的应用需求，而远程医疗、无人驾驶和 VR/AR 购物等新 5G 的应用业务逐渐成为业界热点。这些新的需求要求无线数字通信系统有着更快的传输速率、更高的带宽和更低的功耗。然而，更高的性能需求给无线数字通信系统带来了很严峻的挑战。在如此高标准的要求下，无线通信中的频选衰落效应、多路径交织干扰以及带宽使用效率低等问题逐渐突显出来，成为了制约其发展的主要因素。而多输入多输出（MIMO）和正交频分复用（OFDM）技术能够有效地解决这些问题[1-2]。MIMO 技术利用在空间中产生多个独立的并行信道来传输多路数据流，在现有信道带宽不改变的情况下也能十分有效地提高通信系统的数据传输速率，从而增加频谱效率。OFDM 技术具有若干个相互正交的独立子信道，可以将宽带频选衰落在频带内转换成子信道的平坦衰落，从而有效地对抗频选衰落效应对通信系统性能带来的影响。在无线数字通信系统中同时使用 MIMO 与 OFDM 技术可以在获得足够强劲的性能的同时获得足够高的系统稳定性。

典型的 OFDM 系统如图 1 所示。它的调制和解调分别是基于 IFFT 和 FFT 来实现的。FFT 和 IFFT 是其中最复杂的数字信号处理模块，同时也是最影响其系统性能的关键模块。

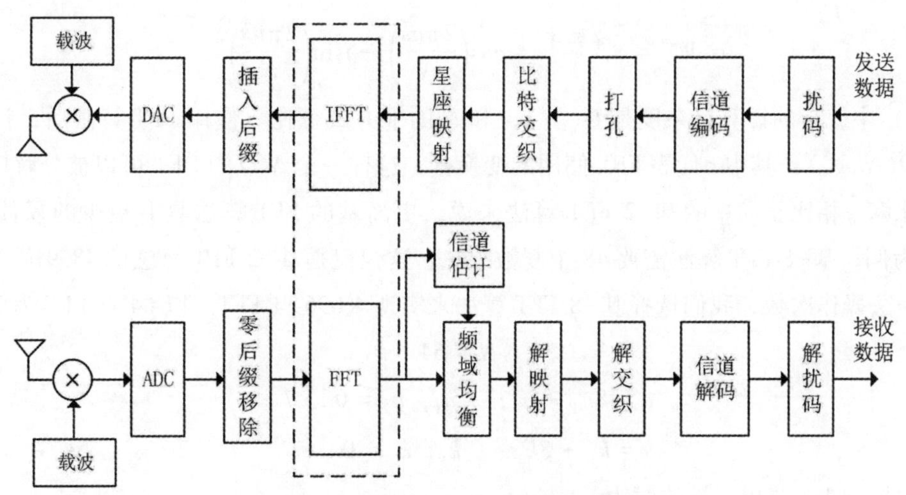

图1 基于FFT的OFDM通信系统

自20世纪60年代以来，数字信号处理已广泛应用于各个领域，其核心算法离散傅立叶变换（DFT）已成为众多学者的研究热点。但是DFT的计算复杂度很高（$O(N^2)$），因此DFT的应用受到限制。然而，在1965年，Cooley和Tukey利用重新分解的思想重构了计算DFT序列的方法，并提出了一种快速计算DFT的方法，即FFT[5]。FFT算法将DFT的计算复杂度改为$O(Nlog_2^N)$，大大降低了DFT的计算复杂度。此后，对快速傅里叶变换算法的进一步改进成为一个热门话题，新的FFT算法被提出[6-8]，各种FFT处理器芯片也被用于各种重要应用[9-12]。

我们可以看到FFT是通信系统中的一个重要组成部分。4G和无线局域网（WLAN）需要从64点到2 048点的FFT[13-15]。对于5G场景，中国移动通信公司建议FFT大小为4 096点[16]。因此，本文选择了4 096点作为FFT处理器的基本设计参数。

本文的主要贡献包括以下3个方面：

1）为了更有效地设计4 096点FFT处理器，我们研究了基-2^3 FFT算法，该算法可以减少复数乘法器的数量。

2）提出了一种基于该算法和基于单路径延迟反馈（SDF）结构的FFT处理器硬件结构。该处理器能够以较低的硬件资源消耗和较高的信噪比（SNR）完成连续流FFT。解决了FFT处理器在计算点数N较大时硬件资源占用大、计算精度低的问题。为高面积约束的FFT处理器设计提供了一种可行的解决方案。

3）我们构建了一种基于FPGA的加速器验证平台。在该平台上，综合后结果显示我们设计的FFT处理器与其他作者相比具有更低的资源消耗，且当FPGA时钟频率为100MHz时，完成4 096点FFT运算需要42μs，信噪比为56. 26dB。

1 背景和相关工作

1.1 基-2^3 FFT算法

给定输入序列为$x(n)$，则N点离散傅里叶变换的定义如下：

$$X(k) = \sum_{n=0}^{N-1} x(n) W_N^{nk}, \quad k = 0,\ 1, \ldots,\ N-1 \tag{1}$$

其中，$x(n)$ 和 $X(k)$ 均是复数，旋转因子：

$$W_N^{nk} = e^{-j\left(\frac{2\pi nk}{N}\right)} = \cos\left(\frac{2\pi nk}{N}\right) - j\sin\left(\frac{2\pi nk}{N}\right) \tag{2}$$

在式（1）中，它的计算复杂度是 $O(N^2)$，和 N 的平方成正比。使用 FFT 算法后，计算复杂度可以被降低至 $O(Nlog_r^N)$，其中 r 代表 FFT 使用的变换基。这样一个 N 点的 DFT 可以被分解成一系列相关的 r 点 FFT 计算。相比于简单的基-2 FFT 算法来说，更高基的 FFT 算法具有更少的复数乘法。以 64 点 FFT 计算为例，基-8 FFT 算法需要 48 个复数乘法，这仅仅是基-2 FFT 算法的 48.9%[17]。因此，为了减少复数乘法操作次数，我们选择基-8 FFT 算法来实现 4 096 点 FFT。以 64 点 FFT 为例子：

$$N = 64$$

$$\begin{aligned} n &= 8n_1 + n_2, \quad n_1, n_2 = 0\ldots 7 \\ k &= k_1 + 8k_2, \quad k_1, k_2 = 0\ldots 7 \end{aligned} \tag{3}$$

用（3）式，（1）式可以被改写为：

$$\begin{aligned} X(k_1 + 8k_2) &= \sum_{n=0}^{63} x(8n_1 + n_2) W_{64}^{(8n_1+n_2)(k_1+8k_2)} \\ &= \underbrace{\sum_{n_2=0}^{7} \Big\{ \underbrace{\sum_{n_1=0}^{7} x(8n_1 + n_2)\, W_8^{n_1k_1}}_{8-point\ \ DFT}\ \underbrace{W_{64}^{n_2k_1}}_{twiddle\ \ factor} \Big\} W_8^{n_2k_2}}_{64-point\ \ DFT} \\ &= \sum_{n_2=0}^{7} \{BU_8(k_1, n_2)\}\, W_8^{n_2k_2} \end{aligned} \tag{4}$$

从方程（4）可以看出，64 点离散傅里叶变换分解为二维 8 点 DFT。为了更有效地实现基-8 FFT 算法，我们使用基-2^3 算法[18]，将基-8 蝶形单元进一步分解为三个步骤，并对其应用基-2 索引映射。

令：

$$\begin{aligned} n_1 &= 4\alpha_1 + 2\alpha_2 + \alpha_3, \quad \alpha_1, \alpha_2, \alpha_3 = 0, 1 \\ k_1 &= \beta_1 + 2\beta_2 + 4\beta_3, \quad \beta_1, \beta_2, \beta_3 = 0, 1 \end{aligned} \tag{5}$$

使用式（5），式（4）中的第一个 8 点 DFT 可以被重写为：

$$\begin{aligned} &\sum_{n_1=0}^{7} x(8n_1 + n_2) W_8^{n_1k_1} \\ &= \sum_{\alpha_3=0}^{1}\sum_{\alpha_2=0}^{1}\sum_{\alpha_1=0}^{1} x(8(4\alpha_1 + 2\alpha_2 + \alpha_3) + n_2)\, W_8^{(4\alpha_1+2\alpha_2+\alpha_3)(\beta_1+2\beta_2+4\beta_3)} \\ &= \underbrace{\sum_{\alpha_3=0}^{1} \underbrace{\sum_{\alpha_1=0}^{1} \underbrace{\sum_{\alpha_1=0}^{1} x(8(4\alpha_1 + 2\alpha_2 + \alpha_3) + n_2)\, W_2^{\alpha_1\beta_1} W_4^{\alpha_2\beta_1}}_{step1} W_2^{\alpha_2\beta_2} W_8^{\alpha_3(\beta_3+2\beta_2)}}_{step2}\ W_2^{\alpha_3\beta_3}}_{step3} \end{aligned} \tag{6}$$

根据式（6）推导的 64 点基-2^3 FFT 算法公式我们可以画出其对应的信号流程图如图 2 所示。

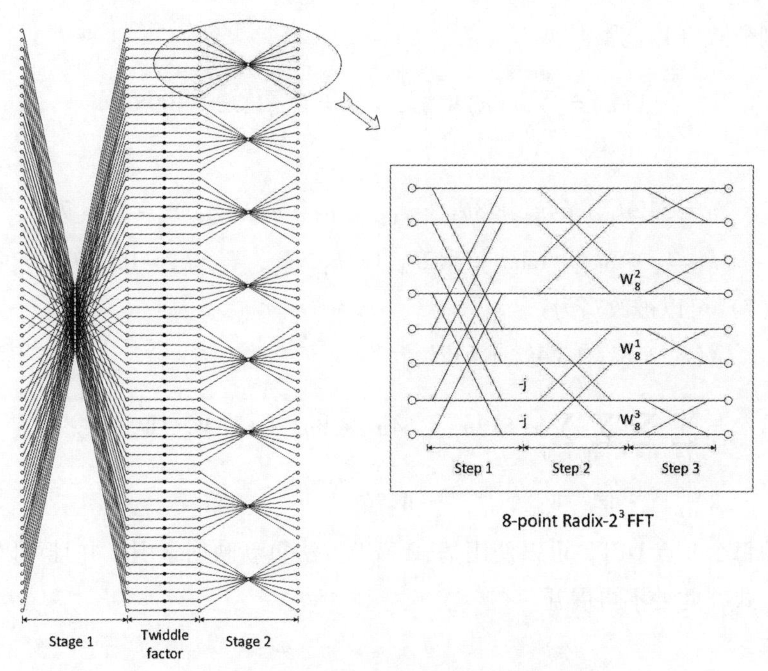

图 2　基-2^3 算法的 64 点 FFT 信号流程图

首先将 64 点 DFT 分解为二维 8 点 DFT，需要将 8 点 DFT 乘以复旋转因子（图 2 中的黑点），然后用基-2 算法进一步分解 8 点 DFT。作为比较，考虑基-2 算法的 64 点 FFT 的 SFG，如图 3 所示。

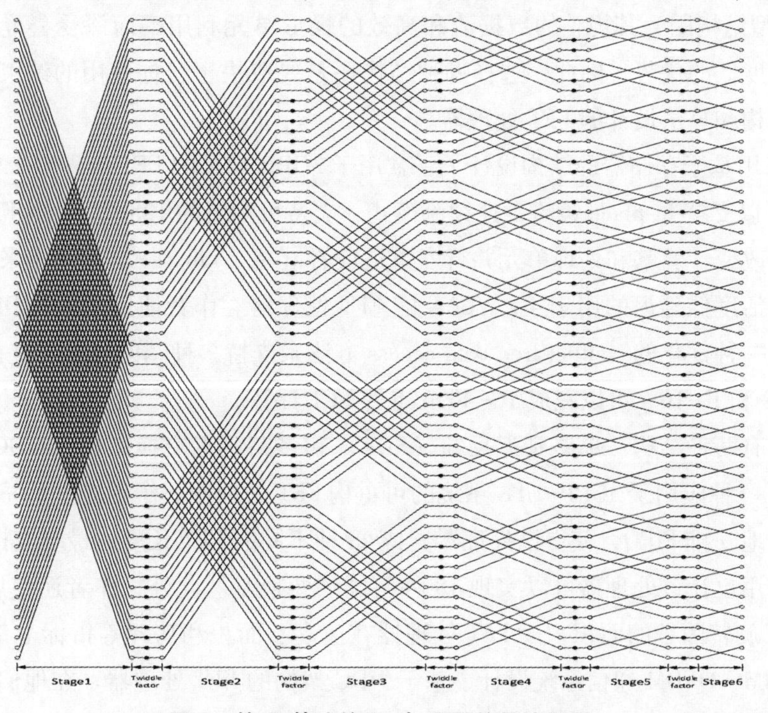

图 3　基-2 算法的 64 点 FFT 信号流程图

在图 3 中，我们可以发现 64 点 DFT 需要 6 级蝶形来实现基为 2 的 DFT。每只蝴蝶之间都有一个复数乘法单元。然而，在由图 2 中的基-2^3 算法实现的 64 点 FFT 的每两个 8 点 DFT 级之间只会出现一个复数乘法单元。每个 8 点 DFT 中的这些复数乘法可以设计为常数乘法器，其硬件可以通过移位器和加法器重新实现。因此，当 DFT 的 N 较大时，使用基-2^3 算法可以节省更多的复数乘法单元。进一步，我们可以使用基-2^3 算法实现 4 096 点 FFT。

令 $N=4096$，则公式（1）为：

$$X(k)=\sum_{n=0}^{4095} x(n) W_{4096}^{nk}, \quad k=0, 1, \ldots, 4095 \tag{7}$$

然后，令：

$$\begin{aligned} n &= 512n_1+64n_2+8n_3+n_4, \quad n_1, n_2, n_3, n_4 = 0 \ldots 7 \\ k &= k_1+8k_2+64k_3+512k_4, \quad k_1, k_2, k_3, k_4 = 0 \ldots 7 \end{aligned} \tag{8}$$

使用式（8），（7）可以被改写为：

$$\begin{aligned} & X(k_1+8k_2+64k_3+512k_4) \\ & = \sum_{n_4=0}^{1}\sum_{n_3=0}^{1}\sum_{n_2=0}^{1}\sum_{n_1=0}^{1} x(512n_1+64n_2+8n_3+n_4)\, W_8^{n_1k_1} W_{64}^{n_2k_1} W_8^{n_2k_2} \\ & W_{512}^{n_3(k_1+8k_2)} W_8^{n_3k_3} W_{4096}^{n_4(k_1+8k_2+64k_3)} W_8^{n_4k_4} \end{aligned} \tag{9}$$

对于（9）中的每个 8 点 DFT，可以使用基-2 FFT 方法重新映射索引，并且可以得到基-2^3 算法的 4 096 点 FFT 计算公式，此处不再展开。

1.2 相关工作

目前已有多种的 FFT 处理器结构被提出，主要可以分成两类：基于存储器的结构和流水线型结构。总体来说，这些结构主要由三个单元构成：（1）蝶形计算单元（butterfly computation unit，BCU）单元、（2）存储单元（storage unit，SU）和（3）旋转因子生成单元（twiddle factor generation unit，TFU）[12]。流水线型结构因为其规整的数据流和高效的蝶形单元利用率而深受喜爱。而基于存储器的结构具有实现复杂度低的优势。因此，选择哪种结构还是要取决于目标应用的约束。以下是针对不同需求所采用不同结构和算法设计的 FFT 处理器。

Xia et al.[19]采用基于存储器的结构设计了一款用于 3GPP LTE 的 FFT 处理器。作者提出的 conflict-free memory 方法可以支持 in-place 策略，连续流模式，支持可配置的 128-2048 点 FFT 计算。另外，这种方法还可以通过改变计算基和处理单元并行度来适应吞吐率。Liu et al.[20]同样采用基于存储器的结构设计了一款高灵活度低延迟的用于 4G WLAN 的 FFT 处理器。作者使用了 CORDIC 算法来减小硬件消耗，同时提出了一种优化的 conflict-free data access 方法来支持多种基的蝶形。支持的算法模式有 R-2、R-3/4、R-5/8 和 R-16。可以完成 16-4096 点的 FFT 计算。

流水线型主要有两种结构：单路延迟反馈（SDF）和多路延迟交换结构（MDC）。Xin et al.[21]基于 SDF 结构设计了一种应用于 3GPP-LTE 系统的可重构 FFT 处理器。作者提出了一种开关可控的 FIFO 使用技术来更高效地安排 FIFO，使得该处理器支持 48 种不同的 FFT 长度，最多支持 4 096 点。可重构蝶形运算单元的使用也让该处理器可以实现 18 种不同的变换基。此外，作者还使用了 Coarse and fine rotating 技术减小了旋转因子的面积。该 FFT 处理器在速度、面积和功耗等指标上都具有很大的优势。Ngoc et al.[22]为 MIMO-OFDM 通信系统设计了基于 MDC 架构的 FFT 处理器。在他们的论文中，作者提出了一种新型的基-2^2 MDC 结构，它充分利用了基-2^2 算法的优点，如简单的蝶形和更少的访存需求。此外，他们还提出了一种改进的输入调度算法，以减少搬移数据所需的能耗。该处理器最多支持 1 024 点 FFT。

2 FFT 处理器硬件设计

从第 1 节我们可知，FFT 处理器结构主要分成基于存储器和流水线型。但是，基于存储器的结构受限于可获得的计算单元和数据存取带宽。这种结构的 FFT 处理器的计算延迟比较大，不适合实时高速的应用场景。流水线型的 SDF 和 MDC 结构有着更高的吞吐率和更低的延迟[23]。SDF 结构只有一条数据通路，而 MDC 结构具有多条并行的数据通路。因此，MDC 结构的数据吞吐量比 SDF 结构要高，但是硬件资源消耗也更多。本文需要设计一个 4 096 点的 FFT 处理器，算法上选择基-2^3 算法减少乘法器数量，同时在保证能满足 MIMO-OFDM 应用需求的前提下，为了进一步减少硬件资源消耗，我们选择 SDF 作为 4 096 点 FFT 处理器的基本结构。本章节将从以下几个部分来介绍 FFT 的硬件结构：(1) FFT 计算核心整体结构及其时序 (2) 基-2^3 蝶形运算单元及其时序 (3) 旋转因子生成单元。

2.1 基-2^3 的 SDF FFT 处理器硬件结构

结合算法公式 (9) 和信号流程图我们可以将 4 096 点基-2^3 FFT 算法映射为 SDF 的硬件结构，其结构如下图 4 所示。

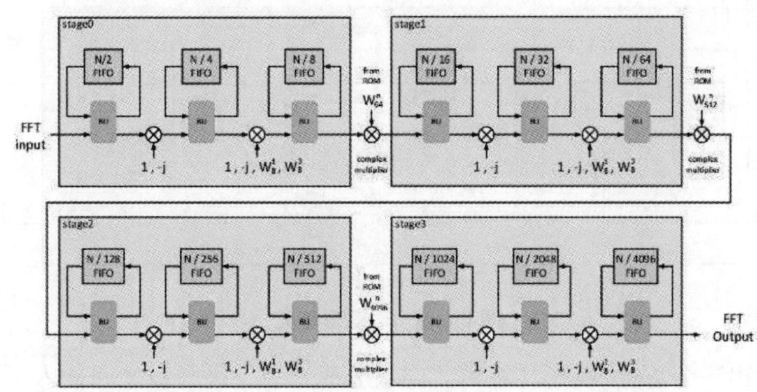

图 4　基于基-2^3 算法和 SDF 的 4096 点 FFT 处理器核

从上图 4 中可以看出该 FFT 处理器结构共分成 4 个 stage，stage 称为基-2^3 蝶形计算单元，每个蝶形计算单元内又被分成三级。在两个 stage 之间还有级间复数乘法器，复数乘法器需要将输入的复数乘以对应的级间旋转因子，因此还得需要有级间旋转因子存储单元及其控制单元。所以，该硬件结构可以被分成两个部分来设计：基-2^3 蝶形计算单元和级间旋转因子生成单元。

2.2 整体时序设计

该 FFT 处理器的整体工作时序如图 5 所示：

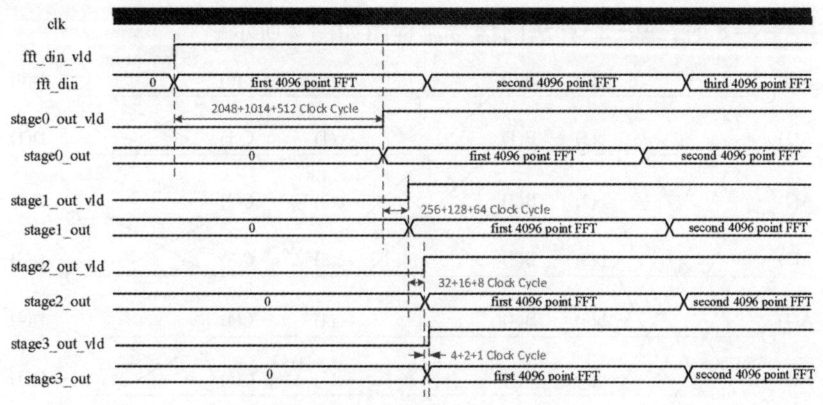

图 5　4096 点 FFT 工作波形

在 FFT 处理器整体结构的设计中，需要从总体上把握各个部分节点之间的接口时序问题。如，FFT 的输入、stage0、stage1、stage2 和 stage3 的输出。从 4 096 点 FFT 处理器整体工作时序图可以看出：在计算第一个 4 096 点 FFT 时，stage0～stage3 分别经过 3 584，448，56，7 个时钟周期后开始输出本级数据。stage3 的输出结果就是 FFT 处理器的最终结果。从图中还可以看到，在第一个 4 096 点 FFT 计算还未结束的时，第二个 4 096 点数据就可以输入了，本设计可以实现连续的数据流计算。该种结构的处 FFT 理器每个 stage 内自带的数据缓冲单元一直是被计算数据填满的，因此它具有很高的硬件资源利用率。

2.3 基-2^3 蝶形单元设计

基-2^3 蝶形运算单元是本文设计的 FFT 处理器中最核心的部分，整个 FFT 处理器正是由四个这样的蝶形计算单元组成，它们的内部硬件结构相同，只是数据缓冲单元的深度大小不同。因此，设计 4096 点 FFT 处理器的核心问题便转变成了设计基-2^3 蝶形运算单元。由基-2^3 算法计算每个蝶形内数据的特点和 SDF 的硬件结构，可以设计出如下的基-2^3 蝶形计算单元，其硬件结构如图 6 所示。

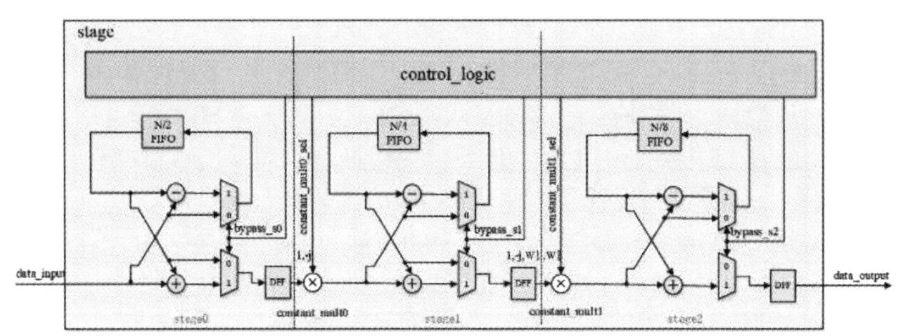

图 6 基-2^3 蝶形单元

从上图中可以看出一个基-2^3 蝶形计算单元内被分成三级，级与级之间插入了一个 D 触发器和一个旋转因子乘法器。与在两个基-2^3 蝶形单元之间复数乘法器不同的是，蝶形单元内的乘法器是常数乘法器，这可以通过选择信号和移位的方式实现乘法功能。这正是基-2^3FFT 算法的优势所在，将一部分旋转因子乘法通过常数化的方式固化下减小了计算量。基-2^3 蝶形计算单元内每一级都有复数加减法器和数据缓冲单元，缓冲深度要根据所在级数进行调整。控制逻辑通过控制信号控制级内数据的是流入本级的数据缓冲单元还是流入下一级。此外，它还控制常数乘法器选择正确的常数因子。控制单元是几个计数器和一些使能信号之间的相互配合，其设计方法隐藏于计算单元的时序设计中。为了说明逻辑控制单元的工作过程，以计算 8 点 FFT 为例。实际上，基-2^3 蝶形计算单元本身就可以独立完成 8 点 FFT 的计算。N=8 时，基-2^3 算法的信号流程图如图 7 所示。

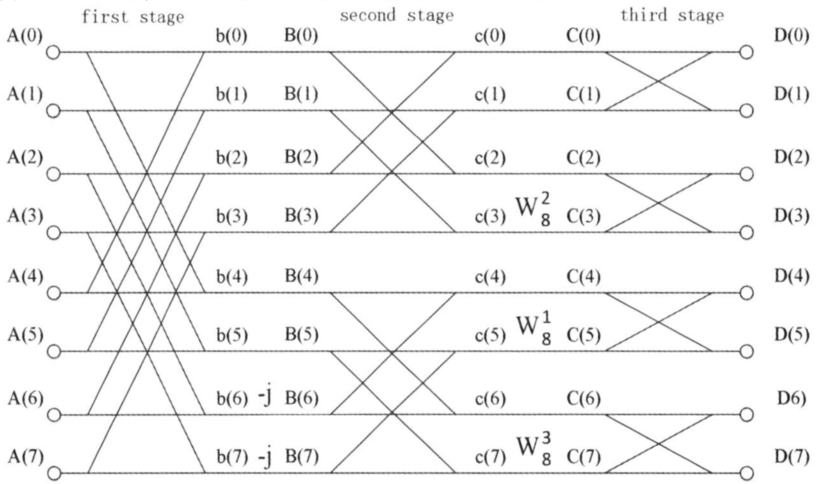

图 7 基-2^3 算法的 8 点 FFT 信号流程图

在图7中A（0）~A（7）为8点FFT输入序列，第一级计算后的结果是b（0）~b（7），在乘以旋转因子1和-j后得到B（0）~B（7）序列；再经过第二级蝶形的计算后得到序列c（0）~c（7），乘以旋转因子1，w_8^2，w_8^1，w_8^3后得到序列C（0）~C（7）；最后经过第三级蝶形得到8点FFT计算的最后结果D（0）~D（7）。

2.4 基-2^3蝶形单元时序设计

结合基-2^3蝶形计算单元的硬件结构很容易得到其工作时序图，如图8所示。

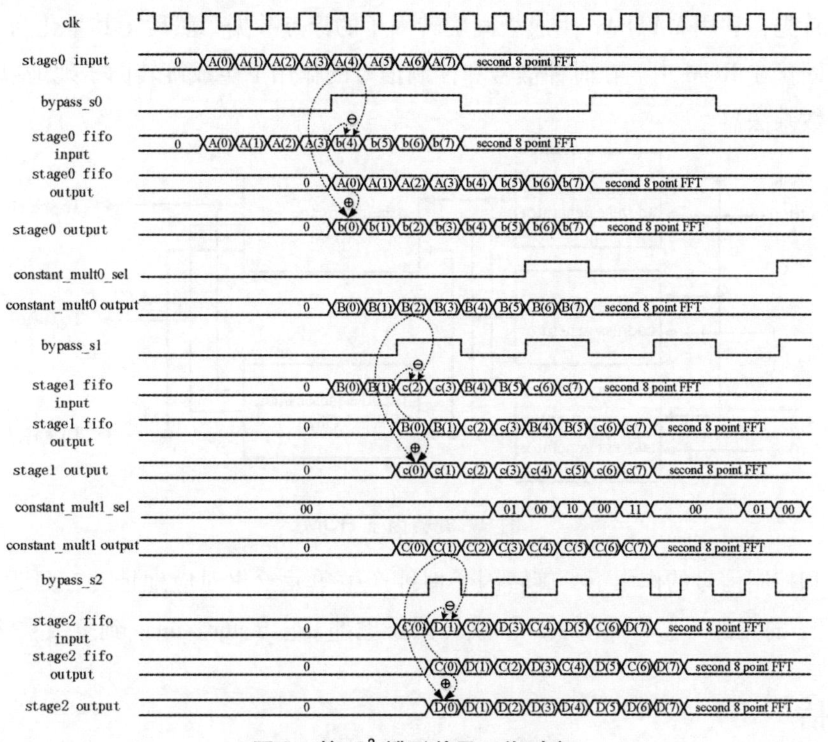

图8 基-2^3蝶形单元工作时序

在时序图中，第一级A（0）~A（7）串行输入，bypass_ s0信号选择前半段序列即A（0）~A（3）存入第一级的数据缓冲单元中。当输入数据来到A（4）的时，从第一级的数据缓冲单元中输出A（0），A（0）和A（4）复数相加得到第一级输出b（0）直接送入下一级别，A（0）和A（4）复数相减得到b（4）存回本级的数据缓冲单元。同理，b（1）~b（3）直接送入下一级，b（5）~b（7）存回本级的数据缓冲单元。由此可见，第一级数据之间的间隔为4，因此在计算8点FFT时需要一个深度为4的数据缓冲单元。在第二级和第三级中，数据之间的间隔变成了2和1，数据缓冲单元的深度也也相应调整为2和1。最后，得到8点FFT的计算序列结果：D（0）~D（7）。以上是基-2^3蝶形计算单元在计算8点FFT时候的行为。当计算4 096点FFT时需要4个基-2^3蝶形计算单元（即4个stage）协同配合工作，四个stage内的每级数据间隔变成了2 048、1 024、512和256、128、64和32、16、8和4、2、1，因此缓冲单元的读写控制和其深度也要做相应的调整。

2.5 旋转因子生成模块设计

对于旋转因子的生成有两种方式，一种是可以采用CORDIC算法来实时计算所需要的级间旋转因子，另外一种是事先将计算好、量化好的旋转因子全部存于ROM中，等待数据流到来后，根据地址生成单元生成的地址读出对应的旋转因子数据进行复数乘法操作。前者的实现方式优点在于占用存储面积小，缺点是想要以比较快的速度实现则比较困难。本文采用的方法则是后者，其缺点是占用面积较大，但是，只要给出存储地址便可以很快得到旋转因子数据，速度比较快。

从式（9）中可以看出，在两级基-2^3 蝶形单元之间需要乘以对应的旋转因子如式（10）所示：

$$W_{64}^{n_2k_1},\quad W_{512}^{n_3(k_1+8k_2)},\quad W_{4096}^{n_4(k_1+8k_1+64k_3)} \tag{10}$$

在式（10）中根据旋转因子的对称性和周期性可知，只需存储旋转因子就可以满足 4 096 点 FFT 的计算需求，它包含了 $W_{64}^{n_2k_1}$ 和 $W_{512}^{n_3(k_1+8k_2)}$。

本文 FFT 处理器的旋转因子存储单元硬件结构示意图如图 9 所示，由 ROM 和地址生成单元构成。在装填数据时，首先，利用 MATLAB 生成级间旋转因子的浮点数据，然后将其量化为 16 位的二进制数据，以补码方式固化在 ROM 中。在时钟信号和控制信号的作用下生成旋转因子地址以及所对应的旋转因子数据送入复数乘法器。

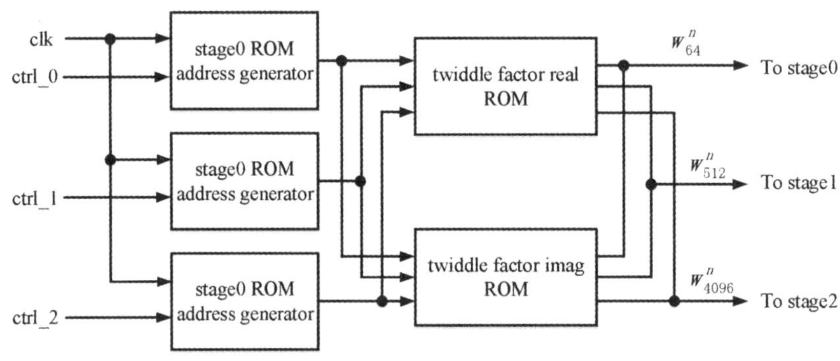

图 9　旋转因子 ROM

在时钟信号和控制信号的作用下，旋转因子地址产生单元给出对应地址并在延迟一个时钟周期后 ROM 送出旋转因子的实部 tw_ factor_ real 和旋转因子虚部 tw_ factor_ imag 到复数乘法器中参与计算。

3　验证和评估

我们使用 Verilog HDL 对 4 096 点的基-2^3 的 SDF FFT 处理器进行了 RTL 级的实现。同时，为了验证 RTL 模型结果的正确性和可综合性，我们的仿真验证分成两个阶段：功能仿真和 FPGA 仿真。

3.1　功能仿真

本文在功能仿真阶段所采用的方法是 MATLAB 和 ModelSim 联合仿真的方法。4 096 点的基-2^3 FFT 算法模型使用 MATLAB 实现，对应的 Verilog RTL 模型则以 ModelSim 作为载体。功能仿真平台框图如图 10 所示。

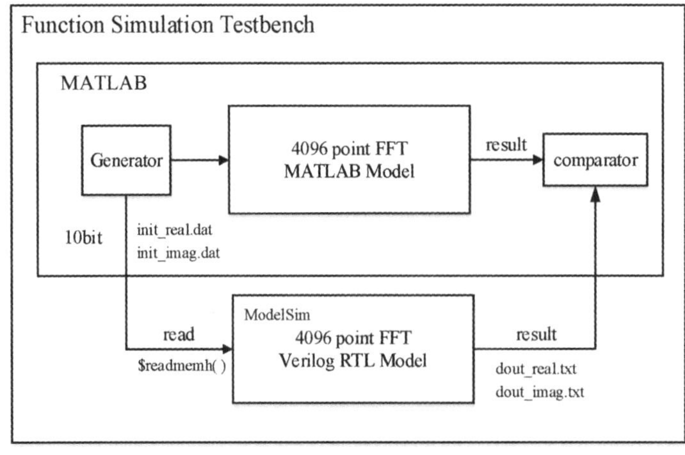

图 10　功能仿真平台

在功能仿真平台中由 MATLAB 生成处于［-1，1）之间的随机激励信号，直接送给 MATLAB 中的算法模型，该模型作为功能仿真平台中的参考模型。另外一路在经过 MATLAB 程序量化处理后生成 10bit 的二进制补码数据送给 ModelSim 中的 RTL 模型。等两个模型的计算结束后将它们的结果放到 MATLAB 中的比较程序中计算 RTL 模型精度，以验证是否正确实现了预期功能。

对于 4 096 点 FFT 计算来说，一个重要的考察指标就是其变换的精度，但是 4 096 点 FFT 计算属于计算密集型的模块，从功能仿真图中很难直接判断出其结果的的正确性，因此我们利用了在 Modelsim 中的仿真结果与 MATLAB 中建立的基-2^3FFT 算法模型结果进行对比来客观地判断定点后 FFT 的计算精度。当 Modelsim 中的 FFT 计算完成后，MATLAB 程序读取计算结果用于比较。我们可以通过下式（11）计算定点计算后的绝对误差。

$$FFT_{error} = \left| FFT_{floaat} - FFT_{fixed} \right| \tag{11}$$

误差结果如图 11 所示。

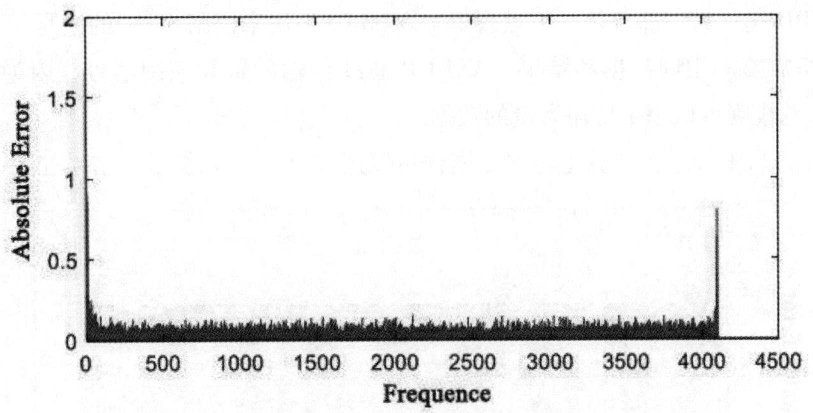

图 11　功能仿真阶段一组 4096 点 FFT 的绝对误差

从上图中我们可以看出误差的分布特点：两头大，中间小。这是因为 FFT 的绝对误差分布是和 FFT 的计算结果相关的，在高点（接近于 4 096）和低频点（接近于 0）处的幅值比较大，计算产生的绝对误差就会比较大。产生误差的来源有以下几种（1）前级 ADC 在进行模拟数字转换时候产生的量化误差（2）在加法操作中为了防止数据溢出而进行舍入的误差（3）选择因子量化误差（4）乘法操作为了控制字长进行截尾引入的误差。这些误差正是在定点计算中有限字长效应所带来的影响[24-26]。

我们将图 11 中的数据用式（12）计算浮点和定点结果的信噪比来来进一步衡量其变换精度。

$$SNR_{FFT} = -10 \times lg \frac{\sum \left| FFT_{floaat} - FFT_{fixed} \right|^2}{\sum FFT_{floaat}} \tag{12}$$

在随机复数激励信号下 $SNR_{FFT} = 56.41\text{dB}$。

3.2　FPGA 验证平台

本文设计采用的 FPGA 是开发板是 XILINX ZYNQ-7000 开发平台[27]，板载一颗赛灵思的 XC7Z020 FPGA 芯片，该芯片采用的是 ARM+FPGA 的结构，可以既编写嵌入式语言又可以编写 HDL 硬件代码。该芯片具有丰富的硬件资源和外设接口，它主要分为两个部分，处理器系统端（PS，属于 ARM）和可编程逻辑端（PL，属于 FPGA）。

基于以上的丰富的硬件资源，我们提出了如下的 FPGA 验证平台，利用 MATLAB 强大的数据处理能力和 FPGA 可编程的硬件灵活性完成对硬件实现后的 FFT 处理器的验证。本文提出的 FPGA 验证平台框图如图 12 所示。

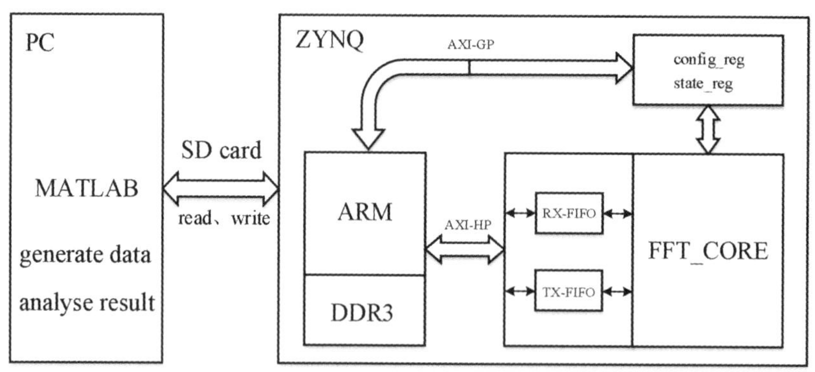

图 12　FPGA 仿真平台

在图 12 中，MATLAB 主要用来产生激励数据和分析 FPGA 计算结果。Zynq 可以被分成两部分，一部分是 ARM 的 CPU 端；另一部分是 FFT 处理器。ARM CPU 用来控制 SD 卡的读写和 AXI 总线。DDR3 存储计算过程中所需要的中间数据和结果。AXI-GP 总线传输配置和控制信号，因为它的带宽相对较低。AXI-HP 高速总线则可以用来传输大量的数据。

FPGA 实现后的 FFT 处理器计算绝对误差同样可以用式（11）来衡量，结果如图 13 所示。

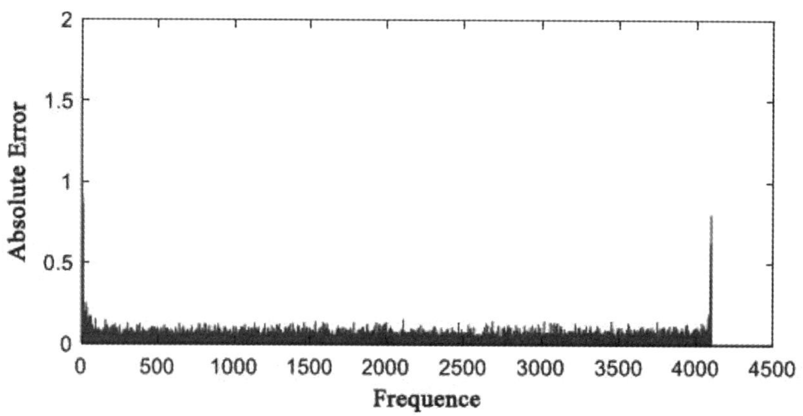

图 13　FPGA 仿真阶段一组 4096 点 FFT 的绝对误差

从图 13 中可以看出，FFT 处理器 FPGA 实现后的仿真绝对误差和功能仿真阶段的绝对误差基本相同。一方面，这和 FFT 的计算结果相关；另一方面，这也是定点计算后有限字长效应带来的影响。根据式（12）可得在随机复数激励信号下。

最后，本文设计的处理器的参数以及硬件资源消耗和其他 FFT 处理器对比情况见表 1。

表 1　和其他 FFT 处理器对比

Method	[28]	[29]	This work
FPGA Platform	Virtex-6	Virtex-6	Zynq-7 020
Algorithm	Radix-2/2^2	Radix-2^2	Radix-2^3
Architecture	MDC	SDF	SDF
FFT point	4 096	1 024	4 096
Max Frequence（MHz）	210.3	-	100

续表

Method	[28]	[29]	This work
Processing Time (clock cycle)	6 095	–	4 200
SNR	–	51.05 dB	56.26 dB
Hardware Resources Cost			
Slice Flip Flops	6 280/948 480 (0.6%)	4 384/301 440 (1%)	2 001/106 400 (1.9%)
Slice LUT	4 317/474 240 (0.9%)	5 174/150 720 (3%)	3 437/53 200 (6.5%)
BRAM	11/720 (2%)	4/416 (1%)	7/140 (5%)
DSP	–	16/768 (3%)	18/220 (8.2%)

从表 1 中可以看出论文［28］采用了基-2/2^2FFT 算法和 MDC 的硬件结构，最高支持 4 096 点 FFT 计算。虽然它的最大频率是 210MHz，是本文设计的 2 倍，但是它的硬件资源消耗也比本文的设计要高出很多。论文［29］设计的处理器算法采用基-2^2，硬件结构也采用 SDF，最高只支持 1 024 点 FFT 计算，而我们设计的 FFT 处理器可以完成连续流的 4 096 点 FFT 计算。同时，本文设计的 FFT 处理器使用的硬件资源要比论文［29］的少，而且计算结果的 SNR 还要比其高出 5dB。

4 总结

本文设计了一个基于基-2^3 算法和 SDF 硬件结构的 4 096 点 FFT 处理器，在 Xilinx 的 Zynq-7 020 平台完成硬件实现并验证了其功能的正确性。系统在 100MHz 下完成一个 4 096 点 FFT 计算需要 42μs，SNR 为 56.26dB。同时，与之前的工作对比，我们所实现的 SDF 硬件结构具有更少的硬件资源消耗和更高的 SNR。此外，本文设计中涉及级间旋转因子生成只是采取了简单存储的策略，这占用了设计中很大一块面积。未来，我们计划采用 CORDIC 算法在 FFT 计算的过程中产生旋转因子进一步降低硬件资源消耗。

参考文献：

[1] E. G. Larsson, O. Edfors, F. Tufvesson, and T. L. Marzetta, "Massive MIMO for next generation wireless systems," IEEE Commun. Mag., vol. 52, no. 2, pp. 186–195, Feb. 2014.

[2] J. Vieira et al., "A flexible 100-antenna testbed for massive MIMO," in Proc. IEEE Globecom Workshops (GC Wkshps), Dec. 2014, pp. 287–293.

[3] L. P. Thakare and A. Y. Deshmukh, "Area Efficient FFT/IFFT Processor Design for MIMO OFDM System in Wireless Communication," 2015 7th International Conference on Emerging Trends in Engineering & Technology (ICETET), Kobe, 2015, pp. 10–13.

[4] Y. Lin and C. Lee, "Design of an FFT/IFFT Processor for MIMO OFDM Systems," in IEEE Transactions on Circuits and Systems I: Regular Papers, vol. 54, no. 4, pp. 807–815, April 2007.

[5] JAMES W. COOLEY, JOHN W. TUKEY. An algorithm for the machine calculation of complex Fourier series [J]. Math. comput, 1965, 19 (90): 297–301.

[6] DUHAMEL P, HOLLMANN H.' Split radix' FFT algorithm [J]. Electronics Letters, 1984, 20 (1): 14–16.

[7] WINOGRAD S. On computing the discrete Fourier transform [J]. Mathematics of computation, 1978, 32 (141): 175–199.

[8] H. Shousheng and M. Torkelson," Designing pipeline FFT processor for OFDM (de) modulation," in Proc. URSI Int. Symp. on Signals, Syst, Electron., Oct. 1998, vol. 29, pp. 257–262.

[9] S. Tang, F. Jan, H. Cheng, C. Lin and G. Wu, "Multimode Memory-Based FFT Processor for Wireless Display FD-OCT Medical Systems," in IEEE Transactions on Circuits and Systems I: Regular Papers, vol. 61, no. 12, pp. 3394-3406, Dec. 2014, doi: 10. 1109/TCSI. 2014. 2327315.

[10] C. Yu and M. Yen, "Area-Efficient 128- to 2048/1536-Point Pipeline FFT Processor for LTE and Mobile WiMAX Systems," in IEEE Transactions on Very Large Scale Integration (VLSI) Systems, vol. 23, no. 9, pp. 1793-1800, Sept. 2015, doi: 10. 1109/TVLSI. 2014. 2350017.

[11] S. M. Noor, E. John and M. Panday, "Design and Implementation of an Ultralow-Energy FFT ASIC for Processing ECG in Cardiac Pacemakers," in IEEE Transactions on Very Large Scale Integration (VLSI) Systems, vol. 27, no. 4, pp. 983-987, April 2019, doi: 10. 1109/TVLSI. 2018. 2883642.

[12] B. K. Mohanty and P. K. Meher, "Area-Delay-Energy Efficient VLSI Architecture for Scalable In-Place Computation of FFT on Real Data," in IEEE Transactions on Circuits and Systems I: Regular Papers, vol. 66, no. 3, pp. 1042-1050, March 2019, doi: 10. 1109/TCSI. 2018. 2873720.

[13] Evolved Universal Terrestrial Radio Access (E-UTRA); LTE Physical Channels and Modulation, document 3GPP TS 36. 211, 2012.

[14] Wireless LAN Medium Access Control (MAC) and Physical Layer (PHY) Specifications Amendment 5: Enhancements for Higher Throughput, IEEE Standard 802. 11n-2009, 2009.

[15] Wireless LAN Medium Access Control (MAC) and Physical Layer (PHY) Specifications-Amendment 4: Enhancements for Very High Throughput for Operation in Bands below 6 GHz, IEEE Standard 802. 11ac-2013, 2013.

[16] Guideline for 3. 5GHz 5G System Prototype and Trial (Version 1. 0), Mobile World Congress, Barcelona, Spain, 2017.

[17] W. -C. Yeh and C. -W. Jen, "High-speed and low-power split-radix FFT," IEEE Trans. Acoust., Speech, Signal Process., vol. 51, no. 3, pp. 864-874, Mar. 2003.

[18] H. Shousheng and M. Torkelson, "Designing pipeline FFT processorfor OFDM (de) modulation," in Proc. URSI Int. Symp. on Signals, Syst, Electron., Oct. 1998, vol. 29, pp. 257-262.

[19] K. Xia, B. Wu, X. Zhou and T. Xiong, "A generalized conflict-free address scheme for arbitrary 2k-point memory-based FFT processors," 2016 IEEE International Symposium on Circuits and Systems (ISCAS), 2016, pp. 2126-2129, doi: 10. 1109/ISCAS. 2016. 7539000.

[20] S. Liu and D. Liu, "A High-Flexible Low-Latency Memory-Based FFT Processor for 4G, WLAN, and Future 5G," in IEEE Transactions on Very Large Scale Integration (VLSI) Systems, vol. 27, no. 3, pp. 511-523, March 2019, doi: 10. 1109/ TVLSI. 2018. 2879675.

[21] X. Shih, H. Chou and Y. Liu, "Design and Implementation of Flexible and Reconfigurable SDF-Based FFT Chip Architecture With Changeable-Radix Processing Elements," in IEEE Transactions on Circuits and Systems I: Regular Papers, vol. 65, no. 11, pp. 3942-3955, Nov. 2018, doi: 10. 1109/TCSI. 2018. 2860942.

[22] N. Le Ba and T. T. Kim, "An Area Efficient 1024-Point Low Power Radix-22 FFT Processor With Feed-Forward Multiple Delay Commutators," in IEEE Transactions on Circuits and Systems I: Regular Papers, vol. 65, no. 10, pp. 3291-3299, Oct. 2018, doi: 10. 1109/TCSI. 2018. 2831007.

[23] M. Mahdavi, O. Edfors, V. ? wall and L. Liu, "A Low Latency FFT/IFFT Architecture for Massive MIMO Systems Utilizing OFDM Guard Bands," in IEEE Transactions on Circuits and Systems I: Regular Papers, vol. 66, no. 7, pp. 2763-2774, July 2019, doi: 10. 1109/TCSI. 2019. 2896042.

[24] Yutai Ma, "An accurate error analysis model for fast Fourier transform," in IEEE Transactions on Signal Processing, vol. 45, no. 6, pp. 1641-1645, June 1997.

[25] S. Adireddy and K. M. M. Prabhu, "A note on " An accurate error analysis model for fast Fourier transform "," in IEEE

Transactions on Signal Processing, vol. 47, no. 6, pp. 1743-1744, June 1999.

[26] P. Gupta, "Accurate performance analysis of a fixed point FFT," 2016 Twenty Second National Conference on Communication (NCC), Guwahati, 2016, pp. 1-6.

[27] Xilinx, "Zynq-7000 All Programmable SoC Data Sheet: Overview," 2017.

[28] J. Yang, D. Zhang, Y. Gong and B. Liu, "A Novel Design of Pipeline MDC-FFT Processor Based on Various Memory Access Mechanism," 2016 International Conference on Cyber-Enabled Distributed Computing and Knowledge Discovery (CyberC), 2016, pp. 62-65, doi: 10. 1109/CyberC. 2016. 20.

[29] C. Yang, Y. Xie, L. Chen, H. Chen and Y. Deng, "Design of a configurable fixed-point FFT processor," IET International Radar Conference 2015, 2015, pp. 1-4, doi: 10. 1049/cp. 2015. 1307.

多值忆阻器存储单元及其在图像存储中的应用研究

张小薇　黄瑶格　史凯　张章*

（合肥工业大学微电子学院　合肥 230601）

摘要　忆阻器是一种非线性电阻，具有阻值非易失、功耗低、易于集成等特性，将忆阻器应用于信息存储对存储效率的提升具有重要意义。目前，针对忆阻器存储电路的研究主要是二值存储，多值存储电路及相关方面的应用研究则相对较少，需要解决的问题还有很多。图像中有大量的像素点，每个像素点都包含着相应的信息，将设计的多值忆阻存储电路应用于图像存储，可以很好地检验所设计的多值存储电路的存储能力。本文从忆阻器阈值模型出发，提出了一种基于比值定义法的多值存储单元，实现了八值存储，经验证，该存储单元可以有效地减小漏电流对读写结果的影响。为了解决单存储单元单像素点的存储方式效率低的问题，设计了基于多值存储单元的交叉阵列，并将其应用于二值图像的存储，实现三像素存储，这种方式将空间存储效率提升了三倍。

关键词　忆阻器；多值存储；交叉阵列；图像存储；三像素存储

中图法分类号　TP391

信息要被传递首先要被存储，传递的信息越多需要被存储的数据总量也就越多，这就对存储设备提出了更高的要求。

忆阻器[1]，一种具有记忆功能的非线性电阻，是一种基于“记忆”外加电压或电流历史而动态改变其内部电阻状态的电阻开关。此外，忆阻器作为第四种无源器件，完善了 v、i、Φ、q 之间的关系，如图 1 所示。

（一）忆阻器用于存储的优缺点

忆阻器具有诸多优点，可很好地用于信息存储。

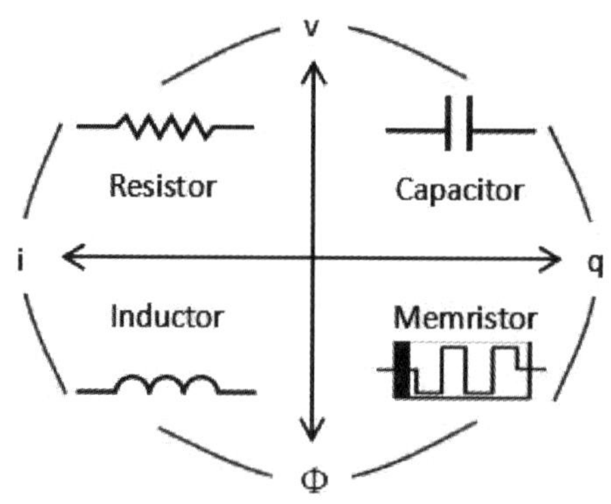

图 1　四种无源器件关系图

* 通讯作者邮箱：zhangzhang@ hfut. edu. cn

其超小的尺寸，极快的擦写速度，超高的擦写寿命，多阻态开关特性和良好的 CMOS 兼容性，以及它的非易失性，为信息存储提供了一种新的可能性[2]。若将忆阻器存储与 CPU 计算相融合，还可摆脱传统架构中每步计算结果都要通过总线传输到内存、外存进行存储的束缚，降低信息处理功耗，提高信息处理的效率。

（二）多值存储忆阻器研究的必要性

传统的忆阻器采用二进制存储方式，存储容量小、存储效率低，无法满足当今需求，而运用多值忆阻器能大幅增加电路计算速度并简化电路结构。因此，多值存储忆阻器的研究变得十分重要。

近年来，有关基于忆阻器的多值存储技术的研究也有了进一步的发展[3-5]。最早，Kim[3]等研究人员利用 8 个电阻组成的阵列，使用忆阻器记录这 8 个固定的离散目标值，并通过负反馈来调节误差以实现精确存储。但现阶段基于忆阻器的多值存储研究主要集中在材料方面[6,7]，新型的存储方式相对较少，因而基于忆阻器的多值存储方式具有很大的研究价值[8]。

（三）本文的创新点

为了解决传统二值存储效率低的问题，本文设计了基于 2T2M 多值存储单元的交叉阵列，将 8 值存储单元及其交叉阵列应用于图像存储，实现了对三个像素点的同时存储，将存储效率提升了 3 倍。

最后将基于 2T2M 多值存储单元的交叉阵列与其他种类交叉阵列进行了分析比较，总结了该结构的特点以及在多值存储应用上的优势和不足。

1 多值忆阻器存储单元设计

1.1 忆阻器阈值模型与比值定义法

压控忆阻器阈值模型[9]可通过调整脉冲个数（或电压信号）的施加时间来精确控制忆阻器的阻值。所谓“多值”即多个状态比值，如图 2 所示，每一次输入脉冲的变化都会使忆阻器的阻值发生相应改变。输入电压的幅值为 4.5V，周期为 4ns，在 0~30ns 时间内，一共有 8 个输入脉冲，大于忆阻器的阈值电压 $V_T=4$V，因此在上方的阻值变化图中有 8 次阻值跃升。若将忆阻器的每一个阻值都看作一个状态，那么 N 个阻值就可以表示 N 个状态，从而实现多值存储。

但实际上这种划分是受限的，划分的状态越多，每一段的范围就越小，精度就越低，同时很难用硬件电路去实现，无法真正实现多值存储。比值定义法[8]的提出将忆阻器的阻值范围分割成数段来处理，构造多个多值存储单元，使阻值状态的数量级增加，从而解决了这种限制。

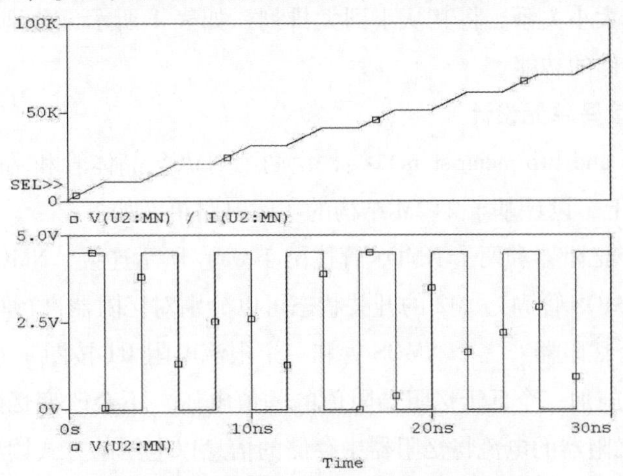

图 2　忆阻器阻值在输入脉冲信号下的变化

1.2 八值存储的实现

为了实现八值存储，需要提供 8 种以上的阻值比。如图 3 所示，首先将忆阻器 M1 和 M2 进行阻值划分，每个忆阻器定义成四段阻值部分和两端缓冲部分（*buffer*）。其中，缓冲部分用于提高阻值划分的准确性和复杂性。

在每段阻值部分中定义一个预写入的值，如 M_{11}，每个预写值两边定义为阻值边距。这样，每个忆阻器就有了 6 个划分区域，根据排列组合计算，一共有 6×6=36 种比值情况，其中带有 *buffer* 项的有 20 种。在剩余的 16 种比值中，按照 M1 中前（后）两个预写值 M_{11}、M_{12}（M_{13}、M_{14}）和 M2 中后（前）两个预写值 M_{23}、M_{24}（M_{21}、M_{22}）交错组合的方式，取出 8 种比值作为设计中的状态，分别在图 3 的（c）图中列出。

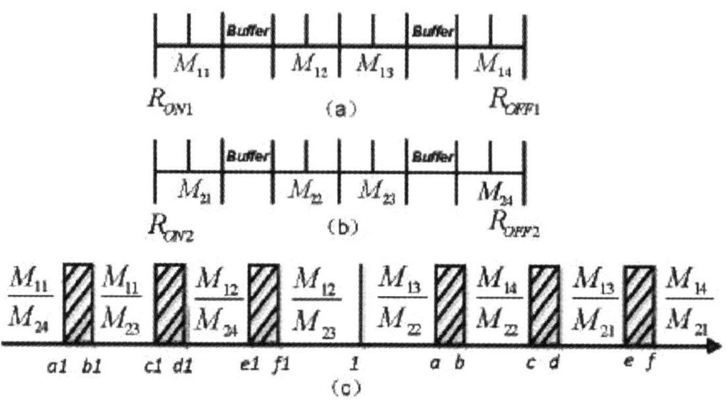

图 3　忆阻器阻值划分方式[8]

说明：由于采用交错取值方式，$M_{12}/M_{23}<1<M_{13}/M_{22}$ 恒成立，因此 M_{12} 和 M_{13} 之间、M_{22} 和 M_{23} 之间不再增设 *buffer* 区。

表 1　八值存储的比值情况对应的逻辑状态值

比值	$\frac{M_{11}}{M_{24}}$	$\frac{M_{11}}{M_{23}}$	$\frac{M_{12}}{M_{24}}$	$\frac{M_{12}}{M_{23}}$	$\frac{M_{13}}{M_{22}}$	$\frac{M_{14}}{M_{22}}$	$\frac{M_{13}}{M_{21}}$	$\frac{M_{14}}{M_{21}}$
逻辑值	000	001	010	011	100	101	110	111

这 8 种比值情况存在大小关系，将其从小到大排列，如表 1 所示，分别对应“000-111”这八种逻辑状态，实现了 8 值存储的功能。

1.3 基于 2T2M 的读写单元设计

2T2M（two transistors and two memristors）结构由两个 NMOS 晶体管和两个忆阻器构成。在 1.1 和 1.2 所提供的方法的基础上，设计基于 2T2M 结构的实际电路单元如下：

1. 写单元：使用两个忆阻器和两个 NMOS 管按图 4（a）所示连接，NMOS 管用作控制流经忆阻器电流的开关。改变两个 NMOS 管 M1、M2 的开关状态可以分别对忆阻器进行写操作。

2. 读单元：使用两个忆阻器、三个 NMOS 管和一个限流电阻 R1 按图 4（b）所示连接。在读操作的过程中，在忆阻器两端施加一个低于忆阻器阻值的阈值电压，不会改变忆阻器存储的信息。在输入电压 *VDD* 下，通过流经忆阻器的电流将忆阻器中存储的信息以电压的方式读出。

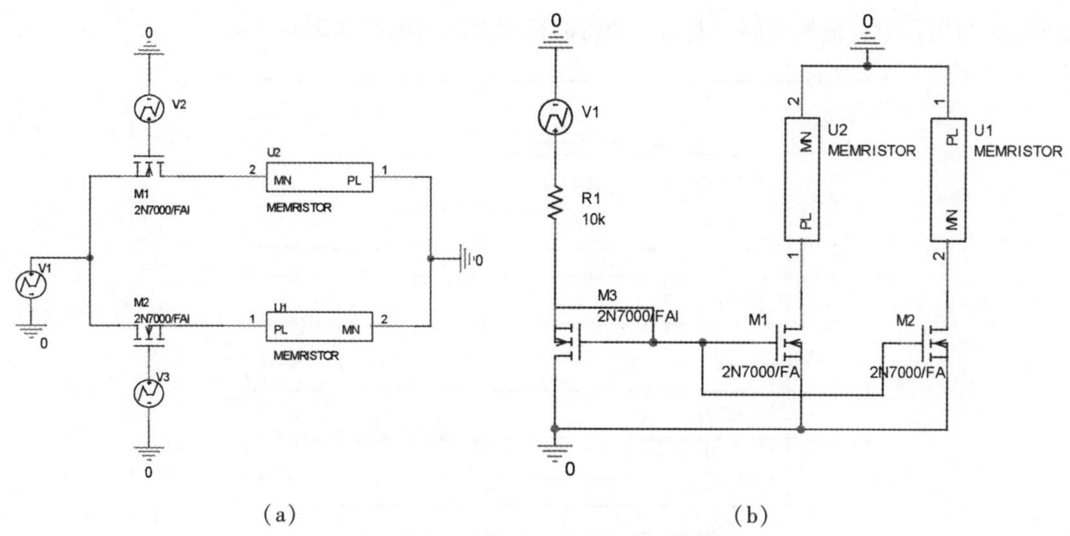

(a) (b)

图 4 2T2M 读写单元电路示意图

1.4 基于 2T2M 的交叉阵列结构

基于比值定义法，使用以 2T2M[8]形式构建的 8 值存储读写单元进一步构造交叉阵列[10]。

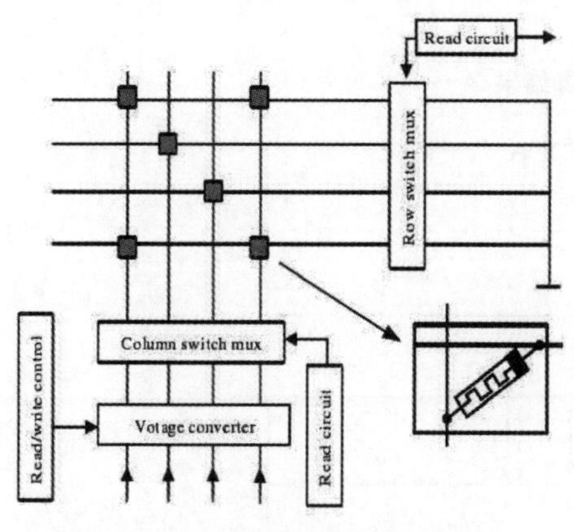

图 5 忆阻交叉阵列存储结构图

图 6 忆阻交叉阵列三维立体结构图

在实际电路搭建过程中，通过外加选址电路对相应字线和位线施加电压来选择目标存储单元，从而进行读写操作，改变忆阻器的阻值，如图 5 所示。

在图 6 中可以形象地看出，利用忆阻交叉阵列的结构特点，能够提高电路的集成度，有利于大规模电路的实现。

2 仿真结果验证

2.1 读写电路仿真

在写电路的仿真中，施加的信号波形以及忆阻器阻值的响应结果如图 7 所示。

由图 7 可知，在输入电压 $V1$ 和开关管脉冲控制电压 $V2$、$V3$ 交叠的时间范围内忆阻器的阻值才会发生变化，并且：

（1）当 $V2$、$V3$ 接高电平，两 MOS 管开启，电流从 $V1$ 分别通过忆阻器 U1、U2 流向地。

（2）相反，当 $V2$、$V3$ 接低电平，两 MOS 管关断，电流无法流经两个忆阻器。

（3）$V2$、$V3$ 的值改变了两次，忆阻器阻值也相应有两次改变，实现多值写操作。

在读电路的仿真中，施加的信号波形及测得的忆阻器两端电压如图 8 所示。

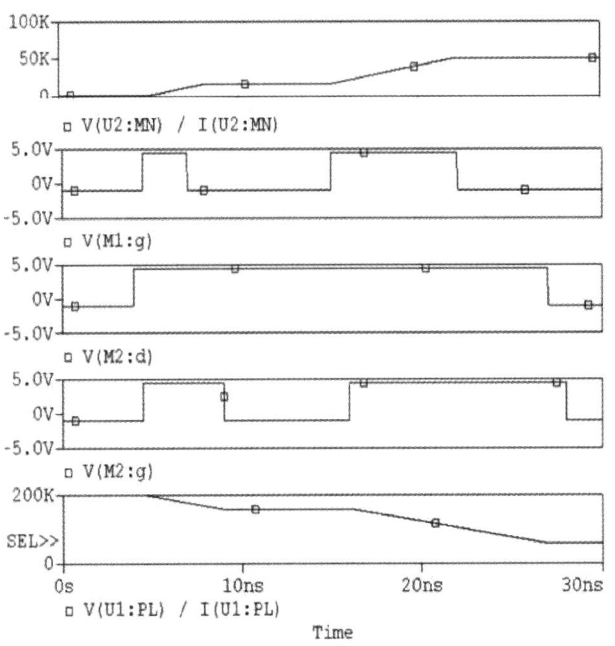

图 7　写电路仿真结果

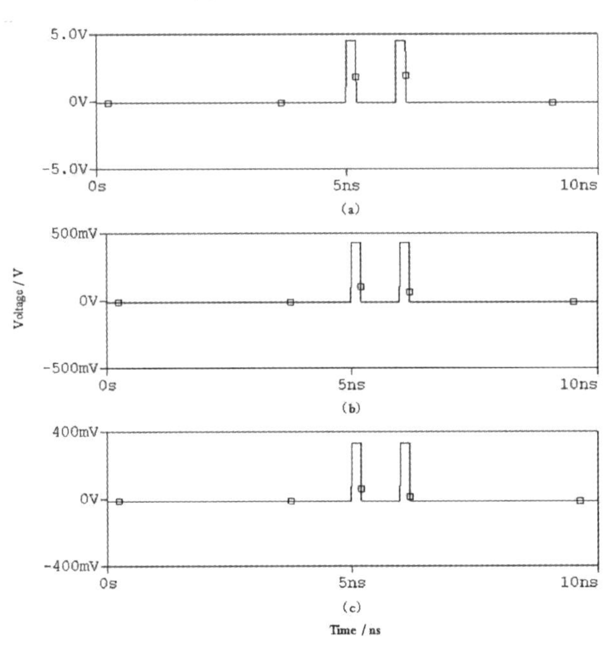

图 8　读电路仿真结果

M1、M2 和 M3 构成电流镜，流过 M3 的电流被镜像复制到 M1、M2 上，即三管流过的电流相等。图 7 中，忆阻器两端的电压均小于阈值电压 V_T，由此说明，忆阻器在读操作中内部存储值未发生改变，最终两个忆阻器的存储内容转化为 U1 和 U2 的电压形式。

2.2　交叉阵列仿真

以 2×2 交叉阵列为例，如图 9，通过仿真实验研究该阵列的一些特性，具体如下。

仿真发现：

1. 漏电流的减小：

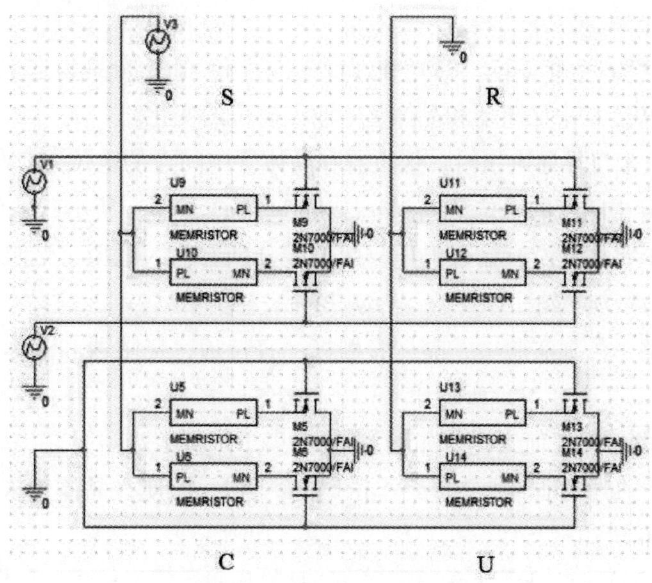

图 9　交叉阵列仿真示意图

借助 OrCAD/Pspice 仿真工具发现，若输入电压 *V*1 、*V*2 和 *V*3 按图 10 变化，只有选中单元 S 中两个忆阻器的阻值发生变化，其余 3 个单元阻值均不变，如图 11。因此基于该多值存储单元的交叉阵列可以有效地解决场效应管漏电流带来的误差问题。

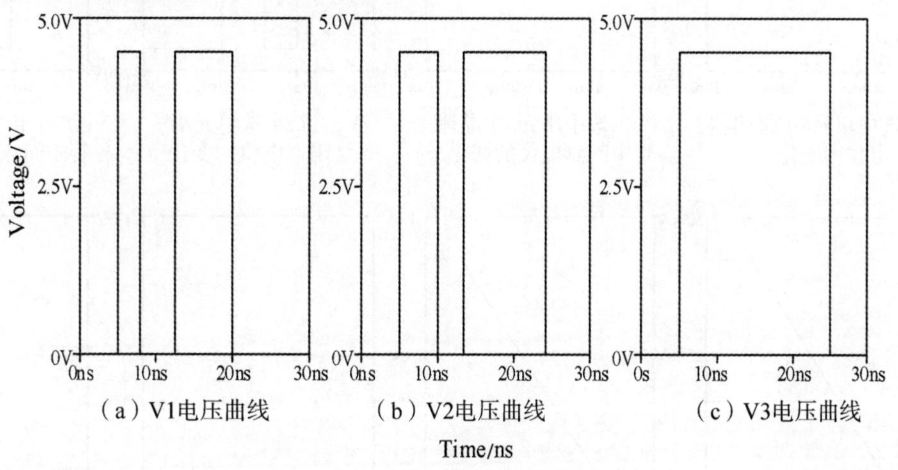

（a）V1电压曲线　（b）V2电压曲线　（c）V3电压曲线

图 10　字线/位线施加电压曲线

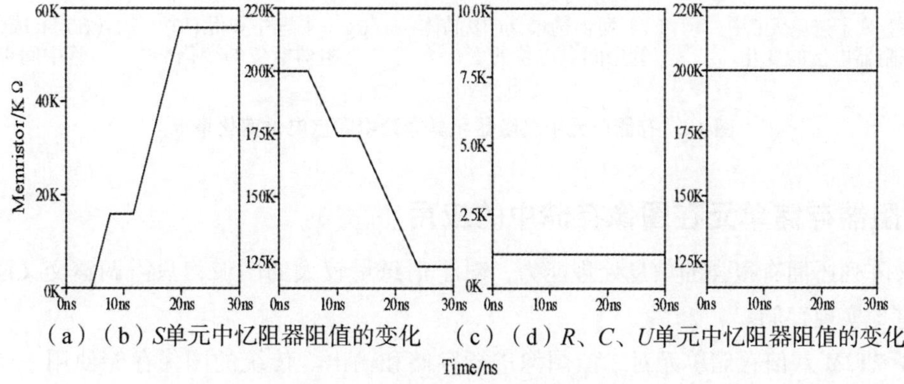

（a）（b）*S*单元中忆阻器阻值的变化　（c）（d）*R*、*C*、*U*单元中忆阻器阻值的变化

图 11　存储单元阻值变化情况

2. 多值存储的实现：

图 12（a）和（b）、(c) 和（d）、(e) 和（f）、(g) 和（h）分别为选中单元 S、行半选单元 R、列半选单元 C、未选中单元 U 中忆阻器和晶体管中间点电位的变化。

选中单元 S，在栅极未接导通电压时，忆阻器和晶体管中间点的电位是 2V，当晶体管栅极接导通电压时，忆阻器和晶体管中间点的电位变成 4V，如图 12（a）、(b) 所示；

行半选单元 R，由于字线上没有输入电压，两位线分别有输入电压，忆阻器和晶体管中间点电位在-200mV 至 0V 范围内浮动，如图 12（c）、(d) 所示；

列半选单元 C，在整个仿真实验中，晶体管栅极一直接地，忆阻器和晶体管中间点的电位一直上升，且电压较小，如图 12（e）、(f) 所示；

未选中单元 U 中，电压无任何变化，如图 12（g）、(h) 所示。

四种仿真结果说明，四个存储单元均有不同的电压变化，即使在晶体管未被接通时，也有部分电流流过晶体管，且大小不同。

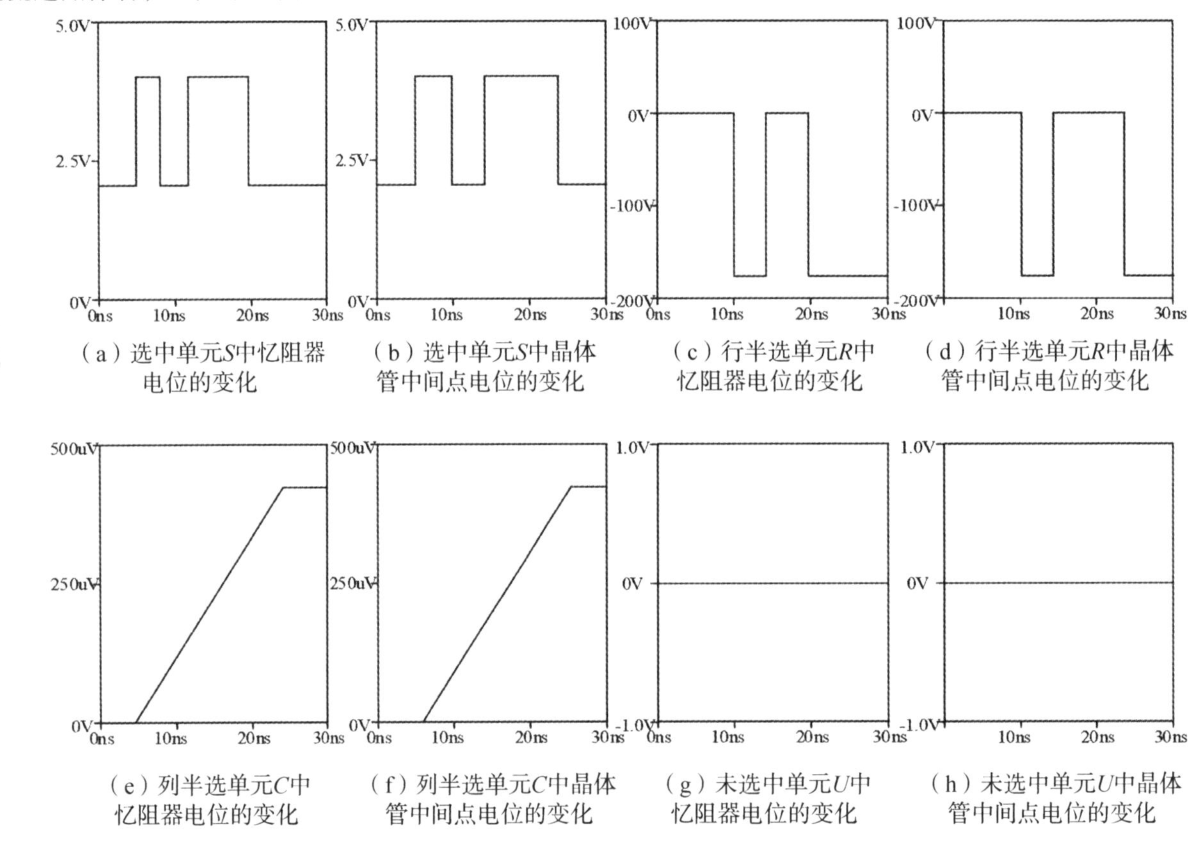

(a) 选中单元S中忆阻器电位的变化

(b) 选中单元S中晶体管中间点电位的变化

(c) 行半选单元R中忆阻器电位的变化

(d) 行半选单元R中晶体管中间点电位的变化

(e) 列半选单元C中忆阻器电位的变化

(f) 列半选单元C中晶体管中间点电位的变化

(g) 未选中单元U中忆阻器电位的变化

(h) 未选中单元U中晶体管中间点电位的变化

图 12　存储单元中忆阻器和晶体管中间点电位变化情况

3　多值忆阻器存储单元在图像存储中的应用

忆阻交叉阵列还拥有很强的信息处理能力，对于信息量较大的图像，只需调整交叉阵列相应的行列数就能很好地实现存储。

本文基于 2T2M 八值存储单元对二值图像进行存储和输出。传统的图像存储使用一个存储单元来存储一个像素点，随着像素点的增多，所需存储单元也相应增加，这使得硬件电路复杂且难以实现。利用忆阻器的非易失性，本文将图像的像素点用忆阻器的阻值保存起来存储于忆阻交叉阵列结构中，而多值忆阻器存储单元由于可以实现三个甚至更多个像素点的存储，很好地解决了硬件电路过于复杂的问题。

具体来讲，对于一个9×9的二值图像，其每个像素点对应于灰度值0或1，将每一行的9个像素点划分成3组，每组含有三个像素点信息。采用8值忆阻器存储单元，8个比值可以分别转化为逻辑值000、001、010、011、100、101、110、111，涵盖了三个像素点灰度值的所有排列情况，从而将9×9图像的灰度值存储在9×3个忆阻器存储单元中，每一行仅需使用3个存储单元，有效地减少了存储单元的数量。为证明多值忆阻器存储单元在图像存储中应用的可行性，现进行如下仿真实验：

第一步，对一幅黑白图片进行处理，其对应的灰度值可用9×9矩阵表示，1表示白，0表示黑，每3个灰度值存储在一个存储单元中，每一行灰度值存储在3个2T2M存储单元里，9×9灰度值矩阵对应9×3的基于多值存储单元的交叉阵列；

第二步，通过对交叉阵列中每个存储单元进行读操作，将每个忆阻器存储的信息以电压的形式表现出来；

第三步，经过模数转换电路（ADC），将提取到的电压值转化为三位二进制码，从而得到电压的二值矩阵；

第四步，将二值矩阵用Matlab进行还原，实现图像的复原，完成可行性验证。

代码如下：

```
>> clear all;
>> close all;
>> C=textread ('C: \ test. txt', '%f');
>> [p, q] =size (C);
>> D=reshape (C, 8, 8);
>> E=D';
>> F=double (E);
>> Im=mat2gray (F);
>> figure ()
>> imshow (Im);
```

经此过程成功读出了4个字母H、F、U、T，完成了图像的复原操作，证明了该实验方法的有效性。最终实验结果如图13所示。

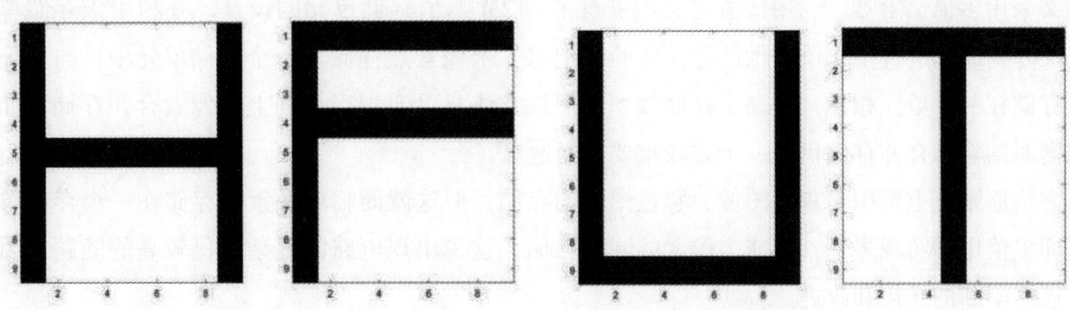

图13　复原出来的H、F、U、T四个字母

4 比较分析

（1）相比于单管 RRAM 存储器件，RRAM 存储器从高阻值状态向低阻值状态转换时，流经器件的电流会突然增大，这使得器件承受较大的电流应力，易被损坏，2T2M 存储单元则解决了这一问题。

（2）相比于单像素点存储技术，该存储技术实现了单存储单元同时存储三个像素点，将存储效率提升了三倍。此外，与［8］中使用的四值存储方式相比，存储效率提升了 1.5 倍，如表 2 所示。

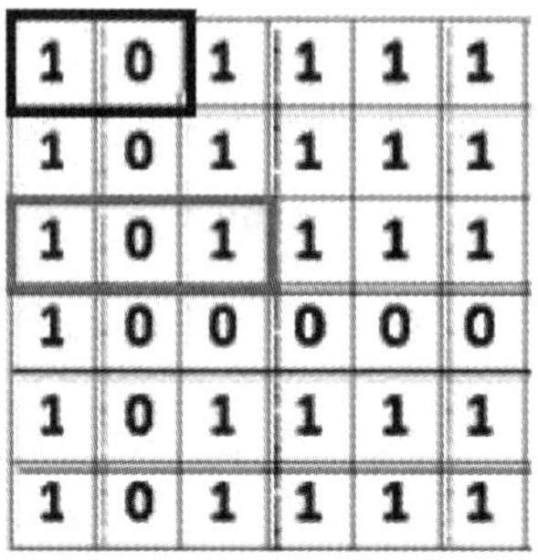

1	0	1	1	1	1
1	0	1	1	1	1
1	0	1	1	1	1
1	0	0	0	0	0
1	0	1	1	1	1
1	0	1	1	1	1

图 14　两种像素点存储方式对比图，其中黑线框为四值存储，蓝线框为八值存储

表 2　四值存储和八值存储所用存储单元数的对比

图像存储方式	像素点个数（行×列）		
	6×6	12×12	18×18
四值存储所需单元数	18	72	162
八值存储所需单元数	12	48	108

（3）1T1M 结构只能对单一忆阻器进行阻值划分，随着状态的增多，阻值划分越来越密集，容易引起读写错误，而 2T2M 结构对两个忆阻器进行阻值划分，利用比值定义法获得了更多的阻值范围，减小了产生错误的概率。

（4）采用 2T2M 有源集成结构可以有效地减少寄生电容，进而避免电流过冲现象。

（5）在交叉阵列中，字线位线均选中的存储单元的阻值才会发生变化，其余存储单元均未发生变化，因此基于 2T2M 多值存储单元的交叉阵列能有效地减少由漏电流带来的误差问题。

5 结论与展望

本文采用多值忆阻器，利用比值定义法进行了 2T2M 八值存储单元的设计，并利用该存储单元组成的交叉阵列结构进行了二值图像的存储实验，把每三个像素点存储于一个存储单元中，与传统的单像素点存储在一个单元相比，提高了存储效率。但该方法只可实现行或列上的像素合并存储，如何实现行列同时的像素合并存储仍是一个比较重要的问题。

该方法原则上也可用于灰度图像、彩色图像的存储，但这就面临单像素点存储在一个存储单元的问题，即多值用于实现多色，而非多像素的同时存储，这将出现电路的复杂度仍较高的问题，因此设计方案还需不断的优化和改进。

参考文献：

［1］Chua L O. Memristor-the missing circuit element. IEEE Transaction on Circuit Theory, 1971, 18（5）: 507－519.

[2] Y. Levyetal. , Logic operations in memory using a memristive akers array," Microelectron. J. , 2014, 45 (11): 1429-1437.

[3] X. Wang, Y. Chen, H. Xi, H. Li, and D. Dimitrov. Spintronic memristor through spin-torque-induced magnetization motion, IEEE Electron Device Lett., 2009, 30 (3): 294-297.

[4] C. E. Merkel, N. Nagpal, S. Mandalapu, and D. Kudithipudi, Reconfigurable n-level memristor memory design, in Proc. Int. Joint Conf. Neural Netw., Aug. 2011: 3042-3048.

[5] S. Duan, X. Hu, L. Wang, C. Li, and P. Mazumder, Memristor-based RRAM with applications, Sci. China, Inform. Sci., vol. 55, no. 6, pp. 1446-1460, 2012.

[6] CHEN Jianwen. Study on the thermal characteristics and resistance change mechanism of silver-containing sulfur compounds memristors [D]. Huazhong University of Science and Technology, 2017.

(陈建文. 含银硫系化合物忆阻器的热特性及其阻变机理研究 [D]. 武汉：华中科技大学，2017.)

[7] HAN XU, SUN BOWEN, XU RUIXUE, XU JING, HONG WANG, QIAN KAI. Research progress on the working mechanism of transparent memristive devices based on indium tin oxide electrodes [J]. Chinese Journal of Inorganic Chemistry, 2021, 37 (04): 577-591.

(韩旭，孙博文，徐瑞雪，等. 基于氧化铟锡电极的透明忆阻器件工作机制研究进展 [J]. 无机化学学报，2021, 37 (04): 577-591.)

[8] WANG ZIYING. Multi-value memory circuit design and application research based on memristor [D]. Hubei: Huazhong University of Science and Technology, 2015.

(王子赢. 基于忆阻器的多值存储电路设计及其应用研究 [D]. 武汉：华中科技大学，2015.)

[9] YURIY V. Pershin Massimiliano DiVentra SPICE model of memristive device swith threshold [J]. Radioengineering, 2012.

[10] LIU QI. Application of Memristive Cross Array in Image Enhancement and Storage Operation [D]. Southwest University, 2018.

(刘琦. 忆阻交叉阵列在图像增强和存储运算中的应用 [D]. 重庆：西南大学，2018.)

基于数字视频光电传输设备的测试技术研究

阮若琳　李猛　任迎丽　徐魁　朱正红

（中航光电科技股份有限公司　洛阳 470100）

摘要　数字视频光电传输设备在电子、兵器、船舶、航空航天等军工领域均有着广泛的应用。本文介绍了常见的视频信号格式及其在军工领域的发展情况，对于当前应用最多的 DVI、Cameralink、SDI 信号进行了简要介绍，并介绍了各个视频信号的标准及其测试标准的情况。说明了 DVI、Cameralink、SDI 信号图像功能测试的意义及相应的测试方法，以及传输性能测试和眼图、抖动等物理层信号质量相关测试的测试项目、指标、方法等。且经过工程应用，可对数字视频光电传输类产品的实际测试、生产应用、排故起到指导作用。

关键词　视频信号测试；DVI；SDI；Cameralink；物理层测试；眼图；图像功能测试

中图法分类号　TP391

数字视频光电传输设备在电子、兵器、船舶、航空航天等几乎所有的军用领域均有着广泛的需求，采用光纤传输技术的视频光电传输系统更是因传输速度快、误码率低、传输距离远、抗电磁干扰能力强等特点得到了广泛的应用。

视频传输技术中，数字化技术大大提高了电子产品的抗噪声能力，更高速率的数字信号传输为当前的发展趋势，信号完整性的重要性越来越不容忽视。随之而来的，在军用领域，模拟信号如 PAL、VGA 已逐渐退出历史舞台，DVI、HDMI、Cameralink、SDI 等数字视频信号仍为当前主流及未来发展方向。

1　视频信号概述

在当前的电子、兵器、船舶、航空航天等军工领域，数字视频光电传输设备应用的最为广泛和成熟的视频信号为 DVI、Cameralink、SDI 信号。

1.1　SDI 信号概述

由于串行数字信号的数据率很高，在传送前必须经过处理。用非归零反相编码（NRZI）来代替早期的分组编码，SD-SDI 标准为 SMPTE－259M 和 EBU-Tech－3267，标准包括了含数字音频在内的数字复合和数字分量信号。在传送前，对原始数据流进行扰频，并变换为 NRZI 码，确保在接收端可靠地恢复原始数据。这样在概念上可以将数字串行接口理解。SDI 接口能通过 270Mb/s 的串行数字分量信号，对于 16：9 格式图像，应能传送 360Mb/s 的信号。

HD-SDI 是一个广播级的高清数字输入与输出端口。HD-SDI（High Definition-Serial Digital interface）高清串行数字接口，被用来传送无压缩的数字视频信号；HD（High Definition）表征是高清信号。HD-SDI 是根据 SMPTE 292M 标准，在 1.485Gb/s 或 1.485/1.001Gb/s 的信号速率条件下传输的接口规格。

该规格规定了数据格式、信道编码方式、同轴电缆接口的信号规格、连接器及电缆类型与光纤接口等。HD-SDI 接口采用同轴电缆，以 BNC 接口作为线缆标准。有效距离为 100M。

3G-SDI 信号一直被广电行业广泛应用，随着广电、安防等行业的不断发展，它的高速率无压缩数字的优势逐渐被挖掘。3G-SDI 遵从 SMPTE－424M 标准，应能传输 2.97Gbps 的信号。更高的还有 6G/12G-SDI，能够传输 4K 分辨率。不同的传输速率对应了不同的分辨率。

表 1　SDI 信号分类及标准

信号	名称	标准	速率
SD-SDI	标清串行数字接口	SMPTE－259M	270Mb/s
HD-SDI	高清串行数字接口	SMPTE 292M	1.485Gb/s
3G-SDI	3G 串行数字接口	SMPTE－424M	2.97Gbps

1.2　DVI/HDMI 信号概述

DVI 是一种面向计算机开发的视频接口，一个 DVI 显示系统包括一个传送器和一个接收器，传送器是信号的来源，可以内建在显卡芯片中，也可以以附件芯片的形式出现在显卡 PCB 上；而接收器则是显示器上的一块电路，它可以接受数字信号，将其解码并传递到数字显示电路中，通过这两者，显卡发出的信号成为显示器上的图像。

DVI 接口利用最小变换差分信号 TMDS（Transition Minimized Differential Signal）作为基本电气链接信号，TMDS 是一种微分信号机制，可以将像素数据编码，并通过串行连接传递，其通过先进的编码算法将 8bit 的像素数据转换为 10bit 的最小变换信号，消弱了传输电缆交叉电磁干扰 EMI，并且这种直流平衡的编码信号更有利于光纤传输。下图是 DVI 接口 TMDS 的逻辑链路结构。

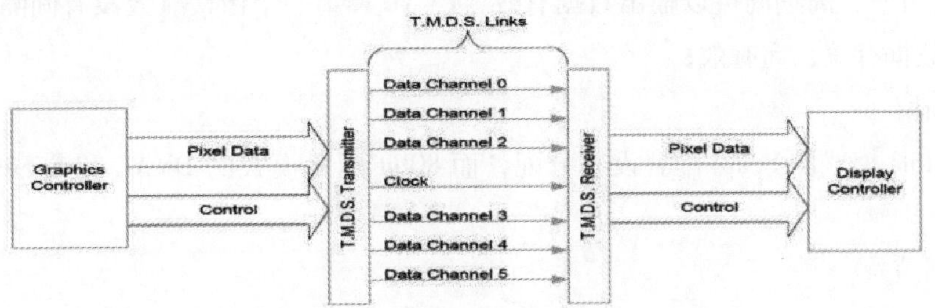

图 1　DVI TMDS 链路结构

DVI 接口包括 DVI-A、DVI-D 和 DVI-I。其中 DVI-A 其实就是 VGA 接口标准，只是换汤不换药而已，目前常见的 DVI 接口主要是 DVI-D 和 DVI-I 两种，而这两种规格中，又再分为“双通道”和“单通道”两种类型。DVI-D 接口只能接收数字信号，接口上只有 3 排 8 列，共 24 个针脚，其中右上角的一个针脚为空，不兼容模拟信号。DVI-I 接口可同时兼容模拟和数字信号。兼容模拟信号并不意味着模拟信号的接口 D-Sub 接口可以连接在 DVI-I 接口上，而是必须通过一个转换接头才能使用，一般采用这种接口的显卡都会带有相关的转换接头。现最常用的接口为 DVI-I。

1.3　Camera link 信号概述

Camera Link 是视觉应用的通信接口。该接口扩展了美国国家半导体公司 Channel Link 的基础技术，为视觉应用提供了更有用的规范。

多年来，在工业数字视频市场一直缺少一种标准的通信和数据传输规范。采集卡和相机制造商生产不同连接器的产品，导致传输电缆的制造生产和推广使用都十分困难。Camera Link 1.2 及它的早期版本为数字相机及采集卡间提供了极其有用的连接标准，这对机器视觉系统的发展有着重大意义。随着相机种类的多样化和数据信号技术的不断提高，常规的视频接口无法兼顾众多产品的使用环境，因此相机、采集卡以及连接器制造商共同提出了统一的标准——Camera Link 2.0 标准，它的出现大大降低了产品开发时间和成本，现已得到广泛应用。

Camera Link 包含五种配置模式，每种配置支持不同的位宽。

Lite——支持 10bits，一个连接器

Base——支持 24bits，一个连接器

Medium——支持 48bits，两个连接器

Full——支持 64bits，两个连接器

80 bit——支持 80bits，两个连接器

Camera Link 2.0 标准共分为 11 个章节，分别为简介、相机信号要求、端口分配、Channel link 芯片到连接器的位分布、不同配置的位分布、不同配置 Camera Link 电缆接口、芯片组标准、串行通信 API、串行通信 API 函数参考、机械接口和电缆要求、PoCL（标准扩展-带电源的电缆接口）介绍。可见，Camera Link 2.0 标准中并未对图像质量及图像指标作要求，我们主要需要关心相机信号要求的部分。

Camera Link 的相机信号分为视频数据、相机控制信号和通信信号三部分。

1）视频数据

对于视频数据，Camera link Base/Medium/Full 定义了 4 个使能信号，描述如下：

FVAL——场有效，高期间可以输出行有效，FVAL 和第一个有效行前沿没有间隔；

LVAL——行有效，高期间可以输出数据有效，FVAL 和第一个像素有效没有间隔；

DVAL ——数据有效，高有效；

Spare ——预留。

Camera link Lite 模式的 Spare 配置没有分配，而 80bit 配置模式的 DVAL 和 Spare 信号均用来传输数据。

2）相机控制信号

对于相机控制信号，Camera link Base/Medium/Full 及 80bit 配置模式保留 4 个 LVDS 信号对，用来做通用相机控制，对采集卡来说是输出，相机是输入，相机制造商可以根据他们的产品定义这些信号。

Camera Control 1（CC1）

Camera Control 2（CC2）

Camera Control 3（CC3）

Camera Control 4（CC4）

Camera link Lite 模式仅保留 1 个 LVDS 信号对 Camera Control（CC）用来做通用相机控制。

3）通信信号

对于通信信号，Camera link Base/Medium/Full 及 80bit 配置模式使用 2 个 LVDS 信号对，用来做相机和采集卡间的异步串行通信，波特率至少 9 600bps。信号包含：

SerTFG—给采集卡的差分对；

SerTC—给相机的差分对。

串行接口有一个开始位，一个停止位，没有奇偶校验，没有握手。

Camera link Lite 模式使用 1 个 LVDS 信号对被分配作为采集卡向相机的异步串行通信，从相机到采集卡的异步串行通信被分配作为信号数据在一个 LVDS 信号对上。

SerTC— 给相机的串行通信差分对；

SerTFG— 给采集卡的串行通信差分对，这个信号被分配到图像数据差分对上，详细参见 bit 分配。它的传输速率不是时钟速率本身，而根据相机中的波特率来定。

2 视频测试标准

对各个视频信号的光电传输系统进行规范的测试，需遵从各个视频信号的标准进行。对各个信号涉及的标准进行整理。

表 2 视频信号标准及测试标准

视频信号	信号标准	测试标准
DVI	Digital Visual Interface1. 0	DVI Test and Measurement Guide
VGA	Video Signal Standard	Test Procedure-Evaluation of Analog Display Graphics Subsystems Version 1 Rev. 1
SDI	SMPTE - 259M、SMPTE 292M、SMPTE - 424M 等一系列共 18 项	
Camera Link	Camera Link Specification-v2. 0	无
PAL	GB3174 - 1995 PAL-D 制电视广播技术规范	GB 3659 - 83 SJ 20358 - 93 SJ 20359 - 93

PAL 信号为我国早期采用的电视系统使用的模拟视频信号，具备完备的国标标准和行业标准，低速模拟信号易受杂波干扰，且测试较为复杂，在当今已逐步淘汰。VGA（Video Graphics Array）视频图形阵列是 IBM 于 1987 年提出的一个使用模拟信号的电脑显示标准。DVI（Digital Visual Interface）则是 1999 年由多家公司联合组成的 DDWG（Digital Display Working Group，数字显示工作组）推出的数字视频接口标准，可兼容 VGA 信号，二者均在过去的几十年中得到成熟广泛的应用。仍采用 TMDS 信号传输的 HDMI（High Definition Multimedia Interface）高清多媒体接口信号本质上是 DVI 信号的扩展，因其更小型的外型和更稳定快速的传输，可取代 VGA、DVI 信号，成为当今的主流，且仍在朝着更高速的版本更新，2017 年发布的最新版 HDMI 信号传输带宽可达 48. 0Gbit/s，但尚未在军工领域得到较多应用。

3 测试方法

3.1 图像功能测试

将视频信号接至相关显示设备后，直接使用人眼目测图像质量，仍为最直观的测试方法。根据工程经验，视频光电传输系统发生故障问题时，可直接通过目测看出图像出现偏色、水波纹等问题的概率在 95% 以上，输入信号可使用视频信号发生器生成多种图像视频，或预设的图片、视频等。

VGA、DVI、HDMI 信号在所有分辨率下，目测显示图像清晰、无偏色、无抖动、无亮点、无水波纹现象即判断为显示合格。

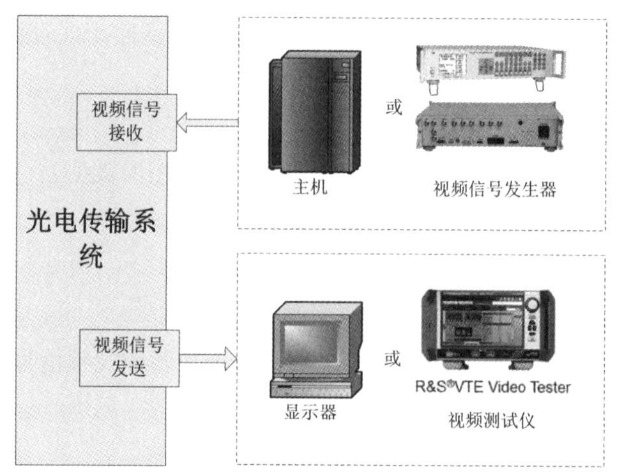

图 2　VGA/DVI/HDMI 图像功能测试框图

Camera Link 信号的测试需将被测光电传输系统串入摄像机和采集卡之间，在电脑上使用专业图像测试软件，测试软件状态显示均为有效，且图像在软件中可以连续显示，且不造成清晰度下降，不造成滚屏、卡顿等现象，则产品图像性能测试通过。

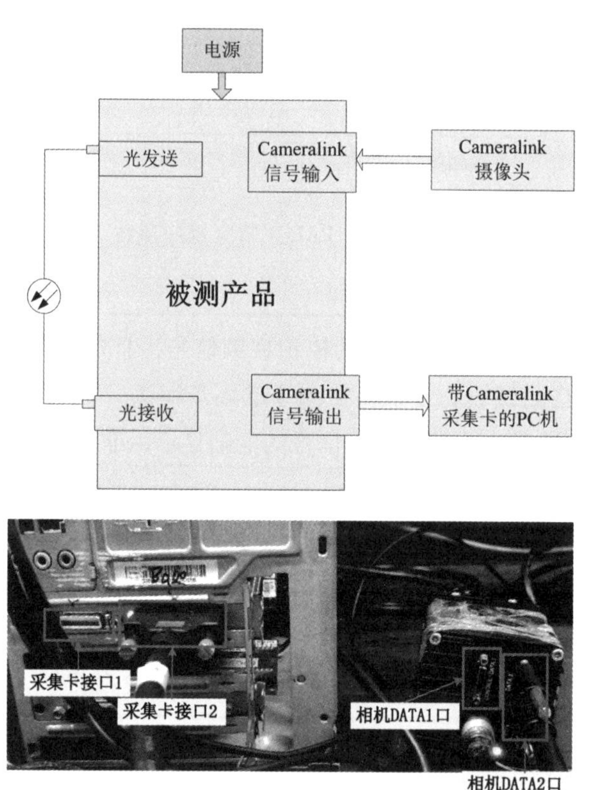

图 3　Camera Link 接口测试框图

SDI 信号也可使用 SDI 监视器来查看 SDI 视频显示质量，目测视频图像清晰无误、色彩无失真、无滚屏花屏等现象。

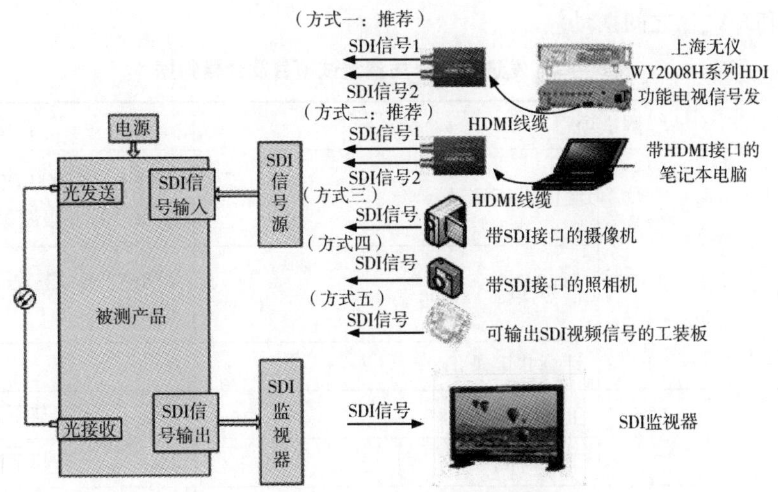

图 4　SDI 图像功能测试框图

3.2　物理层测试

3.2.1　DVI 信号物理层测试

根据 DVI 协议标准规范 Digital Visual Interface 1.0，DVI 链路中的 DVI 发生器 Transmitter、线缆 Cable、接收器 Receiver 均需满足该规范，并需按照“DVI Test and Measurement Guide”进行测试。

DVI 一致性测试需要有严格的测试工装并使用受认证的一致性测试软件等，测试成本较高。针对 DVI 信号光电设备类产品，建议参考一致性测试内容，进行信号质量测试。

DVI 视频光电传输系统的物理层测试包含传输误码测试、发送端信号质量测试、接收端信号质量测试三项。

1）DVI 传输误码测试

传输误码测试是后续信号质量测试的基础。被测产品需首先进行误码测试，保证被测信号的传输性能后，再进一步考察其信号质量。使用 $2^{23}-1$ 的伪随机码（误码仪或工装板），传输误码率 $\leqslant 10^{-9}$。

2）DVI 发送端信号质量测试

发送端信号质量，需考察发送的 TMDS 电平符合性，及眼图的清晰性。

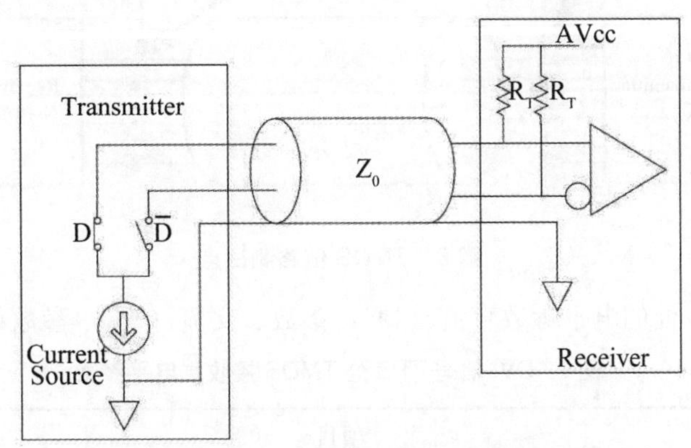

图 5　1 个 TMDS 差分对的传输框图

TMDS 的差分对的传输框图如上图所示。TMDS 是一种使用电流驱动的低电压差分信号 DC 耦合传输线。接收端接收到的差分信号为高电平时的电压为 AVcc，差分信号为低电平时的电压接收端电流和终端电阻决定，为 $AVcc\text{-}V_{swing}$。终端电阻 RT 和电缆传输阻抗必须匹配。差分对的对内摆幅为 $2\times V_{swing}$，差分信号在$-V_{swing}$和$+V_{swing}$之间摆动。

表 3 DVI 发送端信号质量测试项目及合格判据

测试项目		合格判据
眼图测试（每个时钟、数据对）	眼图模板测试	累计 1 000 000 次波形，或误码率低于 10^{-9}时，眼图模板测试通过
	信号摆幅 Vswing	800mV ≤ 差分信号摆幅 Vswing ≤1.2V
	计算并记录 T_{bit}	/
上升与下降时间（每个时钟、数据对）	上升时间	75ps ≤ 上升与下降时间≤ 0.4 T_{bit}
	下降时间	75ps ≤ 上升与下降时间≤ 0.4 T_{bit}
偏移（每个时钟、数据对）	Intra-Pair Skew 差分对内偏移	Intra-Pair Skew 差分对内≤0.15T_{bit}
	Inter-Pair Skew 差分对间偏移	Inter-Pair Skew 差分对间≤ 2 T_{bit}
抖动（仅时钟）	时钟抖动	累计 1 000 000 次波形，或误码率低于 10^{-9}时，峰值抖动≤ 0.25 $T_{bit.}$

3）DVI 接收端信号质量测试

TMDS 链路中的测试点如下图所示。在 DVI 视频光电传输系统中，测试点 TP2 被认为是发送端测试点，测试点 TP3 被认为是接收端测试点。

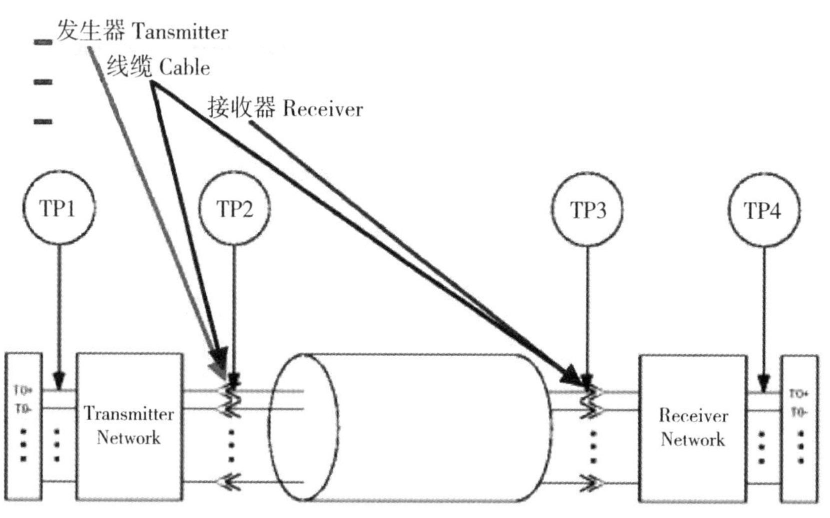

图 6 TMDS 链路测试点

接收器在测试点 TP3 处的电平参数直流（DC）参数、交流（AC）参数如下。

表 4 DVI 信号 TP3 处 TMDS 接收端电平参数

	项目	参数
单端信号（DC）	输入差分电压，V_{idiff}	150mV≤V_{idiff}≤1 200mV
	输入共模电压，V_{icm}	（AVcc－300mV）≤ V_{icm} ≤（AVcc－37mV）
	发送器关闭或未连接时	AVcc±10mV

续表

	项目	参数
差分信号（AC）	最小输入差分电压（峰-峰值）	150mV
	最大输入差分电压（峰-峰值）	1 560mV
	差分对内时间偏移 Intra-Pair Skew，最大值	$0.4T_{bit}$
	差分对间时间偏移 Inter-Pair Skew，最大值	$0.6T_{pixel}$

对于设备视频接收端，需考虑长时间的传输及其接收容限，对于长时间的传输的测试即为传输误码测试，接收容限则考虑接收眼图模板测试。

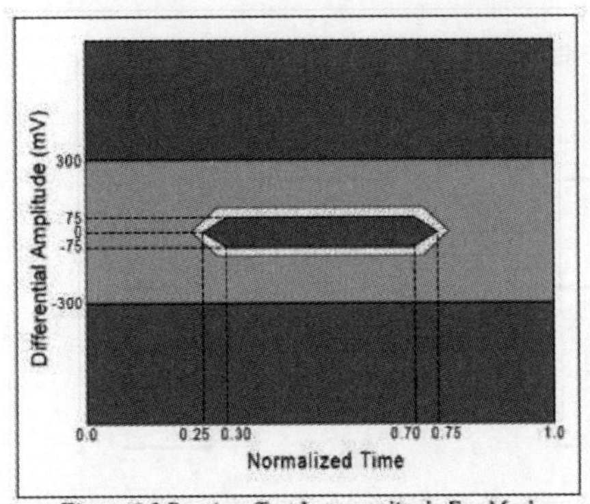

Figure 6-2 Receiver Test Low-amplitude Eye Mask

（a）低电压幅值眼图模板

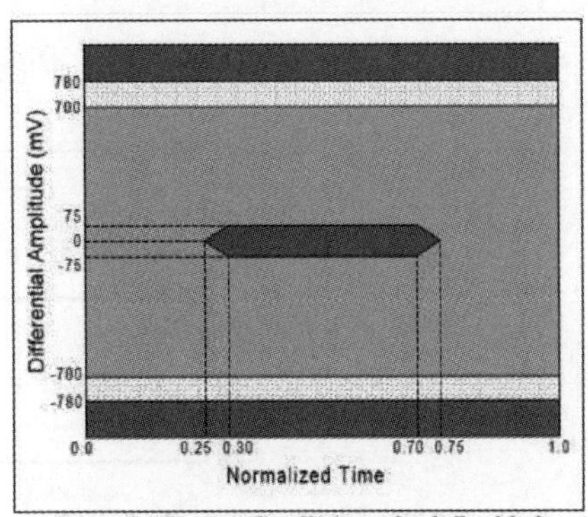

Figure 6-3 Receiver Test High-amplitude Eye Mask

（b）高电压幅值眼图模板

图 7　接收端眼图测试模板

对接收端分别输入符合眼图模板规格的高电压幅度眼图信号和低电压幅度眼图信号，累计采集 1 000 000 次波形后，可通过眼图模板测试。

3.2.2　Cameralink 信号物理层测试

Cameralink 的光电转换类产品一般将来自相机或前端客户系统的 4 路 LVDS 数据流，转化为 28bit 的 LVCMOS/LVTTL 数据，再通过并串转换和电光转换处理转成光信号，经过远距离传输后再逆向转为 LVDS 电信号输出，发送至采集卡的 PC 机或用户端接收设备。Cameralink 信号的测试实为对 LVDS 信号的信号质量测试。

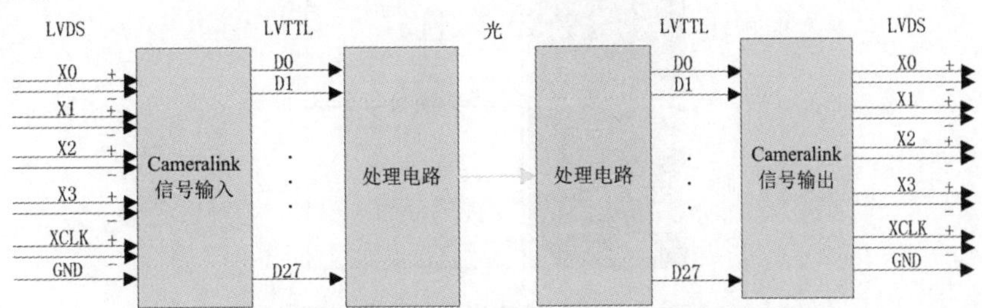

图 8　Camera link 光电传输系统示意图

基于数字视频光电传输设备的测试技术研究

对其物理层的传输，可使用 FPGA 发送逻辑信号测试来衡量。误码率测试相较单纯的图像测试，可量化反应出每个数据位的传输。建议使用最差情况的传输码型“Worst Case”测试码型进行测试。

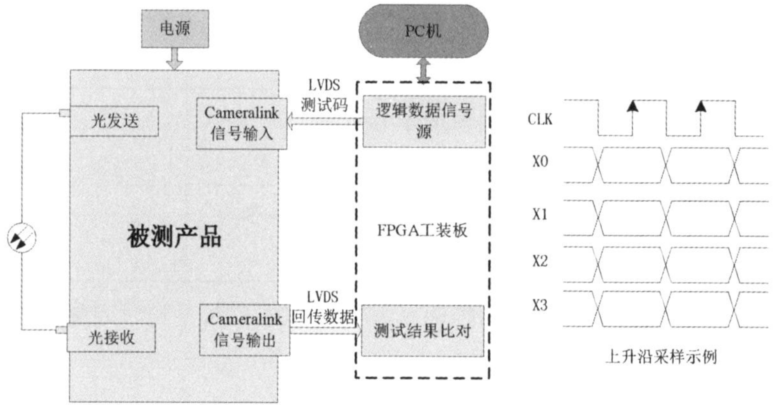

图 9　图像传输性能测试框图

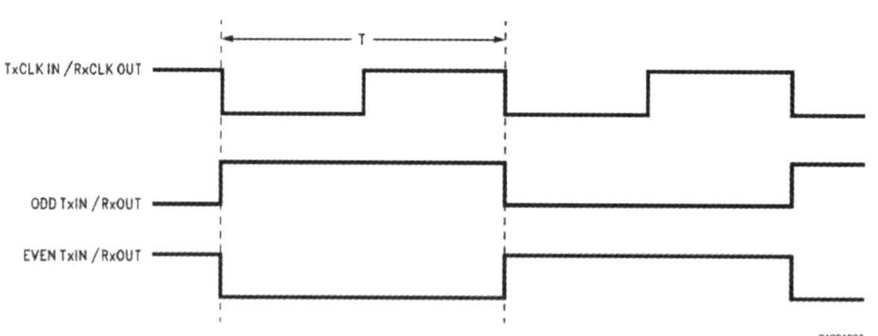

图 10　“Worst Case”测试码型

也可在图像采集卡配套的 Camexpert 软件的图像直方图统计功能中，查看到一定的传输情况。

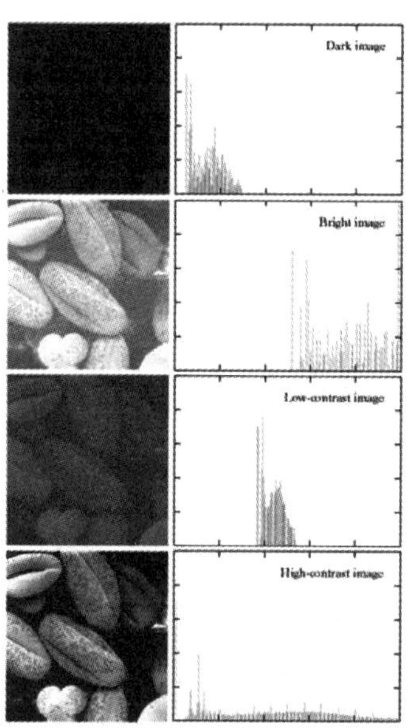

图 11　不同明暗程度下的直方图

3.2.3　SDI 信号物理层测试

SDI 信号物理层测试包含传输性能测试和眼图及抖动测试两部分。

1）SDI 传输性能测试

SDI 光电设备的传输性能可采用“误码测试”方法，使用 SDI 信号专用的视频发生器生成相关的测试码，再在测试端查看误码测试结果。

SMPTE RP178（针对 SD-SDI）和 SMPTE RP198（针对 HD-SDI）定义了 SDI Check Field（也称为“病理信号”）测试码型。SDI Check Field 是一个全场测试信号，因此必须在服务停止时进行。这是串行数字系统难以处理的信号，也是一项非常重要的测试。SDI Check Field 旨在对信号加扰后在该字段的两个独立部分中为低频能量创建最坏情况的数据模式。从统计上讲，这些间隔大约每帧出现一次[16-17]。

SDI Check Field 的一个组件通过生成加扰的 NRZI（不可归零的非零序列）序列［由 19 个零后跟一个 1（或 19 个 1 后跟 1 个零）］来测试均衡器操作。当扰码器达到所需的启动条件时，这会在整行中发生，大约每个字段一次。当发生这种情况时，它将持续整行并以 EAV（活动视频结尾）数据包终止。此序列会产生高直流分量，这会加重设备和处理信号的传输系统的模拟功能。测试信号的这一部分可能会以洋红色阴影出现在图片显示的顶部，亮度值设置为 198h，两个色度通道设置为 300h，如下图所示。

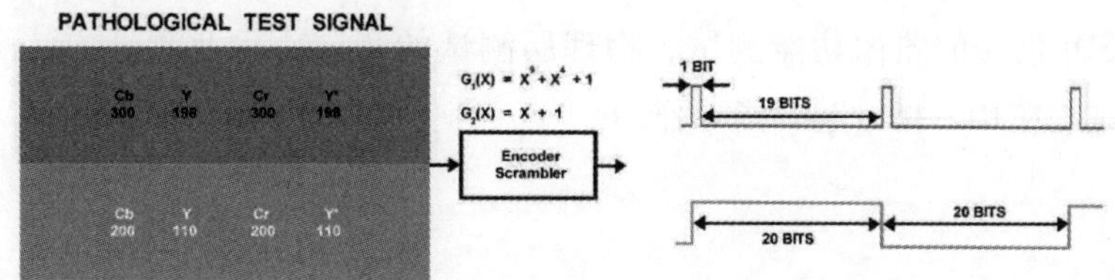

图 12　SDI Check Field 信号“病理测试信号”

2）SDI 眼图及抖动测试

SMPTE 的标准 259M（SD-SDI）、292M（HD-SDI）、424M（3G-SDI）定义了眼图物理层的一系列规格。信号幅度为 800mV±10%，上升沿和下降沿过冲不超过波形的 10%。3G-SDI 在波形的 20% 和 80% 之间的上升和下降时间不大于 135ps，误差不超过 50ps；HD 不大于 270ps，误差不超过 100ps；SD 在 0.4ns 和 1.5ns 之间，误差不大于 0.5ns。

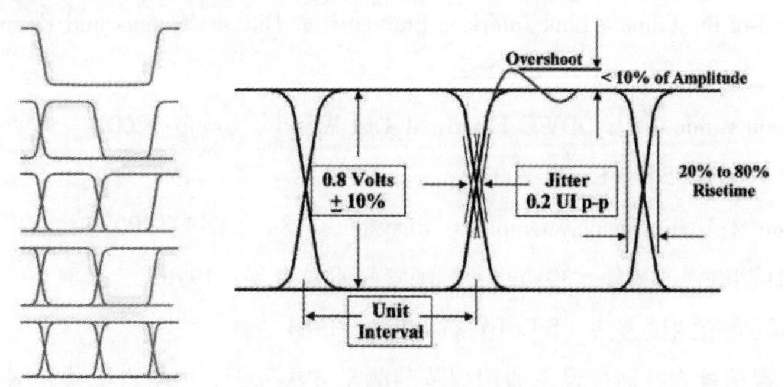

（a）眼图构建过程　（b）眼图测试指标

图 13　眼图及抖动测试

使用眼图显示测量的基本参数是信号幅度、过冲、上升时间和下降时间。如果指定了时钟恢复带宽，也可通过眼图显示抖动测试。SMPTE 中指定了抖动信号的两个指标：1）定时抖动（Timing Jitter）：指信号在指定的频率（通常为 10Hz）附近变化时的变化范围；2）对准抖动（Alignment Jitter）：指信号转换位置相对于从该信号提取的时钟的位置变化，时钟提取的带宽决定了抖动对准的低频极限，对于 SD 为 1KHz，对于 HD 和 3G 为 100KHz。

表 5　SDI 信号眼图及抖动合格指标

项目	SD-SDI	HD-SDI	3G-SDI
幅值	800mV±10%	800mV±10%	800mV±10%
过冲	≤幅值×10%	≤幅值×10%	≤幅值×10%
上升/下降时间	0.4ns≤上升/下降时间≤1.5ns，误差≤0.5ns	≤270ps，误差≤100ps	≤135ps，误差≤50ps
定时抖动（10Hz）	0.2UI（740ps）	1.0UI（673.4ps@1.485Gb/s）（674ps@1.4835Gb/s）	2.0UI（673.4ps@2.97Gb/s）（674ps@2.967Gb/s）
对准抖动	0.2UI（740ps）@1KHz	0.2UI（135ps）@100KHz	0.3UI（101ps）@100KHz 最优：0.2UI（67.3ps）@100KHz

4　总结

本文介绍军工领域常见的数字视频光电传输设备的信号种类、视频标准及测试标准，详细说明了DVI、Cameralink、SDI 信号的图像功能测试、物理层测试的测试项目及测试方法。且经过工程应用，可对产品的实际测试、应用、排故起到指导作用。

参考文献：

[1]（美）Eric Bogatin. 信号完整性与电源完整性分析［M］. 李玉山，等译. 北京：电子工业出版社，2019.

[2] SMPTE-259M. SMPTE STANDARD for Television ——10-Bit 4：2：2 Component and 4fsc Composite Digital Signals——Serial Digital Interface［S］. SMPTE：1997.

[3] SMPTE 292M. SMPTE STANDARD for Television ——Bit-Serial Digital Interface for High-Definition Television Systems［S］. SMPTE：1998.

[4] SMPTE-424M. SMPTE STANDARD for Television 3 Gb/s Signal/Data Serial Interface［S］. SMPTE：2006.

[5] DVI1.0. Digital Visual Interface1.0［S］. DDWG：1999.

[6] Camera Link Specification-of the Camera Link Interface Standard for Ditital Cameras and Frame Grabbers version 2.0［S］. AIA：2012.

[7] DVI Test and Measurement Guide［S］. DDWG Electrical Test Working Group：2001.

[8] Video Signal Standard（VSIS）［S］. VESA：2002.

[9] Test Procedure-Evaluation of Analog Display Graphics Subsystems［S］. VESA：2002.

[10] GB3174-1995. PAL-D 制电视广播技术规范［S］. 国家技术监督局：1996.

[11] GB 3659-83. 电视视频通道测试方法［S］. 国家标准局：1984.

[12] SJ 20358-93. 模拟电视信号光纤通信设备通用规范与测量方法［S］. 中华人民共和国电子工业部：1993.

[13] SJ 20359-93. 模拟电视信号光纤通信设备测量方法［S］. 中华人民共和国电子工业部：1993.

[14] 章文辉，许江波. 数字视频测量技术［M］. 北京：中国传媒大学出版社，2016.

[15]（美）普埃克，等. 数字信号处理［M］. 方艳梅，等译. 北京：电子工业出版社，2007.

[16] Tektronix. Physical Layer Testing of 3G-SDI and HD-SDI Serial Digital Signals［EB/OL］. 2016，www.tektronix.com.

[17] Tektronix. Understanding HD & 3G-SDI Video［EB/OL］. 2016，www.tektronix.com.

[18] 袭昌幸，刘乃安. 电视原理与现代电视系统［M］. 西安：西安电子科技大学出版社，2011.

[19] 翟颖烨，周越文等. 航电系统中的 LVDS 视频信号测试系统研究［J］. 计算机测量与控制 2013.21（9）：2403~2405.

基于深度神经网络的高速信道自适应均衡器[①]

翦杰　罗章　赖明澈*　肖立权　徐炜遐[1]

（国防科技大学计算机学院，湖南长沙 410073）

摘要：高速串行接口是提高高性能互连网络带宽的关键技术，而信道均衡器则是提高信号完整性的核心部件。本文利用现代数字信号处理（DSP）结构，提出了基于深度神经网络（DNN）的高速信道均衡研究方法，此方法在面向未来 50GB 以上的高速信道时，克服了传统判决反馈均衡器（DFE）的判决速度受限于反馈回路的固有缺陷问题。仿真结果表明，在采用 PAM4 编码方式，高速信道波特率为 28GB，信道损耗为 15dB，或者波特率为 56GB，信道损耗为 30dB 时，与传统的 15 阶 FFE 组合 2 阶 DFE 的均衡器结构相比，本文提出的 3 层的 DNN 结构，具有更好的均衡效果，以及更快的均衡收敛速度。

关键词：深度神经网络；快速串行链路；数字信号处理器；均衡器

中图分类号：TN95　　**文献标志码**：A　　**文章编号**：

高速互连网络是高性能计算中心的核心基础设施，实现系统内部所有结点间的连接和数据传输，是 HPC 得以实现大规模并行计算的关键，也是实现大规模存储数据的分析挖掘的核心，直接决定 HPC 的性能和均衡扩展能力。

综合考虑功耗、密度、价格等因素，传统的面向高速数据传输的高速串行接口技术依然是 HPC 内部互连后续发展的重要方向。但是，信号在实际的物理传输过程中，还是有许多原因导致信号质量劣化，其中信道的传输损耗是引起信号劣化的主要原因。信号在 PCB 版、铜线、光纤等传输介质中传播时，由于传输介质的电气特性，信号传输会产生损耗，使得传输信号的频率、相位、幅度等特性发生改变。另外，信道中并行运行的多个差分信号之间还会相互干扰，产生信号串扰（inter-symbol interference，ISI），此外，信号还会受到电路器件的热噪声、散射噪声、闪烁噪声等噪声的影响。

上述串扰、损耗、噪声等导致信号质量劣化的因素，增加了信道特性的不确定性，使得信号在接收端无法正确识别。尤其是不同信号之间的码间干扰（ISI，Inter Symbol Interference），随着传输信号频率的提高，对传输信号的质量影响迅速增加，因此，需要对信道采用相应的补偿措施，实现接收端的信号均衡。

传统的信道均衡结构由三种模拟均衡器组成，分别为连续时间线性均衡器（CTLE）[4]，前向反馈均衡器（FFE）[1-3]，以及判决反馈均衡器（DFE）[5-8]。在接收端，DFE 均衡器实现高效的非线性均衡效果，它能放大信号高频分量的幅度，同时消除当前码元对后续码元的码间干扰，然而，DFE 有两个因反馈回路导致的固有缺陷：一是突发错误问题，即当码间串扰较大时，前序一个信号的错误识别会导致后续一系列的错误识别，在确定的比特错误率（BER）情况下，突发错误问题使得前向纠错机制

① 作者简介：翦杰，男，国防科技大学博士后，E-mail：jj06@ tsinghua. org. cn；通讯作者：赖明澈，男，国防科技大学教授，E-mail：mingchelai@ nudt. edu. cn

更加复杂，导致编/译码的延迟显著增加，降低编码效率；DFE 的第二个固有缺陷则是致命的，由于 DFE 的判决输出依赖于反馈回路的结果，因此，前向回路的总延迟必须小于单个单元间隔（UI，unit interval，信号传输率的倒数），在波特率为 25GBd 时，为优化反馈回路延迟，DFE 的后向反馈回路阶数已经减少至最小值 1，这限制了信号传输率的进一步提升。

另一方面，在面向 PAM4 编码[11]的 50Gb/s/lane 的传输链路中，传统的模拟均衡器无法将经过了具有 30dB 插损的传输通道的信号恢复回来。其原因一是因为模拟反馈电路的设计无法满足时序要求，二是在接收端无法设计实现具有超过 16 阶的 FFE 模拟均衡器。因此，在综合考虑功耗、面积、硬件资源开销等因素后，利用定制化的数字信号处理器（DSP）替代模拟电路，实现下一代高速串行链路的信道均衡将是一个很好的选择。SerDes 设计者们倾向于用 ADC-DSP 结构实现接收端的电路设计，这种结构将所有的 FFE、DFE 功能封装在一个 DSP 模块内，并在此基础上添加上层算法，如前向纠错（FEC），以此提高信号完整性。

ADC-DSP 结构的引入，为实现更加复杂高效的均衡算法提供了可能。在无线通信领域，深度学习已经具有广泛应用，借助于 ADC-DSP 结构，本文提出了一种基于深度神经网络（DNN）[9]的均衡器结构。该结构利用基于随机梯度下降（SGD）的反向传播算法（BP）训练深度神经网络的参数，由于没有反馈回路，基于 DNN 的均衡器解决了时间受限问题，理论上支持的信道速率没有限制。

本文第一节介绍了传统信道均衡器以及 DFE 均衡器的缺陷，第二节是实验结果，最后一节是总结。

1 深度神经网络均衡器

1.1 信道均衡原理

深度神经网络实际上是一个全连接的人工神经网络，如图 1 所示，DNN 网络由多层神经元组成，其结构由网络的层数以及每层网络的神经元数决定，其结构可以用如下公式表示：

$$n_{pre}+n_{main}+n_{post},\ n_1,\ \dots,\ n_m,\ \dots,\ n_{M-1},\ n_{main}$$

其中，n_{main}表示 DNN 均衡器的并行度，n_{pre}表示 DNN 的前向阶数，n_{post}表示 DNN 的后向阶数，整个网络包含 M+1 个网络层，一个输入层，一个输出层，以及 M−1 个隐藏层，其中每个隐藏层包含 $n_i(i=1,\ 2,\ \dots,\ M-1)$ 个神经元。

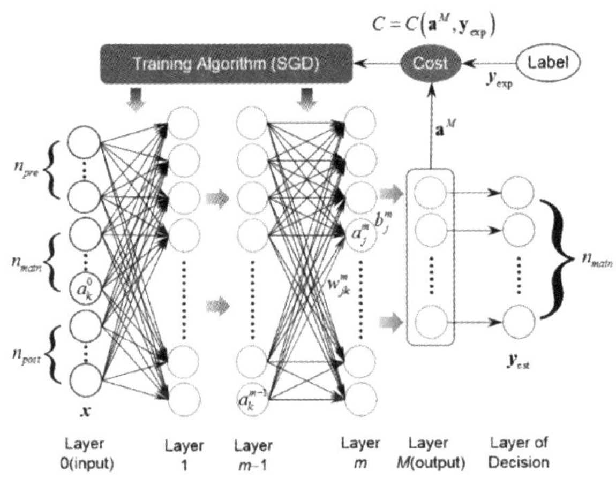

图 1　DNN 均衡器结构

在输入层（即 0 号层），网络从 ADC 模块接收 7 位的带符号数字信号，为提高判决准确率，均衡

器在处理 n_{main} 个输入信号时，会同时输入 n_{pre} 个前向信号与 n_{post} 个后向信号。为方便网络处理，信号进入输入层之后，7 位带符号数字信号会转化为 8 位无符号数字信号进行处理。

输出层（即 M 号层），包含 n_{main} 个神经元，每个神经元对应一个信号值，一个额外的判定层用来实现判定函数，它根据 DNN 的输出值 $\{a_k^M\}$，确定最终的输出信号值。如果信道采用 NRZ 编码，则利用｛0，255｝作为信号值的参考中心值，并利用中间值 128 对信号进行 0/1 判决；如果信道采用 PAM4 编码，则采用｛0，85，170，255｝作为 4 个信号值的参考中心，并分别利用 43，128，213 作为边界，对信号进行 0/1/2/3 的判决。上述过程可用如下公式表示：

$$NRZ = \begin{cases} 0, & if\ value < 128 \\ 1, & else \end{cases}$$

$$PAM4 = \begin{cases} 0, & value < 43 \\ 1, & 43 \leqslant value < 128 \\ 2, & 128 \leqslant value < 213 \\ 3, & value \geqslant 213 \end{cases}$$

所有的隐藏层和输出层，都可以看成是关于神经元（图 2）的数组，神经元的输出值 y，由输入值 z 的加权和，再经过一个非线性激励函数 σ(*) 得到，即：

$$y = \sigma(\sum_i w_i \times x_i - b) = \sigma(W^T \times X - b) = \sigma(z)$$

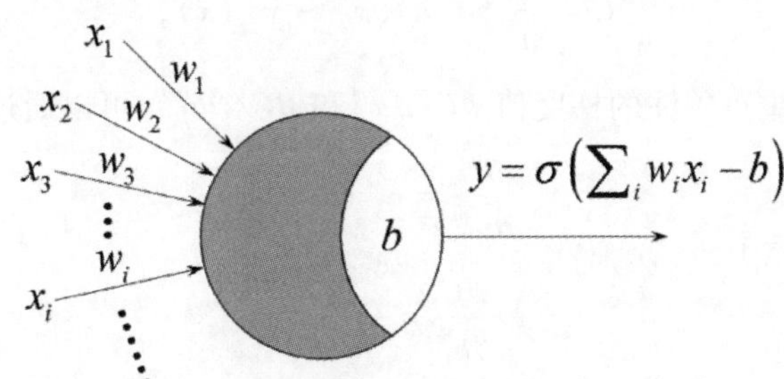

图 2　神经元的数学模型

其中，$W=\{w_i\}$ 是权向量，$X=\{x_i\}$ 是输入值，b 是阈值，T 代表向量的转置。特别的，对于第 m 层的第 j 个神经元，其输出 a_j^m 可以通过如下公式计算：

$$a_j^m = \sigma(\sum_k w_{jk}^m \times a_k^{m-1} - b_j^m) = \sigma(z_j^m)$$

上式也可以写成向量形式，即

$$a^m = \sigma(w^m a^{m-1} - b^m) = \sigma(z^m)$$

其中，w^m 是 $\{w_{jk}^m\}$ 第 m 层的权向量，b^m 是 $\{b_j^m\}$ 对应的偏移向量，σ(*) 为非线性函数（即激励函数）（它将数据从线性值转化为复杂的非线性值，因此很关键），考虑到硬件实现复杂度，基于经典的 ReLU 函数改良，本文采用了如下简单但高效的非线性函数，

$$\sigma(x) = \begin{cases} 255, & x \geqslant 255 \\ x, & 0 < x < 255 \\ 0, & x \leqslant 0 \end{cases}$$

上述激励函数使得神经元的输出值，维持在 8 位整数值范围内，且其导数计算简单，为 1 或 0。

由上分析可知，神经网络的结构完全由网络层数以及每层的神经元数目确定，通过调整上述参数，采取最小的网络资源，网络可以获得最大的均衡效果。

1.2 网络训练

网络训练，即优化网络参数 w^m 和 b^m，能使神经网络获得较好的均衡性能。为评估网络性能，首先应定义一个代价函数 $C(*)$，代价函数可以度量网络输出 a^M 和期望输出 y^{exp}之间的差距。本文使用常用的最小均方差作为代价函数，即

$$C = \frac{1}{2} \| y^{exp}(x) - a^M(x) \|^2$$

其中 $\| * \|^2$ 是取模操作。

为使代价函数 C 值最小，采用反向传播算法[10]对网络进行训练，其基本原理源于多元函数的链式求导法则。为更好地展示反向传播算法，本文定义一个中间误差向量：

$$\delta^m = \{\delta_k^m\} = \{\vartheta C / \vartheta z_k^m\}$$

此向量表示了在第 m 层，代价函数 C 相对于当层带权输入值的偏导，根据链式求导法则，误差向量的计算公式如下：

$$\delta^m = [(W^{m+1})^T \delta^{m+1}] \odot \sigma'(z^m)$$

最后一层（第 M 层）的误差向量表示为：

$$\delta^M = (\nabla_a C) \odot \sigma'(z^M)$$

其中，$\nabla_a C$ 表示代价函数 C 因向量 a 导致的总差值，根据代价函数的定义，其值可以表示为：

$$\nabla_a C = \frac{1}{n} \sum_n \{a^M(x) - y_{exp}(x)\}$$

基于上述计算，算法需重点关注的梯度值 $\vartheta C / \vartheta w_{jk}^m$ 和 $\vartheta C / \vartheta b_j^m$，可以通过上述变量表示：

$$\frac{\vartheta C}{\vartheta w_{jk}^m} = a_k^{m-1} \delta_j^m$$

$$\frac{\vartheta C}{\vartheta b_j^m} = -\delta_j^m$$

以上公式可以计算出网络所有参数关于代价函数 C 的偏导值，因此，神经网络可以通过随机梯度下降方法进行训练。训练开始前，先生成一个训练样例集以及其对应的标签值。训练开始后，首先将样例集分成多批，每批包含 2^L 组，每组包含 n_{main}个信号值；每次向神经网络输入一组信号值，其基本格式包含 $n_{pre}+n_{main}+n_{post}$个信号值；接着计算输出层的误差值，并利用反向传播算法计算所有网络参数的梯度值；对每批的 2^L 组输入信号产生的梯度值求均值；最后，通过下面的公式，对网络的权向量和偏移向量进行更新：

$$w^m \rightarrow w^m - \frac{\eta}{2^L} \sum_x \delta^{X,m} (a^{X,m-1})^T$$

$$b^m \rightarrow b^m + \frac{\eta}{2^L} \sum_x \delta^{X,m}$$

最后，利用一组独立的验证样例作为神经网络的输入，计算经过神经网络之后的信号错误率（SER）。重复迭代上述过程，直到 SER 值低于特定阈值或者训练时间到达上限。

为控制训练过程，上述过程引入了参数学习率 η，学习率可以根据梯度值的变化对参数变化进行控制。

1.3 自适应性

没有任何真实物理通道是一成不变的，无论是电通道还是光通道，其传输特性都会受到温度、湿

度、物理形变等因素影响。因此，本节采用了一种参数反馈结构（图 3），在利用真实数据完成对均衡器的训练之后，继续自适应地调整 DNN 均衡器，以进一步提高 DNN 均衡器的实用性。由于 DNN 均衡器在前期已经完成训练，因此，其判决输出值的比特错误率（BER）在 FEC 算法可纠正的范围之内，因此，FEC 译码能够得到可靠的标签值，因此，神经网络的参数还可以继续更新。另外，由于参数的自适应更新来自于标签值经过 SGD 算法的反馈，而主数据路径不存在反馈回路，因此，上述自适应调整过程不会因反馈链路而引入时间限制问题。

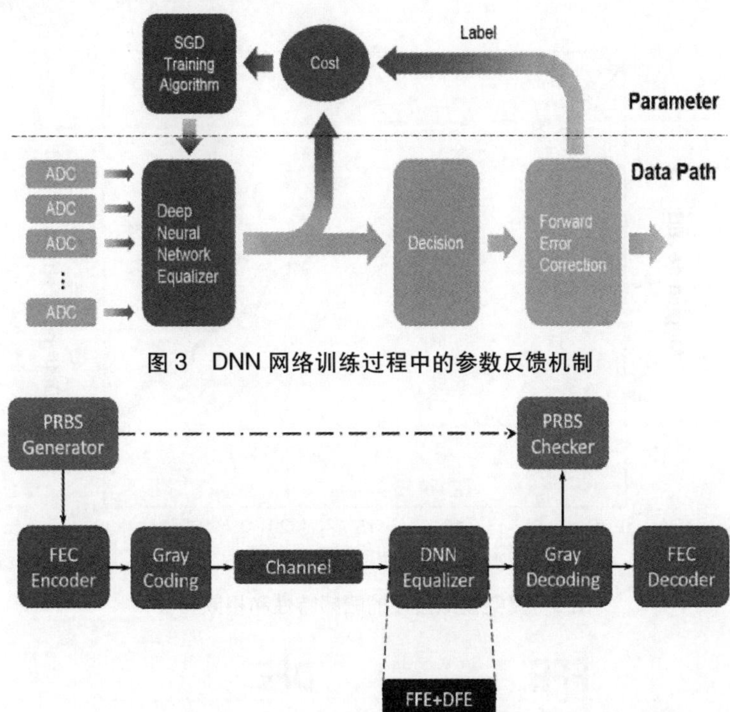

图 3　DNN 网络训练过程中的参数反馈机制

图 4　仿真系统的设置和结构

2　仿真结果

2.1　系统设置

DNN 均衡器的评估由如图 4 所示的仿真系统完成。本文信号采用 PAM4 编码方式，信号的幅度值分别为 {-1，-1/3，1/3，1}。与 NRZ 编码相比，PAM4 编码只需一般的波特率和奈奎斯特频率即可获得同样的数据率，在高速串行链路中 PAM4 编码技术可以提高发送信号的频谱效率，并且降低系统时钟频率。与 NRZ 编码相比，PAM4 要求的信道带宽和时钟频率都会减半，均衡的压力相对减小，因此，在面向下一代 56G、100G 高速串行通信的实际需求时，PAM4 信号编码方式已经成为主流选择。本节所有实验均基于 PAM4 编码信号进行。

仿真使用的信道模型，是由真实信道提取出的 S 参数转化而成，其特性如图 5，通道的传输函数由 S 参数进行拟合。

作为对比，传统的 FFE+DFE 的均衡器结构（如图 6），也进行了仿真。FFE+DFE 均衡器包含一个 K 阶 FFE 均衡器和一个 B 阶的 DFE 均衡器，上述均衡器的权值参数，通过最小均方差算法（LMS）进行回归。另外，为便于对比，本文在 56G 以上的信道情形下，也仿真了多阶的 DFE 均衡器性能。

2.2　均衡性能

作为对比，首先仿真了 FFE+DFE 均衡器结构。采用 28GBd 的 PAM4 信号，传输损耗约为 15dB。

通过设置不同的 FFE 阶数 K 和 DFE 阶数 B，仿真结果如图 7。结果显示，增加 FFE 均衡器的阶数，可以提高均衡效果，且使得均衡过程加速收敛，DFE 均衡器的存在，可以显著提高 BER 性能，但是，DFE 阶数对 BER 值的影响不大，对于 15 阶的 FFE 均衡器来说，DFE 阶数增加对结果的影响可以忽略。

但是，当输入信号的质量变差时，结果却完全不一样。当输入信号速率达到 56GBd，且传输损耗为 30dB 时，增加 DFE 的阶数，对均衡效果产生了明显的改善，如图 8 所示，与一阶 DFE 相比，二阶 DFE 的均衡效果使得 BER 值达到了 4 倍以上，在 K=15，B=2 的配置下，BER 值能收敛至 8E-3。

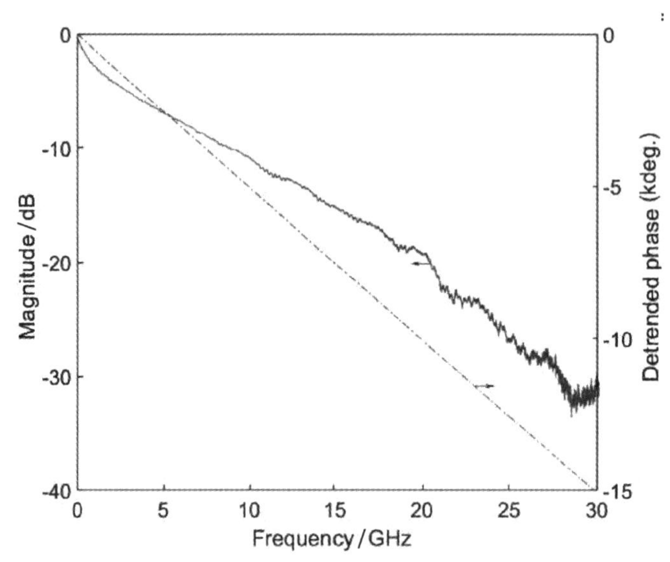

图 5　真实模拟信道的幅频特性和相频特性

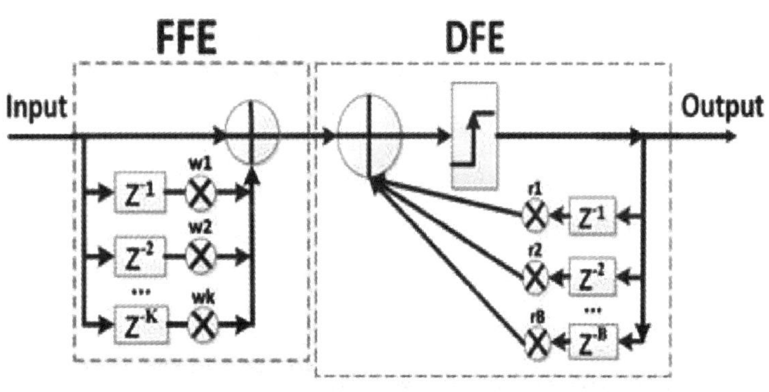

图 6　传统的 FFE+DFE 均衡器结构

通过仿真 DNN 均衡网络可以发现，在 28GBd 的 PAM4 信号，通道衰减为 15dB 的配置下，其均衡性能明显好于 FFE+DFE 的均衡组合。如图 9 所示，在只有一个隐藏层的配置下，DNN 均衡器的最优 BER 值可以达到 7E-4，相比之下，DFE+FFE 的均衡后的 BER 值约为 1E-3（图 7）。在通道衰减为 30dB，56GBd 的 PAM4 信号情形下，DNN 均衡器的 BER 值可以达到 8E-3（图 10）。

另一方面，DNN 均衡器具有更好的训练效率。一般情形下，无论如何配置均衡器阶数，传统的 FFE+DFE 均衡结构，其收敛时间不会小于 200μs，在 56GBd 的配置下（图 7 和图 8），FFE+DFE 均衡器在 180μs 内，实际上并没有完全收敛，曲线在时间轴尾部还在继续向下。但是，DNN 网络则具有更快的收敛性。如图 9 所示，在 $n_{main}=5$ 时，网络的收敛时间均在 100μs 以内。当提高信号速率至 56GBd（如图 10 所示），均衡过程的收敛时间更是减少到 50μs 以内。

2.3 网络优化

隐藏层：DNN 网络结构优化的核心在于确定网络层的数量。当输入层的并行度为 $n_{main}=5$，且包含额外的 5 个前向信号，以及 5 个后向信号（$n_{pre}=5$，$n_{post}=5$，即输入层节点数为 15），且网络不包含隐藏层时，DNN 均衡器的 BER 值只能达到 3.2E−2，当增加一个包含 10 个神经元的隐藏层时，BER 值能够达到 8.6E−3，然而，继续增加隐藏层数目对均衡效果并没有改善效果，当添加三个神经元数目为 10 的隐藏层时，BER 值为 3.0E−1，比没有隐藏层的结果更差，这是因为，当隐藏层和神经元数量增加时，算法的收敛性依赖于最开始的而输入节点，因此，初始输入节点的初值可能导致整个网络的收敛变得更加困难。另外，更多的隐藏层会极大增加网络需要的硬件资源，因此，在满足均衡效果的前提下，隐藏层数量越少越好。就本文的均衡需求来讲，只包含一个隐藏层的 DNN 均衡器将是最优配置。

每层神经元数量：除了隐藏层神经元数量 n_{hidden}，本文还使用三个参数来确定输入层和输出层的神经元数量：并行度 n_{main}、前向阶数 n_{pre}、后向阶数 n_{post}。后文将用“n_{main}-n_{pre}-n_{pre}-n_{hidden} 网络”来表示一个特定的 3 层 DNN 均衡结构。

并行度决定了 DNN 均衡器的尺寸。仿真结果表明，同步增加上述四个参数的大小，DNN 均衡器的均衡效果几乎不变，比如，6−10−6−20 配置网络和 3−5−3−10 网络的 BER 值，均为 1.1E−2，但是，DNN 网络参数越大，所需要的硬件开销和网络复杂度就越多，在实际应用中，应尽量采取较小的网络规模。在信号传输过程中，每个信号都会对其后续多个信号产生影响，因此，当前接收到的信号，既包含前面多个信息的成分，其本身又会对后续信号产生影响，本文需要在输入层添加 n_{pre} 个前向阶数和 n_{post} 个后向阶数，就是为了抵消上述影响，消除信号的码间干扰。仿真结果表明，在 56GBd 的 PAM4 信号情形下，针对并行度 $n_{main}=5$ 的 DNN 结构，5 个前向阶数和 5 个后向阶数，即可消除上述码间干扰，在 5−5−5−10 网络配置下，BER 能够达到 8.5E−3，继续增加前向和后向阶数可以提高 BER 值，但是效果已经不明显。另外，如图 10 所示，继续增加隐藏层的神经元数目也能增加均衡效果，但是，与硬件资源的增长相比，均衡效果的改善速度太慢，因此，最优化的硬件配置，应当是隐藏层神经元数目为输入层并行度的两倍，即：

$$n_{hidden}=2\times n_{main}$$

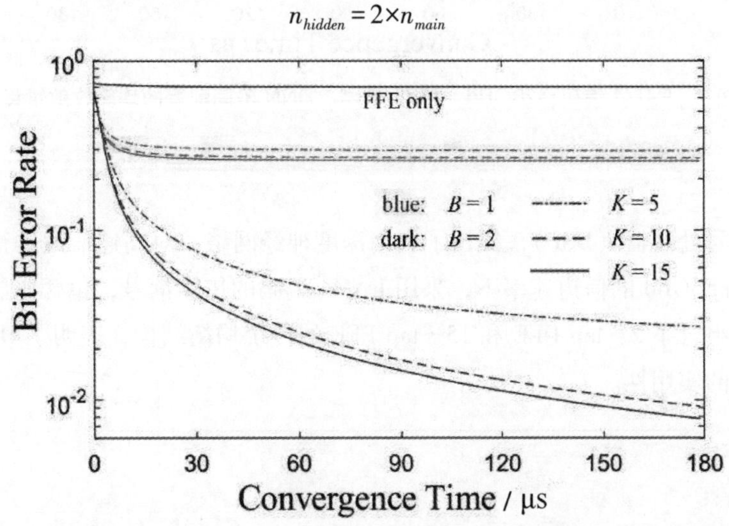

图 7　PAM4 编码，28GBd，15dB 衰减，DFE+FFE 不同配置下的均衡收敛过程

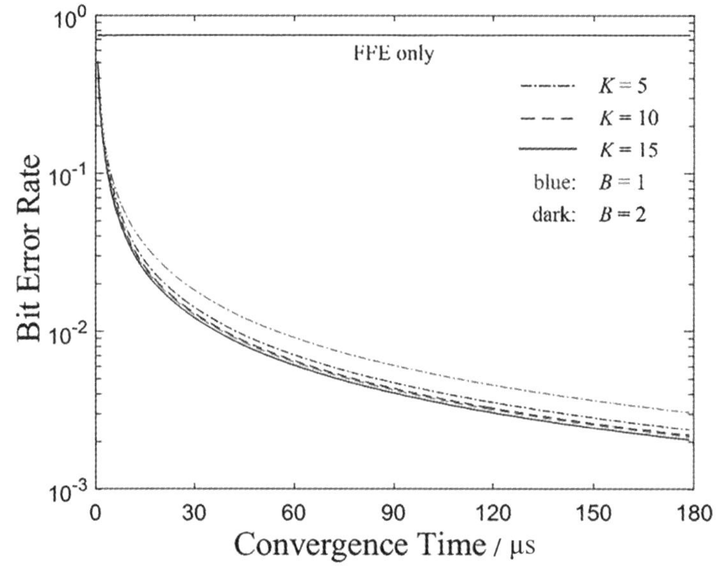

图 8　PAM4 编码，56GBd，30dB 衰减，DFE+FFE 不同配置的均衡收敛过程

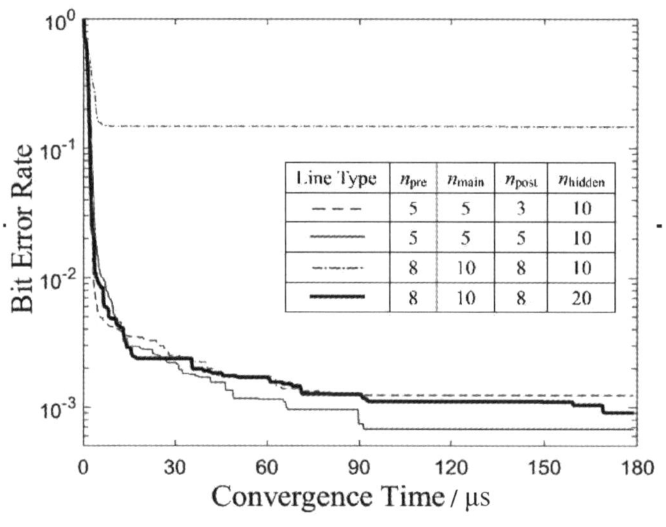

图 9　PAM4 编码，28GBd，15dB 衰减，DNN 不同配置的均衡收敛过程

结束语

本文借助数字信号处理器（DSP），提出了利用深度神经网络，对高速信道进行信道均衡。仿真结果表明，在 28GBd 和 56GBd 的信道速率下，采用 PAM4 编码的传输信号，包含 3 层的 DNN 均衡网络，其均衡效果可以超过组合了 2 - tap DFE 和 15 - tap FFE 的传统均衡结构，表明了 DNN 均衡网络在实际均衡应用中具有较强的实用性。

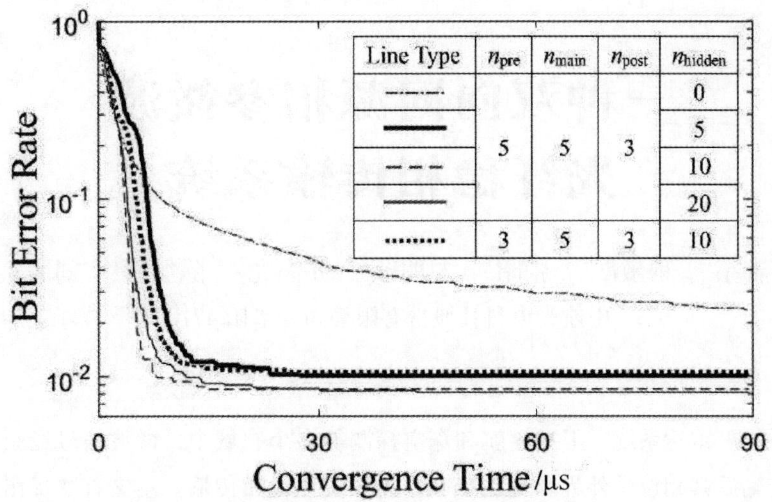

图10 PAM4 编码，56GBd，30dB 衰减，DNN 不同配置的均衡收敛过程

参考文献：

[1] S. -Y. Kao and S. -I. Liu, “A 7. 5 - Gb/s One-Tap-FFE Transmitter With Adaptive Far-End Crosstalk Cancellation Using Duty Cycle Detection,” IEEE Journal of Solid-State Circuits, vol. 48, no. 2, 2013.

[2] A. Momtaz and M. Green, “An 80mW 40Gb/s 7 - Tap T/2 - Spaced FFE in 65nm CMOS,” IEEE International Solid-State Circuits Conference, vol. 21, no. 4, 2009, pp. 363 - 365.

[3] S. R. Sant, S. S. Waikar, M. Dave and M. S. Baghini, “A 16 - Gbps 9mW Transmitter with FFE in 90nm CMOS Technology for offchip Communication,” IEEE Computer Society Annual Symposium on VLSI, 2011, pp. 78 - 83.

[4] S. U. Pengzhou, H. Lu, F. Yi, et al., “Design of a New 6. 25Gb/s CTLE Equalizer,” Microelectronics, 2016.

[5] J. J. Won, et al., “A 25 Gb/s 5. 8 mW CMOS Equalizer,” IEEE Journal of Solid State Circuits, 2015.

[6] C. Hsieh and S. Liu, “Decision Feedback Equalizers Using the Back-Gate Feedback Technique,” IEEE Transactions on Circuits and Systems II: Express Briefs, vol. 58, no. 12, 2011, pp. 897 - 901. doi: 10. 1109/TCSII. 2011. 2172520.

[7] T. O. Dickson, J. F. Bulzacchelli and D. J. Friedman, “A 12 - Gb/s 11 - mW half-rate sampled 5 - tap decision feedback equalizer with current-integrating summers in 45 - nm SOI CMOS technology,” IEEE Symposium on VLSI Circuits, 2008, pp. 58 - 59. doi: 10. 1109/VLSIC. 2008. 4585951.

[8] M. H. Nazari and A. Emami-Neyestanak, “A 15Gb/s 0. 5mW/Gb/s 2 - tap DFE receiver with far-end crosstalk cancellation,” IEEE Solidstate Circuits Conference Digest of Technical Papers, 2011.

[9] H. Kin, Neural networks: A Comphrehensive Foundation, 2nd ed. Prentice-Hall, Upper Saddle River, NJ.

[10] R. Hinton and R. J. Willians, “Leaning representations by backpropagating errors,” Nature, vol. 323, no. 9, 1986, pp. 533 - 536.

[11] B. A. Bjerke, Pulse amplitude modulation in Handbook of Computer Networks: Key Concepts, Data Transmission, and Digital and Optical Networks, Volume 1, John Wiley & Sons, Inc. 2016.

一种双向同源相参微波光纤稳相传输系统

吉宪[1]　穆敏航[1]　张昭[1]　左朋莎[1]　亢海龙[1]　陈旭辉[1]　刘朋[1]

1. 中航光电科技股份有限公司，洛阳 471000

摘要： 在电子对抗系统、雷达系统、卫星导航和深空探测等多个领域中，微波信号经激光器调制后加载到光信号上经过光纤传输后其相位受外界环境的影响，无法实现稳相传输。本文首次提出了一种双向同源相参微波光纤稳相传输系统，可实现微波信号在光纤中稳相传输。该技术利用恒温晶振产生相位稳定的多路同参基准信号，一路信号用做光纤传输的相位变化识别信号，该信号经激光器调制成光信号，然后由光分路器分出多路光参考信号与需稳相的信号进行同光纤传输；另外的同参信号作为基准信号与经过光纤传输的相位识别信号进行鉴相，其中基准信号与参考信号相参，构建两种信号相参的机理实现以相位变化为参量的鉴相系统，利用参考信号的相位变化完成对传输的宽带射频微波信号相位变化的识别。在鉴相实现过程中，采用了双平衡混频器完成对参考信号相位变化实时鉴相，由单片机对参考信号相位的实时变化进行采样，实时控制可调电动延时线（VODL）进行光传输链路光程差的跟踪补偿，完成对需稳相信号和参考信号的相位主动补偿，可实现宽带射频微波信号光纤稳相传输。

关键词： 微波光传输；自反馈；相位稳定；双平衡混频器；VODL

1　引言

20 世纪 70 年代初期，关于微波光纤传输技术的实验研究就已经开始，并且涉及的研究领域非常广阔。微波光传输技术被广泛应用在光控相控阵列雷达、原子钟、射电天文以及现代空间技术之中。微波光子技术具有许多优点，如抗电磁干扰、传输损耗小、轻便灵活、带宽大和易于构造等，成为目前研究较多的光纤传输技术。利用光纤传输微波信号不仅可以克服传统相控阵天线[1-3]，只能向特定方向辐射波束的弊端，而且能够缩小相控阵天线雷达的尺寸，重量更轻且损耗更小。同时，相控阵雷达系统，多组阵元同时产生的多波束信号需要多个分布式收发模块和链路网络复杂的控制台，传统的微波器件传输分配技术很难适应需求，使用多个微波移相器和波导互连传输分配系统而造成整个系统体积笨重、损耗大、电磁干扰强、信号相位受温度影响变化大等诸多缺点[4]。而使用光纤对微波信号进行传输，可以有效地避免以上存在的问题。在利用光纤对微波信号进行传输时，可以解决了射频电缆产生的一些类弊端，但是由于光纤受外界环境（温度）影响较大，使得信号相位在光纤中传输时无法稳定[5]，为了解决温度对微波信号调制到光信号上在光纤传输其相位所受的影响，微波光纤稳相技术成了急需开发的技术。

外界环境中的温度、振动、微扰动等均对微波信号调制到光信号上的相位有影响，其中对相位影响最大的是温度变化和机械振动，两者均会在不同程度上影响光链路中信号的传输时延，进而导致传输信号相位出现随机抖动[4-6]。传输微波信号的相位会出现漂移，影响相位的稳定性，这对于分布式天线系统精确馈相，空间系统应用中的稳相传输以及分布式系统中的时钟同步有较大的影响[11]。因而开发一种相位实时补偿的稳相系统，是微波光子传输技术中最重要的一部分。本文针对微波信号光纤稳相传输技术，首次利用光路自动相位补偿的自反馈技术对宽带射频微波信号的相位进行自动稳相传输，同时利用多种光学器件经过不同方式的搭建实现了光信号的双向同源相参稳相传输。

2 设计方案

本方案设计的核心思路是：①利用恒温晶振产生相位稳定的参考信号作为光纤稳相信号的基准信号，在光纤中利用波分复用技术以及光路可逆的原理，实现基准信号与被稳相的射频微波信号同光纤传输；②利用双平衡混频器作为鉴相器对参考信号光纤中传输的相位进行识别采样，同时利用单片机控制程序对由于外界因素影响造成微波信号在光纤中的相位变化进行补偿，实现相位实时补偿，从而完成射频微波信号光纤中稳相传输；③利用波分复用和光环形器巧妙地实现了上下行信号在不同位置完成双向同参考源进行鉴相，实现双向控制光链路中对应光程，实现了稳相控制根据需要进行前后端任意切换。

利用恒温晶振输出 3 路同参稳定的 2GHz 信号，一路经过电光转换与被稳相的射频光信号进行同光纤传输，利用两组相同的光环形器和波分复用器将该路光信号由后端设备返回到前端设备，再经过光电转换模块以及射频放大电路将光信号还原为射频信号与另外一路同参信号进行鉴相，该方案中采用的是双平衡混频器，完成对频率源输出的一路射频信号经过光纤传输后转换为射频信号作为混频器的射频（RF）输入端，由频率源输出的另外一路同参的信号收入到混频器的本振（LO）输入端，由双平衡混频器的中频（IF）端输出一个随 RF 端和 LO 端信号相位差变化的直流信号，在 IF 输出端加一个低通滤波器，将 RF 和 LO 泄露到 IF 端的高频信号进行滤波处理，然后由采样电路完成对相位差的识别，再通过单片机控制 VODL 进行相位补偿，具体的自反馈微波光纤稳相传输系统原理框图见图 1 所示。

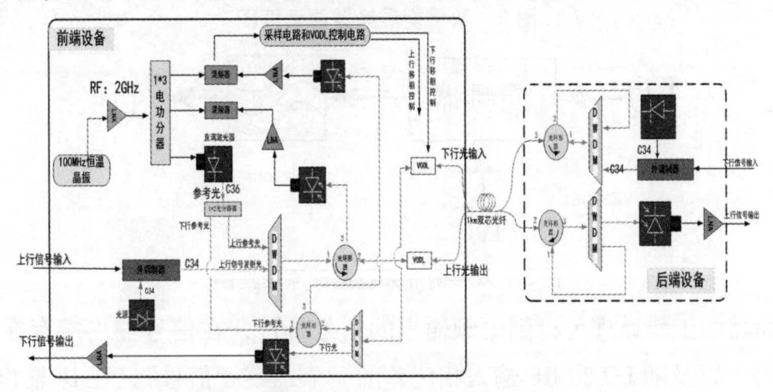

图 1　自反馈微波光纤稳相传输系统原理框图

2.1　基于双平衡混频器的相位识别原理

混频器根据构成方式可分为单端混频器（SEM），单平衡混频器（SBM），双平衡混频器（DBM），镜像抑制混频器（IRM）等。单端混频器的特点是电路简单，损耗小（匹配电路会引入损耗），噪声小。但隔离度差，动态范围小，谐波抑制差，中频输出需要滤波器。而在本方案中需要中频输出一个直流信号，故不可以采用单端混频器实现。

双平衡混频器由两个单平衡混频器构成，其特点是电路复杂但各个端口可以互换，本振到射频和中频的隔离度较好且容易滤波，噪声系数也较好，同时具有良好的偶次谐波杂散抑制效果，具体双平衡混频器原理图见图 2 所示：所选双平衡混频器组件（中频输出端带低通滤波器）为 HMC213，具体参数见下表。

表 1　双平衡混频器具体参数

项　目	参　数
RF	2GHz
LO	2GHz
IF 输出电压	-0. 6V ~ +0. 6V
IF 输出带宽	0 ~ 10KHz
IF 端滤波器抑制	≥60dBc@ 2GHz
LO 输入功率	≥13dBm
插入损耗	≤10dB
杂散抑制	≥55dBc
接口	SMA-50K
工作温度	-40 ~ +70℃
贮存温度	-55℃ ~ +85℃

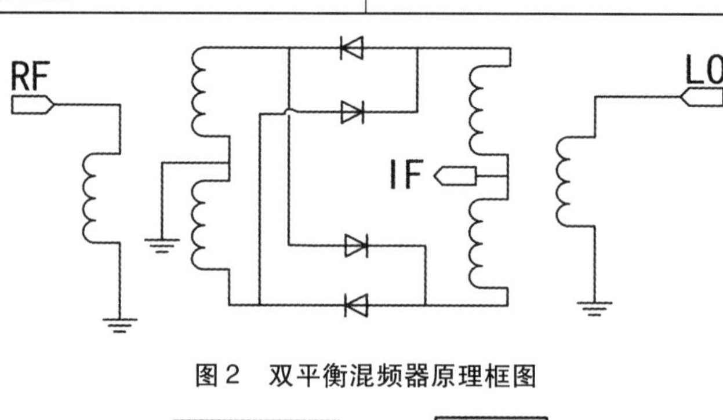

图 2　双平衡混频器原理框图

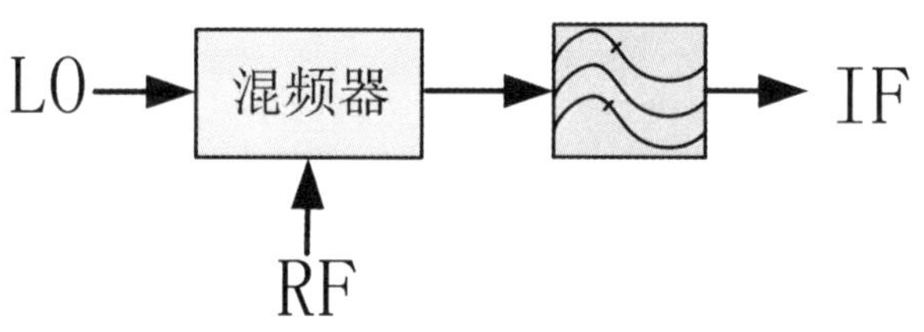

图 3　双平衡混频器组件原理框图

根据双平衡混频器的工作原理可得到中频输出的信号特性，在信号输出端存在的信号，包含“和频信号”和本振信号，以及随 LO 和 RF 输入相位差的一个“零频信号”，在 IF 输出端增加一个低通滤波器可以将本振信号和“和频信号”滤除，最终在 IF 输出端输出一个直流信号。针对 2GHz 本振信号，通过改变本振与射频的输入端的相位差，可得到对应不同相位差的输出电压值。其中 f_1 和 f_2 为同参不同相的信号，分别给双混频器的本振输入端口和 RF 输入端口。

$$f_1 = a\cos(w_1 t + \varphi_1) \qquad \text{公式 (1)}$$

$$f_2 = a'\cos(w_1 t + \varphi_2) \qquad \text{公式 (2)}$$

$$\begin{aligned} f' = f_1 \times f_2 &= [a'\cos(w_1 t + \varphi_1)] \times [a\cos(w_1 t + \varphi_2)] \\ &= \frac{a \times a'}{2}[\cos(2wt + \varphi_1 + \varphi_2) + \cos(\varphi_1 - \varphi_2)] \end{aligned} \qquad \text{公式 (3)}$$

其中 LO 和 RF 输入均为同频率相参信号，所以他们输入端的 w 是一样的，通过混频后，输出两种信号一种为 2w 信号，从 IF 输出后经过一个低通滤波器可以将和频信号滤除，其 IF 端输出地只有一个与 LO 与 RF 两路信号相位差相关的一个常数，即本振与射频的相位差可以通过中频输出的一个余弦函数表示出来，从而可以将其进行采样处理，进而给单片机控制相应的光纤延时线。所选双平衡混频器组件的原理框图见图 3 所示。

将双平衡混频器的 LO 和 RF 之间的相位差作为变量，通过对 IF 端输出电压进行测量，得到了 IF 输出电压值即为 LO 和 RF 相位差变化而变化量，具体的变化趋势近似于一个三角函数。通过对比以 LO 作为定量，改变 RF 输入到混频器的相位大小和以 RF 作为定量，改变 LO 输入端到混频器的相位大小，可以得到 IF 端输出的电压曲线对比图。实际测试数据图和拟合曲线图见图 4 所示。可以得到以本振为参考的输出电压幅度比以 RF 作为参考的 IF 输出电压幅度大，可以从 IF 输出端的电压判断出其 LO 和 RF 之间的相位差的大小，从而通过控制电动延时线对相应链路的相位进行调整，使得其 IF 输出电压逐渐变小，达到 LO 和 RF 之间的相位差为光纤所引起变化初的值。实际测试情况与理论计算相近。

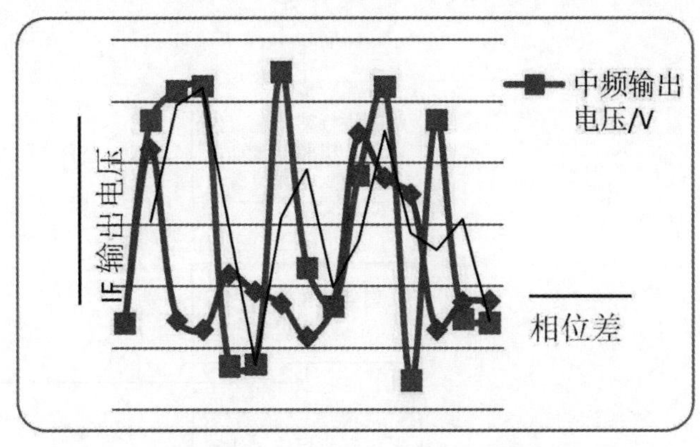

图 4　IF 输出电压与 LO 与 RF 相位差对应的关系图

2.2　相位变化的自动采样电路

由于从双平衡混频器输出的电压值存在负数部分，而 AD 采样范围为 0~2.4V，利用减法电路将负数采样部分进行修正，图 6 为采样控制电路原理图，该电路由两个运放组成，首先 AD 采样输入后，利用一个电压跟随电路，可以对采样电压值进行稳定传输到差分比较电路中，通过改变差分输入端的参考电压值，确定 X 的范围，图 5 中选用滑动变阻器可以调整的范围为 0~1.1V，而 AD 采样的输入范围为-0.4V~0.4V，所以可以满足给 AD 采样输入端的电压为正。后一级为一个比例放大电路，通过调整 R7 和 VR 的大小比例值使得其输入到单片机的 AD 采样端的电压在 0~2.4V 之间。所选 LM158 最小采样电压精度为 2mV，而双平衡混频器 2GHz 信号相位差与中频输出相位的关系近似 5mV/Degree，可以满足相位差对采样电压的要求。

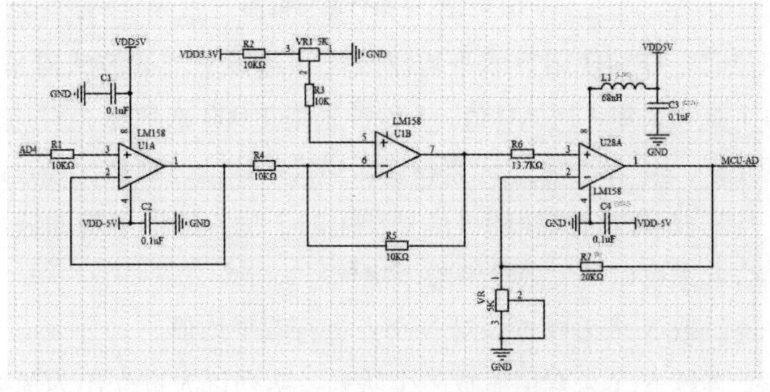

图 5　AD 采样电路原理框图

2.3 相位自动识别的软件控制原理

该稳相设备软件控制的主要思路为：微波光纤稳相设备上电后通过单片机的 AD 接口采集由鉴相器中频输出端口的基准信号相位差信息（相位差转换为不同的电压值），然后由单片机通过串口控制 VODL 的延时量来调整光链路的相位，之后再通过鉴相器采样，进而进行光链路相位的调整，最终达到稳相的目的。

软件执行流程如下图所示，产品上电后首先进行初始化，步进电机进行归位，然后单片机控制其移动到 VODL 中间位置，通过单片机 AD 接口采集电压换算成光路相位值，该值作为产品的基础相位；产品实时采集当前相位，判断当前相位和基础相位差是否在 8°以内，如果相位差超出 8°则驱动电动延迟线调整相位。

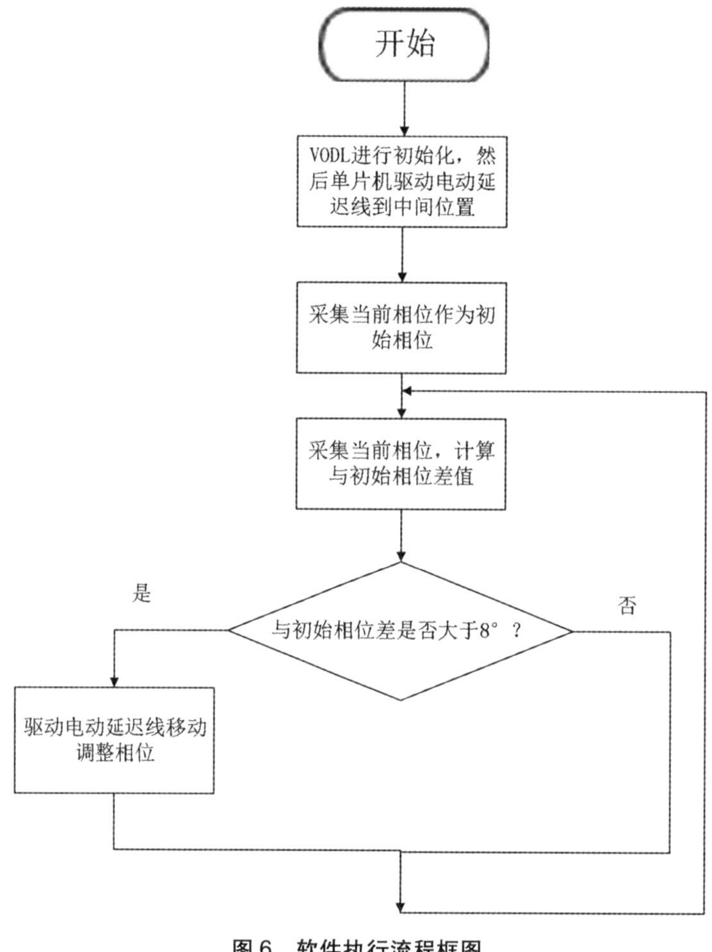

图 6 软件执行流程框图

在实时采集当前相位时，分别使用算术平均滤波法和递推平均滤波法对采集到的数据进行滤波，具体做法为：单片机每 1 毫秒采集 1 次 AD 值，1 秒钟采集 1 000 次数据，对这 1 000 个数据做算术平均滤波后作为 1 个数据元素，取 10 个数据元素长度做递推平均滤波处理，经过两种滤波后的数据作为当前的相位值。算术平均滤波可以过滤掉随机信号产生的干扰，递推平均滤波可以过滤掉周期信号的干扰，两种滤波算法结合起来可以最大限度消除干扰信号。

算术平均滤波法：连续取 N 个采样点，对 N 个点进行取平均值。

递推平均滤波法：把连续 N 个采样值看成一个队列，队列以先进先出为原则，队列的长度固定为 N，每次采样到一个新数据后放入队尾，并扔掉原来队首的一次数据，把留在队列里的 N 个数据进行算术平均运算，得出的结果就是递推平均滤波的结果。

2.4 基于（VODL）的光域相位补偿

射频微波信号经过光纤传输时，由于光纤受外界环境影响较大，射频微波信号在光纤中传输时其相位会受到外界温度影响。光纤温度的变化会影响光纤的长度（热胀冷缩）和光纤的折射率。光纤长度和折射率的变化会影响光信号的传输路径和传输速度，进而引起射频信号电长度变化，相位也随之改变。相位随温度变化的计算方法如下：

相位可以用电长度来表示，电长度定义为角矢量 w 与传播延迟 t 的乘积

$$\varphi = wt \quad \text{公式（4）}$$

$$w = 2\pi \times f \times t \quad \text{公式（5）}$$

而传播延迟与传输光纤的物理长度 L 和折射率 N 有关。

$$t = L \times N/c\ (\text{c 为真空中的光速}) \quad \text{公式（6）}$$

所以传输介质的电长度为：

$$\varphi = 2\pi \times f \times L \times N/c \quad \text{公式（7）}$$

影响相位稳定性因素有很多，最主要的是环境温度变化引起的相位漂移[5]。所以式（7）对温度 T 求导：

$$\frac{\mathrm{d}\varphi}{\mathrm{d}T} = 2\pi \times f \times (N \times \delta L/\delta T + L \times \delta N/\delta T)/c \quad \text{公式（8）}$$

其中 $\beta = \delta L/\delta T$ 是光纤的热膨胀系数，$K = \delta N/\delta T$ 是光纤的折射率温度系数。一般的单模光纤的折射率温度系数远大于光纤的热膨胀系数，故 $\beta = \delta L/\delta T$ 可以忽略不计，公式（8）变为

$$\frac{\mathrm{d}\varphi}{\mathrm{d}T} = 2\pi \times f \times L \times K/c \quad \text{公式（9）}$$

温度变化 ΔT，光纤中的相位变化量为：

$$\Delta\varphi = 2\pi \times f \times L \times K \times \Delta T/c \quad \text{公式（10）}$$

对于大多数熔融石英来说，其热膨胀系数 α 在 $-150℃ \sim 150℃$ 内为 $(5.5 \sim 8.5) \times 10^{-7}/℃$，光纤的长度几乎不随着温度变化，而单模光纤的折射率温度系数为 $7.62 \times 10^{-6}/℃$（@ 1 310nm）、$8.11 \times 10^{-6}/℃$（@1 550nm），比热膨胀系数大一个量级，因此，在短距离传输时热胀冷缩带来的相位变化几乎可以忽略。

决定各路信号相位大小的因素主要有链路光纤长度、波分复用器各个通道的光程差[7-9,12]光分路器各个通道光纤的长度、各路器件的一致性、射频放大器中微带线的长度以及同轴线的长度。链路中各个通道的光纤长度均控制在 1mm 以内，频率为 1GHz，光纤长度变化 1mm 时，实际相位变化值为 1.8°。

相位随着温度的变化而变化，所以在方案中增加了相位反馈控制模块，能够将相位控制在一定的范围之内，且时时跟踪。

根据混频器计算公式可以得到 IF 输出的电压为：

$$V_{IF} = \frac{a \times a'}{2}[\cos(2wt + \varphi_1 + \varphi_2) + \cos(\varphi_1 - \varphi_2)] \quad \text{公式（11）}$$

经过低通滤波器后实际输出为：

$$V'_{IF} = -\frac{a \times a'}{2}[\cos(\varphi_1 - \varphi_2)] \quad \text{公式（12）}$$

而输入信号幅度 $V=\sqrt{R\times P(W)}$，其中 R 取 50Ω；当输入功率为 13dBm 时对应于的信号幅度电压为 0.99V；

所以：

$$V'_{IF}=-0.5[\cos(\varphi_1-\varphi_2)] \quad \text{公式（13）}$$

可以得到相位差为 0°时，

$$V'_{IF}=-0.5V \quad \text{公式（14）}$$

当相位差为 180°时，

$$V'_{IF}=0.5V \quad \text{公式（15）}$$

当相位差为 8°时，

$$V'_{IF}=-0.495V \quad \text{公式（16）}$$

当相位差为 5°时，

$$V'_{IF}=-0.498V \quad \text{公式（17）}$$

所以得到利用该平衡混频器可以识别的最小相位差为 5°。

1 550nm 波长的光信号在光纤中的折射率为 1.467，其在光纤中的传输速度为 2.045×10^8m/s[10]，而 31GHz 信号在光纤中的波长为 6.6mm；330ps 光纤延时线对 31GHz 信号可移动相位 3 681.0°；0.1ps 对于 1GHz 信号可改变相位 0.36°，对于 31GHz 信号可改变相位 11.2°；而选用的 VODL 最小步进为 0.01ps，则对于 31GHz 信号的可改变相位为 1.12°，技术指标要求±8°，可以达到。

产品的使用环境温度为室温，其温度变化率较低，不会有剧烈的温变，所以利用该调节方案可以满足相位指标的要求。

3 微波光纤稳相传输的系统试验结果

微波光纤稳相传输测量系统设计了 6 路微波信号，3 路上行信号，3 路下行信号，利用波分复用器、光环形器、光分路器进行光路设计，将上下行信号稳相反馈控制部分集成于稳相前端设备中，完成了上下行信号稳相传输的参考信号同源相参。微波光纤传输系统采用了 3 根 1km 的 2 芯 G. 652 光缆，每根光缆传输 1 路上行微波光信号和 1 路下行微波光信号。

常温下对上行链路和下行链路进行了相位测试，由于不同频率下相位的变化近似成线性变化，在上行测试频点为 31GHz，下行测试频点为 21GHz 时分别测试了接入相位反馈控制调节链路和不接入相位反馈控制调节链路两种情况，测试时间为 120min，分别在上午和下午不同时间段进行了相位测试，1km 光纤成盘状固定，分别对每路微波信号的绝对相位进行测试，测试数据见表 2 所示，从实际测试结果可以看出，增加了相位反馈调节的相位稳定性远比不增加稳相反馈的光链路相位稳定得多，说明该稳相设备对微波信号光纤传输相位的稳定控制起到了一定的作用。

表 2 增加相位反馈与不增加相位反馈相位测试数据

测试时间	测试条件			
	不增加稳相的相位变化/°		增加稳相相位变化/°	
	31GH 上行	21GHz 下行	31GHz 上行	21GHz 下行
09：00~11：00	148.2	89.2	19.5	14.4
15：00~17：00	136.7	79.6	14.2	10.6

4 结论

本文采用自反馈微波光纤传输相位自动补偿技术，实现了 Ka 波段信号（17GHz~31GHz）在非剧烈温度变化环境中，光纤传输 1km，相位稳定度≤±8°。该方案通过双平衡混频器完成对相位差的识别，利用单片机自动识别算法实现了对被传输信号的实时采样，进而完成实时控制 VODL，实现宽带微波信号在光纤中稳相传输。项目中采用的双平衡混频器作为模拟鉴相器进行相位识别，其精度没有理论计算中高，为了提高该自反馈稳相系统的相位识别精度后续可以采用集成芯片（ADI8302）完成高精度相位差识别功能（2GHz 信号，相位识别精度为 10mV/1°），目前该系统中的 VODL 采用的是步进电机，其响应时间较慢，不能使该设备用于全温范围和温度骤变的环境中，为了克服该可调电动延时线环境适应性较差的情况，后续可以采用超高速磁悬浮可调电动延时线，实现光路延时补偿，可以使该稳相系统适用于全温范围。可推动光纤稳相系统在各类国防装备中的应用，为光控相控阵雷达系统中采用全光传输工程化应用奠定了基础。

参考文献：

[1] O. Lopez，A. Amy-Klein，C. Daussy，C. Chardinnet F. Narbinneau，et al.，“86－Km optiacl link with resolution of 2×10−18 for RF frequency transfer” The European Physical Journal D，48（1），pp. 35－41，2008.

[2] F. Narbonneau，M. Lours，S. Bize，A. Clairin，G. Santarelli，etal.，“High resolution frequency standard dissemination via optical fiber metropolitan netword” Review of Scientific Istrments，77（6）Istrments，77（6），pp. 064701－064708，2006.

[3] M. Xin，K. Safak，M. Y. Peng，P. T. Callaban and F. X. Kartner“One-femtosecind，long-term stable remote laser synchronization over a 3.5－Km fiber link” Optics Express，22（（12），pp. 14904－14904，2014.

[4] LU J，YAN LS，PAN W. Hybrid frequency and phase modulation signal generation for optical wireless systems［J］. Acta optica Sinica，2018，38（5）：050600.

吕佳，闫连山. 潘伟面向光载无线系统的混合频相调制信号产生［J］. 光学学报，2018，38（5）：0506002.

[5] DEWDNEY P E，HALL P J，SCHILIZZI R TETAL. The square kilometre array［J］. Proceedings of the IEEE，2009，97（8）：1482－1489.

[6] Liu AL Yin HX，Wu B. Study on phase shift characteristics of radio frequency signal in optical wireless communication system［J］. Acta optica Sinica. 2018. 38（5）：0506003.

刘安良，殷红玺，吴宾. 光载无线通信系统射频信号相移特性研究［J］. 光学学报. 2018. 38（5）：0506003.

[7] CHANG L，DONG Y，SUN DN，et al. Influence and suppression of coherent Rayleigh noise in fiber optical based phase stabilized microwave frequency transmission system［J］. Acta optica Sinica，2012，32（5）0506004.

常乐，董毅，孙东宁，等. 光纤稳相微波频率传输中相干瑞丽噪声的影响与抑制［J］. 光学学报. 2012，32（5）：0506004.

[8] JIANG Y ZOU XH，YAN XL，et al. Point to multipoint phase stabilized microwave signal transmission in optical fiber links using passive phase compensation［J］. Acta optica Sinica，2019，39（9）：0906005.

姜瑶，邹喜华，严相雷，等. 基于被动补偿的点到多点微波信号光纤稳相传输［J］. 光学学报. 2019，39（9）0906005.

[9] KE XW，ZHANG W，DU JW，et al. ROF technology and its application in military［J］Basic Technology of National Defense，2010（12）：23－26.

柯先文，张伟，杜建卫，等. ROF 技术及其在军事上的应用分析［J］国防基础技术，2010（12）：23－26.

[10] HE Y B，BALDWIN K G H，ORR B J，et al. long-distance telecom-fiber transfer of a radio-frequency reference for radio ast ronomy［J］. Optica，2018，5（2）：138－146.

[11] YIN YH ZHU HT，XIONG HL，et al. Research status and progress of RF signal optical fiber transmission technology［J］.

Optical communication technology, 2020, 44 (2): 19 - 23.
尹怡辉，朱宏韬，熊汉林，等. 射频信号光纤传输技术研究现状及进展［J］. 光通信技术，2020，44（2）：19 - 23.
［12］JIN XY, LIU Y. Study On Phase Stability Of ROF System［J］. Electronic Measurement Technology, 2020, 43 (10), 148 - 152.
靳向阳，刘芸. 射频光传输相位稳定性研究［J］. 电子测量技术，2020，43（10）：148 - 152.

高速线缆组件串扰优化技术研究

阎瑞兵[1] 谢亚军[1]

[1](中航光电科技股份有限公司 洛阳 471003)

[1](yanruibing@ jonhon. cn)

摘要：串扰是高速高密度线缆组件重要影响因素。借助电磁仿真软件，对影响高速线缆组件串扰的关键因素进行分析验证，并提出了高速线缆组件串扰优化的建议，通过实物测试验证了优化建议的有效性。验证结果表明：选用全屏蔽的线缆、优化接线板端接处阻抗、在接线板焊盘处增加适当的隔离孔及选用恰当的微带线布线形式的设计方法，对降低高速线缆组件的串扰行之有效。

关键词：高速线缆组件；串扰；剥线；接线 PCB 设计；端接阻抗

中图法分类号 TN913. 3

1 引言

随着系统传输速率的提升，通过优化 PCB 提高整个链路的性能已经遇到瓶颈。一种以高速背板线缆组件为架构的传输形式被提出并开始批量应用，即采用线缆代替传统背板 PCB，通过线缆组件代替现有背板组件。由于高速线缆组件具有低成本、低损耗等优势[1]，在通信设备、计算机及其周边、医疗设备、航天军工、消费电子及汽车等领域[2-3]广泛应用。高速线缆组件一般由并排线缆、两套 PCB 接线板组成。由于应用设备使用环境空间的限制，需要线缆组件具有高速率、高密度的特点，因此线缆组件信道距离较近，各信道间的串扰问题也越来越突出。串扰优化成了高速线缆组件设计必须解决的关键问题。

信息化发展初期，由于速率较低，信号完整性的理论和相关研究主要集中在印制板的优化设计[4][5]，直到近年来，由于线缆组件被越来越多的领域关注并广泛应用，人们开始关注线缆组件的高速性能。但关于线缆组件信号完整性设计的相关研究还比较少，急需相应的研究指导线缆组件的设计。

本文研究分析了影响线缆组件串扰的关键因素，基于 HFSS 电磁仿真软件，针对影响线缆组件串扰的不同结构参数进行仿真分析对比。根据优化后的结构参数进行产品设计，并进行了实物验证。根据测试结果表明，线缆组件结构优化设计对降低信号间的串扰是有效的，本文对串扰的优化设计方法亦可指导其他相关高速线缆组件的设计。

2 链路串扰的主要影响因素

串扰通常是指当信号在导体中传输时，在信号线周围交变的电磁场的作用下，信号导体与其邻近导体发生耦合引起的电压的波动如图 1 所示。这种现象被称为串扰[6]。

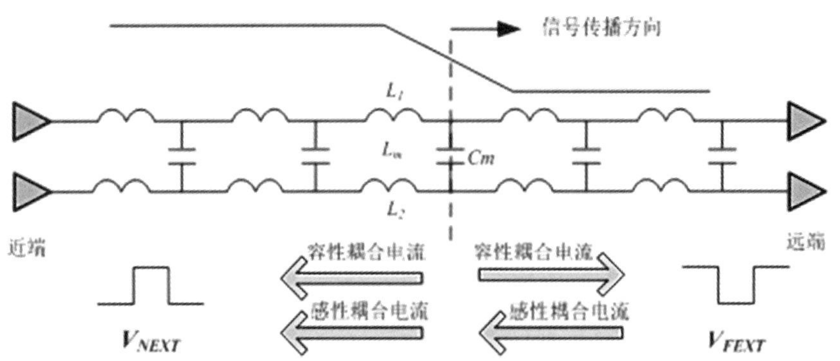

图 1　串扰示意图

串扰噪声由容性耦合噪声和感性耦合噪声组成，串扰的大小可用如下数学模型表示：

$$V_{noise} = M\frac{\mathrm{d}L}{\mathrm{d}t} \tag{2-1}$$

$$I_{noise} = C\frac{\mathrm{d}V}{\mathrm{d}t} \tag{2-2}$$

其中，M 为两导体之间的互感，L 为两导体之间的互容；V_{noise}为感应电压，I_{noise}为感应电流

影响串扰的主要因素有：线间距、耦合长度、信号上升时间、介质厚度等因素。各影响因素与串扰的关系如下：

1. 线间距

电流的变化伴随着电压波动。基于基尔霍夫电压定律，我们可以得到容性耦合和感性耦合在受攻击线近端及远端产生的电压波动 V_{NEXT}和 V_{FEXT}如下：

$$V_{NEXT} = \frac{1}{2T_r}\left(Z_0C_m + \frac{L_m}{Z_0}\Delta xV_0\right) \tag{2-3}$$

$$V_{FEXT} = \frac{1}{2T_r}\left(Z_0C_m - \frac{L_m}{Z_0}\right)lV_0 \tag{2-4}$$

式中：T_r 为信号的上升时间；C_m 两导体间的互容；L_m 两导体间的互感；$C=C_g+C_m$ 为传输线单位长度的总电容值；C_g 为传输线与返回路径的电容；V_0 为信号电压的幅度。

当信号线间距较小时，信号间的两导体间的互容 C_m 及互感 L_m 会随之增加；随着间距的增大，导体间的互感迅速减小。以表层微带线为例，借助场求解器得到了不同信号间距下信号导体的互容和互感曲线如图 2 所示。通过增大信号间距减小导体间的互容和互感，可以减小导体间的串扰。

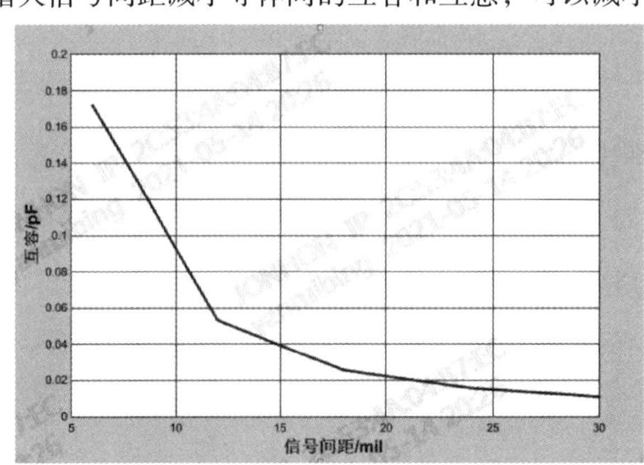

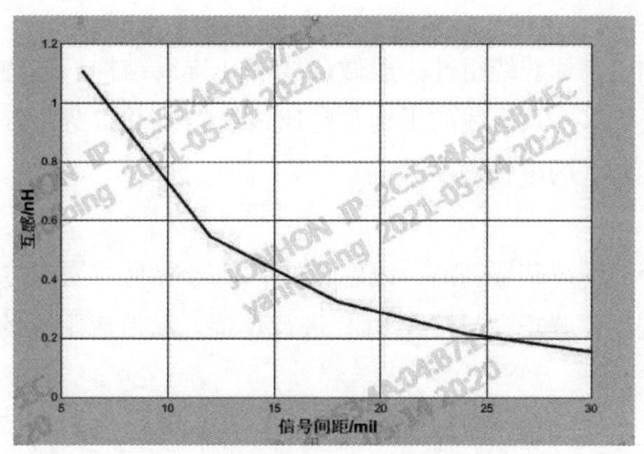

图 2　互容与互感随间距的变化

2. 耦合长度

当平行耦合区域的长度小于信号上升沿空间延伸的 1/2 时，随着信号耦合长度的增大，近端串扰电压幅值随之增大；当耦合区域长度大于 1/2 信号上升沿的空间延伸，近端串扰幅值将不再增大而趋于饱和[7]，饱和后的电压幅值可由式（2－5）表示。

$$V_{NEXT} = \frac{1}{4}\left(\frac{C_m}{C} + \frac{L_m}{L_0}\right) \tag{2-5}$$

通过式（2－2）可知。对于远端串扰，随着耦合区域的空间延伸的增加，远端串扰具有累计效应，电压幅值随之增大。图 3 所示为随着耦合长度的增大，近端串扰和远端串扰的电压幅值变化趋势。

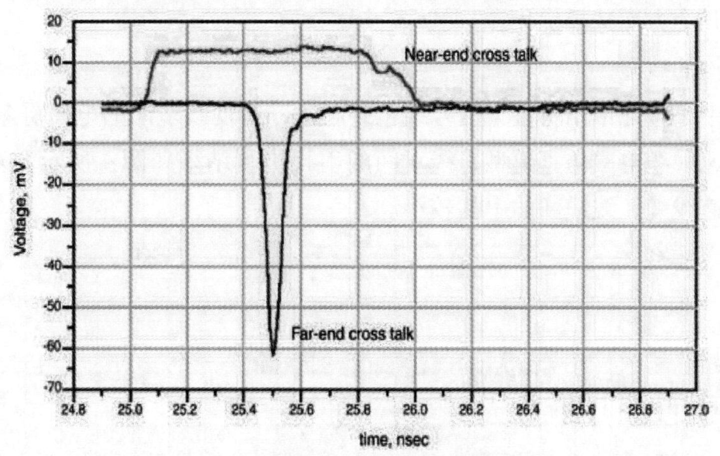

图 3　近端串扰和远端串扰幅值变化

3. 信号上升时间

随着信号速率的升高，信号上升时间也随之变小，近端串扰达到饱和时所对应的耦合长度将减小。相同耦合长度下，随着信号上升时间的减小，远端串扰到达终端的电压波动也会增大。

4. 介质厚度

当印制板厚度增大时，信号与信号间的互容 C_m 和互感 L_m 基本不变，但信号相对于地平面器件的电容值随之减小，总的电容 C 和电感 L 减小，相对电容 C_m/C 和相对电感 L_m/L 随之增大。由式（2－5）可知，近端串扰达到饱和时的电压幅值也随之增大。

根据线缆组件的结构组成，线缆组件的串扰主要来源于线缆间串扰、端接位置串扰及接线 PCB 的串扰三个部分组成。

1. 线缆间串扰

受实际应用环境的限制，高速线缆组件一般做成线束和排线结构。这种结构使得高速线缆信号间距较近，同一条线缆可能受到多个攻击线的干扰。高速线缆剥线及折弯过程中都可能造成屏蔽层的破损，造成信号传输过程出现较大的串扰噪声。

2. 端接位置串扰

高速线缆端接位置由于线缆屏蔽层剥离，线芯暴露，信号容易与周围导体发生电磁耦合而成为串扰问题的薄弱位置。同时端接位置需要与接线 PCB 进行焊接。易造成阻抗的适配，造成信号流通不畅而向周围发散能量。

3. 接线 PCB 的串扰

接线 PCB 采用微带线连接线缆和插座连接器。由于接线 PCB 体积小，走线密度大，与线缆端接处及与插座插合位置阻抗容易突变，导致信号传输不畅，接线板成为线缆组件整个构成中串扰最薄弱的环节。

3 高速线缆组件的设计优化

针对高速线缆组件信号传输中串扰的主要来源，从以下三个方面进行仿真与优化：

1. 线缆的选择和优化

由上面分析可知，随着信号速率的升高，线缆间的距离减小，线对之间容易出现串扰差的问题，但对于高速线缆由于使用环境空间的约束及高速率的要求，又无法避免该类情况。针对线缆间距离较近的特点建议从以下几个方面选择优化。

①使用全屏蔽结构的线缆

高速线缆的结构中，接地铝箔将整个信号线包裹起来，实现线缆间的电磁屏蔽。取 150mm 全屏蔽线缆，建立全屏蔽高速线缆电磁仿真模型，线对间的串扰仿真结果如图 4 所示。对比串扰仿真结果可知，采用全屏蔽的高速线缆，线缆间的串扰较小。

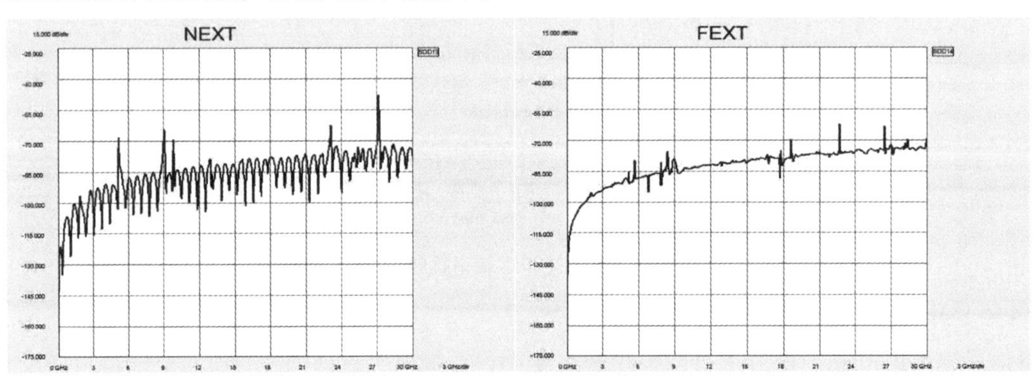

图 4　线对间的串扰

②减小剥线时剥去铝箔长度

在全屏蔽线缆模型的基础上，将线缆端部位置铝箔剥离 5mm，剥线状态如图 5 所示。如图 6 所示为全屏蔽线缆、剥去铝箔长度为 5mm 的串扰对比结果。仿真结果表明，剥去线缆铝箔后，会增大高速线缆间的耦合而使线缆间的串扰恶化。因此线缆剥去铝箔长度在满足工艺要求的情况下应尽量减小。

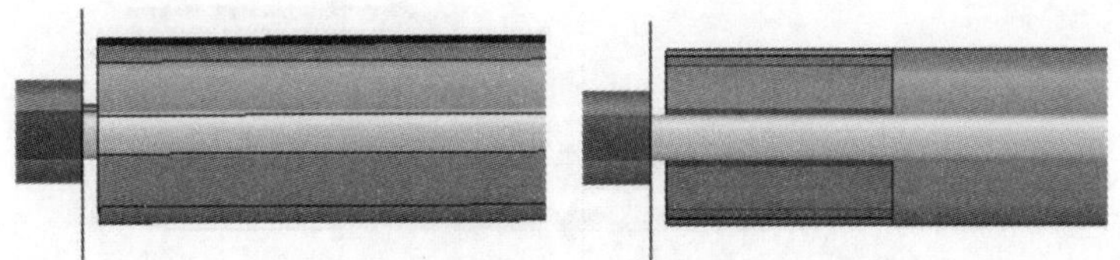

图 5　剥线前后状态对比

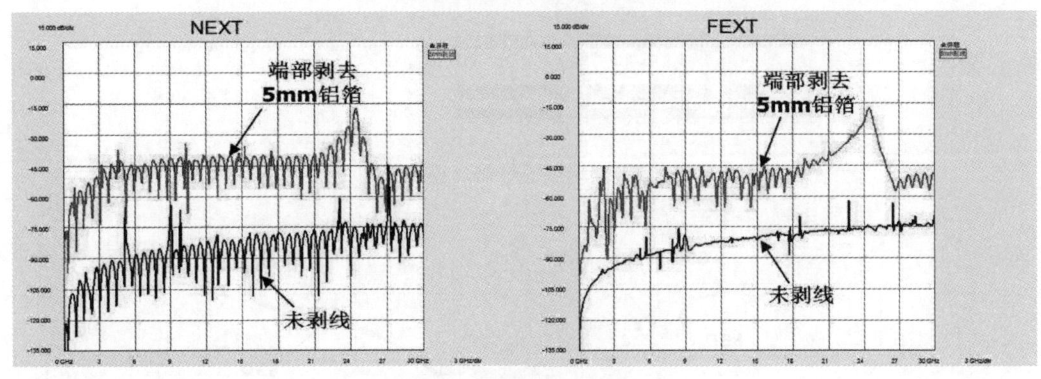

图 6　剥线前后的串扰对比

③避免线缆频繁弯折

高速线缆在频繁弯折的情况下可能造成线缆信号线界面状态的变化，同时可能会造成屏蔽铝箔的损坏。本次仿真在全屏蔽基础上，将中间段 5mm 长的屏蔽铝箔去除一半，模拟折弯后的铝箔损伤。如图 7 为破损后的屏蔽铝箔状态，图 8 仿真结果表明，铝箔破损后，线缆串扰增大。

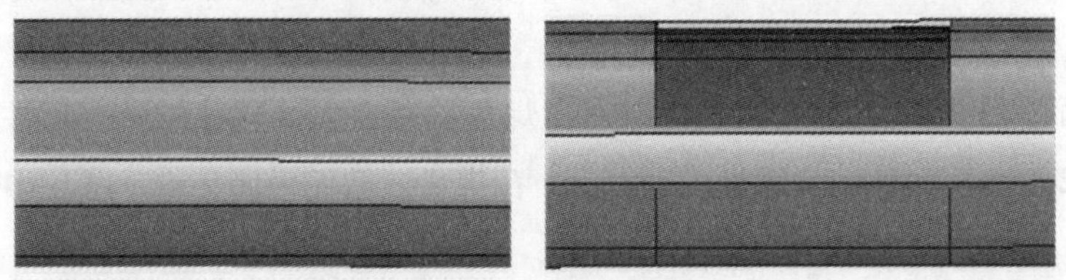

图 7　铝箔破损前后状态对比

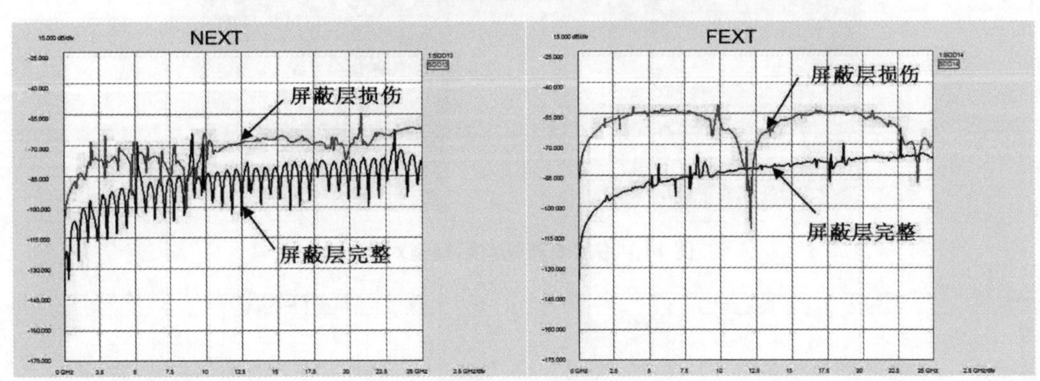

图 8　铝箔损伤前后的串扰对比

2. 端接阻抗优化

线缆与接线板的端接位置由于阻抗一致性控制比较难，阻抗容易失配造成信号传输不畅而导致电磁场的波动。本次仿真对设计阻抗为 85Ω 的线缆组件建模，对比不同端接阻抗下的串扰特性，仿真模型如图 9。图 10 仿真结果表明，端接位置阻抗不匹配对低频端串扰影响不大，对高频段的串扰影响明显。

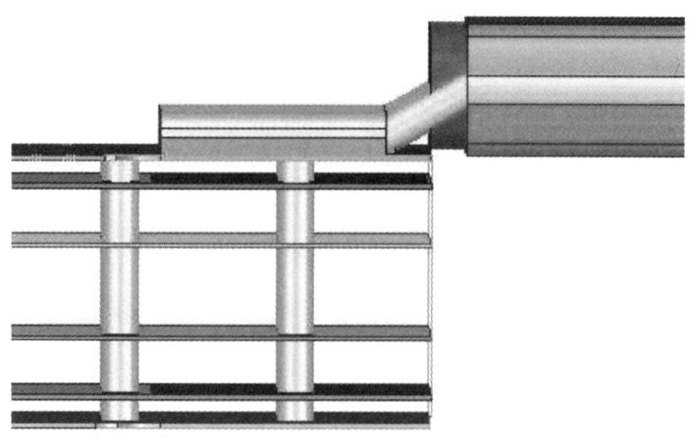

图 9　端接部位仿真模型

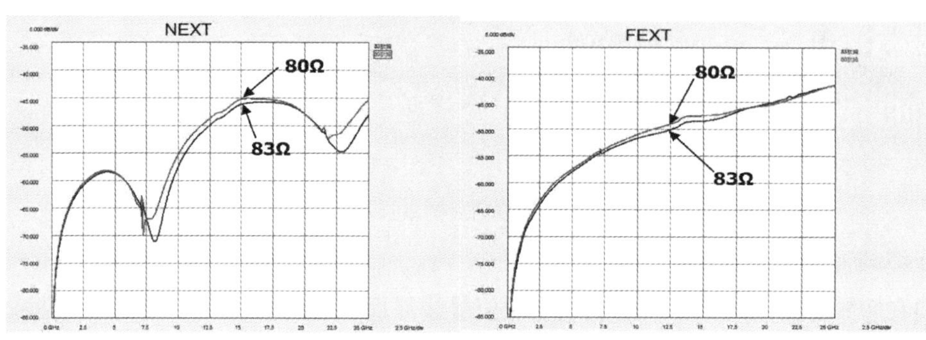

图 10　不同端接阻抗的串扰对比

3. 接线 PCB 优化

①焊盘处串扰优化

本次仿真对相同的接线 PCB 建立仿真模型，对比焊盘位置有无隔离孔的串扰特性，仿真模型对比及仿真结果如图 11 和图 12 所示。对比仿真结果可以看出，在焊盘处增加隔离孔后，PCB 串扰明显降低。

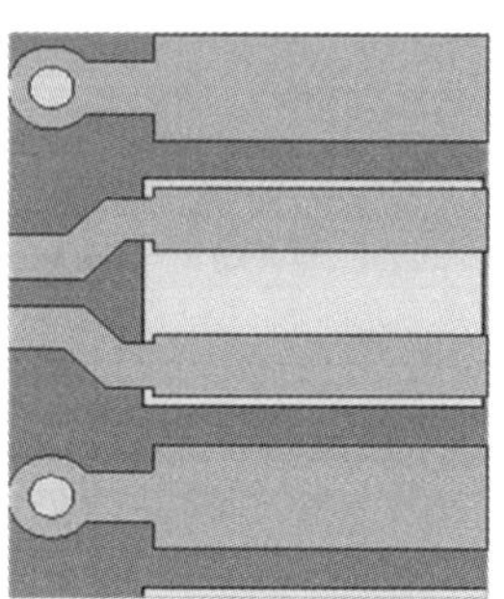

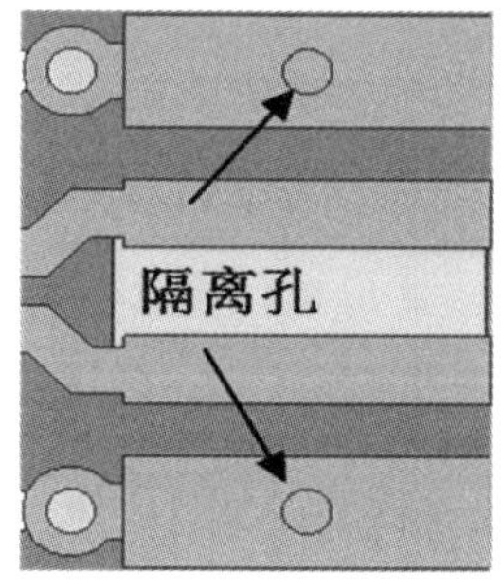

图 11　增加隔离孔前后模型对比

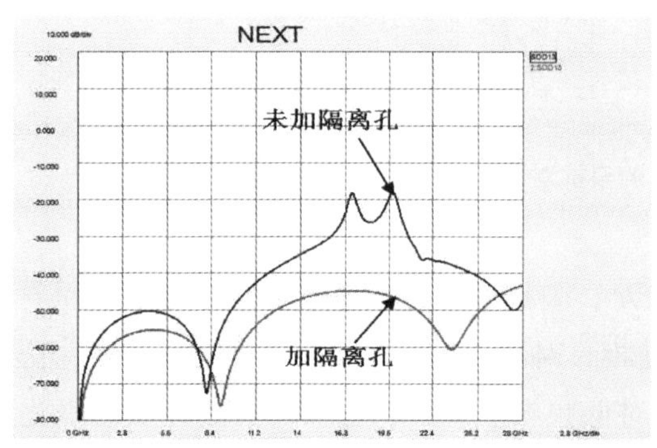

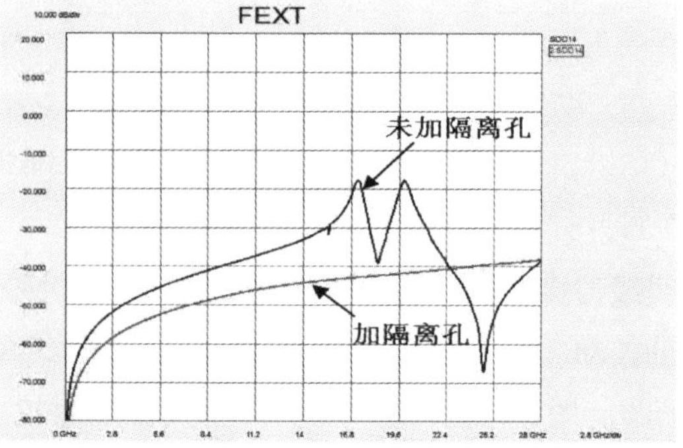

图 12　增加隔离孔前后的串扰对比

②表层布线形式优化

本次仿真对比保留信号线间的屏蔽地与去除屏蔽地两种布线形式下的串扰特性，如图 13 所示为两种布线形式的对比，图 14 为两种布线形式下的串扰结果。仿真结果表明，保留信号间屏蔽地的布线形式可以降低接线 PCB 信号线间的串扰。

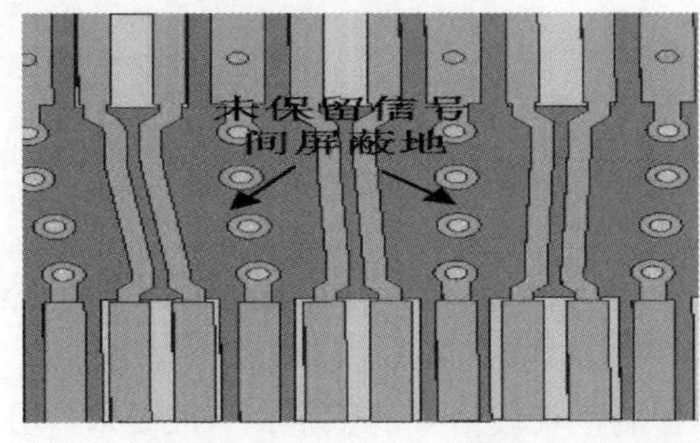

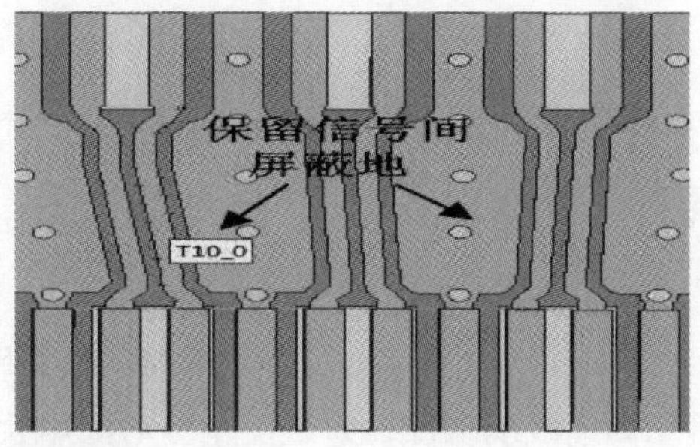

图 13　不同布线形式的模型对比

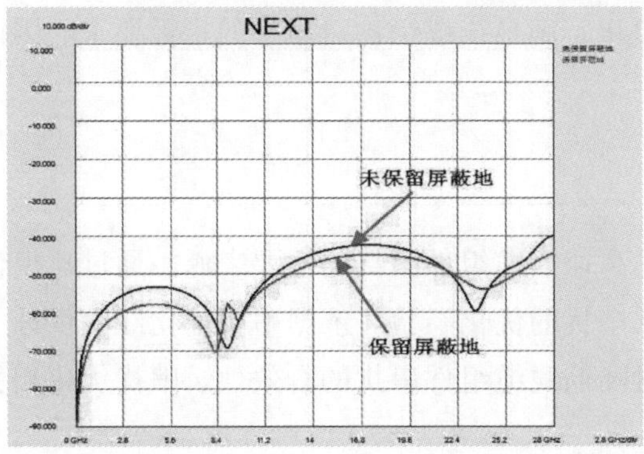

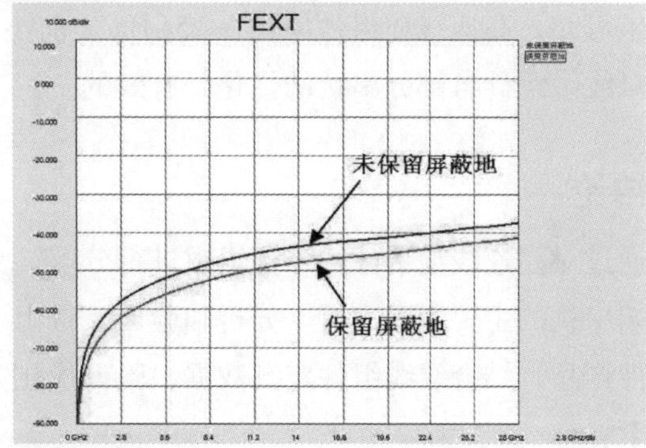

图 14　不同布线形式的串扰对比

4　产品测试验证

高速线缆组件产品实物如图 15 所示：

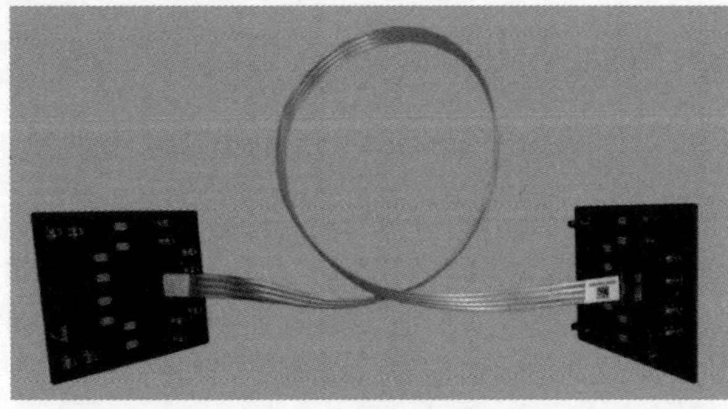

图 15　线缆组件实物

测试所需的夹具规格如下：

（1）测试夹具所用板材为 TSM-DS3，板厚 1.57mm；

（2）所用 SMA 为 2.92mm 射频同轴连接器；

（3）测试夹具走线长度 50mm；

采用矢网对线缆组件高速性能进行测试，测试后采用 AFR 去嵌，去除印制板走线对线缆组件的影响。串扰测试结果如图 16 所示：

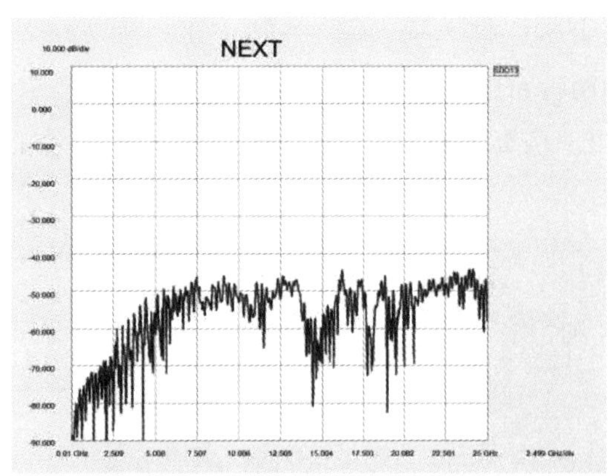

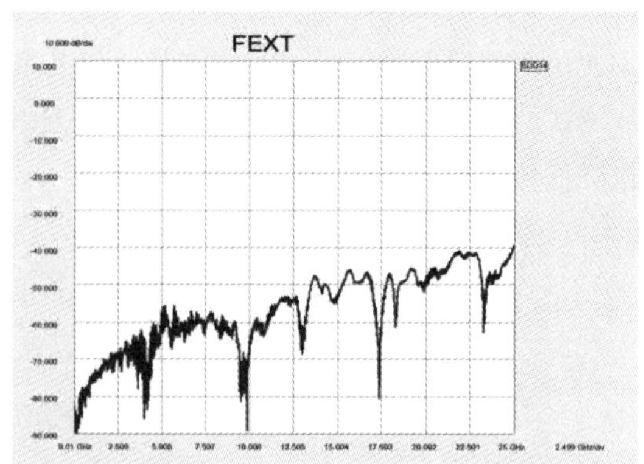

图 16　线缆组件实物串扰结果

对于常用高速线缆组件，为了使差分对间串扰不影响接收段信号的识别，一般要求差分对间串扰小于-40dB，本次测试的线缆组件，其客户要求值需在 21GHz 前小于-40dB。由图 16 高速线缆组件测试结果可知，高速线缆组件串扰在 25GHz 之前小于-40dB，满足线缆组件对串扰的指标要求。因此本文针对线缆组件各部分串扰的优化是有效的。

5　结论

通过对高速线缆组件的结构组成进行分解，分析了高速线缆组件串扰的主要来源，通过建模仿真对影响串扰的主要因素进行了分析和验证，得出了降低串扰的优化经验。依据串扰优化经验设计了线缆组件产品，结合线缆组件实测数据，验证优化方法对降低线缆组件串扰的有效性。串扰优化相关经验如下：

1. 高速线缆要采用全屏蔽线缆，线缆的剥线长度应尽量短，线缆要尽量避免频繁弯折，以免造成屏蔽层破损而增大信号间的串扰；

2. 高速线缆与接线 PCB 焊接时，应控制端接处的特性阻抗尽量接近高速线缆组件特性阻抗的设计值。

3. 接线 PCB 设计时，应在接地焊盘中设置隔离孔，增大信号间的屏蔽，同时 PCB 表层布线时应保留信号间的接地铜箔。

参考文献：

[1] 郭建设，曹睿，谢亚军. 高速线缆组件插入损耗优化技术研究 [J]. 通信技术，2020，53 (11).

[2] 房丽丽. ANSYS 信号完整性分析与仿真实例 [M]. 北京：中国水利水电出版社，2013：154~210.

[3] 李晓麟. 多芯电缆装配工艺与技术 [M]. 北京：电子工业出版社，2010.

[4] 张华. 高速互连系统的信号完整性研究 [D]. 南京：东南大学，2015.

[5] 赵宇萍，刘治国. 基于 TDR 技术的连接器高速传输性能测试 [J]. 电子产品可靠性与环境试验. 2012，30：134~137.

[6] 吴国栋，刘欣，蒋元友，等. 高速 PCB 中传输线串扰的研究和仿真 [J]. 广东通信技术，2014，11 (1)：63－67.

[7] 于争. 信号完整性揭秘：于博士 SI 设计手记 [M]. 北京：机械工业出版社，2013.

光纤连接器回波损耗理论分析及优化设计

方尚杰[1]　郭建设[1]　孙晓龙[1]

（中航光电科技股份有限公司　洛阳 471003）

[1]（fangshangjie@ jonhon. cn）

摘要　回波损耗是衡量光纤连接器性能优劣的四个核心技术指标之一，决定着光传输链路中信号传输的稳定性。本文从光纤连接器工作原理出发，对光纤连接器中常用的平面、球面和斜球面光纤互连结构产生回波的机理分别进行了系统性分析，建立了平面、球面和斜球面光纤接触形式下产生回波损耗的理论模型，给出了平面、球面和斜球面光纤接触形式下回波损耗量化计算公式、计算方法和理论曲线，提出了提高光纤连接器回波损耗优化设计方法，为高性能光纤连接器的研制和开发提供了理论依据。

关键词　光纤连接器；回波损耗；平面；球面；斜球面

中图法分类号　TP391

1　引言

目前，光纤传输技术正在向高带宽、高速率方向发展，其网络化、远程化、智能化水平也在不断深入和提高，而这些均需建立在光传输链路信号传输稳定基础之上。光传输链路中回波（即反射光）是造成光传输系统信号传输不稳定的主要因素，因此，YD/T1636《光纤到户（FTTH）体系结构和总体要求》中第 16. 3 条对系统光反射性能进行了要求：FTTH 线路系统的 S/R 和 R/S 参考点之间线路总回损应>32dB；当 FTTH 系统含 CATV 业务时，S/R 和 R/S 参考点之间的所有离散反射损耗应>55dB。

光传输链路中的回波主要来源于各种光无源器件，而光纤连接器是光通信、光传感以及其他光纤应用领域中不可缺少的、应用最广的基础元件之一[1]，因此，控制光纤连接器的回波对减小整个光传输链路的回波、提高光传输系统稳定性变得越来越重要。

2　回波产生机理及回波损耗

2. 1　回波产生机理

光纤非常细小，无法直接进行活动连接，通常需将其装配在高精度陶瓷插针中加固，再将陶瓷插针端面研磨，最后与陶瓷套管、弹簧等相关零件一起制作成光纤活动连接器，并通过光纤连接器将两个互配陶瓷插针弹性对接在一个陶瓷套管中来实现互配光纤的活动连接，其结构原理如图 1 所示。

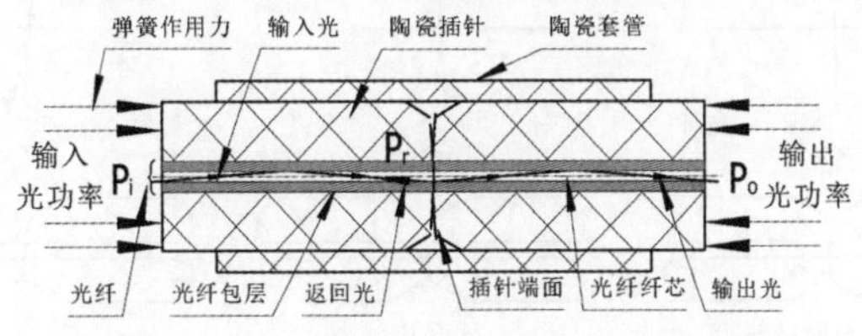

图 1　光纤连接器原理及回波产生机理

根据光学原理，如果光纤活动连接处出现传输介质不连续，将会导致部分传输光信号沿原路返回（如图1所示），这些返回光（即回波）一旦沿原路反向传输到光发射器件（如：激光器等），将会引起光发射器件相对强度噪声、非线性啁啾及激射漂移等，使光通信系统性能恶化[2]。该现象在单模光纤传输系统中尤为明显，因此，本文主要针对单模光纤连接器回波损耗问题进行理论分析和优化设计。

2.2 回波损耗

在光纤通信系统中，常用回波损耗来表征光互连界面处返回光的强弱。回波损耗是指光纤连接处反向传输光功率（P_r）相对于输入光功率（P_i）比值的分贝数，其表达式为：

$$RL = -10lg\frac{P_r}{P_i} \tag{1}$$

式中：

P_r——反向传输光功率（dBm）

P_i——输入光功率（dBm）

3 影响回波损耗的因素分析

从光纤连接器结构和制造过程来看，造成光纤活动连接处介质不能连续并产生回波损耗的因素很多，如光纤对准、光纤端面间隙、变质层等。为方便对光纤连接器回波损耗进行分析，假设互配光纤是完全对准状态，且将光纤连接器非设计因素排除在外，此时，将影响光纤连接器回波损耗的因素归结起来，主要包括以下几个方面：

1）插针端面几何形状（以下简称“插针面型”）

2）插针端面几何尺寸（曲率半径 R、凸凹量 X 和顶点偏移 Y）

3）插针端面对接力

4）光纤端面变质层折射率和厚度

5）光纤端面粗糙度

6）光纤端面损伤和污染

在以上因素中，插针面型是最基础、最主要因素，其他几方面因素均是建立在此基础上，因此，本文主要以插针面型对回波损耗影响为主线，对其他几方面的影响进行相应讨论和分析。

4 插针面型影响回波损耗的模型建立及分析

4.1 插针面型

插针面型不同，光纤接触处形成回波损耗的理论模型也不一样。

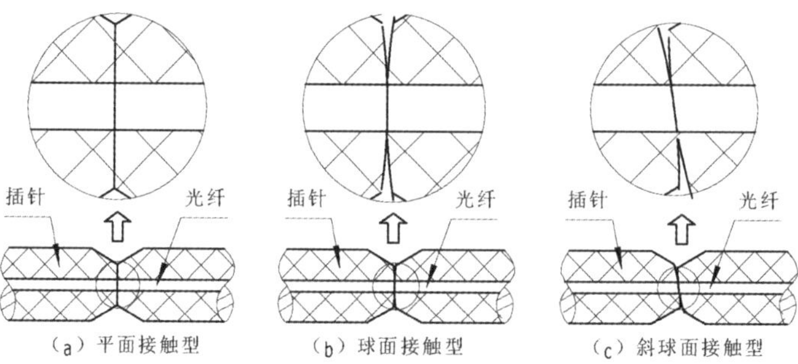

图2 不同插针面型接触结构图

光纤连接器中常用插针面型主要分为平面接触型（Flat Contact，以下简称“FC 面型”）、球面接触型（Physical Contact，以下简称“PC 面型”）和斜球面接触型（Angled Physical Contact，以下简称“APC 面型”）三种，具体如图 2 所示。

4.2 FC 面型及回波损耗分析

FC 面型光互连结构是指将光纤插针端面研磨成一个平面，互配光纤插针以平面形式对接在一起实现互配光纤的活动连接。

在理想状态下，该结构在合适弹簧作用力下也可实现光纤的可靠、紧密物理接触。但在实际产品制造过程中，会存在以下非理想加工因素：

1）陶瓷插针端面不可能完全垂直于光纤光轴，且插针端面不可能是完全理想的平整状态。

2）陶瓷插针材料的硬度（HRC 7）略高于石英光纤材料的硬度（HRC 6），研磨时易出现光纤端面下凹。

3）陶瓷插针、光纤以及粘接剂等材料的热膨胀系数接近，但不完全相同，当外界环境温度变化较大时会引起光纤端面相对于陶瓷端面微量变化。

当以上任何一种或几种情况出现时，互配插针端面之间会形成微小间隙，导致菲涅耳（Fresnel）反射发生，从而造成互连界面处回波损耗。

根据菲涅尔反射公式[3]，可计算出两个平行光纤端面之间的回波损耗，具体如下：

$$RL_{FC}=-10\lg\frac{(n_1-n_2)^2}{(n_1+n_2)^2} \tag{2}$$

式中：

n_1——端面间隙介质折射率

n_2——光纤纤芯折射率

假设光纤连接器采用标准单模光纤（纤芯折射率 $n_0=1.4676$），互连界面处空气间隙的折射率 $n_1=1$，则 FC 面型光纤连接器的回波损耗计算如下：

$$RL_{FC}=-10\lg\frac{(n_1-n_2)^2}{(n_1+n_2)^2}=-10\lg\frac{(1-1.4676)^2}{(1+1.4676)^2}=14.4\text{dB}$$

从以上理论计算结果来看：两个平面接触的互配光纤插针，其回波损耗只有 14.4 dB，该回波损耗不能满足常用单模光传输系统（如 FTTH 等）的使用要求，因此，除一些特殊应用需要（如：光传感等）外，该插针面型在光纤连接器设计中已经不再采用。

4.3 PC 面型及回波损耗分析

为解决 FC 面型光互连结构不能满足单模光传输系统应用问题，人们提出了 PC 面型光互连结构形式。

PC 面型光互连结构是将两个互配的光纤插针端面研磨加工成球面，通过减小互配插针接触面积，使位于插针中心的互配光纤不受插针端面不平整因素影响而趋于物理接触，从而消除互配光纤端面间隙引起的菲涅尔反射，提高光互连界面处回波损耗。

为研究光纤连接器球面对接处的回波损耗，需对球面对接结构进行理想化处理：假设两个纤芯折射率均为 n_0 的单模光纤，插针端面经球面研磨并有相同折射率 n_2 的表面变质层、且厚度 h 相同，光纤端面间介质的折射率为 n_1，光纤端面为理想状态（端面几何尺寸、粗糙度、损伤、污染等满足要求），经理想化处理后的球面接触模型如图 3 所示[4]：

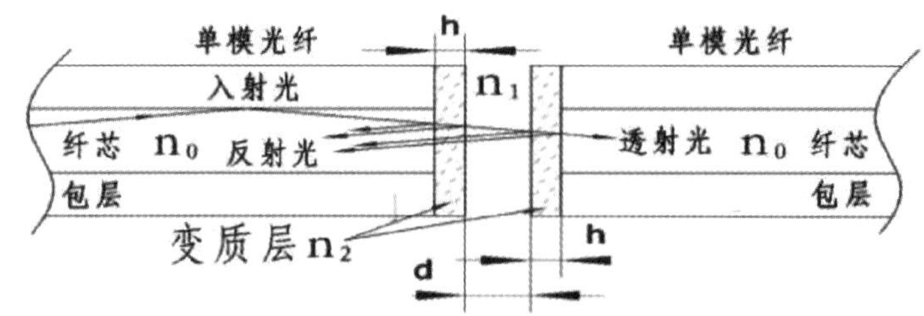

图 3　PC 面型间隙接触模型图（局部放大）

根据薄膜光学原理，可推得互配单模光纤球面接触时回波损耗的理论计算公式[5]，具体如下：

$$RL_{PC}=-10\lg\left\{2\left(\frac{r_1^2+r_2^2+2r_1r_2\cos\delta}{1+r_1^2r_2^2+2r_1r_2\cos}\right)\left[1-\cos\left(\frac{4\pi n_1 L}{\lambda}\right)\right]\right\} \tag{3}$$

式中：

$r_1=\dfrac{n_0-n_2}{n_0+n_2}$，纤芯与光纤端面变质层间反射系数

$r_2=\dfrac{n_2-n_1}{n_2+n_1}$，光纤端面变质层与空气间反射系数

$\delta=\dfrac{4\pi n_2 L}{\lambda}$，光纤端面间相位差（$d$ 远大于 h 或不考虑变质层时，$L=d$）

n_0——光纤纤芯折射率

n_1——端面间隙介质折射率

n_2——光纤端面变质层折射率

L——光纤端面之间距离（d 远大于 h 或不考虑变质层时，$L=d$）

h——光纤端面变质层厚度

d——变质层端面间隙

λ——工作波长

在考虑球面接触间隙 d 而不考虑变质层情况下，则 $h=0$（$L=d$）、n_2 不存在，式（3）可简化为：

$$RL_{PC}=-10\lg\left\{2\left(\frac{n_0-n_1}{n_0+n_1}\right)^2\left[1-\cos\frac{4\pi n_1 d}{\lambda}\right]\right\} \tag{4}$$

式中：

n_0——光纤纤芯折射率

n_1——端面间隙介质折射率

d——光纤端面间隙长度

假设光纤连接器采用标准单模光纤（纤芯折射率 $n_0=1.4676$），工作波长 $\lambda=1.31\mu m$，光纤端面间隙介质为空气（折射率 $n_1=1$），则式（4）可简化为：

$$RL_{PC}=-10\lg[0.072\times(1-\cos(9.59d))] \tag{5}$$

表 1　球面接触间隙和回波损耗理论数据及曲线

序号	接触间隙 d /μm	回波损耗RL /dB
1	0	∞
2	0.25λ	8.5
3	0.5λ	64.5
4	0.75λ	8.5
5	λ	58.4

球面接触间隙 d 和回波损耗 RL 之间关系曲线

由式（5）可得典型间隙时的回波损耗，也可得到端面间隙和回波损耗之间关系曲线，具体如表 1 所示。

从表 1 关系曲线可以看出：球面接触活动连接处的端面间隙与回波损耗是呈周期性变化的。为保证实际使用光纤连接器的回波损耗，往往要优化光纤接触端面结构设计（如端面几何尺寸、轴向弹力等），使任意的互配光纤端面间隙消除，形成真正物理接触，从而提高回波损耗。

在考虑光纤端面变质层 n_2 而不考虑端面间隙 d（物理接触）情况下，其对接模型如图 4 所示[6]。

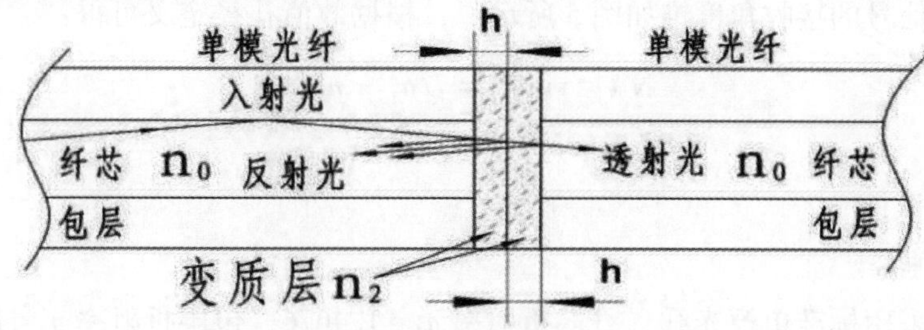

图 4　PC 面型物理接触模型图（局部放大）

此时，$d=0$（$L=2h$）、n_1 不存在，式（3）可简化为：

$$RL_{PC}=-10\lg\left[2\left(\frac{n_0-n_2}{n_0+n_2}\right)^2\left[\left(\frac{4\pi n_2}{\lambda}2h\right)\right]\right] \tag{6}$$

式中：

n_0——光纤纤芯折射率

n_2——光纤端面变质层折射率

λ——工作波长

h——光纤端面变质层厚度

假设光纤连接器采用标准单模光纤（纤芯折射率 $n_0=1.4676$），陶瓷插针球面变质层折射率 $n_2=1.4664$、变质层厚度 $h=0.07\mu m$，工作波长 1.31μm，则球面物理接触时的理论回波损耗计算如下：

$$\begin{aligned} PR_{PC} &=-10\lg\left\{2\left(\frac{n_0-n_2}{n_0+n_2}\right)^2\left[1-\cos\left(\frac{4\pi n_2}{\lambda}2h\right)\right]\right\} \\ &=-10\lg\left\{2\times\frac{1.4676-1.4664^2}{1.4676+1.4664}\left[1-\cos\left(\frac{4\times3.14\times1.4664}{1.31}\times2\times0.07\right)\right]\right\} \\ &=63.3db \end{aligned}$$

该假设更趋近实际应用情况，从以上理论计算结果来看：球面接触理论回波损耗值 63.3dB 远大于平面接触理论回波损耗值 14.4dB，能满足常用光通信系统需要，也是目前常用的光纤连接器插针接触面型。

光纤连接器的回波损耗不只是受到以上参数的影响，实际测量出来的回波损耗值与理论计算结果之间会存在一些的差距。但采用目前陶瓷插针球面加工工艺技术，单模 PC 面型光纤连接器的回波损耗可达 50dB 以上，优秀的可达 55dB 以上，能满足常用单模光纤通信系统（如 FTTH 等）的使用需要。

4.4 APC 面型及回波损耗分析

随着光传输链路逐步复杂化以及人们对高质量信号传输的需求（如 CATV 等），有些光传输链路中需要更高回波损耗的光纤连接器，为此，人们根据数值孔径（Numerical Aperture，NA）理论进一步提出了 APC 面型结构来提高光纤连接器回波损耗的方法。

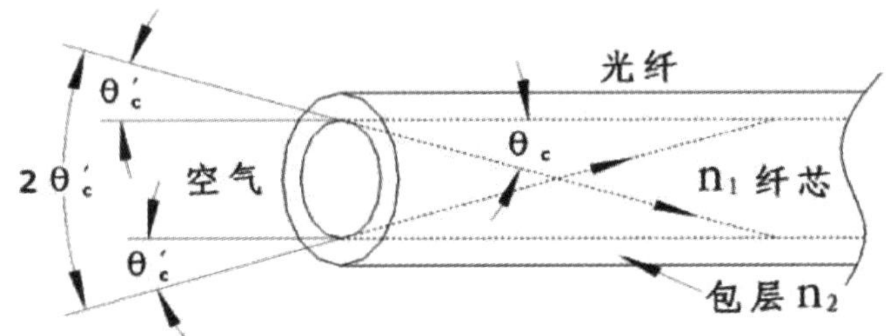

图 5　阶跃型光纤接收角度锥

单模光纤接受光信号的接收角度锥如图 5 所示[7]，根据数值孔径定义可得：

$$NA = \sin\theta'_c = \sqrt{n_1^2 - n_2^2} \tag{7}$$

式中：

n_1——纤芯折射率

n_2——包层折射率

假设光纤连接器采用标准单模光纤（纤芯折射率 $n_1 = 1.4676$、包层折射率 $n_2 = 1.4625$），则可计算出单模光纤最大可接收光角度，具体如下：

$$\theta'_c = \arcsin NA = \arcsin\sqrt{n_1^2 - n_2^2} = \arcsin\sqrt{1.4676^2 - 14625^2} = 6.9°$$

如果将单模光纤插针端面加工成斜球面，此时，对接处的入射光为非垂直入射，入射光的反射光会按斜面角度形成反射。当入射光的入射角大于单模光纤的最大接收角 θ'_c 时，反射光会折射入包层而不再进入纤芯进行反向传输，并最终从包层中泄漏出去（如图 6 所示）[8]，这种反射光功率降低就是提高回波损耗。

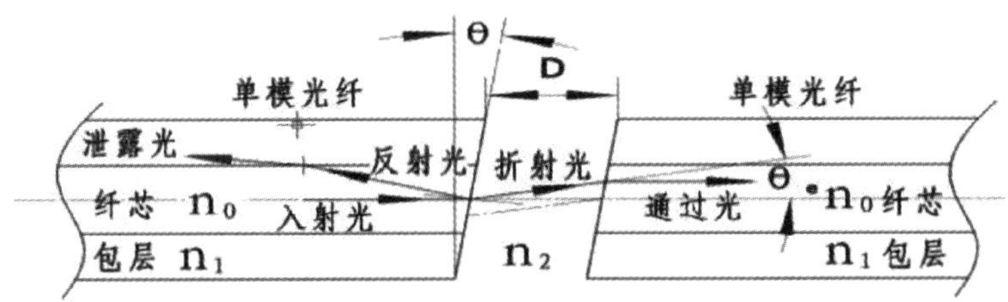

图 6　斜球面光纤接触模型图（局部放大）

根据单模光纤斜球面接触理论，在无变质层且物理接触情况下，可推导出回波损耗与光纤斜球面接触倾角 θ 的计算公式[9]，具体如下：

$$RL_{APC} = -10\lg R = -10\lg^{-\left(\frac{2\pi n_0 \omega\theta}{\lambda}\right)^2} \tag{8}$$

式中：

n_0——光纤纤芯折射率

θ——斜球面倾角（弧度值）

ω——高斯光的模场半径

λ——工作波长

假设光纤连接器采用标准单模光纤（纤芯折射率 $n_0 = 1.4676$）并进行斜球面物理接触，工作波长 $\lambda = 1.31\mu m$，则不同角度斜球面接触时回波损耗的理论计算数据及关系曲线如表 2 所示。

表 2　不同角度对接时理论回波损耗数据及曲线

序号	度数 θ /(°)	弧度值	回波损耗 RL /dB
1	6	0.105	47.3
2	7	0.122	64.4
3	8	0.140	84.1
4	9	0.157	106.4
5	10	0.175	131.4
6	11	0.192	158.9
7	12	0.209	189.2

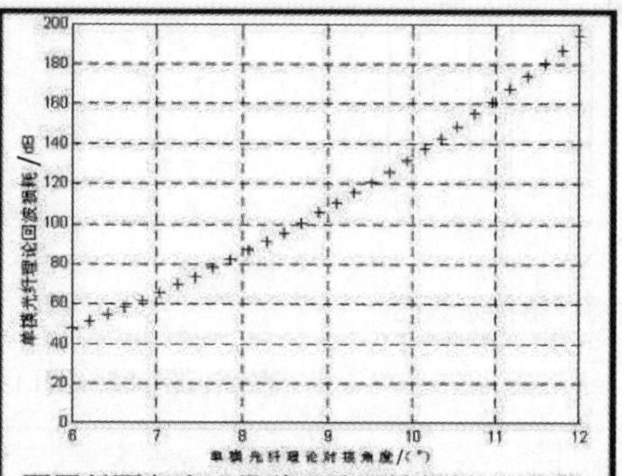

不同斜面角度 θ 及其理论回波损耗 RL 曲线

从以上理论计算及预期结果来看：回波损耗是随着斜球面接触角度 θ 增大而增大。但通过人们的不断深入研究，光纤自身的瑞利散射在 65dB 左右[10]，因此，片面增大斜球面接触角度 θ 意义不大。再加上斜球面接触角还与插入损耗和偏振相关损耗相关[11]，为平衡光纤连接器的插入损耗、回波损耗和偏振相关损耗等指标的关系，也为方便光器件制造商进行批量生产、降低光器件的制造成本和使用现场光器件互换等需要，国际电工委员会（IEC）最终形成了 8°和 9°两种斜球面角度规范[12-15]。经多年实际应用，最终 8°斜球面光纤互连结构被各个光纤连接器制造商和使用方普遍采用。

在实际产品生产中，因光互连端面角度公差、光纤对准、测量设备和测量方法等因素不可能完全处于理想状态，实际测量出来的回波损耗值与理论计算结果之间会存在一些的差距。根据目前 APC 面型加工和测量技术，实际加工出来的斜球面光纤连接器的回波损耗可达 60dB 以上，优秀的可达 65dB 以上，该指标能满足高性能光纤通信系统（如 CATV、FTTH 等）的使用需要。

5　光纤连接器回波损耗优化设计

5.1　插针面型优化设计

从插针面型对回波损耗影响的分析结果来看：FC 面型的回波损耗最差，目前基本不使用；PC 面型的回波损耗适中，加工成本低，能满足大多数应用领域需要；APC 面型的回波损耗最好，但结构复杂，加工成本高，主要应用在需求高回波损耗的应用领域。

在光纤连接器设计时，应根据实际需求来选择或设计光纤接触面型。在光传感（如压力光传感等）应用领域，可采用 FC 面型结构，易形成光谐振腔，可获得较好的光传感效果。对常用光通信系统而言，可优先选择或设计加工成本适中的 PC 面型结构。对回波损耗性能要求较高的光通信系统或器件（如光发射器、CATV 系统等），应优先考虑选择或设计回波损耗性能更高的 APC 面型结构。

5.2　插针端面几何尺寸优化设计

插针端面几何尺寸是实现光纤连接器互配光纤插针端面物理接触的基础，那么如何来设计和控制插针端面几何尺寸，确保达到最佳性能和最低成本呢？

FC 面型接触目前基本不用，这里不再讨论。

对 PC 面型和 APC 面型接触形式，经科研工作者大量实际验证，不断优化和改进光纤插针端面加工工艺，总结出了球面（如图 7 所示）和斜球面（如图 8 所示）物理接触时的插针端面几何尺寸经验数据，并将该成果上升到 IEC 60874-14 标准，具体如表 3 所示。

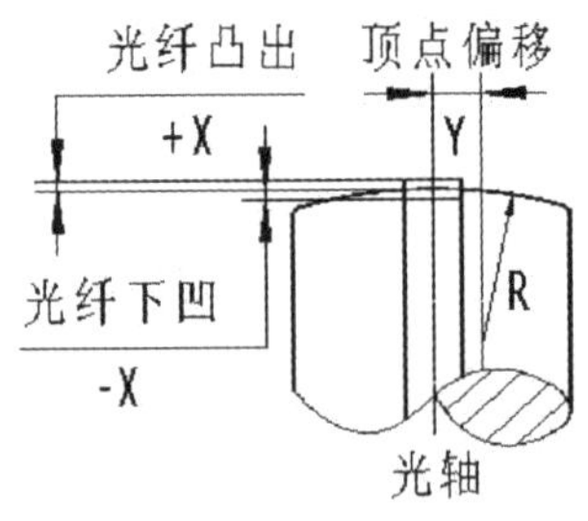

图 7　球面插针结构示意图

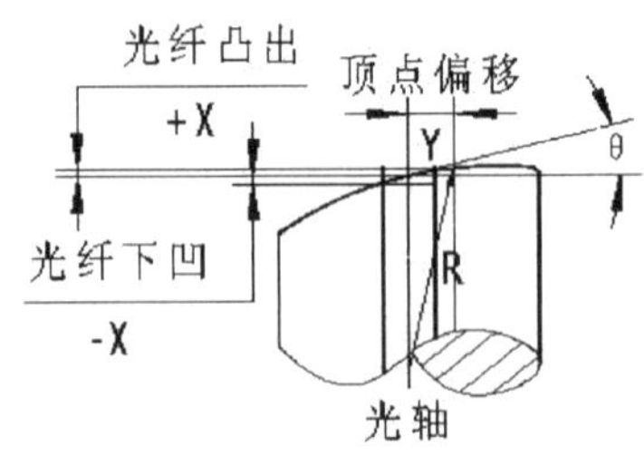

图 8　斜球面插针结构示意图

表 3　插针端面几何尺寸要求

参数 \ 类别	Φ2.5 插针		Φ1.25 插针	
	球面（PC）	斜球面（APC）	球面（PC）	斜球面（APC）
光纤下凹或凸出 X/nm	-100≤X≤50	-100≤X≤100	-100≤X≤50	-100≤X≤50
端面曲率半径 R/nm	10≤R≤25	5≤R≤12	7≤R≤25	5≤R≤12
球心偏离度 Y/μm	<50	<50	<50	<50
APC 角度 θ°/（°）	/	8±0.2	/	8±0.2

注 a：负值表示光纤下凹，正值表示光纤凸出。
注 b：/表示不存在项目。

在光纤连接器插针端面几何尺寸设计时，应按以上标准要求对插针端面几何尺寸进行设计和控制。

5.3　插针端面对接力优化设计

合适的光纤插针端面对接力是实现互配光纤端面可靠物理接触的另一个基础。它一方面可使插针材料微变形，降低或补偿顶点偏移、光纤凹陷等导致的光纤端面间隙，另一方面即便在振动、冲击等环境条件下也会使互配光纤端面保持可靠物理接触。

研究发现：小于 50μm 顶点偏移引起的等价光纤凹陷小于 0.1μm，环境和初始凹陷量引起的光纤凹陷量之和小于 0.1μm，要消除端面曲率半径小于 25mm 的插针端面最大光纤凹陷量小于 0.2μm 间隙，必须设计合适的光纤插针端面对接力来实现光纤物理接触[16]。

那么，设计多大的插针端面对接力才能保证互配插针端面可靠物理接触而不损坏光纤对接呢？

经科研工作者不断试验，总结出常用陶瓷插针端面可靠物理接触时的插针端面对接力范围，并将该成果上升到 IEC 61754-13（Φ2.5）和 IEC 61754-20（Φ1.25）标准中，插针端面具体对接力范围如表 4 所示。

表 4　常用陶瓷插针对接弹力设计要求

参数	Φ2.5 陶瓷插针	Φ1.25 陶瓷插针
插针端面对接力/N	7.8~11.8	5~6

在光纤连接器插针端面对接力设计时，应按以上标准要求对插针端面对接力进行设计和控制。

5.4 光纤端面变质层折射率和厚度优化设计

在光纤连接器插针端面研磨过程中，磨料对光纤端面切屑时会在光纤端面上形成一层变质层，不同磨料形成不同折射率和厚度的变质层[17]。

由于变质层位于光纤端面，当两个互配光纤端面对接时，首先是变质层形成物理接触。如果变质层折射率和光纤纤芯的折射率存在较大差异，球面对接也会像平面插针对接一样形成比较严重的菲涅耳反射，不利于光纤连接器回波损耗的提高。

假设光纤连接器采用标准单模光纤（纤芯折射率 $n_0 = 1.4676$），工作波长 $\lambda = 1.31\mu m$，在有变质层球面物理接触情况下，可将式（6）进一步简化，并得到回波损耗与变质层折射率 n_2、厚度 h 之间关系方程，具体如下：

$$RL = -10\lg\left[2\left(\frac{1.4676 - n_2}{1.4676 + n_2}\right)^2 (1 - \cos(19.18 \times n_2 \times h))\right] \tag{9}$$

式中：

n_2——光纤端面变质层折射率

h——光纤端面变质层厚度

根据式（9）可绘制出球面接触时变质层折射率 n_2、厚度 h 和回波损耗之间关系曲线，具体如图 9 所示。

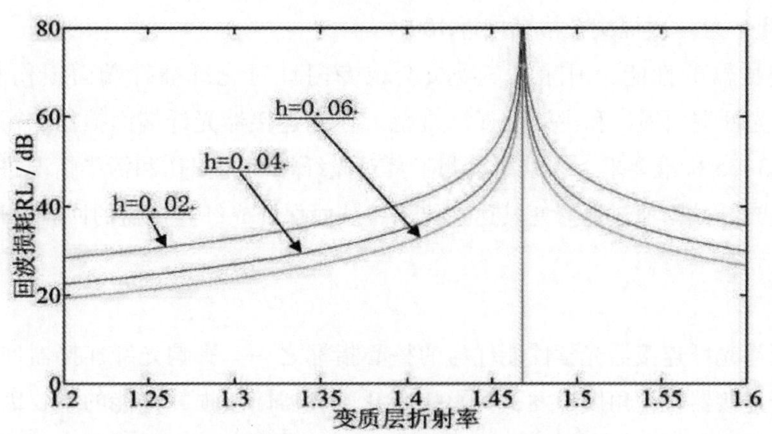

图 9 变质层折射率、厚度和回波损耗关系曲线

从以上关系曲线可以明显看出：

1）当变质层折射率 n_2 与纤芯折射率 n_0 相等或接近时，回波损耗达到极大值。

2）回波损耗随变质层厚度 h 增加而降低。

根据以上结论，科研工作者经过大量试验：先对光纤插针端面逐渐减低砂纸颗粒度研磨，最后采用颗粒度很小、和石英光纤折射率一致的抛光砂纸对光纤端面进行抛光，可得到厚度极薄、折射率接近光纤纤芯的变质层。采用该工艺加工的产品，球面光纤接触形式回波损耗可达 50dB 以上，8°斜球面光纤接触形式回波损耗可达 60dB 以上，因此，目前成熟的光纤插针端面研磨工艺能保证光纤连接器回波损耗满足常用光纤通信系统（如 FTTH 等）的使用要求。

在光纤连接器变质层折射率和厚度设计时，通过明确光纤插针端面加工工艺即可得到满足要求的变质层折射率和厚度。

5.5 光纤端面粗糙度优化设计

石英光纤和氧化锆陶瓷均属脆硬材料，通常只能采用去除材料的脆性断裂机理进行研磨加工。因脆硬材料在大颗粒磨料加工时易出现裂纹、划伤、凹坑等缺陷[18]，这些缺陷不仅会引起光纤插针端面较大的粗糙度，而且还会造成光纤互连端面光信号的反射、散射和吸收，对改善光纤连接器的插入损耗和回波损耗极为不利，因此，对光纤端面粗糙度设计非常必要。

光纤端面粗糙度是通过插针端面研磨工艺过程来实现的。为提高光纤表面加工质量，降低陶瓷插针和光纤端面的粗糙度，科研工作者经过不断实践，总结出成熟的光纤端面加工过程——“去胶→粗磨→半精磨→精磨→抛光”。通过逐步减小磨料的颗粒度，使光纤插针加工面逐步从脆硬断裂向延性断裂过渡，初期加工出来的划伤、凹坑等缺陷逐步被修复，变质层厚度越来越薄，端面粗糙度越来越低，直到最后抛光工序，使光纤插针端面形成平整的、低粗糙度的、满足几何尺寸要求的光纤插针面型。

在光纤连接器插针端面粗糙度设计时，通过明确光纤插针端面加工工艺即可得到满足要求的光纤插针端面粗糙度。

5.6 光纤端面损伤和污染优化设计

光纤端面损伤会造成光纤互连端面局部间隙并形成菲涅尔反射，光纤端面污染物会阻挡光信号通过光纤互连界面，并使传输光沿原路返回而造成回波损耗，为此，在光纤端面加工时，其上的损伤和污染必须消除。

经科研工作者不断改进光纤端面研磨工艺，目前光纤插针端面研磨和抛光工艺过程中光纤端面损伤和污染要求可以很好控制，球面光纤接触形式回波损耗可达 50dB 以上，8°斜球面光纤接触形式回波损耗可达 60dB 以上，且一次提交合格率接近 100%。

为保证光纤连接器的性能，国际电工委员会也专门针对光纤插针端面损伤和污染问题制定了 IEC61300-3-35《光纤端面损伤和污染检查》规范。在光连接器光纤端面损伤和污染设计时，只要严格贯彻 IEC61300-3-35 标准要求，并采用检测工具对光纤端面的损伤和污染情况进行检查和控制，对不能满足该要求的光纤端面通过返修使其达到要求，从而保证光纤连接器的回波损耗性能要求。

6 结束语

回波损耗是衡量光纤连接器光学性能优劣的核心指标之一。影响光纤连接器回波损耗性能的因素很多，本文从光纤连接器设计角度出发，将影响光纤连接器回波损耗性能的主要因素进行了分类，对影响光纤连接器回波损耗性能的插针面型进行了相应分析并提出了相应的理论计算依据，总结出回波损耗性能设计方法——平面少用、球面满足和斜面提升，为今后开发和制造高回波损耗、高可靠光纤连接器提供了理论依据。

参考文献：

[1] 林学煌. 光无源器件 [M]. 北京：北京人民邮电出版社，1998：1.

[2] 林学煌. 光无源器件 [M]. 北京：北京人民邮电出版社，1998：85.

[3] 林学煌. 光无源器件 [M]. 北京：北京人民邮电出版社，1998：86.

[4] 李作浩. 光纤连接器端面研抛参数影响规律与机理研究硕士学位论文，2006，12.

[5] 李作浩. 光纤连接器端面研抛参数影响规律与机理研究硕士学位论文，2006，11.

[6] 李作浩. 光纤连接器端面研抛参数影响规律与机理研究硕士学位论文，2006，13.

[7] 林学煌. 光无源器件 [M]. 北京：北京人民邮电出版社，1998：3.

[8] 李作浩. 光纤连接器端面研抛参数影响规律与机理研究硕士学位论文，2006，10.

[9] 林学煌. 光无源器件 [M]. 北京：北京人民邮电出版社，1998：85.

[10] 江山，等. 单模光纤斜面连接的回波损耗，光通信研究，1994，34.
[11] 林学煌. 光无源器件［M］. 北京：北京人民邮电出版社，1998：185.
[12] IEC 60874-14-6-1997，Detail specification for fiber optic connector type SC-APC 9° untuned terminated to single-mode fiber type B1.
[13] IEC 60874-14-7-1997，Detail specification for fiber optic connector type SC-APC 9° tuned terminated to single-mode fiber type B1.
[14] IEC 60874-14-9-1999，Fiber optic connector type SC-APC tuned 8° terminated on single mode fiber type B1 - Detail specification.
[15] IEC 60874-14-10-1999，Fiber optic pigtail or patch cord connector type SC-APC untuned 8° terminated on single mode fiber type B1 - Detail specification.
[16] 李作浩. 光纤连接器端面研抛参数影响规律与机理研究硕士学位论文，2006，22.
[17] 李作浩. 光纤连接器端面研抛参数影响规律与机理研究硕士学位论文，2006，9.
[18] 李作浩. 光纤连接器端面研抛参数影响规律与机理研究硕士学位论文，2006，62.

一种 AFR 去嵌带宽提升方法的研究

郝豫鲁[1]　冯动动[1]　李麟麟[1]

[1]（中航光电科技股份有限公司　洛阳 471003）

[1]（haoyulu@ jonhon. cn）

摘要　针对自动夹具移除（Automatic Fixture Removal，AFR）在设计 2X-Thru 测试夹具过程中影响测试截止带宽的问题，分析 SMA 封装物理模型，运用三维电磁场仿真软件 HFSS，建立 3D 模型，得出了 SMA 封装隔离孔的位置以及背钻短桩长度对 2X-Thru 截止带宽的影响规律，进而提高高速率待测器件测试评估能力。

关键词　自动夹具移除；隔离孔位置；短桩；截止带宽

中图法分类号　TP391

1　引言

随着微波测试硬件设备的发展，以矢量网络分析仪（Vector Network Analyze，VNA）为代表的微波测试设备和基本理论逐渐发展成熟，已经能够快速、准确地完成标准接口微波器件的测试。但在实际工程应用中，存在着大量使用非标准接口待测器件（Device Under Test，DUT）的情况。当对这类器件进行测试时，需要被测件和网络分析仪之间配置合适的转接件或者测试夹具才能进行，这导致测试结果中包含了转接件或测试夹具的影响，如图 1 所示。

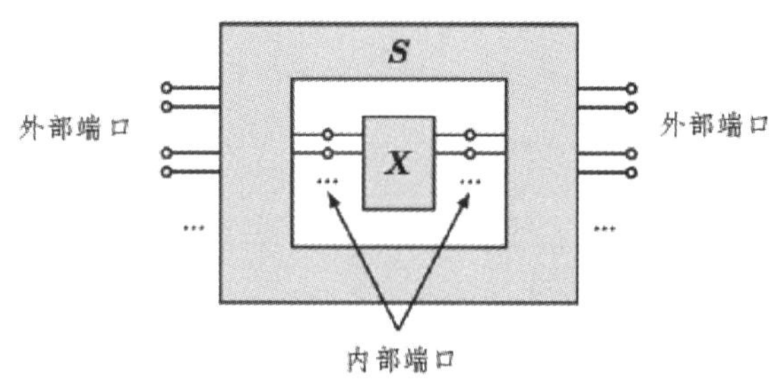

图 1　待测器件及测试夹具示意图

图中 S 和 X 分别代表测试夹具和被测器件的散射参数。如高速背板连接器类产品，通常使用鱼眼压接结构，此类型产品就必须通过 PCB 测试夹具来得到元器件的性能参数，以方便客户在使用的过程中来准确评估系统方案的可行性。

因此想要得到准确的被测件的 S 参数，需要消除由测试夹具引入的测试结果的误差，这个过程称为去嵌入。微波器件的测试精度很大程度上取决于去嵌入的精度。由于被测器件的工作频率、封装形式、物理特性的差异以及测试方对于测试成本和测试精度的折中考虑等方面因素，国内外学者提出了一系列适用于不同测试情况的去嵌入方法，如 SOLT（Short-Open-Load-Thru）、TRL（Thru-Reflect-Line）、LRM（Line-Reflect-Match）、AFR（Automatic Fixture Removal）[1] 等。这些去嵌入的方法很贴合实际工程设计，因此国内外的学者们对于去嵌入的方法保持了持续的研究和探索，主流的国际 EMC、SI\ PI 方面学术会议常年来一直设立去嵌入技术方面的专题。而由于自动夹具移除（Automatic Fixture Removal，AFR）方法的便捷性以及准确性高，所以在工程应用中广为使用。

2 AFR 原理

2.1 AFR 算法的发展

AFR（Automatic Fixture Removal）是另一种常用的去嵌入方法，根据具体校准件的结构，又分为为 2X-Thru 方法和 1X-Thru 方法。这种去嵌入方法是近十几年开发和应用的，由于这种方法需要的校准件数量比 TRL 少，相比于 TRL 校准方法更简洁、快速，因此得以在实际工程应用中快速普及。

B. Dunsmore，N. Cheng 和 Y. Zhang 在 2011 年提出了适用于对称二端口网络的一种去嵌入方法[2]，该方法中夹具回波损耗的求解过程就基于时域反射[3]中的求解方法。这篇文章中假设左右夹具对称，并将左右夹具相连形成直通结构，以此为唯一校准件，通过构造的时域和频域方程组求解得到夹具的 S 参数，最终实现对 DUT 的去嵌入。如图 2 所示，左右两侧的 PCB 夹具直接相连即构成测试夹具，被测件是一个高速连接器。

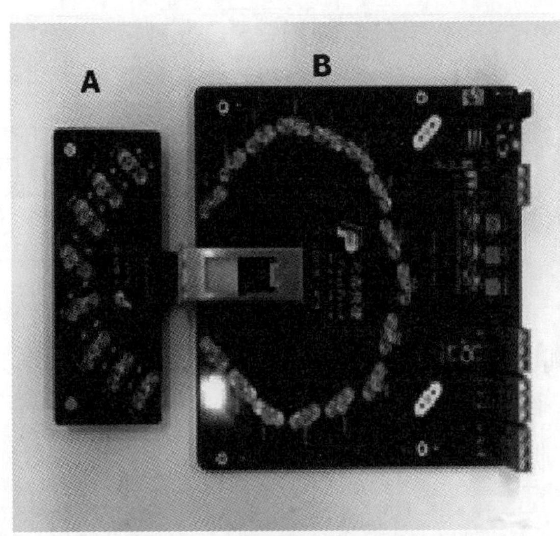

图 2　高速连接器测试夹具

C. Yoon 等人在此基础上进一步给出了可求解非对称夹具的去嵌入算法[4]，并介绍了 AFR 去嵌入算法中校准件的设计准则。Keysight 公司的研究人员以及密苏里科技大学 Fan Jun 教授团队同样对 2X-Thru 去嵌入方法有深入的研究[5]，AFR 方法所需要的校准件数量很少，校准件与实测结构之间的加工误差容易控制，实际使用时方便、快捷，然而该算法是基于一定的前提假设条件下进行的计算，理论计算精度受到测试带宽等因素的限制。

2.2 AFR 去嵌入的基本算法

AFR 方法的基本测试结构如图 2 所示。为了移除测试夹具 A 和夹具 B 的影响，首先需要对夹具 A 和夹具 B 的二端口散射矩阵进行求解。在 AFR 方法中，除了测试包含夹具以及被测器件（Device Under Test，DUT）的两端口 S 参数外，还需要测试一个“直通”结构的 S 参数，这个“直通”的两端口 S 矩阵用来辅助求解夹具 A 和夹具 B 的散射矩阵。该方法是基于直通校准件的去嵌入方法，因此也称基于“2X-Thru”的 AFR 去嵌入方法，本文中简称 AFR 方法。

直通结构的信号流图如图 3 所示，图中没有参数后缀书写的 S 参数代表直通结构的散射参数。带有“A”或“B”后缀的代表夹具 A 或夹具 B 的散射参数。

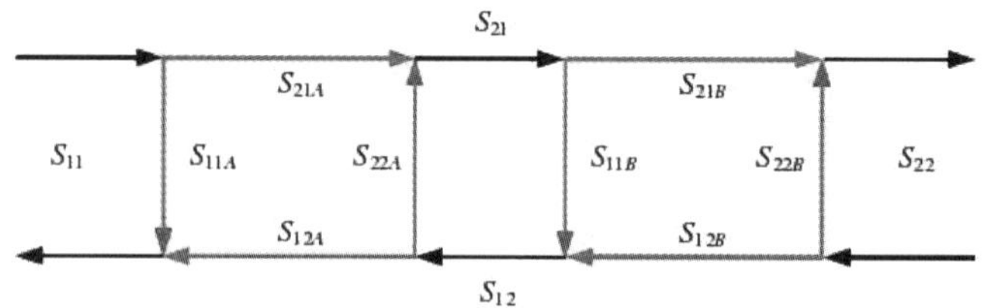

图 3　直通结构的信号流图

根据梅森公式（Mason's Formula），可以得到直通结构与左右两个夹具 A 和夹具 B 的散射参数的关系如下：

$$S_{11} = S_{11A} + \frac{S_{11}S_{21A}S_{12A}}{1 - S_{22}S_{11B}} \tag{2.1}$$

$$S_{22} = S_{22B} + \frac{S_{22}S_{21B}S_{12B}}{1 - S_{22A}S_{11B}} \tag{2.2}$$

$$S_{21} = S_{12} + \frac{S_{21A}S_{21B}}{1 - S_{22A}S_{11B}} \tag{2.3}$$

该去嵌入算法假设两个夹具具有相同的插入损耗，不同的回波损耗。同时，由于夹具 Fixture 通常为无源结构，假设夹具 A 和夹具 B 均满足互易性，则可以得到（2.4）和（2.5）式

$$S_{12A} = S_{21A} = S_{12B} = S_{21B} \tag{2.4}$$

$$S_{22A} \neq S_{22B} \tag{2.5}$$

将（2.4）代入（2.1）和（2.2），可得

$$S_{11} = S_{11A} + S_{11B}S_{21} \tag{2.6}$$

$$S_{11B} = \frac{S_{11} - S_{11A}}{S_{21}} \tag{2.7}$$

在（2.7）式中，S_{11}是由左右夹具级联而成的直通结构的回波损耗，可以由矢量网络分析仪测量得到；S_{21}是由左右夹具级联而成的直通结构的插入损耗，也可由矢量网络分析仪测量得到。S_{11A}是左边夹具的回波损耗，可以由直通结构的 S_{11} 计算得到的端口时域反射（Time Domain Reflectometry，TDR）计算得到，此处不再论证。

同理，由（2.1）、（2.2）、（2.3）可以得

$$S_{22} = S_{22B} + S_{22A}S_{12} \tag{2.8}$$

即：

$$S_{22A} = \frac{S_{22} - S_{22B}}{S_{12}} \tag{2.9}$$

在（2.9）式中，S_{22}是由左右夹具级联而成的直通结构的回波损耗，可以通过测量得到；S_{12}是由左右夹具级联而成的直通结构的插入损耗，也可由测量得到；而 S_{22B}是右边夹具的回波损耗，求解方法与 S_{11A}相同；所以通过（2.9）式可以求得左边夹具的回波损耗，即 S_{22A}。

现由（2.3）式可得

$$S_{21A} = \sqrt{S_{21}(1 - S_{22A}S_{11B})} \tag{2.10}$$

其中，等式右边的各参数已通过（2.1）～（2.9）求得。至此，可以获得两个夹具的全部散射参数，通过时域反射计算方法，可由 S_{11}和 S_{22}计算得到 S_{22B}与 S_{11A}两个参数。

2.3 被测器件的散射参数提取

通过2.2的计算，已经表征了夹具A和夹具B所有散射参数，现在需要从待测元件与夹具组成的复合结构中去除夹具的影响，即去嵌入。为了数学上的计算方便，在进行去嵌入计算时，通常将S参数换为T参数。可由图所示的二端口网络推导S参数和T参数矩阵之间的数学关系。

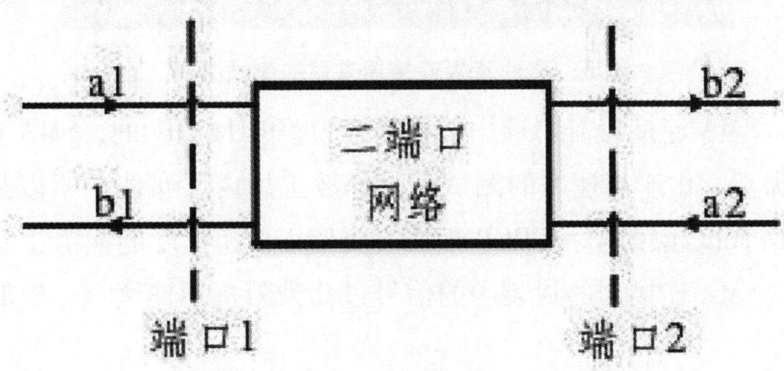

图4 二端口网络

$$\begin{bmatrix} a_1 \\ b_1 \end{bmatrix} = \begin{bmatrix} T_{11} & T_{12} \\ T_{21} & T_{22} \end{bmatrix} \begin{bmatrix} a_2 \\ b_2 \end{bmatrix} \tag{2.11}$$

$$T = \begin{bmatrix} T_{11} & T_{12} \\ T_{21} & T_{22} \end{bmatrix} \tag{2.12}$$

根据T参数矩阵的定义，T矩阵有可直接级联的性质。再根据散射参数的定义，可以推导出散射参数与T参数有如下关系：

$$\begin{bmatrix} S_{11} & S_{12} \\ S_{21} & S_{22} \end{bmatrix} = \begin{bmatrix} \dfrac{T_{12}}{T_{22}} & \dfrac{T_{11}T_{22} - T_{21}T_{12}}{T_{22}} \\ \dfrac{1}{T_{22}} & -\dfrac{T_{21}}{T_{22}} \end{bmatrix} \tag{2.13}$$

$$\begin{bmatrix} T_{11} & T_{12} \\ T_{21} & T_{22} \end{bmatrix} = \begin{bmatrix} -\dfrac{S_{11}S_{22} - S_{12}S_{21}}{S_{21}} & \dfrac{S_{11}}{S_{21}} \\ -\dfrac{S_{22}}{S_{21}} & \dfrac{1}{S_{21}} \end{bmatrix} \tag{2.14}$$

图2所示的测试结构可看成测试夹具A、夹具B和DUT三个网络的级联，可表示成（2.15）所示

$$[T_{\text{Measured}}] = [T_A][T_{\text{DUT}}][T_B] \tag{2.15}$$

因此，DUT的T参数可写为

$$[T_{\text{DUT}}] = [T_A]^{-1}[T_{\text{Measured}}][T_B]^{-1} \tag{2.16}$$

在得到了夹具的所有散射参数之后，通过上述转换，则可以将实测数据中测试夹具的影响去除掉，获得DUT的真实散射参数。

3 封装模型建模仿真

Keysight公司的AFR去嵌带宽的定义要求IL-RL至少有5dB的余量，才可以保证数据去嵌后的准确度，因此2X-Thru的设计要求为插入损耗和回波损耗的交叉点频率越高越好，进而可以尽可能地提高AFR的去嵌带宽。针对高速背板连接器常用的测试夹具而言，2X-Thru的组成主要由SMA连接器封

装+PCB+SMA 连接器封装组成，如下示意图 5 所示：

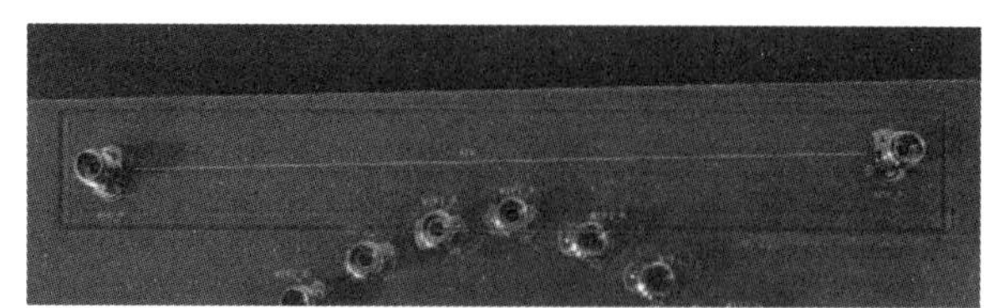

图 5　高速背板连接器常用的测试夹具

对于插入损耗而言，SMA 连接器需要选用截止频率为 50GHz 以上的；SMA 连接器的封装性能要求所用带宽内不能出现谐振点，由于高速率的测试夹具一般选用内层布线，所以封装处必须通过过孔进行换层，信号过孔的背钻 stub 越短越好；PCB 走线需要使用低粗糙度的铜箔、低损耗因子的板材。

对于回波损耗而言，SMA 连接器的封装中的信号过孔为阻抗不连续点，PCB 走线要求阻抗一致性要好。

3.1　隔离孔位置的影响

本文针对两种不同的封装进行建模仿真，叠层均为 8 层板，第 6 层为 PCB 走线，PCB 板板材均采用 Megtron M7N，DK 为 3.3，DF 为 0.003。SMA 连接器封装均位于 bottom 层，信号孔的背钻均为 TOP-L5 层进行背钻，留有残桩为常规的 8mil，本文研究的 2X-Thru 阻抗为 45Ohm。

现对两种封装进行建模仿真，（a）封装的隔离孔距离信号孔的距离为 1.3mm，如下图 6 所示；（b）封装的隔离孔距离信号孔的距离为 1mm，且反焊盘尺寸均为优化后的结果，具体的两种封装如下图 7 所示；

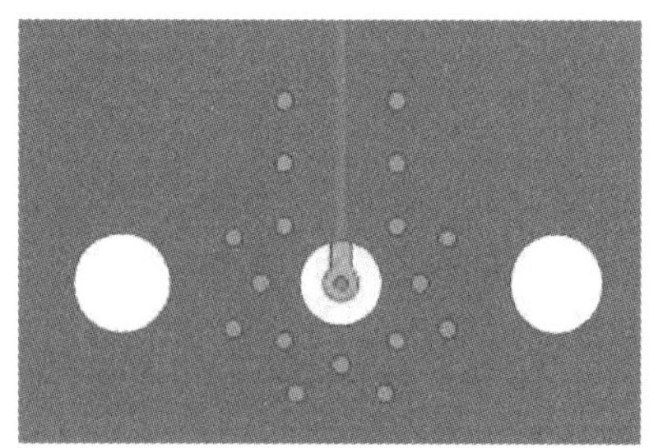

图 6　a 型 SMA 封装

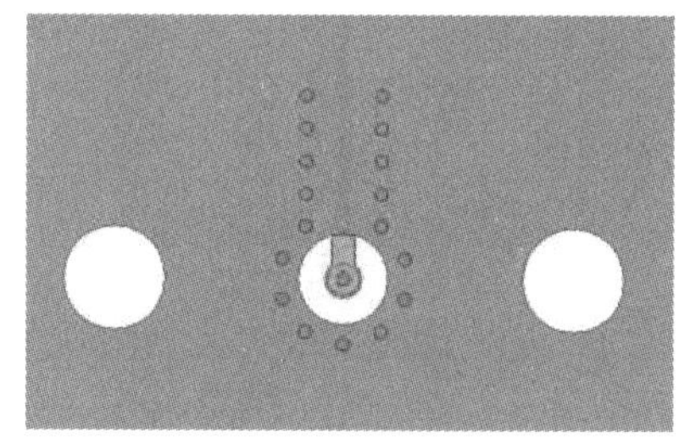

图 7　b 型 SMA 封装

通过 HFSS 进行建模仿真，两种封装 2X-Thru 的插入损耗、回波损耗的结果如下图 8～图 9 所示，其中红色线为回波损耗，蓝色线为插入损耗：

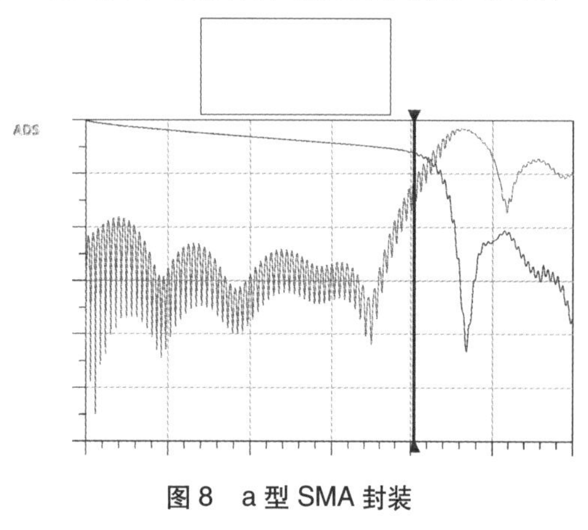

图 8　a 型 SMA 封装

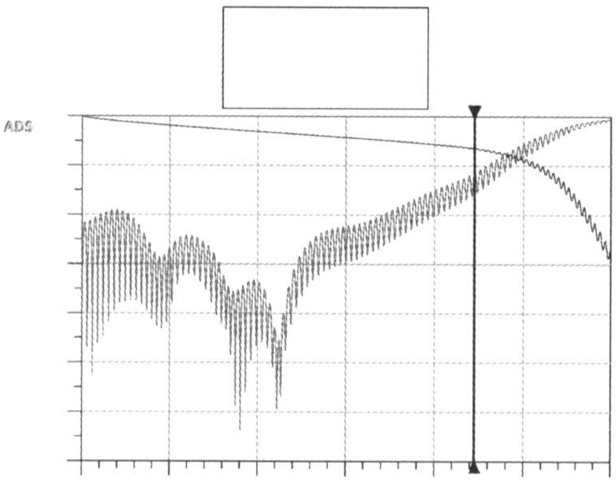

图 9　b 型 SMA 封装

从图中可以看出，a 封装的 2X-Thru 截止带宽为 40.4GHz，b 封装的 2X-Thru 截止带宽为

44.48GHz；从图中可以观察到 a 封装的插损在 46GHz 左右出现了明显的谐振，导致 2X-Thru 的截止带宽缩小，而 b 封装的 2X-Thru 的截止带宽相较于 a 封装提升了 5GHz 左右。

3.2 信号孔短桩的影响

由于过孔背钻工艺，在加工过程中，一般都会预留 0.2mm 的长度，甚至部分厂家的能力可以达到 0.15mm；但对于一些性能要求高的产品，也会使用盲孔进行加工，这样一来，过孔可以达到没有短桩的效果。针对短桩长度对 2X-Thru 的截止带宽的影响，本文针对 b 封装的短桩长度，设置了 5 种长度，分别为 0.2mm、0.15mm、0.1mm、0.05mm、0mm，过孔短桩示意图如下图 10 所示：

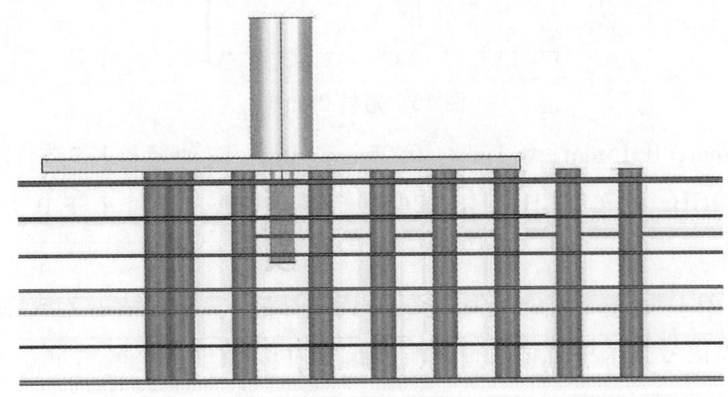

图 10 过孔短桩

通过 HFSS 对此封装的 5 种长度进行扫描仿真，得到插回损交叉图如下图所示，其中红色线为回波损耗，蓝色线为插入损耗：

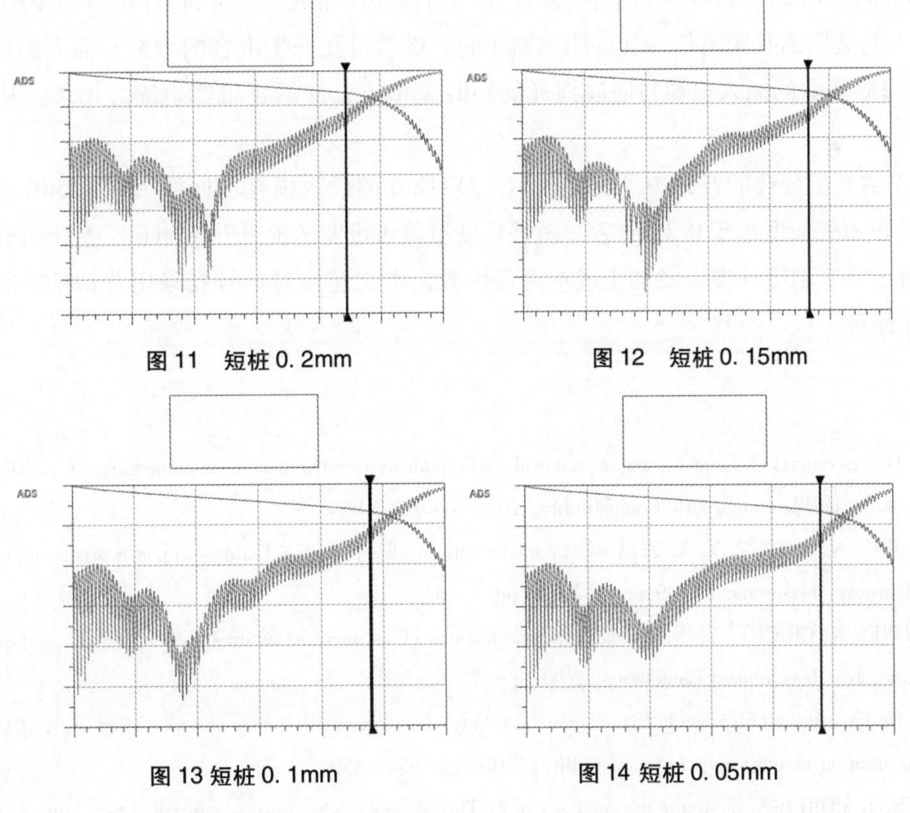

图 11 短桩 0.2mm

图 12 短桩 0.15mm

图 13 短桩 0.1mm

图 14 短桩 0.05mm

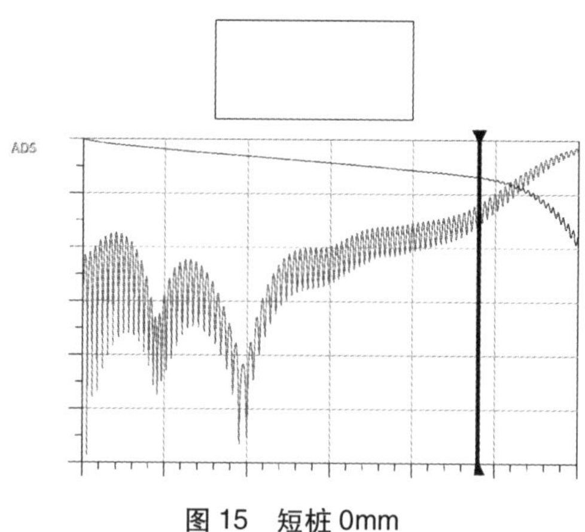

图 15　短桩 0mm

由图可以看出 0. 2mm、0. 15mm、0. 1mm、0. 05mm、0mm 五种短桩长度对应的 2X-Thru 截止带宽分别为 44. 48GHz、46. 4GHz、47. 98GHz、48. 02GHz、48. 04GHz，短桩小于 0. 1mm 之后，2X-Thru 截止带宽仅提升了 1. 5GHz。

因此，介于盲孔的加工难度、稳定性以及带来成本的提升，且背钻工艺成熟稳定，且加工成本较低，推荐测试夹具 SMA 信号孔采用背钻且控制短桩长度为 0. 15~0. 2mm。

4　总结

随着高速数据传输速率的不断提升，对元器件的速率要求也越来越高，且大多数元器件的测试带宽也逐渐增加，如何通过 AFR 去嵌入得到准确的元器件的性能也越来越重要。本文通过 HFSS 软件分别对 PCB 测试夹具 2X-Thru 的 SMA 封装的隔离孔的位置以及信号孔背钻短桩长度进行分析，得出了如下结论：

（1）SMA 封装隔离孔距离信号孔的距离减小时，随着过孔寄生电容的增强，插入损耗谐振点的频率逐渐增大，2X-Thru 的插入损耗与回波损耗的 5dB 差值点，即截止带宽也随之增大，从而提升 AFR 的去嵌带宽。

（2）SMA 封装信号孔的背钻短桩长度越小，2X-Thru 的插入损耗与回波损耗的 5dB 差值点，也随之增大，但是在短桩长度小于 0. 1mm 后，短桩长度对截止带宽的提升并不明显，基于盲孔工艺比背钻工艺的加工难度高、稳定性差以及加工成本高等因素，本文建议对信号孔采用背钻且控制短桩长度为 0. 15~0. 2mm 即可。

参考文献：

[1] C. YOON. Design criteria of automatic fixture removal (AFR) for asymmetric fixture de-embedding [C]. 2014 IEEE International Symposium on Electromagnetic Compatibility, 2014, pp. 654 - 659.

[2] J. DUNSMORE, N. CHENG, Y. X. ZHANG. Characterizations of asymmetric fixtures with a two-gate approach [C]. 77th ARFTG Microwave Measurement Conference, 2011, pp. 1 - 6.

[3] J. DUNSMORE, N. CHENG, Y. X. Zhang. Characterizations of asymmetric fixtures with a two-gate approach [C]. 77th ARFTG Microwave Measurement Conference, 2011, pp. 1 - 6.

[4] C. YOON. Design criteria of automatic fixture removal (AFR) for asymmetric fixture de-embedding [C]. 2014 IEEE International Symposium on Electromagnetic Compatibility, 2014, pp. 654 - 659.

[5] H. BARNES, J. MOREIRA. Verifying the accuracy of 2x-Thru de-embedding for unsymmetrical test fixtures [C]. 2017 IEEE 26th Conference on Electrical Performance of Electronic Packaging and Systems, 2017, pp. 1 - 3.

窄缝内大型阵列式射流冷却的工程实现

薛玉卿[1]　蔡艳召[1]　李龙文[1]

[1]（中航光电科技股份有限公司　洛阳 471003）

[1]（xueyuqing@ jonhon. cn）

摘要　电机具有周期性运动的动子，不易采用通常设计的液冷板对发热的动子进行冷却。需要发展出改进的冷却方法，实现对周期性往复运动的动子进行冷却。射流冷却技术是单相冷却技术中冷却效率最高的几种冷却方式之一，并且冷却系统以及控制系统简单，易于在工程应用中实现。本文针对于周期性工作的某电机，采用一种大型阵列式射流冷却的方法在 6mm 宽的窄缝内周期性对电机动子进行冷却，喷射管在端部设计平面多孔喷头。该冷却系统经过流量分配数值模拟计算验证、冷却水在动子表面上分布的实验验证、射流冷却效果的局部样件实验及数值模拟验证以及电机冷却过程的数值模拟验证。根据工程实际，对电机冷却过程的数值模拟设置如下：电机中铜线发热过程时间为每个周期的 0-0. 5s，等效体积热源为 33MW/ m^3；喷射冷却过程时间为每个周期的 2-10s；冷却水流量为 2. 94Kg/s，冷却水温为 40℃。各验证结果表明，本文采用的阵列式射流冷却系统能够对周期性工作的电机动子有效冷却，保证电机连续工作 50 次以上，电机动子最高温度不超过 180℃。

关键词　阵列式射流；射流冷却；流量分配；狭缝；数值模拟

中图法分类号　TP391

冲击射流冷却是指流体介质通过狭小喷嘴喷射到较大空间内，然后冲击到固体壁面上的流动冷却方式。射流冲击冷却在基础研究和工业应用中有着重要的角色，广泛应用于电子设备的冷却、飞机的空调系统、燃气轮机组件的冷却以及传质方面的应用。相比于其他换热或冷却形式，射流冲击冷却具有良好的受控性和高效的传热性能。并且射流冲击冷却既可以适用于闭式冷却系统，也可以用于开式冷却系统，布置较为灵活。

马重芳[1-2]等对自由表面圆形的流动和传热进行了全面的理论分析，得到了任意壁面热流的情况以及不同长径比工况下射流传热强度。Bart 等[3-5]采用数值模拟的方法对射流冲击冷却过程进行研究，并对比分析了 κ-ε、κ-ω 湍流模型以及大涡模拟，对比结果发现 κ-ω 湍流模型和大涡模拟对部分射流工况的数值模拟结果与实验结果较为相符，而如果对标准 κ-ε 模型进行修正也可以提供数值模拟的预测效果。

Behnia[6]等研究了射流雷诺数、喷口速度、湍流强度等参数对射流冷却效果的影响，发现喷口的速度和湍流强度都对壁面上 Nu 数的定量分布有很大影响。Hirofumi[7]等研究发现在较小的板间距条件下，Nu 数出现了二次峰值，而板间距较小时，Nu 数据随驻点的距离增加而减小。

李德睿[8]等设计了 4 孔紧凑阵列式喷头，并进行了系列射流冲击实验。实验结果表明，开式射流冲击冷却平均换热系数可达 8 000~11 000W/（m^2 · K），闭式射流冲击冷却系统的平均换热系数也达到了约 8 000W/（m^2 · K）。

船舶上某型号大型电机周期性脉冲工作，并且单个周期发热量较大，需要高效的换热技术保障电机在一定时间段内的连续周期性的工作。对该电机冷却时还要考虑以下特殊要求：需要在定子与动子之间6mm间隙内对电机中动子进行射流冷却；动子有若干个被冷却面，每个冷却面面积超过1m^2；喷射管需要穿过定子，对定子结构以及喷射管安装固定及防止冷却水渗透提出了较高的要求；较为庞大的射流冷却系统需要考虑不同支路及不同喷射管之间的流量分配。针对于上述问题，本文研究该型电机实现阵列式射流冲击冷却时在工程上需要解决的难题及对应方案。

本文的主要贡献包括4个方面：

1）提出了对于包含周期性往复运动的大型电机动子的阵列射流冷却方案；

2）针对于设计的冷却方案进行了若干散热性能实验研究，验证了阵列式射流冷却方案中冷却介质对目标动子表面的覆盖度；

3）通过对阵列式射流冷却方案进行一系列仿真、实验研究，验证了本文提出冷却方案的流量分配性能、散热性能；

4）实现了在狭窄缝隙内对大面积的热源进行散热，为后续类似工程应用提供了成功散热案例。

1 冷却系统构成

1.1 系统组成

动子为周期性循环工作，每个工作周期时间为10s，而动子的发热时间0.5s。动子中每个需要冷却的面上，发热功率0.5MW。对于每一个被冷却面，均分别设置一条冷却水循环主路，通过现场阀门开度调试保证每条循环主路所需流量。该电机冷却循环系统中，其中一个动子冷却面的冷却循环分路如图1所示。

冷却系统中的动子冷却机柜内置一次侧高效板式换热器，抽取低温海水对动子冷却系统中纯净淡水进行热交换，制取符合冷却系统需求的冷却水。为了扩大冷却水的喷射冷却面积，使用分水器将冷却水分成若干支路，每一支路又连接若干喷射管，从而达到喷射管呈阵列式排布。并且，在喷射管末端设置多孔喷头，又进一步扩大了单根喷射管的喷射面积。冷却水均匀喷射到动子的被冷却面上后吸收负载中的热量后收集到集水箱中，再由循环自吸泵抽回至动子冷却机柜中循环使用。整个冷却水循环系统的阀门开、闭，流量调节控制，工作状态显示及控制等由内置于动子冷却机柜内的控制和通信系统实现。

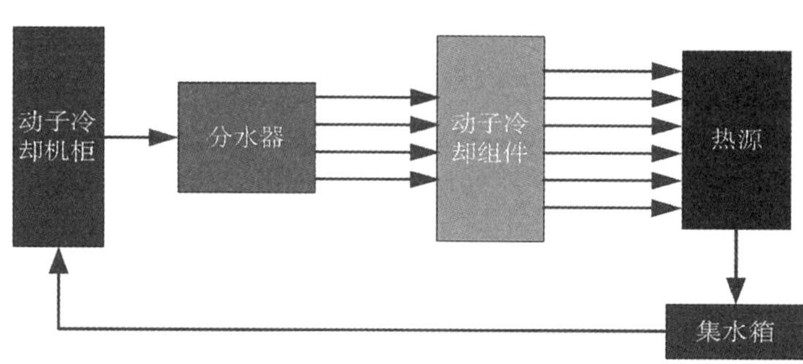

图1 动子冷却系统示意图

1.2 管路设计

整个冷却系统中的冷却水管路分为动子冷却机柜的外接管路、主路管、主路管至支路管的连接管路、支路管以及喷射管。图2为单根支路管连接的喷射管三维示意图。

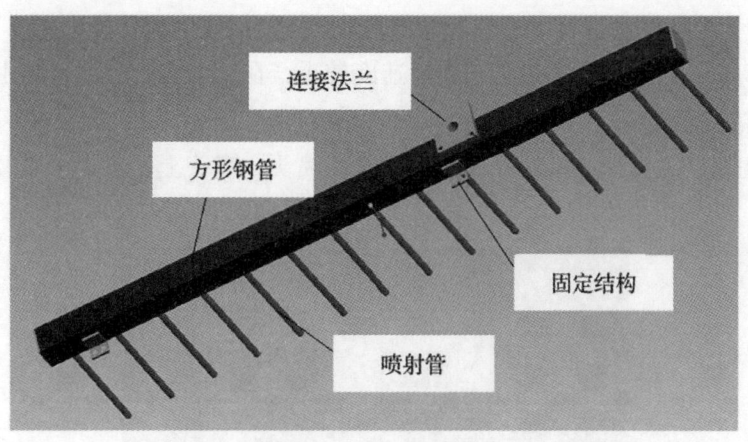

图 2　单根支路管与喷射管连接三维图

图中所示的喷射管、安装钣金和转接法兰与方钢支路管通过焊接连接。支路管通过安装钣金和螺钉固定在定子上，转接法兰盘与特氟龙软管的方盘端连接，喷射管是将一定流量的冷却液喷出，形成射流冷却。

1.3　喷射管的布置排列及固定

由于单个被冷却的动子表面面积较大，为了使得冷却水均匀喷射到动子表面，需要采用阵列布置的方式排布喷射管。本设计中喷射管采用叉排布置，部分的喷射管布置如图 3 所示。一根支路管对应一排喷射管，喷射管间距离为 50mm，管排间垂直方向距离同样为 50mm。

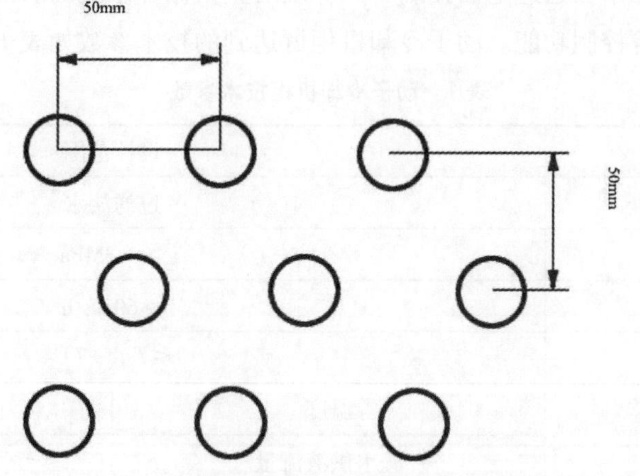

图 3　喷射管排布方式（局部）示意图

由于电机的定子与动子之间的间隙仅为 6mm，难以布置支路管和喷射管。本设计将喷射管穿过定子，喷射管与定子之间为间隙配合，末端进行灌胶固定，如图 4 所示。

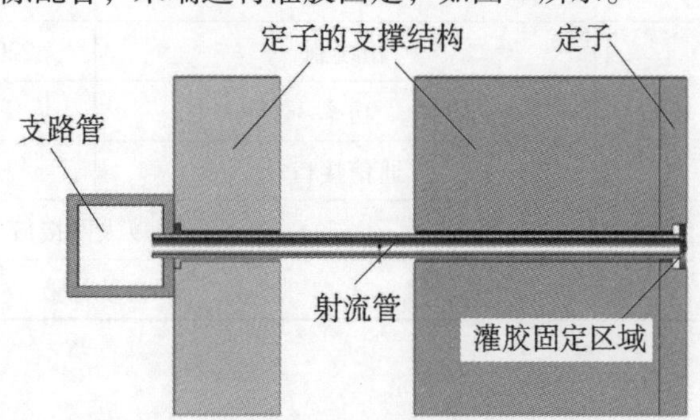

图 4　喷射管与定子安装及固定示意图

1.4 喷头设计

喷射管内径为5mm，冷却水由喷射管喷射后速度较小，在后续实验验证过程中发现，冷却水难以在动子表面形成均匀水膜。

为了解决上述问题，本设计在喷射管末端加设平面喷头，喷头上钻有7个直径均为1mm的通孔，如图5所示。

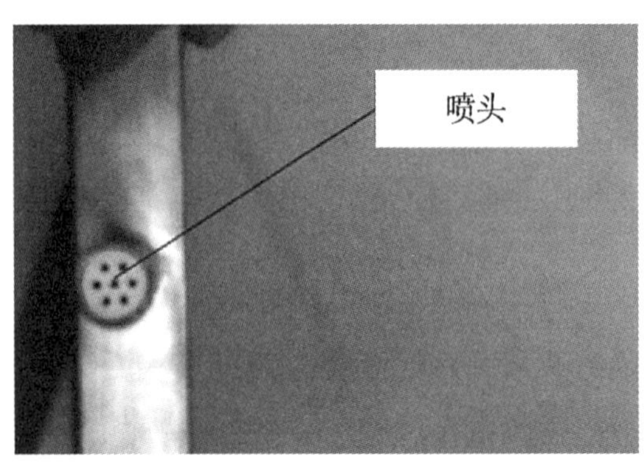

图5 喷射管末端喷头结构

1.5 冷却机柜

冷却机柜内部子系统主要由供液单元，换热单元，电气控制单元组成。

冷却机柜通过换热单元制取整个循环系统需要的、满足温度和流量要求的过滤淡水；通过供液单元向机柜外接管路供给冷却水；通过电器控制单元实现对整个循环系统的启停、状态显示、流量调节、各路流量分配、故障处置等控制功能。动子冷却机柜可达到的技术参数如表1所示。

表1 动子冷却机柜技术参数

参数	设计范围	
冷却介质	过滤淡水	
供液压力	≥0.3MPa	
供液流量	$\geq 60m^3/h$	
供液温度	$\leq T_{海水}+7$℃	
外部环境（海水）	温度	≤35℃
	海水供液流量	300L/min
	供液压力	0.2MPa~0.8MPa
设备用电规格	相线制	380V（±10%），50Hz（±5%）
	功率	≤30kW
控制用电规格	相线制	220V（±10%），50Hz（±5%）
	功率	≤0.2kW
	通信接口	RS485
系统通信接口	光以太网接口	
补液	自动补液	

2 流场分布验证

若要保证对动子发热面的冷却效果，前提是需要保证喷射出的冷却水能够均匀分布在动子表面。而达到上述目标需要满足以下三个条件：1. 供液的主路管到各支路管达到流量分配均匀；2. 单根支路管到各喷射管达到流量分配均匀；3. 喷射管的布置密度能够实现冷却水在动子表面均匀全覆盖。

2.1 主路管到支路管的流量分配计算

采用数值模拟的方法研究主路管到各支路管的流量分配是否均匀。图 6 为数值模拟计算的计算域，包括冷却水进口管道、主路管、连接软管、支路管以及喷射管。

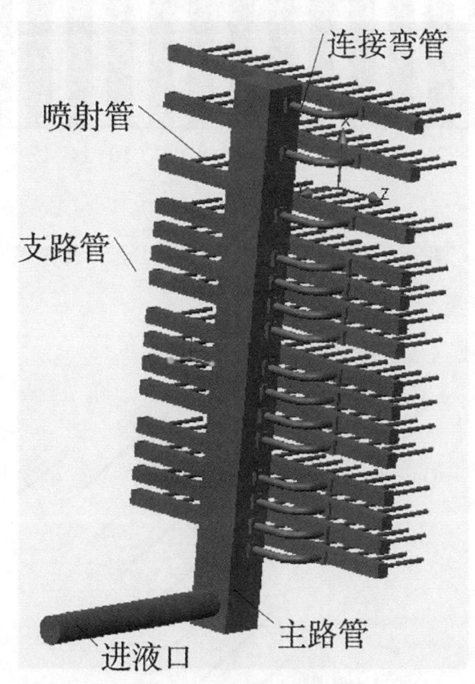

图 6 主路管到支路管的流量分配计算域

该计算域中，主路管长度为 1.25m，连接 15 根支路管。由于管路系统较为庞大和复杂，而喷射管末端喷头内部的射流孔直径仅为 1mm。因此对计算域进行网格划分时，忽略喷射管末端的喷头，而假设喷射管末端喷头只产生一定的阻力。设定流量分配模拟计算的条件如表 2 所示。

表 2 流量分配模拟计算条件

介质	温度/℃	入口流量/（L/min）	出口压力
水	35	220	1bar

使用 floEFD 软件对上述设定工况进行计算。冷却水进口为流量入口条件，喷射管出口为压力出口条件，得到计算结果如图 7 所示。

由图 7 可知，各支路管间的流量分配较为均匀，基本维持在 14.7L/min。最大支路管流量为 15.2L/min，最小支路管流量为 14.3L/min。式（1）描述了各支路管流量与支路管平均流量间的偏差计算方法。根据式（1）计算的结果可知，主路管到支路管间的流量分配较为均匀，最大偏差为 3.49%。

$$\delta = \frac{|q_i - \bar{q}|}{\bar{q}} \times 100\% \tag{1}$$

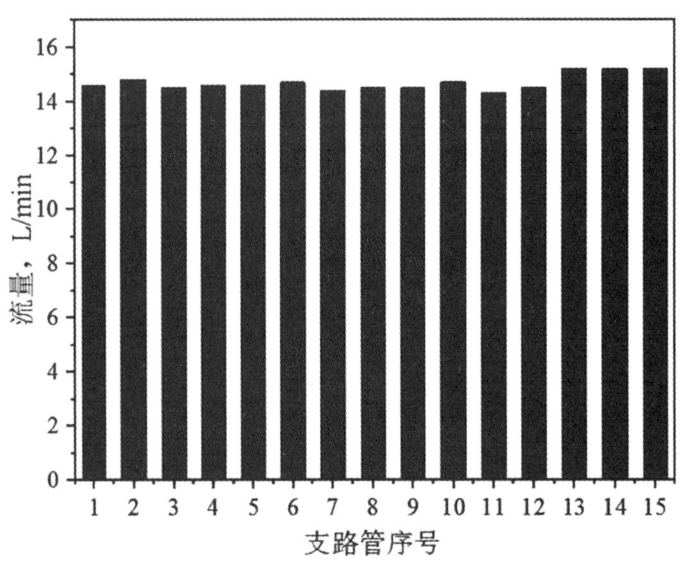

图 7　主路管到支路管的流量分配计算结果

2.2　支路管到喷射管的流量分配计算

图 8 给出了流量分配计算域。

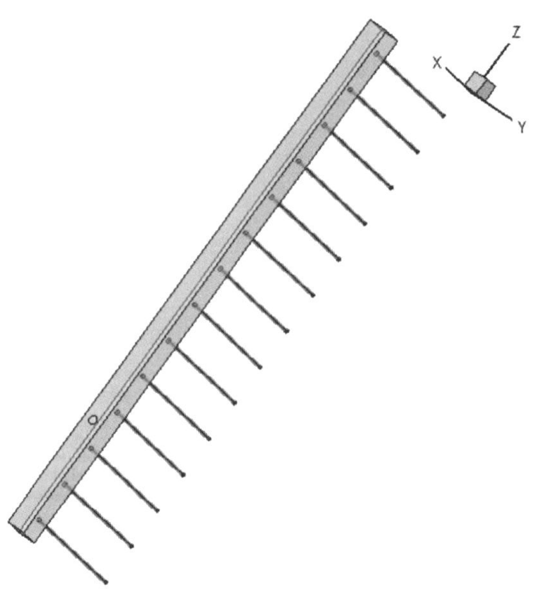

图 8　支路管到喷射管的流量分配计算域

计算域包括一根主支路管和 14 根喷射管；喷射管末端安装有平形喷头，喷头上均匀布置有 7 个直径为 1mm 的喷射孔（如图 5 所示）。整个支路管的冷却水入口位于第 3 与第 4 根支管正中位置。

表 3　流量分配模拟计算条件

介质	温度/℃	入口流量/（L/min）	出口压力
水	35	14.5	1bar

图 9 给出了单根支路管到喷射的流量分配结果。由图可知，各喷射管的冷却水流量分配较为均匀，仅在支路管的入口处受到一定的影响而出现流量低于平均流量的情况。

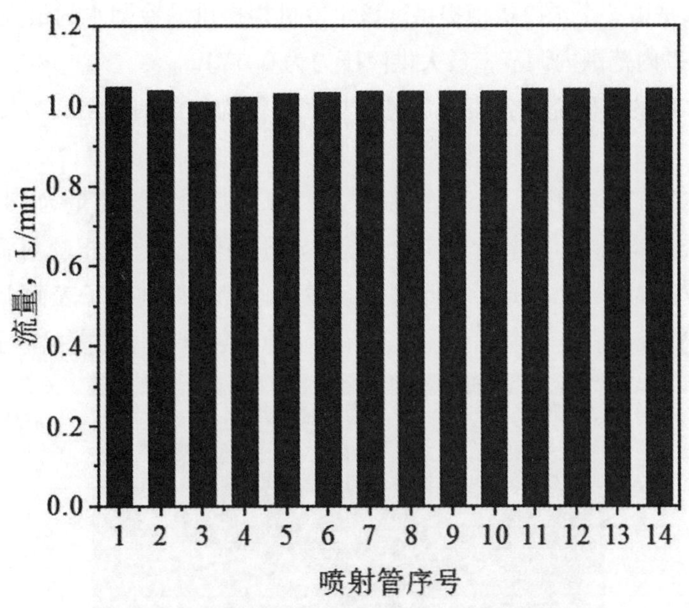

图 9　支路管到喷射管的流量分配计算结果

由图 9 可知，最小喷射管冷却水流量为 1. 011L/min，最大喷射管冷却水流量为 1. 015L/min，平均每根喷射管冷却水流量为 1. 036L/min。根据式（1）的计算方法，可以得出支路管到喷射管间的流量分配最大偏差为 2. 4%。因此，可以认为各喷射管间的流量较为均匀。

2. 3　冷却水分布特性局部样件实验

在主路管到支路管以及支路管到喷射管的冷却水流量分配较为均匀的前提下，为了进一步验证冷却水能够均匀覆盖被冷却动子表面。本文进行了射流冲击冷却的局部样件实验，图 10 为局部样件实验系统。

该实验系统中的局部样件包括对称分布的两套 4×4 阵列式喷射管及末端喷头，用来模拟工程中阵列式叉排阵列式布置的喷射管。实验系统中的单排内喷射管间距离及喷射管排间距离均和工程中实际喷射管间距离相同。实验系统中的喷射管穿过模拟定子向模拟动子表面喷射冷却水。模拟动子中心位置钻有深孔，深孔内可放置加热棒模拟工程应用中动子内电流运动产生的热源。模拟动子被冷却表面尺寸为 250mm×250mm。

图 10　局部样件实验系统

实验系统的冷却水是由一个水冷机柜提供，该水冷机柜提供的冷却水的最大流量为 60m^3/h，温度可在海水温度以上 7℃以内范围内调节，最大供液压力为 0.3MPa。

本节介绍的实验，目的是研究在各喷射管间冷却水流量均匀的前提下，冷却水是否可以均匀覆盖被冷却的动子表面。

由 2.1 节所述，实际工程应用时，单根支路管（含 14 根喷射管）流量为 14.7L/min。则单根喷射管冷却水的流量为 1.05L/min。而本节所述实验系统中动子两侧各有 16 根喷射管，则可以计算出实验系统所供冷却水流量应该为 33.6L/min。在此供液条件下，实验得到动子表面上射流冷却水的分布情况如图 11 所示（为了显示动子表面冷却水流场，拆掉了原喷射管穿过的模拟定子）。

图 11　冷却水在动子表面上分布情况

由图 11 可知，由交叉排列布置的阵列式射流系统喷射出的冷却水在动子表面形成了较为均匀的冷却水膜。即验证了本文所述的喷射管布置方式能够满足工程上冷却水在发热动子表面均匀分布的目的。

3　热设计验证

为了进一步验证本文采用的交叉排列布置的阵列式射流冷却系统的冷却效果，本文设计了局部样件的冷却降温实验、局部样件冷却降温的数值模拟计算以及整个阵列式射流冷却系统的数值模拟计算。

3.1　局部样件的冷却降温实验及数值模拟

在图 10 所示的实验系统中，模拟动子的结构如图 12 所示，可以通过设置在模拟动子内部的加热棒进行加热。

模拟动子材料为铝，其外部保护层为导热环氧胶，它们的物性参数如表 4 所示。

表 4　模拟动子及保护层物性参数

	导热系数/［W/（m·K）］	比热容/［J/（kg·K）］	厚度/mm
动子材料	2 372	0.88×10^3	15
保护层	0.6	0.55×10^3	3.2

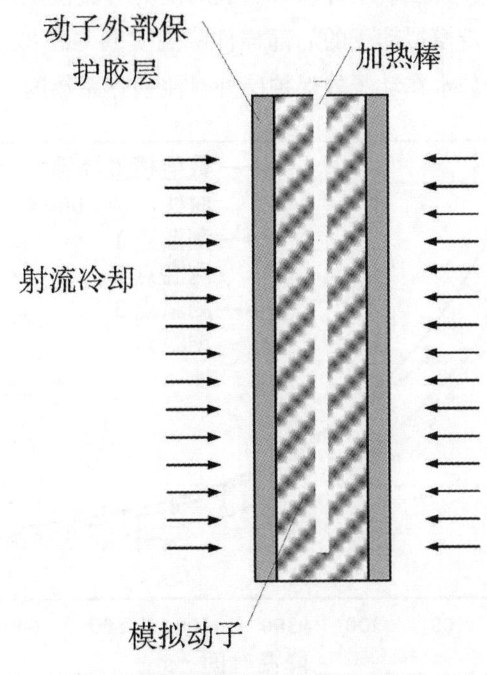

图 12　局部样件的模拟动子结构示意图

模拟动子除外部保护层在实验过程中喷射冷却水进行冷却外，其他部位使用隔热材料包裹，隔热材料导热系数为 0.4W/（m·K）。

首先采用加热棒对模拟动子加热，当动子表面温度达到 160℃时，开启冷却水进水阀门，对模拟动子进行冷却。冷却水温度为 15℃，实验过程中环境温度为 20℃。冷却水流量为 26L/min（单个喷射管流量与电机冷却系统设计值相同）。在对模拟动子进行冷却过程中，实时监控动子表面温度，每隔 1 分钟记录动子表面温度。动子表面的温度监测点有 4 个，如图 13 所示。

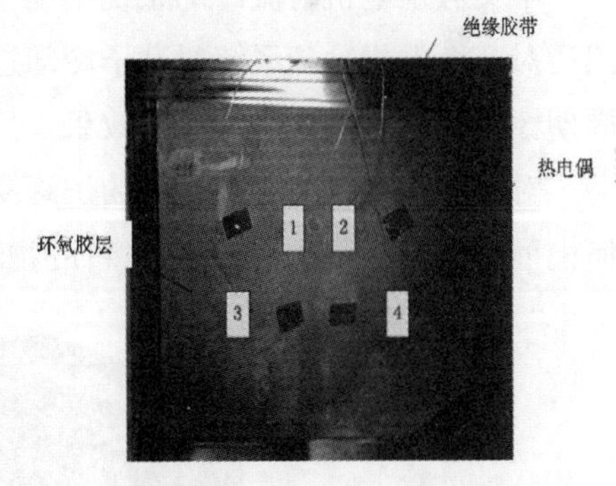

图 13　动子表面的温度监测点

针对图 12 所示的模拟动子结构，建立数值模拟仿真模型。该数值模拟仿真模型的几何参数和使用材料的物性参数如表 3 所示。被冷却的动子表面尺寸为 250mm×250mm，与 3.3 节所述的局部样件尺寸保持一致。冷却水在模拟动子外保护层上的表面换热系数假设为 2 000W/（m^2K），其余表面设置为绝热。

数值模拟过程采用 Fluent 软件，瞬态模拟计算方法，时间步长为 0.001s。模拟动子初始温度设置为 160℃。冷却水温度设置为 15℃，流量设置为 26L/min（与局部样件降温实验设置相同）。数值模拟计算过程中监控模拟动子外表面的平均温度。

分别根据局部样件的降温实验和模拟动子的数值模拟计算结果得到的模拟动子降温曲线对比如图 14 所示。由图 14 可知，局部样件的降温实验得到的模拟动子降温曲线与数值模拟计算得到的模拟动子表面降温曲线接近。局部样件实验中实时监测到的动子表面温度和数值模拟计算得到动子表面平均温度均在 11 分钟内由 160℃逐步降低到室温 20℃。并且局部样件降温实验得到的降温曲线斜率大于数值模拟计算得到的动子表面平均温度下降曲线，说明冷却水在动子外保护层表面上的对流换热系数大于数值模拟计算设置的 2 000W/（m^2·K）。因此，由图 14 可知，采用本文所述的冷却方案，射流冷却水能对模拟动子进行有效冷却，且在动子外保护层表面上的对流换热系数大于 2 000W/（m^2·K）。

根据上述分析，通过对比分析模拟动子的局部样件降温实验与模拟动子降温过程的数值模拟得到了本文对电机射流冷却过程中冷却水在动子外保护层外对流换热系数的下限。

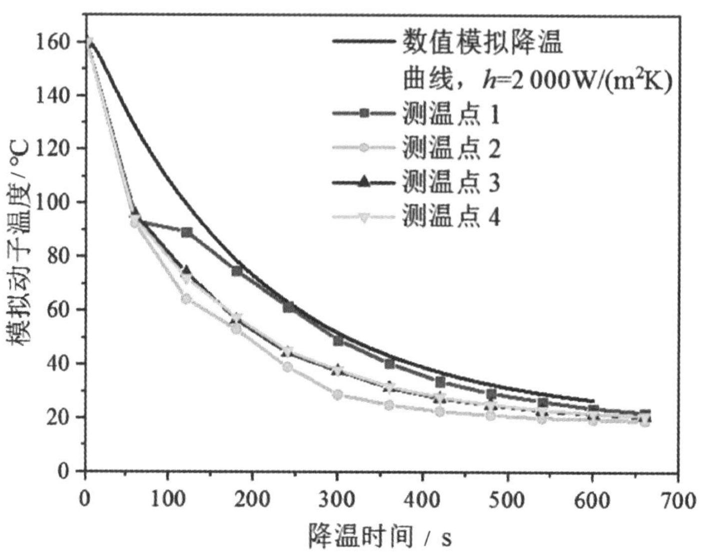

图 14　样件降温过程的实验与数值模拟结果的对比分析

3.2　电机动子冷却过程的数值模拟

本文假定电机射流冷却系统中动子表面外保护层外的冷却水对流换热系数为 2 000W/（m^2·K），然后对整个电机冷却系统对动子冷却过程进行数值模拟，可以进一步验证本文设计的射流冷却系统对周期性工作的电机动子的冷却效果。

对动子冷却组件以及动子的仿真模型长度方向取 1/12、高度方向取 1/2 对称模型。数值模拟的几何模型如图 15 所示。各部分材料的物性参数见表 5。

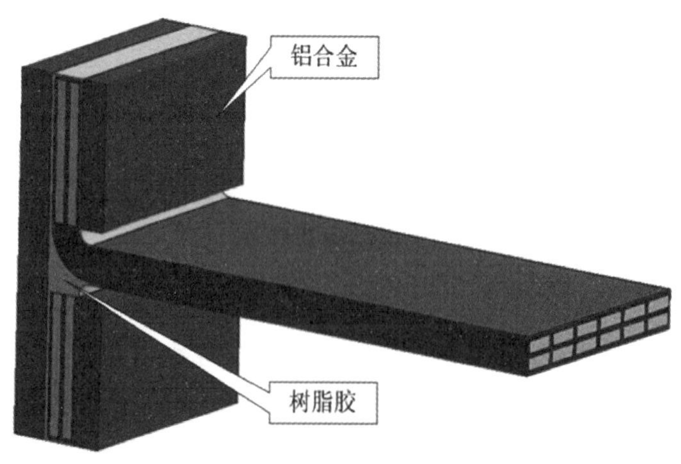

图 15　散热性能数值模拟几何模型

射流冷却的周期性工作过程如图 16 所示，其中红线为铜线发热过程（0~0. 5s），经计算其体积热源为 $33MW/m^3$；蓝线为喷射冷却过程，共运行时长为 8s；喷射冷却的冷却水流量为 2. 94Kg/s。

表 5　电机冷却数值模拟材料物性参数

材料	密度/（Kg/m^3）	导热系数/［W/（m·K）］	比热容/［J/（Kg·K）］
铜线	998. 2	380	381
绝缘层	\	0. 532 8	\
纤维层	\	0. 8	\
铝合金	2 700	200	880
树脂胶	\	0. 754 1	\

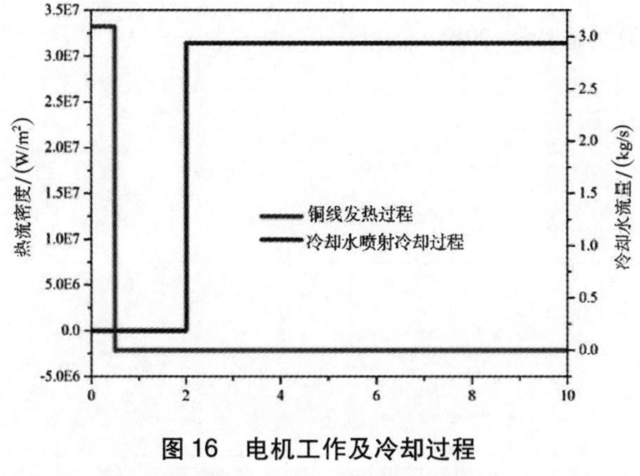

图 16　电机工作及冷却过程

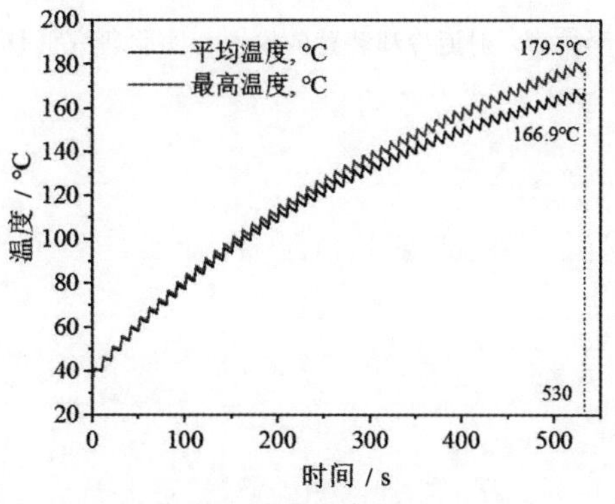

图 17　动子温度随电机工作次数变化

动子中铜线温度随时间的变化曲线如图 17 所示，从图中可以看出，铜线的最高温度达到 180℃时，动子工作次数为 53；铜线的平均温度达到 180℃时，动子工作次数为 65，满足工程上对该电机的工作要求。

4　总结

本文针对工程上某电机的工作特点，设计了适用于狭窄缝隙内动子冷却系统，该冷却系统采用叉排阵列式排布的阵列式喷射冷却方法对周期性工作的电机动子进行冷却。

本文设计的电机动子冷却方案，经过了主管路-支管路、支管路-喷射管之间的流量分配验证、冷却水在被冷却面上覆盖效果实验验证、喷射冷却动子冷却效果的局部样件实验和数值模拟验证以及整个电机动子冷却效果的数值模拟验证。结果表明本文设计的窄缝内大型阵列式射流冷却系统能够对该电机系统的动子进行有效冷却，达到了工程上对电机连续工作的要求。

参考文献：

[1] MA CHONGFANG, CHEN YONGCHANG. Analytical study on impingement heat transfer with free-surface solt liquid jets [J]. Journal of Beijing Polytechnic University. 2000, 26 (3): 59 - 62.

（马重芳，陈永昌. 自由表面二维平面射流冲击传热的理论分析［J］. 北京工业大学学报. 2000，26（3）：59 - 62.）

[2] ZHAO YAOHUA, MA CHONGFANG. Analytical study of heat transfer with single Circular Free Jets under Arbitrary-heat-flux conditions [J]. Journal of Beijing Polytechnic University. 1989, 15 (3): 469 - 480.

（赵耀华，马重芳. 圆形自由射流冲击任意热流平板时的换热分析. 北京工业大学学报，1989，15（3）：7 - 13.）

[3] BART M, ERIK D. Heat transfer predictions with a cubic $\kappa-\varepsilon$model for axisymmetric turbulent jets impinging onto a flat plate [J]. Int. J. Heat Mass Transfer, 2003, 46: 469-480.
[4] CZIESLA T, BISWAS G, CHATTOPADHYAY H, et al. Large-eddy simulation of flow and heat transfer in an impinging slot jet [J]. Int. J. Heat Fluid flow, 2002, 22: 500-508.
[5] OLSSON E E M, AHME L M, TRAGARDH A C. Heat transfer from a slot air jet impinging on a circular cylinder [J]. Journal of Food Engineering, 2004, 63: 393-401.
[6] BEHNIA M, PAMEIX S, DURBIN P A. Prediction of heat transfer in axisymmetric turbulent jet impinging on a flat plate [J]. Int. J. Heat and Mass Transfer, 1998, 2: 1845-1855.
[7] HIROFUMI H, YASUTAKA N. Direct numerical simulation of turbulent heat transfer in plane impinging jet [J]. Int. J. Heat Fluid Flow, 2004, 25: 749-758.
[8] LI DERUI. Simulation and experiment of jet cooling system [D]. Shanghai Jiaotong University, 2010.
(李德睿. 射流冷却装置的模拟与实验研究 [D]. 上海交通大学, 2010.)

高速连接器 Trace 阻抗一致性研究

潘波[1] 张爽[1] 张仁龙[1]

[1]（中航光电科技股份有限公司 洛阳 471003）

[1]（panbo@ jonhon. cn）

摘要 Trace 阻抗一致性问题是高速连接器设计的重点部分，随着信号频率的增加和上升沿的变陡，阻抗不连续会引起信号的反射，严重影响高速连接器整体的性能和信号完整性。高速连接器信号走线精度要求较高，尺寸的偏差会对阻抗造成较大的影响。本文运用频域电磁仿真软件 HFSS，建立三维电磁场模型，分析高速连接器 Trace 走线不同方向尺寸偏移以及不同介质对阻抗一致性的影响。

关键词 阻抗一致性；信号完整性；谐振

中图法分类号 TP391

随着数字化信息化的高速发展，信号的传输速率在不断的提高，高速数据传输在信息化发展的今天扮演着越来越重要的角色。高速连接器[1-2]作为链路传输中关键部件之一，对链路数据传输的影响逐渐增大。信号速率的不断提高，Trace 走线处信号阻抗不连续对信号完整性的影响越来越突出。

高速连接器 Trace 走线架构为地走线-信号走线-信号走线-地走线加地参考屏蔽片构成，进行高速差分信号传输[5]。信号走线宽度、信号走线间间距、信号走线到地走线间距、信号走线周边的介电常数都会影响特性阻抗，本文首先介绍了高速连接器 Trace 阻抗理论模型，然后针对影响高速连接器 Trace 走线阻抗的几个关键参数进行理论建模和仿真分析，得到设计参数对信号传输的影响，改善高速连接器 Trace 走线的阻抗不连续问题，提升高速连接器 Trace 走线阻抗一致性。

1 高速连接器 Trace 参数分析

特性阻抗是与高速数据系统所有性能特征（包括损耗、反射、分布电容等）相互关联的主要参数，连接器的特性阻抗越接近于系统要求的阻抗值，则各项传输性能越好，越容易获得较高的传输速率。为了保证传输电路的信号完整性，必须了解和控制信号经过传输环境的阻抗。阻抗的不匹配和偏差会导致传输信号的反射，在整体上降低信号质量。

在高速电路的范畴中，传输线路可以近似地等效为下图 1 所示的简化模型。L_0、C_0 分别是单位长度上的分布电感和分布电容，R_0 表示单位长度上的分布电阻，由此可见传输线的特性阻抗与传输线的分布电容和分布电感有直接的关系。

在理想的无损耗传输情况下，均匀传输线的特性阻抗可以直接近似表示为分布电感和分布电容的比值关系[3-4]，如公式（1）所列。在这种情况下，传输线的特性阻抗取决于传输线的分布参数 L_0 和 C_0，而 L_0 和 C_0 只与传输线的材料和结构有关，因此传输线的特性阻抗是传输线的一种特性，当传输线的结构和材料固定之后，传输线的特性阻抗不随使用位置的变化而改变。

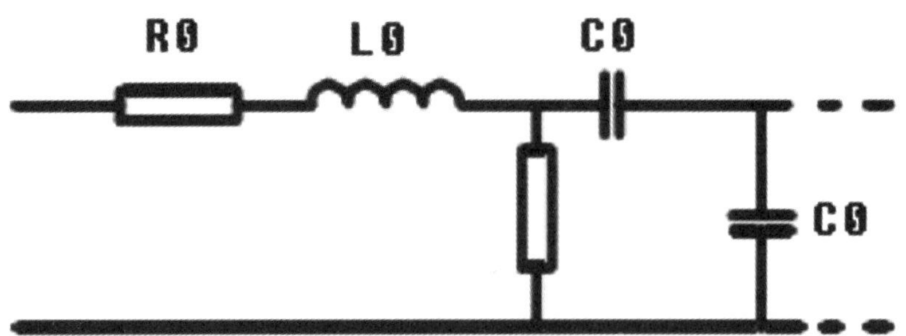

图 1 传输线等效数学模型

$$Z = \sqrt{\frac{L_0}{C_0}} \tag{1}$$

根据以上分析的传输线阻抗的特性，一条传输线的特性阻抗将随着传输线分布电容和分布电感的不连续而产生特性阻抗的不连续，如下图 2 所示为被测试传输线上特性阻抗的分布。在分布电容和分布电感不连续的地方，特性阻抗的测试曲线就发生突变，在传输线的终端（开路），传输线的特性阻抗趋于无穷大，通过时域方法测试传输线的特性阻抗，可以将传输线上每一点的特性阻抗分布情况显示出来，便于分析阻抗不连续的原因。

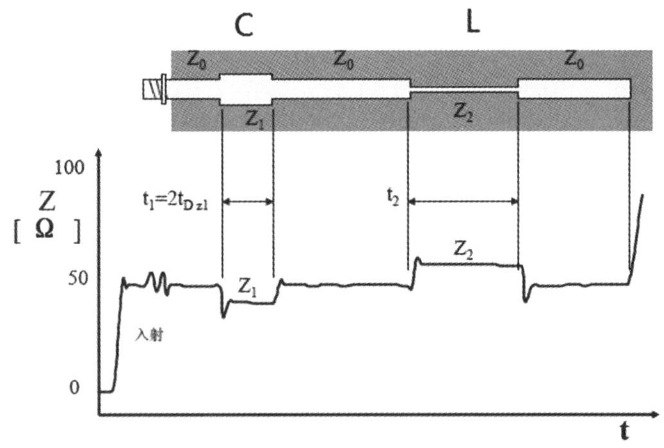

图 2 传输线特性阻抗分布曲线示意

差分信号特性阻抗相对单端复杂很多，差分对内阻抗相互耦合，差分对和参考地的耦合都会影响阻抗，图 3 为差分微带线传输模型，从图中可以看出影响微带线特性阻抗因素有线宽、线间距、线厚度、线到屏蔽的距离。

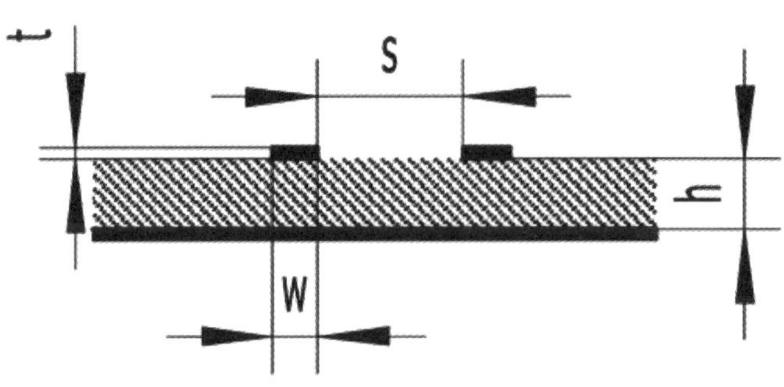

图 3 差分传输线传输模型

W：走线宽度

S：走线间距

t：走线厚度

h：走线到屏蔽距离

ε_r：绝缘材料介电常数。

$$Z_{diff} = 2 \times Z_0 \left[1 - 0.48 e^{\left(-0.96\frac{s}{h}\right)} \right]$$

其中，

$$Z_0 = \frac{87\Omega}{\sqrt{1.41 + \varepsilon_r}} \ln\left(\frac{5.98h}{0.8w + t}\right) \tag{2}$$

在高速差分连接器设计过程中，特性阻抗是必须重点考虑的因素之一，但是在实际设计过程中又很难对特性阻抗进行精确计算，因为特性阻抗不仅与接触件的形状和大小，所选用的材料以及接触件的间距等有关，信号之间也存在电磁干扰会影响到特性阻抗。目前高速连接器阻抗没有准确的计算方法，主要靠三维电磁仿真软件进行仿真来确定产品的特性阻抗。

2 建立仿真模型

HFSS 仿真软件是基于物理原型，利用有限元方法求解给定边界下的麦克斯韦方程组。所谓有限元是指将整个区域分割成许多很小的网格，将求解边界问题的原理应用于这些子区域中，再将每个网格的结果总和起来，便可以得到用整体矩阵表达的整个区域的解。HFSS 的网格划分采用自适应技术，极大地方便了用者[2]。

高速连接器 Trace 走线架构为地走线-信号走线-信号走线-地走线加地参考屏蔽片构成，走线宽度 0.28mm，信号线到信号线间距 0.34mm，信号线到地线间距 0.37mm，Trace 走线到参考地平面距离 0.4mm，参考阻抗 92 欧姆，如图 4 所示。

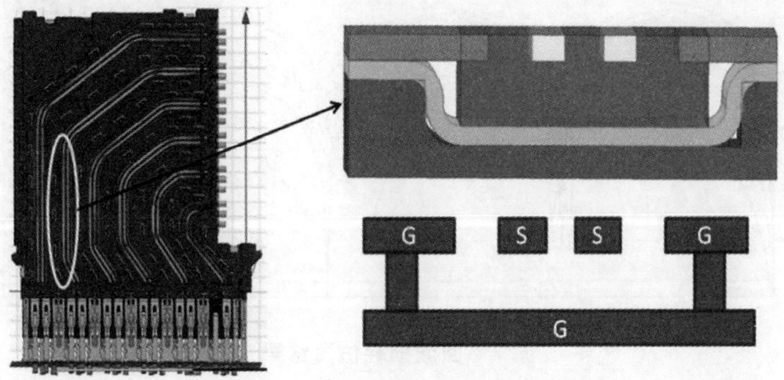

图 4 特性阻抗仿真模型

3 Trace 阻抗仿真分析

3.1 走线中心距不变，线宽变化

通过三维电磁仿真，可以得到不同线宽尺寸下信号过孔的 S 参数。Trace 走线尺寸以中心值 0.28mm 开始进行参数扫描，尺寸递增 0.01mm，最小到 0.22mm，最大到 0.34mm。随着线宽尺寸增大，Trace 特性阻抗逐渐降低如图 5 所示，插入损耗和回波损耗在中心值附近最小如图 6、图 7 所示，当线宽增大到一定宽度时插入出现谐振点。

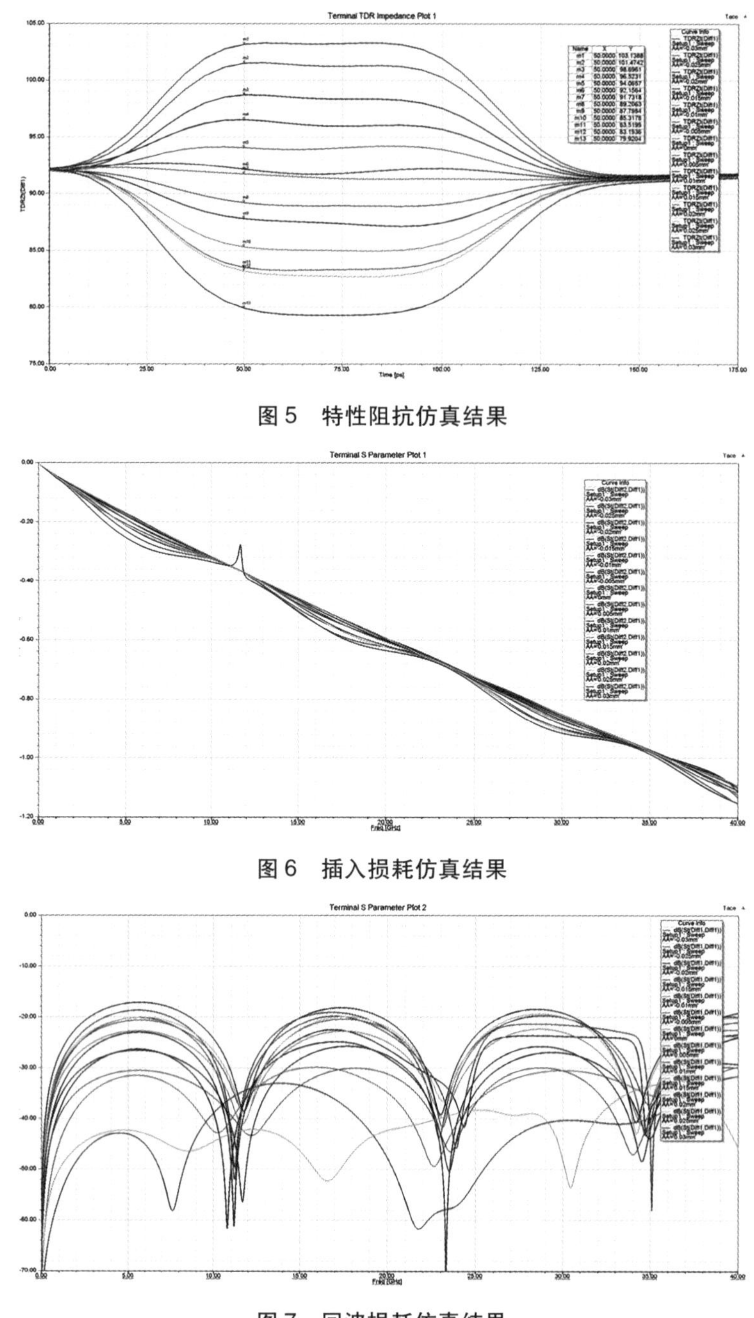

图 5　特性阻抗仿真结果

图 6　插入损耗仿真结果

图 7　回波损耗仿真结果

从图 5 特性阻抗仿真结果中可以看出，走线尺寸为 0.22mm 时，特性阻抗为 103.1Ω，走线尺寸每 0.01mm 递增时，特性阻抗递减大约 2Ω，当走线宽度增加到 0.34mm 时特性阻抗为 79.9Ω，同时插入损耗出现较大的谐振。

3.2　信号线与地线间隙变化

通过三维电磁仿真，可以得到信号与地线间隙不同尺寸下的 S 参数。保持信号线到信号线间距不变，信号宽度向地线方向增加或减少，从而得到不同间隙下的特性阻抗值。

3.2.1　信号线向地线方向增加

信号线-信号线间距不变，信号向地线处延伸，宽度从 0.28mm 开始递增，递增宽度 0.01mm，最大宽度 0.36mm，随着信号线宽度的增加，Trace 走线的特性阻抗逐渐降低如图 8 所示，插入损耗和回波损耗也逐渐增大如图 9、图 10 所示。

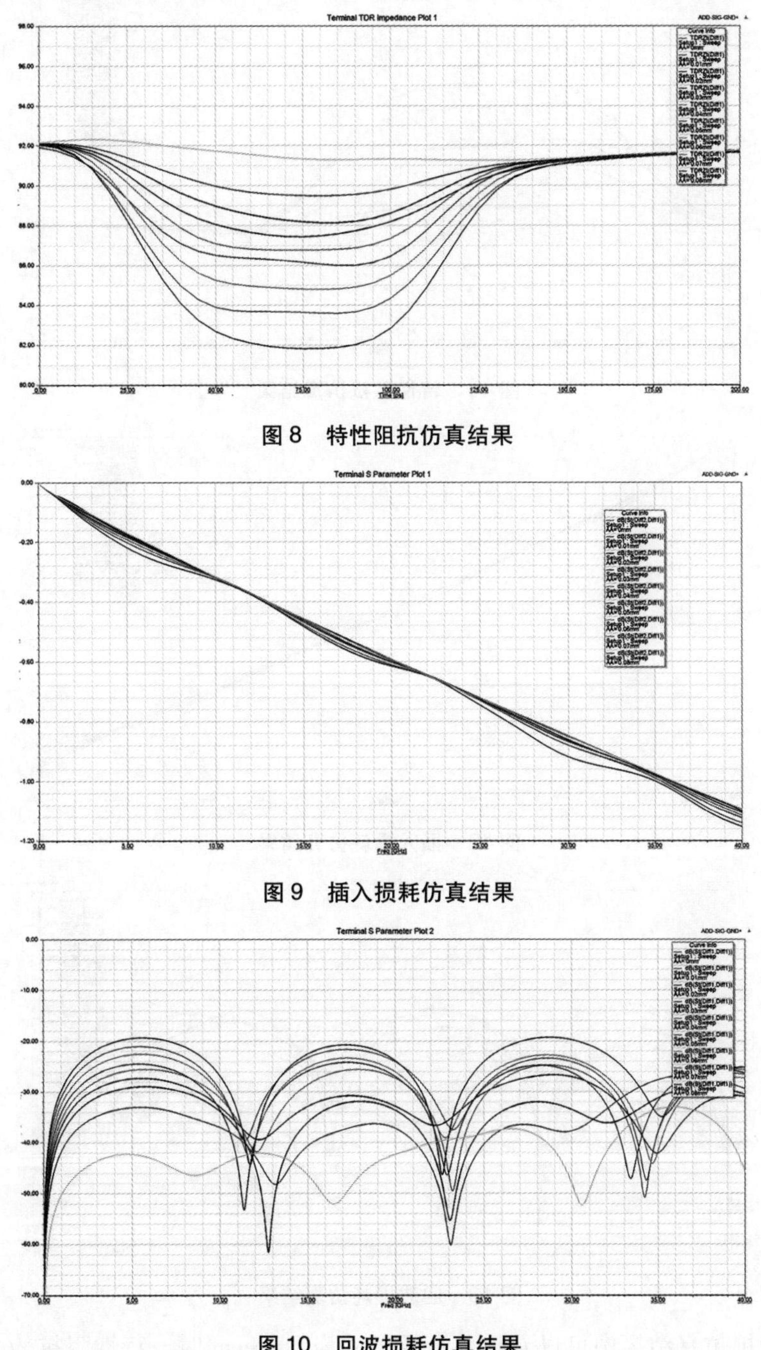

图 8 特性阻抗仿真结果

图 9 插入损耗仿真结果

图 10 回波损耗仿真结果

从图 8 特性阻抗仿真结果中可以看出，走线尺寸为 0.28mm 时，特性阻抗为 92Ω，走线尺寸每 0.01mm 递增时，特性阻抗递减大约 1.25Ω，当走线宽度增加到 0.36mm 时特性阻抗为 82Ω。信号线-信号线间距不变时，走线宽度向地线方向增加时，增加单位宽度线宽时，阻抗变化 1.25Ω，阻抗变化量较小，插入损耗也没有出现谐振。

3.2.2 信号线向地线方向减少

信号线-信号线间距不变，信号向地线处缩小，宽度从 0.28mm 开始递减，递减宽度 0.01mm，最小宽度 0.2mm，随信号线宽度的减少，Trace 走线的特性阻抗逐渐上升如图 11 所示，插入损耗和回波损耗也逐渐增大如图 12、图 13 所示。

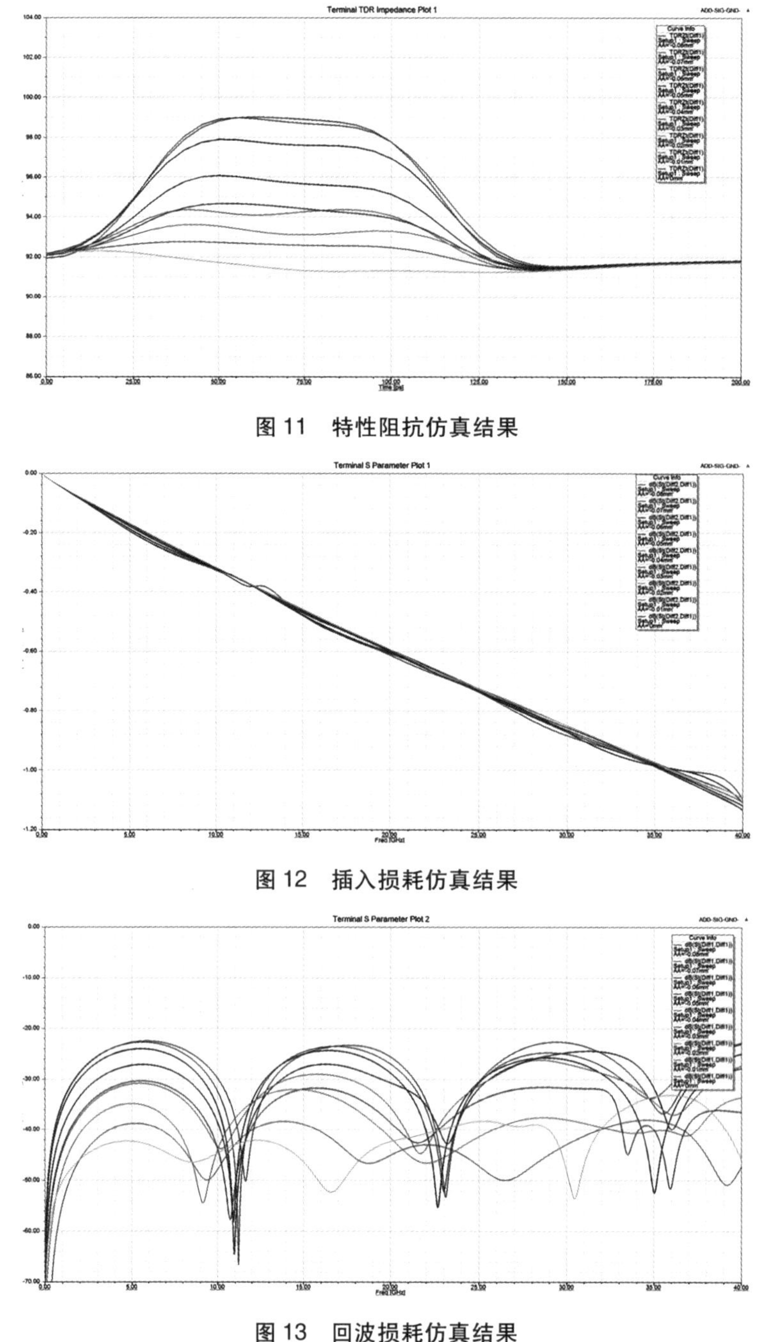

图 11　特性阻抗仿真结果

图 12　插入损耗仿真结果

图 13　回波损耗仿真结果

从图 11 特性阻抗仿真结果中可以看出，走线尺寸为 0.28mm 时，特性阻抗为 92Ω，走线尺寸每 0.01mm 递减时，特性阻抗增加大约 0.875Ω，当走线宽度减少到 0.2mm 时特性阻抗为 99Ω。信号线-信号线间距不变时，走线宽度向地线方向减少时，减少单位宽度线宽时，阻抗变化 0.875Ω，阻抗变化量较小，在 0.2mm 线宽时，插入损耗在 12GHz 出现谐振。

3.3　信号线与信号线间隙变化

通过三维电磁仿真，可以得到信号与信号线间隙不同尺寸下的 S 参数。保持信号线到信号线间距不变，信号宽度向地线方向增加或减少，从而得到不同间隙下的特性阻抗值。

3.3.1　信号线向信号线方向增加

信号线-地线间距不变，信号线向信号线方向延伸，宽度从 0.28mm 开始递增，递增宽度 0.01mm，最大宽度 0.36mm，随着信号线宽度的增加，Trace 走线的特性阻抗逐渐降低如图 14 所示，插入损耗和回波损耗也逐渐增大如图 15、图 16 所示。

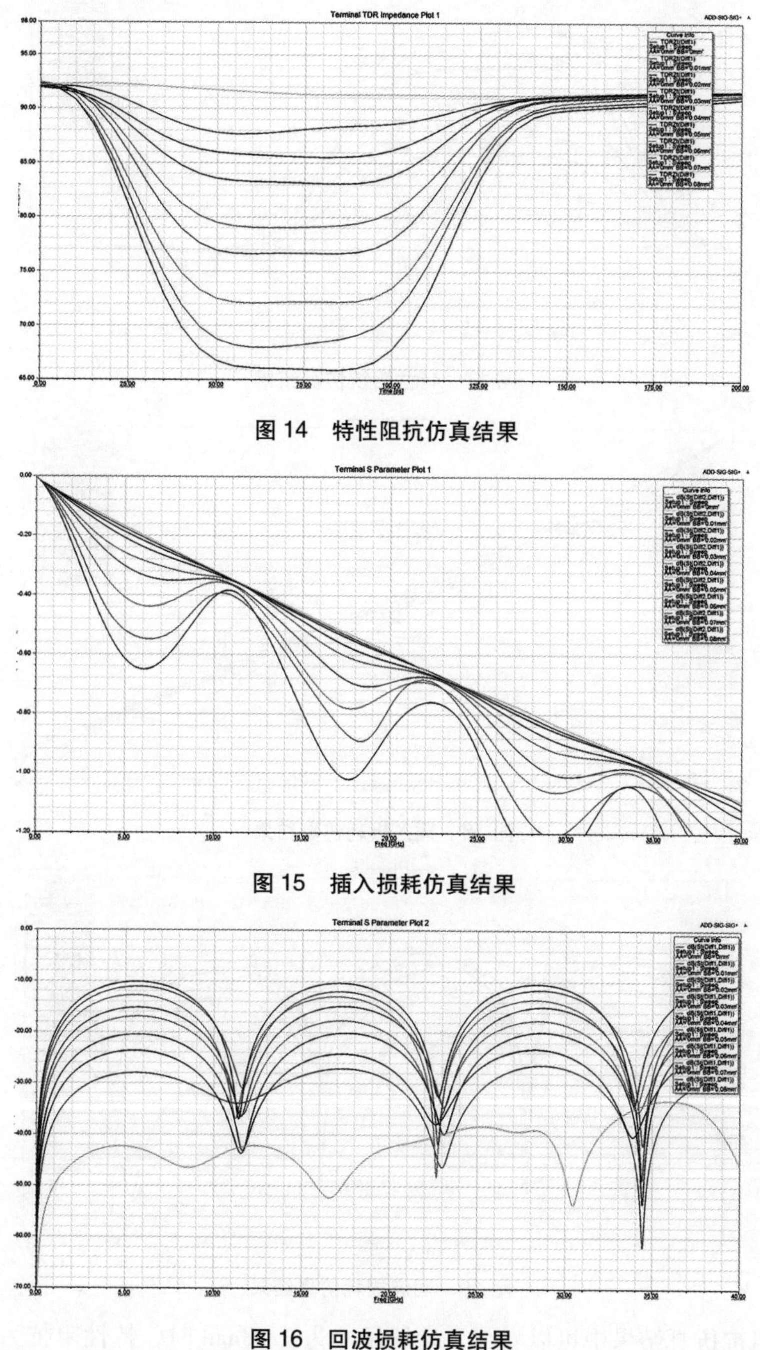

图 14　特性阻抗仿真结果

图 15　插入损耗仿真结果

图 16　回波损耗仿真结果

从图 14 特性阻抗仿真结果中可以看出，走线尺寸为 0.28mm 时，特性阻抗为 92Ω，走线尺寸每 0.01mm 递增时，特性阻抗递减大约 3.5Ω，当走线宽度增加到 0.36mm 时特性阻抗为 64Ω。信号线-信号线间距不变时，走线宽度向地线方向增加时，增加单位宽度线宽时，阻抗变化 3.5Ω，阻抗变化量较小，插入损耗出现较大谐振。

3.3.2　信号线向信号线方向减少

信号线-地线间距不变，信号向信号线处缩小，宽度从 0.28mm 开始递减，递减宽度 0.01mm，最小宽度 0.2mm，随信号线宽度的减少，Trace 走线的特性阻抗逐渐上升如图 17 所示，插入损耗和回波损耗也逐渐增大如图 18、图 19 所示。

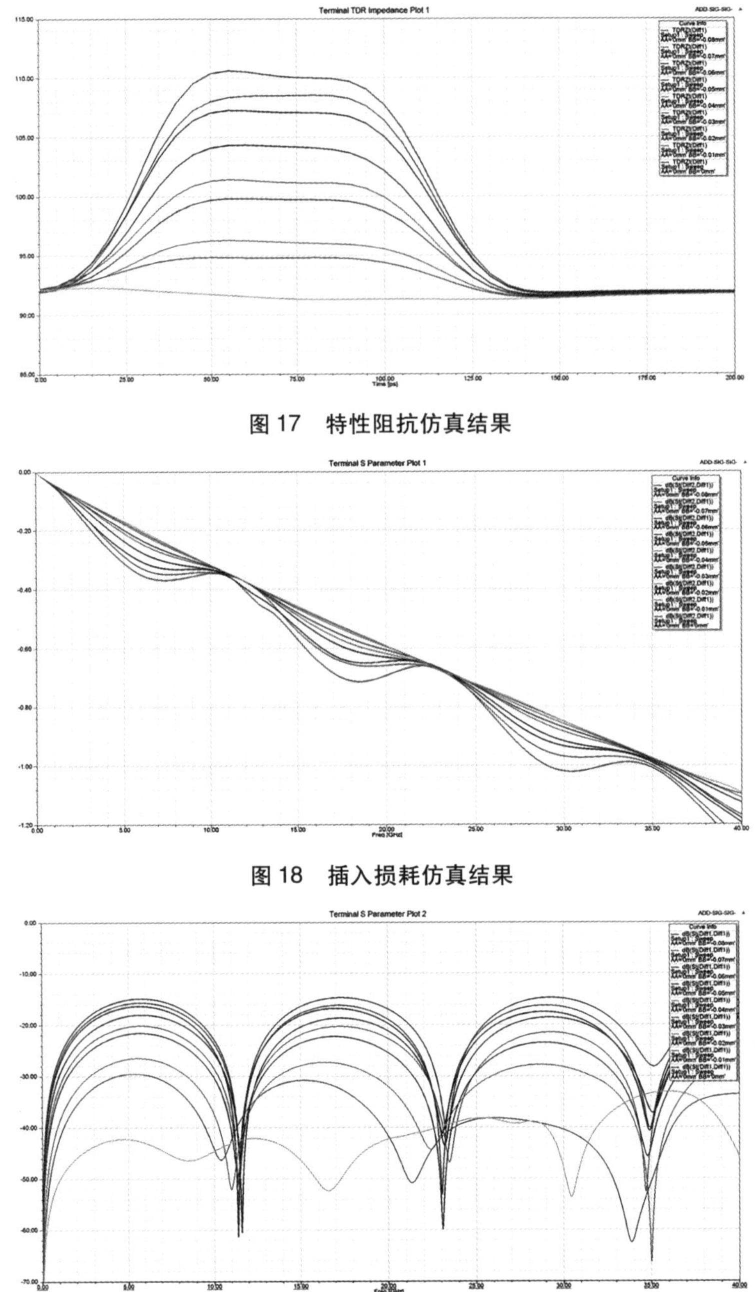

图 17　特性阻抗仿真结果

图 18　插入损耗仿真结果

图 19　回波损耗仿真结果

从图 11 特性阻抗仿真结果中可以看出，走线尺寸为 0.28mm 时，特性阻抗为 92Ω，走线尺寸每 0.01mm 递减时，特性阻抗增加大约 1.1Ω，当走线宽度减少到 0.2mm 时特性阻抗为 111Ω。信号线-信号线间距不变时，走线宽度向信号线方向减少时，减少单位宽度线宽时，阻抗变化 1.1Ω，阻抗变化量较小，在 0.2mm 线宽时，插入损耗出现谐振。

3.4　信号线介电常数变化分析

通过三维电磁仿真，可以得到不同介电常数下走线的 S 参数。案例为三面包胶结构，分别对单根信号线全包空气、两根信号线全包空气进行仿真分析，特性阻抗如图 20 所示，插入损耗和回波损耗如图 21、图 22 所示。

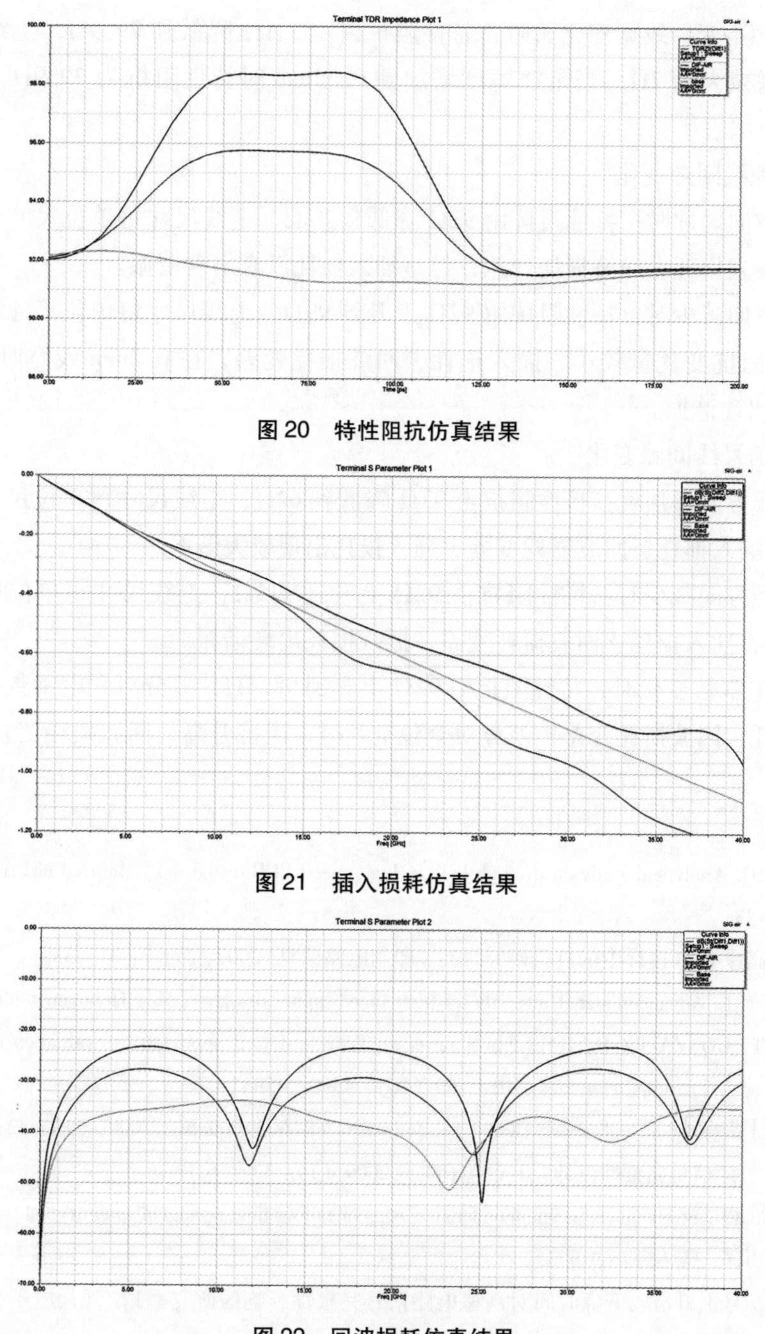

图 20 特性阻抗仿真结果

图 21 插入损耗仿真结果

图 22 回波损耗仿真结果

从图 20 特性阻抗仿真结果中可以看出，在案例状态下特性阻抗为 92Ω，一根信号线全包空气时特性阻抗为 95. 8Ω，两个信号线全包空气时阻抗 98. 5Ω。从图 21 结果可以看出，差分对内一根走线包塑胶，一根走线包空气，介电常数不对称时插入损耗出现波动，插入损耗、回波损耗变差；差分对全包空气时阻抗变高，回波损耗变差，插入损耗变好。

4 总结

高速数据传输时信号完整性至关重要，随着传输速率的提高，Trace 走线参数对高速信号的影响在不断增大。本文通过 HFSS 软件分别对 Trace 走线的线宽、信号线到地线距离、信号线到信号线距离、信号走线周围介电常数进行分析，得出以下结论：

（1）走线中心距不变，线宽变化大时：特性阻抗由 103.1Ω 降低到 79.9Ω，走线尺寸每单位尺寸递增时，特性阻抗递减大约 2Ω，当走线宽度增加到 0.34mm 时特性阻抗为 79.9Ω，插入损耗出现谐振，回损变差。

（2）信号线与地线间隙变化

信号线向地线方向增加时：特性阻抗由 92Ω 降低到 82Ω，走线尺寸每单位尺寸递增时，特性阻抗递减大约 1.25Ω，插入损耗、回波损耗变差，但是插入损耗没有出现谐振。

信号线向地线方向减少时：特性阻抗由 92Ω 上升到 99Ω，走线尺寸每单位尺寸递减时，特性阻抗递减大约 0.875Ω，阻抗变化量较小，插入损耗、回波损耗变差，在 0.2mm 线宽时特性阻抗为 99Ω，插入损耗在 12GHz 出现谐振。

（3）信号线与信号线间隙变化

信号线向信号线方向增加时：特性阻抗由 92Ω 降低到 64Ω，走线尺寸每单位尺寸递增时，特性阻抗递减大约 3.5Ω，插入损耗、回波损耗变差，插入损耗出现较大谐振。

信号线向信号线方向减少时：特性阻抗由 92Ω 上升到 111Ω，走线尺寸每单位尺寸递减时，特性阻抗递减大约 1.1Ω，插入损耗、回波损耗变差，插入损耗出现谐振。

（4）信号线介电常数变化时，特性阻抗由 92Ω 上升到 98.5Ω，差分对介电常数不对称时插入损耗出现波动，插入损耗、回波损耗变差；差分对全包空气时，阻抗升高，回波损耗变差，插入损耗变好。

参考文献：

[1] WEI LILI, LIU HAO. Analytical study on through hole in high speed PCB design [J]. Journal of Printed circuit information. 2007, No. 9: 31-33.

（魏丽丽，刘浩. 高速 PCB 设计中的过孔研究 [J]. 印制电路信息. 2007, No. 9: 31-33.）

[2] HALL S H, HECK H L. Advanced signal integrity for high speed digital designs [M]. Hoboken: Wiley-IEEE Press, 2009.

[3] BIALASIEWICZ J T, GONZALEZ D, BALCELLS J, et al. Wavelet-based approach to evaluation of signal integrity [J]. IEEE Transactions on Industrial Electronics. 2013, 60 (10): 4590-4598.

[4] ZHOU PING. Signal integrity of high speed PCB [J]. Journal of electronic quality. 2009, (1): 32-36.

（周萍. 高速 PCB 板的信号完整性设计 [J]. 电子质量 2009 (1): 32-36.）

[5] ZHOU LU, JIA BAOFU. Study on the influence of rising edge or falling time on signal integrity [J]. Journal of Modern electronic technology. 2011, 34 (6): 69-73.

（周路，贾宝富. 信号上升沿或下降时间对高速电路信号完整性影响的研究 [J]. 现代电子技术，2011, 34 (6): 69-73.）

基于 FC-AE-ASM 协议的虚拟以太网卡设计

韦璞[1] 陈旭辉[1]

[1]（中航光电科技股份有限公司 洛阳 471000）

摘要 得益于高带宽、高可靠、抗干扰等优势，FC-AE 协议网络当前在国防军工领域迅速发展。而传统以太网组网又有成熟的软硬件技术和通用性应用条件。将二者各自优势结合，实现高性能网络的同时具备通用性应用优势，在防务通信领域将有重要的工程应用价值。提出设计 FC-AE-ASM 协议数据与以太网数据的转换，将以太网数据作为净荷封装到 FC-AE-ASM 数据帧内，硬件底层仍作为 FC-AE 数据收发，而操作系统内识别为以太网数据。同时设计监控网络流量方案，化解收发压力，提高网络可靠性。

关键词 光纤通路；以太网 Linux 内核；协议栈；驱动

中图法分类号 TP393

1 引言

近年来，随着实践应用的不断发展，FC（Fibre Channel）网络的高带宽、低延时、高可靠性的优势日益显现[1]。而传统的以太网组网仍具备通用性优势，主流的硬件平台、操作系统仍将以太网作为网络协议的必选方案。

为了将二者优势结合，在获得 FC 网络的高性能优势的同时，支持与传统以太网网络的对接，高效、可靠、便捷组网，本文提出了一种基于 FC-AE 网络的虚拟以太网设计方案。

2 FC 网络技术简介

FC 网络技术由美国标准化委员会（ANSI）提出[2]，FC-AE 为 FC 应用到航空电子环境中的一个协议集[3]，包括 FC-AE-1553、FC-AE-ASM 等上层协议，可传输视频、雷达、指控、传感器等数据。当前 FC-AE 网络发展迅速，在原有航空领域得到大量成功实践后，逐渐拓展到船舶、电子、兵器等领域[4]。FC-AE 网络支持灵活的拓扑和开放式互连，各厂家可按标准 FC-AE 协议传输数据，也可根据个性化需求，重新定义私有的帧头含义。

3 总体设计方案

为满足基于 FC-AE 协议的传输，且在操作系统仍注册为以太网设备，同时具备二者的传输优势与通用性特点，本方案主要思路为：

（1）将设备在操作系统上注册为以太网网络设备，并向应用提供以太网数据收发接口；

（2）底层为 FC-AE 协议硬件基础，采用 FC-AE 协议的 IP-core 实现 FC-AE 协议的传输、解析，硬

通信作者：韦璞（weipu@jonhon.cn）

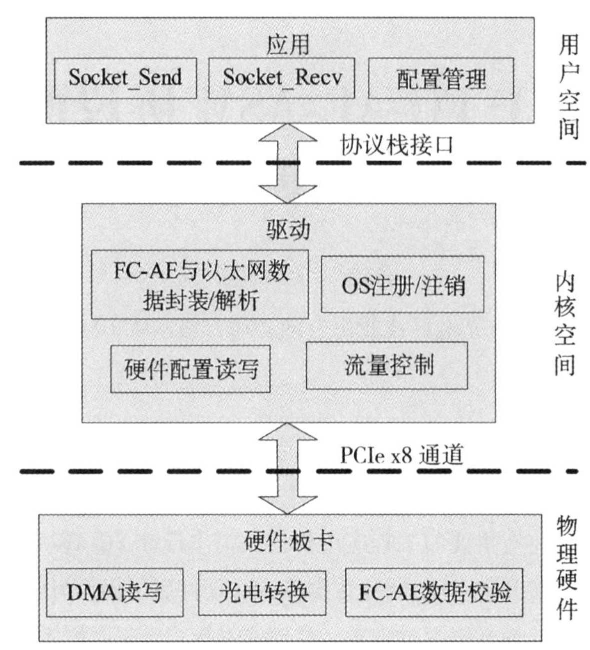

图 1 设计思路

件利用 PCIe 接口确保便于接入计算机并被识别;

(3) 驱动层完成设备的注册、注销、资源配置，FC-AE 与以太网协议的转换;

(4) 结合以太网协议栈，动态监控数据收发资源，对流量进行控制，确保数据不丢失。

4 方案实现

本方案基于 FC-AE 协议的 HBA 卡 (Host Bus Adaptor) 实现，核心器件为赛灵思 (Xilinx) 公司的 7K325T 型 FPGA 芯片，通过 PCIe 接口与计算机相连，包含 2 路光电转换模块，通过 FPGA 逻辑软件实现 FC-AE IP-core 进行 FC-AE 帧处理、实现 PCIe DMA 模块与计算机进行数据交互。

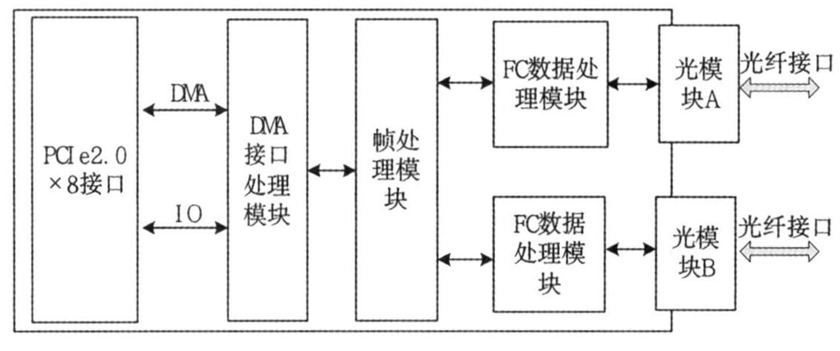

图 2 硬件平台

软件平台采用 Ubuntu16.04 桌面版操作系统，内核版本为 linux-4.4.0，可利用 Linux 内核的开源特点深度设计数据的收发机制。

4.1 PCIe 设备设计

HBA 卡为 PCIe 接口，作为硬件外设对于操作系统而言首先是一个 PCIe 设备，需先注册为 PCIe 设备实现硬件资源的申请后，才能继续从功能角度将设备作为字符设备、块设备、网络设备三者之一来注册。

设计 PCIe 设备在系统中的实例名为 fc_ pci_ driver 的结构体:

```
static struct pci_ driver fc_ pci_ driver= {
    . name    =MODULENAME,        /* 设备名称 */
    . id_ table   =fc_ pci_ tbl,              /* 设备列表 */
    . probe   =fc_ probe,                 /* 探测函数 */
    . remove   =_ _ exit_ p (fc_ remove),     /* 卸载函数 */
};
```

在 probe () 函数中实现对中断资源、DMA 缓冲区的申请，并操作 FPGA 寄存器对 HBA 卡的状态进行初始化配置。

4.2 以太网设备设计

(1) 虚拟设备注册

Linux 内核的系统将各类外设分为字符设备、块设备、网络设备三类，需设计开发对应类型的驱动，实现设备在操作系统上的注册使用。本设计目的在于用户数据可基于以太网数据的传输，因此在系统内利用 register_ netdev () 接口注册为以太网设备 eth_ hba_ net_ ops。

设计网络设备在系统内的实例名为 eth_ hba_ net_ ops 的结构体：

```
static const struct net_ device_ ops eth_ hba_ net_ ops= {
    . ndo_ open=eth_ hba_ open,          /* 设备打开 */
    . ndo_ stop=eth_ hba_ close,          /* 设备关闭 */
    . ndo_ start_ xmit=eth_ hba_ tx,     /* 发送函数 */
    . ndo_ get_ stats=hba_ net_ stats,    /* 状态获取 */
         ……                          /* 其他功能函数 */
};
```

(2) 数据发送

上层应用调用操作系统的 Socket 发送接口，将数据传递至协议栈[5]，逐步封装当前层的帧头后向下层传递数据，直至调用驱动在操作系统注册的 ndo_ start_ xmit 接口函数。

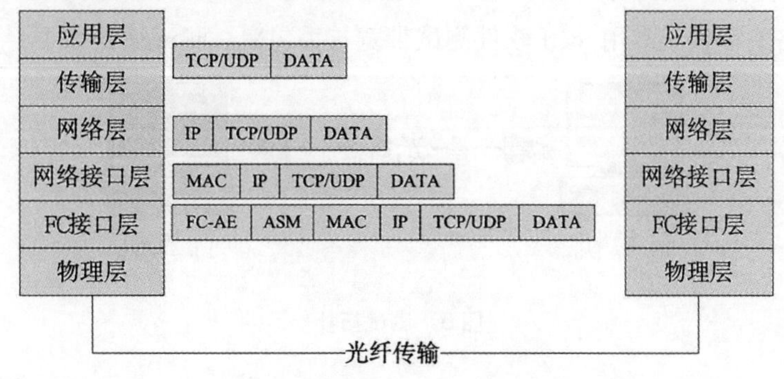

图 3 数据在各协议层传输过程

在发送函数中，本方案设计将协议栈传递的以太网帧继续进行 FC-AE-ASM 协议的封装，将完整的以太网帧视作 FC-AE 协议数据的净荷（Payload）。

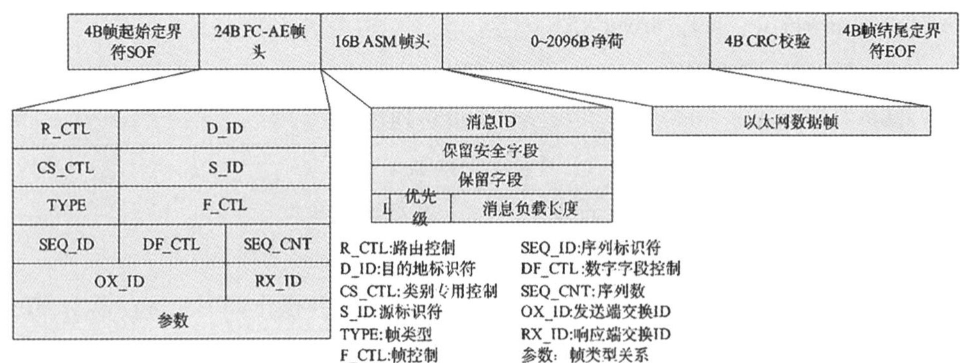

图 4　FC-AE-ASM 帧格式

（3）数据接收

在接收过程中，数据从远端发送到 HBA 卡后，逻辑软件对数据进行预处理、CRC 校验后利用 DMA 机制写入计算机内存，随后触发硬件中断信号，操作系统在获得计算机的中断信号后则进入预设计的中断处理函数。

（4）流量控制

发送时流量控制基于 FC-AE 协议的 BBcredit 和 RDY 值交互[6]，当 HBA 卡监控到对端接收有压力风险时，则向驱动层报告降低发送速率。驱动层则继续通过开关协议栈来实现对上层流量的控制。

接收时流量控制基于 DMA 缓冲区的状态，驱动在注册 PCIe 设备驱动时申请 DMA 缓冲区用于数据的收发，并将其以 4KB 为一块用于存储一帧 FC-AE-ASM 数据。驱动与 FPGA 逻辑软件约定对每块 DMA 缓冲区的编号，在接收数据时 FPGA 更新“已写”块序号，驱动报告“已读”块序号，二者相互得知当前收包的状态。当驱动更新的“已读”序号远远落后于“已写”序号时，则表明出现接收压力风险，HBA 卡则向链路更新 BBcredit 值，告知远端降低发送速率。

5　测试验证

为验证本设计的优势，设计采用 Intel 82576 型千兆光纤以太网卡作对比，FC-AE 速率模式为 2. 125Gbps。通过网络工程领域常用 iperf 软件测试带宽与丢包率。测试拓扑如下：

图 5　测试拓扑

测试结果如下：

表 1　测试结果

设备	平均吞吐量	丢包率	测试时长
1G 光纤网卡	903Mb/s	0. 08%	24 小时
FC-AE HBA 卡	1. 52Gb/s	0. 0%	24 小时

对比发现本设计方案在吞吐量、丢包率方面均优于千兆光纤网卡，且在系统上注册为以太网设备，

可用以太网测试工具 iperf（Ver 3.6）进行网络性能测试，验证可收发以太网数据，具备通用性。

6 结束语

本文提出了一种基于 FC-AE-ASM 协议数据的虚拟以太网卡设计方案，在操作系统中注册识别为一个以太网设备，驱动层对以太网数据进行封装为 FC-AE-ASM 数据，利用支持 FC-AE-ASM 协议的 HBA 卡实现数据的收发。该方案同时发挥了 FC-AE 数据的高带宽、高可靠性优势，又保留了以太网的通用性，具有较强的实际应用价值。

参考文献：

[1] ZHANG ZHI, ZHAI ZHENGJUN, LI XIANG. Protocol Analysis and Interface Board Design of Avionics Fibre Channel [J]. MEASUREMENT & CONTROL TECHNOLOGY, 2010, 29 (2): 99-101.

张志，翟正军，李想. 航空电子光纤通道协议分析与接口卡设计 [J]. 测控技术，2010，29（2）：99-101.

[2] INCITS. Fibre Channel: FC-AE-ASM/AMI [z]. 2008.

[3] Fibre Channel Avionics Environment-Anonymous Sub-scriber Messaging (FC-AE-ASM): Rev 1.2: ANSI INCITS T1I/06-123vo [s]. American National standards Institute, 2006.

[4] TIAN ZE, XU WENLONG, XU HENG, et al. The research of Fibre channel technology [J]. Application of Electronic Technique, 2016, 42 (9): 143-146.

田泽，徐文龙，许恒，等. FC 光纤通道技术研究综述 [J]. 电子技术应用，2016，42（9）：143-146.

[5] CHRISTIAN BENVENUTI. Understanding Linux Netword Internals [M]. Beijing: China Electric Power Press, 2009.

[6] LI BIN, Ji Lei. A Reliable Transmission Protocol Based on FC-AE-ASM [J]. Aeronautical Computing Technique, 2015, 45 (3): 123-126.

李斌，季雷. 基于 FC-AE-ASM 的可靠传输协议 [J]. 航空算技术，2015，45（3）：123-126.

高速串行链路中过孔的影响分析

刘婷婷　齐文亮

中国航空工业集团公司西安航空计算技术研究所　西安 710068

摘要：随着人工智能、物联网的普及，海量数据的通信问题已经成为了产品设计的瓶颈，因此各组织及公司都相应推出了 20Gbps 以上的高速总线协议，甚至高达 100Gbps。随之而来的就是高速总线的物理实现问题，在高速总线的物理链路中，传输线、焊盘、过孔等结构的寄生效应会产生一系列的非理想现象，这将直接影响着信号传输质量。本文主要研究高速串行总线无源链路中过孔的物理结构以及其对于信号传输质量影响分析，从而指导高速串行总线的印制板设计。本文通过使用理论分析及三维电磁场仿真相结合的方法，在硬件设计初期就能提前优化设计，有效地缩短产品开发周期，降低开发成本，提高信号质量。

关键词：高速串行总线；信号完整性；过孔；反焊盘；背钻

中图法分类号　TP391

1　引言

高速串行的无源链路主要面临着衰减、反射以及串扰等问题，频率较低时，边沿跳变时间较长，小尺寸的不连续结构并不会构成影响，但是随频率不断的增高，过孔这类小结构的影响就逐渐凸显出来。过孔是印制板中连接各层传输线的必要组成部分，同时也是典型的不连续结构，由于其管状结构以及各层的扇出焊盘及其反焊盘会产生复杂的寄生效应，设计不当会严重影响高速信号质量[1]。本文将针对高速串行总线中的过孔，对其进行建模分析，充分考虑影响其正确传输的信号完整性因素，并采取有效的控制措施，提高信号质量，保证数据的正确传输。

2　过孔物理结构分析

过孔的典型结构如图 1 所示，由孔壁、孔盘、反焊盘等组成，上述的物理结构有一个共同特点就是会带来链路的结构突变。

其中过孔孔盘与平板层会产生寄生电容（如式 1 所示）、过孔的孔壁会产生寄生自感[2]（如式 2 所示）、信号过孔与地过孔的孔壁会产生寄生互感（如式 3 所示）。信号过孔的寄生效应会受到焊盘及反焊盘尺寸、过孔长度、距离地孔之间的距离以及周围地过孔的数量及距离的影响，其等效电路如图 2 所示。

$$C = \frac{1.414\pi\varepsilon D_1 T}{D_2 - D_1} \quad \text{式 1}$$

其中：C 为寄生电容、D_1 为过孔直径、D_2 为反焊盘直径、T 为过孔与平板之间的距离。

$$L_{自} = 5h\left[\ln\left(\frac{2h}{D_1}\right) - \frac{3}{4}\right] \quad \text{式 2}$$

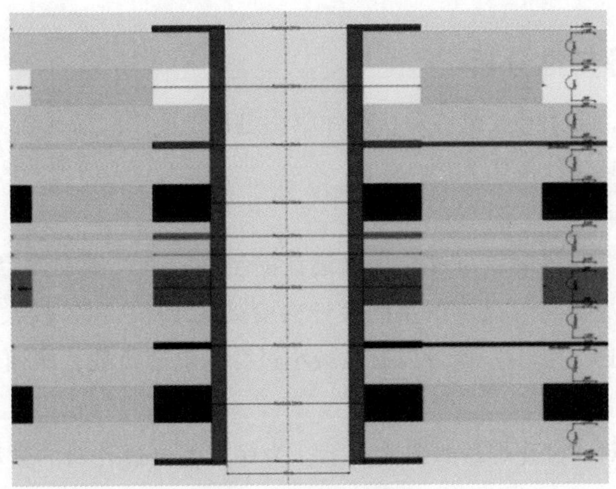

图 1　过孔结构示意图

其中：$L_{自}$ 为寄生自感、D_1 为过孔直径、h 为过孔长度。

$$L_{互} = \frac{\mu}{2\pi} 2h \frac{s}{D_1} \quad \text{式 3}$$

其中：$L_{互}$ 为寄生互换感、D_1 为过孔直径、h 为过孔长度、s 为信号过孔与地过孔之间的距离。

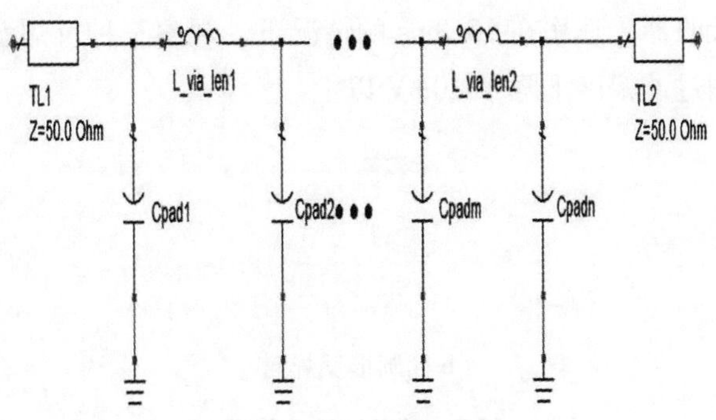

图 2　过孔寄生参数等效模型

信号沿着传输线传播时，其路径上的每一步都有相应的瞬态阻抗。当物理结构变化时，相应的瞬态阻抗也随之变化。信号的反射和互连线的瞬态阻抗密切相关，当链路的瞬态阻抗发生突变时就会产生反射现象。传输线在遇到阻抗突变时，假设信号入射电压为 $V_{incident}$，反射电压为 $V_{reflected}$，最初所在区域的瞬态阻抗为 Z_1，信号进入另一区域的瞬态阻抗为 Z_2，那么可以反射系数 ρ 为式 4。可以看出当两个区域的阻抗差异越大反射系数就越大，相应的反射信号就会越大。但是对于实际的链路，由于物理结构复杂，阻抗值变化较为复杂，多个位置都存在着反射，入射信号和反射信号的多次叠加导致无法通过计算来分析。

$$\rho = \frac{Z_2 - Z_1}{Z_2 + Z_1} = \frac{V_{reflected}}{V_{incident}} \quad \text{式 4}$$

阻抗突变会对信号造成非常大的影响，但是在信号速率较低（如 100MHz）时，过孔并没有带来影响，随着信号速率的提高（大于 5GHz），即使是很小尺寸的突变都会给信号质量带来很大的影响[3]，因此急需研究高速串行链路中过孔的影响。本文将针对高速串行链路中的过孔的结构参数进行分析，研究各物理结构的改进方法，从而指导高速印制板的设计，提高信号质量。

3 过孔寄生效应无源特性分析

针对过孔的复杂结构，由于其变量过多，实际应用过程中使用的情况较多，本文将对过孔反焊盘、过孔桩线进行深入剖析，具体分析如下：

3.1 过孔反焊盘分析

反焊盘是指在不同网络的覆铜层与过孔焊盘避让的空间，是产生中途容性负载反射的主要因素。在高速印制板设计中，反焊盘与焊盘所产生的容性突变如式 1）所示，较大的反焊盘尺寸（即 D_2 变大）和较低的介电常数（即 ε 变小）均可以有效减小过孔的电容负载，从而可以提高过孔阻抗，减小传输时延[4]。

在实际使用中，差分对的过孔焊盘如图 3 所示，为保证差分过孔对的紧耦合特性，导致反焊盘连接在一起形成葫芦形反焊盘（如图 3. a 所示）。由上一节可知过孔的焊盘与反焊盘会形成寄生电容，为减小电容的影响，本文将分别分析葫芦形焊盘、椭圆焊盘以及将椭圆形焊盘增大 4mil 三种情况的过孔无源特性。

通过三维电磁场仿真三种情况的过孔无源特性如图 4 所示，可以看出反焊盘的变化对于回波损耗的影响较小，但是对于插入损耗影响较大，将葫芦形焊盘改为椭圆形焊盘，插入损耗略微变小，但是当椭圆形焊盘增大后，衰减的幅度变小 5dB。

进一步在相同的驱动接收器，速率在 15Gbps 的情况下，观察三种反焊盘设计下眼图的变化如图 5 所示，当反焊盘扩大时眼图过冲幅度下降了 10mV 以上。

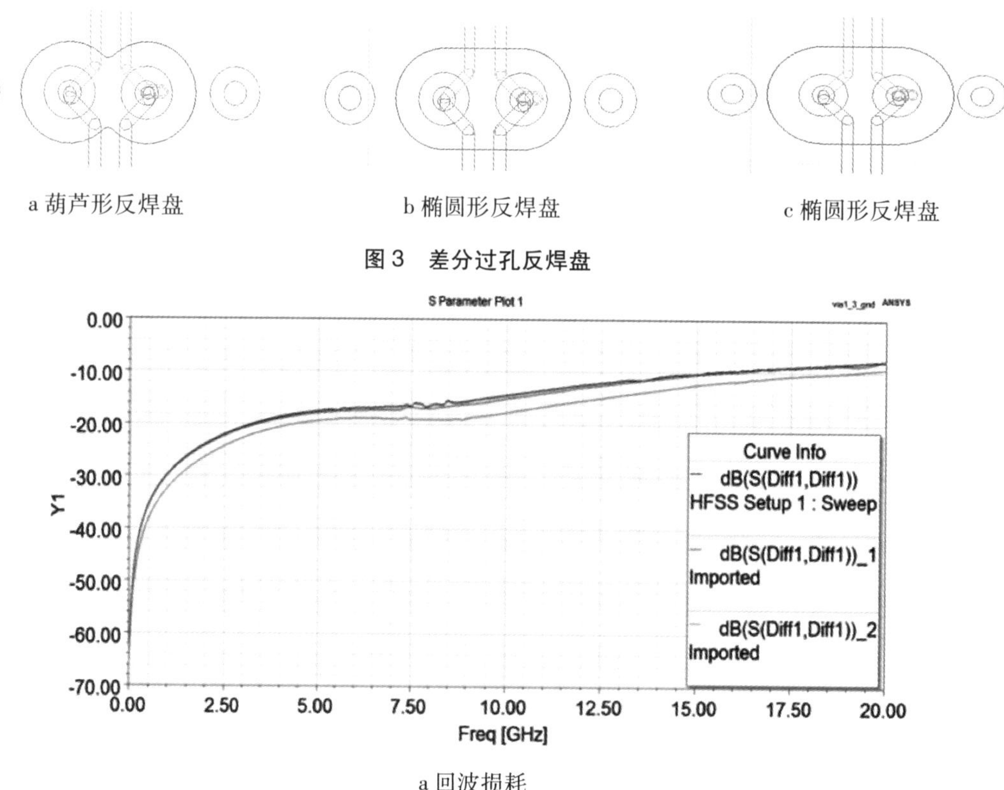

a 葫芦形反焊盘　　b 椭圆形反焊盘　　c 椭圆形反焊盘

图 3 差分过孔反焊盘

a 回波损耗

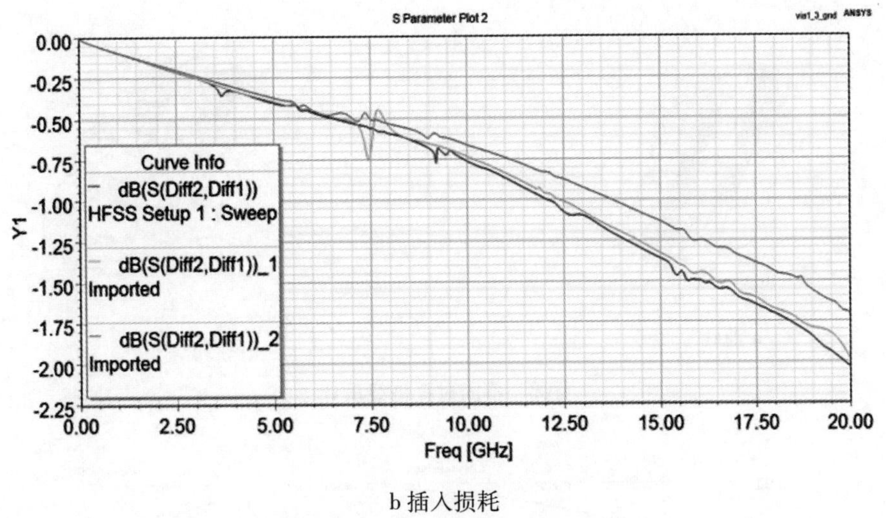

b 插入损耗

图 4　差分过孔不同反焊盘无源特性

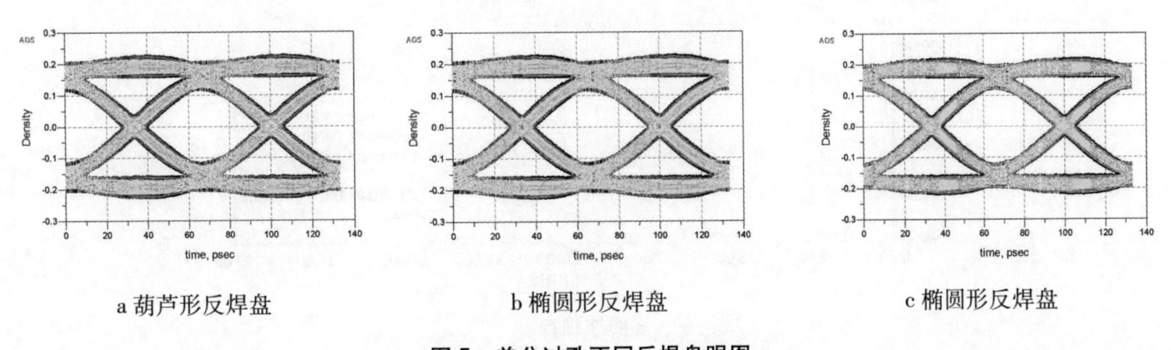

a 葫芦形反焊盘　　b 椭圆形反焊盘　　c 椭圆形反焊盘

图 5　差分过孔不同反焊盘眼图

通过上述仿真可以看出，反焊盘的扩大可以优化高速串行总线的信号质量，但是同时由于反焊盘就是在平板层挖孔：一方面，由于平板层是相邻信号层的回流路径，而较大的孔缝会导致回流路径割断从而增长了回流的距离，影响其他信号的质量；另一方面电源平板由于较大的挖空区域导致通流能力下降。因此在设计反焊盘的时候需要平衡过孔反焊盘的寄生设计以及平板设计。

3.2　过孔桩线分析

过孔作为连接印制板各层之间的信号，除从表层到底层的切换之外，在换层过程中必然会导致过孔分叉桩线如图 6 所示，桩线的尺寸通常为 0.2～3mm，当桩线的传输时延与信号的上升时间相比拟时，桩线相当于一个分叉传输线[5]。由于过孔的孔壁、孔盘的特殊结构所产生如式 1）～3）所示的寄生电容、寄生电感，导致阻抗变化情况更加复杂[6]，无法直接使用公式计算。

在三维电磁场中针对常规过孔进行仿真如图 7 所示，发现在 2.5GHz 以上频段，回波损耗即反射大于-10dB；在 2.5GHz 以上插入损耗及衰减急剧恶化，在 10GHz 以上衰减甚至小于-30dB。为解决这一问题，才以采用背钻孔、埋盲孔等设计方法，其中背钻孔的加工成本较低被广泛引用。将过孔桩线背钻之后，发现回波损耗优化至小于-20dB，插入损耗在 20GHz 范围内均大于-5dB。

进一步在相同的驱动接收器，速率在 15Gbps 的情况下，观察有桩线和没有桩线的设计时眼图的变化如图 8 所示，可以看出当直接采用通孔时，眼高已经不足±50mV，眼宽不足 40ps，眼图恶化严重。而当再用背钻孔时，眼图有明显的优化，眼高大于±100mV，眼宽大于 55ps。

因此对于速率大于 5Gbps 的高速串行总线建议通孔均采用背钻技术。

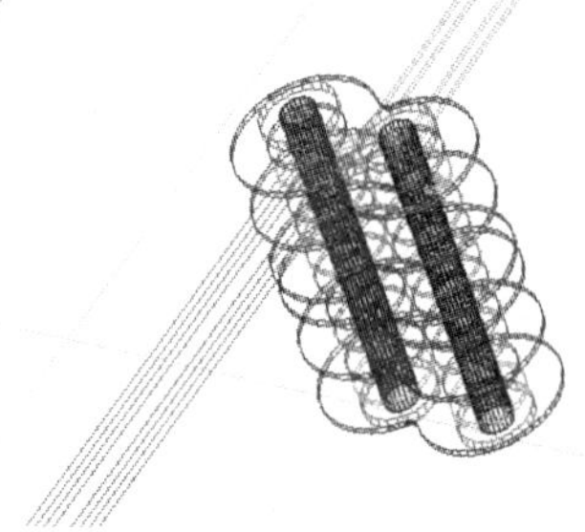

a 通孔

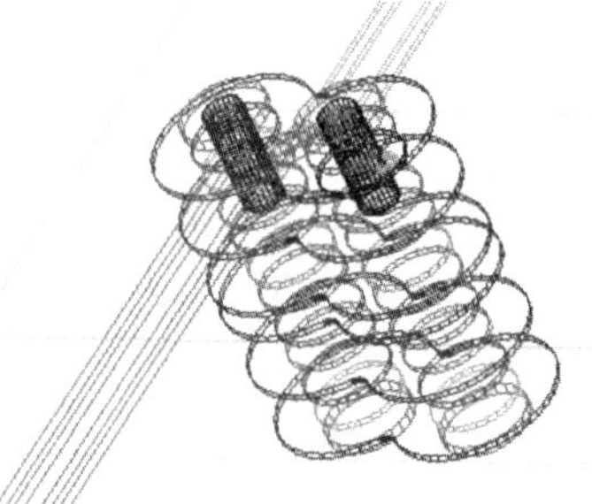

b 背钻孔

图 6　不同过孔桩线设计

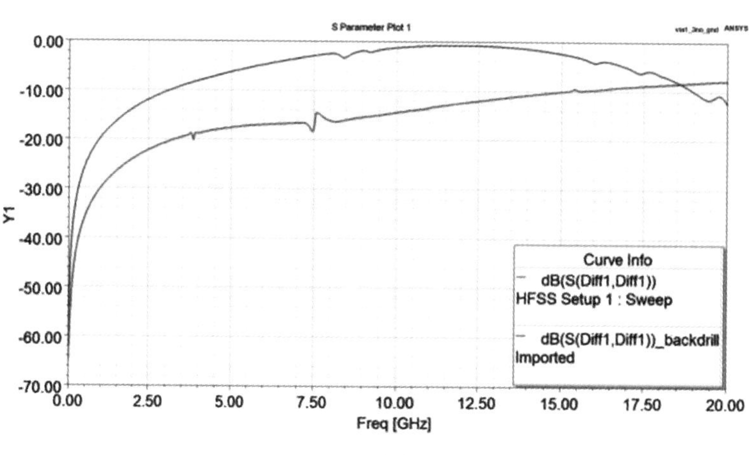

a 回波损耗

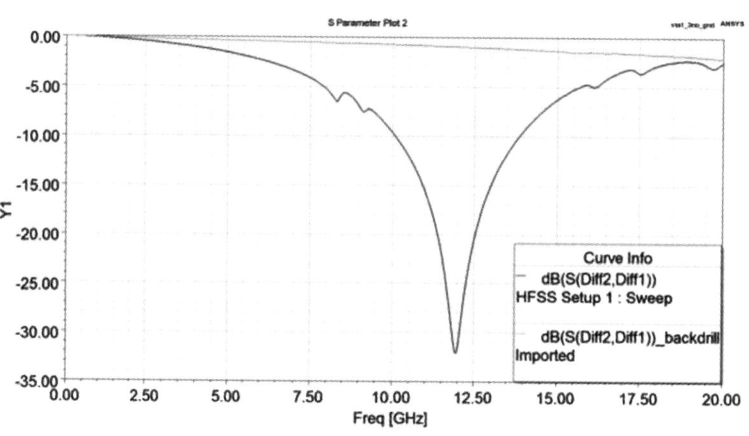

b 插入损耗

图 7　不同过孔桩线设计的无缘特性

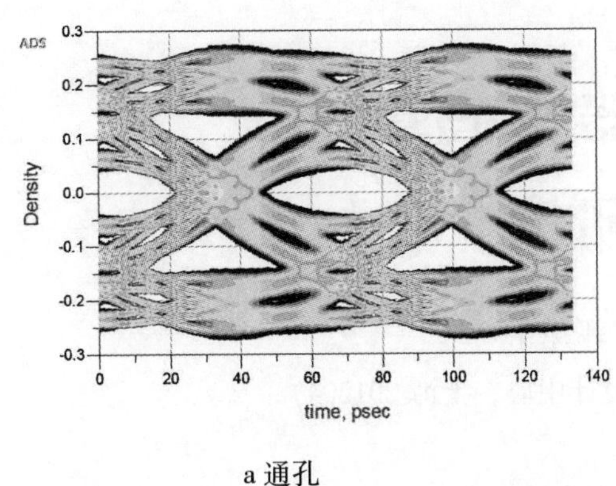

a 通孔

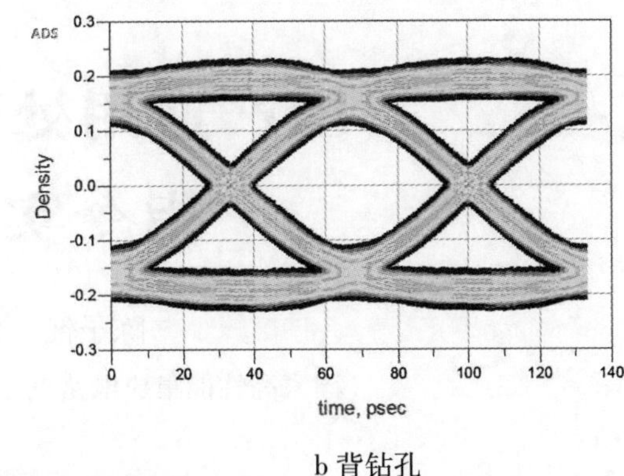

b 背钻孔

图 8　不同过孔桩线设计时信号眼图

4　总结

本文通过对过孔物理结构的分析，结合过孔反焊盘的仿真和过孔桩线的仿真结果来研究过孔对高速串行总线的影响。根据本文的研究为高速串行总线提供设计依据。主要结论为：

1）在高速串行总线的设计过程中，差分过孔的反焊盘建议采用椭圆形焊盘，并且尽量选较大的尺寸，但是同时需要兼顾地平板的回流连续性以及电源平板的通流能力。

2）高速串行总线的差分过孔，在频率低于 5GHz 时，通孔的桩线并不会影响信号质量，但是大于 5GHz 时，通孔的桩线会导致信号同时面临反射和衰减问题的恶化，因此需要采用背钻技术。

参考文献：

[1] 张木水，李玉山. 信号完整性分析与设计［M］. 北京：电子工业出版社，2010.

[2] 顾菘. 高速电路中的信号完整性分析［J］. 电子设计工程，2011（16）.

[3] 曹燕丽，孟利民. 高速电路中传输耦合的反射和串扰仿真［J］. 杭州电子科技大学学报，2009（05）.

[4] 胡为东. 信号完整性问题与 S 参数的关系［J］. 电子产品世界，2010（11）.

[5] 耿卫晓. 多层 PCB 过孔转换结构的信号完整性分析［D］. 集美大学，2015.

[6] 金丽花. 高速差分过孔的仿真分析［J］. 张格子，信息技术，2007（05）.

国产通用处理器密码算法指令实现研究*

陈子钰　何军　郭翔宇

（国家高性能集成电路（上海）设计中心，上海 201204）

摘要：介绍了国际主流密码算法 AES 和 SHA，综述了当前主流通用处理器架构的密码算法指令发展现状。为提高国产通用处理器在密码安全领域的性能，设计了面向国产通用处理器的 AES 和 SHA 密码算法扩展指令集，实现了能全流水执行的 AES 和 SHA 密码算法指令执行部件，并进行了实现评估和优化。该密码算法指令执行部件的工作频率达 2.0GHz，总面积为 17 644μm^2，总功耗为 59.62mW，相比软件采用原有通用指令实现，对 AES 密码算法的最小加速比为 8.90 倍，对 SHA 密码算法的最小加速比为 4.47 倍，在指令全流水执行情况下可达 19.30 倍，显著地加速了处理器对 AES 和 SHA 密码算法的执行性能，有望应用于国产通用处理器并进一步提升国产通用处理器芯片在密码安全应用领域的竞争力。此外，该密码算法指令部件还可以封装成专门用于支持密码算法的 IP，应用在密码安全领域的专用芯片中。

关键词：通用处理器；AES；SHA；密码算法；密码算法指令；处理器性能

中图分类号：TP332.2　　**文献标志码**：A

1　引言

密码安全是信息安全的基石，密码算法作为保证密码安全的关键技术已被广泛地应用于信息加密传输、可信计算等领域，深刻地影响着信息安全和国家安全。密码算法及其执行效率是学术界研究的重点之一。采用纯软件的方式优化密码算法执行程序[1]、采用定制专用硬件电路[2]或专用处理器[3-4]实现密码算法、采用指令集架构 ISA（Instruction Set Architecture）扩展[5-7]来支持密码算法，是当前最具代表性的三类提升密码算法执行效率的方式。纯软件优化的方式虽然灵活、低成本，但是优化空间有限且易受侧信道攻击；专用电路和专用处理器实现的方式执行速度快，但成本高、灵活性和可扩展性不佳、不易与其他系统融合。相对而言，面向特定的密码算法采用指令集架构（ISA）扩展的方式[8]兼顾了硬件和软件的不同特性，同时具有软件优化和硬件加速的优势，能用硬件执行制约密码算法性能的关键操作，进而设计成方便软件灵活运用的密码算法指令对处理器的指令集进行扩展，可以很好地平衡密码算法执行效率与硬件开销、设计灵活性和可扩展性之间的矛盾，达到以较少的硬件资源大幅提升密码算法的执行效率和降低代码占用空间的效果，还能灵活地与其他运算模块融合，实现很强的可扩展性。

高级加密标准 AES（Advanced Encryption Standard）[9]和安全散列算法 SHA（Secure Hash Algorithm）[10]是两种当前应用广泛且影响深远的密码算法，处理器对这两种密码算法的支持情况极大的影响着其在密码安全应用领域的竞争力。Intel X86、IBM Power 以及 ARMv8 等主流通用处理器架构中都针对 AES 和 SHA 密码算法进行了指令集扩展。基于对 AES 和 SHA 密码算法的研究，参考国内外主流通用处理器的密码指令集实现。本文采用指令集架构（ISA）扩展优化的方式对 AES 和 SHA 算法进行指令扩展优化，面向国产通用处理器设计了 AES 和 SHA 密码算法扩展指令集，实现了全流水执行的

AES 和 SHA 密码算法指令部件，并进行了实现评估分析和优化。以期提高国产通用处理器执行密码算法的效率，并进一步增强国产处理器芯片在密码安全应用领域的性能和竞争力。

2 AES 和 SHA 密码算法

当前，国际主流的密码算法主要有 RSA、椭圆曲线算法（ECC）、高级加密标准（AES）、安全散列算法（SHA）等。其中 AES 算法和 SHA 算法是由美国国家标准与技术研究所（NIST）制定和发布的通用密码算法，因被广泛使用而在国际上有深远的影响。

2.1 AES 算法

高级加密标准（AES）中制定的 AES 算法因具有安全性强、加密效率高、硬件开销小、灵活易用等优势已广泛应用于信息加密和密码芯片等领域。AES 算法是一种分组密码算法，其输入、输出分组和加密、解密过程中的中间分组均为 128bit，使用 Nr 个轮，每轮均需要一个扩展密钥 Key 参与（Nr 取 10、12 或 14，对应的输入密钥长度为 128、192 或 256bit）。受限于输入密钥长度，AES 算法在运算过程中需要进行密钥扩展（Key expansion），以生成各轮的轮密钥。AES 算法的加密流程主要运用了查找 SBOX 并进行字节置换、行变换、列混合和密钥加等 4 个转换操作。其中 SBOX 字节置换是指按设定的转换表对每个 Byte 用 SBOX 作一个置换进而生成状态矩阵，行变换的基本操作是循环移位（右移），列混合的基本操作是逻辑异或和定义在有限域上的多项式乘法，多项式乘法运算采用矩阵乘实现，密钥加的基本操作是逻辑异或。除最后一轮仅用 3 个（无列混合）转换外，每一轮都使用 4 个可逆的转换。解密是加密逆过程，在此不再详述。由于 AES 密码算法加解密过程运算复杂度高，因此处理器对 AES 密码算法的支持性能成为 AES 算法高效运行的主要限制因素。

2.2 SHA 算法

安全散列算法（SHA）是一组哈希密码算法，主要用于数字签名、散列消息认证码、生成随机数等应用。安全散列标准 SHS（Secure Hash Standard）FIPS 180-4 规定了 SHA-1、SHA-224、SHA-256、SHA-384、SHA-512、SHA-512/224、SHA-512/256 等算法。所有的算法都是根据消息字迭代算法对应的哈希函数来产生消息摘要字，所有操作均以字为单位。SHA 算法中的主要参数如表 1 所示，对于 SHA-1、SHA-224、SHA-256 算法，字长为 32 位，消息块大小为 16 个字（512 位），其他算法字长为 64 位，消息块大小为 16 个字（1 024 位）。

表 1　SHA 算法的主要参数（比特）

算法	消息字长	消息块大小	字长	消息摘要大小
SHA-1	$<2^{64}$	512	32	160
SHA-224	$<2^{64}$	512	32	224
SHA256	$<2^{64}$	512	32	256
SHA-384	$<2^{128}$	1 024	64	384
SHA-512	$<2^{128}$	1 024	64	512
SHA-512/224	$<2^{128}$	1 024	64	224
SHA-512/256	$<2^{128}$	1 024	64	256

SHA 算法主要包括预处理和 Hash 值计算两个步骤。预处理包括 Hash 值 $H^{(0)}$ 初始化、消息填充和消息解析三个过程。其中初始 Hash 值 $H^{(0)}$ 由标准规定，算法中具体采用的值取决于消息摘要字。消息

填充就是将算法输入数据转换成 512 或 1 024 位的消息块，填充过程可以在消息哈希计算开始之前，或者插入在任意哈希计算中处理包含填充的块之前。消息解析是将填充消息解析为 N 个 M 位的消息块。Hash 值计算主要是针对每一个消息块进行消息调度字准备、初始化工作变量字、工作变量字迭代更新和计算出消息块的 Hash 值等四个过程。某些应用中可能需要与 FIPS 180-4 标准中提供的消息长度不同的哈希函数，对此可使用截断消息摘要。SHS 标准为 SHA 算法定义了 Ch（x，y，z）、Parity（x，y，z）、Maj（x，y，z）、Σ_0^{256}（x）、Σ_1^{256}（x）、σ_0^{256}（x）、σ_1^{256}（x）、Σ_0^{512}（x）、Σ_1^{512}（x）、σ_0^{512}（x）、σ_1^{512}（x）等函数和 K_t^{256}（x）等常数选择表，SHA 算法的实现中主要操作为模 2^w 的加法、移位和逻辑异或。

3 主流通用处理器对密码算法应用的支持

采用在指令集架构（ISA）中扩展密码算法指令的方式能大幅提升密码算法的执行效率，同时还具有硬件开销小、代码占用空间小、灵活性和可扩展性强等优势。因此，国际主流的通用处理器架构都是通过定义专门的密码算法指令，以扩展指令集的方式来实现处理器对主要密码算法的支持，进而提升处理器在密码安全应用方面的性能。当前，为增强对 AES 和 SHA 密码算法应用的支持，Intel X86 架构、IBM Power 架构和 ARMv8 架构都在原有指令集的基础上新增了针对 AES 和 SHA 密码算法扩展指令集，如表 2 所示。其中，Intel X86 架构新增了包括 6 条 AES 密码指令的高级密码标准指令集 AES-NI[11] 和 7 条 SHA 扩展指令[12]，分别用以加速 AES 加/解密标准算法和 SHA 算法（特别是 SHA-1 和 SHA-256）；IBM Power 指令集[13] 也为 AES 加/解密标准算法新增了 5 条指令，同时针对 SHA256 和 SHA512 新增了两条 SHA 密码算法指令；ARMv8 指令集也面向 AES 和 SHA 密码算法应用分别扩展了 4 条和 10 条密码算法指令[14]。

通过分析主流通用处理器的指令集架构对 AES 和 SHA 密码算法的指令集扩展支持，对于 AES 算法，主流通用处理器的指令集架构的扩展指令都是对轮加/解密中的几个过程进行合并从而实现为一条指令。所不同的是，Intel X86 区分了加密轮和尾加密轮，但依然保留了列混合指令。同时 Intel X86 有一条专用的密钥生成指令，这条指令对应 AES 256 密钥生成规则；Power8 中进行了加密轮和尾加密轮的区分，单独设有用于字节替换的 S-box 查找指令（可用于密钥生成 Sub Word 函数）；ARMv8 中将列混合单独作为一条指令，同时不区分是否是最后一轮；均为 128 位向量指令。对于 SHA 算法：主流通用处理器的指令集架构主要支持 SHA-1、SHA-256 和 SHA-512 算法，均为 128 位向量指令。其中 Power8 没有指令支持 SHA-1，但有指令支持 SHA-512，Intel X86 和 ARMv8 不支持 SHA-512。SHA 密码算法扩展指令主要针对 Hash 计算提供指令支持进行加速，没有对消息填充和分块提供支持，其中，Power8 没有对整轮 Hash 计算过程提供指令支持，而针对 Hash 计算中关键函数 sigma 提供指令支持；Intel X86 和 ARMv8 对整轮 Hash 计算提供指令支持，包括消息调度和工作变量更新。

表 2　主流通用处理器架构的密码扩展指令集

算法	Intel X86[11-12]	IBM Power[13]	ARMv8[14]
AES	AESDEC AESDECLAST AESENC AESENCLAST AESIMC AESKEYGENASSIST	vcipher vcipherlast vncipher vncipherlast vsbox	AESD AESE AESIMC AESMC

续表

算法	Intel X86[11-12]	IBM Power[13]	ARMv8[14]
SHA	SHA1MSG1 SHA1MSG2 SHA1NEXTE SHA1RNDS4 SHA256SG1 SHA256SG2 SHA256RNDS2	vshasigmad vshasigmaw	SHA1C SHA1H SHA1M SHA1P SHA1SU0 SHA1SU1 SHA256H SHA256H2 SHA256SU0 SHA256SU1

当前，国内主要的处理器研制厂商和机构普遍都采用或兼容 Intel X86、IBM Power 或 ARMv8 等主流通用处理器架构及其指令集，因此暂未见到专门面向国产处理器而自主设计的 AES 和 SHA 密码算法扩展指令集被公布。然而，我国一直非常重视信息安全和密码研究，为了加速密码算法的执行以增强国产处理器在支持主要密码算法应用方面的性能，国内的主要处理器研制厂商和机构都在积极地发展密码算法扩展指令集，以提升国产处理器芯片在密码安全领域的竞争力。目前，中科龙芯、天津飞腾、兆芯等处理器研制机构都已经在兼容原有指令集架构的同时发展了支持部分国密算法的扩展指令集[15]。

4 国产通用处理器密码算法指令集及其实现

在密码算法扩展指令集设计过程中必须采用原有指令系统的指令格式和编码规则，以保证新增指令与原有指令集兼容。同时，新指令的数量不宜过多且执行部件不能太复杂，以避免带来过多的硬件开销和降低系统运行速度。

4.1 国产通用处理器密码算法扩展指令集

为实现国产通用处理器对 AES 算法和 SHA 算法的支持，根据高级加密标准（AES）FIPS 197 和安全散列标准（SHS）FIPS 180-4，参考国内外主流处理器的密码指令集设计，针对国产通用处理器架构的指令格式和 256 位 SIMD 的特点，结合硬件实现，本文设计了面向国产通用处理器的 AES、SHA 密码算法扩展指令集，如表 3 所示，指令长度为 32 位，指令格式有简单运算指令格式、复合运算指令格式（立即数）和复合运算指令格式（寄存器）三种。AES 密码算法扩展指令支持 FIPS 197 标准定义的 AES 算法，包括 5 条指令，分别用以支持 AES 标准所规定的加密轮、加密尾轮、解密轮、解密尾轮以及 SBOX 字节替换操作。SHA 密码算法扩展指令支持 FIPS 180-4 标准定义的 SHA 算法，包括 8 条指令，主要对 Hash 值计算中的消息调度字准备和工作变量字迭代更新两个重要过程进行加速，支持 SHA-1、SHA-256 和 SHA-512 算法。

表 3 国产通用处理器的密码算法扩展指令集

扩展指令集	指令	功能描述	执行延迟
AES 扩展指令集	VAESENC	AES 加密轮	1
	VAESENCL	AES 加密尾轮	1
	VAESDEC	AES 解密轮	1
	VAESDECL	AES 解密尾轮	1
	VAESSBOX	AES 查找 S-Box 并替换字节	1

续表

扩展指令集	指令	功能描述	执行延迟
SHA 扩展指令集	SHA1MSW	生成 SHA-1 算法消息调度字	2
	SHA1R	SHA-1 工作变量字迭代更新	9
	SHA256MSW	生成 SHA-256 算法消息调度字	5
	SHA256R	SHA-256 工作变量字迭代更新	9
	SHA512MSL0	生成 SHA-512 算法消息调度字	2
	SHA512MSL1	生成 SHA-512 算法消息调度字	3
	SHA512R0	SHA-512 工作变量字迭代更新	5
	SHA512R1	SHA-512 工作变量字轮迭代更新	5

4.2 密码算法指令部件的设计实现

密码算法扩展指令集在支持密码算法的同时不应降低原指令集架构的性能，此外还不能增加太复杂的硬件。在密码算法指令集执行部件实现的过程中需要将可以并行的部分尽量并行，做到所有的指令都能全流水实现以减少时间延迟，可以共享的部分尽量共享以减少硬件开销。同时，为了能满足国产通用处理器的工作频率要求，需要将算法划分为尽可能一致的运算分量，且每一拍的逻辑不能过多。

根据 AES 和 SHA 密码算法指令集，密码算法指令部件的结构如图 1 所示，按密码算法的特征，分别设置 AES 和 SHA 两个子部件，均支持全流水运算。其中 AES 密码算法指令子部件的功能是实现 5 条 AES 指令，主要基本操作为查表、移位和逻辑异或。并且级联的逻辑数不是很多，各条指令均能在一拍之内完成。SHA 密码算法指令子部件的功能是执行 8 条 SHA 指令，由于要实现迭代运算，因此需要根据迭代次数和运算逻辑量进行节拍划分，按照频率要求，分别将各条指令的运算划分成基本一致的 1 至 8 段运算分量。为减小硬件开销，在满足算法逻辑功能的前提下需要对密码算法的运算过程进行优化。

4.2.1 AES 密码算法指令实现

AES 密码算法指令子部件的主要功能是对 AES 查找 S-BOX 并替换字节、AES 加/解密轮及其尾轮提供加速，完成 AES 轮加密（VAESENC）、AES 尾轮加密（VAESENCL）、AES 轮解密（VAESDEC）、AES 尾轮解密（VAESDECL）、AES 字节替换（VAESSBOX）5 条指令。主要执行查找加密转换表 SBox 并替换字节生成状态矩阵、行移位变换、列混合变换、加密密钥加、查找解密转换表 InvSBox 并替换字节、行移位逆变换、列混合逆变换、解密密钥加等操作过程，其底层的逻辑操作是查表、移位和异或。

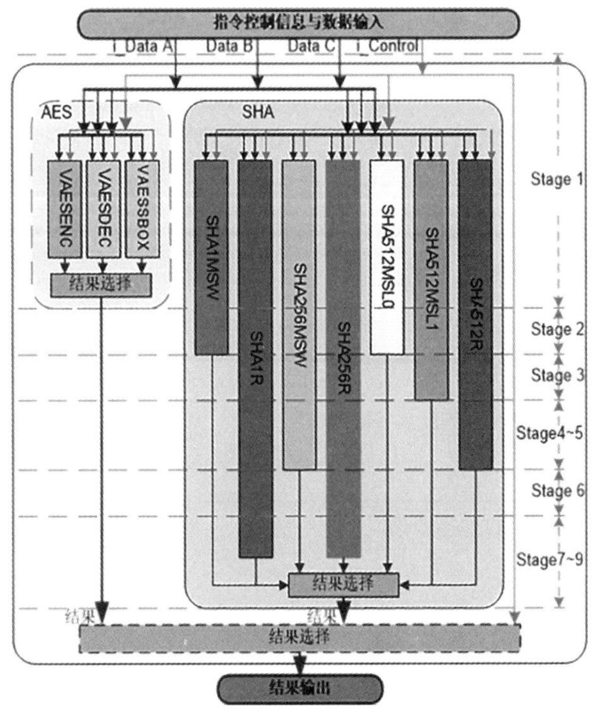

图 1 密码算法指令部件结构

AES 密码算法指令子部件的结构如图 2 所示，分别为加密和解密过程定义的基本操作，设置加密查表转换（SubBytes）、行移位变换（ShiftRows）、列混合变换（MixColumns）、解密查表转换（InvSubBytes）、行移位逆变换（InvShiftRows）和列混合逆变换（InvMixColumns）六个子模块。根据指令控制信息和输入数据，选择对应的数据通路即可实现AES密码算法指令。AES密码算法指令子部件的输入、输出数据的位宽均为256位，可以使用128、192和256位密钥的迭代式对称密钥块密码，并且可以对128位（16个字节）的数据块进行加密和解密，每条指令的执行延迟为一拍。

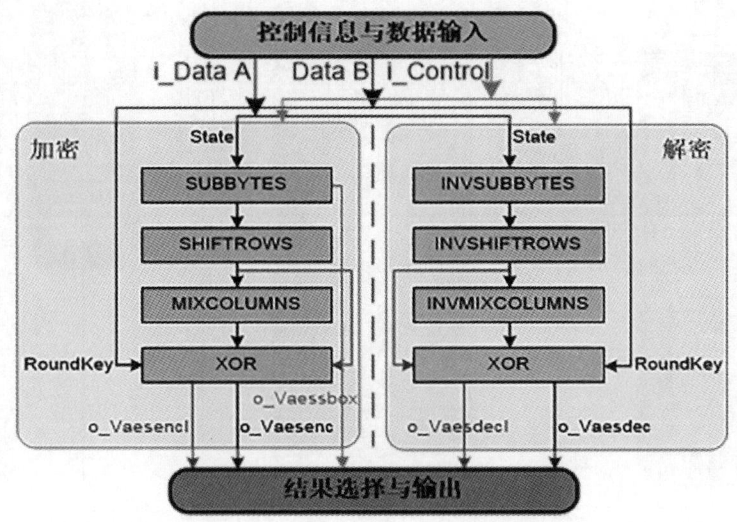

图2　AES密码算法指令子部件结构

为加速算法执行，将SubBytes和InvSubBytes所定义的表格信息直接用专用电路实现，可以有效地减少执行AES算法时查表和访存延迟造成的延迟，此外，行移位变换在电路中实际上只需改变信号连线的组合，因此除导线上的信号延迟外移位操作不需要其他时间开销。因为尾轮加密和轮加密相比仅仅只是少了一个列混合变换，因此VAESENC指令和VAESENCL指令可以共享一组硬件来实现，同理VAESDEC指令和VAESDECL指令也可以共享一组硬件，如此可以有效地减少硬件开销。

4.2.2　SHA密码算法指令实现

SHA密码算法指令子部件的主要功能是执行8条SHA密码算法扩展指令，主要执行SHS标准定义的Ch（x，y，z）、Parity（x，y，z）、Maj（x，y，z）、Σ_0^{256}（x）、Σ_1^{256}（x）、σ_0^{256}（x）、σ_1^{256}（x）、Σ_0^{512}（x）、Σ_1^{512}（x）、σ_0^{512}（x）、σ_1^{512}（x）等函数和K_t^{256}（x）等常数选择表，其底层操作主要为条件选择、移位、逻辑与、非、异或和模2^w加法等。

SHA密码算法指令子部件的结构如图3所示，主要包括处理控制信息和输入输出数据的SHA顶层模块和按照算法定义执行算法指令的SHA1MSW、SHA1R、SHA256MSW、SHA256R、SHA512MSL0、SHA512MSL1、SHA512R七个指令实现子模块，以及CSA3B2、CSA4B2两个数据压缩子模块和常数选择子模块SELKt256（x）。其中，SHA1MSW实现生成SHA-1算法的8个消息调度字的指令；SHA1R实现SHA-1工作变量字第16~23轮迭代更新的指令，需采用字更新子模块SHA1RUPDATE连续迭代8轮；SHA256MSW实现生成SHA-256算法的8个消息调度字的指令；SHA256R实现SHA-256工作变量字的8轮迭代更新的指令，需采用字更新子模块SHA256RUPDATE连续迭代8轮；SHA512MSL0和SHA512MSL1实现生成SHA-512算法的8个消息调度字的两条指令；SHA512R实现SHA-512工作变量字的8轮迭代更新的两条指令，需采用字更新子模块SHA512RUPDATE连续迭代4轮；CSA3B2和CSA4B2分别将三个和四个32位的工作字以加法的形式压缩为两个32位的工作字。SHA密码算法指令子部件的输入、输出数据的位宽均为256位，指令执行延迟为2至9拍，支持全流水执行。

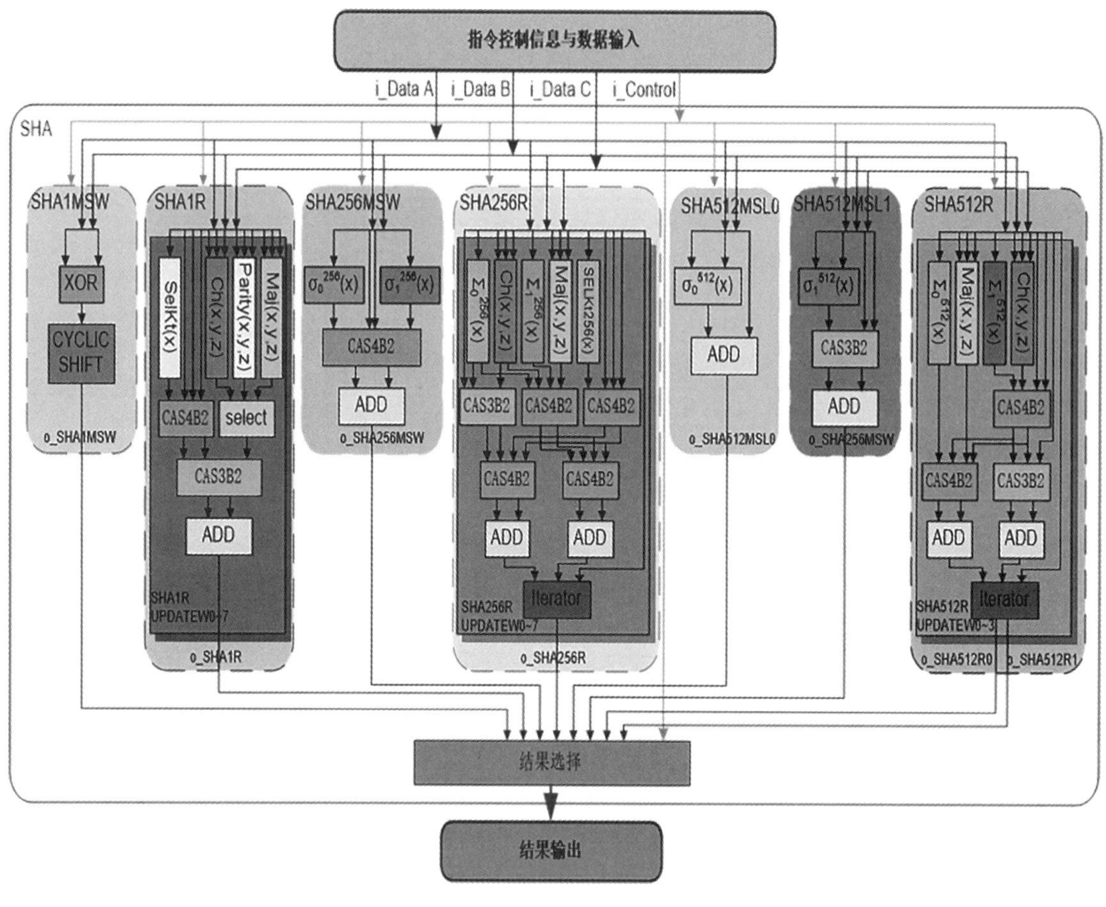

图 3　SHA 密码算法指令子部件结构

与 AES 密码算法指令子部件同理，通过改变电路连线直接实现移位操作可有效加速算法中移位运算。为进一步加速算法执行，实现中将 SELKt256（x）定义的常数直接用专用电路实现以减少 SHA 算法中常数选择判断的延迟。此外，需要将能压缩的工作字尽早压缩以缩短压缩数据所需的时间延迟。将能并行的操作尽可能并行以减少工作字迭代的时间延迟。在 SHA1MSW 和 SHA512MSL0 指令中，因为各消息调度字的生成是独立的，因此这两条指令可各自同时将八个消息调度字并行生成；SHA256MSW 和 SHA512MSL1 指令中由于工作字之间存在数据真相关，单条指令每时钟周期最多只能并行生成 2 个工作字；SHA1R、SHA256R、SHA512R0 和 SHA512R1 这四条指令中由于每个工作变量字均依赖于前一个工作变量字，因此同一条指令的工作字的生成过程无法直接并行，但可采用流水执行来实现，并且在每个工作变量字的生成过程中要尽早压缩能压缩的数据。为减少硬件开销以减小面积和功耗，实现中采用改进运算步骤的方式对 SHA1R 的字更新算法进行了优化，将四个条件选择支路中模 2^w 加运算提到选择支路之外，即先选择常数和函数，然后再进行模 2^w 加和压缩，优化之后的算法相比原算法在不改变时序延迟和正确性的前提下可减少 24 个 CSA3B2 和 24 个 CSA4B2 压缩器。此外，SHA512R0 和 SHA512R1 指令的迭代流程相同，只是选取不同结果数据，因此可共享一套硬件来节省硬件开销。

5　密码算法指令实现评估

对照高级加密标准（AES）FIPS 197 和安全散列标准（SHS）FIPS 180-4 可知，本文提出的密码算法扩展指令集对 AES 和 SHA 算法提供了比较完备的支持。对比主流通用处理器架构中的密码算法扩展指令集，对 AES 算法，该 AES 扩展指令集的功能设置与 Intel X86、IBM Power、ARMv8 等主流通用处理器指令集中的 AES 扩展指令集大致相同，但因该 AES 扩展指令集中的所有指令在实现上都仅需 1 拍即可完成，因此相对而言具有更短的执行延迟。对 SHA 算法，由于不同的 SHA 扩展指令集提供的加速过程及其运算量不太一致，难以直接通过对比指令的延迟节拍数来评估不同扩展指令集间的性能差异，但在功能上本文提出的 SHA 扩展指令集能同时支持 SHA-1、SHA-256 和 SHA-512，并且既能加速工作字迭代，又能加速消息调度字生成，因此该 SHA 扩展指令集比当前主流的 SHA 扩展指令集的功能更加完善。

为验证密码算法指令部件的功能和执行结果的正确性，采用已经验证正确性的密码算法程序为参考模型，通过源操作数取随机值和典型特征值的方法进行大量模拟验证。此外，还针对设计实现代码进行了代码覆盖率和功能覆盖率分析，代码覆盖率和功能覆盖率可达 100%。表明密码算法指令部件的功能和执行结果正确，达到设计预期。

为评估密码算法指令部件的时序、功耗和面积等性能指标，采用 Design Compiler 综合工具，基于某先进工艺条件（注：单位要求保密），时钟频率 2.0GHz，对密码算法指令部件的 Verilog 设计代码进行了逻辑综合，结果如表 4 所示。其中，对 SHA1R 算法的优化可使 SHA 密码算法指令子部件面积减小 3.32%，功耗减小 0.94%。

表 4　密码算法指令执行部件综合结果

算法	频率/GHz	面积/μm^2	开关功耗/mW	短路功耗/mW	静态功耗/mW
AES	2.0	3 976.44	5.14	4.66	0.11
SHA	2.0	13 667.56	8.38	41.14	0.19

为分析 AES 和 SHA 密码算法扩展指令相比原指令集对密码算法执行效率的改善，需分析密码算法指令部件相对软件采用原有通用指令实现密码算法的加速比。由于软件程序在实际执行时情况非常复杂，且采用相同指令集的不同处理器的硬件配置也各有差异。为使指令集性能优化分析结果不依赖于具体的硬件配置、软件执行环境和测试平台，同时使分析过程有效和简化，对软件采用原有通用指令执行密码算法做以下假设：（1）密码算法中查表所需的数据已全部存储到处理器的数据缓存中；（2）所有访存全部命中；（3）所有指令全部流水执行；（4）不存在数据真相关的指令全部能并行执行。以 AES 轮加密指令 VAESENC 为例，采用 AES 密码算法指令部件实现只需 1 拍即可完成，但如果通过软件采用原有通用指令来实现则需要查 SBos 表替换字节、行移位、列混合、加密钥加四个过程，依次需要调用装入立即数指令（LDI，1 拍）、装入长字整数指令（FLDD，4 拍）、长字逻辑右移指令（SRLL，1 拍）和逻辑异或指令（XOR，1 拍），即便不考虑处理器并行指令数的限制，软件最少也有 7 拍执行延迟，因此 AES 轮加密指令 VAESENC 具有 7.00 倍的最小加速比。基于上述假设，分别分析软件采用原有通用指令实现 AES 和 SHA 扩展指令的最小执行延迟。结果如表 5 所示，AES 指令部件的最大执行延迟 DI_{max} 均为 1 拍，软件实现 AES 指令对应算法的最小延迟 DS_{min} 为 5 至 19 拍。用软件的最小执行延迟 DS_{min} 与指令部件的最大延迟 DI_{max} 的比值表征密码算法指令的最小加速比，则 AES 指令的最小加速比为 5.00 至 19.00 倍，几何平均数为 8.90 倍。SHA 指令部件的最大执行延迟 DI_{max} 为 2 至 9 拍，软件实现 SHA 指令对应算法的最小延迟 DS_{min} 为 5 至 74 拍。不同 SHA 指令的最小加速比为 2.50 至 8.22 倍，几何平均数为 4.75 倍。因 AES 和 SHA 密码算法指令部件均支持全流水执行，因此 SHA

密码算法指令的实际平均执行延迟会小于最大执行延迟 DI_{max}，在全流水执行的情况下每拍都能完成一条密码算法指令，此时 SHA 密码算法指令的最小加速比达 5.00 至 74 倍，几何平均数为 19.30 倍。考虑到软件在使用原有通用指令实现密码算法时还存在构建查表、访存不命中、处理器指令执行部件和并行指令数有限、不能全部流水执行等情况，实际的软件程序延迟会大于最小延迟 DS_{min}，因此 AES 和 SHA 密码算法指令的实际加速比会大于最小加速比。表明该密码算法指令部件能显著地加速处理器对密码算法的执行效率。

表 5　密码算法指令部件的性能加速比

扩展指令集	指令	指令 最大延迟 （DI_{Max}/cycle）	软件执行 最小延迟 （DS_{Min}/cycle）	指令 最小加速比 （DS_{Min}/DI_{Max}）	流水执行 加速比 （DS_{Min}/DI_{Min}）
AES 扩展指令集	VAESENC	1	12	12.00	12.00
	VAESENCL	1	7	7.00	7.00
	VAESDEC	1	19	19.00	19.00
	VAESDECL	1	7	7.00	7.00
	VAESSBOX	1	5	5.00	5.00
SHA 扩展指令集	SHA1MSW	2	10	5.00	10.00
	SHA1R	9	74	8.22	74.00
	SHA256MSW	5	18	3.60	18.00
	SHA256R	9	42	4.67	42.00
	SHA512MSL0	2	5	2.50	5.00
	SHA512MSL1	3	11	3.67	11.00
	SHA512R0	5	25	5.00	25.00
	SHA512R1	5	25	5.00	25.00

6　结束语

本文研究了国际主流密码算法 AES 和 SHA。综述了主流通用处理器架构的密码算法指令发展现状。面向国产通用处理器设计了一个密码算法扩展指令集，包括 5 条 AES 密码算法指令和 8 条 SHA 密码算法指令，相比于当前主流的密码算法扩展指令集，该扩展指令集能对 AES 密码算法和 SHA 密码算法提供更完备的加速支持，并且 AES 指令具有更短的执行延迟。实现了能全流水执行的 AES 和 SHA 密码算法指令部件，通过流水执行、专用硬件电路实现查表、及时压缩中间运算结果以及改进运算步骤等方法对算法实现进行了优化，既提高了算法执行效率，又减小了密码算法指令部件的硬件开销和功耗。对设计进行了正确性验证、逻辑综合和性能评估分析。结果显示，该密码算法指令部件的功能和正确性达到设计预期，工作频率可达 2.0GHz，总面积为 17 644μm^2。总功耗为 59.62mW，相比基于原有通用指令集采用软件实现密码算法，新增 AES 和 SHA 密码算法指令后，密码算法指令部件对 AES 密码算法的最小加速比为 8.90 倍，对 SHA 密码算法的最小加速比为 4.75 倍，全流水情况下可达 19.30 倍。表明新增密码算法指令集及其执行部件能显著加速处理器对密码算法执行的性能，有望应用于国产通用处理器并进一步提升国产通用处理器芯片在密码安全应用领域的竞争力。此外，该密码算法指令部件还可以封装成专门用于支持密码算法的 IP，应用于密码安全领域的专用芯片中。

参考文献：

[1] BERTONI G, BREVEGLIERI L, FRAGNETO P, et al. Fficient Software Implementation of AES Platforms [C] // International Workshop on Cryptographic Hardware and Embedded Systems. Springer, 2002: 159 – 171.

[2] YANG LI, SAKIYAMA K, BATINA L, et al. Power variance analysis breaks a masked ASIC implementation of AES [C] // Proc of Design, Automation & Test in Europe Conf & Exhibition (DATE), Piscataway, NJ: IEEE, 2010: 78 – 82.

[3] IRWANSYAH A, NAMBIAR V P, KHALIL-HANI M. An AES Tightly Coupled Hardware Accelerator in an FPGA-based Embedded Processor Core [C] // International Conference on Computer Engineering and Technology. IEEE, 2009: 521 – 525.

[4] SCHARWAECHTER P, KAMMLER P, et al. ASIP architecture exploration for efficient IPSec encryption : A case study [J]. ACM Trans on Embedded Computing Systems (TECS), 2007, 6 (2): 87 – 99.

[5] TILLICH S. Instruction set extensions for efficient AES implementation on 32-bit processors [C] // International Conference on Cryptographic Hardware and Embedded Systems. Springer, 2006: 270 – 284.

[6] FISKIRAN A M, LEE R B. On-chip lookup tables for fast symmetric-key encryption [C] Proc of the 16th IEEE IntConf on Application-Specific Systems, Architectures and processors (ASAP 2005), Piscataway, NJ: IEEE, 2005: 356 – 363.

[7] SUN YINGHONG, TONG YUANMAN, WANG ZHIYING. AES implementation based on instruction extension and randomized scheduling [J]. Computer Engineering and Applications, 2009, 45 (16): 106 – 110.

[8] XIA HUI, JIA ZHIPING, ZHANG FENG, et al. The Research and Application of a Specific Instruction Processor for AES [J]. Journal of Computer Research and Development, 2011, 48 (8): 1554 – 1562.

[9] HERON S. Advanced Encryption Standard (AES) [J]. Network Security, 2009, 2009 (12): 8 – 12.

[10] NIST. Secure Hash Standard (SHS). FIPS 180 – 4, 2015.

[11] Shay Gueron. Intel Advanced Encryption Standard (AES) Instruction Set White Paper. Intel. 2010.

[12] Sean G, Vinodh G, Kirk Y. et al. Intel SHA Extensions: New Instructions Supporting the Secure Hash Algorithm on Intel Architecture Processors. Intel. 2013.

[13] IBM. IBM Power ISA™ Version 2. 07. IBM. 2013.

[14] ARM. ARM Architecture Reference Manual: ARMv8, for ARMv8-A architecture profile. ARM Limited. 2014.

[15] XUE GANGRU. Research on hardware acceleration and usage of Chinese cryptographic algorithms based on Zhaoxin CPU [J]. Cyberspace Security, 2019, 10 (4).

附中文参考文献：

[7] 孙迎红，童元满，王志英，等. 采用指令集扩展和随机调度的 AES 算法实现技术 [J]，计算机工程与应用. 2009，45 (16)：106 – 110.

[8] 夏辉，贾智平，张峰，等. AES 专用指令处理器的研究与现实，计算机研究与发展 2011，48 (8)：1554 – 1562.

[15] 薛刚汝. 基于兆芯 CPU 的国密算法硬件加速及应用研究，网络空间安全 2019，410 (4).

先进工艺下时钟网络设计方法研究

马永飞[1]　高成振[1]　黄金明[1]　李研[1]

[1](上海高性能集成电路设计中心　上海 201204)

(cxsw2028@163. com)

摘要　随着工艺的演进与芯片规模的不断提高，片上时钟网络设计面临时序及功耗的全方位挑战。本文针对上述问题提出一种新型的多源时钟树设计方法，在保证时钟延时、时钟偏斜等性能参数可控的基础上，有效降低了时钟网络的负载和功耗，加速了关键路径时序收敛。实验结果显示，采用新型时钟树结构可以获得 11% 的时钟网络负载优化；芯片实测结果显示，在相同电压频率条件下，新型时钟结构可以获得约 22% 的时钟功耗优化。

关键词　时钟设计；功耗；时钟偏斜；先进工艺；多源时钟树综合

中图法分类号

随着芯片规模的不断提高，片上时钟网络设计越来越复杂，一个 SOC 芯片中通常包含多个不同的时钟域，片上时钟网络的分布越来越大、规模不断增加，由此带来芯片时序收敛及功耗优化的压力日益凸显。如何降低芯片时钟网络功耗并克服巨大时钟网络分布受片上工艺偏差（OCV，On Chip Variation）影响而带来的时钟偏斜（clock skew），从而加速设计时序收敛，成为高性能芯片设计中的重要课题。

本文第 1 节介绍了传统的时钟网络设计技术；第 2 节介绍了某代 FINFET 工艺下 ChipA 处理器所采用的混合时钟网络结构；第 3 节中提出一种新型的多源时钟树结构和设计方法，并通过时钟设计实验、芯片实测功耗结果对比，探究了新型多源时钟树设计方法对时钟系统功耗的优化作用；最后对文章进行了总结并进行后续展望。

1　时钟网络设计概述

当今主流的高性能微处理器均基于同步时钟系统进行设计开发。时钟信号为芯片内同步系统提供参考时间，是同步时序逻辑运行的基础[1-2]。时钟信号通常是芯片中扇出最大、负载最重、传输距离和覆盖面最广的信号。

时钟偏斜对时序逻辑电路正确运行的性能具有重要的制约作用。通常来说，时钟网络的偏斜由两方面因素影响决定，一是设计因素，包括各时钟节点负载平衡性以及从时钟源端输出的传输距离、传输级数与布线方式；二是工艺及应用环境因素，包括工艺角、片上工艺偏差、工作电压与温度。为保证芯片内同步时序逻辑在各种不同的工艺角下都能正常稳定工作，在传统的高性能处理器设计中，设计人员通常都致力于开发 skew 更小，抗工艺偏差能力更强的平衡时钟网络，以获得较高的工作频率。

通信作者：马永飞（cxsw2028@163. com）

根据时钟网络的结构特点，传统的时钟网络设计主要有树状结构和网状结构两种类型：

1）常见的时钟树结构包括：H-Tree，Binary Tree，Fanout Balance Tree，Fishbone[3]。其中 H-tree 时钟树的 skew 小，抗 OCV 能力强，但设计要求严格，通常作为芯片核心高频时钟的全局互连；Binary Tree 时钟树相比 H-Tree 时钟树的设计要求有所放松，但仍存在较为严格的负载平衡要求，通常作为芯片时钟的全局互连；基于 EDA 工具 clock tree synthesis（CTS）的时钟树通常为 Fanout Balance Tree 结构，作为芯片内模块级时钟互连；Fishbone 时钟树的长度短、延时小，受 OCV 影响小，通常作为芯片内模块级时钟互连。图 1 为 4 种树状时钟结构的示意图。

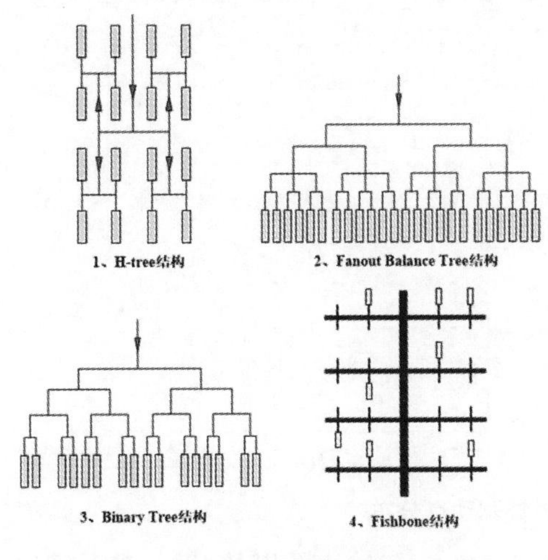

图 1　常见时钟树结构

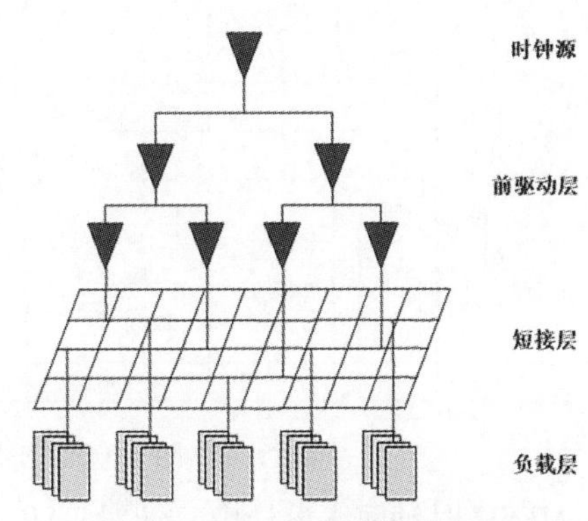

图 2　MESH 时钟结构示意图

2）一个完整的 MESH 时钟结构包含有前驱层，短接层以及负载层。如图 2 所示为 MESH 时钟结构示意图。MESH 时钟结构与时钟树结构的根本区别在于存在时钟短接层。通过前驱层所有驱动单元的输出短接以及大量冗余的时钟连线，MESH 时钟结构确保负载层的各负载单元可以就近连接到短接层 MESH 网，有效降低了时钟网络的延时偏差，消除了时钟传播的延时奇点。然而为了有效控制 MESH 网络的时钟延时，必须提供充足甚至远超负载规模需要的前驱层驱动器和驱动点，同时为保证短接层的时钟 MESH 网的平衡与完整，需要添加大量冗余的时钟线，这在带来布线资源浪费的同时增加了时钟网络的负载和时钟功耗，此外前驱层驱动器间的延时偏差带来的短路直通同样会带来大量的时钟功耗损失。

2　H-Tree+MESH 结构介绍

随着集成电路设计规模的不断提高，片上时钟网络规模、时钟类型和复杂的时钟结构使得单一网络结构的时钟设计遇到了严峻挑战，设计人员开始寻求在性能、功耗等方面进行折中，提出了混合结构的时钟设计方法。

在借鉴两种时钟网络结构特点的基础上，根据芯片不同时钟域的特点与设计需要，提出了 H-Tree+MESH/Fishbone，Binary Tree+Fanout Balance Tree（CTS）等多种不同的混合时钟网络结构以应对特定的设计需求。以 FINFET 工艺下，ChipA 处理器芯片中运算核心 SCORE（约含 88K 触发器）为例，介绍上述 H-tree+MESH 的混合时钟网络结构。

在该芯片设计中，SCORE 核心时钟域 SClk 分两层实现，一是 SCORE 上层的 H-Tree 及类 H-Tree 的多级时钟树，二是模块内的 MESH 时钟网。采用 MESH 时钟结构，保证了运算部件内的时钟延时平衡；

同时，采用具有高度一致性的 H-Tree 及类 H-Tree 时钟树可以兼顾运算核心簇内和簇间时钟网络偏斜，并最终确保 SCORE 乃至芯片内 SClk 时钟域的整个时钟网络具有较高的抗工艺波动与片上工艺偏差的能力，为设计时序收敛及芯片的稳定运行提供重要支撑。

SCORE 采用层次化设计方案，包含三个综合子模块（ES、MUX、EMDIS）及两种定制 SRAM 阵列（LDM 及 L1IC）。如图 3 所示为 SCORE 上层最后一级 H-tree 时钟树以及相关时钟驱动点（TAP 点）的分布情况。

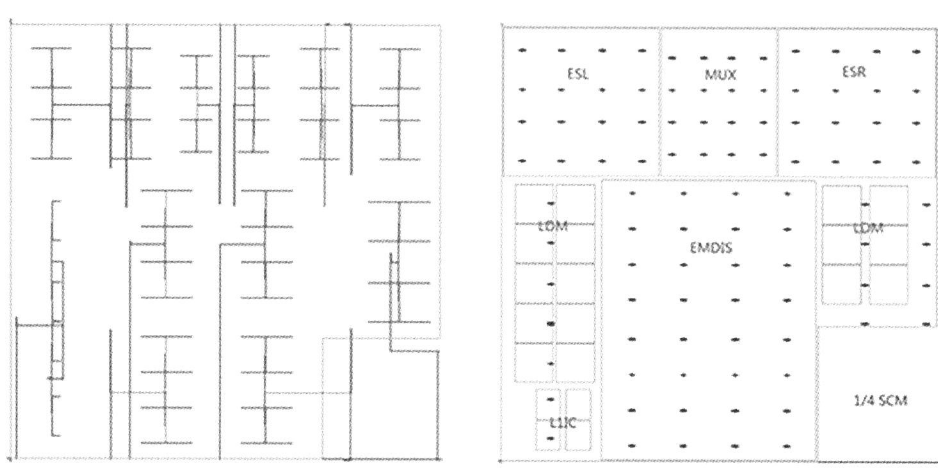

图 3　SCORE 上层 H-Tree 及时钟驱动点分布

在 MESH 时钟网络设计中，针对 TAP 点至时钟驱动单元（Gater）输入端以及 Gater 单元输出至负载触发器（或 Latch）时钟端的延时分别制定设计目标，并通过对时钟网络进行 Hspice 仿真分析验证时钟树设计是否达到预期指标要求。SCORE 的最终设计结果显示，虽然部分 TAP 点至 Gater 驱动的延时略有超标，但整个时钟网络的设计质量高于既定指标要求，TAP 点输入至负载单元的最大延时仅 85. 8ps，时钟延时偏差不到 12ps（仅占时钟周期的 2. 5%）。

如图 4 所示为 SCORE 各综合子模块内部门控时钟的 MESH 网络分布图。

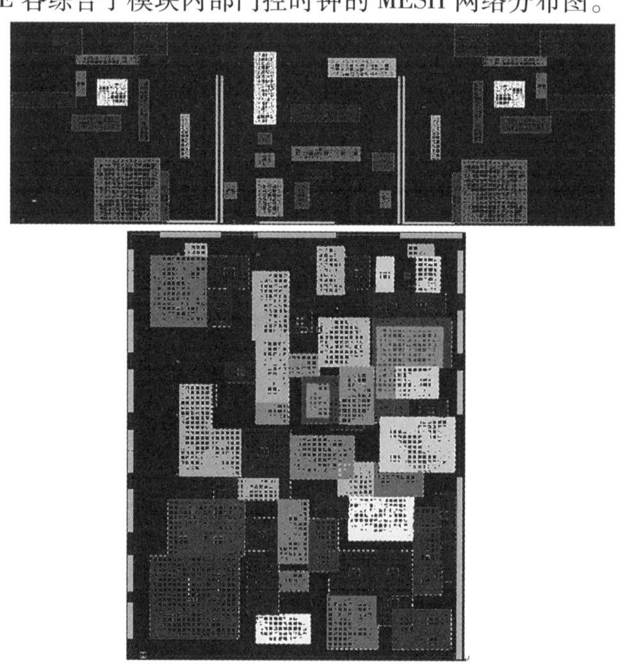

图 4　SCORE 内的 MESH 时钟网络

3 新型时钟网络设计技术

尽管基于 MESH 的模块级时钟网络设计可以实现极低的时钟偏差，具有极高的抗工艺偏差的能力，但是各主流 EDA 工具对于 MESH 时钟网络的设计支持一直不够成熟，需要精细的人工定制设计，耗费大量的人力和时间。定制化时钟树设计方法难以适应芯片设计周期的需要，更无法有效利用 useful skew 实现对关键路径的优化。此外，随着集成电路设计工艺进一步提高，为追求更高的性能，片上集成度进一步提升，芯片时钟网络规模进一步增加。仿真结果显示，模块级时钟树设计面临布线资源需求大幅增加的严峻挑战。为满足项目进度、布线资源、时序及功耗优化等多方面的需求，对新型时钟网络结构的研究势在必行。

3.1 改进的多源时钟树结构（MRCTS）

Synopsys 公司的布局布线工具 ICC2 针对 FINFET 工艺下的时钟网络设计提供了全局（Global）+局部（Local）的完整解决方案：多源时钟树结构（MSCTS，Multisource Clock Trees Structures），如图 5 所示。其中全局网络包含全定制实现的 H-Tree 时钟树、全局 TAP 驱动器及其驱动的 MESH 网络，局部时钟树则包含与 MESH 相连的各子模块的 TAP 点，及其驱动的标准 CTS 时钟树。相比于传统的 CTS 时钟树结构，多源时钟树具有更高的抗片上工艺偏差能力并可实现更高的时钟性能。

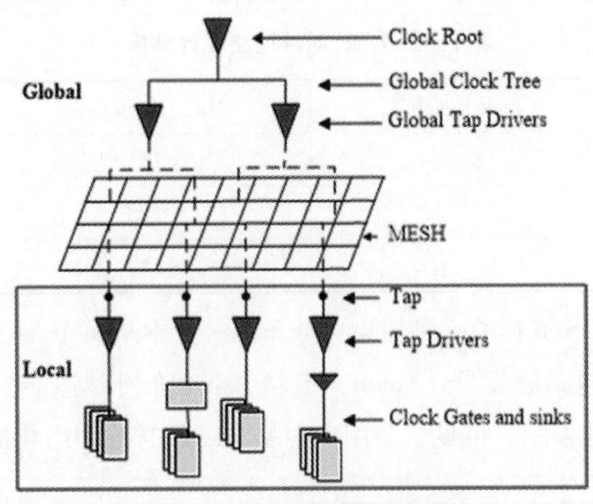

图 5 MSCTS 时钟网络示意图

在对 H-Tree+MESH 混合时钟树设计流程充分继承的基础上，通过对 ICC2 提供的标准多源时钟树设计策略进行深入研究，结合芯片面积大、核心时钟网络分布广的特点，我们对多源时钟树结构进行了改进，结构如图 6 所示。

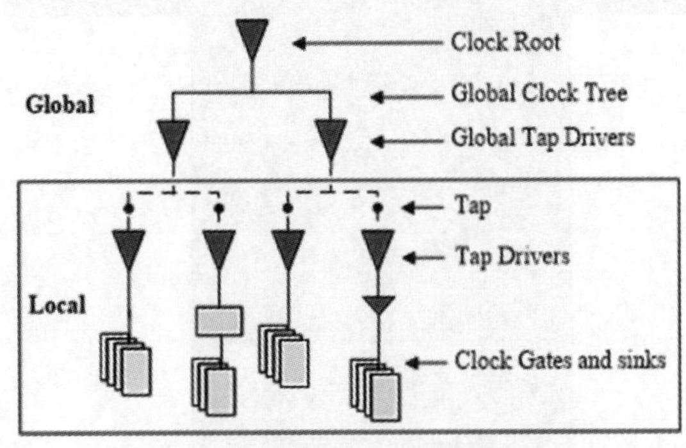

图 6 MRCTS 时钟网络示意图

改进后的时钟网络结构同样分为全局和局部两个部分：全局网络包含全定制实现的 H-Tree 时钟树及全局 TAP 驱动器，局部时钟树则基于 MSCTS 流程以各子模块 TAP 点为时钟输入源进行多源时钟树综合。我们把改进后的流程称为 MRCTS（Multi-Root Clock Tree Synthesis）。改进后流程与原 MSCTS 流程的显著区别在于取消了全局时钟网络末端的 MESH 时钟，采用该改进方案可以降低中间的 MESH 网络带来的大量时钟功耗和对布线资源的额外占用，但同时也带来了一些新的设计挑战，如采用新结构后 TAP 点的位置受限于 H-Tree 时钟树结构，分布一般比较均匀且位置相对固定，TAP 点位置调整对全局布线的影响较大，同时相对均匀分布的 TAP 点导致各 TAP 点的负载出现不均衡，部分设计可能会严重影响最终的时钟树设计及模块时序收敛。

为探究 MRCTS 时钟结构的可行性以及对时钟网络的影响，我们基于 SCORE 的设计代码、布局规划和 TAP 点分布，采用 MRCTS 时钟树设计策略，分别进行三个子模块的综合实验。下面结合此次综合实验，介绍改进后的多源时钟树设计技术。

采用 MRCTS 时钟树设计策略进行 SCORE 的时钟树综合设计时，首先设置时钟树的主体级数，接下来根据模块内利用 useful skew 进行时序收敛的需要，对不同的 timing group 分别调整时钟树的目标级数，在合理利用 useful skew 的同时实现对时钟树延时和级数的有效控制。

如下表 1 所示为 SCORE 三个子模块采用 MRCTS 时钟设计的基本数据。

表 1 SCORE 时钟网络设计结果

时钟	Clock Level	Max Latency/ps	Global Skew/ps
ES	8	131	37
MUX	8	123	30
EMDIS	8	147	46

图 7 为 SCORE 基于 MRCTS 流程的时钟树设计分布图，其中从每个 TAP 点发出的放射状线条表示每个 TAP 点到对应负载端（包括触发器、Latch、定制 Latch 阵列时钟端）的连接关系。图 8 为基于 MRCTS 流程的时钟网络布线结果图。可见，与图 4 中的 MESH 时钟网络相比，MRCTS 时钟网络对布线资源的占用大大减少。

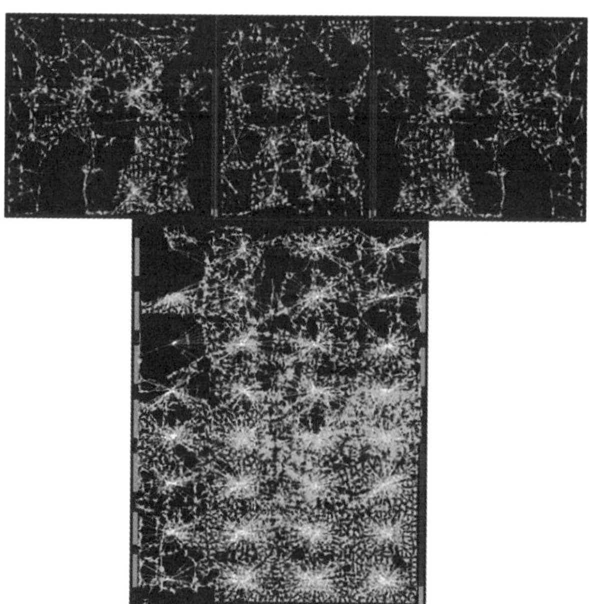

图 7 基于 MRCTS 流程的时钟树布线规划

图 8 SCORE 内的 MRCTS 时钟网络

3.2 时钟网络功耗分析

时钟网络的功耗由静态功耗、短路功耗和翻转功耗三部分组成[4]，分别来自时钟驱动单元，时钟互连线以及时钟负载三方面，而影响时钟网络功耗的因素则包含工作电压、时钟工作频率、时钟信号的跳变时间、门控方案及门控单元插入位置、时钟网络负载等。

表 2 对比了 SCORE signoff 版（MESH 结构）与综合实验版（MRCTS 结构）时钟网络负载情况。

表 2 SCOREsignoff 版及实验版时钟网络负载统计

模块	触发器数量	MESH 时钟负载/pF	MRCTS 时钟负载/pF	与 MESH 对比
ES	11 915	27.78	27.47	98.90%
MUX	11 355	25.21	26.23	104.03%
EMDIS	52 542	139.97	115.22	82.32%
SCORE	87 727	220.74	196.39	88.97%

考虑到时钟网络功耗主要由动态功耗组成，而动态功耗的主体是开关功耗。

$$P_{switch}=\alpha C_{load}V_{DD}^{2}f \quad \text{（式 1）}$$

从式 1 可以看到，开关功耗与时钟网络的负载、时钟频率成正比，与电源电压的平方成正比，即在电源电压、时钟频率相同时，时钟网络的功耗与时钟网络负载成正相关。

由此我们可以看到，基于相同代码与布局规划，进行 MRCTS 时钟树设计后，SCORE 时钟网络的总负载下降约 11%，根据式 1 可以简单推算，SClk 时钟域的模块级时钟网络功耗可以获得约 11% 的优化。

新一代 ChipB 芯片设计采用了更先进的第二代 FINFET 工艺，同时为获得更优的能效，在 SCORE 的设计中应用了上述新型时钟结构。相比于 ChipA，SCORE 的有效晶体管数由 2.58E07 增至 3.33E07，增长了约 28.9%。

为验证新型时钟网络设计技术对功耗优化的效果，我们分别对两代芯片选取 5 颗芯片进行时钟功耗测试，并将工作电压与频率进行一致性折算，对比结果如下：

表 3 ChipA 与 ChipB SCORE 时钟功耗对比

SCORE	工艺	时钟结构	功耗/W	Ratio
ChipA	FINFET1	MESH	0.357 0	-
ChipB	FINFET2	MRCTS	0.277 9	77.85%

从上述数据分析结果可以看出，在触发器总量增加 28.9% 的情况下，采用 MRCTS 时钟结构，SCORE 时钟网络功耗降低了约 22.15%（折算相同电压与频率）。

4 小结

本文对处理器片上时钟网络的设计结构进行了回顾与总结，介绍了芯片设计中典型的混合时钟树结构 H-Tree+MESH，完成了对 MRCTS 结构的时钟设计实验，并与两款处理器芯片终版设计数据进行横向与纵向对比，研究了全新的 MRCTS 时钟网络设计对模块时钟网络的功耗优化作用。实验结果显示，在相同工艺条件下，采用 MRCTS 时钟树结构可以获得 11% 的时钟网络负载优化；芯片实测结果显示，在相同电压和频率条件下，ChipB 运算部件 SCORE 的时钟网络功耗较 ChipA 下降约 22%。

值得注意的是，目前的实验中，时钟网络的 TAP 点在模块内呈均匀分布。考虑到实际设计中，时序单元的分布并不均匀，而是受逻辑设计和物理布局规划影响，因此通过 TAP 点数量的调整和位置的智能化分布，进一步优化时钟网络规模和功耗是可以预期的，值得后续深入研究。

参考文献：

[1] 殷瑞祥，郭镕，陈敏. 同步数字集成电路设计中的时钟树分析 [J]. 华南理工大学学报（自然科学版），2005.06.

[2] NEIL H. E. WESTE，DAVID HARRIS 等. CMOS 超大规模集成电路设计 [M]. 中国电力出版社，2006.04.

[3] https：//www. docin. com/p-876629444. html.

[4] 高旭. 数字后端低功耗设计策略探讨 [J]. 中国集成电路，2016.08.

蒙特卡洛粒子输运程序问题的测试与瓶颈分析

刘东宸[1]　王永文[1]

[1]（国防科技大学计算机学院　长沙 410073）

摘要　粒子输运模拟在天体物理、生物医学、物理化学等领域有很广泛的应用。粒子输运模拟一般有两种计算方法，一种为确定性的方法，另一种为概率论方法，蒙特卡洛方法即为通过概率论方法计算粒子输运的途径之一。经过多年发展，已经有成熟的蒙特卡洛粒子输运的模拟程序，例如 MCNP、OpenMC 等。XS-Bench 是一个微型应用程序，代表了 OpenMC 程序的关键计算内核，即连续能量宏观中子截面的查找过程。论文使用 Perf 工具对 XSBench 程序的 Nuclide Grid，Union Energy Grid 和 Logarithmic Hash Grid 数据结构的 Event 和 History 传输类型这六种模拟模式进行测试和剖析。首先分析随数据规模变化，程序运行时间的变化，其次分析随程序运行时线程数量的变化，程序性能提升的效果，最后定位每种模式下执行时间占比最大的指令，分析指令的类型并分析导致程序运行发生拥塞的具体原因，为后续优化蒙特卡洛粒子输运问题提供数据参考。

关键词：蒙特卡洛粒子输运；XSBench；性能瓶颈；Perf 工具；运行时间；

中图法分类号　TP391

1　引言

粒子输运模拟[1-2]在反应堆分析、天体物理、生物医学等科学工程计算领域具有重要的意义和广泛的应用。粒子输运模拟一般有确定性和概率论两种方法。确定性方法就是直接使用表达式对整个模拟过程进行公式化的求解；概率论方法则是随机模拟大量粒子的输运行为，运用数理统计得到所关心物理量的值。蒙特卡罗（Monte Carlo，MC）是一种概率论方法[3]，也称为随机抽样方法或统计试验方法，对粒子输运模拟是非常重要的。

加速蒙特卡洛粒子输运问题的运算，可以有利于物理、生物等领域的科研，节省科研人员研究问题进行仿真模拟的时间，增加单位时间实验仿真次数，减少在模拟仿真环节的等待时间，从而推进科研进度。

本文的主要工作和贡献主要包括如下 2 个部分。

1）对 XSBench 程序进行不同规模的测试，得到随输运规模变化，程序不同配置条件的运行时间情况。同时，对蒙特卡洛粒子输运程序的不同配置模式进行 1 至 16 线程的测试，得到随线程变化程序运行时间的变化。通过多组实验提供了对程序瓶颈分析的数据基础，能够体现程序运行状态随变量改变的变化趋势。

2）分析程序运行过程中的时间占比较大的语句类型并总结归纳以及监视程序运行过程中硬件的情

通信作者：王永文（yongwen@ nudt. edu. cn）

况，分析得到了 XSBench 程序运行过程中访存的过程以及产生访存瓶颈的具体原因，并对该访存瓶颈情况给出一个针对性的优化策略。

本文的后续部分组织如下：第 2 节介绍蒙特卡洛粒子输运模拟程序 XSBench 的三种数据结构和两种传输模拟模型，第 3 节介绍通过 Perf 工具对 XSBench 程序测试的结果并作分析，第 4 节介绍了测试实验及结果并对其进行了分析，最后在第 5 节给出结论和进一步的工作。

2 蒙特卡洛粒子输运模拟程序 XSBench

XSBench 是一个微型应用程序[4-5]，代表蒙特卡洛中子传输算法的关键计算内核。对 XSBench 进行性能分析适用于完整的蒙特卡洛粒子输运算法的结果，同时更易于实现、运行和解释。

在蒙特卡洛粒子输运模拟程序中，例如 OpenMC[6]，影响程序运行速度的决定性因素之一便是查找的速度[7]，即宏观横截面查找过程。XSBench 通过模拟宏观横截面查找这一个关键计算内核，成为 OpenMC 这种完整的中子传输应用程序的轻量级代替品，来对高性能计算体系结构性能进行更高效的分析。

$$\sum_{c}(Material,\ Energy) = \sum_{Nucliden}^{Material} \rho_{n} \times \sigma_{c,\ n}(Energy) \qquad \text{公式 (1)}$$

如公式（1）所示，反应需要使用到不同反应通道的横截面数据，这些数据被存储为数据点的形式，可以在反应过程中被访问到。XSBench 对整个的粒子输运模拟程序提供了三种有效的数据结构来加速对数据的读取，分别是 Nuclide Grid[8]，Union Energy Grid[9] 和 Logarithmic Hash Grid[10]，同时 XS-Bench 提供了两种输运模型，分别为基于历史传输（History-based Transport）的模型和基于事件传输（Event-Based Transport）的模型，以下为对数据结构和传输类型的介绍。

2.1 数据结构

2.1.1 Nuclide Grid

这是执行宏观截面查找的最简单的方法，反应中涉及了多种核素，而每个核素也拥有其不同的能量级，例如 U-238 通常具有超过 100k 的能级，而其他一些核素可能只有数千。Nuclide Grid 由问题中的所有核素组成，每个核素具有可变数量的数据点，数据点中包括了其能级的数值以及对于不同反应通道的横截面数据，这些数据点组织形式如图 1：

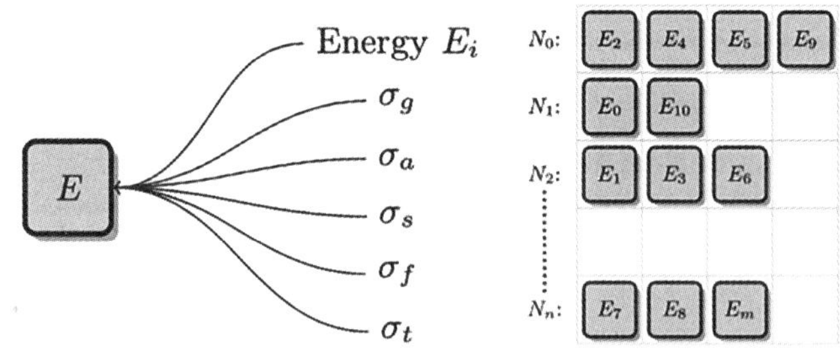

图 1 Nuclide Grid 数据结构[8]

如伪码所示，当要访问一个数据点的时候，需要针对给定的材料和能级，然后对整个 Nuclide Grid 作二分查找[8]，这种方式不需要在最小内存使用大小的基础上增加额外的空间，但需要对每个所需要的核素进行二分查找，计算成本比较高。

```
Nuclide_ Grid_ Search ( Energy E, Material M ):
  macroscopic XS = 0
  for each nuclide in M do:
    index = binary search to find E in nuclide grid
    interpolate data from grid [nuclide, index]
    macroscopic XS += data
```

2.1.2 Union Energy Grid (UEG)

使用 UEG 办法可以对减少二分查找操作的次数，在该办法中建立了第二个网络，如图 2 所示，其中列向量对应着所有核素中所有的能级，对于每行也即每个核素，在该核素对应的能级上提供了指向 Nuclide Grid 中最近位置的索引。

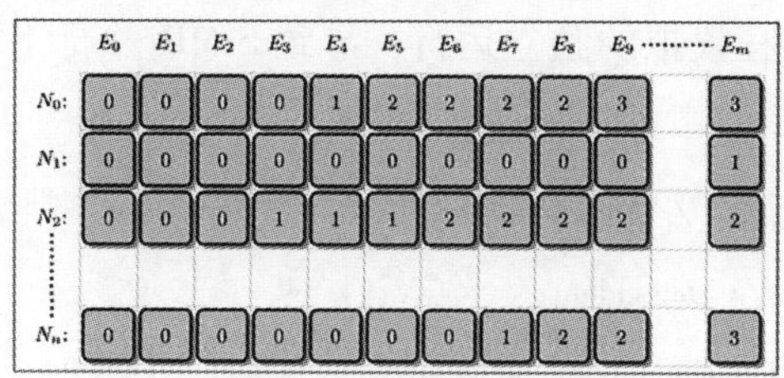

图 2　Union Energy Grid 数据结构[8]

如伪码所示，使用 UEG 只需要在一次二分查找，然后可以使用存储在该能量级别的索引进行快速访问[8]。

```
Unionized_ Grid_ Search ( Energy E, Material M ):
  macroscopic XS = 0
  UEG_ index = binary search to find E in unionized grid
  for each nuclide in M do:
    index = unionized_ grid [nuclide, UEG_ index]
    interpolate data from grid [nuclide, index]
    macroscopic XS += data
```

2.1.3 Logarithmic Hash Grid

对数哈希网表是 UEG 的一种替代方法，如伪码所示，该方法发现当将各个带有不同数量能级的核素放入网格上的时候，每个 Nuclide Grid 内的点通常在对数空间中均匀分布，因此 Nuclide Grid 也可以成为像 UEG 一样的加速结构。但是在该结构中，列的数量被限制为一定数量，因此每行对应于每个核素网格中该能级的近似位置。UEG 可以精确指向核素网格中的正确索引，而对数散列网格仅指向真实点下方的近似位置，所以还需要进行二分查找或迭代搜索来查找到具体位置[8]。不同于 UEG 方法，对数哈希方法使用的内存少得多，但通常会产生竞争性能。

```
Logarithmic_ Hash_ Grid_ Search ( Energy E, Material M ):
  macroscopic XS = 0
  hash_ index = grid_ delta * (ln (E) -grid_ minimum_ energy)
```

```
    for each nuclide in M do:
        i_ low = unionized_ grid [nuclide, hash_ index]
        i_ high = unionized_ grid [nuclide, hash_ index+1]
        index = binary search in range (i_ low, i_ high) to find E in nuclide grid
        interpolate data from grid [nuclide, index]
        macroscopic XS += data
```

2.2 传输的模拟模型

2.2.1 基于历史传输（History-based Transport）的模型

在该模型中，每个粒子从“出生”到“死亡”都是串行进行，不同粒子之间独立并行进行。因为每个线程是独立串行进行，所以一定时间内并行运行的粒子数量与可用线程数量相等，对于内存使用情况十分友好。但是由于各自线程模拟的独立运行，导致 SIMD 并行不能很好地利用[8]，模拟过程如伪码所示。

```
for each particle do                // Independent
    while particle is alive do // Dependent
        Move particle to collision site
        Process particle collision
```

2.2.2 基于事件传输（Event-Based Transport）的模型

在该模型中，一开始将模拟中所有的粒子都存到内存中，当然执行模拟过程中某个事件（Event）的时候，就会调用需要执行该事件的粒子的指针。这种办法因为初始存入所有的粒子，所以需要更多的内存，但因为可以按照材料和能量对粒子进行分类，所以可以以更高效的 Cache 结构去执行 SIMD 指令[8]，模拟过程如伪码所示。这种方式因为对粒子进行的排序和缓冲成本超过了基于事件的优势，所以更适合在加速器架构上进行使用。

```
    Get vector of source particles
while any particles are alive do            // Dependent
    for each living particle do             // Independent
        Move particle to collision site
    for each living particle do             // Independent
        Process particle collision
    Sort/consolidate surviving particles
```

3 测试实验

为了优化粒子输运程序 XSBench，需要找到程序运行时间占比最大的语句。我们分别对第 2 节所述的 3 种数据结构和 2 种传输类型相组合的 6 种运行方式进行测试。测试环境为 Intel（R）Xeon（R）W-2245 CPU @ 3.90GHz，其中 L1 DCache 和 ICache 为 32KB，L2 Cache 为 1 024KB，L3 Cache 为 16 896KB。测试使用了 8 个线程，并覆盖了表 1 所示的 5 种数据规模。测试结果如图 3 所示。

表 1　不同规模的 Gridpoints 数量以及在内存中的大小

	Small	Large	XL	XXL	3XL
Gridpoints	68	11 303	238 847	238 847×2. 1	238 847×3
Size	35MB	5. 7GB	120GB	252GB	360GB

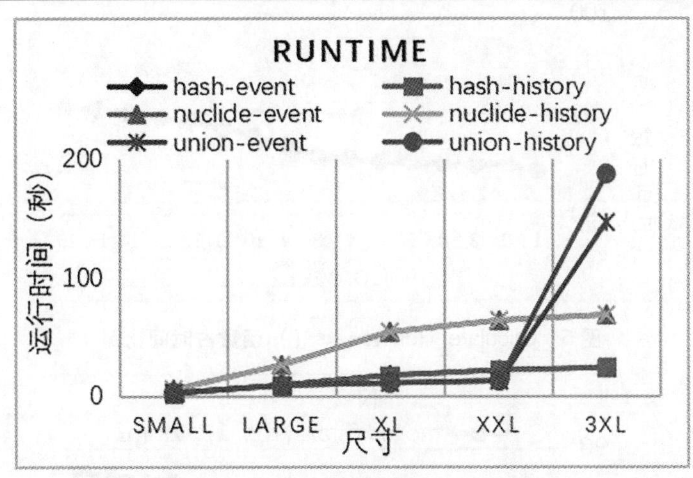

图 3　不同类别的模拟方式在 8 线程的情况下对不同模型大小进行模拟

由图 3 可发现，随着数据规模的增大，六种不同的模拟方式中，Hash 和 Nuclide 数据结构的 Event 和 History 方式情况基本相似。不同的是，Hash 数据结构比 Nuclide 数据结构运行的时间更短，而对于 Union 数据结构，其在 3XL 的时候运行时间突然增高。

为了探究每个类型影响程序运行效率的瓶颈是什么，我们使用了 Perf 工具[11]对程序进行剖析，通过触发 TracePoints 的形式并记录其产生时间，从而找到时间占比最大的程序片断。

Perf 报告显示，程序调用次数最多的函数为 calculate_ macro_ xs ()。图 4 给出了 calculate_ macro_ xs () 在各个模拟情况中的占程序总时间的比例。分析程序源代码发现，该程序为每个粒子模拟时要循环执行的一条语句，即通过循环该语句来模拟粒子输运过程。

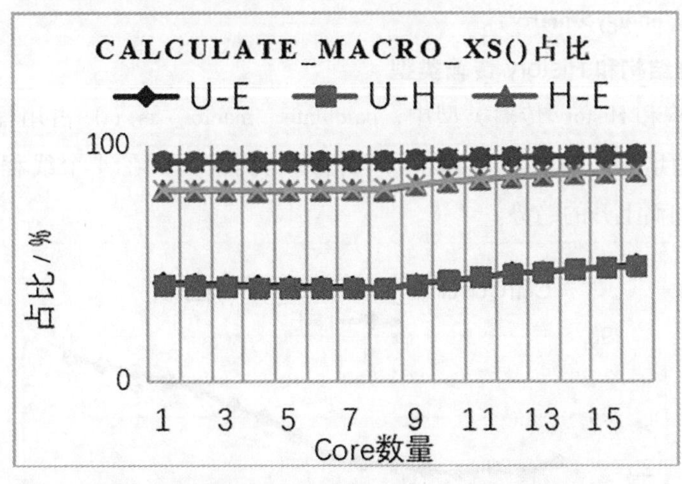

图 4　六种模式的 calculate_ macro_ xs () 占比

下面是通过 Perf 工具得到的各个运行模式在 XXL 规模下的瓶颈语句。

3. 1　Nuclide 数据结构和 Event 传输类型

在 Nuclide 数据结构和 Event 传输类型中，calculate_ macro_ xs () 占用程序整体的时间比例如图

5 所示，图中横坐标为线程数，纵坐标为时间占用百分比。可以发现随着线程的增加占用比也在增大，且占用比例很大，最低为 92.17%，有随线程增加而上升的趋势。

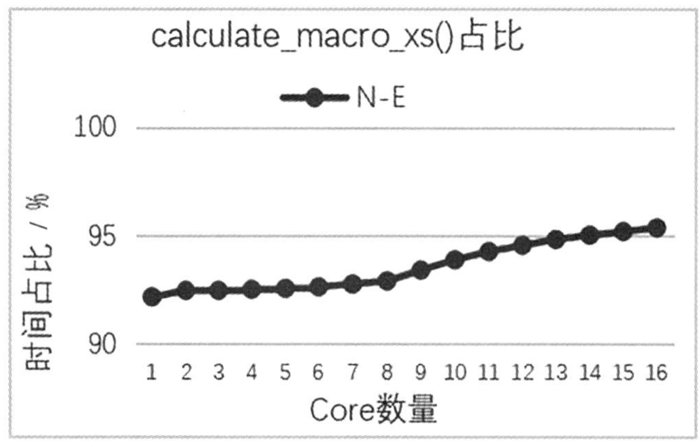

图 5 calculate_ macro_ xs（）函数占时间比例

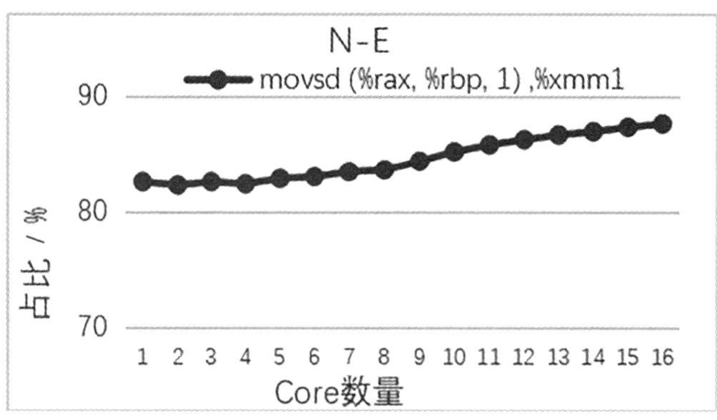

图 6 最大时间占比的汇编语句

图 6 显示了在 calculate_ macro_ xs（）中，时间占比最大的汇编语句[12]为 movsd（%rax，%rbp，1），%xmm1，其中横坐标为线程数量，纵坐标为汇编语句占运行时间的比率。该汇编对应的源程序为 if（A［examinationPoint］. energy>quarry）。

3.2 Nuclide 数据结构和 History 传输类型

在 Nuclide 数据结构和 History 传输类型中，calculate_ macro_ xs（）占用程序整体的时间比例如图 7 所示，随着线程的增加占用比也在增大，且占用比例很大，在 4 个线程的时候达到最低，为 92.57%，有随线程增加而上升的趋势。

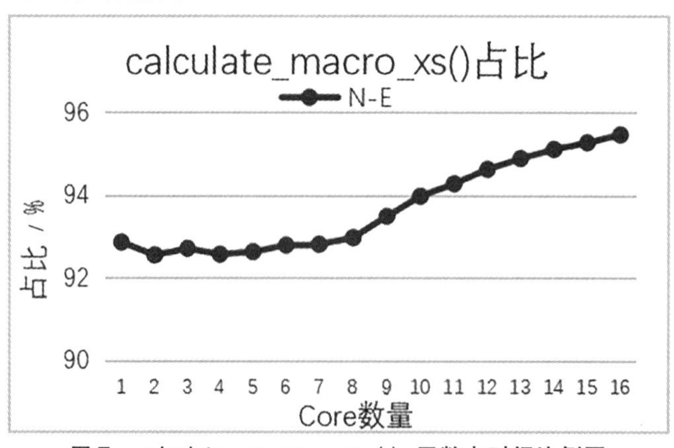

图 7 calculate_ macro_ xs（）函数占时间比例图

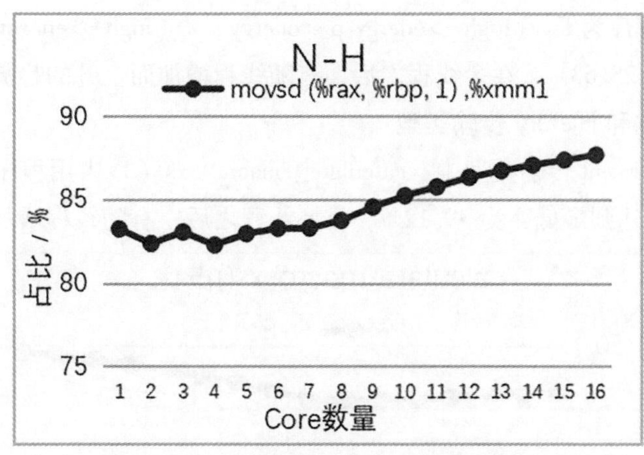

图 8 最大时间占比的汇编语句

图 8 显示了在 calculate_ macro_ xs（）中，时间占比最大的汇编语句为 movsd（% rax，% rbp，1）,% xmm1。该汇编对应的源程序为 if（A ［examinationPoint］. energy>quarry），Nuclide 数据类型的占时间比和最大汇编语句相同。

3. 3 Union 数据结构和 Event 传输类型

在 Union 数据结构和 Event 传输类型中，calculate_ macro_ xs（）占用程序整体的时间比例如图 9 所示，在 8 个线程的时候达到最低，为 39. 06%，在 8 线程之后，有随线程增加而上升的趋势。

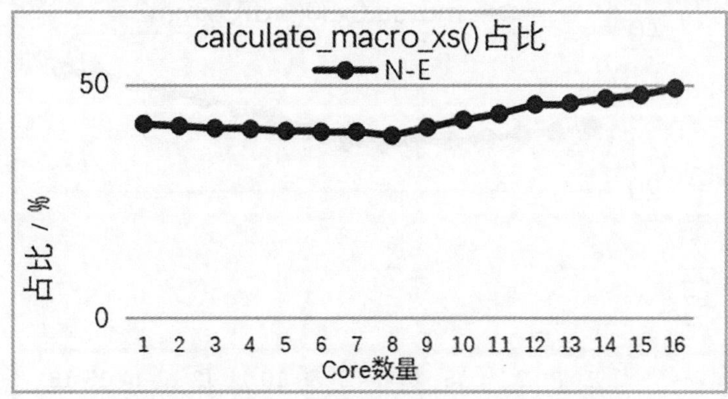

图 9 calculate_ macro_ xs（）函数占时间比例

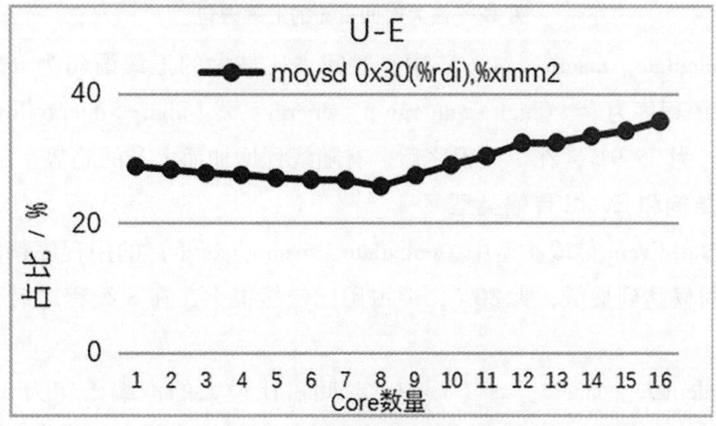

图 10 最大时间占比的汇编语句

图 10 显示了在 calculate_ macro_ xs（）中，时间占比最大的汇编语句为 movsd 0x30（% rdi）,%

xmm2。该汇编对应的源程序为 f= （high->energy-p_ energy）/（high->energy-low->energy）。时间占比在 8 线程达到最低，为 25.63%，在 8 线程之后，有随线程增加而上升的趋势。

3.4 Union 数据结构和 History 传输类型

在 Union 数据结构和 Event 传输类型中，calculate_ macro_ xs （） 占用程序整体的时间比例如图 11 所示，在 8 个线程的时候达到最低，为 39.12%，在 8 线程之后，有随线程增加而上升的趋势。

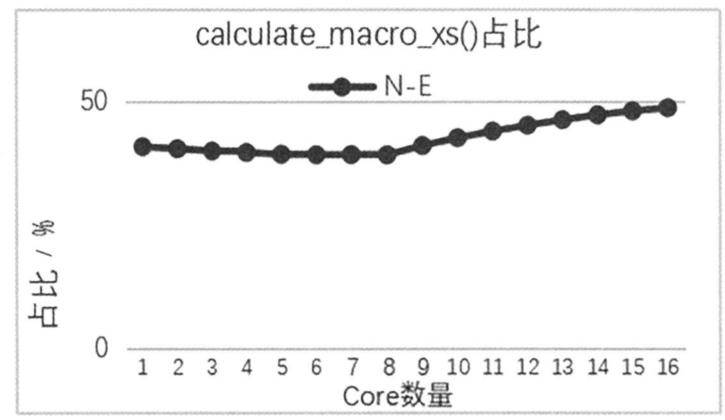

图 11 calculate_ macro_ xs （） 函数占时间比例

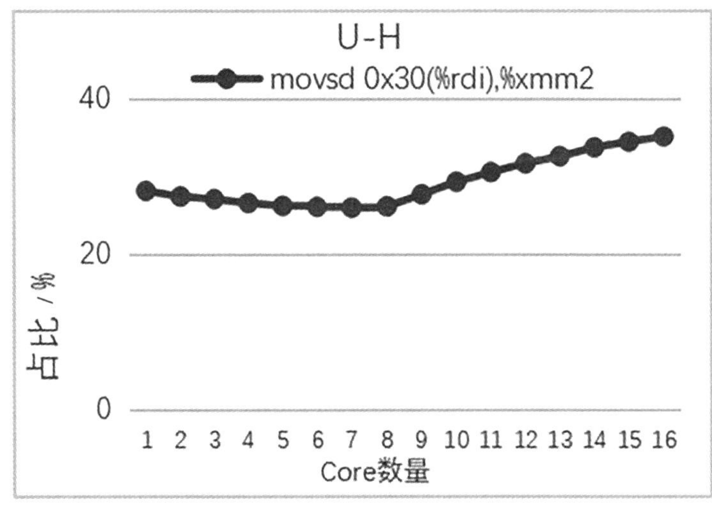

图 12 最大时间占比的汇编语句

图 12 显示了在 calculate_ macro_ xs （） 中，时间占比最大的汇编语句为 movsd 0x30 （%rdi),%xmm2。该汇编对应的源程序为 f= （high->energy-p_ energy）/（high->energy-low->energy）。时间占比在 7 线程达到最低，为 25.9%，在 7 线程之后，有随线程增加而上升的趋势。

3.5 Hash 数据结构和 Event 传输类型

在 Union 数据结构和 Event 传输类型中，calculate_ macro_ xs （） 的用程序整体的时间比例如图 13 所示，在 4 个线程的时候达到最低，为 80%，但占用比依然很大，在 8 线程之后，有随线程增加而上升的趋势。

图 14 显示了在 calculate_ macro_ xs （） 中，时间占比最大的汇编语句为 movsd （%rcx，%r14，1),%xmm1 和 movsd （%r11,%rax，1),%xmm1，前者随线程增加时间占比下降，后者随线程增加时间占比快速上升。汇编对应的源程序分别为 if （A ［examinationPoint. energy>quarry） 和 if （p_ energy<=e_ low)。

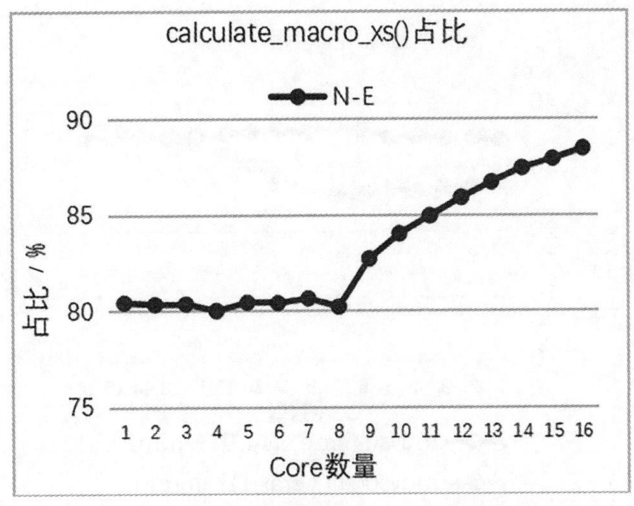

图 13　calculate_ macro_ xs（）函数占时间比例

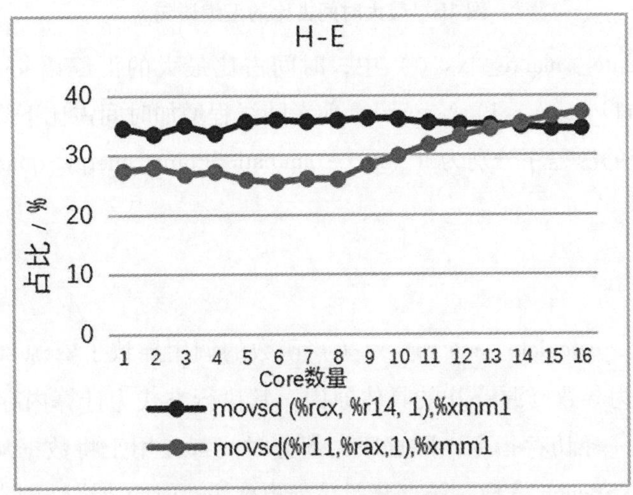

图 14　最大时间占比的汇编语句

3.6　Hash 数据结构和 History 传输类型

在 Union 数据结构和 History 传输类型中，calculate_ macro_ xs（）占用程序整体的时间比例如图 15 所示，在 4 个线程的时候达到最低，为 80.2%，在 4 线程之后，比率随线程增加快速上升。

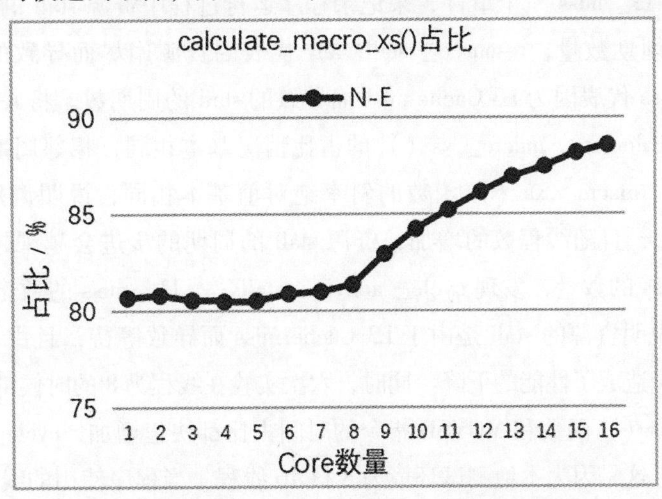

图 15　calculate_ macro_ xs（）函数占时间比例

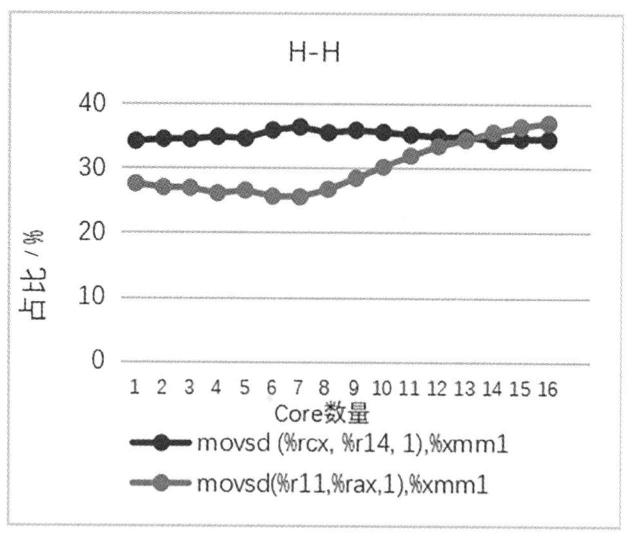

图 16　最大时间占比的汇编语句

图 16 显示了在 calculate_ macro_ xs（）中，时间占比最大的汇编语句为 movsd（%rcx，%r14，1),%xmm1 和 movsd（%r11,%rax，1),%xmm1，前者随线程增加时间占比下降，后者随线程增加时间占比快速上升。汇编对应的源程序分别为 if（A［examinationPoint. energy>quarry）和 if（p_ energy<=e_ low)。

4　结果分析

由实验结果得到结论，calculate_ macro_ xs（）函数的调用导致了资源 stall，函数体内的 X86 的汇编语句 MOVSD[12] 语句为导致资源 stall 的具体原因，其执行方式为计算内存中相对地址并从该地址取数据到寄存器中，这是一条访存指令，即程序大部分时间都在用于将数据从 DRAM 搬运到处理器，A. Rodrigues 也通过分析 XSBench 发现，访存瓶颈是影响算法性能的决定性因素，在多核系统中，节点上的核心数量达到 16 时，性能扩展会降低到 69%[7]。

程序在运行时，访存操作占用了程序运行的多数时间，导致了资源 stall。为了明确该性能瓶颈产生的具体原因，使用 Perf 工具对六类实验进行 Event 分析。通过标记 cycles、resource_ stall. any 和 cycle_ activity. stalls. _ l3_ miss 三个事件，来记录程序运行过程中资源 stall 的情况。其中 cycles 代表程序运行期间运行的总周期数量，resource_ stall. any 代表因资源用尽而导致的 stall 周期数，cycle_ activity. stalls. _ l3_ miss 代表因为 L3 Cache miss 而导致的 stall 的周期数。将 resource_ stall. any 与 cycles 相除得到的结果与 calculate_ macro_ xs（）的占比情况基本相同，相邻周期的 resource_ stall. any 差值绝对值与 calculate_ macro_ xs（）函数的斜率绝对值基本相同，说明调用 calculate_ macro_ xs（）函数导致了资源 stall，且随线程数的增加，资源 stall 的周期的步进会越来越大。通过分析 cycle_ activity. stalls. _ l3_ miss 的数量，发现 cycle_ activity. stalls. _ l3_ miss 的数量基本占 resource_ stall. any 的数量 85% 左右，说明资源的 stall 是由于 L3 Cache miss 而导致等待，且由于 Cache 的缺失导致了处理器一直在等待数据，造成了性能的下降。同时，六次实验在线程为 8 的时候都出现了拐点，在 8 线程之后 calculate_ macro_ xs（）函数和 MOVSD 指令的时间占比都快速增加，cycle_ activity. stalls. _ l3_ miss 的数量也快速增加，这是因为本地测试环境为 8 核 16 线程，当程序使用的线程大于 9 的时候，会发生 L3 Cache 数据覆盖的问题，导致缺失率上升。

分析程序源代码发现，因为使用蒙特卡洛粒子输运办法，所以需要用大量随机数来对输运过程进行随机模拟。程序在初始化阶段生产大量随机数并将粒子输运过程需要用到横截面数据读入内存后，使用 MOVSD 指令通过生成的随机数随机读取内存中的相关横截数据。内存中的一个 Rank[13] 通常包括 8 个 Chip，每个 Chip 包含 8 个并行的 Bank，每个 Bank 在同一时刻可以将 1 bit 数据传出，在访问内存中一个数据的时候，会并行地访问 8 个 chip，即同时可以得到 64 bit 的数据。在每个 Bank 中，数据需要被激活之后才能使用，激活是需要一定的时间去等待，并且每个 Bank 每次激活的数据只有连续的 1 024 bit。而由于 XSbench 每次访存都是具有随机性、跨度较大的访问，所以内存中每一个 Bank 的数据访问需要重新进行充能，所以访存时间较久。同时因为 XSBench 的数据是以 Structure 形式包装的，每个 Structure 内包含了 6 个双精度浮点数，即 384 bit。而数据以 Cache Line 的形式从内存中取出，每个 Cache Line 包含 512 bit，故 Cache 利用率只有 75%，也造成了总线资源的浪费。

该程序可以通过硬件的方式对访存过程进行优化，例如在内存附近设计一个对数据具有预取和重组效果并可以做一些初步的计算的加速器。首先，在随机数生成之后就开始对数据进行预取，并将预取好的数据放置到该加速器的一个存储模块，CPU 可以直接读取存储模块的数据，通过该操作可以隐藏掉一部分数据激活所需要的时间。其次，剔除无用的数据，只将有用的数据放置到存储模块，使该数据部分的总线利用率提高。最后，可以将一部分计算放置到该加速器中，减少数据的移动总量，减少数据准备的时间，更大程度地减少对总线的占用。

5 结论

为了加快蒙特卡洛粒子输运模拟程序的速度，减少实验人员仿真的时间，必须要对影响程序运行速度的关键瓶颈进行优化。从实验获得的数据中，可以得出一些结论，六种模式中，占时间最多的汇编语句都为 MOVSD 指令，是因为程序的不均匀访问导致了 L3 Cache 的高缺失率，程序对数据搬运的时间成为性能瓶颈，对 MOVSD 指令结合程序进行优化可以起到加速蒙特卡洛粒子输运程序的效果。本实验使用 Perf 工具对 XSBench 进行测试，通过分析 Nuclide Grid，Union Energy Grid 和 Logarithmic Hash Grid 数据结构的 Event 和 history 传输类型，得到了影响程序性能的关键瓶颈和具体原因，为加速蒙特卡洛粒子输运问题提供参考。

参考文献：

[1] 陈诚. 蒙特卡罗粒子输运模拟中基于粒子的并行计算方法研究［D］. 中国科学技术大学，2014.

[2] 谢仲生，邓力著. 中子输运理论数值计算方法［M］. 西安：西安交通大学出版社，2005.

[3] METROPOLIS N, ULAM S. The Monte Carlo Method［J］. Journal of the American Statistical Association, 1949, 44 (247): 335－341.

[4] TRAMM J R, SIEGEL A R. Memory Bottlenecks and Memory Contention in Multi-Core Monte Carlo Transport Codes［J］. Sna + Mc-joint International Conference on Supercomputing in Nuclear Applications + Monte Carlo, 2014.

[5] ISLAM T, SCHULZ M, TRAMM J R, et al. XSBench. The development and verification of a performance abstraction for Monte Carlo reactor analysis. 2015.

[6] ROMANO P K, HERMAN B R, HORELIK N E, et al. OpenMC: A State-of-the-Art Monte Carlo Code for Research and Development［J］. Annals of Nuclear Energy, 2013, 82.

[7] R. SIEGEL, K. SMITH, P. K. ROMANO, B. FORGET, K. G. Felker. "Multi-core performance studies of a Monte Carlo neutron transport code,"［J］. International Journal of High Performance Computing Applications, Volume 28, Issue 1. 2014. PP 87－96.

[8] "XSBench," [OL]. [2021—4—22] https://github.com/ANL-CESAR/XSBench, 2019.
[9] LEPPNEN J. Two practical methods for unionized energy grid construction in continuous-energy Monte Carlo neutron transport calculation-ScienceDirect [J]. Annals of Nuclear Energy, 2009, 36 (7): 878-885.
[10] BROWN F B. New hash-based energy lookup algorithm for Monte Carlo codes [J]. Transactions of the American Nuclear Society, 2014, 111: 659-662.
[11] VITILLO R. Performance tools developments [J]. Future computing in particle physics, 2011.
[12] KUSSWURM D. Modern X86 Assembly Language Programming [M]. Springer, 2014.
[13] "动态随机存取存储器," 维基百科，自由的百科全书 [OL]. [2021—4—22] https://zh.wikipedia.org/w/index.php?title=%E5%8A%A8%E6%80%81%E9%9A%8F%E6%9C%BA%E5%AD%98%E5%8F%96%E5%AD%98%E5%82%A8%E5%99%A8&oldid=61586344.

DSP 中一种高能效的 SIMD 浮点乘法器

鞠鑫* 雷元武 陈海燕 刘胜

（国防科技大学计算机学院 长沙 410073）

摘要 在 DSP 的众多应用算法中，乘法运算占有相当大的比重，例如卷积、滤波以及快速傅里叶变换等算法中都包含了大量的乘法运算，因此乘法器是 DSP 等微处理器中最重要的运算单元之一. 面向不同应用发展对 DSP 中乘法运算能耗、精度的更高需求，本文提出了一种高能效的 SIMD 浮点乘法器架构，可以执行一个双精度乘法或者两个并行单精度乘法运算，同时不仅支持规格化数据，还支持非规格化数据，并对特殊数据（例如无穷、无效、上溢、下溢）作了处理，其尾数乘法器由 4 个 27 位的基 4 booth 乘法器组成，尾数乘积的前导 0 与尾数乘积并行计算，具有合理的逻辑共享和极高的并行性，最后在 28nm 工艺下进行了逻辑综合，主频不低于 3GHz，面积为 22 874. 72μm^2，功耗为 39. 8. mW。

关键词 DSP；浮点乘法器；SIMD；非规格化；逻辑共享

中图法分类号 TN431. 2

1 介绍

浮点数据因为其表示范围广，运算精度高等特点被广泛地应用于数字图像处理、雷达信号处理和移动通信等领域。但是浮点乘法运算非常复杂，特别是在加入了非规格化支持后[1]，因此大量的浮点乘法体系结构被提出，以优化浮点乘法运算部件。

随着运算精度需求的提高，近年来，大多数浮点乘法器都支持单精度和双精度两种运算，文献［2］提出了一种多功能的 SIMD 乘法器结构，支持多种计算精度，但是不支持非规格化数据；文献［3］提出了一种双模（可配置成一个双精度或者两个单精度）乘法器，它支持规格化和非规格化的数据，但前导 0 的计算需要等待尾数乘法结果，延时较大，并且其移位器设计复杂，面积较大；文献［4］提出了一种新颖的双精度乘法器体系结构，将舍入合并到尾数乘法的部分积中，从而省去了一个尾数加法器的延时与面积开销，但为了将舍入注入到尾数乘法的部分积，需要使用额外的多个全加器，虽然减小了关键路径的延时，但是增加了大量的硅面积。

本文提出了一种高能效 SIMD 结构的浮点乘法器，可以执行一个双精度乘法或者两个并行单精度乘法。所提出的体系结构具有合理的逻辑共享，并且完全兼容 IEEE-754 2008[5] 标准，包括例外判断以及非规格化数据的计算. 其功能验证围绕基于模拟的验证方法展开，并辅以形式化验证[6]，最后采用 28 工艺进行逻辑综合。

本文的剩余部分按如下方式组织：第 2 节介绍浮点乘法基础；第 3 节介绍所提出的体系结构以及分模块实现；第 4 节为实验结果；最后总结全文。

* 通信作者：鞠鑫（jx@ nudt. edu. cn）

2 浮点乘法基础

2.1 IEEE-754 浮点格式

单精度和双精度的标准格式如图 1（a）所示，其中，s 表示符号位，e 表示指数位（单精度为 8 位，双精度为 11 位），m 表示尾数位（单精度为 23 位，双精度为 52 位），SP 表示单精度（single-precision），DP 表示双精度（double-precision）。图 1（b）为寄存器中的存储格式，如图所示，一个 64 位的寄存器可以存放一个双精度或者两个单精度数据。

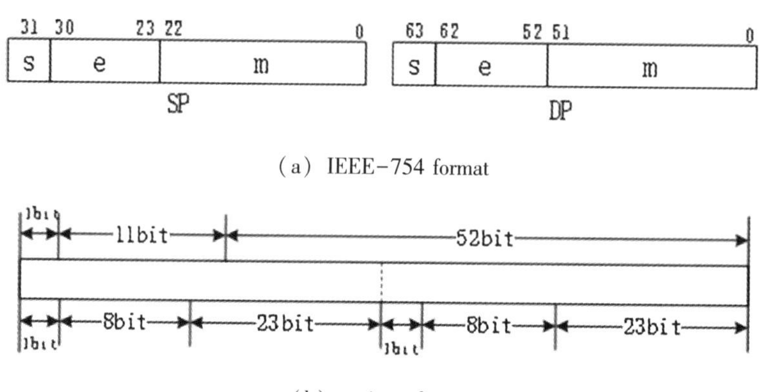

（a）IEEE-754 format

（b）register format

图 1 浮点数据格式

2.2 浮点乘法算法

浮点乘法运算基本步骤如下式所示，

$$
\begin{aligned}
A &= (-1)^{s_a}\times 2^{e_a-bias}\times m_a,\\
B &= (-1)^{s_b}\times 2^{e_b-bias}\times m_b\\
A\times B &= (-1)^{s_a}\times 2^{e_a-bias}\times m_a\times(-1)^{s_b}\times 2^{e_b-bias}\times m_b\\
&= (-1)^{s_a+s_b}\times(2^{e_a-bias+e_b-bias})\times(m_a\times m_b)\\
&= (-1)^{s_c}\times 2^{e_c-bias}\times m_c = C\\
&\Rightarrow s_c=s_a+s_b,\ e_c=e_a+e_b-bias,\ m_c=m_a\times m_b
\end{aligned}
\tag{1}
$$

其中，根据源操作数是否是非规格化数，判断 e 是否需要+1，m 的最高位是补 0 还是补 1；$bias$ 是指数偏移量，双精度为 1 023，单精度为 127。

表 1 为浮点乘法实现的伪算法，其中，i，j，k 为常数，当源操作数为单精度时，i 为 31，j 为 23，k 为 127；当源操作数为双精度时，i 为 63，j 为 52，k 为 1 023。首先对输入数据进行预处理（包括特殊数据判断，如非数、无穷数、零），如果是规格化数，则提取符号，指数，尾数最高位补 1；如果是非规格化数，则提取符号，指数置 1，尾数最高位补 0。步骤 6 中，$-k$，通过将两个操作数指数第 n 位翻转后相加，再+1，再将结果第 n 位取反实现（单精度时 n 为 7，双精度时 n 为 10）。步骤 8 数尾数乘积前导 0，通过取两个操作数前导 0 之一得到（如果 A、B 都是规格化数，则前导 0 个数为 0；如果只有一个为非规格化数，则前导 0 为非规格化数的前导 0 个数；如果两个数都是非规格化数，则此时结果指数下溢，有效位全部右移至保留位，最终结果只与舍入模式有关），但是这样可能会产生 1 位的误差，因为尾数乘积最高位可能会产生进位，所以在后续步骤进行舍入判断和舍入+1 的时候设置两条数据通路并行处理这两种情况。特别注意步骤 9，当指数大于前导 0 个数时，结果为规格化数，相对简

单；指数小于前导0个数时（包括指数为负的情况），结果可能为非规格化数，此时尾数乘积需要左移（指数为正但小于前导0个数）或者右移（指数为负）使得实际指数为1，但需要将指数置0。最后根据尾数乘积结果最高位和次高位结合指数结果进行规格化处理并选择最终结果。

表1 浮点乘法伪算法

```
伪算法
1   Input [i: 0] A, B;
2   输入数据预处理（包括例外判断）：
3   If (A [i-1: j] ==0)                         If (B [i-1: j] ==0)
      Sa=A [i];                                   Sb=B [i];
      Ea=1;                                       Eb=1;
      Ma= {1' b0, A [j-1: 0] };                   Mb= {1' b0, B [j-1: 0] };
    else                                        else
      Sa=A [i];                                   Sb=B [i];
      Ea=A [i-1: j];                              Eb=B [i-1: j];
      Ma= {1' b1, A [j-1: 0] };                   Mb= {1' b1, B [j-1: 0] };
4   计算核心：
5   S=Sa^Sb;
6   E =Ea+Eb-k
      = (Ea- (k+1) ) + (Eb- (k+1) ) + (k+1) +1
7   M=Ma * Mb
8   LZC=leading-zero-count of M
      =leading-zero-count of Ma or leading-zero-count of Mb
9   If (E>LZC)
      E=E - LZC;  M=M<<LZC;
    Else if (E>0)
      E=0;        M=M<<E-1;
    Else
      E=0;        M=M>>-E+1;
10  舍入判断：
11  Round_ Carry1=f (roud_ mode, guard1, round, sticky1);
    Round_ Carry2 = f (roud_ mode, guard2, round, sticky2);
12  M_ t = M + Round_ Carry1;
    M_ tov = M + Round_ Carry2;
13  规格化处理：
14  If (M [MSB] )
      M_ result = M_ tov; E = E +1;
    else if (M_ t [MSB] or (M_ t [MSB-1] & E==0) )
      M = M_ t;              E = E + 1;
    else
      M = M_ t;              E = E;
15  C = {S, E, M_ result};
```

3 高能效浮点乘法器体系结构

根据上述乘法算法要求，本文提出的乘法器需要实现一个双精度乘法或者两个并行单精度乘法，并支持非规格化数据的输入与输出。

其体系结构如图 2 所示。左边为双精度数据通路，同时可以执行一个单精度乘法；右边为单精度通路，只能执行一个单精度乘法。根据输入数据精度的不同，可以分时执行一个双精度乘法和两个并行单精度乘法操作。

图中虚线表示流水线的划分，所提出的乘法器分为四级流水。第一级对输入进行预处理（包括符号、指数和尾数提取），符号判断，数源操作数尾数的前导零，booth 编码和部分积的前 2 级压缩等；第二级进行部分积的后 4 级压缩并求和得到单精度尾数乘积结果，根据预测的乘积尾数前导 0 和指数进行移位判断和结果指数预测；第三级进一步压缩部分积并求和得到双精度尾数乘积结果，对尾数乘积进行规格化移位并计算黏接位；第四级进行舍入求和并选择最终尾数，调整指数，然后与符号位拼接得到最终结果。

下面将对关键模块进行介绍，主要包括指数计算模块、尾数乘法器模块、数零模块、移位模块、舍入加法器模块和结果选择模块。

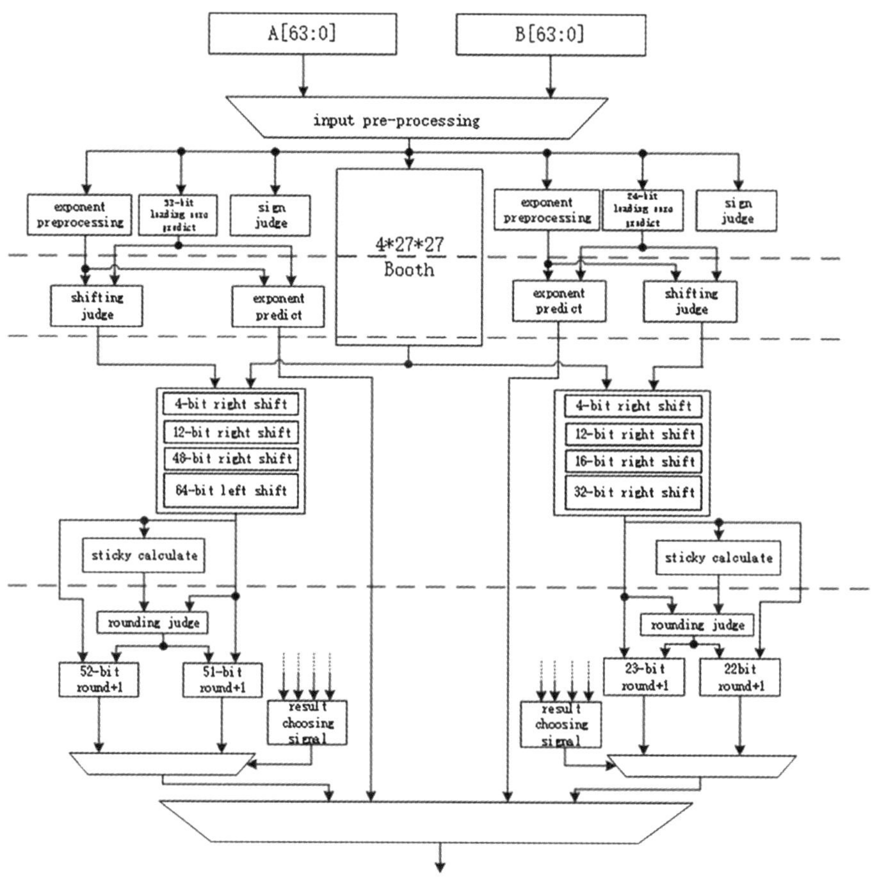

图 2　所提出的乘法器体系结构

3.1　指数计算

根据算法 1 步骤 6 计算指数时可能会产生溢出，因此需要扩展一位指数，表 2 为几种边界情况的指数表示。其中，e' 为移码表示的指数，e 为指数的真实值，$e*$ 为 e' 最高位取反并扩展一位最高位的结果。由表可知，最高位与次高位同号，则结果正常；为 10，表示下溢；01 表示上溢。最终结果的指数还需要根据舍入运算之后是否产生进位判断是否需要+1。

表 2 几种边界情况的指数表示

precision	e'	e	$e*$
DP	000_ 0000_ 0000（subnormal）	-1023	1100_ 0000_ 0000
	000_ 0000_ 0001（minimal）	-1022	1100_ 0000_ 0001
	111_ 1111_ 1110（maximal）	1023	0011_ 1111_ 1110
	111_ 1111_ 1111（infinite）	1024	0011_ 1111_ 1111
SP	0000_ 0000（subnormal）	-127	1_ 1000_ 0000
	0000_ 0001（minimal）	-126	1_ 1000_ 0001
	1111_ 1110（maximal）	127	0_ 0111_ 1110
	1111_ 1111（infinite）	128	0_ 0111_ 1111

3.2 尾数乘法器

一个高精度的乘法器，可以拆分成几个短位宽的乘法器，然后将其结果进行移位，再相加得到最终结果[7]，如下式所示：

$$manA = manA_h \times 2^{27} + manA_l,$$

$$manB = manB_h \times 2^{27} + manB_l$$

$$manA \times manB = manA_h \times manB_h \times 2^{54} + manA_h \times manB_l \times 2^{27} + manA_l \times manB_h \times 2^{27} + manA_l \times manB_l \quad (2)$$

基于此算法，将 54×54 的尾数乘法器设计为 4 个 27×27 的小位宽乘法器，其中，27×27 的小位宽乘法器采用基-4 booth 算法[8]结合 CSA 压缩树实现。

CSA 的门级电路如图 3 所示，最长延时为 a，b 到 sum，需要经过两级异或门，我们定义 a，b 为慢输入，c 为快输入，$carry$ 为快输出，sum 为慢输出，如果我们将快输入与快输出连接，慢输入与慢输出连接，就可以使电路延时最低. 所以我们将基-4 booth 算法产生的 14 个部分积按图 4 的方式进行压缩，其中，连线旁的数字表示电路延时，虚线表示流水线的划分。

然后将输出的 4 个 54 位部分积按图 5 的方式拼接，中间 54 位颜色不同的三个部分正好作为 CSA 的三个输入，经过一级压缩后再相加. 若 $manA_h$，$manB_h$ 和 $manA_l$，$manB_l$ 分别存放两组单精度尾数，则可以同时得到两个单精度尾数乘积结果，如图 5 灰色部分所示。

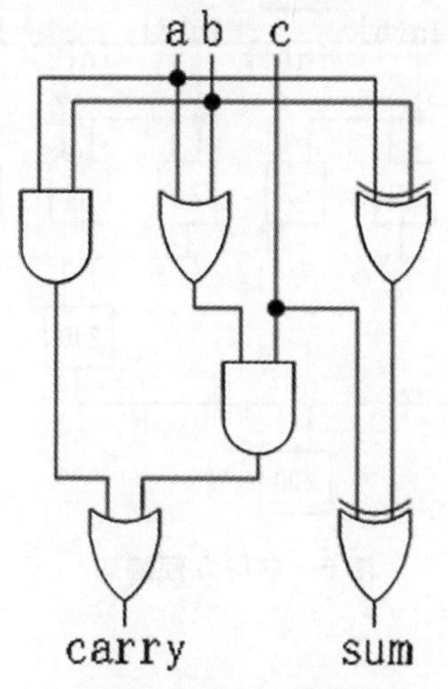

图 3 CSA 电路图

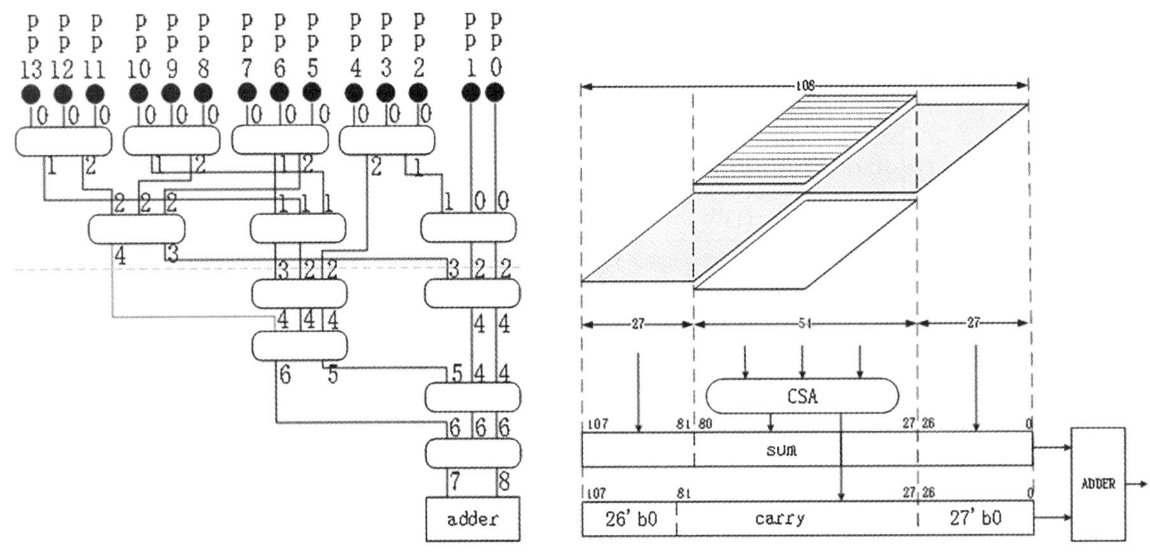

图 4　部分积压缩结构　　　　图 5　尾数乘法器结构

3.3　数零模块

以 16 位输入为例，说明本设计计数前导 0 的算法。首先进行预编码，如图 6 所示，将操作数相邻的两位分为 1 组，当这相邻的两位都为 0 时，*z* 为 1；为 01 时，*c* 为 1。然后计算最终结果，如图 7 所示并行计算结果的每一位，由于 4 位输出只能表示 0–15 种情况，所以不能表示输入全零的情况。基于此算法将输入扩展为 32 位用于单精度通路，64 位用于双精度通路。

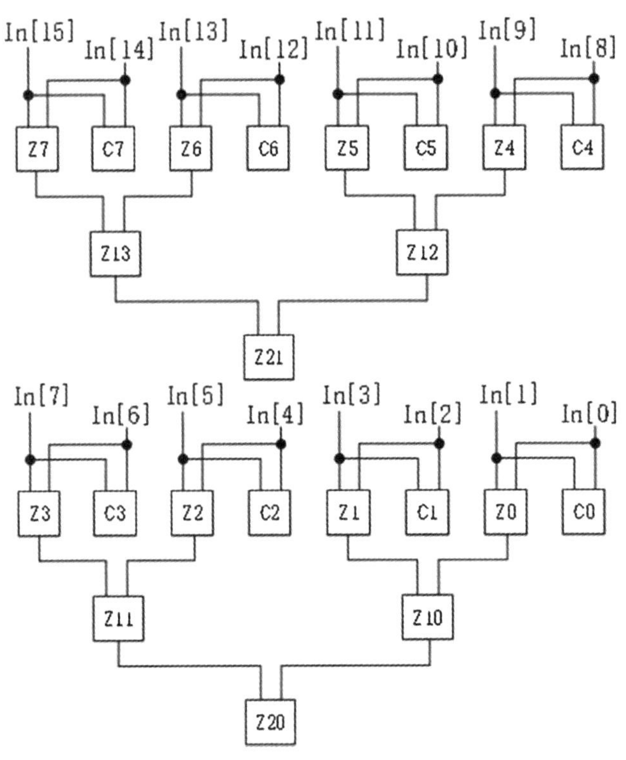

图 6　前导 0 预编码

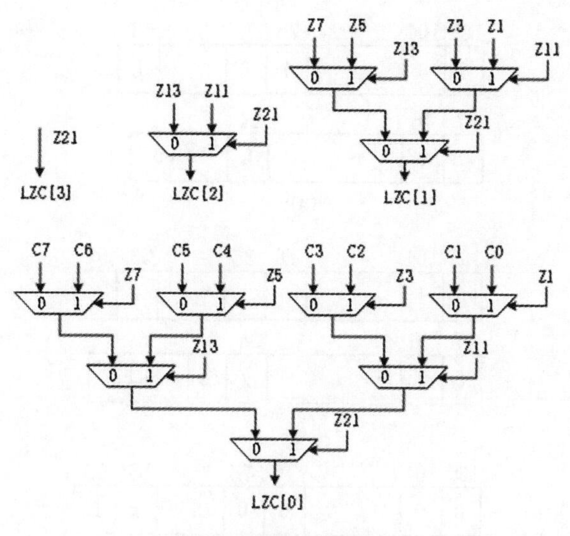

图 7　前导 0 计算

3.4　移位模块

以单精度通路为例，若指数下溢（指数小于零），最大产生 25 位右移；指数>前导 0 个数，最大产生 22 个左移，因此需要一个 47 位的大移位器，本设计采用 32 位的动态右移和一个 32 位的固定左移实现，如图 8 所示，移位量为 *fs*［5：0］，其中 *fs*［5］为高表示左移 32 位，所以 *fs*［5：0］=6’101111 表示左移 17 位，*fs*［5：0］=6’b001111 表示右移 15 位。

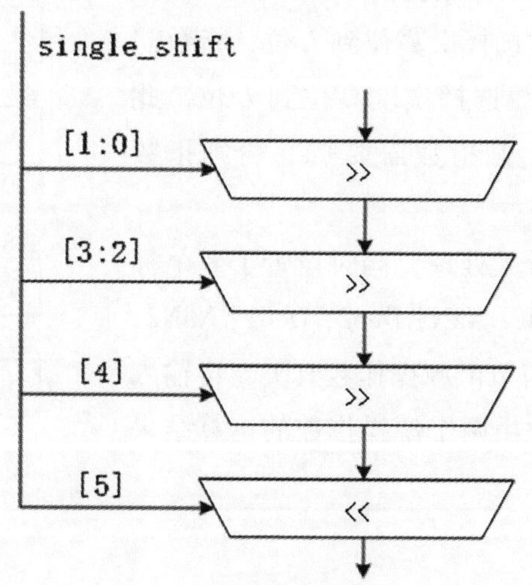

图 8　单精度尾数移位器

移位之后需要对结果进行寄存，为了减少站间寄存器的个数，左移时高位全是 0，移出位直接丢弃，右移时，移出位需要用作舍入判断，对移位结果的低位缩减或运算得到 *sticky* 位，然后再寄存。

3.5　舍入加法器

移位后的结果低位用于舍入判断，高位作为舍入加法器的输入。单精度和双精度尾数乘积结果移位后分别有三种情况，如图 9 所示。以双精度为例，根据最高位是否为 1，*L* 位为第 53 位或者第 52 位（单精度为第 24 位或者第 23 位），*G* 为第 52 位或者第 51 位（单精度为第 23 位或者第 22 位），而舍入 +1 应该加到 *L* 位上，于是设置两个并行的舍入加法器处理这两种情况，单精度则可以在结果拼接 29 个 0 后复用双精度的舍入加法器。

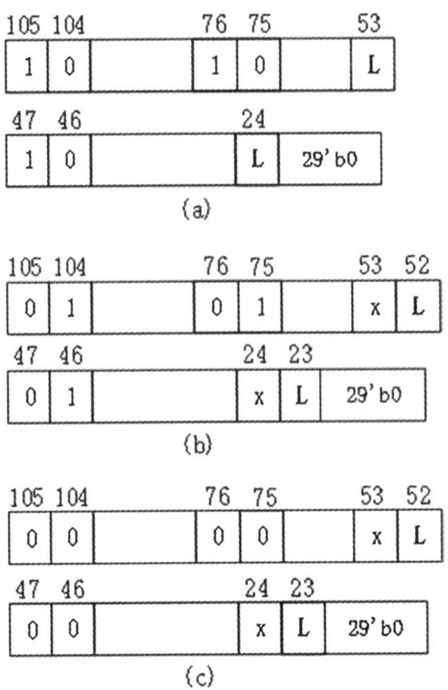

图 9　尾数乘积移位结果

3.6　结果选择模块

单精度和双精度舍入加法结果分别有图 10 所示的两种情况，a. 最高位为 1，最终尾数选择次高位到 *L* 位，指数需要+1；b. 最高位为 0，最终尾数选择次次高位到 *L* 位，此时，若指数为 0 且次高位为 1，则指数需要+1，否则指数不变。

本设计对结果上溢情况进行了处理，同时设置了 8 个标志位：Inex，Overflow，Inf，Result_ NaN，Den2，Den1，NaN2，NaN1，其中，后四个标志位只与单个源操作数有关，再输入预处理模块处理；前四个标志位由两个源操作数的运算结果决定。

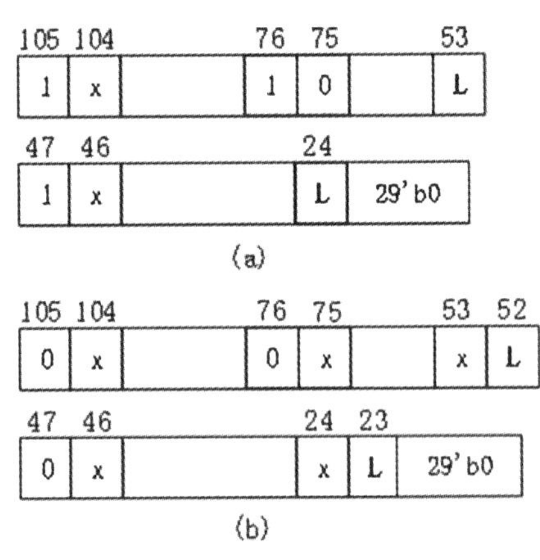

图 10　舍入加法结果

4　实验结果

本设计的功能验证围绕基于模拟的验证方法展开，并辅以形式化验证。将 1 万组典型激励（包括特殊数据及其边界值）和 200 万组随机激励结果与标准模型做对比；然后再用 C 语言编写黄金模型，使用形式化验证工具对 C 模型和所设计的 RTL 进行等价性检查。

本设计采用 28nm 工艺进行逻辑综合，时钟周期为 0.33ns，输入、输出延时设置为 0.1ns，综合结果如图 11 所示，(a)，(b)，(c) 分别为面积、时序和功耗。

由（a）可知，总面积为 22 874.72μm^2，其中，尾数乘法器面积为 16 780.77μm^2，占总面积的 73.4%，双精度通路面积为 3 834.22μm^2，占总面积的 16.8%，单精度通路面积为 1 595.38μm^2，占总面积的 7.0%；由（b）可知，关键路径为输入到尾数乘法的第二级压缩，如图 6 中红线所示；由（c）

可知，总功耗为 39. 80mW，其中动态功耗为 36. 50mW。

```
Total cell area:                 22874.723853
Total area:                 undefined

Hierarchical area distribution
------------------------------

                                 Global cell area          Local cell area
                                 -----------------  ----------------------
Hierarchical cell                Absolute  Percent  Combi-      Noncombi-
                                 Total     Total    national    national
-------------------------------  --------  -------  ----------  ---------
fmult_top                        22874.7239  100.0    571.8600    82.7820
Mul_54x54_v_inst                 16780.7699   73.4    760.7520   572.5080
Mul_54x54_v_inst/Mul_27x27_1      3723.0840   16.3   3034.4220   688.6620
Mul_54x54_v_inst/Mul_27x27_2      3846.6900   16.8   3146.5260   700.1640
Mul_54x54_v_inst/Mul_27x27_3      3805.3800   16.6   3107.4840   697.8960
Mul_54x54_v_inst/Mul_27x27_4      3819.4740   16.7   3118.8240   700.6500
fmult_double_inst                 3834.2160   16.8   1491.3720   672.9480
fmult_double_inst/uclzopa           89.2620    0.4     89.2620     0.0000
fmult_double_inst/uclzopb           89.7480    0.4     89.7480     0.0000
fmult_signle_inst                 1595.3760    7.0    499.2840   594.5400
fmult_signle_inst/shift_sp_inst    415.5300    1.8    415.5300     0.0000
fmult_signle_inst/uclzopa           34.5060    0.2     34.5060     0.0000
fmult_signle_inst/uclzopb           34.5060    0.2     34.5060     0.0000
-------------------------------  --------  -------  ----------  ---------
Total                                                18108.6839  4766.0399
```

(a) Area

```
Point                                                     Cap     Trans    Incr     Path
-----------------------------------------------------------------------------------------
clock clk (rise edge)                                                      0.00     0.00
clock network delay (ideal)                                                0.00     0.00
input external delay                                                       0.10     0.10 f
opb_e1[17] (in)                                           0.00    0.05     0.00     0.10 f
U606/Y (INV_X2M_A12TS_C31)                                0.00    0.01     0.01     0.11 r
U312/Y (INV_X1M_A12TS_C31)                                0.00    0.01     0.01     0.12 f
U511/Y (MXT2_X0P7M_A12TS_C31)                             0.00    0.01     0.03     0.14 f
Mul_54x54_v_inst/Src2[18] (fmult_top_Mul_54x54_v)                          0.00     0.14 f
Mul_54x54_v_inst/Mul_27x27_1/opb_man_i[18] (fmult_top_xm_fmul_array_3)


Mul_54x54_v_inst/Mul_27x27_1/l2pp0s_q_reg_21_/D (DFFQL_X1M_A12TS_C31)
                                                                  0.01     0.00     0.32 r
data arrival time                                                                   0.32

clock clk (rise edge)                                                      0.33     0.33
clock network delay (ideal)                                                0.00     0.33
Mul_54x54_v_inst/Mul_27x27_1/l2pp0s_q_reg_21_/CK (DFFQL_X1M_A12TS_C31)
                                                                           0.00     0.33 r
library setup time                                                        -0.01     0.32
data required time                                                                  0.32
-----------------------------------------------------------------------------------------
data required time                                                                  0.32
data arrival time                                                                  -0.32
-----------------------------------------------------------------------------------------
slack (MET)                                                                         0.00
```

(b) Timing

```
                  Internal       Switching        Leakage             Total
Power Group       Power          Power            Power               Power    (  %    )  Attrs
------------------------------------------------------------------------------------------------
io_pad              0.0000          0.0000           0.0000            0.0000  (   0.00%)
memory              0.0000          0.0000           0.0000            0.0000  (   0.00%)
black_box           0.0000          0.0000           0.0000            0.0000  (   0.00%)
clock_network       0.1427          0.1559           7.9782            0.3066  (   0.77%)
register           15.0396          0.6582         591.8401           16.2897  (  40.93%)
sequential          0.0000          0.0000           0.0000            0.0000  (   0.00%)
combinational      11.9626          8.5508       2.6925e+03           23.2058  (  58.30%)
------------------------------------------------------------------------------------------------
Total              27.1449 mW       9.3649 mW    3.2923e+03 uW       39.8021 mW
```

(c) Power

图 11　综合结果

5　结论

本文提出了一种全新的高能效浮点乘法器体系结构，可以执行一个双精度乘法或者并行两个单精度乘法运算，并支持非规格化数的输入与输出，其尾数乘积前导 0 与尾数乘法并行计算，并设置两个并行的舍入加法器，只增加了少量的硅面积，却极大地降低了关键路径延时。所提出架构的尾数乘法器由 4 个短位宽的 27 位乘法器组成，在执行双单精度 SIMD 操作时只使用了其中两个，而一个 64 位宽的寄存器可以存放 4 个半精度数据，因此下一步工作可以考虑增加，或者复用单双精度数据通路实现并行 4 个半精度乘法运算，以满足更多运算精度的需求。

参考文献:

[1] SCHWARZ E M, SCHMOOKLER M, TRONG S D. FPU Implementations with Denormalized Numbers [J]. IEEE Transactions on Computers, 2005, 54 (7): 825-836.

[2] BELYAEV I A, BELYAEV A A, SOLOKHINA T V, et al. A High-perfomance Multi-format SIMD Multiplier for Digital Signal Processors [C] // 2020 IEEE Conference of Russian Young Researchers in Electrical and Electronic Engineering (EIConRus). IEEE, 2020.

[3] JAISWAL M K, SO K H. Dual-Mode Double Precision / Two-Parallel Single Precision Floating Point Multiplier Architecture [C] // Ifip/ieee International Conference on Very Large Scale Integration. IEEE, 2015.

[4] THOMPSON S R, STINE J E. A Novel Rounding Algorithm for a High Performance IEEE 754 Double-Precision Floating-Point Multiplier [C] // 2020 IEEE 38th International Conference on Computer Design (ICCD). IEEE, 2020.

[5] Dan Z, Cowlishaw M, Aiken A, et al. IEEE Standard for Floating-Point Arithmetic [J]. IEEE Std 754-2008, 2008: 1-70.

[6] BELYAEV I A, BELYAEV A A, SOLOKHINA T V, et al. A High-perfomance Multi-format SIMD Multiplier for Digital Signal Processors [C] // 2020 IEEE Conference of Russian Young Researchers in Electrical and Electronic Engineering (EIConRus). IEEE, 2020.

[7] VASSILIADIS, S, SCHWARZ, et al. Hard-wired multipliers with encoded partial products [J]. Computers IEEE Transactions on, 1991.

[8] Design and verification of SIMD structure FMAC in a high-performance 64-bit DSP. National University of Defense Technology, 2014.
(赵芮. 一款高性能 64 位 DSP 中 SIMD 结构 FMAC 的设计与验证 [D]. 国防科学技术大学, 2014.)

机载电子设备液冷冷板结构对散热性能的影响研究

齐文亮　汪杨　成鑫　赵亮

中国航空工业集团公司西安航空计算技术研究所　西安 710068

摘要：本文针对液冷冷板解决机载电子设备散热问题，流道区域受限制的情况下，在流道内部布置数量不同的圆锥台设计了 4 种流道结构。通过热仿真来研究流道结构对液冷冷板综合性能的影响。分析表明：相对于常规的流道，内部嵌入圆锥台的液冷冷板的流场和温度场分布更加均匀。但单纯的增加流道内圆锥台数量不能非常有效地提高液冷冷板的散热性能。热性能系数的计算结果表明液冷冷板在冷却液 40 流量 0.7L/min 工况下的流动和散热的综合性能最佳。

关键词　液冷冷板；结构设计；仿真计算；散热特性；流场分布

中图法分类号　TP391

1　引言

随着集成电路的发展，电子产品及电子设备中的一些器件热流密度越来越大，传统的空气冷却技术已经不能满足电子设备冷却要求[1]。液冷技术以其高效、紧凑、噪声小等特点得到了广泛的应用。液冷技术可以通过液冷冷板的形式实现，既保护了电子设备，又能将热量带走[2]。冷板是一种单流体的热交换器，具有结构紧凑、换热效率高、运行安全可靠等特点，是目前广泛应用于电子设备中的换热装置[3]。

常规冷板已经进行了大量的研究[4-6]，已经达到了换热能力的极限[7]。本文意在设计出一种单相低流量强化换热的液冷冷板，能满足高热流密度的散热需求。利用仿真软件 FloEFD 对 4 种不同流道结构冷板进行热仿真分析，对不同流道结构冷板的流动和换热性能进行对比，研究流道结构参数对冷板换热性能的影响。以上研究为液冷冷板设计提供定性分析和定量参考。

2　计算模型

2.1　物理模型

本文研究的液冷冷板的三维模型如图 1 所示，结构参数如表 1 所示。冷板材质为 6 061 铝，内部流道覆盖整个热源。冷却液从入口进入冷板，沿蓝色箭头所示的 S 型流道流动，带走热源的热量从出口流出。为了综合比较不同结构冷板性能，本文计算了流道内部无圆锥台的冷板，定义为结构 A，通过在通道内布置圆锥台来提高冷板的总换热面积，采用如图 1 所示的 3 种结构形式：结构 B（168 个微型圆锥台）、结构 C（224 个微型圆锥台）和结构 D（392 个微型圆锥台）。通过 4 种不同流道结构的流动和换热性能综合对比，进而确定性能最优的冷板结构形式。

通信作者：齐文亮（wlqi_ avic@ 163. com）

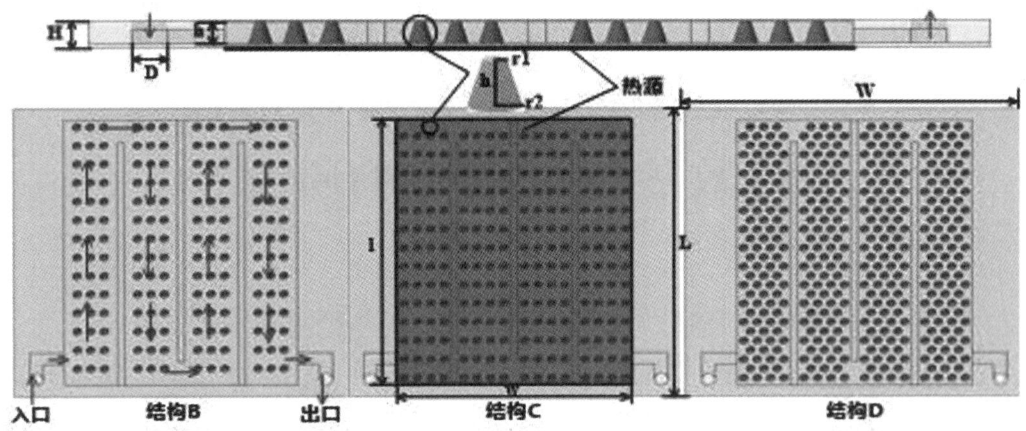

图 1 冷板结构示意图

表 1 冷板结构尺寸

参数	尺寸/mm	参数	尺寸/mm
L	251	l	228
W	248	w	175
H	10	h	7
D	10	r1/r2	1. 5/3. 5

2.2 初始条件

本文使用仿真软件 FloEFD 对冷板散热性能进行仿真分析。冷却液为液态水，冷却液入口温度为 40℃。机载计算机内部发热等效为面热源（如图 1 所示红色区域），功率为 550W。通过调整冷却液流量（0. 5L/min、0. 7L/min 和 1. 0L/min）来对比不同流道结构下冷板的流动和散热能力。本文假设流道内为稳定层流，壁面为绝热壁面，忽略辐射热损失[8]。为了提高计算收敛性和计算精度，本文进行了网格无关性验证。压降和热源表面最高温度作为网格无关性验证参数。表 2 为不同网格下计算得到的压降和热源表面最高温度。从表中数据可以看出，由于验证参数之间的差异较小，100 万个网格既能满足计算效率的要求，又能满足计算精度的要求，因此本文将其应用于本文的计算。

表 2 网格无关性验证结果

网格数/（万个）	压降/Pa	热源表面最高温度/℃
80	202	53. 67
100	214	53. 84
150	218	53. 87

3 结果讨论

为了分析液冷冷板内部流道流场的流动和换热性能，本文选取处的截面分析液冷冷板内部流场流动和换热性能，冷却液流量为 0. 7L/min。图 2 为不同液冷冷板内部流场的温度和速度分布。从图中可以看出，结构 A 温度场中存在大面积温度分布不均区域，在液冷冷板接近出口处温度场才趋于均匀分布。对比速度分布可以看出，入口位置及上游区域周围冷却液都在近壁处流动，流场中明显存在流动死区，在下游区域及出口处周围冷却液已经充分流动，因此速度分布均匀。与结构 A 相比，结构 B、C

和 D 流道中布置了圆锥台，三者的温度和速度场分布明显不同。尽管结构 D 中冷却液流速较低，但流动更加充分，流场分布更加合理，因此换热效果更好，整体温度分布更加均匀。从图中计算结果可以得出以下三个结论：1）与结构 A 相比，圆锥台的布置能够改善流场和温度场分布，使得流道内流场分布均匀，同时圆锥台增大了换热面积，因此结构 B、C 和 D 的温度分布更加均匀。2）圆锥台越多整个流道内流场分布越均匀，存在流动死区的区域越少，每个流道温度分布更加均匀。3）综合比较可以看出内嵌圆锥台的液冷冷板整体流动和换热性能更优。

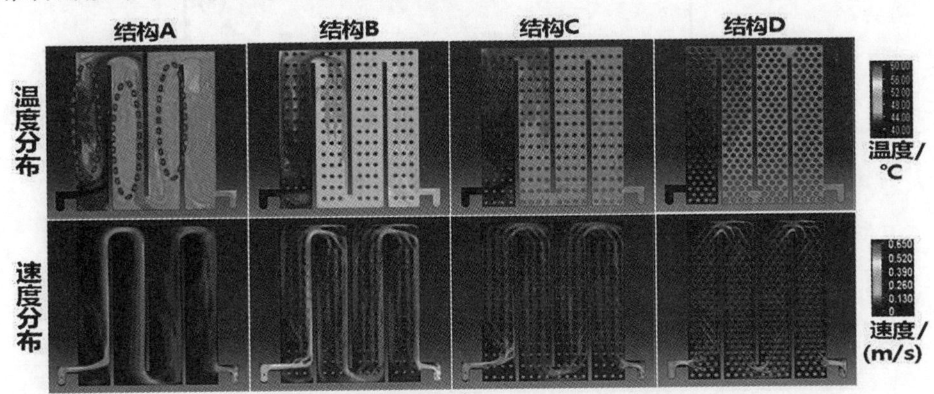

图 2　不同液冷冷板内部流场的温度和速度分布

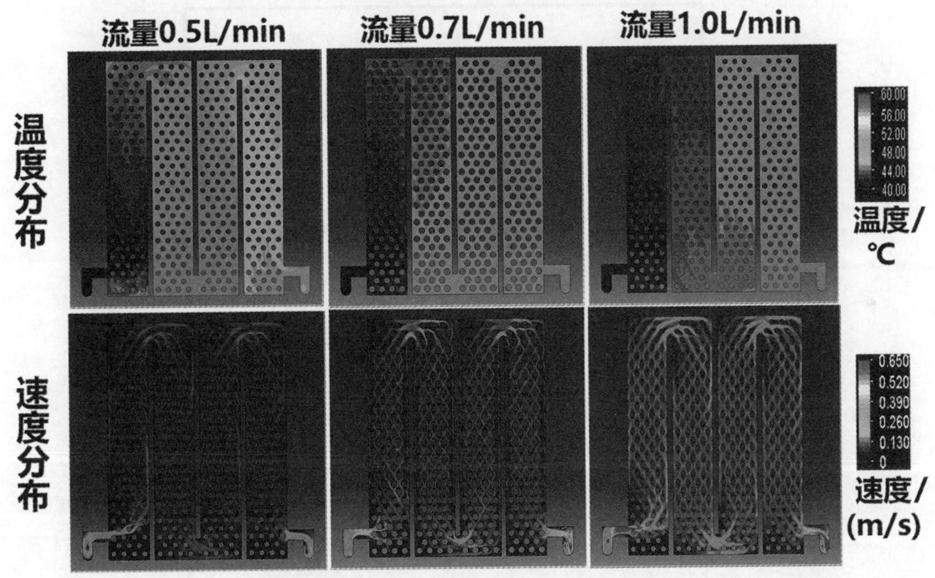

图 3　液冷冷板流场的温度和速度分布

为进一步研究内嵌圆锥台液冷冷板的流动和传热特性，本文基于结构 D 完成了不同流量下的计算，计算结果如图 3 所示。从图中可以得出以下结论：1）由于 S 型流道特有的流场和温度场分布特性，使得即使冷却液流量增大，流场和温度场分布并没有太大变化，整体变化趋势相同。2）冷却液流速的提高对于流场均匀分布的影响较小，并不能有效地改善流动死区（入口、出口及拐角处周围区域）。3）流速的提高对于整板的温度影响较大，能够有效降低整板的温度，同时出口处的冷却液温度也较低。

图 4（a）为不同流量下不同液冷冷板的入口与出口处的压差对比。四种液冷冷板都呈现出流量越大，流阻越大的趋势。但对于结构 D 这种流道结构更加复杂的液冷冷板流量增大也导致流阻增加得特别明显，不利于冷却液流动。不同液冷冷板的热源表面最高温度和平均温度如图 4（b）和图 4（c）所示。从图中可以明显看出液冷冷板结构对于换热效果的影响。结构 B、C 和 D 内部流道复杂，换热

面积较大，因此在相同的换热条件下换热效果明显优于结构 A。同样也是基于换热面积的增大，使得结构 D 热源表面最高温度和平均温度都低于结构 B 和 C，整体换热效果较好。综合比较图 4 的计算结果可以得出流量越大越有利于内嵌圆锥台液冷冷板的换热，但也带来了流阻的增加。尽管可以通过改变流道结构实现液冷冷板换热能力的提升，但这并不意味着改进的流道结构同样也对内部流动起到促进作用。因此液冷冷板的设计应该综合考虑各种因素，选择合理的结构形式。

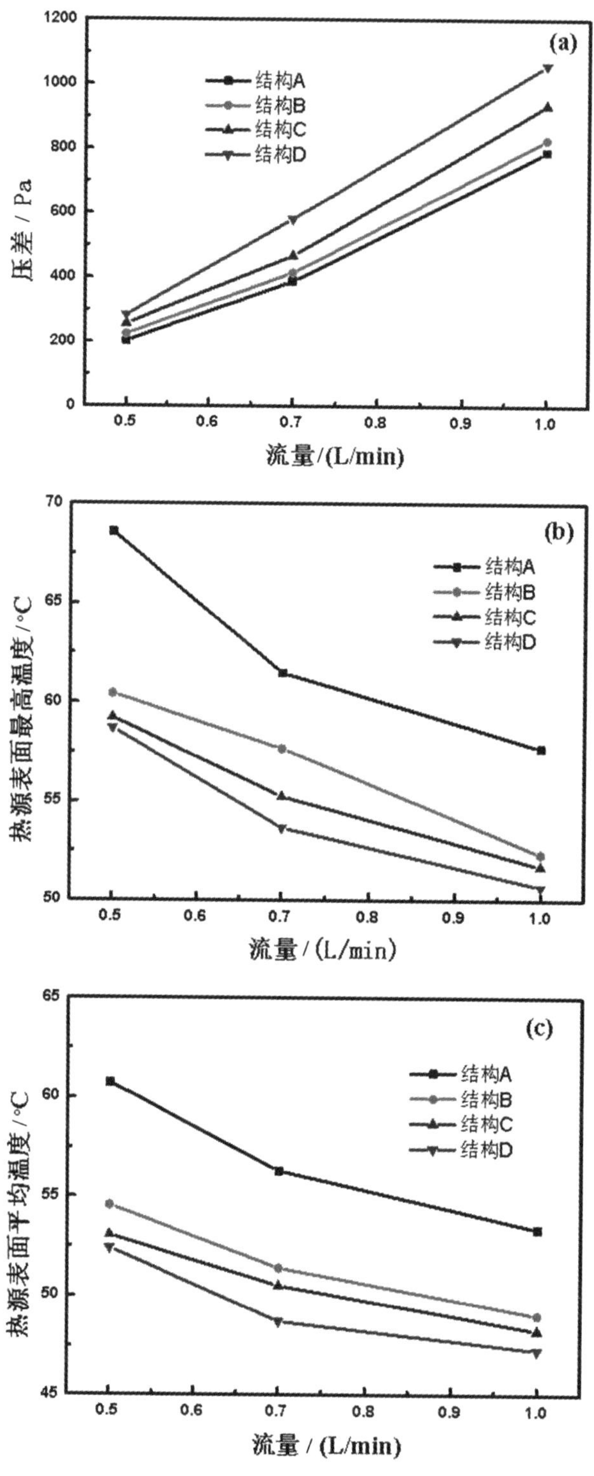

图 4　不同液冷冷板的流动和换热

为了综合评估液冷冷板的流动和散热性能，本文采用文献［9］提出的平均换热关联式进行换热能力的研究，采用热性能系数全面评估液冷冷板的流动和传热综合性能[10]。本文采用流道内部无圆锥台的液冷冷板做对比参考。

$$Nu_{ave}=0.0285Re_{ave}^{0.932}Pr_{f,ave}^{1/3} \tag{1}$$

$$f=\left(\frac{Nu}{Nu^0}\right)\Big/\left(\frac{\Delta p}{\Delta p^0}\right) \tag{2}$$

式中，Nu，Δp 分别为不同流道结构冷板的努塞尔数和压降，Nu^0，Δp^0 分别为内部无圆锥台的液冷冷板的努塞尔数和压降。

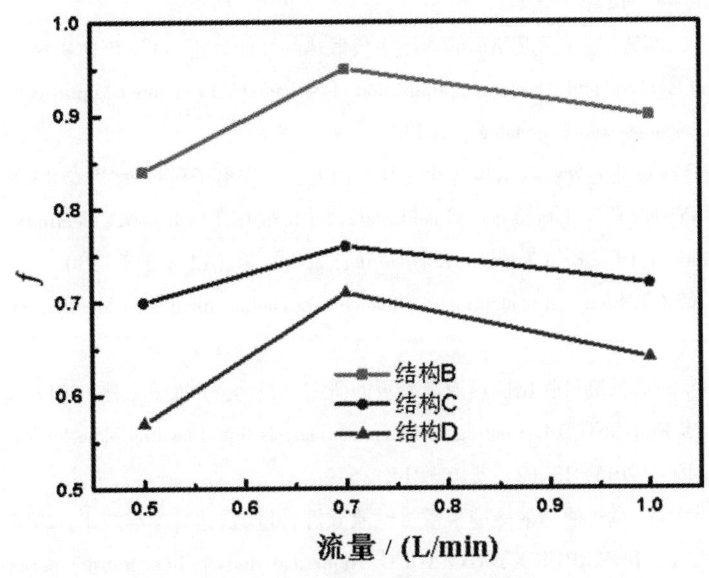

图 5　不同液冷冷板的热性能系数

不同流量下液冷冷板热性能系数变化如图 5 所示。从图中可以看出在 0.7L/min 流量下三种液冷冷板的热性能系数都是最大的，说明在该流量下液冷冷板的综合性能是最优的，实现了流动与换热的最佳匹配。在流量 0.7L/min 工况下，结构 C 与 D 之间的差值较小，这意味着在结构 C 下液冷冷板综合性能已经接近最优，即使增加流道内圆锥台数量也不能非常有效地提高液冷冷板流动和散热的综合性能。

4　总结

本文通过热仿真结果来研究流道结构参数对液冷冷板综合性能的影响。意在通过本文研究为液冷冷板设计提供定性分析和定量参考。主要结论为：

1）与结构 A 相比，圆锥台流道结构能够改善液冷冷板的流场和温度场分布，使得流道内流场分布均匀，同时圆锥台增大了换热面积，因此结构 B、C 和 D 的温度分布更加均匀。

2）圆锥台越多整个流道内流场分布越均匀，存在流动死区的区域越少，每个流道温度分布更加均匀。但是单纯的增加流道内圆锥台数量不能非常有效地提高液冷冷板的散热性能。

3）热性能系数的计算结果表明液冷冷板在冷却液 40 流量 0.7L/min 工况下的流动和散热的综合性能最佳。

参考文献：

[1] ROSE P, KARAYIANNIS T G, COLLINS M W. Single-phase heat transfer in microchannels: The importance of scaling effects [J]. Applied Thermal Engineering, 2009, 29: 3447 - 3468.

[2] TAN H, WU L W, WANG M Y, YANG Z H, DU P A. Heat transfer improvement in microchannel heat sink by topology design and optimization for high heat flux chip cooling [J]. International Journal of Heat and Mass Transfer, 2019, 129: 681 - 689.

[3] LI J, WANG K, LIN X P, HU T. Performance analysis on heat sinking of Liquid-cooling cold plate based on ICEPAK [J]. Fluid Machinery, 2016, 44 (12): 71 - 74.
(李健，王凯，林小平，胡涛. 基于 ICEPAK 的液冷冷板散热的性能分析 [J]. 流体机械，2016，44 (12)：71 - 74.)

[4] ZHAI N N. Performance analysis and structural optimization of S-shaped flow channel Liquid-cooling plate [J]. Xi'an: Xi'an University of Electronic Science and Technology, 2013.
(翟妮娜. S 型流道液冷冷板性能分析与结构优化 [D]. 西安：西安电子科技大学，2013.)

[5] KANDLIKAR S G, HAYNER C N. Liquid cooled cold plates for industrial high-power electronic devices thermal design and manufacturing considerations [J]. Heat Transfer Engineering, 2009, 30 (12): 918 - 930.

[6] FANG X P, MEI Y, WEI T. Study on heat transfer enhancement cooling plate with low flow rate [J]. Electro-Mechanical Engineering, 2017, 33 (5): 39 - 43.
(方晓鹏，梅源，魏涛. 一种低流量强化换热液冷冷板的研究 [J]. 电子机械工程，2017，33 (5)：39 - 43.)

[7] ZHANG G X, ZHANG X F, HONG D L. Cooling performance analysis liquid cooling plate for Micro/Mini-Channel [J]. Radar Science and Technology, 2015, 13 (2): 210 - 214.
(张根烜，张先锋，洪大良. 微小通道液冷冷板散热性能分析 [J]. 雷达科学与技术，2015，13 (2)：210 - 214.)

[8] SHAFEIE H, ABOUALI O, JAFARPUR K, AHMADI G. Numerical study of heat transfer performance of single-phase heat sinks with micro pin-fin structures [J]. Applied Thermal Engineering. 2013, 58: 68 - 76.

[9] QU W L, ABEL S H. Liquid Single-phase flow in an array of Micro-Pin-Fins-Part I: Heat transfer characteristics [J]. Journal of Heat Transfer, 2008, 130: 122402 - 1.

[10] ZHAO J, HUANG S, GONG L, HUANG Z Q. Numerical study and optimizing on micro square pin-fin heat sink for electronic cooling [J]. Applied Thermal Engineering, 2016, 93 (25): 1347 - 1359.

多路系统 Cache 一致性验证中的错误追踪定位技术

李辉[1]　巨鹏锦[1]　计永兴[1]

[1]（上海高性能集成电路设计中心　上海 201204）

[1]（31310988@ qq. com）

摘要　本文以某国产多路处理器系统的验证为例，基于事务级验证（Transaction Based Verification，TBV）技术，提出并实现了一种可以应用于模拟验证的自动错误追踪定位技术，通过在验证环境中对处理器的特定功能流程、相关各种请求响应、访存地址和数据流等信息进行事务级建模，记录并生成了验证环境运行产生的事务级信息库，基于上述信息通过算法实现了错误的自动追踪定位，显著缩短了错误定位时间，提升了多路系统下模拟验证的查错效率。同时基于事务级的模型，也使得验证人员可以在比设计部件更高的层次描述复杂流程的 Cache 一致性覆盖点，这种事务级维度的覆盖率描述弥补了原有代码覆盖率和功能覆盖率局限于模块和部件级的不足，是验证全面性和充分性的有益补充。

关键词　处理器验证；事务级验证；多路系统；Cache 一致性；覆盖率；错误追踪

中图法分类号　TP302

1　引言

在信息化革命早已席卷全球的今天，人们比以往任何时候都更依赖计算机，而在计算机的各种存在形态中，服务器拥有无可替代的重要地位，担负着对信息的存储、筛选、分析、加工等诸多任务。近年来，随着国家信息安全战略的稳步推进，国产服务器作为“十三五”期间国家信息安全链条上的重要一环，已成为重点发展的对象。面对大数据、云计算对服务器处理器在运算能力、主存容量和网络服务能力等方面的需求，国产高性能服务器处理器的研制也从多核发展阶段进入到多路多核阶段。处理器的设计复杂度和规模成倍增长，而硬件设计能力与验证能力的差距在不断增大[1]，验证周期不断增长，甚至贯穿整个芯片开发周期[2]。面对高性能处理器设计复杂度和规模不断增大的挑战，业界综合采用了模拟验证[1-4]、硬件仿真加速验证[5,6]、FPGA 原型验证[7]、形式验证[6,8]等方法开展验证工作，其中模拟验证仍然是处理器验证的主要手段。

支持多路直连的服务器处理器可通过高速直连接口构建主存全共享的 SMP（Symmetric Multiprocessor）系统，这使得处理器的验证复杂度从单处理器规模上升到了多处理器系统级规模，Cache 一致性的验证也从单路多核处理器规模上升到了多路多核处理器规模，不但规模更大，而且 Cache 一致性协议实现更复杂。多路处理器系统的验证不仅验证充分性更加难以保证，而且在模拟验证中追踪定位错误的难度越来越大，甚至严重影响验证效率。

处理器模拟验证的结果检查方式一般采用基于参考模型的验证方法[2,5,8,11]，检查的是处理器设计在指令完成时的结果。对运算类指令而言，由于其运行节拍固定，因而错误定位精度可以达到节拍级，

通信作者：李辉（31310988@ qq. com）

但对于访存指令而言，本身指令执行的周期就不固定，而且在多路系统中，从错误发生的第一现场到反映到指令执行结果与参考模型比对不等，这个时间跨度可能有几千拍甚至上万拍，而且错误数据传播的路径可能会非常长，而处理器的设计非常复杂，每个设计人员通常只了解跟自己相关的功能实现，因此这样一个错误的查错经常需要在多个设计人员和验证人员之间来回交互，查错工作需要几乎所有相关的人员参与，如果错误比较复杂，有时查错的时间甚至可以达到 1~2 天。在这种情况下，原有基于参考模型的验证方法只是解决了正确性比较的问题，追踪定位第一出错点基本上都靠人工完成，导致查错效率极低，亟待探索新的方法。

本文以某国产多路处理器系统的验证为例，基于事务级验证（Transaction Based Verification，TBV）技术[9]，提出并实现了一种可以应用于模拟验证的自动错误追踪定位方法，实现了多路处理器系统模拟验证环境中错误的自动追踪定位，显著缩短了错误定位时间，提升了多路系统模拟验证的查错效率。

2 验证需求分析

2.1 待测处理器介绍

本文以某款国产多路处理器系统的 Cache 一致性验证为例进行需求分析。该国产处理器有 32 个核心，每个核心内包含了一个 32KB 的一级指令 Cache 和一个 32KB 的数据 Cache，以及一个 256KB 的二级 Cache。处理器片内基于写目录无效的 Cache 一致性协议，所有核心共享一个 64MB 的三级 Cache。处理器间可通过直连接口构建两路或者四路系统，多路系统中处理器间使用广播监听协议保证处理器之间的 Cache 一致性。

该处理器的逻辑结构如图 1 所示，Core 表示核心，LCPM 为三级 Cache 控制部件和片内 Cache 一致性协议处理部件，GCPM 为全局 Cache 一致性协议处理部件，主要处理多路间 Cache 一致性，MC 为 DDR4 存储控制器，负责 DDR4 内存的读写访问控制。

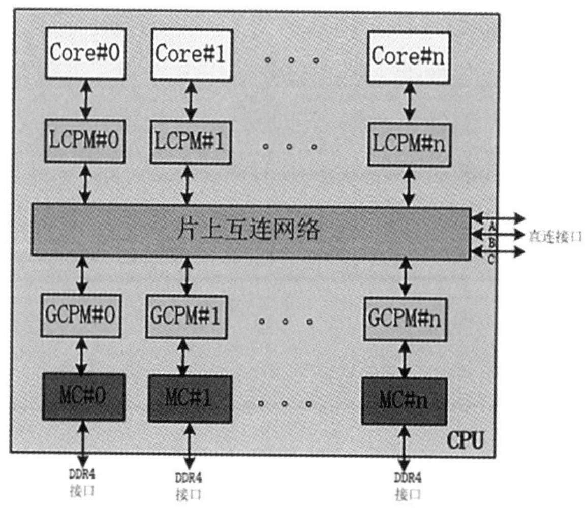

图 1　待测处理器的逻辑结构

多路系统通过处理器提供的 ABC 三个直连接口互连，多路系统结构如图 2 所示。

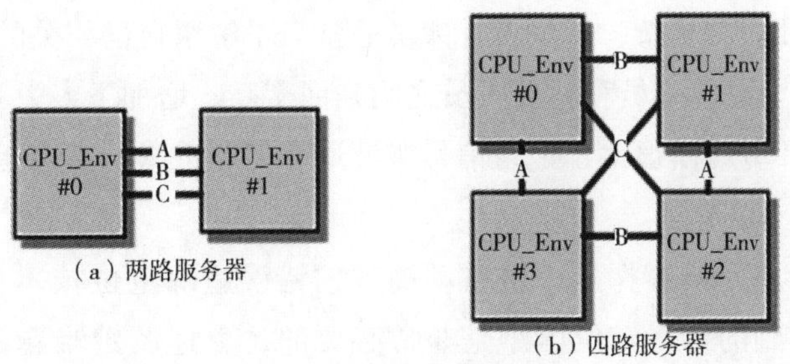

图 2　多路系统结构

2.2　难点与需求分析

由于采用了目录和广播监听两级 Cache 一致性协议，且四路系统的核心数量最多可达 128 核，因此该处理器 Cache 一致性验证不但环境规模大、功能复杂，而且错误的追踪定位也成了一个难点。

首先，Cache 一致性协议非常复杂，一个典型的处理流程就包含了 Local-CPU（请求源 CPU）、Home-CPU（请求目标 CPU）和多个 Peer-CPU（对等 CPU），而且涉及片内一致性处理流程和片间一致性处理流程，示例如图 3 所示。从图中可以看出该处理器 Cache 一致性处理过程的特点是涉及的设计部件数量多、处理流程步骤多、飞行中的各类消息类型的种类多，据统计该协议中包含的消息类型共计 9 个大类，87 种子类，种类数量之多为理解协议和查错带来很大困难。

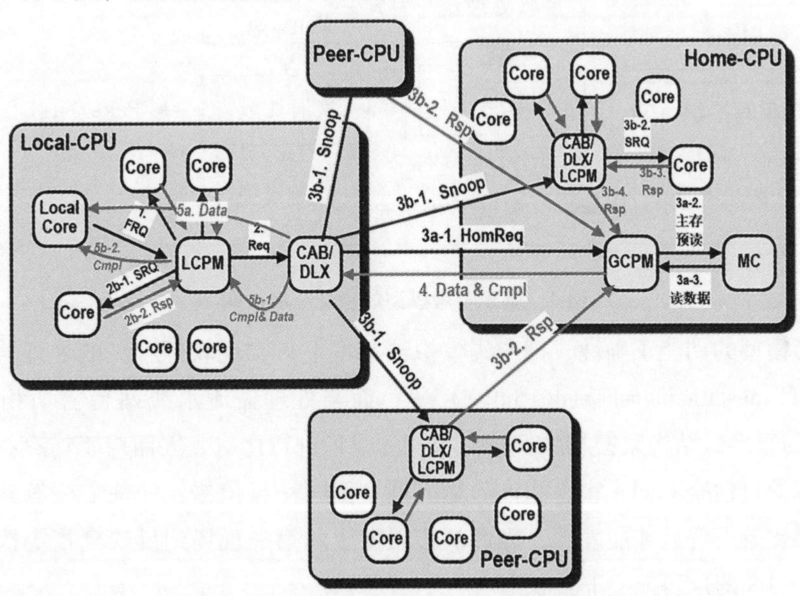

图 3　多路系统典型 Cache 一致性处理示例

其次，该验证环境中查错的遇到困难还包括：

1）由于接口协议十分复杂，查错波形中对信号总线的接口协议解析非常繁琐；

2）由于设计实现要考虑硬件开销，不同部件之间传递的信息都是必要最小集，因此查错需要的信息在某一时刻的特定接口上都是不完整的，另外还有些消息包的控制信息和数据信息会通过不同的物理通道分开传递，造成时间上的不同步，需要根据 ID 号或其他信息向前回溯、同时结合多个部件接口分析才能得到，这一过程费时费力、难度大、易出错；

3）查错时通常要在波形上搜索和筛选关键信息，缩小关注范围，由于设计和环境复杂，各个部件接口的信息量很大，且错误第一现场距离出错点时间范围有可能跨度很大，这些都增加了搜索和筛选信息的难度；

4）由于处理器的设计非常复杂，每个设计人员通常只了解跟自己相关的功能实现，因此这样一个错误的查错经常需要在多个设计人员和验证人员之间来回交互，增加了人力和时间开销；

5）同样由于设计和环境规模很大，记录信号级波形不但严重影响模拟运行速度，而且空间占用很大，也给查错工作带来了不少麻烦。

通过上述分析可以看出，研究探索一种自动高效的错误追踪定位技术，对于解决多路处理器系统 Cache 一致性验证中遇到的错误定位困难是非常必要的，上述关键难题的解决一定能够提高验证效率。

3 错误追踪定位方法研究

3.1 基于参考模型的验证方法

处理器的模拟验证主要还是基于参考模型的正确性检查方法，其环境的一般结构如图 4 所示，处理器的参考模型通常都采用指令集模拟器（Instruction Set Processor，ISP），实时比较的内容通常是每个设计核执行完成指令的目标寄存器结果与参考模型的对应核做比较。

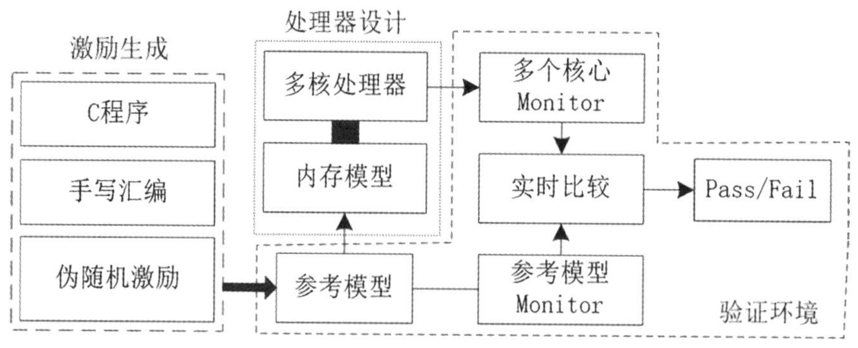

图 4　基于参考模型的验证环境结构

为了保证参考模型的功能正确性，指令集模拟器基本上只实现软件可见的处理器结构，如寄存器和页表快表 TLB（Translation Look-aside Buffer）等，而与处理器流水线站台密切相关的结构，比如 Cache，因其行为与很多微结构紧密相关，难以与实际设计进行比对，因而对于访存指令而言，尤其是写指令结果，难以通过检查 Cache 状态和内容做判断，而写一旦出错，往往需要等到相关地址的读指令与参考模型结果比较不等后才能发现，因此从错误发生的第一现场到反映到指令执行结果与参考模型比对不等，这个时间跨度可能会非常长。

传统的基于监测模块 Monitor 的模拟验证环境，Monitor 会在日志文件中记录状态检查和调试查错时需要的各种信息，查错时利用这些信息进行分析和追踪。由于多路处理器系统中，不仅每个核心都会有一个 Monitor，有些部件也有自己的 Monitor，如果采用这种基于日志的记录方式，整个验证环境中会生成上百个日志文件，信息量非常大，而且难以有效关联搜索，从而导致查错效率不高。

探索一个有效的错误追踪定位技术，既要能够与基于参考模型的处理器验证环境相结合，还要解决环境中调试信息的采集、记录和搜索筛选问题。

3.2 事务级建模和错误追踪方法

基于事务的验证技术 TBV 是一种成熟验证技术，在系统级验证的建模中（Transaction-Level Modeling，TLM）广泛采用，也常用于 RTL 级的模拟验证[12-13]，多数 HDL（Hardware Description Language）模拟器都支持通过特定的库接口将事务级的数据写入生成的波形数据库，从而帮助设计和验证人员在事务级对设计和环境的行为进行分析，通常 EDA 工具提供的事务级波形查看工具可以支持搜索和筛选功能。

以 Cadence 公司 IES 模拟器为例，该工具支持通过 C++接口定义的 SDI2 库（Simulation Database Interface Version 2，SDI2），在模拟环境中实现事务级信息的采集，并且记录到生成的波形数据库中，图 5 是 SDI2 类的结构和事务定义方法[14]。

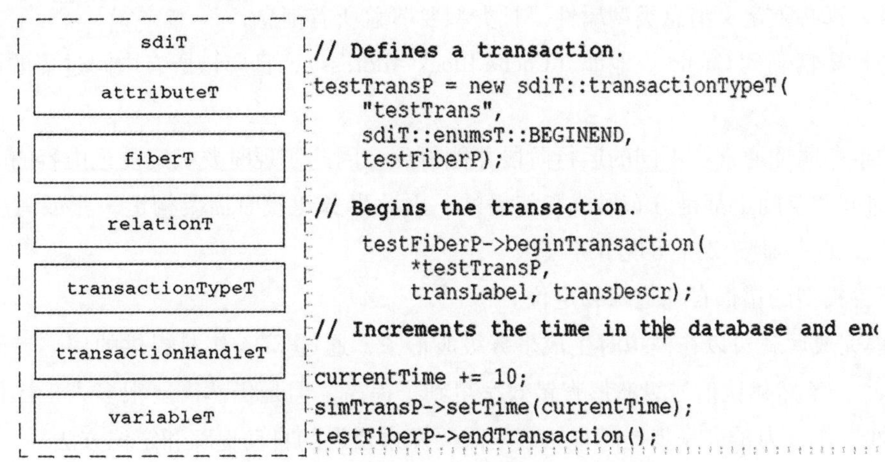

图 5　SDI2 类的结构和事务定义方法

将 Monitor 的日志记录方式改为事务记录方式后，能够实现事务信息与波形数据库的紧密结合，通过工具的支持还可以实现快捷的信息搜索和筛选。另外事务级波形所占空间大小远远小于信号级波形，而且对模拟速度的影响更小。

TBV 技术为解决多路系统 Cache 一致性验证提供了技术支撑，如何利用 TBV 技术对 Cache 一致性验证环境建模，如何实现错误的快速追踪定位，还需要考虑以下方面的问题：

1）事务级建模的原则。

如何确定建模要覆盖的设计部件和层次。如上所述，该多路处理器系统的 Cache 一致性处理流程复杂，涉及设计部件众多，是否所有的部件都需要做事务级建模？是否需要在部件级以下的模块级建模？

就本文来说，事务级建模的原则应该从建模的目的出发，建模是为了方便 Cache 一致性错误的追踪和定位，因此建模的原则可以归纳为：

a）建模应该至少覆盖 Cache 一致性消息传输的关键通路，例如各层级缓存控制器（Cache Controller）接口、主存控制器（Memory Controller）接口、片上互连网络（NoC，Network on Chip）接口等；

b）处理器核心的访存流水线建模通常包含 LQ/SQ（Load/Store Queue）、MAB Tag（Missed Address Buffer Tag）、WCSB（Write Combining Store Buffers）等。如果核心相对比较成熟，也可只对核心对外接口建模，性价比更高；

c）推荐在部件级层次建模。一方面，部件级通常有专职的设计人员负责，当错误定位到部件级后就不再需要在多名设计人员和验证人员间反复交互了；另一方面，部件级功能相对完整，事务级建模更加简洁清晰，如果到模块级，接口协议更加琐碎导致建模的难度加大，事务级验证的性价比降低。

2）事务的属性和功能定义。

确定了事务级建模的部件和层次后，就需要从设计的功能实现和验证需求方面考虑事务级建模需要实现的功能，本文着重从 Cache 一致性验证错误追踪定位的需求出发确定事务属性和功能，主要包括：

a）要能够对每个访存请求进行唯一标识，以实现对其全流程的精确追踪，由于设计中可能并不存在这样的一个唯一标识，因此实现时需要结合信息的源和 ID，甚至需要增加时间戳等信息来实现；

b）同一个请求引起的所有事务均携带相同的事务唯一标识号，方便建立这些消息之间的联系；

c）每个事务都必须定义消息类型属性，且类型要覆盖所有消息；

d）访存地址要精确到 Cache 块地址（Cache Block Address），且应该所有中间过程的请求或响应都携带；

e）不同的事务属性通常在不同的运行阶段才能得到，因此实现时要确定登记内容的时机，由于设计中的信息在时间和空间上都是分布形成和传播的，因此事务建模时需要构造一张或者多张表来集中记录这些信息，以此基础定义和实现事务模型。

3）基于事务模型的错误自动追踪和定位。

事务级建模完成后就可以在模拟时生成事务级波形了，通过 EDA 工具提供的用户界面可以对事务信息搜索查错[15]。虽然相比信号级波形查错效率得到了提高，但是仍然需要很多人工操作，且很多情况下都是重复性工作，为了进一步提高查错效率需要探索错误的自动追踪和定位方法。

本文 EDA 工具提供了一种 TxE（Transaction Explorer）[15]脚本语言，该语言主要由 TCL（Tool Command Language）构成，结合工具提供的接口命令，可以实现比较复杂的搜索算法。以此为基础并结合 Cache 一致性的功能流程可以实现自动的错误追踪定位功能。实现时需要考虑到的问题主要包括：

a）需要定义错误分类，例如响应超时，数据比较不等，故障报错等等，不同类型的错误查错的方法不同。

b）基于事务级的错误追踪要与基于参考模型的实时比较报错信息相结合。基于参考模型的实时比较报错信息包含查错的指令信息，如 PC、出错时刻、错误结果、期望数据等，访存指令信息还包含访存虚地址和物理地址信息，基于这些信息可以编写程序实现在事务级波形中的信息检索。

c）不同的错误类型，要根据设计处理流程实现不同的追踪算法，可以根据错误出现的频繁度优先实现常见错误的自动追踪功能。

事务级建模和参考模型相结合的自动错误追踪环境的实现原理如图 6 所示。事务级模型开发的主要工作是结合设计的功能，定义一系列关键信息的数据结构，并基于此对 DUT 内的关键模块进行事务建模，将各种功能流程中的数据流和控制流定义为一系列的有向图模型，以便追踪出错模块。传统正确性检查的手段还包括断言检查和参考模型比较，这些手段可以实时监测错误并终止模拟运行，同时将出错信息写入日志。出错后，验证环境会解析出错日志，对错误自动分类并标记，错误追踪定位工具结合模拟出错日志和错误类型，通过 TxE 接口访问事务波形，根据定义的规则库（追踪算法）找到出错的模块和错误时刻，验证和设计人员可以据此信息再通过信号波形完成对错误的最终定位分析。

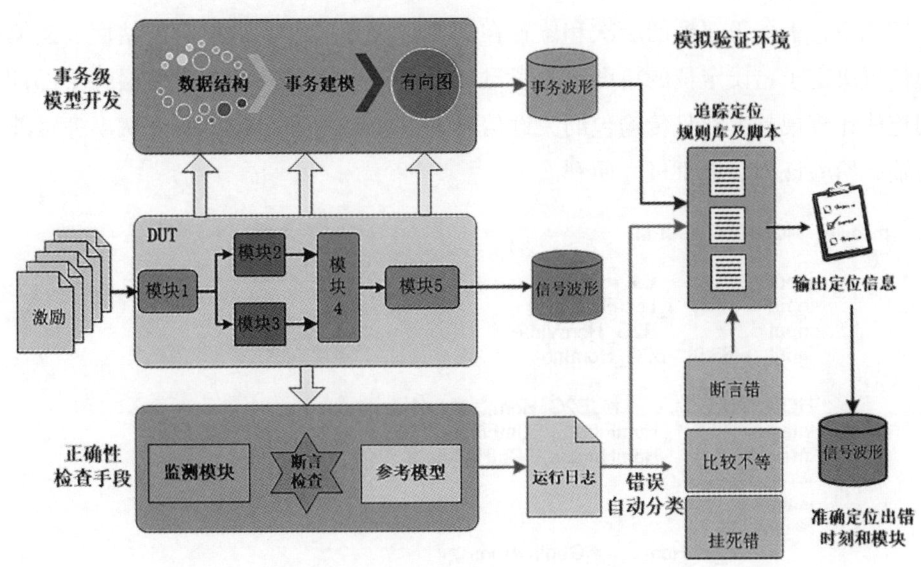

图 6　自动错误追踪环境的实现原理

4　错误追踪定位环境的实现

通过上述分析，本文在某款国产多路处理器系统的 Cache 一致性验证环境中实现了事务级建模和参考模型相结合的自动错误追踪环境，如图 7 所示。

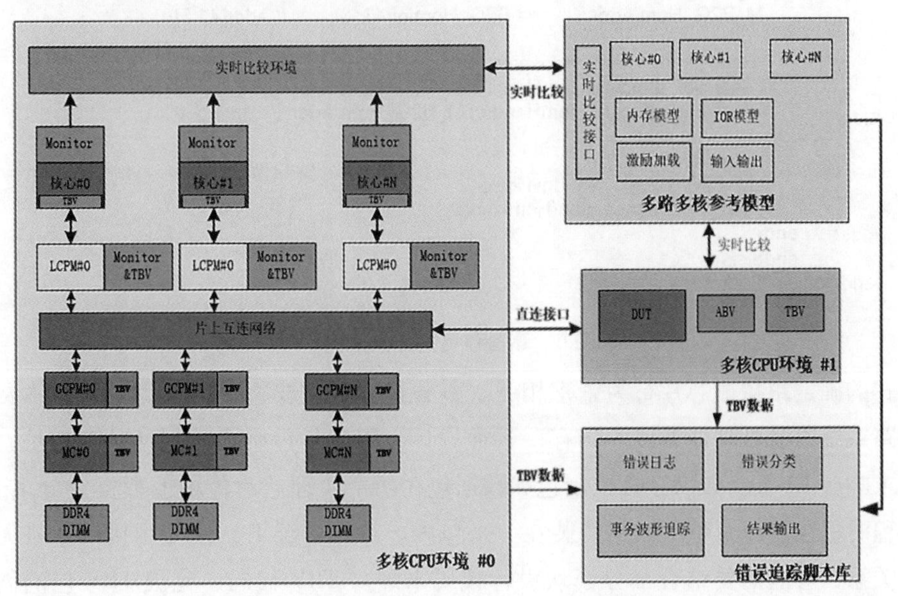

图 7　多路处理器系统 Cache 一致性验证环境

从图 7 可以看到，该环境由两个相同的多核 CPU 环境、多路多核 CPU 参考模型，以及错误追踪脚本库组成。每个多核 CPU 环境都包含了设计 DUT、断言检查 ABV、事务级建模 TBV、监测模块 Monitor，以及实时比较和 DDR4 DIMM 模型等验证组件，图中包含 TBV 的设计部件包括核心的核外接口、LCPM 部件、GCPM 部件和存控 MC 部件，环境支持两个或四个多核 CPU 环境或者虚拟多核 CPU（VCPU）通过直连接口互连，支持基于多路多核 CPU 参考模型的核心级实时比较，基于错误追踪脚本库可以收集实时比较环境的错误日志、分析错误类型、访问 TBV 波形数据并追踪错误等功能。

在本案例实现中，事务级建模的层次和位置在选择时统筹考虑了错误定位精度、建模位置和编程工作量。建模位置决定了错误定位的精度，为了迅速定位错误，可以考虑在顶层各个部件之间进行建模，部件之间连线比较规整，并且传输包的关键信息一般接口可见，建模后可从事务级波形上直观查看各类包的传输，给验证人员提供极大便利。

```
module   MONITOR_GCPM
 (
        input              Clk,
        input    [ 2:0]   i_LocalNId,
        input              B2G_HomVld,
        input    [63:0]   B2G_HomInf
)
        HOM_TYPE           M_B2G_Hom,   c_InvHom;
        integer            HomFiber,    DatFiber;
        integer            HomHandle,   DatHandle;

        initial
        begin
                c_InvHom      = GenInvHom( );
                HomFiber      = $sdi_create_fiber("sdi_B2G_Hom",   "TVM");
        end
        always @ (negedge Clk)
        begin
                if (B2G_HomVld)       task_b2g_hom;
        end
        task automatic   task_b2g_hom;
        begin
            M_B2G_Hom                = c_InvHom;
            M_B2G_Hom.Type          = HOM_CODE'(B2G_HomInf[4: 0]);
            M_B2G_Hom.Offset       = B2G_HomInf[ 7: 6];        // Addr[ 6:5]
            M_B2G_Hom.Addr          = B2G_HomInf[43: 8];       // Addr[42:7]
                ... ...
          HomHandle = $sdi_transaction("BeginEnd", HomFiber, "CAB2GCPM_HOM");
          $sdi_set_attribute(HomHandle, M_B2G_Hom.Type       );
          $sdi_set_attribute(HomHandle, M_B2G_Hom.Addr       );
                ... ...
          @(posedge Clk);
          M_B2G_Hom     = c_InvHom;
          $sdi_end_transaction(HomHandle);
        end
        endtask
endmodule
```

图 8　事务包格式定义示例

事务包格式的确定跟待测芯片行为紧密相关。事务包格式主要指包的关键信息，本文验证对象的主要行为是多路系统以及处理器外设的访存一致性设计。因此，包格式需包括访存地址、数据、请求响应类型、请求响应 ID 等。如果存在控制包和数据包在两个物理通道传输或数据包分多个 flit 传输情况，需要在编程时把控制以及整个数据封装在一个包内。特殊情况下，仅使用接口信号无法完整表达协议包之间的关系，可能需要结合部分模块设计代码来编写 TBV 代码，完成 TBV 包的创建。图 8 以 GCPM 模部件为例说明建立请求事务包的方法，首先定义 MONITOR_ GCPM 模块，声明输入信号，然后根据接口协议把接口信号转化成事务包格式。

错误追踪搜索通过 TxE 脚本和 Python 脚本结合实现，TxE 脚本实现部分代码如图 9 所示。

```
txe_search_create search TB {

  source {
  }

  init {
    set err_addr 0x80161d //错误访存地址
  }

  # capture all the transactions with a child in the database
  apply {
     fiber * {
        trans_type * {
           set addr [attribute "Addr"]
           if {$addr == $err_addr} {
             set last_time  [tformat 12.2ns  [end_time] ]
             set_attribute lasttime $last_time
             accept
           }
        }
     }
  }
set text_file [open "err_info.log" "w"]
puts $text_file "Some Utilization Stastics for a bus modele
puts $text_file ""

foreach s [txe_search_get_list] {
  # Execute the search.
  txe_search_execute $s  //执行搜索算法

  # Write the results table
  puts $text_file "[txe_search_get_path $s]"
  puts $text_file "---------Error Transaction Flow---------
  txe_table_write $text_file text $s
  puts $text_file "-----------------------------------------
}
```

图 9　TxE 脚本实现示例

下面以一个响应超时的错误为例展示错误追踪过程。如图 10 所示模拟环境报错终止运行，错误信息含义为 7 号核心出现指令响应超时“ROB Time Out”，并且给出了错误的物理地址。

```
----------------------------------------------------------
CG0 mpe7 ROB Timeout!!!
----------------------------------------------------------
 "The ROB Addr is 0x400000088
Calling Stop_run() from at line 60 in @ds_bfm_quit.
```

图 10　多路系统模拟出错现场示例

在多路处理器系统中访存通路非常长，事务级查错方法与常规方法一致，都是根据处理流程由正向或逆向逐级递推来查错。以下是针对此“ROB Time Out”错误的查错过程。

①根据出错地址查询 GCPM 接口的事务波形，得到的结果如图 11 所示。波形描述的是 CPU0 发起独占数据读请求“vcpu_ RdDataM”，GCPM 收到了 CPU0 的独占读请求和另外三个虚拟 VCPU 的无效监听回答“vcpu_ RspI”，由 GCPM 向 CPU0 推送了独占数据及完成消息“vcpu_ AckDataE_ Cmpl”，因此数据响应是向上游推送了的，GCPM 的功能正确。

Time	Stream_name	Label	Type	Utid	Reqtrkid	Reqnid	Homnid	Addr	Cacheaddr
2883.133ns	Gci_req	gci_req_task	vcpu_RdDataM	10C2	43	0	0	0040000088	008000011

Time	Stream_name	Label	Type	Utid	Reqtrkid	Reqnid	Homnid	Addr	Cacheaddr	Cfltrkid	Peernid
2886.463ns	Snp_rsp	snp_rsp_task	vcpu_RspI	10C2	43	0	0	0040000088	008000011	00	1

Time	Stream_name	Label	Type	Utid	Reqtrkid	Reqnid	Homnid	Addr	Cacheaddr	Cfltrkid	Peernid
2954.395ns	Snp_rsp	snp_rsp_task	vcpu_RspI	10C2	43	0	0	0040000088	008000011	00	2

Time	Stream_name	Label	Type	Utid	Reqtrkid	Reqnid	Homnid	Addr	Cacheaddr	Cfltrkid	Peernid
2955.727ns	Snp_rsp	snp_rsp_task	vcpu_RspI	10C2	43	0	0	0040000088	008000011	00	3

Time	Stream_name	Label	Type	Utid	Reqtrkid	Reqnid	Homnid	Addr	Cacheaddr	[illegible]	Data
3206.609ns	Fwd_dat	fwd_data_task	vcpu_AckDataE_Cmpl	10C2	43	0	0	0040000088	008000011	0	

图 11　响应超时查错演示步骤 1

Time	Stream_name	Label	Type	Utid	Reqtrkid	Reqnid	Homnid	Addr
2855.827ns	Gci_req	gci_req_task	vcpu_RdDataM	10C2	43	0	2	0040000088

Time	Stream_name	Label	Type	Utid	Reqtrkid	Reqnid	Homnid	Addr
2859.157ns	Snp_req	snp_req_task	vcpu_SnpDataM	10C2	43	0	2	0040000088

图 12　响应超时查错演示步骤 2

②继续查看 CPU0 的 LCPM 部件，用出错地址进行查询，图 12 所示，发现 LCPM 发送了独占读请求“vcpu_ RdDataM”和独占监听请求“vcpu_ snpDataM”后，并未收到完成消息，说明是 LCPM 与 GCPM 之间的桥接模块出现了问题，可以定位错误在桥接模块。如此，一个在四路直连系统中出现的错误可以经过两次查询就可以锁定错误模块，大大缩减了错误定位时间。

本文使用 Python 和 TxE 脚本实现了多种常见错误的自动追踪定位，查错效率又得到进一步提升，而且对查错人员的能力要求大大降低，从而使得整个验证团队工作效率都得到提升。图 13 展示了对出错访存地址“0x00080161D”的自动追踪过程，问题发生在 CAB0 给了 GCPM 请求但 GCPM 没有将请求继续转发出去，因而最终定位出错模块为 GCPM，出错时刻为 2 844. 7ns。

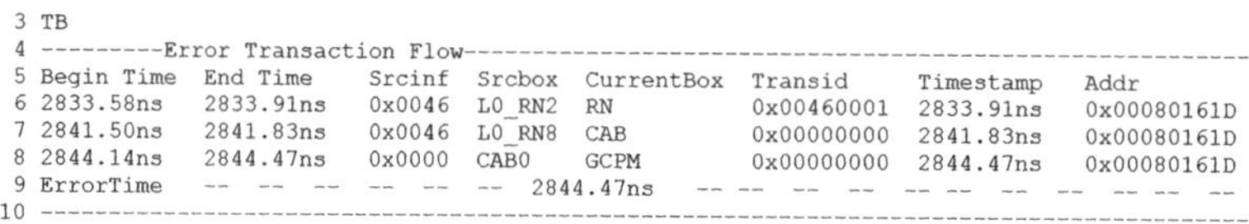

```
TB
---------Error Transaction Flow----------------------------------------------------------
Begin Time  End Time    Srcinf  Srcbox  CurrentBox  Transid     Timestamp   Addr
2833.58ns   2833.91ns   0x0046  L0_RN2  RN          0x00460001  2833.91ns   0x00080161D
2841.50ns   2841.83ns   0x0046  L0_RN8  CAB         0x00000000  2841.83ns   0x00080161D
2844.14ns   2844.47ns   0x0000  CAB0    GCPM        0x00000000  2844.47ns   0x00080161D
ErrorTime   --  --  --  --  --  --  2844.47ns   --  --  --  --  --  --  --  --  --  --
---------------------------------------------------------------------------------------
```

图 13　自动化脚本错误追踪示例

5　应用效果

5.1　事务级建模代价分析

表 1　被测设计和 TBV 代码行数统计

DUT module	design code lines	TBV code lines	ratio
LCPM	38 632	292	0. 8%
GCPM	18 691	281	1. 5%
CAB	26 126	435	1. 7%
RN	6 298	554	8. 8%
MC	38 559	259	0. 7%
DLX	12 311	509	4. 1%
IRU	17 349	388	2. 2%
SOC_ TOP	22 023	2 117	9. 6%
TBV_ Def	\	911	\
summary	179 989	5 746	3. 2%

表 1 统计了本文 TBV 建模部件的 RTL 代码行数和 TBV 代码行数，“TBV_ Def”部分主要是事务级包的数据结构定义，不属于 DUT。从统计数据来看，TBV 建模代码行数与对应部件的 RTL 代码行数不存在正相关关系。TBV 代码行数与 RTL 代码行数之比最大的模块是芯片顶层 SOC_ TOP，该 TBV 并不复杂，主要定义了 TBV Monitor 例化和 TBV Monitor 间的连线。其次比例较高的分别为 RN 和 DLX，RN 为 DUT 的片上网络，DLX 为 DUT 的片间网络，因为接口众多，使得 TBV 代码量较大。从总体数据看，TBV 建模的代码量是被测设计的 3. 2%，开发代价不大。

从与设计的耦合性分析，TBV 建模只关注事务包在 DUT 模块间的传递和处理结果，并不关注 DUT 模块内部的处理过程，因此只需要对 DUT 模块的接口进行 TBV 建模，表 1 的统计数据也印证了这一点。

5.2 事务级建模优点

本文多路处理器系统的 Cache 一致性验证采用事务级环境和自动错误追踪技术后，相比原有验证技术在功能、性能和效率等多个方面都得到了提升。

在本文的多路系统验证环境中采用该技术后，相较原有验证环境有以下优点：

（1）事务级波形可读性更强，错误追踪方便。如图 14 所示，上部分为信号级波形，接口信号分别为 64 位和 288 位，分析波形时必须对照接口协议按位解析，下部分为事务级波形，能直观看到事务级协议内容。

Time	Stream_name	Label	Type	Utid	Reqtrkid	Reqnid	Homnid	Addr	Cacheaddr	Cfttrkid	Peernid
2857.825ns	Snp_rsp	snp_rsp_task	vcpu_RspI	3822	E0	4	2	0040000C6B	00800018D	00	1
2861.821ns	Gci_req	gci_req_task	vcpu_RdDataM	2822	A0	4	2	0040001073	00800020E		
2864.485ns	Snp_rsp	snp_rsp_task	vcpu_RspI	2822	A0	4	2	0040001073	00800020E	00	1
2864.485ns	Gci_req	gci_req_task	vcpu_RdDataS	1002	40	0	2	00400016B0	0080002D6		
2865.151ns	Gci_req	gci_req_task	vcpu_RdDataS	3002	C0	0	2	0040001640	0080002C8		

图 14 事务级波形比传统波形可读性好

（2）事务级验证从波形占用空间大小和对模拟速度的影响方面来说更具优势，如图 15 所示，模拟环境为 1 个真 CPU（32 核）+3 个 VCPU 构成的四路系统，运行时间为 21 万拍。

种类 \ 指标	模拟速度/(Cycle/s)	波形大小/MB
信号级波形	96	10 364
事务级波形	277	61

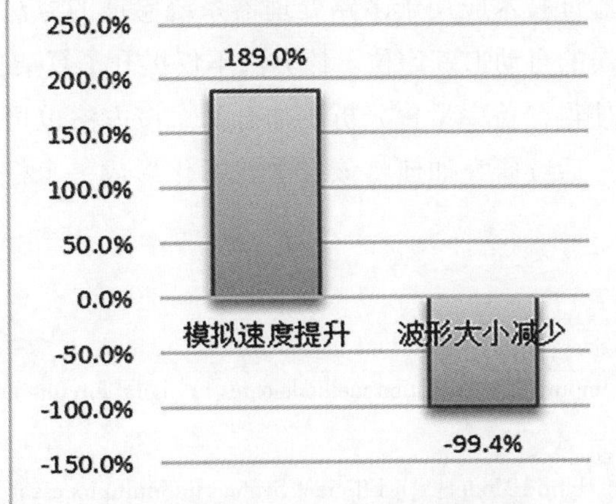

图 15 事务级波形与信号波形对比

（3）错误追踪速度和定位精度大幅提升。从图 15 可以看出，当设计规模比较大的时候，全部跟踪波形不但文件很大，而且速度很慢。常规查错方法是根据出错时间点仿真前后一段时间内的波形，进行错误跟踪，但如果跟踪的波形没有包含第一现场，则还需要将波形跟踪点前移后重新运行，如此反复直至找到错误原因。事务级方法的优势在于，当设计规模比较大时，在不明显影响运行速度的情况下，仍然能够记录全部事务级波形，完整便捷的信息检索可以精确、快速定位第一现场，解决了常规方法反复迭代的问题。

（4）新增的事务级覆盖率分析使得覆盖率量化分析更加全面。

覆盖率驱动的验证方法 CDV（Coverage Driven Verification）是当今主流的验证方法，覆盖率作为一种定量度量手段对判断验证充分性、指导激励生成有重要作用。通常将覆盖率分为两大类：代码覆盖率和功能覆盖率。代码覆盖率包含行覆盖、分支覆盖、状态机覆盖、表达式覆盖、翻转覆盖等多种类型，由 EDA 工具自动生成。功能覆盖率由设计者或验证者使用 SV（System Verilog）或 PSL（Property Specification Language）语言定义，主要是依据设计的功能描述定义功能验证点，实际实施过程中一般由设计者在模块级或者部件级定义，相对代码覆盖率而言，功能覆盖率偏主观。

事务级验证不仅大大提高了查错效率，还带来了一个额外的好处，那就是可以基于事务级环境由验证者进行功能覆盖点的描述和分析。验证人员可以从验证角度，基于事务级验证环境，对芯片级、系统级、协议级的功能覆盖进行分析。其分析方法与使用 SV 或 PSL 描述功能点的方法不同，事务级覆盖分析主要是基于事务级波形，通过编写事务级覆盖率查询程序，生成事务级覆盖率报告，例如模块在一定时间范围接收发送的特定类型包的数量、Cache 一致性处理流程的各种情况的统计等。

引入事务级覆盖分析后，使得覆盖率分析可以从三个维度的进行度量，如表 2 所示，分别是工具自动分析生成的代码覆盖率、设计者角度定义的功能覆盖率和验证者角度定义的事务覆盖率。

表 2　各类覆盖率分析的特点

覆盖率类型	覆盖层级	覆盖内容	生成来源	特点
代码覆盖率	低，信号级	表达式、分支、状态机等	自动生成	客观
功能覆盖率	中，信号级	多事件关联，跨度较广	设计人员	主观
事务级覆盖率	高，事务级、流程级	流程描述，关联跨度为全环境	验证人员	主观

6　结束语

本文介绍了一种将事务级验证技术应用于多路处理器系统验证的方法，实现了在事务级环境下对多路系统 Cache 一致性验证错误的自动追踪定位。该方法不仅提升了复杂多路处理器系统的验证效率，而且新增的事务级覆盖率分析使得覆盖率量化分析更加全面。该方法也可推广应用于其他 SoC 芯片的验证中，具备一定的应用价值。后续研究如何将该方法普适化形成一个框架，以适应更广泛的设计类型和更多样的设计变化。

参考文献：

[1] Iulian NIŢĂ1, Adrian RAPAN2. Improving verification methodologies in digital circuits modeling. U. P. B. Sci. Bull., Series C, Vol. 74, Iss. 2, 2012.

[2] ShupengWang, Kai Huang, et al. Hybrid Model: An Efficient Symmetric Multiprocessor Reference Model. Journal of Electrical and Computer Engineering Volume 2015.

[3] R. E. Bryant. A methodology for hardware verification based on logic simulation. Journal of the ACM (JACM), 1991, 38 (2): 299 - 328.

[4] A. S. Kamkin and M. M. Chupilko, "Survey of modern technologies of simulation-based verification of hardware," Programming and Computer Software, vol. 37, no. 3, pp. 147 - 152, 2011.

[5] ZHANG H, SHEN HH. Function verification of Godson2 processor [J]. Journal of Computer Research and Development, 2006, 43 (6): 974-979. (张珩，沈海华. 龙芯2号微处理器的功能验证 [J]. 计算机研究与发展, 2006, 43 (6): 974~979.)

[6] K. -D. SCHUBERT, W. ROESNER, J. M. LUDDEN, et al. Functional verification of the IBM POWER7 microprocessor and POWER7 multiprocessor systems [J]. IBM J. RES. & DEV. 2011, 55 (3): 10-17.

[7] ZHU Y, CHEN C, LI Y Z, et al. Creation Of FPGA Verification Platform For A High Performance Multiple-Core Microprocessor [J]. Journal of Computer Research and Development, 2016, 51 (6): 1295-1303. (朱英，陈诚，李彦哲，等. 一款高性能多核处理器 FPGA 验证平台的创建 [J]. 计算机研究与发展, 2014, 51 (6): 1295-1303.)

[8] J. M. LUDDEN, W. ROESNER, G. M. HEILING, et al. Functional verification of the POWER4 microprocessor and POWER4 multiprocessor systems [J]. IBM J. RES. & DEV. 2002, 46 (1): 53-76.

[9] D. BRAHME, S. COX, J. GALLO, et al. "The Transaction-Based Verification Methodology." Technical report, Cadence Design Systems, Inc., August 2000.

[10] HU XIANGDONG, JUPENGJIN, et al. Hierarchical and reusable simulation environment for high-performance processor verification [J]. Journal of SCIENTIA SINICA Informationis, 2015, 45 (4). (胡向东，巨鹏锦，等. 高性能处理器层次化可重用模拟验证环境 [J]. 中国科学：信息科学第45卷第4期, 2015. 4.)

[11] HUANG YQ, ZHU Y, et al. Functional verification of "ShenWei-1" high performance microprocessor [J]. Journal of Software, 2009, 20 (4) (黄永勤，朱英，等. "申威-1号" 高性能微处理器的功能验证，软件学报，第20卷，第4期，2009.)

[12] TLM-Driven Design and Verification Methodology, Cadence Design Systems: http://www.cadence.com/.

[13] Kasuya, A., Tesfaye, T., "Verification Methodologies in a TLM-to-RTL Design Flow", JEDA Technol. Inc., Los Altos; Design Automation Conference, 2007. DAC '07. 44th ACM/IEEE.

[14] Transaction Recording SDI2 Reference Product Version 15.1 July 2015 http://www.cadence.com/.

[15] Transaction Explorer Reference Product Version 15.1 July 2015 http://www.cadence.com/.

基于 FPGA 的数据采集系统设计与实现

廖晓宇[1]　白洁[1]　窦雨晨[1]

[1](中国航空工业集团公司西安航空工业计算技术研究所　西安 710065)

摘要　在工业电子设备设计中，模拟量信号是常用的重要信号之一，设计合理的数据采集系统对模拟量信号进行高效准确采集，具有重要的意义。文章介绍了一种基于 FPGA 的数据采集系统，该采集系统能够自主选择采样频率，可配置手动采集模式与自动轮循采集模式，减少了硬件资源的占用，提高了数据处理效率，具有较强的应用价值。

关键词　FPGA；A/D 转换；数据采集；轮循采集；Quartus

中图法分类号　TP274.2

1　引言

随着科学技术的快速发展，工程应用对于数据采集的要求越来越高，需要同时保证数据采集的实时性与精确度[1-2]。由于单片机系统的程序是顺序执行，使用单片机系统直接进行数据采集，需要定时进入模数转换中断进行数据处理，容易阻碍某些对于时序要求较高的功能进程的正常执行。因此，设计基于 FPGA（现场可编程门阵列）的数据采集系统[3]，在不占用 CPU（中央处理器）资源的情况下实现模数转换的相关控制与数据处理，能够方便单片机系统直接调取所需数据，极大地提高数据处理效率，同时减少单片机系统的资源耗费。

2　基于 FPGA 的数据采集系统设计方案

基于 FPGA 的数据采集系统，能够以特定的顺序对模拟量信号进行采集存储。数据采集系统框架如图 1 所示，主要包括控制器 FPGA、多路选择器模块、A/D 转换（模拟数字转换器）模块、信号调理模块。系统主要通过数据总线、控制总线与 CPU 进行通信，由软件设定采样频率、采集模式，并直接读取数据采集系统处理好的数据。

系统中多路选择器将多个模拟量信号按照设定的顺序依次接入 A/D 转换芯片的通道，由 FPGA 控制 A/D 采集时序，进行轮循采集，由此能够较大程度地减少 A/D 转换芯片的使用，减小系统模块尺寸。本文 A/D 转换芯片选用高精度电压采集芯片，为 16 位同步采样双极 A/D 转换器，在单芯片内集成 6 路独立的 16 位、低功耗、快速、逐次逼近型 A/D 通道，其每一通道均可达到 250KS/s 的吞吐速率，功耗较低，同时能够处理-10~+10V 范围的真双极性输入信号，范围较广。多路选择器[4]选择具有高开关速度和低导通电阻的多路复用芯片，其可以根据 4 个二进制地址与 1 个使能状态位，将 16 路输入之一切换至输出端。若使用 6 个 A/D 转换芯片与多路选择器配合，最多可实现 96 路模拟量的采集转换。

通信作者：廖晓宇（hiteelxy@163.com）

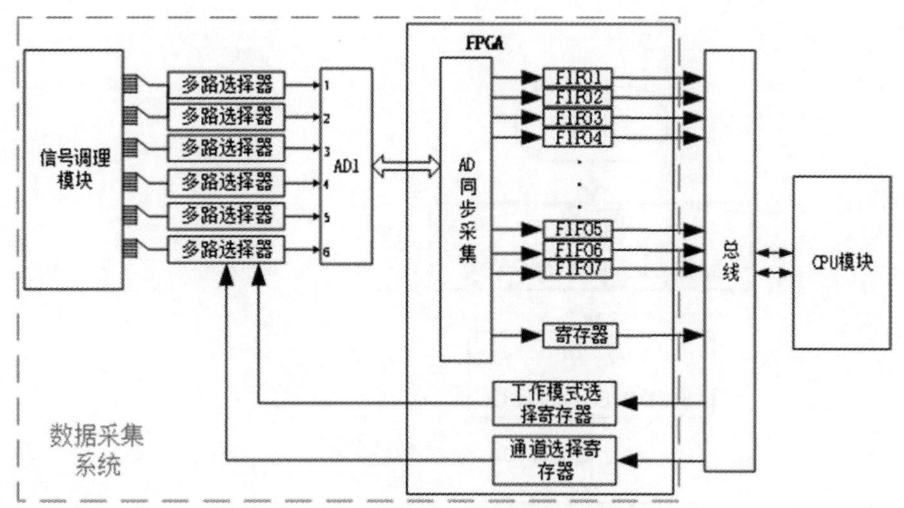

图 1　数据采集系统框图

3　数据采集系统硬件可编程设计

考虑到 A/D 转换模块在工业中的应用极为广泛，为进一步提高模块在不同工业场景的适用性以及模块的可靠性，在实现模拟量采集转换功能的基础上，可通过配置选择合适的采样频率，并选择手动采集模式或自动采集模式。手动采集模式一般设定固定通道进行采集，自动采集模式一般采用多通道自动轮循方式进行采集。在硬件可编程控制部分进行模块化设计，可划分为数据采集参数配置部分、A/D 转换时序控制部分、总线通信部分。数据采集参数配置部分主要实现采样频率设置、手动/自动模式设置，A/D 转换时序控制部分主要实现对 A/D 转换芯片的转换控制，总线通信部分主要实现与 CPU 的通信，将采样数据传输至 CPU 模块。

3.1　数据采集参数配置设计

理论上，采样频率越高，对信号的还原度越高，但采样频率的提高同时会提高对硬件的要求，并且数据处理量大幅增加。因此，对于不同应用情境，需要综合考虑选择合适的采样频率。本文根据工业常用的采样频率预先设置 5 档采样频率，分别为 40kHz、20kHz、10kHz、5kHz、1kHz，用户通过采样周期寄存器（sample_ period_ reg）进行配置，配置表如表 1 所示。

表 1　采样周期寄存器配置

采样周期寄存器	采样频率档位	采样频率
000	0	1kHz
001	1	5kHz
010	2	10kHz
011	3	20kHz
100	4	40kHz
Default	0	1kHz

FPGA 会根据用户配置的采样频率提取对应的采样周期计数值（sample_ period），当计数器（sample_ cnt）累计至采样周期计数值时，说明当前次采样周期结束，将开启下一采样周期。此时，计数器清零后重新计数，并置高一次 A/D 转换使能标志（convt_ en），进行新一轮 A/D 采样，具体流

程如图 2 所示。

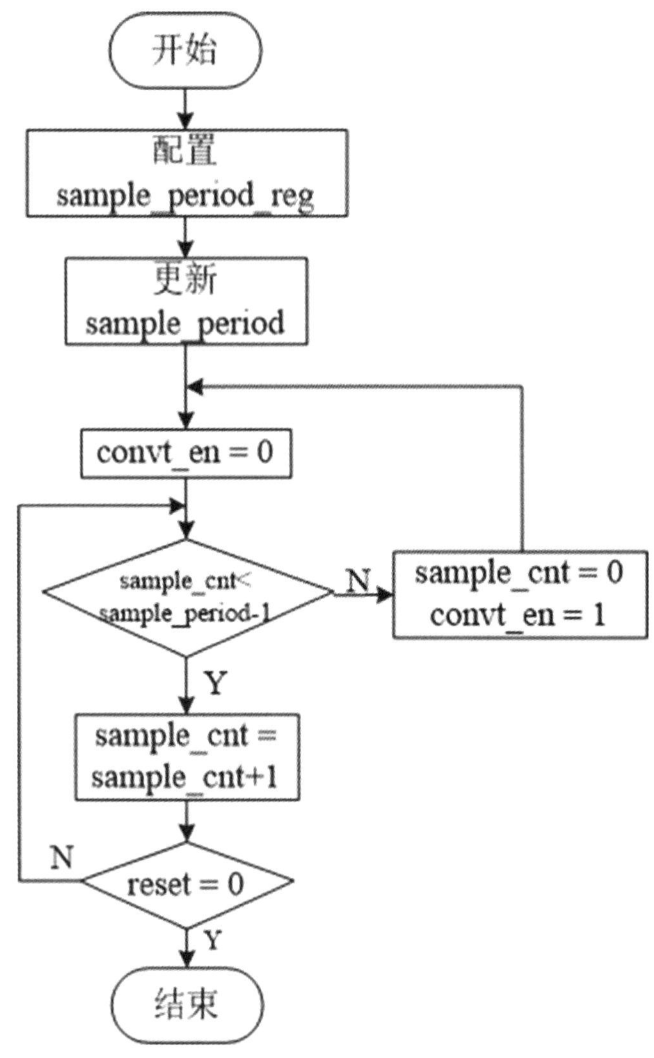

图 2　采样频率配置流程图

表 2　多路选择器控制寄存器配置

<table>
<tr><th>mux_ ctrl［4］</th><th>mux_ ctrl［3：0］</th><th>工作模式</th></tr>
<tr><td rowspan="8">0</td><td>0000</td><td>手动模式 1 通道</td></tr>
<tr><td>0001</td><td>手动模式 2 通道</td></tr>
<tr><td>0010</td><td>手动模式 3 通道</td></tr>
<tr><td>0011</td><td>手动模式 4 通道</td></tr>
<tr><td>0100</td><td>手动模式 5 通道</td></tr>
<tr><td>0101</td><td>手动模式 6 通道</td></tr>
<tr><td>0110</td><td>手动模式 7 通道</td></tr>
<tr><td>0111</td><td>手动模式 8 通道</td></tr>
</table>

续表

mux_ ctrl［4］	mux_ ctrl［3：0］	工作模式
	1000	手动模式 9 通道
	1001	手动模式 10 通道
	1010	手动模式 11 通道
	1011	手动模式 12 通道
	1100	手动模式 13 通道
	1101	手动模式 14 通道
	1110	手动模式 15 通道
	1111	手动模式 16 通道
1	自循环加一	自动轮循模式

手动采集模式，可以选择指定固定通道进行模拟量采集，方便对于特定信号的采集，同时能够方便调试环节对于采集通道的功能自检测等。自动采集模式能够方便对于多个信号的循环采集，减少硬件资源的耗费。上述两种模式的选择，通过多路选择器控制寄存器（mux_ ctrl）进行配置，由此选择接入 A/D 转换芯片的模拟量通道，控制手动模式连接设定的单通道进行采样，控制自动模式依次连接多个通道以自动轮循方式进行采样。多路选择器控制寄存器共有 5 位，其中 mux_ ctrl_ reg［3：0］选择接入的模拟量通道，mux_ ctrl_ reg［4］选择采集模式，功能描述见表 2 所示，mux_ ctrl_ reg［4］为 0 时工作于手动采集模式，mux_ ctrl_ reg［4］为 1 时为自动轮循模式。当 A/D 转换结束后，将数据存入对应通道的数据寄存器中，通过总线将数据读取传输至 CPU。

3.2 A/D 转换时序控制设计

A/D 转换芯片能够将模拟量转换为数字量，提供了一个高速并行接口与一个串行接口读取数据，FPGA 需要按照芯片的工作时序对其进行相应控制。本文选择并行接口模式，A/D 转换芯片并行接口工作时序控制图如图 3 所示。A/D 转换芯片具有 6 路 A/D 通道，可通过 CONVSTA、CONVSTB、CONVSTC 引脚控制 3 对 A/D 通道（V1 与 V2、V3 与 V4、V5 与 V6）同时开启转换。当 A/D 转换芯片检测到 CONVST 上升沿时，选定的 A/D 通道开启转换，BUSY 信号此时维持高电平状态，转换时间 t_{CONV} 为 3μs，转换完成后，BUSY 信号降为低电平以指示转换结束，模拟采样转换结果存储至输出数据寄存器中。当芯片检测到片选信号 CS 与读使能信号 RD 均为有效状态，则将数据寄存器中的数据释放至数据总线。读取次数取决于开启的 A/D 通道数，各通道数据将依次释放。读取过程中，片选信号可一直保持低电平有效状态，也可在每一次读取操作结束后拉高，在下一次读取操作之前重新进入低电平有效状态。待读取操作均结束至少 400ns 后，才可开启下一次转换与读取。

A/D 转换芯片转换时序控制以状态机结构实现，控制 A/D 转换开启与读取，状态转换图如图 4 所示。首先，状态机初始状态处于采样空闲状态（SAMP_ IDLE），A/D 转换使能标志（convt_ en）为 0，若检测到 convt_ en 为 1，则跳转至下一状态，即转换请求状态（CONVT_ BEG）。转换请求状态中，设置一个计数器 cont_ 0，当 cont_ 0 连续计数至 10 次，即维持转换请求状态 333ns（FPGA 系统时钟为 30MHz）后跳转至下一状态，此处的计数器设置能够在一定程度上避免偶尔出现的干扰信号，从而提高 A/D 转换控制的可靠性。下一状态为等待 BUSY 信号状态（WAIT_ BUSY），图 3 中转换时间 t_{CONV} 典型值为 3μs，由 BUSY 信号下降沿至读使能信号 RD 的延时时间 t_2 与片选信号 CS 至读使能信号

RD 建立的时间 t_3 最小值均可为 0ns，因此，此处设置计数器 cont_ busy 计时至少为 3μs，本文设置为 3μs。由于系统时钟为 30MHz，当计数器 cont_ busy 累计到 90 时，跳转至下一状态，即数据读取状态（READ_ DATA）。图 3 中读使能信号 RD 的有效时间 t_5 至少需要保持 30ns，两次读取数据操作的间隔 t_9 至少为 20ns，为了保证数据读取的完整性，此处预留一定时间余量，设置计数器 cont1 计时 100ns。当 cont1 计数累计到 4 时，跳转至下一状态，即读数计数状态（READ_ MUCK）。此处设置计数器 cont2，每进入一次读数计数状态，说明一个通道的转换数据已经读取完毕，cont2 计数加一。当 cont2 由 0 累计至 5，则说明 6 个开启通道的转换结果均已读取完毕，跳转至下一状态等待退出状态（SAMP_ QUIT），每一次转换结束，将转换结果存储至各通道对应的数据存储寄存器中。由于数据总线释放到开启下一次转换需要一定时间，即图 3 中的 t_{QUIET}，其至少需要 400ns，设置计数器 cont3，当其计数累计至 16，时间为 533ns 时，将 A/D 采样结束标志 ad_ finish 置高，说明完成一次 A/D 转换与读取，跳转回至采样空闲状态，下一次采样周期按照上述过程循环进行跳转。

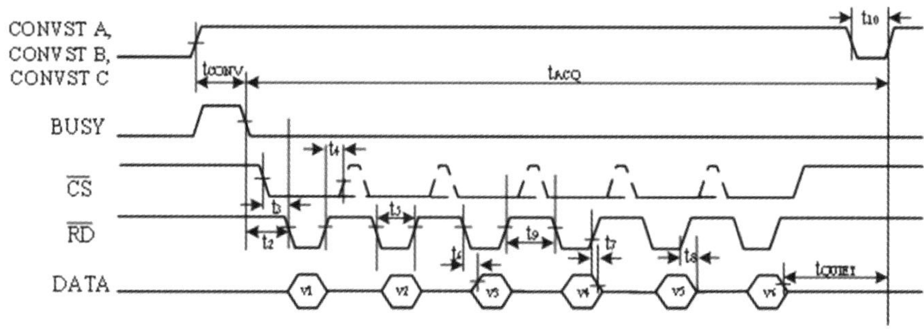

图 3　A/D 转换芯片并行接口工作时序控制图

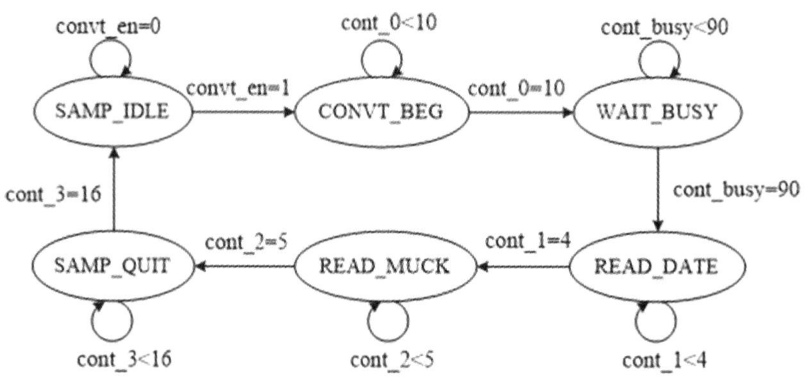

图 4　A/D 控制状态转换图

4　FPGA 仿真分析

本文的逻辑程序编写是在 Quartus 软件平台完成，因此，为了验证 FPGA 逻辑设计的正确性，本文同样使用 Quartus 软件进行测试，编写测试文件，输入测试激励。图 5 为 Quartus 根据测试文件的激励输出的各信号仿真波形，与 A/D 转换芯片并行接口工作的时序一致。设置采样频率之后，转换使能信号按照相应的采样时间间隔置“1”有效，convt 信号控制 ad_ convst_ a、ad_ convst_ b、ad_ convst_ c 拉高，3 对 A/D 通道同时开启转换。等待 3μs 的转换时间后，ad_ cs_ n 与 ad_ rd_ n 拉低有效，开始读取操作。片选信号 ad_ cs_ n 保持低电平有效状态 1195. 2ns，读使能信号 ad_ rd_ n 间隔使能将转换结果释放至数据总线，依次将 6 个通道的转换结果读取至各通道数据寄存器中。从 A/D 开启转换信号至整个转换过程完毕可开启下一次 A/D 转换共耗时 4780. 8ns，远小于采样时间间隔，整个仿真时序满足采样需求。图 6 为数据读取存储至寄存器的情况，ad_ data0 至 ad_ data5 对应存储读取到的通道 V1 至 V6 的转换结果，与数据总线数据一致。

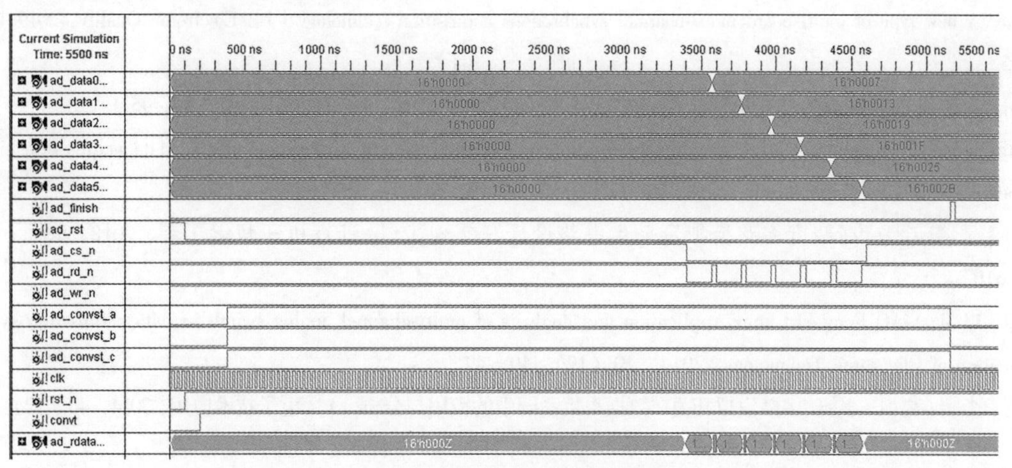

图 5　逻辑功能仿真时序波形

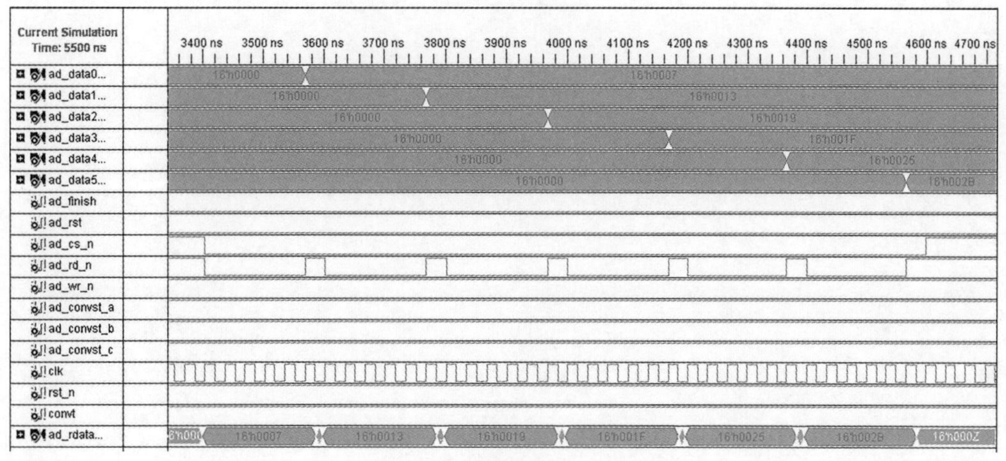

图 6　数据读取情况

5　结语

基于 FPGA 的数据采集系统，实现了以下功能：

（1）无需 CPU 参与 A/D 转换的控制与数据存储，采集到的 A/D 转换结果可由单片机系统直接调取使用，减少了 CPU 在 A/D 转换方面的资源耗费，同时极大地提高了数据处理效率。

（2）能够自主选择合适的采样频率，采样频率共分为 5 个档位，涵盖了较为常用的采样频率（40kHz、20kHz、10kHz、5kHz、1kHz），拓宽了 FPGA 数据采集系统的适用范围，提高了适用性。

（3）能够自主选择手动采集模式与自动轮循采集模式，手动模式更为灵活，可根据需要调取任一通道开启，自动轮循模式更为高效，在提高采集效率的同时，能够节省一定的硬件资源，降低采集系统成本。

参考文献：

[1] HUANG Shasha. Research on FPGA-based high-speed AD phase acquisition system [D]. Xi'an: Xidian University, 2013: 4 - 11.
(黄莎莎. 基于 FPGA 的高速 AD 相位采集系统研究 [D]. 西安：西安电子科技大学，2013：4 - 11.)

[2] Wu Ke. A new type of multi-board multi-channel synchronous acquisition technology [J]. Electronic Quality, 2019 (06), 87 - 89, 95.
(吴可. 一种新型多板卡的多通道同步采集实现技术 [J]. 电子质量，2019 (06)：87 - 89，95.)

[3] PEI Jingjing, LI Menghua. Design and implementation of high-precision multi-channel analog data acquisition circuit [J]. Computer and Digital Engineering, 2018, 46 (03): 606 - 608, 619.
(裴静静，李孟华. 高精度多路模拟量采集电路设计与实现 [J]. 计算机与数字工程，2018，46 (03)，606 - 608，619.)

[4] GE LI, LI Ji, GAO Feng, LI Fan. Application and analysis of multi-channel analog switch in data acquisition system [J]. Application of Electronic Technology, 2014, 40 (12), 40 - 42.
(葛立，李骥，高枫，李帆. 多路模拟开关在数据采集系统中的应用与分析 [J]. 电子技术应用，2014，40 (12)：40 - 42.)

统一着色架构 GPU 自适应任务调度机制研究

韩立敏[1,2,3]，田泽[1,2,3]，张骏[1,2,3]，任向隆[1,2,3]，郑新建[1,2,3]

（1. 西安翔腾微电子科技有限公司，陕西，西安 710068；

2. 航空工业西安航空计算技术研究所，陕西，西安 710068；

3. 集成电路与微系统设计航空科技重点实验室，陕西，西安 710068）

摘要：提高计算资源利用率是充分发挥 GPU 计算潜能的关键。面向多核统一着色架构 GPU，提出一种自适应任务调度机制。该机制基于着色核的使用状态为不同着色阶段自适应的分配计算资源，及时解除图形流水线的性能瓶颈，将顶点任务和像素任务并行调度到空闲核的任务现场，减少了任务调度阶段的时延。性能评测表明，与分离可编程着色架构 GPU 相比，实现自适应任务调度策略的统一着色架构 GPU 能获取约 1.7 到 2.6 倍的性能提升。

关键词：GPU；统一着色核心；任务调度；资源管理

中图分类号：TP391　　**文献标识码**：A

目前 GPU（图形处理器）普遍采用可编程统一着色核（Unified Shading Core）构建 3D 引擎或通用计算阵列。3D 引擎的统一着色核既能处理顶点任务、像素任务，还能处理计算类任务。为了提高 GPU 图形绘制性能和科学计算能力，GPU 集成了越来越多的统一着色核[1-6]，NVIDIA 于 2017 年推出的 GV100（Volta）GPU 集成了大约 1.4 万个计算核，理论浮点峰值性能高达 15.7 TFLOP/s[5]。

当 3D 引擎用于图形绘制，3D 引擎任务调度单元决定统一着色核在运行时执行顶点任务还是像素任务，并为顶点着色阶段和像素着色阶段分配统一着色资源。灵活高效的任务调度策略能够依据 3D 绘制程序在图形流水线中动态变化、不均衡负载状态为不同着色阶段合理地分配计算资源，及时解除图形流水线的性能瓶颈。

本文重点研究和探索灵活高效的着色任务调度策略，研究成果的独创性体现在以下两个方面：第一，通过动静结合的资源分配策略消除顶点任务和像素任务对统一着色资源的访问冲突，实现顶点和像素任务的并行调度。第二，使用一种低开销的着色资源使用情况统计机制，动态监控顶点任务和像素任务对着色资源的使用情况，并据此粗粒度地调整着色资源在顶点任务和像素任务中的分配比例，达到及时解除系统的性能瓶颈的效果。

1　相关研究工作

在国外工业界，主流统一着色架构 GPU 芯片 AMD 的 Radeon™[2]、Imagination 的 PowerVR Rogue[3]、ARM 的 Mali 系列[4]、Nvidia 的统一着色架构的 GPU[1,5-6]均集成了任务调度单元。依据设计目标的不同，不同厂商 GPU 的任务调度策略和资源分配策略有所不同。Nvidia 的 Kepler GPU[6]的 3D 引擎支持多任务并发执行，采用基于静态抢占式（Preemptive）的调度机制，一旦发现空闲计算资源，则为这些计算资源分配新任务，这种调度策略没有对计算资源进行全局化的管理，一些情况下会为一类着色任务分配过多的计算资源，抑制另外一类着色任务的执行，最终损害整体绘制性能。ARM 的 Mali 系列 GPU 依据像素屏幕坐标采用固定算法为像素任务分配着色核，这种固定任务分配方式使着色核的任务量不均衡，一部分着色核成为热点，一部分着色核则处于空闲，造成性能损失和资源浪费。

在国外学术界，针对图形流水线的负载均衡问题，美国麻省理工学院的 jonathan ragan-ke 等人阐述了 GPU 整个流水线的调度对象、调度原则和调度限制等核心问题[7]，但是该研究没有详细地阐述统一着色核的资源管理和着色任务的调度策略。针对单个统一着色核，2010 年韩国 Jeong-HoWoo 等人采用多线程策略分时复用同一个统一着色核隐藏长存储器访问时延，提高了单个统一着色核心的资源利用率[8]。2012 年韩国 Won-Jong Lee 等人基于统一着色架构 GPU 提出顶点着色任务和像素着色任务交错执行策略以及基于任务槽（task slot）的动态负载均衡策略[9]。2013 年，爱荷华州立大学的 Mihir Awatramani 等人将不同类型任务的多个线程块调度到同一个统一着色核心，线程块交错执行显著降低了存储系统的压力[10]，然而，以上研究均没有解决多个统一着色核之间的负载均衡问题，也没有在不同着色阶段之间实施负载均衡。

国内工业界和学术界研究 GPU 设计技术较国外晚了将近 10 年。最近几年主要研究统一着色架构 GPU 的 3D 流水线运行原理和设计方法，对统一着色资源的管理和着色任务调度机制的研究较少。2012 年，浙江大学的孙纲德等人研究和设计了一种统一着色架构着色核[11]。武汉数字工程研究所的黄亮等人，山东大学、湖南大学研究了统一着色架构 GPU 的关键技术[12-15]。

2 统一着色架构 GPU 原型

图 1 是统一着色架构 GPU 的 3D 引擎架构原型，框图不包括几何引擎（视窗变换/裁剪/消隐/光栅化）、纹理贴图单元、显示输出控制单元、主机接口等与着色任务调度无关的图形绘制专用功能模块，3D 引擎包含 n 个统一着色簇（USC：Unified Shading Cluster）和 1 个硬件任务调度单元。每个 USC 均可直接访问显示存储器 DDR3 获取纹理、顶点属性等着色操作相关的数据。资源管理策略的管理对象是统一着色的计算资源：m∗n 个 slot；任务调度的对象是顶点着色任务和像素着色任务；着色任务被映射的目的地是 USC 的 m∗n 个 slot 之一。

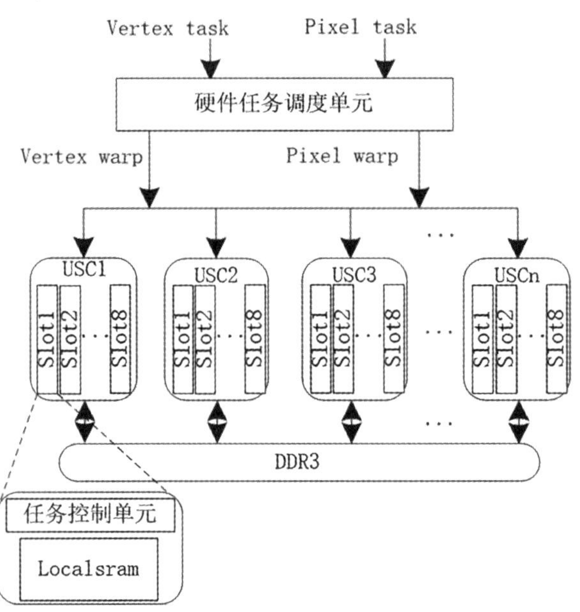

图 1　统一着色 GPU 的 3D 引擎架构原型

结合图 1，定义如下术语：

1）USC：既能执行 Vertex 着色程序，又能执行 Pixel 着色程序。

2）Slot：USC 的任务现场，每个 USC 具有 m 个 slot，每个 slot 可以被映射 1 个 Vertex warp 或 1 个 Pixel warp。m 个 slot 分时复用 USC 的计算资源，每个 slot 的 Localsram 存储 warp 的输入和输出数据，任务控制单元存储该 slot 的 warp 任务控制信息。硬件任务调度单元负责为 slot 分配 warp 任务。

3）Vertex/Pixel warp：包含 k 个独立的 Vertex 任务或 k 个独立的 Vertex 任务，是统一着色簇的加工对象。Vertex/Pixel warp 可被映射到 m×n 个 USC 的任务现场（slot）之一。

3 自适应任务调度机制

3.1 概述

如果着色核上的着色任务已经完成，但图形流水线的下一级流水线处于阻塞状态，着色核就无法释放计算资源而会长期处于“虚假”的繁忙状态，这会造成计算资源的浪费。自适应任务调度机制由基于动静结合的计算资源管理策略、自适应的并行化着色任务调度策略两部分组成。该机制可实时判定性能瓶颈的类型，将计算资源分配给负载较重那一类着色任务，并暂停负载较轻阶段着色任务的调度，确保流水线的通畅，消除计算资源的“假忙”。

实现该机制的硬件任务调度单元结构如图 2 所示，包括：数据组装与转发单元、任务管理单元、资源管理单元、slot 状态表。slot 状态表维护 m×n 个 slot 的执行状态，每个 slot 的执行状态由两部分组成，使用状态：idle（空闲）或 busy（忙），任务类型：Vertex（顶点）或 Pixel（像素）。后续章节依据图 2 的任务调度单元组织结构阐述自适应任务调度的多项有关支撑技术的原理。

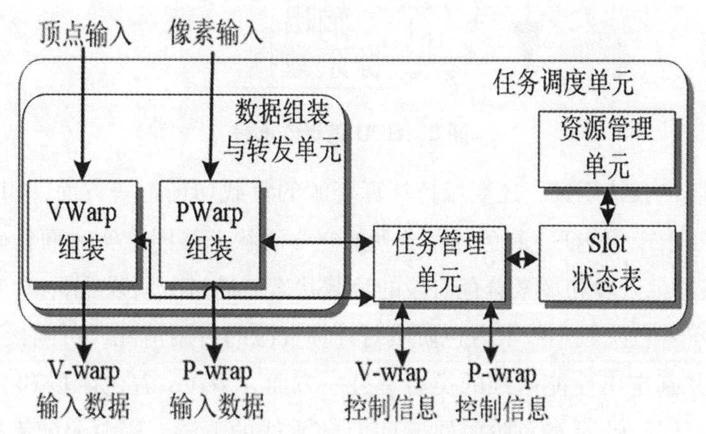

图 2 任务调度单元的基本结构

3.2 静动结合的资源分配策略

分析多组典型 3D 渲染程序得知：一些 3D 绘图场景包含较多的 vertex 任务，另外一些则包含较多的 pixel 任务。依据 3D 图形的绘制原理和绘制流程，在绘图程序执行的初始阶段，只存在 vertex 任务，不存在 pixel 任务；在执行过程的中间阶段，一些情形下 vertex 任务较多，另外一些情形下 pixel 任务较多；在结束阶段，仅存在 pixel 任务，不存在 vertex 任务。总体上，3D 图形绘制程序在 GPU 的执行过程中，统一着色核的负载状态随着时间动态变化，并且统一着色资源（USC）被并发存在的 Vertex 任务和 Pixel 任务所共享，不加限制地分配统一着色资源和实施任务调度会导致死锁，使系统处于不安全状态。如图 3 的 GPU 逻辑流水线所示，每帧图像的数据流都需要按照 GPU 逻辑流水线指定的数据流方向依次进行多个步骤的加工。根据图3数据流向可知，顶点着色阶段位于GPU流水线的上游，像素着色阶段位于GPU流水线的下游。假如统一着色架构GPU的m×n个slot全部为Vertex类型的slot，并且这些Vertex slot全部为忙状态，会导致Vertex任务无法提交，Pixel任务无法被调度和映射，GPU的流水线无法向前推进，处于死锁状态。

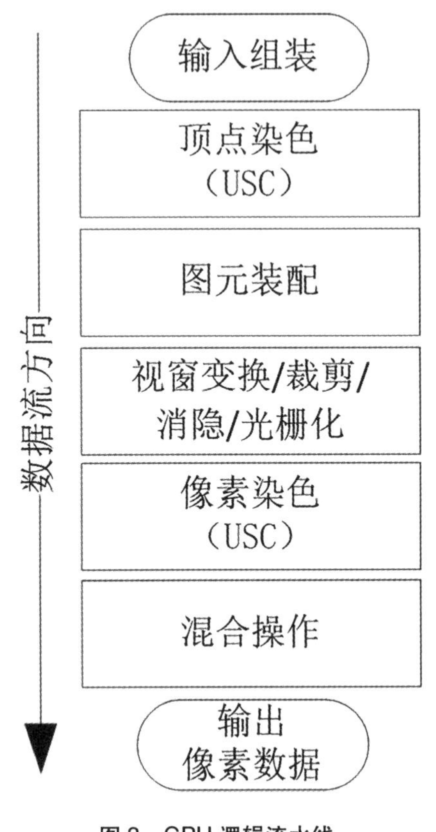

图3　GPU逻辑流水线

资源分配不仅要避免系统死锁，还要维持计算资源的负载均衡。一方面，GPU底层硬件无法直接利用3D渲染程序的几何图元特征、着色任务队列的空\满状态等因素实时而精确推算出3D渲染场景在GPU流水线内顶点着色阶段和像素着色阶段的负载状态。通过分析发现，m×n个任务现场slot的使用状态能够反映出顶点着色阶段和像素着色阶段对计算资源的占用情况，可间接地推算出GPU流水线是否存在负载不均衡并判定出性能瓶颈的类型。另一方面，Vertex着色阶段和Pixel着色阶段在GPU流水线中所处的位置不同，Pixel着色阶段处于GPU流水线的下游，资源分配策略必须为Pixel着色任务总是预留部分着色资源，并且消除vertex任务和pixel任务对统一着色资源的竞争访问，以免图形流水线死锁。

动静结合的自适应资源分配策略在系统上电时，采用静态资源分配策略，依据slot的使用状态判定负载状态，据此实施资源重新分配。为了避免图形流水线发生死锁，静动结合的自适应资源分配策略在初始化阶段和资源重分配阶段将每个着色核任务现场设置为vertex类和pixel类之一可达到消除竞争访问的效果。图4是资源动态分配流程，静动结合的自适应资源分配策略对m×n个任务现场slot进行统一管理，采用自适应的计算资源分配方式剥夺负载较轻一方的资源给负载较重一方，也就是将着色核现场设置为vertex类或者pixel类型，并采用宽度优先的资源映射策略将同类着色任务分布在不同的USC中，以便提高同类着色任务的并发执行能力。

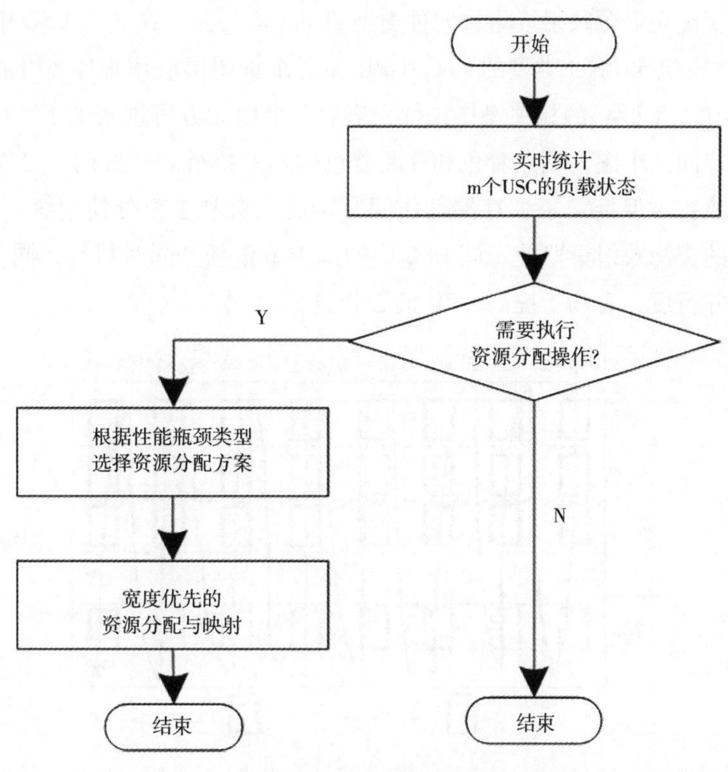

图4 资源动态分配流程

根据 m×n 个着色核任务现场的使用状态，表 1 的负载均衡算法描述了需要实施负载均衡的两种情形，每种资源分配方案的设置依据如下所示。

情形一：当空闲 Vertex slot 总数为 0，空闲 Pixel slot 总数为 2 个以上，存在“2 个及以上”空闲有效 slot，并且为 Pixel 类型的。如果 GEU 的输入 FIFO 不满，说明 Vertex 负载较重，顶点着色阶段是 GPU 流水线的性能瓶颈，为了防止为 GPU 流水线引入气泡，实施资源重分配操作：将 1 个空闲 Pixel slot 变更为空闲 Vertex slot，给 Vertex 任务使用。

情形二：当空闲 Vertex slot 总数为 1 个及以上，空闲 Pixel slot 总数为 0 个，说明 Pixel 负载较重，像素着色阶段是 GPU 流水线的性能瓶颈，为了确保 GPU 流水线向前推进，实施资源重分配操作：将 1 个空闲 Vertex slot 变更为空闲 Pixel slot。

表1 负载均衡算法

空闲顶点现场的个数	空闲像素现场的个数	操作
0	1	无操作
0	2 及以上	GEU 输入 FIFO 不满，则将 1 个空闲像素现场转变为顶点现场。
1 个以上	0	将 1 个空闲顶点现场转变为像素现场。

其余的情形无需执行负载均衡操作：当 GPU 系统既不存在空闲 vertex slot 也不存在空闲的 pixel slot，系统无法实施资源重新分配，无负载均衡操作；当系统既存在空闲的 vertex slot 也存在空闲 pixel slot，无需执行负载均衡操作；当空闲 Vertex slot 总数为 0，空闲 Pixel slot 总数为 1，由于像素着色阶段位于 GPU 流水线的下游，为了确保 GPU 流水线向前推进不进入死锁状态，将该空闲有效 slot 给 Pixel 任务使用，不实施资源分配与映射操作。

如图 5 所示，宽度优先资源映射策略将同种类型的 slot 均匀分布在 n 个 USC 中，使每个 USC 既包含 Vertex 类型的 slot，也包含 Pixel 类型的 slot。GPU 为了维护图形应用程序 API 执行的顺序性，仅当前一个图元（点，线和三角形）的相关操作执行完毕后一个图元方可进入到下一级流水线。宽度优先资源映射策略能够加速同一个图元顶点着色和片断着色操作的执行。一方面，可以使同一个 USC 通过两种着色程序的切换执行不但掩盖了长存储器访问时延而且有利于充分使用统一着色核的计算资源。另一方面，宽度优先的资源映射策略使不同 USC 中的同类着色任务同时执行，同时提高顶着色阶段和像素着色阶段的操作并行度，有利于提高 GPU 的吞吐量。

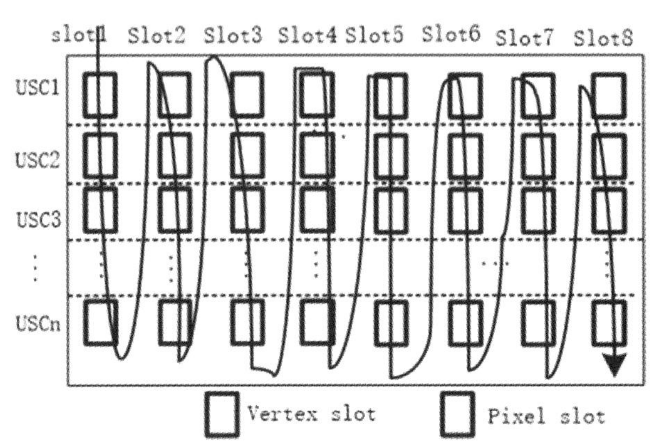

图 5　宽度优先的资源映射策略

3.3　自适应的并行着色任务调度策略

不同类着色任务的并行调度具有可行性。一方面，资源分配单元将每个 slot 的任务类型设置为 Vertex 类型或 Pixel 类型之一，消除了 Vertex 任务和 Pixel 任务对同一个 slot 的竞争访问，使 vertex 任务和 pixel 任务的并行调度可以安全进行。另一方面，顶点着色任务和像素着色任务可同时到达统一着色核，这两类任务不存在输入数据、输出数据以及控制信息的相关性，计算资源的访问冲突，相互独立，可并行执行。据此，为了降低调度阶段的时延，任务调度单元可以同时调度两类着色任务到统一着色核的不同任务现场。如图 2 所示，数据组装和转发单元并行实施 vertex warp 和 pixel warp 的数据组装和搬移，任务管理单元并行执行 vertex warp 和 pixel warp 任务信息的下发。

自适应的并行着色任务调度策略具有以下特征：第一，同类型着色任务（Vertex warp/Pixel warp）按顺序到达任务调度单元，按照先进先出（First in first out）的顺序被依次调度到 m×n 个 slot 之一，以便确保绘制的正确性。第二，不同类型的 warp，即 Vertex warp 和 Pixel warp 之间没有先来后到的顺序执行限制，没有维护顺序性的需求。任务调度单元设置两套独立并行的任务调度模块，使 Vertex warp 和 Pixel warp 的数据组装与转发逻辑、空闲 slot 的查询、warp 输入数据和控制信息到 slot 的映射操作、warp 任务控制信息输出等操作可以并行执行，达到降低统一着色 GPU 的着色任务调度时延的目的。第三，如果图形流水线的负载不均衡，仅调度负载较重类着色任务。相比顶点阶段，光栅化阶段是一个计算任务产生的放大点，光栅化单元会为一个图元（例如，三角形）产生成百上千个像素，这些像素均需要在着色核上完成像素着色操作，硬件自适应性的实施任务映射和资源分配策略，可以达到消除系统的性能瓶颈的目的。当像素着色任务的输入 FIFO（几何引擎的输出 FIFO）处于满状态，大量像素任务等待被处理，则像素着色阶段为系统的性能瓶颈，则暂停顶点着色任务的调度，仅执行像素类任务的调度，以便更多的计算资源用于像素着色任务，加快性能瓶颈的解除。图形流水线是一种前向流水线，像素着色处于流水线的下游，所以系统总是不限制像素着色任务的调度，以便图形流水线保持通畅性。

vertex 任务调度单元和 pixel 任务调度单元均按照宽度优先算法选择空闲 slot，并行地将 Vertex warp 和 Pixel warp 输入数据和任务类型等信息映射到统一着色的空闲 slot。Vertex 和 Pixel 任务调度的流程完全相同，图 6 以 Vertex warp 为例，描述了任务调度流程。任务调度过程中，任务映射操作在实施任务分配与映射之前，需要预约着色任务分配所需的 slot 资源（标记为忙状态），以免任务映射操作与资源分配策略的负载均衡操作同时访问同一个 slot。

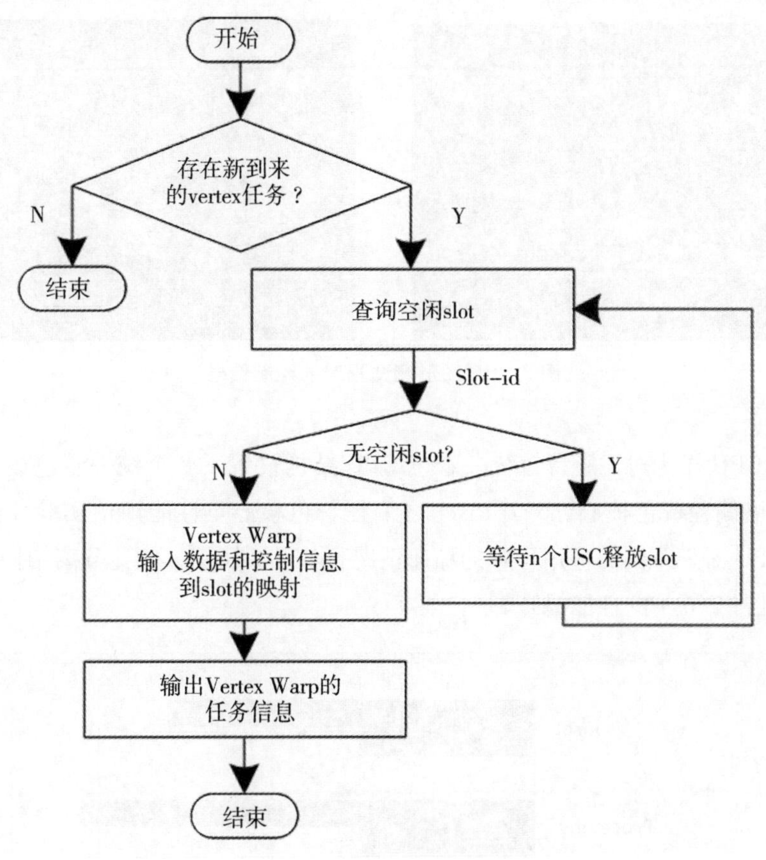

图 6 Vertex 任务调度流程

4 性能评测

4.1 实验配置

基于 2 块 FPGA 开发板构建 GPU 的 FPGA 原型系统。所构建的原型 GPU 包含了 1 个硬件任务调度单元，8 个 USC。每个 USC 包含 16 个 slot，运行频率为 350MHz。为了测试任务调度策略的效率，选择多个具有不同特性的 3D 绘制场景作为测试程序，限于篇幅，仅列举了 4 组 3D 图形测试程序绘制效果。如图 7 所示：Vertex 密集型的程序为：（1）Marbles。Pixel 密集性的程序为：（2）Environment Mapping，（3）Protechny 和（4）Sunset。

图7 3D图形测试程序的绘制结果

4.2 结果分析

将分离结构的GPU作为对比平台，统一着色GPU结构设置了8个统一着色核心，分离结构GPU设置了2个Vertex可编程着色核心，6个Pixel可编程着色核心。性能评估实验评测了统一着色架构GPU与分离结构GPU对三维图形应用程序的加速情况，如图8所示，相比分离结构的GPU，三维图形测试程序具有1.7倍~2.6倍的性能提升。

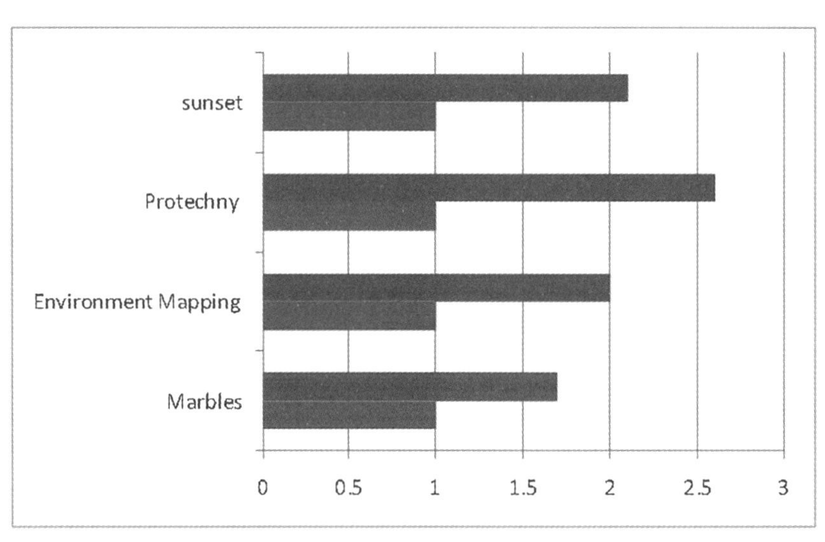

图8 性能测试结果

根据分析，三维图形绘制程序的性能提升主要得益于以下三个方面：在空间维度上，采用宽度优先的资源映射策略将同一种类型的slot均匀分布在n个USC中，实现了n个USC之间的负载均衡；在时间维度上，通过负载均衡策略自适应地将空闲slot及时分配给负载较重的着色阶段，及时解除了GPU流水线的性能瓶颈；在任务调度与映射阶段，任务调度单元利用不同类型着色任务的任务级并行性，提升了任务调度的操作效率。

结论

本文提出的自适应任务调度机制挖掘图形绘制程序多个着色阶段的任务级并行性，对 Vertex 着色任务和着色 Pixel 任务实施并行调度，降低了调度时延，并使用自适应的负载均衡策略动态实施资源分配操作及时解除性能瓶颈，最大化计算资源的利用率。下一步计划研究支持通用计算的统一着色架构 GPU 负载均衡与任务调度策略。

参考文献：

[1] Nvidia Corporation. GeForce GTX 580 [OL]. [2016/7/27].

[2] AMD Corporation. AMD Embeded Radeon™ E9560 Launched [OL], [2019/10/15].

[3] Imagination Corporation. PowerVR Series9XM Graphics Processors [OL]. [2017/8/1].

[4] IAN B, The ARM® Mali™-T880 Mobile GPU [J]. IEEE Hot Chips 27 Symposium (HCS), 2015: 1-27.

[5] NVIDIA Corporation, NVIDIA A100 Tensor Core GPU Architecture [OL], 2020.

[6] NVIDIA's Next Generation CUDA™ Compute Architecture: Kepler TM GK110 [[OL]]. 2012.

[7] Jonathan Ragan-Kelley. Scheduling the Graphics Pipeline [C]. SIGGRAPH Beyond Programmable Shading, 2011.

[8] JEONG-HoWoo, JU-Ho Sohn, BYEONG-Gyu Nam, et al. Mobile 3d Graphics SoC From Algorithm to Chip [M]. JohnWiley&Sons (Asia) Pte Ltd, 2010.

[9] WON-JONG LEE, SEOK-YOON JUNG, SHI-HWA LEE. An effective task scheduling scheme for multi-core tile based rendering GPU [C]. high performance graphics (2012): 1-1.

[10] mihir awatramani, Increasing GPU throughput using kernel interleaved thread block scheduling [C]. ICCD, 2013: 1-8.

[11] 孙纲德. 基于自动线程和超长指令的统一架构着色核的设计研究 [D]. 2012，浙江大学，硕士学位论文.

[12] 黄亮，秦信刚，武玲娟，等. 一种面向 55nm 工艺的可扩展统一架构图形处理器设计与实现 [J]. 计算机工程与科学，2014，36 (12)：2418-2423.

[13] LING juan wu, LIANG huang, TING gang xiong. design a unified architecture graphics processing unit [C]. CENet, 2017: 1-9.

[14] 汪洋. EGPU 处理单元的研究与设计 [D]. 硕士学位论文，山东大学，2016.

[15] 何欣. 嵌入式可编程 GPU 统一渲染着色器的设计与实现 [D]. 硕士学位论文，湖南大学，2016.

基于 OpenGL3.1 顶点数组图元重启电路设计与实现

邓艺[1,2]　田泽[1,2,3]　张骏[1,2,3]　牛少平[1,2]　郝冲[1,2]

[1](西安翔腾微电子科技有限公司，陕西，西安 710068)

[2](航空工业西安航空计算技术研究所，陕西，西安 710068)

[3](集成电路与微系统设计航空科技重点实验室，陕西，西安，710068)

摘要　针对支持 OpenGL3.0 的 GPU 核心绘制模块，如何设计并实现顶点数组类函数的图元重启功能，进一步提升顶点数组类任务的绘制效率，提出一种基于有限状态机的顶点数组重启电路设计及实现方案，实现了有效顶点标记的实时更新和任务序列的拆分。通过各类渲染场景的仿真验证确认，重启电路设计方案能够有效降低顶点数组任务序列的执行周期，提升 GPU 绘制效率。

关键词　OpenGL；顶点数组；图元重启

中图法分类号　TP391

1　概述

1.1　开放性图形库

开放性图形库（Open Graphics Library，OpenGL）作为“图形硬件的一种应用程序编程接口”，提供了一个 3D 图形和模型库，独立于硬件、窗口系统和操作系统，具有高效率和高可移植性的特点，是专业图形处理、科学计算等高端应用领域的标准图形库[1]。一般而言，OpenGL 是由专用于（并进行优化）显示和操纵 3D 图形的计算机硬件使用，即实现硬件加速，其通过软硬件协同的方式实现的 3D 图形的绘制性能远胜于仅由软件实现[2]。

OpenGL 函数调用时，应用层软件首先会将各类复杂图形拆分为基本图元，或使用加速渲染的方法，将任务序列下发至 GPU 核心模块（即 3D 引擎）执行绘制流程。其中，基本图元通过立即绘制模式的单独顶点函数，即包含在 glBegin 和 glEnd 块中的 glVertex 等实现；加速渲染方法主要包含显示列表类函数（glNewList、glEndList 和 glCallList 等）和顶点数组类函数（glArrayElement 和 glDrawElements 等）[3]。加速渲染的方法有效减少了 OpenGL 命令从主机端传输至 GPU 数据传输的额外开销，尤其是在多次重复绘制相似场景时，加速渲染的优势更为突出[4]。但显示列表类函数一旦编译后，无法进行显示列表数据的修改；顶点数组类函数能够避免显示列表无法动态修改顶点数据的缺点，同时能够优化数据冗余。

1.2　顶点数组类函数

OpenGL 中顶点数组类函数的使用分为以下三步骤：启用数组，调用 OpenGL glEnableClientState 函数；指定数组数据，使用 OpenGL Vertex Buffer Object（VBO）相关的顶点缓冲区对象指定函数；解引用执行，执行 OpenGL 中的顶点数组类函数 glArrayElement 和 glDrawElements 等[5]。顶点数组类

通讯作者：邓艺（dyixtw@163.com）

函数为构建复杂图元提供了灵活有效的解决方案，并且可以支持实时更新，提高了 OpenGL 程序的执行效率。

使用 OpenGL 中规定的顶点数组类函数，可以实现在每次绘制间隔时，将缓冲区对象，即存放缓冲区对象 N 个属性（0<N<8）的多数组加载至 GPU 显存中，在绘制时直接调用顶点数组类函数，从而降低从主机内存中加载绘制命令的时间开销[6]。

1.3 图元重启功能

顶点数组类函数的图元重启功能应用于上文提到的顶点数组类函数的解引用执行阶段，基于 OpenGL 采用顶点数组绘制多个不连续图元时的应用需求。在绘制如三角形带（TRIANGLE_ STRIP）、三角形扇（TRIANGLE_ FAN）、线带（LINE_ LOOP）、线环（LINE_ STRIP）等图元类型时，所有的绘制顶点按照特定顺序连接，组成复杂图形时，若需要不连续、分散绘制，则可以使用图元重启函数 glPrimitiveRestartIndex 扩大缓冲区对象功能的优势，进一步减少命令传输数据量，提升顶点数组类函数的执行性能。若在绘制点（POINTS）等图元类型时，使用重启功能则不会提升绘制性能。

在 GPU 的核心绘制模块（即 3D 引擎模块）的电路设计中，执行顶点数组类命令解析与分发的功能模块作为关键模块，其处理性能直接影响整个 GPU 的图形处理能力，因此适合硬件实现的高效顶点数组类函数重启功能电路成为实现高性能图元绘制的关键。目前国内的顶点数组组装函数研究主要面向软件应用，而国外 GPU 设计公司由于技术、商业等原因尚未公开相关实现电路或方法[7]。本文基于 OpenGL3.1 标准，针对图元重启函数 glPrimitiveRestartIndex 的功能特点，实现了基于有限状态机的顶点数组重启功能的电路设计。

2 电路设计与实现

图元重启函数（glPrimitiveRestartIndex）功能在单顶点数组类函数（glArrayElement）或多顶点数组类函数（glDrawElements）任务的执行过程中有效。顶点数组类函数，包含 glArrayElement 和 glDrawElements 命令的执行过程即解引用过程，是将一条 OpenGL 命令按照当前配置状态拆分为一条或多条绘制函数的过程。由于两类函数的任务序列起始、结束标记不同，重启功能对执行流程和状态机设计的影响略有不同。

顶点数组执行模块具体执行完整的顶点数组类函数执行流程，实现顶点数组类函数的图元重启功能，模块框架如图 1 所示。顶点数组执行模块的输入分为四类，包括单顶点数组任务序列、多顶点数组任务序列、普通顶点任务执行状态和缓冲区对象数据，其中前两类任务序列的执行需要保持顺序性。顶点数组执行模块输出的首先是经过有效重启判定后的索引数据，是输入缓冲区对象数据的来源指示，最终需要输出解引用后的一条或多条绘制函数，至此顶点数组类函数执行流程结束，实现前文提及的顶点数组类函数的特性。

当顶点数组执行模块接收到单顶点数组任务序列输入时，启动单顶点的多属性解引用及组装状态机，并进行单顶点任务的执行转态记录，包含记录当前需要解引用并组装的至多 N（0<N<8）个不同属性的组装标志和当前任务执行前的有效顶点标记。

当顶点数组执行模块接收到多顶点数组任务序列输入时，启动多顶点的多属性解引用及组装状态机，先查询多顶点任务序列的执行剩余长度和当前任务执行前的有效顶点标记，查询记录有效后，再将任务分解为单顶点数组任务执行，同时启动单顶点的多属性解引用及组装状态机及状态记录，每一次接收到单顶点任务完成标志和执行状态反馈后，多顶点任务序列的执行剩余长度减少 1。

因此在顶点数组执行模块的重启功能分别在单顶点任务执行状态记录和多顶点任务执行状态记录中比对和判定，影响单顶点的多属性组装状态机或多顶点组装状态机的跳转，本质上是影响了原本经过解引用的一个命令序列是否拆分为两个甚至多个执行的过程。

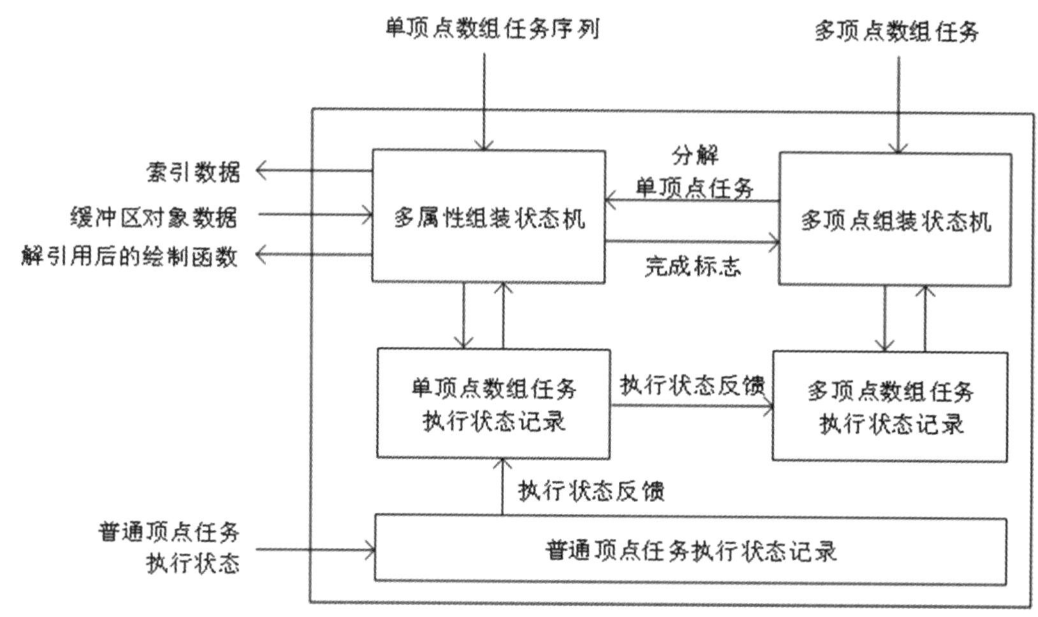

图 1　顶点数组执行模块设计框架

依照 OpenGL3.0 标准规定，有效的一条或者多条 glArrayElement 函数的任务必须包含在以 glBegin 为起始标记、以 glEnd 为结束标记的任务序列中间，因此 glArrayElement 函数的重启任务标记作用域为该 glBegin-glEnd 任务序列，重启判定的工作流程如图 2 所示。

glArrayElement 函数的有效顶点标记的作用域与图 2 表征的任务序列相同，有效顶点标记用来控制可能包含重启功能的任务序列拆分，任务序列拆分操作即为现有任务序列中添加新的 glEnd 和 glBegin，并改变顶点标记的作用域，为新的 glBegin-glEnd 任务序列重新标记有效顶点，有效顶点的实时更新示例如图 3 所示。

图 3 中无效顶点标记（Invalid Vertex，IV）指代不进行任务序列拆分操作；有效顶点标记（Valid Vertex，VV）指代需要进行任务序列拆分操作。图中成功重启 glArrayElement 函数（Restart glArrayElement，RA）表示在工作流程中通过了重启功能有效判定；glArrayElement 函数（A）表示在工作流程中通过了重启功能无效判定。图中 glVertex（V）函数虽不属于顶点数组类函数，但由于 OpenGL3.0 标准规定，它也可能与 glArrayElement 函数出现在同一 glBegin-glEnd 任务序列中，因此也需要考虑该影响因素。

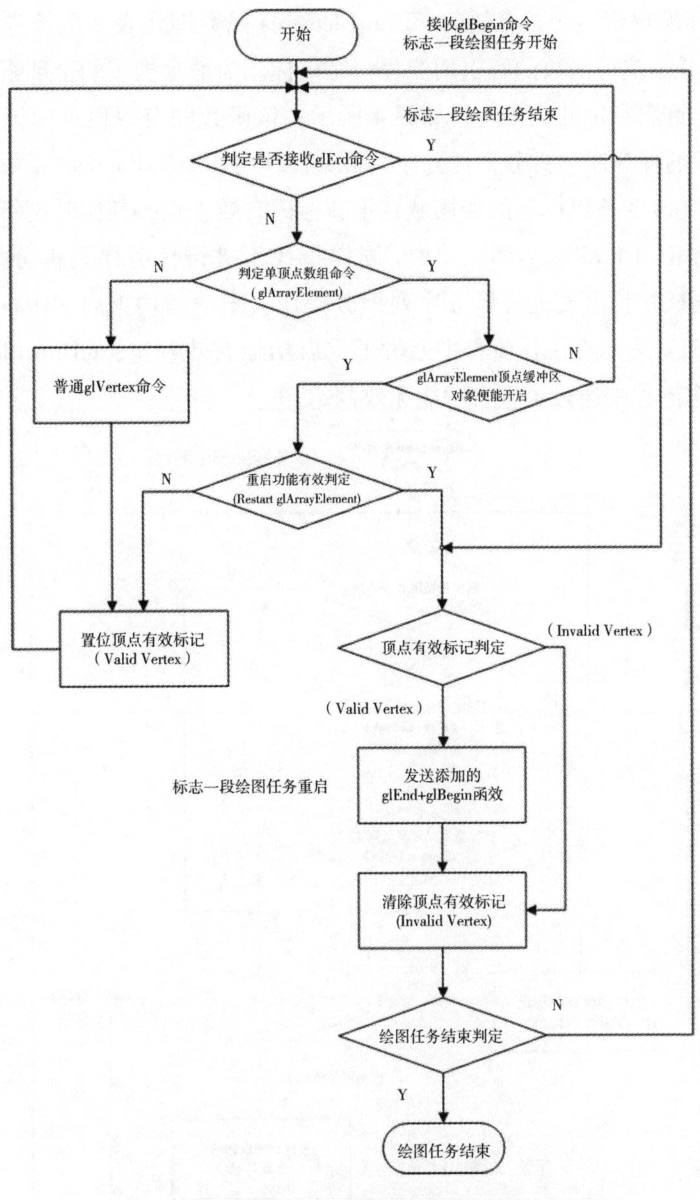

图 2　glArrayElement 函数序列重启功能执行流程

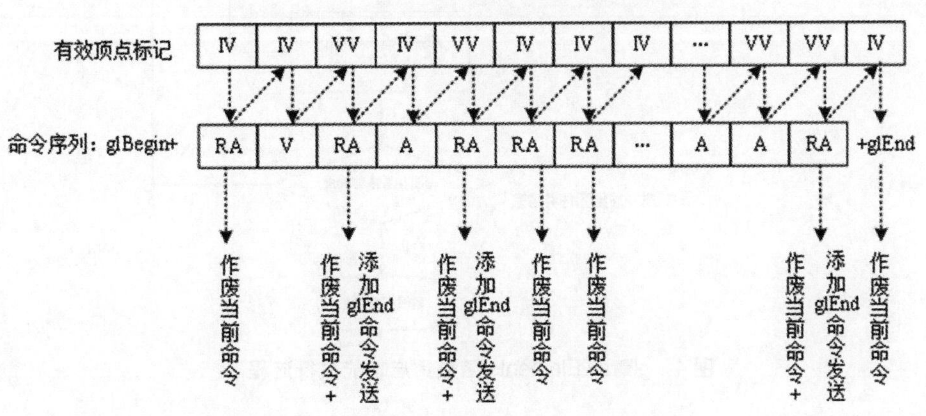

图 3　glArrayElement 命令序列有效顶点标记示例

依照 OpenGL3.0 标准规定，一条有效的 glDrawElements 函数即代表一次任务序列，起始为接收到 glDrawElements 函数，开始执行函数的解引用流程，结束标志为命令携带的全部索引数据均经过重启判定，被使用或被重启，重启判定的工作流程如图 4 所示；该函数的有效顶点标记的作用域与任务序列相同，用来控制本阶段的任务序列拆分，任务序列拆分操作与 glArrayElement 函数类似，为现有任务序列中添加新的 glEnd，并改变顶点标记的作用域，重新标记有效顶点，其实时更新示例如图 5 所示。

图 5 中无效顶点标记（Invalid Vertex，IV）同样指代不进行任务序列拆分操作；有效顶点标记（Valid Vertex，VV）同样指代需要进行任务序列拆分操作。图中成功重启 glDrawElements 函数的某个索引（Restart Index，RI）表示在工作流程中通过了重启功能有效判定；glDrawElements 函数某个索引（Index，I）表示在工作流程中通过了重启功能无效判定。

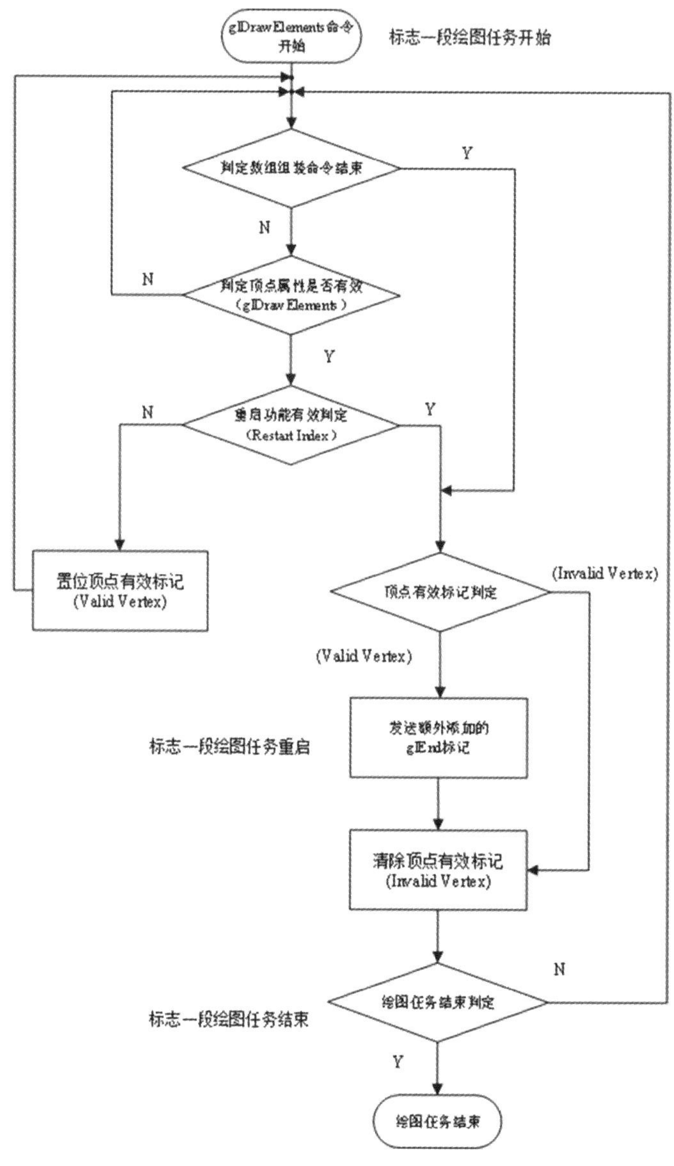

图 4　glDrawElements 函数重启功能执行流程

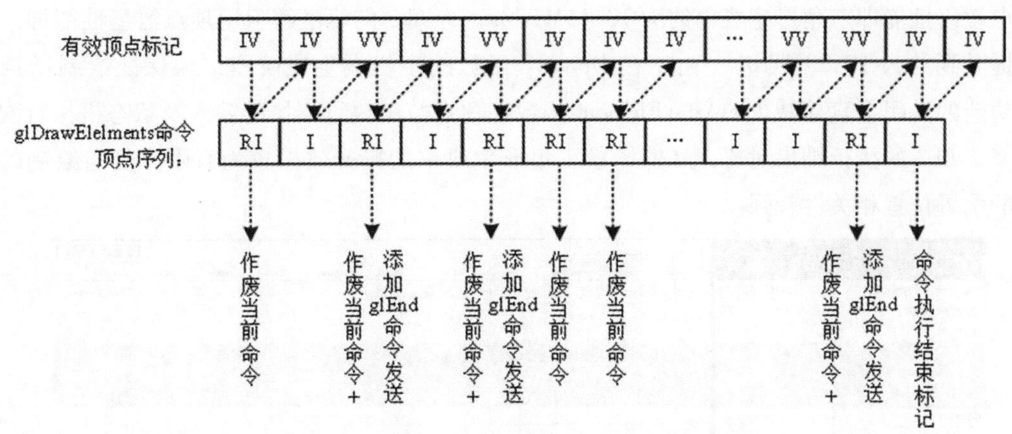

图 5　glDrawElements 函数有效顶点标记示例

3　实验结果与性能分析

为保证重启功能设计的正确性和有效性，需要对顶点数组执行模块进行全面的仿真验证。搭建顶点数组执行模块的模块级虚拟仿真平台，如图 6 所示，其中时钟复位模型、顶点数组类任务序列产生模型与顶点数组执行模块的工作频率为 600MHz。设计五种对比方案，针对不同方案、不同场景下的顶点数组类函数执行效率进行比较。对比方案分别为：

方案 1：使用普通顶点任务序列实现，不使用顶点数组类函数；

方案 2：使用 glArrayElement 函数实现，不开启顶点数组命令的重启功能；

方案 3：使用 glArrayElement 函数实现，开启顶点数组命令的重启功能；

方案 4：使用 glDrawElements 函数实现，不开启顶点数组命令的重启功能；

方案 5：使用 glDrawElements 函数实现，开启顶点数组命令的重启功能。

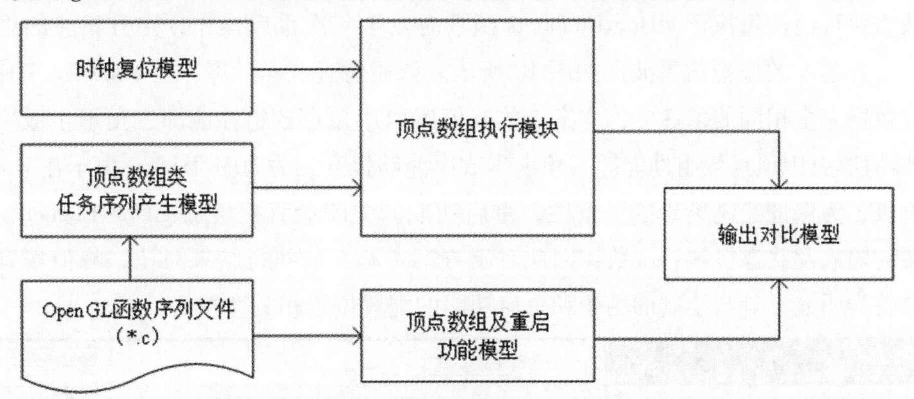

图 6　顶点数组执行模块虚拟仿真平台

由于使用方案 1 至方案 5 绘制相同场景时，主机端软件生成 OpenGL 命令条目有固定关系，即方案 1≥方案 2≥方案 3≥方案 4≥方案 5，因此在方案对比阶段去除了命令生成条目不同对场景绘制时长的影响因素，仅计算在 OpenGL 顶点数组命令的解引用处理与重启功能执行阶段，各类方案的执行效率对比。

在 glArrayElement 函数的峰值配置场景下，配置绘制图元的类型为三角形扇（TRIANGLE_ FAN），再配置顶点数组执行模块执行 glArrayElement 函数时，随机间隔地发生重启操作，顶点数组执行模块对方案 2 的虚拟仿真的波形如图 7 所示，方案 3 的虚拟仿真波形图如图 8 所示。

依照仿真波形计算，在 600MHz 工作频率且输出模块执行数据完全相同的条件下，方案 2 的峰值解引用顶点数组性能即三角形生成率约为 10.13MTri/s，方案 3 的峰值解引用顶点数组性能即三角形生成率能够提升到约为 10.29MTri/s。由于在 OpenGL 函数的主机端生成阶段，为保证绘制场景的一致性，重启功能的关闭会直接减少 glArrayElement 函数在顶点数组执行模块的输入及状态机执行次数，因此对于方案 2 和 3 的执行结果对比，峰值场景三角形生成率的提升效果较为有限，且与绘制的场景和重启功能的配置位置相关性较强。

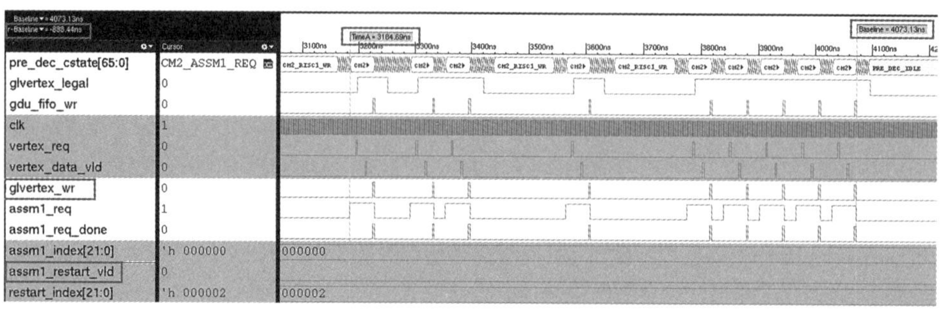

图 7　峰值绘制场景方案 2 仿真波形图

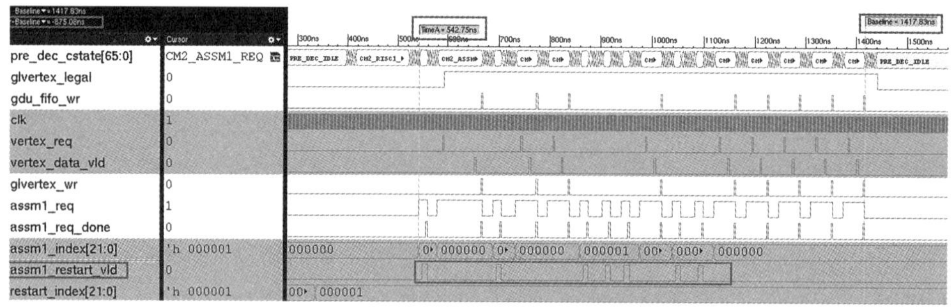

图 8　峰值绘制场景方案 3 仿真波形图

在 glDrawElements 函数的峰值配置场景下，配置绘制图元的类型为三角形扇（TRIANGLE_ FAN），再配置顶点数组执行模块每执行 glDrawElements 函数时发生一次重启操作，则方案 4 的虚拟仿真的波形如图 9 所示，方案 5 的虚拟仿真波形如图 10 所示。依照仿真波形计算，在 600MHz 工作频率时，且输出模块执行数据完全相同的条件下，方案 4 的峰值解引用顶点数组性能即三角形生成率为 18M Tri/s，方案 5 的峰值解引用顶点数组性能即三角形生成率能够提升到为 20M Tri/s。由于在 OpenGL 函数的主机端生成阶段，为保证绘制场景的一致性，重启功能的关闭会直接增加 glDrawElements 函数在顶点数组执行模块的输入及状态机执行次数，因此对于方案 4 和 5 的执行结果对比，峰值场景三角形生成率的提升效果较为明显，且与绘制的场景和重启功能的配置位置相关性较弱。

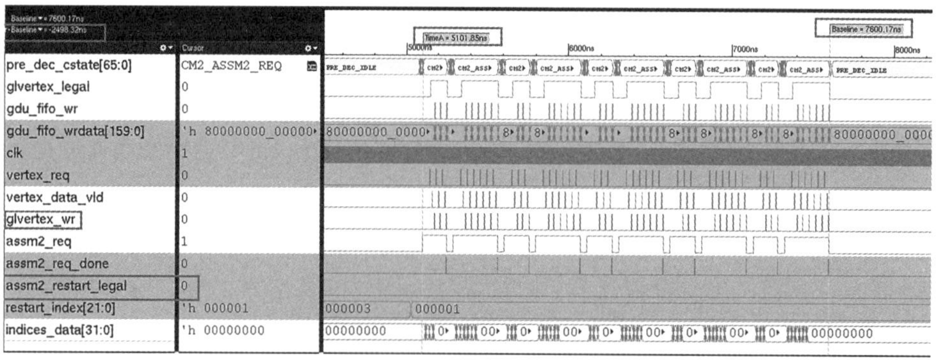

图 9　峰值绘制场景方案 4 仿真波形图

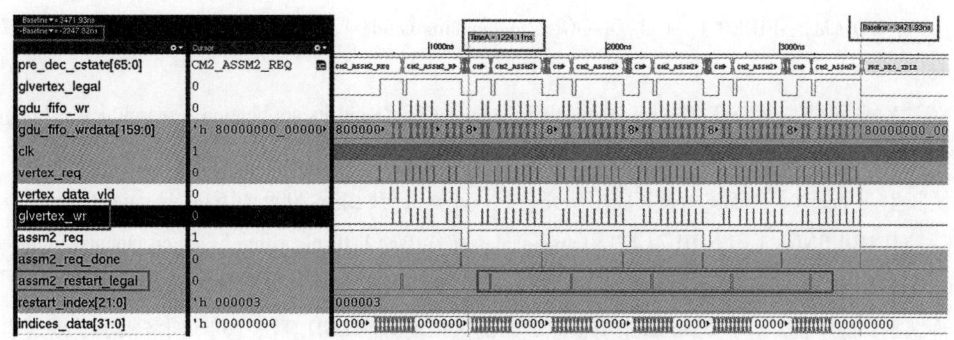

图 10　峰值绘制场景方案 5 仿真波形图

对比验证中选择 6 类应用场景对上述方案进行对比，将绘制任务均使用 OpenGL 的顶点数组类函数实现，其中应用场景 1 至 3 中，顶点数组任务解引用的属性数组数量分别为 1、4、7，场景 4 至 6 中重启功能有效次数从 1 开始每间隔为 10 次递增。判定上述各类方案在实现不同场景时在顶点数组执行模块需要执行的周期数，采用归一法统计，以方案 1 在场景 6 中执行的时钟周期为标准 1，不同场景的各方案实现对比结果如图 11 所示。

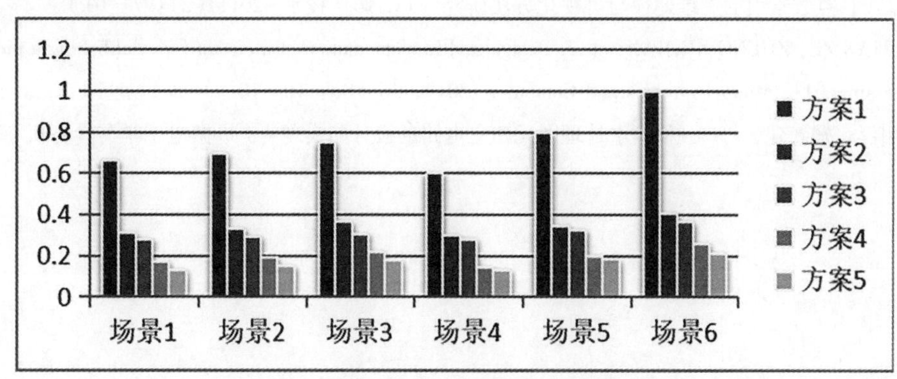

图 11　不同方案、不同场景执行周期对比

分析场景 1、2、3 的执行周期对比，尽管顶点数组类任务携带的属性数组数量不同，有效使用的重启功能仍节省了解引用阶段的执行周期数；分析场景 4、5、6 的执行周期对比，随着任务量的增加，有效使用的重启功能显著地节省了解引用阶段的执行周期数。尽管由于应用场景 1 至 6 的涵盖的场景复杂度差异较为有限，不能表征所有应用场景的变化情况，因此无法量化重启功能和位置对执行周期数的影响趋势变化，但是本设计中顶点数组执行模块的图元重启功能应用对于减少顶点数组类函数在解引用阶段的执行周期数，有明显的优化作用。

4　结束语

本文基于 OpenGL3.1 标准的顶点数组类函数的图元重启功能需求，在顶点数组执行模块中优化设计并实现了基于有限状态机的图元重启功能电路，实现了有效顶点标记的实时更新和任务序列的拆分。经过虚拟仿真平台的峰值配置场景及多场景对比的验证，证明了该设计的有效性，顶点数组执行模块的重启功能能够有效降低顶点数组任务序列的执行周期，提升 GPU 绘制效率。

参考文献：

[1] WRIGHT R S, LIPCHAK B. OpenGL superbible : [M]. Addison-Wesley, 2011: 57 - 65.

[2] D SHREINER, WOO M, NEIDER J, et al. OpenGL Programming Guide [J]. Addison-Wesley Longman, 2017, 48 (427): 1007 - 1015.

[3] YANG TAO, YAO WANGSHENG. The new technology of OpenGL3. 0 and its application research [J]. Computer and Networks, 2009 (16): 41 - 44.

(杨涛，姚旺生. OpenGL3. 0 新技术及其应用研究 [J]. 计算机与网络，2009 (16): 41 - 44.)

[4] LIU DING, XU HUIPING, CHEN HUAGEN. Large-scale sea surface LOD algorithm based on OpenGL indexed vertex array [J]. Journal of Tongji University (Natural Science Edition), 2009, 37 (3): 414 - 418.

(刘丁，许惠平，陈华根. 基于 OpenGL 索引顶点数组的大尺度海面 LOD 算法 [J]. 同济大学学报 (自然科学版)，2009，37 (3): 414 - 418.)

[5] WU FENGDAN, QUE HENG, WANG YUANFENG. A new low-power high-performance graphics chip GPU design method [J]. Integrated Circuit Applications. 2017, 34 (6): 33 - 36.

(武凤丹，阙恒，王渊峰. 一种新的低功耗高性能绘图芯片 GPU 设计方法 [J]. 集成电路应用. 2017，34 (6): 33 - 36.)

[6] CHEN MI MI. Research on 3D Modeling and Visualization Method Based on Vertex Number Index [J]. Image Technology. 2011 (2): 7 - 10.

(陈密密. 基于顶点数索引的三维建模与可视化方法研究 [J]. 影像技术. 2011 (2): 7 - 10.)

[7] PEI XIJIE, TIAN ZE, ZHENG XINJIAN, et al. Design and implementation of a circuit for establishing a picture element for Liushui processing [J]. Microelectronics and Computer. 2019, 36 (8): 10 - 18.

(裴希杰，田泽，郑新建，等. 一种刘水处理图元建立电路的设计与实现 [J]. 微电子学与计算机. 2019，36 (8): 10 - 18.)

112Gbps 高速背板传输链路损耗特性评估与分析

於凌[1] 郑浩[1] 李川[1]

[1](江南计算技术研究所 无锡 214083)

[1](yl2811284434@ 126. com)

摘要 随着数据中心对带宽的需求越来越大，业界已经开始研究单通道传输速率达 112Gbps 的链路。评估 112Gbps 高速链路时，除了阻抗、串扰以及噪声等电性能外，损耗特性也是一项重要的指标。它基本决定了链路的传输距离。传统的高速背板传输链路采用印制电路板（Printed Circuit Board，PCB）传输，速率升至 112Gbps 时信号衰减严重将会导致传输距离受限。本文从插入损耗的角度分析数据中心中典型的背板传输链路在 112Gbps 速率下的传输距离，然后通过改进背板连接器、PCB 基材以及互连方式优化该链路设计，最后在两种极限情况下对优化后的该链路开展损耗评估。与原链路相比，优化后的链路插入损耗分别改进了 52.61% 和 41.37%。

关键词 112Gbps；插入损耗；背板连接器；印制板基材；线缆

中图法分类号 TN914

随着数据中心对带宽速率与吞吐量的需求不断提升，单通道的传输速率也在不断地攀升。从演变规律来看，单通道上高速信号传输速率基本上成倍速增长，从 25Gbps 跃升至 56Gbps 进而到 112Gbps。这几年来 112Gbps 互连引起了业界广泛的讨论与关注。当传输速率达到 112Gbps 时，信号编码由传统的 NRZ 信号转向更高阶的 PAM4 信号，奈奎斯特频率扩展到 28GHz[1]。若采用印制线作为信号传输载体，由于导体损耗和介质损耗等原因会导致信号发生衰减，高频信号分量的衰减更加严重[2]。这种情况下，112Gbps 链路信号完整性将受到极大的挑战，传输长度会大幅缩减。此时，112Gbps 高速链路设计人员最关心的就是印制线的插入损耗以及极限传输能力。

本文通过仿真与实测等方法，评估数据中心中典型高速背板链路在传输 112Gbps 信号时的传输距离，并优化该高速背板链路，减小其插入损耗，使其具备 112Gbps 信号传输能力。首先，本文对比分析了光互连网络论坛（Optical Internetworking Forum，OIF）组织发布的 112Gbps 与 56Gbps 速率物理接口标准。其次，分析数据中心中典型高速背板链路在传输 112Gbps 信号时的插入损耗，评估其是否适用于 112Gbps 传输。然后，针对该链路中的高性能连接器、PCB 基材以及互连方式等方面进行优化，并分别计算在两种极限情况下优化后的链路损耗性能。最后总结全文，梳理 112Gbps 链路设计的发展趋势。

1 112G 链路标准

2017 年，OIF 组织宣布着手研究 112Gbps 速率下的物理电气层接口标准，目前该组织已经发布 1.0 版本[3]。针对多芯片模块（Multi-Chip Module，MCM）、超短距离（Extra Short Reach，XSR）、非常短距离

通信作者：於凌（yl2811284434@ 126. com）

（Very Short Reach，VSR）、中等距离（Medium Reach，MR）和长距离（Long Reach，LR）这五种不同的应用场景，112G 链路标准制定了相应的信号编码形式、损耗以及均衡方法等要求，如图 1 所示。

从链路架构上看，112Gbps XSR、VSR、MR 和 LR 标准规范与上一代 56Gbps XSR、VSR、MR 和 LR 标准规范类似，而 112Gbps MCM 标准规范适用于 112Gbps Die to Die 互连。其中，VSR、MR 和 LR 主要针对板级应用设计需求，链路设计至少包含一个连接器。112Gbps 传输标准 1.0 对这三种板级链路明确提出信号制式、损耗与误码率等性能要求，它与 56Gbps 传输标准中相应的链路性能要求对比如表 1 所示。

作为系统设计人员，尤其关注 LR 链路标准，因为在系统组装方案中绝大部分属于长距离互连。面向系统速率升级迭代的需求，链路设计时除了关心阻抗、串扰、噪声容限等性能指标外，损耗也是一项重要的指标，其直接影响高速信号传输距离。112Gbps 传输标准尚未明确长距离传输场景下的传输距离，但显然传输距离远小于一米。印制线传输距离达到一米时，链路损耗导致 112Gbps 高速信号失真，可能已经突破接收端的辨别能力。

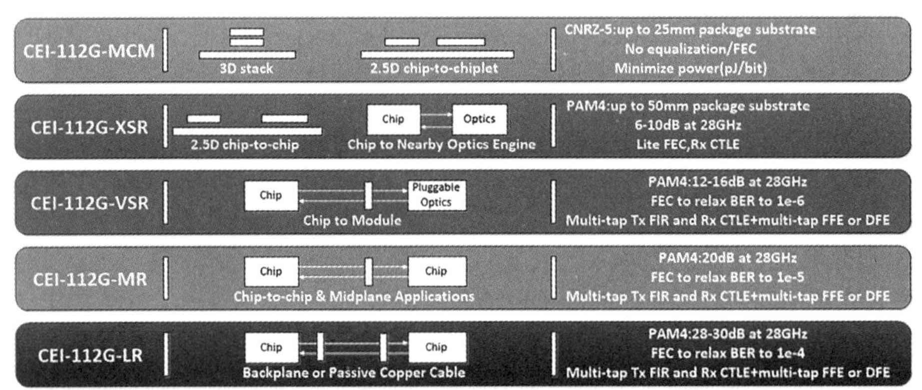

图 1　OIF-CEI-112G 传输标准 1.0

表 1　112Gbps 与 56Gbps VSR/MR/LR 链路性能要求对比

Application scenarios	Performance requirements	112Gbps transmission standard	56Gbps transmission standard
VSR	Coding	PAM4	PAM4/NRZ
	Insertion loss	12-16dB@ 28GHz	10-20dB@ 28GHz
	Bit error ratio（BER）	1e-6	1e-6（raw BER）
	Transmission distance	—	100mm trace+1 connector
MR	Coding	PAM4	PAM4
	Insertion loss	20dB@ 28GHz	20-50dB@ 28GHz
	BER	1e-5	1e-6（raw BER）
	Transmission distance	—	500mm trace +1 connector
LR	Coding	PAM4	PAM4
	Insertion loss	28-30dB@ 28GHz	35dB@ 14GHz
	BER	1e-4	1e-4（raw BER）
	Transmission distance	—	1000mm trace +2 connector

2 典型背板传输链路损耗评估

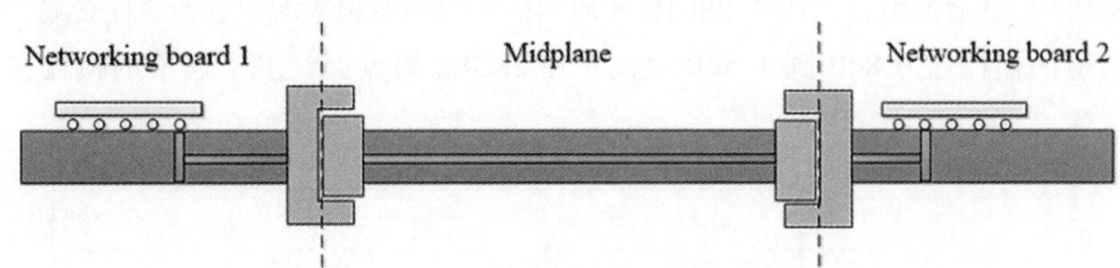

图 2 典型背板传输链路结构

数据中心中高速信号传输常常采用背板交换架构来提高数据的处理与传输能力[4]，其背板传输链路结构如图 2 所示，网络板 1 的芯片和网络板 2 的芯片通过中板和高速连接器实现信号互连。从链路结构看，高速信号从网络板 1 上芯片的焊球处依次通过板上高速差分过孔和差分传输线、一对背板连接器及其过孔、中板上差分传输线、另一对背板连接器及其过孔、网络板 2 上的差分传输线和差分高速过孔。

挑选一条典型长度的链路作为分析对象，链路总长为 500mm。对链路中传输线、过孔等各组成部件进行评估[5]，推算各组成部件在 28GHz 频点的插入损耗，结果如表 2 所示。

从表中可知，整个背板传输链路损耗为 45.75dB，差分传输线损耗在链路总损耗中占比 63.08%，背板连接器及其压接过孔损耗占比 33.49%，芯片 BGA 过孔损耗占比 3.43%。超过 112Gbps 长距离传输损耗的最大允许值约 16dB。由此可知，该链路不适用于 112Gbps 高速传输。以长距离传输损耗的最大允许值 30dB 为目标，该链路设计仅能支持约 250mm 的传输长度。

根据上述比例分析，拟通过升级互连材料和连接器改善链路传输性能，使其满足 112Gbps 标准损耗要求。考虑到背板连接器的压接孔依赖于连接器产品型号且损耗较小，下面重点分析背板连接器和差分传输线部分。

表 2 典型背板传输链路损耗分析

Loss items	Insertion loss /dB @ 28GHz	Percentage
Total loss of the link	45.75	100.00%
Loss of chip BGA vias	1.57	3.43%
Loss of differential transmission lines	28.86	63.08%
Loss of backplane connectors and its press-fit vias (x2)	15.32	33.49%

3 112Gbps 链路传输分析

3.1 背板连接器损耗性能

在 112Gbps 背板传输链路中，高性能背板连接器作为关键部件，其阻抗、通道损耗、串扰等电性能对链路设计有非常重要的影响。为了改进高性能连接器的传输性能，进一步减少高速传输链路的损耗、串扰等信号完整性问题，业界针对高性能连接器的结构与应用开展了许多研究，如优化接触针的外形结构减少短桩长度、增加信号针屏蔽片、减小连接器成孔孔径，以及增加哨兵地孔等等。

基于上述改进措施，目前业界主流 112Gbps 背板连接器传输通道的插入损耗如图 3 所示。经过自动夹具移除[6]后的通道插入损耗，包括装配好的背板连接器传输通道损耗以及插头插座两端的过孔损耗。

背板连接器类似低通滤波器，在 0-28GHz 频段内插入损耗随频率增加近似线性衰减。在 14GHz 频点处，多个通道的损耗在 0.8dB 到 1.5dB 之间。在 28GHz 频点处，多个通道的损耗在 2dB 到 4dB 之间。

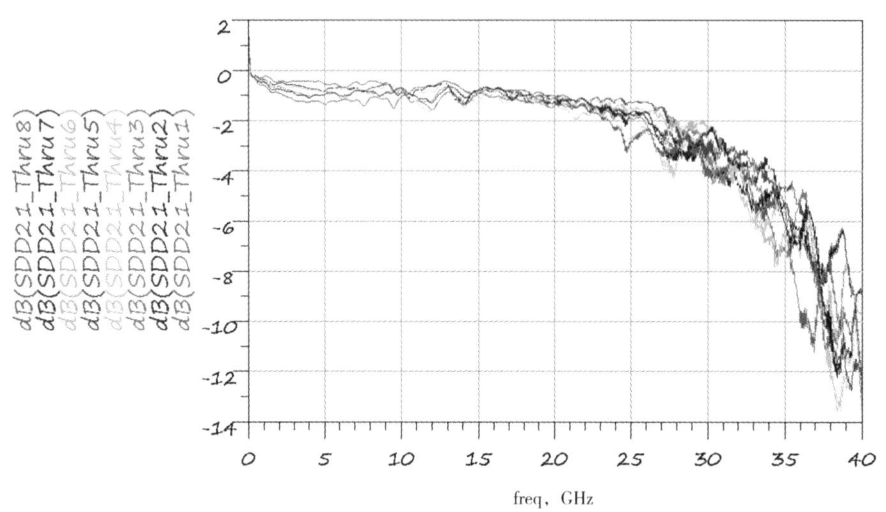

图 3　112Gbps 背板连接器插入损耗

3.2　高性能 PCB 基材损耗性能

高速信号通过 PCB 传输时的损耗主要由介质损耗与导体损耗组成，其中介质损耗与 PCB 基材的介电常数（Dk）和耗散因子（Df）息息相关，导体损耗与趋肤效应以及铜箔表面粗糙度有关[7]。为了降低 PCB 传输损耗，一方面 PCB 基材的介电常数与耗散因子越来越小。环氧树脂体系发展到了 PPE 或改良过的 PPE 体系。玻璃布从 E-glass 升级到 NE-glass，进一步升级到 L2-glass。另一方面，铜箔表面粗糙度不断减小，从 HVLP、HVLP2 迭代升级到了 HVLP3。基于上述改进措施，目前 PCB 基材的 Dk 值和 Df 值可以达到 3.2 和 0.001，铜箔粗糙度 Rz 减小到 1μm 以下[8]。

文献［9］研究结果表明，基于目前最先进的技术 90Ω（6.4mil 线宽）的差分传输线损耗为 0.965dB/inch@28GHz，但仍然无法满足一米长背板的传输需求。

3.3　线缆损耗性能

在 112Gbps 速率下，传统印制线一方面无法解决数据中心内的长距离传输互连需求，另一方面由于材料的不断改进导致高性能 PCB 基材的成本将成几倍速增长。鉴于此，线缆可以有效解决印制线的这两个互连难题。线缆通常由双同轴线以及裸线两端装配的连接器构成，相对来说成本比较低且损耗比较小。表 3 提供 112Gbps 线缆产品中不同规格双同轴线的损耗性能[10]。

从表中可以看到，线缆的插入损耗与传输长度成正比关系，能够支持 1 米传输距离。双同轴线的线径越粗，插入损耗越低。对于 28AWG 的双同轴线裸线，单位长度的插入损耗为 0.153dB/inch@28GHz。对于 36AWG 的裸线，单位长度的插入损耗为 0.325dB/inch@28GHz。也就是说，28GHz 频点处单位长度的线缆插入损耗，相当于使用了最先进工艺与材料的印制线损耗的 1/6~1/3。若使用线缆替换中板内印制线，典型背板传输链路如图 4 所示。

表 3　双同轴线线缆插入损耗性能

Insertion loss	Length	28AWG	30AWG	32AWG	34AWG	36AWG
Insertion	0. 25m	1. 0	1. 2	1. 5	1. 8	2. 2
loss/dB@ 14GHz	1. 00m	3. 9	4. 7	5. 9	7. 2	8. 7
Insertion loss	0. 25m	1. 5	1. 8	2. 2	2. 6	3. 2
/dB@ 28GHz	1. 00m	6. 0	7. 0	8. 7	10. 6	12. 7

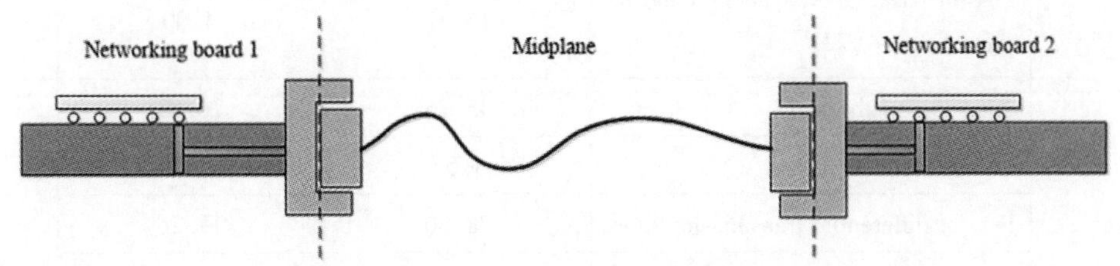

图 4　中板印制线更换成线缆后的链路结构

3. 4　链路损耗性能

在对 112Gbps 高速背板传输链路各组成部分性能充分分析之后，评估高速背板传输链路优化带来的性能提升以及传输能力。高速背板传输链路按照以下三个步骤进行优化：

（1）链路中背板连接器进行产品升级，选用与传输速率适配的 112Gbps 背板连接器，降低背板连接器以及相应压接过孔的插入损耗；

（2）使用介电常数与耗散因子更小的先进印制板基材以及粗糙度更小的铜箔，减小高速信号在印制线上传输时的插入损耗；

（3）优化链路互连方式，部分高速传输链路不再基于印制线实现互连，而是采用单位长度插入损耗值更小的线缆互连。

考虑到业界 112Gbps 背板连接器传输通道的插入损耗以及 112Gbps 线缆不同线规的插入损耗都在一定的范围内，因此优化链路时分析两种极端情况。第一种是链路最佳设计，即背板连接器传输通道和线缆的插入损耗值均为其最小值。第二种是链路最低端设计，即背板连接器传输通道和线缆的插入损耗值均为其最大值。表 4 为背板传输链路优化后的损耗评估结果。由于单对过孔的损耗在整个链路中的占比很小，本文没有针对高速 BGA 过孔开展优化设计，因此表 4 中链路优化前后差分 BGA 过孔的插入损耗不变。

根据两种极限情况下的 112Gbps 链路分析结果可知，背板连接器升级后链路总损耗可减小 7dB 到 11dB。印制板采用最先进的工艺和材料后，链路总损耗也得到改善，减小了约 7dB。此时，最佳设计情况下的链路勉强达到 112Gbps 长距离传输的损耗要求，而采用最低端设计优化的链路却仍然满足不了。在此基础之上将中板上印制线替换成线缆后，高速背板传输链路的总插入损耗进一步减小。两种极限情况下链路损耗分别为 21. 68dB 和 26. 83dB，与原链路相比性能分别提升了 52. 61% 和 41. 37%，均能达到 112Gbps 长距离损耗要求。

表 4　两种极限情况下优化的 112Gbps 链路插入损耗评估

Link cases	Loss items	Original link/dB@ 28GHz	Optimized link/dB@ 28GHz	Performance improvement
Best case	Total loss of the link	45. 75	21. 68	52. 61%
	Loss of chip BGA vias	1. 57	1. 57	
	Loss of differential transmission lines	28. 86	16. 11	
	Loss of backplane connectors and its press-fit vias (x2)	15. 32	4. 00	
Worst case	Total loss of the link	45. 75	26. 83	41. 37%
	Loss of chip BGA vias	1. 57	1. 57	
	Loss of differential transmission lines	28. 86	17. 26	
	Loss of backplane connectors and its press-fit vias (x2)	15. 32	8. 00	

4　结束语

本文根据 OIF 组织发布的 112Gbps 传输标准，针对数据中心中的典型背板传输链路开展插入损耗分析，评估该链路在传输 112Gbps 高速信号时的传输距离。然后结合目前 PCB 基材与 112Gbps 互连产品的损耗特性，对该典型高速背板传输链路进行设计优化。由于互连产品不同通道或不同线规的损耗特性不同，因此针对最佳和最低端两种设计情况分析链路整体优化之后的插入损耗。与原链路相比，最佳优化设计和最低端优化设计使得链路总插入损耗分别提升了 52. 61% 和 41. 37%。本文仅仅针对 112Gbps 高速背板传输链路的损耗特性进行评估，实际链路设计时还需要关注串扰、阻抗等其他电性能，后续将开展相关研究。传统印制线受限于过高的 PCB 成本和过大的插入损耗，将不再适用于 112Gbps 长距离传输场景。可以预计，在未来的高速系统中印制线将主要应用于短距离传输，长距离传输将逐渐向线缆互连演变。

参考文献：

[1] HAYKIN. S. Communication Systems, Fourth Edition [M]. Beijing: Publishing House of Electronics Industry, 2015: 262 - 276.

[2] LI Yushan, LI Liping, et al. Signal Integrity: Simplified [M]. Beijing: Publishing House of Electronics Industry, 2005: 200 - 210.
(李玉山，李丽平，等. 信号完整性分析 [M]. 北京：电子工业出版社，2005：200 - 210.)

[3] Optical Internetworking Forum. Common Electrical I/O (CEI) -112G, OIF Hot Toptics CEI-112G v1. 0 [OL]. [2021—05—17]. https: //www. oiforum. com/technical-work/hot-topics/common-electrical-interface-cei-112g-2/.

[4] ZHOU Zhenxing, YIN Sheng, WANGsong, et al. 40GBase-KR4 Transmit-Channel Simulation and Backplane-Design Optimization [J]. Communications Technology, 2017, 50 (7): 1564 - 1569.
(周振兴，尹生，王松，等. 40GBASE-KR4 传输通道仿真与背板设计优化 [J]. 通信技术，2017，50 (7)：1564 -1569.)

[5] ZHENG HAO, JIN LIFENG. Simulation and Analysis of 10Gbps Signal Transmission on the Serial-Link Backplane [J]. Computer Engineering & Science. 2011, 33 (10): 70 - 75.
(郑浩，金利峰. 高速串行背板 10Gbps 信号传输性能仿真和分析 [J]. 计算机工程与科学. 2011，33 (10)：

70 -75.)

[6] YOON. C, TSIKLAURI. M, ZVONKIN. M, et al. Design Criteria of Automatic Fixture Removal (AFR) for Asymmetric Fixture De-embedding [C] // 2014 IEEE International Symposium on Electromagnetic Compatibility (EMC), 2014: 654 -659.

[7] CHEN LIUJUN, LI YANGUO, CHEN BEI, et al. Study on the Insertion Loss Performance of High-Speed PCB [J]. Printed Circuit Information. 2017, 25 (S2): 1 - 8.
(程柳军，李艳国，陈蓓，等. 高速 PCB 损耗性能的影响分析 [J]. 印制电路信息，2017，25 (z_2)：1 - 8.)

[8] YI BI, PANG JIAN, BI YU. Component Design Specification Study for Electrical Serial Links beyond 112G [C] //DesignCon2020, 2020: 1 - 23.

[9] DONG XIAOQING, JIA GONGXIAN, HUANG CHUNXING, et al. 112G Electrical System Performance Study Based on an Improved Salz SNR Methodology [C] //Design2018, 2018: 1 - 25.

[10] Samtec. Samtec High Speed Cable Guide [OL]. [2021—05—17]. https://www. samtec. com/s2s/system-optimization/twinax-flyovers.

基于 NAND Flash 的 CPU 安全启动设计与实现

龚锐　石伟　刘威　张剑锋　王蕾

（国防科技大学计算机学院　长沙 410073）

[1]（rgong@ nudt. edu. cn）

摘要　NAND Flash 存储器以其容量、成本、速度的优势，在嵌入式系统中作为存储设备，得到广泛的应用。但是由于 NAND Flash 固有的器件特性，必须要有驱动才能对其进行读写，存储于其上的代码不能直接执行，因此并不适合作为系统启动代码的存储介质。一般采用 NOR Flash 存储启动代码并直接执行，然后再引导存储于 NAND Flash 之上的操作系统镜像，这增大了系统成本和功耗。我们设计并实现了一种基于 NAND Flash 的 CPU 安全启动方法。该方法首先通过软硬件结合的方式，在片内 NAND Flash 控制器中增加块映射表结构，并由 NAND Flash 中第一块空间存储的代码进行好块寻找和块映射表填写，使得 NAND Flash 的一部分存储空间可以直接映射为硬件可访问的内存空间，从而使得 NAND Flash 可以作为系统启动的存储介质，实现仅 NAND Flash 存储的系统。我们还提出了一种扩展 BootROM 的方案，结合 NAND Flash 地址映射的结构，将片内 BootROM 的一部分扩展到 NAND Flash 的第一块存储空间中，并通过 Hash 比对验证 BootROM，从而有效降低了片内 BootROM 的设计复杂度和代码量。通过本文提出的方法，可以有效地实现单 NAND Flash 系统的安全启动，从而降低了系统成本，提高了系统的安全特性。

关键词　安全启动；NAND Flash；微处理器；嵌入式系统；可信根

中图法分类号　TP332

嵌入式系统中，一般需要多种不同的非易失存储介质，用于存储代码和数据。这些非易失存储介质包括 EEPROM、NOR Flash、NAND Flash 等。这其中，NOR Flash 具有稳定可靠的特点，并且具备直接执行（XIP，Execute In Place）的优势，可以通过控制器将其内部地址直接映射成 CPU 可直接访问的地址，从而使得存储于其上的代码可以直接执行。但是 NOR Flash 容量一般较小，所以一般用于存储可执行的启动代码。

相对于 NOR Flash，NAND Flash 具有更大的存储容量和更快的写入速度，因此一般作为大容量的存储设备使用。但是，NAND Flash 的器件特性导致其出厂时就有一定的坏块存在，并且在使用过程中，也可能由于反复擦写出现坏块。因此，使用 NAND Flash 时，需要首先加载驱动，由驱动对 NAND Flash 进行坏块管理、读写控制、寿命管理等相关工作。所以，NAND Flash 并不具备 XIP 能力，存储于其上的代码不能直接执行，必须由驱动加载到内存中才能执行。

因此在嵌入式系统中，一般同时具有 NOR Flash 和 NAND Flash 两种存储介质。NOR Flash 用于存储启动代码，包括 bootloader、Uboot 等，NAND Flash 用于存储 OS 镜像和文件系统。这种启动方案增加了 PCB 板面积，不利于系统小型化，不利于控制系统成本和功耗。

通信作者：龚锐（rgong@ nudt. edu. cn）

我们首先提出了一种软硬件结合的方式，实现了基于 NAND Flash 的直接启动。该方法利用 NAND Flash 器件保证第一块必定为好块的特点，在第一个好块中存储好块寻找程序，并在启动时直接执行。软件将寻找到的好块信息填写在 CPU 片内 NAND Flash 控制器中的硬件块映射表，从而实现 NAND Flash 中部分地址的直接映射。这种方法使得 NAND Flash 具备了 XIP 能力，不需要复杂的驱动就可以实现 CPU 对 NAND Flash 的直接访问，并使得存储于其上的代码可以直接执行。通过本方法，在系统中可以去掉 NOR Flash，实现仅 NAND Flash 的启动方案。

其次，基于上述启动方案，我们进一步提出了一种基于 NAND Flash 的安全启动方案，实现了仅 NAND Flash 的安全启动。该方案为简化片内 BootROM 代码，将一部代码分作为扩展 BootROM，存储于片外 NAND Flash 上。片内可信根只执行简单的 Hash 比对，对存储于片外 NAND Flash 中第一块内的扩展 BootROM 代码进行校验。再由第一块代码通过签名验证的方式，对后续的固件代码进行验证。从而建立起逐级的可信链，实现系统的安全启动。

本文的主要贡献包括 2 个方面：

1）我们提出了一种软硬件结合的方法，实现了 NAND Flash 中部分地址的直接映射，从而使得 NAND Flash 上存储的代码可以直接执行，从而实现仅 NAND Flash 的系统启动方案；

2）我们提出了一种基于上述启动特性的 CPU 安全启动方案，通过将 BootROM 扩展存储至 NAND Flash 中，简化了片内固化的 BootROM 设计，并实现了多级验签机制。

通过我们提出的方法，可以实现仅 NAND Flash 的系统启动方案，并在此系统上实现安全启动，从而有效降低系统的成本和功耗，并提高系统的安全特性。

1 研究背景与相关工作

1.1 Flash 存储器

目前主流的 Flash 存储器根据其内部架构和实现技术可以分为 NOR Flash 和 NAND Flash[1]. 其中 NOR Flash 由 Intel 公司于 1988 年推出，而 NAND Flash 由东芝公司于 1989 年推出。

NOR Flash 具有较快的读速度，并且具备直接执行（XIP）功能。但是其容量较低，价格较高，所以一般作为系统的启动代码存储器，也就是说直接映射为内存（Memory）空间使用。NAND Flash 读取速度较慢，但是其写和擦除操作较 NOR Flash 更快，且存储容量更大，价格较低。因此，NAND Flash 多被用于数据存储，也就是说作为外存（Storage）使用。

NAND Flash 采用基于块和页的组织结构。一片 NAND Flash 芯片上面划分为多个块，擦除以块为单位进行，擦除后整块的数据都为全 1。每一个块内又分为若干个页，页是读取和写入的基本单位。以当前典型的 4Gb 的 NAND Flash 芯片为例，一般块大小为 256KB，全片共 2 048 个块，每块又分为 64 个 4KB 的页。对 NAND Flash 进行读取访问时，由控制器发出块号和页号等信息，NAND Flash 器件返回该页的全部数据。

NAND Flash 芯片在出厂时，并不保证所有的块都是好块，都是可用的，仅保证第一块一定是好块。在写入时，如果遇到坏块，一般往后顺延一个块写入。一个块是否为好块，是标识在 NAND Flash 的 OOB（Out of Band）空间，不同厂家的标识方法略有不相同。如东芝的坏块标识是该块的第 1 页和第 2 页的 OOB 空间第一个字节非全 1[2]，Gigadevice 的坏块标识是该块第 1 页 OOB 的第一个字节非全 1[3]，Kioxia 的坏块标识是该块所有存储空间均为全 0[4]。因此，访问 NAND Flash 时，一般需要使用厂家提供的驱动，进行块页地址映射、坏块识别与跳过等操作。

由于 NOR Flash 和 NAND Flash 的固有特性，一般系统中同时具有 NOR Flash 和 NAND Flash 两种存储介质。NOR Flash 用于存储启动代码，NAND Flash 用于存储文件系统。文献［5］提出了一种全硬件支持的 NOR Flash 直接地址访问控制器。本文提出了一种软硬件结合的方式，支持 NAND Flash 的直接地址访问，并实现了相关的控制器设计。采用我们提出的方法，可以实现 NAND Flash 上存储代码的直接执行，并实现了坏块管理的功能。基于我们的控制器，可以取消系统中的 NOR Flash，从而减少 PCB 板面积，有利于系统小型化并控制系统成本和功耗。

1.2 安全启动

信息系统面临多种现实的安全风险。为了应对这些安全风险，一般需要在硬件的支持下，实现包括硬件资源隔离[6]、安全启动[7]等安全机制。其中，安全启动是比较常见的信任链建立机制，启动流程如图 1 所示。通过可信根对片外固件进行验签，确保固件没有被非法篡改过，再由固件对 OS 进行验签，确保 OS 的合法性，最后由 OS 对应用进行验签，保证最终执行的应用的合法性。

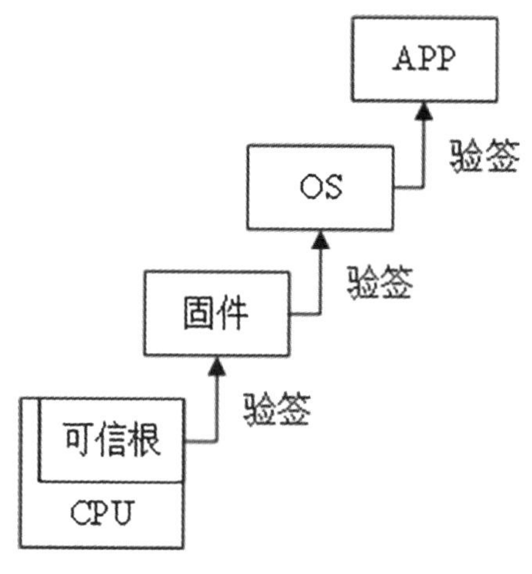

图 1　传统的安全启动流程

传统的安全启动流程，需要以板级的 TCM/TPM 芯片作为可信根[7]。随着 CPU 的进一步发展，出现了将可信根内置于 CPU 内的方案[8-9]。CPU 内置的可信根一般由片内 ROM 及 ROM 中存储的 BootROM 代码、efuse 和密码加速引擎构成。BootROM 代码为 CPU 启动后执行的代码，efuse 中存储公钥的 Hash。片外被验签的第一级固件的 Hash 值运用私钥进行运算，得到签名，并与片外第一级固件一起存储。启动后 CPU 执行 BootROM 程序，将片外的第一级固件搬到片内 SRAM 区域，再启动密码加速引擎，得到固件计算 Hash 值并用片内 efuse 存储的公钥进行计算，得到的值与片外存储的签名进行比对，一致则说明固件没有被篡改过，是安全可信的。

传统的安全启动方案需要可信根至少执行 Hash 和非对称算法两种运算，使得固化于片内的 BootROM 代码设计复杂，所需 ROM 的容量大，不利于控制芯片面积和成本。我们提出的扩展 BootROM 的安全启动方案，利用 NAND Flash 启动的特性，将部分 BootROM 扩展存储至片外 NAND Flash 第一块中，片内 BootROM 只需要计算 Hash 就可以验证扩展 BootROM，有利于减少片内 ROM 容量和代码复杂度。同时，安全启动也要和片外启动固件的存储相结合。文献［10］提出了一种基于 NOR Flash 的安全启动控制器设计方案。而我们提出的是基于 NAND Flash 的安全启动方案，可以实现单 NAND Flash 系统的安全启动。

2 地址直接映射

为了降低 PCB 版面面积，实现系统小型化，减少系统的成本与功耗，我们设计实现了一种仅 NAND Flash 的系统启动方案。该方案取消了一般系统中存在的 NOR Flash 芯片，将系统启动代码直接存储在 NAND Flash 上。此时 NAND Flash 芯片上前部分存储系统启动代码，通过特殊设计的地址直接映射方式，实现 CPU 在启动后对这部分代码的直接访问和执行；NAND Flash 后部分主要的存储空间仍然存储 OS 镜像和文件系统，通过加载驱动的方式进行访问。

为实现 NAND Flash 前部分存储空间的地址直接映射，我们提出了一种软硬件结合的方案。在硬件上，我们在 CPU 中设计实现了一种全新的 NAND Flash 控制器。该控制器由 Cache、地址映射逻辑、块映射表、接口逻辑等组成，具体结构如图 2 所示。

系统启动后，CPU 取指执行时通过软件可见的 memory 地址直接访问 NAND Flash 控制器，获取启动代码。由于 NAND Flash 接口访问速度较慢，且一般采用整页读取的方式进行操作，在 NAND Flash 控制器内设计实现了一个 Cache，该 Cache 的行大小为一整页的容量。CPU 通过 memory 地址访问时，首先判断该地址的代码是否在 cache 中命中，如果命中，则直接返回，如果不命中，则需要访问片外 NAND Flash 器件取回相应的启动代码。

Cache 不命中时，由地址映射逻辑将 memory 地址按照 NAND Flash 的特性映射为块号和页号。需要注意的是，这里的块号为逻辑块号，是由 Memory 地址直接映射得到，并没有考虑物理上 NAND Flash 可能存在的坏块。这些逻辑块号还需要由块映射逻辑映射到物理块号，物理块号才保证是 NAND Flash 上的好块。

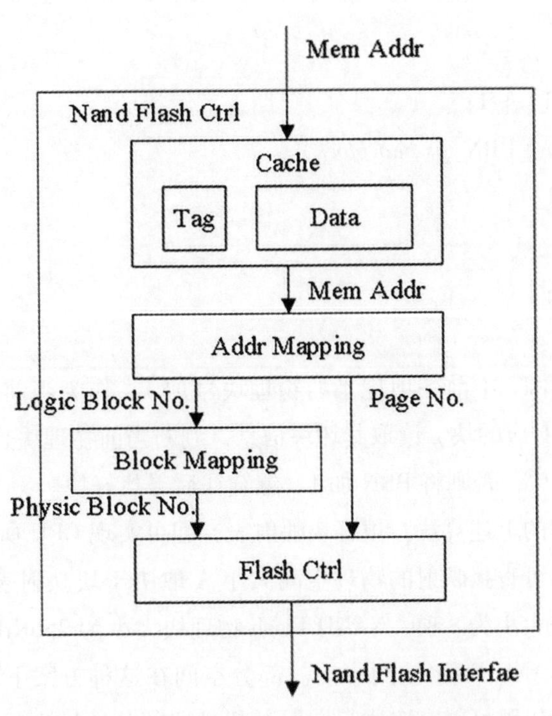

图 2 NAND Flash 控制器结构框图

经过块映射逻辑得到的物理块号和页号，由 Flash 控制模块产生符合 NAND Flash 接口时序和协议要求的访问序列，去访问片外 NAND Flash，取回一整页数据，回填至 Cache 中，并返回相应的代码、数据给 CPU 核。

上述结构中，最关键的结构为块映射逻辑。我们设计实现了如图 3 所示的硬件块映射表。通过逻辑块号访问硬件块映射表，获得该逻辑块号对应的物理块号。

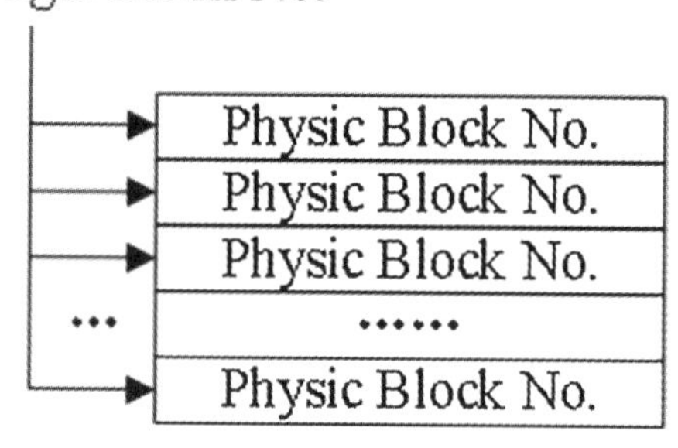

图 3　块映射表

系统启动时，CPU 并不知道片外 NAND Flash 上的坏块信息，此时块映射表中的信息是无效的。我们利用了 NAND Flash 器件保证第一块为好块的物理特性，将块映射表 0 号入口固定复位为 0，也即将 0 号逻辑 Block 固定映射为 0 号物理 Block。通过在 NAND Flash 器件的 0 号物理 Block 空间存放好块寻找算法，CPU 直接访问 0 号物理 Block 并执行该算法。该部分代码从 1 号物理 Block 开始，寻找 N-1 块物理好块，并将其物理块号填入硬件块映射表。

算法 1. 好块寻找算法.

输入：块映射表 BMT 项数 N;

输出：块映射表 BMT.

```
for (i=1; i=i+1; i<=N)
  PBN = BMT [i-1] + 1;
  while (NANDFlash [PBN] is bad block)
    PBN = PBN + 1;
  endwhile
  BMT [i] = PBN;
end for
```

该算法先将块映射表 BMT 中前一项记录的物理块号加 1，作为当前物理块号 PBN。通过访问该 PBN 在 NAND Flash 器件上对应的块，读取其坏块信息，判断当前物理块是否为好块。如果为好块，则将 PBN 填入 BMT 中对应表项，否则将 PBN 加 1，继续往后寻找好块。

通过执行位于 0 块空间的上述算法，填好块映射表，即可实现 CPU 所见的存储空间地址到实际的物理块、页号的转换。实际可直接映射的物理空间大小 A 取决于块映射表大小 N 以及物理块大小 B，也即 A=N·B。假设映射表大小为 8 项，NAND Flash 物理块大小为 256KB，则能够地址直接映射的空间大小为 2MB。也就是说 NAND Flash 空间中前一部分空间在这种方案下可以实现地址直接映射和访问，存储于其上的启动程序代码可以直接执行。但是超过这部分地址空间的块，还是需要通过驱动来进行访问。因此，在前一部分可以直接地址映射和执行的 NAND Flash 空间内，除了需要存储启动代码，还需要存储 NAND Flash 驱动，以便访问后续块空间时，可以通过驱动进行访问。

我们提出的这种软硬件结合的地址直接映射方法，充分利用了 NAND Flash 中第一块为好块的特性，在第一块上存储好块寻找算法，通过直接执行该算法，填写硬件块映射表，从而在无驱动支持下，实现软件可见存储地址到物理块、页号的直接映射。基于我们提出的方法，可以取消系统中常见的NOR Flash芯片，实现单NAND Flash启动，从而有效减少系统成本、体积和功耗。

3 基于扩展BootROM的安全启动

传统的安全启动流程要求片内BootROM至少可以执行非对称和Hash两种类型的密码运算，对片内BootROM的存储容量和代码复杂度要求比较高。特别是非对称密码算法，运算复杂，即便是调用片内的硬件密码引擎，也需要有比较复杂的软件驱动，需要占用大量的片内BootROM存储容量。

一般来说，片内BootROM存储在ROM或eFlash中。ROM中的代码在芯片生产时即确定，eFlash可以在芯片生产回片后再烧写。但是现在先进工艺下均没有eFlash器件。所以需要先进工艺的高性能CPU只能采用片内ROM存储BootROM代码。片内ROM的容量大小会影响芯片面积，进而影响芯片的成本。而BootROM代码的复杂度又会带来验证的复杂度，必须在芯片流片前将BootROM代码中所有的分支都验证到，保证BootROM代码是无错的。因此，简化BootROM代码，降低BootROM镜像大小和复杂度对于降低芯片成本，减少验证复杂度，降低流片风险都有很大的作用。

具体到我们提出的单NAND Flash启动方法，由于必须首先执行片外NAND Flash中第一块的好块寻找代码，才能填写硬件好块映射表，进而对后续地址进行直接地址映射。所以，如果采用传统的安全启动方案，需要BootROM代码对片外第一块的代码先进行验签，验签通过后执行，再由第一块代码验签后续代码（见图4）。这不仅使得BootROM程序复杂，镜像容量大，还使得本可以一次完成的固件验签，要至少分为两次验签，不利于系统快速启动。

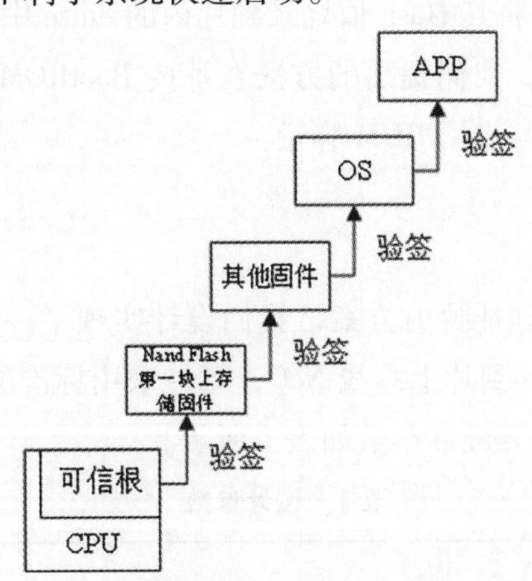

图4 基于传统方法的NAND Flash安全启动流程

为了解决传统的基于验签的安全启动流程运用于NAND Flash启动时导致的ROM容量过大，BootROM代码复杂，需要多次验签等缺点，我们提出了一种基于扩展BootROM的NAND Flash安全启动方法。

我们提出的方法，将片外NAND Flash上第一块的代码的Hash值，存储在片内efuse中。CPU启动时，执行片内BootROM代码，将片外NAND Flash上第一块的代码搬到片内SRAM，再用相同的算法计算Hash值，并与片内efuse中存储的Hash值做比较，如果比较通过，则认为片外NAND Flash上第一块的代码没有被篡改过，是安全可信的，可以执行。具体流程见图5所示。

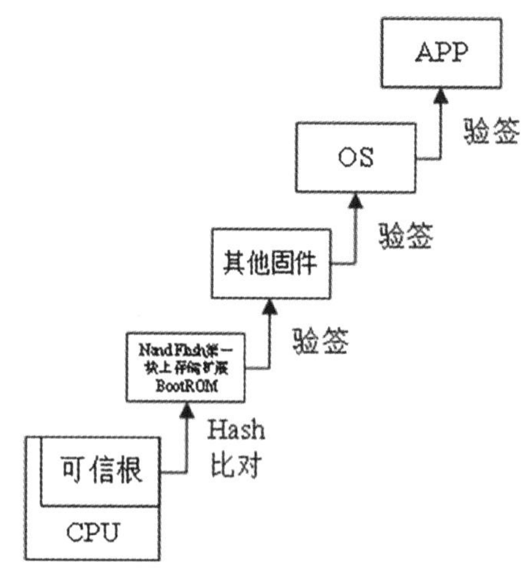

图 5　基于扩展 BootROM 的 NAND Flash 安全启动流程

我们提出的方法中，对片外第一级只采用 Hash 比对，因此当在片内 efuse 中烧入 Hash 值以后，片外第一级固件就不能再更改了。片外 NAND Flash 中第一块的代码类似于不可更新的 BootROM，我们称之为扩展 BootROM。与存放于片内的 BootROM 相比，扩展 BootROM 具有一定的灵活性，因为不用在芯片流片前就确定代码镜像，回片后有一次烧写机会。此外，对于一款芯片，片内 BootROM 的代码完全相同，但是扩展 BootROM 还可以根据不同的板级设计有所区别。比如，板级集成了不同厂家的 NAND Flash 芯片时，由于不同厂家的坏块标识略有不同，因此好块寻找算法具体实现也有所区别。在扩展 BootROM 中实现好块寻找算法，可以根据不同的 NAND Flash 器件，在回片后在片外 Flash 的第一块上烧录不同的扩展 BootROM 代码，并将其 Hash 值烧录到片内的 efuse 中。

与传统的基于验签的方法相比，我们提出的方法在片内 BootROM 中只用执行 Hash 运算，减少了非对称运算的时间和代码量，有效减少了 ROM 容量。

4　实验与结果

基于本文提出的软硬件结合的地址映射方案，我们设计实现了一款 SPI 接口的 NAND Flash 控制。该控制器对内采用 APB3 接口，连接到片上总线 NoC，对外采用标准的 SPI 接口，连接 NAND Flash 芯片。该 SPI NAND Flash 控制器的主要设计参数如表 1 所示。

表 1　设计参数

设计指标	参数
Cache 行大小	2KB
Cache 行数	2
Cache 容量	4KB
块映射表项	4
可直接寻址空间大小	512KB/1MB

由于 SPI NAND Flash 采取整页读出的方式，为了减少 SPI 接口访问，尽可能多地重复使用一次读出的数据和代码，我们设计的 SPI NAND Flash 控制器内的 Cache 必须具备将一整页数据全部缓存的能力。当前主流的 NAND Flash 的页大小一般为 2KB（总容量≤2Gbit 器件）或 4KB（总容量≥4Gbit 器件）。因此，我们将 Cache 行大小设计为 2KB，Cache 行数设计为 2。这样对于页大小为 2KB 的器件，

可以缓存 2 个页的数据，对于页大小为 4KB 的器件，可以缓存 1 个页的数据。

为了实现地址的直接映射，我们采用了硬件块映射表的结构。该映射表的大小决定了可以直接映射的地址空间大小。我们设计的块映射表大小为 4。当前主流的 NAND Flash 的块大小一般为 128KB（总容量≤2Gbit 器件）或 256KB（总容量≥4Gbit 器件）。对于块大小为 128KB 的器件，可以直接寻址 512KB 的空间，对于块大小为 256KB 的器件，可以直接寻址 1MB 的空间。一般来说，这块直接寻址空间已经足够容纳完整的 Uboot 代码。因此，采用我们设计的 SPI NAND Flash 控制器可以实现仅 NAND Flash 系统的直接启动。

为了验证本文提出的安全启动方案的有效性，我们设计了一个验证 SoC，该验证 SoC 的框图如图 6 所示。该 SoC 采用开源的 32 位 RISC-V 架构处理器内核 PULPino[13]。该内核通过 NoC 连接了我们设计的 SPI NAND Flash 控制器。NoC 上还挂接了 256KB 的 SRAM、efuse 和密码计算引擎。

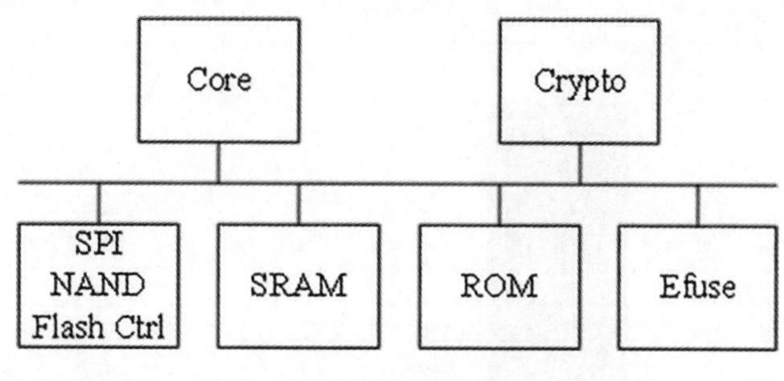

图 6　SoC 框图

我们对比了采用传统验签流程和采用扩展 BootROM 方式进行验签时对片内 ROM 的容量需求，具体如图 7 所示。采用传统验签流程时，使用标准的 X. 509 证书格式。X. 509 标准是国际电信联盟 ITU 制定的公钥证书格式标准，已经广泛应用于众多互联网协议中，以及电子签名服务中。要实现基于 X. 509 证书的验签，至少需要进行非对称和 Hash 两种运算。我们采用 RSA2048 和 SHA256 两种类型的运算。而采用扩展 BootROM 的方式，仅需要在片内 ROM 中实现 Hash 算法，我们采用了 SHA256 算法。可以看出，采用传统验签流程，片内 ROM 容量大小至少需要 30KB 以上，而采用扩展 BootROM 的方式，片内 ROM 仅需 16KB。因此，采用我们提出的方法，可以大大简化片内 BootROM 的软件设计，减少片内 ROM 容量，有利于降低 BootROM 软件验证风险和减小芯片面积，节省芯片成本和功耗。

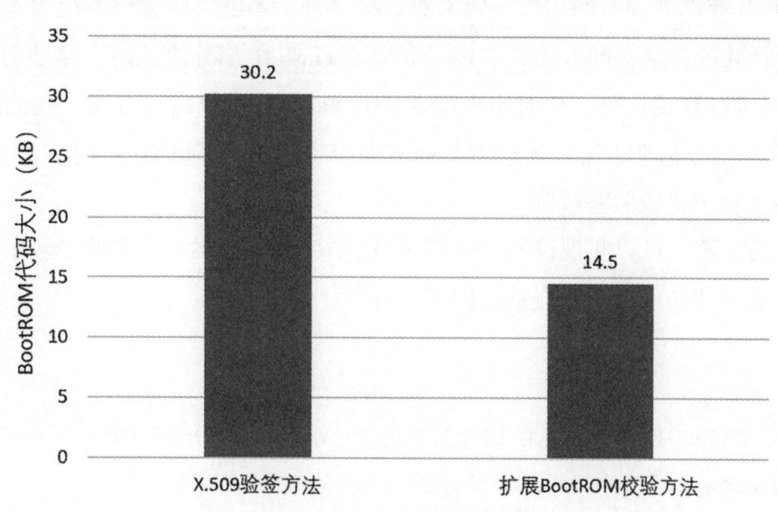

图 7　BootROM 容量比较

我们还对比了采用传统验签流程和采用扩展 BootROM 方式进行验签时执行时间的区别，具体如图 8 所示，图中采用了归一化的执行时间比较，以 X. 509 验签执行的时钟周期为 1，扩展 BootROM 校验方法执行的时间为 X. 509 验签执行时间的 89%。测试执行时间时，假设处理器核、片上网络、Crypto 单元、SRAM、ROM 等都工作在 500MHz，SPI 接口工作在 125MHz。采用 X. 509 验签时，片内 BootROM 首先执行 RSA2048 和 SHA256 两种类型的运算，对片外 NAND Flash 上第一块中的 128KB 的代码进行验签，然后执行第一块的代码，寻找好块，填写好块映射表，再由第一块的代码执行 RSA2048 和 SHA256 算法验签后续算法。采用扩展 BootROM 校验方法时，片内 BootROM 仅需执行 SHA256 算法计算片外 NAND Flash 上第一块中的 128KB 的代码的 Hash 值，然后再由第一块的代码执行 RSA2048 和 SHA256 算法验签后续算法。可以看出，采用我们提出的安全启动方法，在 Nand Flash 上直接启动时比采用传统验签方法可以大大节省启动时间。

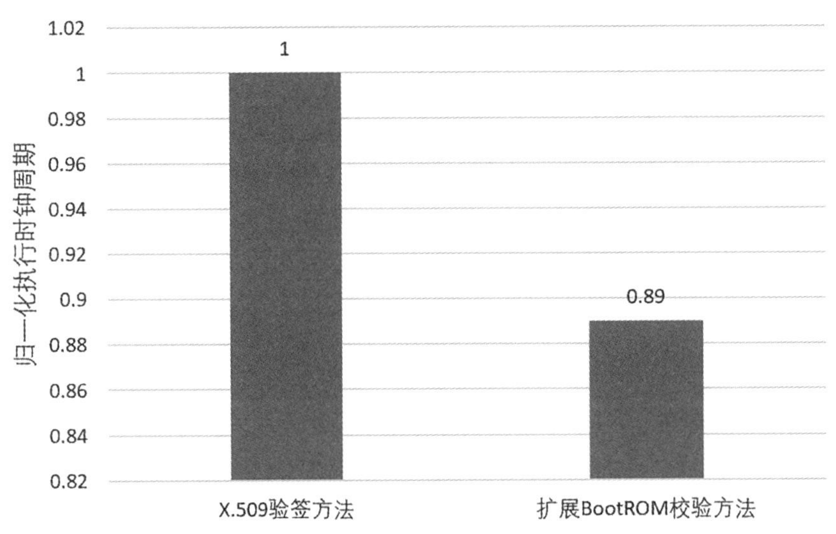

图 8　归一化安全启动执行时间比较

5　总结

针对 NAND Flash 存储器固有的坏块导致不能直接寻址，不能支持存储系统启动代码直接执行的特点，我们提出了一种软硬件结合的方法，实现了 NAND Flash 中部分地址的直接映射，从而使得 NAND Flash 上存储的代码可以直接执行，从而实现仅 NAND Flash 的系统启动方案。我们还提出了一种基于上述启动特性的 CPU 安全启动方案，通过将 BootROM 扩展存储至 NAND Flash 中，简化了片内固化的 BootROM 设计，并实现了多级验签机制。

通过我们提出的方法，可以实现仅 NAND Flash 的系统启动方案，并在此系统上实现安全启动，从而有效降低系统的成本和功耗，并提高系统的安全特性。

参考文献：

[1] 郑文静，李明强，舒继武. Flash 存储技术 [J]. 计算机研究与发展，2010，47 (04)：716－726.
[2] DS35X1GAXXX Datasheet.
[3] GD5F1GQ4xExxH Datasheet.
[4] TC58CVG2S0HRAIG Datasheet.

[5] 罗莉，夏军，邓宇. 通用SPI Flash控制器的设计与验证［J］. 计算机工程，2011，37（08）：22-24+27.
[6] 郑显义，李文，孟丹. TrustZone技术的分析与研究［J］. 计算机学报，2016，39（09）：1912-1928.
[7] 赵佳，沈昌祥，刘吉强，等. 基于无干扰理论的可信链模型［J］. 计算机研究与发展，2008（06）：974-980.
[8] GONZÁLEZ J, HÖLZL M, RIEDL P, BONNET P, MAYRHOFER R. A practical hardware-assisted approach to customize trusted boot for mobile devices［C］//Proc of the 17th International Conference on Information Security. Hong Kong: IEEE, 2014: 542-554.
[9] CORREA L, VARGAS F, POEHLS L. Hardware-based approach to guarantee trusted system boot in embedded systems［J］. Microelectronics Reliability, 2019, 100（9）: 1-6.
[10] 吴雪涛，戴紫彬，张立朝. 面向安全启动的SPI Flash控制器［J］. 计算机工程与设计，2015，36（11）：2958-2962.
[11] WANG, Lei, et al. CSMO-DSE: Fast and Precise Application-driven DSE Guided by Criticality and Sensitivity Analysis. ACM Journal on Emerging Technologies in Computing Systems (JETC) 16.2 (2020): 1-22.
[12] Wang, Shu-Quan, et al. SIES: A Novel Implementation of Spiking Convolutional Neural Network Inference Engine on Field-Programmable Gate Array. Journal of Computer Science and Technology 35 (2020): 475-489.
[13] https://github.com/pulp-platform/pulpino.

一种面向分布式深度学习的轻量级聚合通信库

王笑雨　董德尊

（国防科技大学计算机学院　长沙 410000）

摘要　聚合通信操作在分布式训练中得到广泛应用，特别是Allreduce操作被用于同步每个节点上模型的参数。为了获得更高的精度，数据集和神经网络模型的规模越来越大，节点间的通信开销在训练过程中占比很大并成为加速训练的瓶颈。目前已有许多针对这一场景下的聚合操作的优化工作，但都聚焦于操作的合理使用而不是其本身，例如通信调度和梯度量化。事实上，聚合操作与分布式训练应用之间存在许多不相匹配的地方，比如后者不要求所有节点同时同步梯度，而前者却需要。这使得针对分布式训练中的聚合通信的研究是有必要的。然而我们发现目前分布式训练中的通信框架其结构复杂，代码量大，掩盖了通信的核心过程，对开展相关工作来说是不合适的。为了克服这一问题，我们设计并实现了一个轻量级的聚合通信库，以方便地分析和改进分布式训练中的聚合操作。它支持主流框架和网络，并在简洁的架构中暴露聚合操作的细节。通过使用该库，研究人员可以有效地实现想法，并在更多环境配置中进行实验，产生较广的影响。我们在多种情况下分别通过纯聚合操作和分布式深度学习应用来评估我们的聚合通信库。实验结果显示该库可以实现与MPI相近的性能，可以作为面向分析和研究分布式训练中梯度同步的聚合通信库。

关键词　分布式深度学习；神经网络；聚合通信；Gloo；UCX

中图法分类号　TP391

1　引言

深度学习技术在许多领域得到广泛应用，特别是计算机视觉和自然语言处理。随着处理的问题更加复杂，为进一步提高模型精度，深度神经网络（Deep Nerul Network，DNN）层数随之增多，数据集规模也逐渐变大，在单节点上进行相关模型的训练变得格外耗时。为缩短模型训练时间，分布式训练成为主流深度学习框架（如MXNet[1]，TensorFLow[2]，PyTorch[3]）常用的解决办法。分布式训练利用多个节点的计算资源来加速大规模的深度学习模型的训练，通常分为数据并行和模型并行两种方式。其中数据并行方式更为主流，其将数据集拆分为若干份并分配给各节点，各节点在此数据集上训练本地的全局模型副本，并通过在节点间交换训练过程中各自产生的梯度信息来更新全局模型的参数，从而在整个数据集上完成对模型的训练。这一方法在使得更多的计算资源可以被利用的同时也引入了通信开销。而随着节点增多，节点间的梯度交换变得频繁，其产生的通信开销占据了整个训练过程中的较大部分，减少了分布式并行化所带来的优势，成为加速分布式训练的瓶颈。

聚合通信操作是目前主流的用于梯度信息同步的方式之一，被主流的深度学习框架所采用。为进一步减少分布式训练耗时，许多工作针对这一操作进行了优化。比如，通过调整聚合通信操作的执行顺序来利用计算开销隐藏部分通信开销，甚至可以通过对其进行拆分和合并来使得计算和通信尽可能重叠[4-5]。以及通过梯度量化[6-7]和稀疏化[8]等方法来减少需要交换的梯度信息的大小从而减少通信开销。这些工作都将聚合通信操作视作黑匣子，并从如何有效地利用其使用方法来进行优化，在一定程度上减少了训练时间。

最近一些工作采用了新的改进思路——根据分布式训练的特征来调整聚合通信操作本身。比如，eager-SGD[9]考虑到训练过程的鲁棒性提出了部分聚合通信操作。与原先操作不同的是，其在语义逻辑上并不要求所有节点都参与梯度同步过程，减少了等待掉队者的开销。此外，考虑到分布式训练中后产生的梯度信息会先被用到，文献[10]提出了抢占式 Allreduce，使得后产生的具有更高优先级的梯度信息在逻辑上可以中断低优先级的梯度同步过程以更快进行同步。聚合通信操作在高性能计算领域已经使用了快 30 年，而其近期才被引入深度学习领域，并未完全适应这一应用场景。上述这些工作观察到传统聚合通信操作的语义和深度学习应用的特点不匹配的现象并试图缓解这一矛盾。此外，还有一些将分布式训练特点与网络结合进行优化的工作则改变了聚合通信操作的实现[11-13]。这些工作都说明研究专用于分布式训练的聚合通信操作并进行应用和传输的协同设计对减少通信开销来说很有必要。

对于现有的分布式训练框架来说，进行相关的协同设计较为困难。因为其通常采用 MPI 这一聚合通信库来完成实际的梯度同步操作，其具有不同的实现版本，比如 OpenMPI 和 MPICH，这些版本为了保证鲁棒性、普适性和扩展性，同时为了便于开发，通常会具有复杂的调用架构，多种不同功能的通信函数以及庞大的代码量，这尽管使得其在工业生产中稳定健壮，但对在其上进行研究和改进并不友好。为解决这一问题，一个针对分布式训练中聚合通信操作的轻量级通信库可以使得相关的实验更易实现。

为此我们设计并实现了一个对研究和改进分布式训练中的聚合通信操作友好的轻量级聚合通信库。它整体架构简单但提供了分布式训练中必要的聚合通信操作，且向上支持主流的深度学习框架，向下支持集群中常见的网络环境。该库使用较少的封装来将聚合通信操作的执行细节暴露出来以便于进一步分析和改动。此外，我们希望为研究分布式训练中的聚合通信操作提供一个统一的实验环境。通过这一通信库，相关研究人员可以简单高效地实现自己的想法并在更多地环境配置下进行实验，进而获得更广的影响。而在此库基础上开发的算法也可以更轻松地应用到多个深度学习框架中。最后我们从聚合通信操作和深度学习应用两方面对该库进行了评估，并将其与常用的聚合通信库进行对比。最终实验结果显示，该库在部分情况下具有优势。

2 背景介绍

2.1 分布式训练和框架

分布式训练主要用于解决在单节点上训练大规模 DNN 耗时的问题，其通过将训练任务拆分并部署到多个节点上同时进行来加速模型的训练过程。在现有的解决方案中，数据并行是较为流行的训练方式之一，被主流深度学习框架广泛使用。在数据并行的方式中每一个 worker（对应一个进程，可能在 CPU 上也可能在 GPU 一类的加速器上）都拥有一份全局模型的副本以及一部分数据集，其在拥有的数据集上独立训练本地的模型副本，并周期地与其他的 worker 同步各自的梯度信息以更新全局模型的参数，从而并行地在多个节点上基于整个数据集来训练模型。在更新全局模型参数过程中，所有 worker 交换各自训练过程中在反向传播阶段产生的梯度，并将这些梯度进行整合（一般是求和或求平均）以使用随机梯度下降（SGD）的变种算法来更新全局和本地的模型参数，更新后的参数会在下一轮训练的前向传播阶段使用。值得注意的是，梯度产生和对应模型参数使用的顺序通常是相反的。也就是说在反向传播阶段越晚产生的梯度，基于其更新的模型参数会在前向传播中更早用到。

前述主流的深度学习框架都为用户使用分布式训练提供了便捷的方式，通常只需要在原有单节点训练的代码上进行简单的修改即可，但这些框架具有不同的编程语义和性能。比如 TensorFlow 采用的是声明式的语义，用户只需要声明需要执行的操作，这些操作由 TensorFlow 进行定义，PyTorch 则采用了命令式的语义，需要用户规定操作具体怎么执行，而 MXNet 则结合了这两种语义。对于梯度同步过程，这些框架也采用了不同的通信架构，PyTorch 原生采用的是 Allreduce 架构，而 TensorFlow 和 MXNet 虽然原生采用的都是参数服务器（Parameter Server，PS）架构，但实现方式不同。如图 1 所示，分别是 Rendezvous 和 KVStore。这些差异使得不同的深度学习框架具有各自的优势，比如 MXNet 对初学者更加友好，PyTorch 在使用上更加灵活，而 TensorFlow 则对在 CPU 上训练大规模深度神经网络的场景具有更好的性能。这些具有不同特性的框架在学术界和工业界都被广泛应用，对于分布式训练的研究也非常重要。

2.2 聚合通信及相关工作

聚合通信操作是高性能计算领域的经典技术，但对于应用在分布式训练场景中来说还是有改进空间。在梯度同步过程中，Allreduce 这一聚合通信操作最常被使用。它将每个节点上的梯度数据通过指定的操作（如求和，求平均）进行规约，并将整合结果同步到各个节点。从 Allreduce 的语义可以看出，其要求所有的节点都参与该过程。在现有的算法中，Ring Allreduce 最常被用于分布式训练，其可以充分利用每个节点的网络带宽资源，因而也被用于缓解 PS 架构中 server 节点带宽瓶颈的问题。在此基础上，一些工作尝试从结合上层深度神经网络训练应用特点的角度合理且高效地使用这一操作来减少通信开销[4-5,10]，一些则试图从底层聚合通信算法和网络传输的角度来优化这一操作[11]，但很少有工作结合两者进行优化。前面提到的部分聚合操作的工作就有类似的优化思路，其尝试将上层的深度学习应用的鲁棒性特点与底层聚合通信操作的语义相结合来进行改进，放宽聚合通信操作要求所有节点全部参加的条件，从而避免等待拖尾节点，减少了梯度同步的时间，并且不影响模型的收敛。显然，减少深度学习应用的需求和聚合通信操作的语义间的不匹配问题对加速分布式训练至关重要。

2.3 网络和通信库

不同的集群通常有不同的网络环境，而一个集群内通常也有多套网络。集群的网络环境会从多方面影响分布式训练中的通信性能，包括带宽、协议及拓扑结构等。相较于以太网，InfiniBand 网络通常具有高带宽和低时延的特点，而 RDMA 由于不需经过内核，相较 TCP 带来更小的开销，因而可以从网络传输上根本地加速梯度同步[14-15]。此外，Bcube 比 Fat-Tree 的拓扑结构更适合 Allreduce 架构[16]。同时使用集群中的多套网络设备显然也能加速通信。鉴于集群环境的多样性，充分利用集群的网络资源和特性对加速通信十分重要。然而不同的网络设备通常使用各自的接口库来驱动，这些库的使用方式和调用机制不同，给实现上述改进增加了困难。比如，InfiniBand 使用的 ibverbs 库在调用实际的通信操作前需要对许多对象进行初始化及配置的操作，如 context 和 queue pair（QP），并且需要在通信双方间交换诸如各自地址的控制信息，相比之下，以太网常用的 socket 库则仅需创建 socket 对象并调用个别函数即可建立连接，而对于研究分布式训练聚合通信操作则不需要考虑这些细节。

主流深度学习框架并不是直接使用不同网络的底层库进行点对点通信来完成梯度同步操作的，而是调用诸如 MPI 和 NCCL 等聚合通信库完成，由这些库负责实现并选择聚合通信的算法并对底层网络的接口进行封装。其中，MPI 实际上是一个编程接口标准，被广泛应用于大规模并行编程中，具有多种实现版本，比如 OpenMPI 和 MPICH。NCCL 则是由 Nvidia 公司开发的用于其 GPU 间数据交换的聚合通信库。这些库为提供便捷的使用方式对底层网络的接口进行封装，但对分析和调整这些聚合操作的细节来说较为麻烦。

2.4 动机

如前文所述，通过综合考虑深度学习应用特征和底层网络特点来进行协同设计，可以减少其中存在的不匹配的现象。然而在现有的聚合通信库基础上进行分析和调整以优化较为复杂。我们期望有一个架构简单，调用逻辑清晰且代码量较少的聚合通信库。此外，相关的工作大部分都针对于某种特定环境，比如某个框架或是某种网络，想要移植到其他环境较为困难。为了满足实验的不同需要以及使相关研究便于拓展移植，我们希望聚合通信库能对上层的深度学习框架和下层的集群网络有较为广泛的支持。

3 轻量级聚合通信库

我们的目标是提供一个可以用于简化聚合通信操作算法相关研究和实现的轻量级的通信库。为实现这一目标，该库需要支持主流的框架及网络以满足在其上进行研究的相关需求。本节将阐述该通信库的整体架构和关键细节。

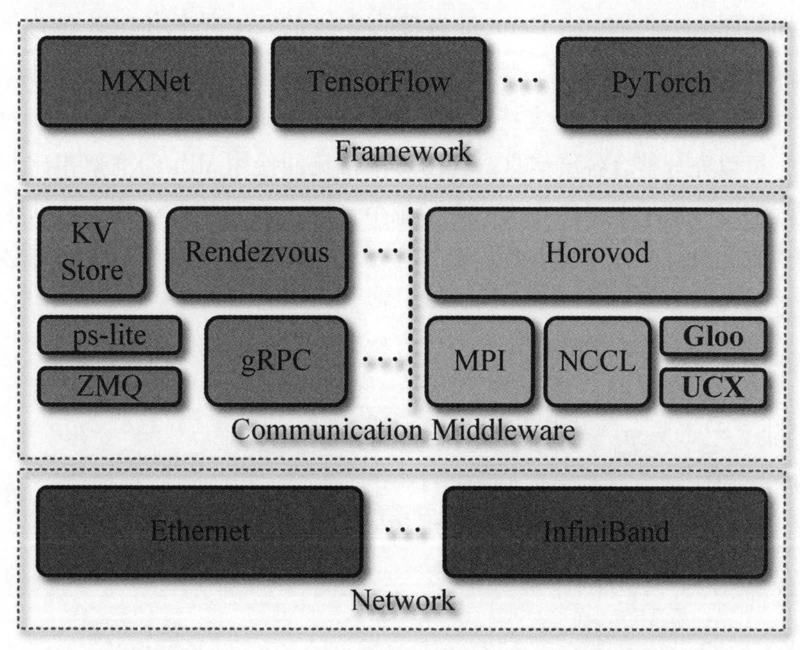

图 1 设计整体架构

3.1 架构

首先，不同的分布式训练框架通常通过其各自的框架和通信库来进行梯度同步。比如，如图 1 中所示，MXNet 使用基于 ZMQ 库的 PS 架构，而 TensorFlow 则采用了 gRPC 库。为了实现对主流深度学习框架支持这一目标，我们选择了 Horovod[17] 作为通信中间件之一。Horovod 将分布式训练中的参数同步的逻辑进行了抽象，并据此针对主流框架分别定义了各自用于通信的接口以支持这些框架，并在底层进行了统一的实现。在通信的具体实现上，Horovod 选择了 Allreduce 作为其参数同步的框架，如图 1 中所示，底层使用 MPI、NCCL 和 Gloo 来作为进行执行实际聚合通信操作的通信库。Gloo 是一个轻量级的通信库，为分布式深度学习应用提供了一系列有用的聚合通信算法。其为 Horovod 中自带的通信库，使 Horovod 可以在缺少 MPI 的环境中运行。对于 Horovod 来说，MPI 中聚合通信的内部执行细节是透明的，仅需要按照 MPI 标准进行调用，具体与 MPI 的实现版本有关，而 Gloo 则是可以被 Horovod 感知的。此外，相较各种 MPI 实现版本，Gloo 的架构简单，代码量少，更易于进一步分析和改进。而 NCCL 则是专用于 GPU 间通信的，对于在 CPU 上进行训练的情况不支持。因而我们选择了 Gloo 作为通信库的基础，从而借助 Horovod 来确保对上层框架的支持。

其次，集群中通常具有多种网络设施，并且不同集群的网络环境也不同。通过支持多种网络来使得该库具有更广的适用性，具备充分利用网络资源的能力。我们在对 Gloo 进行分析后发现，其对网络环境的支持不如 MPI，比如，在 InfiniBand 网络上，Horovod 无法通过使用 Gloo 完成 Allreduce 操作。因而需要对 Gloo 的底层网络进行扩展。Gloo 中进行扩展的方式是使用各自网络的接口库来分别实现符合 Gloo 中点对点通信语义的传输层子类，从而为其算法层提供通信传输的接口。我们也可以按照这一思路来对其他网络实现扩展，但这对我们对不同网络的了解和掌握的程度提出了高要求，且工作量较大，后续的扩展也不能得到保障。此外，使用网络接口库实现点对点通信的具体实现细节对研究分布式训练中的聚合通信来说也不是必要的。我们最终使用 UCX 作为通信中间件来解决 Gloo 的网络扩展问题。UCX 整合并封装了多种底层网络的接口并提供了一套统一的高性能的点对点通信接口，在屏蔽不同网络接口库实现细节的同时，还通过提供多种语义的接口来体现不同网络的特性。

我们的设计思路如图 1 中所示，将 Horovod 自带的 Gloo 的底层网络用 UCX 进行扩展，从而实现了可以支持多种框架和网络的目标。在这一架构中，Horovod 整合并接管了不同深度学习框架的通信部分，UCX 则是用于覆盖尽可能多的网络支持，Gloo 则作为聚合通信的算法逻辑层，为上层应用和下层网络提供交互条件，可以充分整合各层信息。与图 1 中常见的使用 MPI 的框架相比，这种设计可以将聚合通信操作的过程加以分解从而暴露算法的更多细节。这一改变使得对分布式训练中诸如 Allreduce 一类的通信操作的研究和改进变得便捷高效。此外，由于该库仅提供了分布式训练必要的聚合通信操作，减少了该库的复杂性。

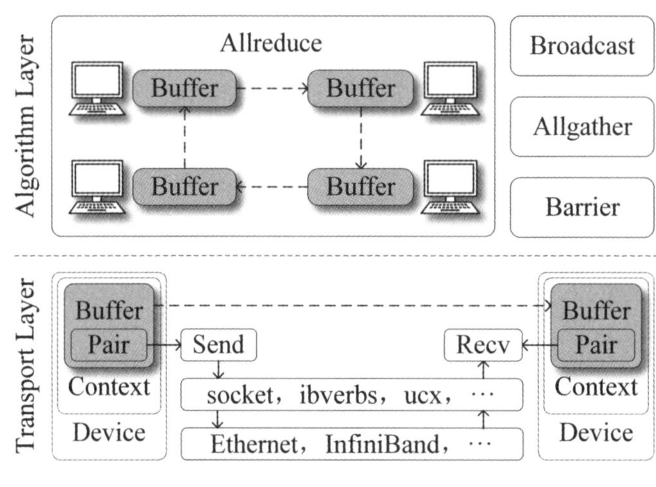

图 2　Gloo 架构

3.2　Gloo

如图 1 中所示，Gloo[18] 是 Horovod 和 UCX 间的连接桥梁，其架构如图 2 所示，我们将 Gloo 的架构拆分为算法层和传输层。在上层算法层中，主要为聚合操作的算法逻辑，其基于点对点语义的通信逻辑实现。此外，该层提供了一些分布式训练必要的算法，比如 Allreduce 和 Broadcast。用户可以参考这些来定义算法的执行逻辑以实现自定义算法。在底层的传输层中，其提供了点对点通信的调用接口以及不同网络环境下对应的具体实现。Gloo 本身仅支持 tcp、uv 及 ibverbs 三种库，其中对于 ibverbs 的支持还不完善。此外，对其点对点通信进行扩展需要用网络对应的接口重写其基本的类以及函数，这对用户了解网络设备硬件及熟练使用对应接口提出了更高的要求，并且对于进行聚合操作相关的研究来说引入了更多不必要的细节。

如图 2 所示，Buffer 是 Gloo 中的关键类，其既存储了需要传输的数据又是调用通信函数的对象，建立了算法层和传输层的连接。在算法层中，通过 Buffer 对象来调用对应的点对点通信函数进而与对端进行数据的发送和接收以完成算法逻辑。在传输层中，Buffer 则通过 Pair 对象进行实际的通信函数的调用。

为了在实现 UCX 的扩展时更符合 Gloo 的语义，我们以 Horovod 调用 Allreduce 操作为例，分析了调用流程和类的功能。在实际调用 Allreduce 之前，Horovod 首先通过调用 CreateDevice，CreateContext 和 CreatePair 来初始化 Gloo。其中，CreateDevice 配置网络设备，例如接口和协议，CreateContext 设置通信上下文，例如节点数和节点编号，CreatePair 创建 Pair 的对象，该对象代表与另一个对等节点的连接，并配置其通信语义，如同步或异步。其中需要注意的是，一个 Context 的对象可用于创建多个 Pair 的对象，同样一个 Device 的对象可以创建多个 Context 对象。然后，Horovod 需要调用函数 connect 来建立全局连接，这样所有节点都可以相互通信。初始化工作完成后，Horovod 可以在需要进行通信时调用 Allreduce 操作。这一过程中将创建 Buffer 的对象，该对象存储通信数据并调用 send 和 recv 函数。值得注意的是，send 和 recv 是节点之间通信实际发生的位置，其语义是非阻塞的，这意味着函数在实际通信完成之前就已返回，进而需要调用 waitSend 和 waitRecv 以确保数据已传输完成。

3.3 UCX

UCX[19] 是一组用于高吞吐量计算的网络 API 及其实现，它为下一代应用程序和系统实现了高性能和可扩展的网络堆栈。UCX 框架包含三个主要组件：UCS、UCT、UCP。这些组件中的每个组件都提供一套 API，并且可以作为独立的库来使用。其中 UCS 主要是为 UCX 内部提供支持，UCT 是一个抽象了各种硬件体系结构之间差异的传输层，并提供了一个可实现通信协议的底层 API。UCP 通过使用 UCT 层的功能来实现类似 MPI 和 PGAS 编程模型使用的较高级的协议传输，具有包括标签匹配、流传输等多种通信语义。

UCP 相较于 UCT 的优势在于其使用方式简单且具有较为多样的功能。前文提到的 Horovod 接管了主流深度学习框架的通信部分，并调用 Gloo 的聚合通信操作来完成，而 UCX 封装了各种网络 API，我们将前者的底层传输替换为后者，以在支持多框架的基础下也能对网络提供更好的支持。

3.4 实现细节

我们通过将 Gloo 的传输层替换为 UCX 来实现通信库的设计。根据对 Gloo 的分析结合 UCP 的使用方式，我们按照如下方式对其进行对接。首先，我们分别将 ucp_ context，ucp_ worker 和 ucp_ ep 对象分别映射到 Device，Context 和 Pair，这样做是因为它们之间具有一致的对应关系。然后，我们在 Gloo 的相应的初始化函数 CreateDevice，CreateContext 中调用 ucp_ init 和 ucp_ worker_ create 以初始化 UCX，但在 connect 中才调用 ucp_ ep_ create，因为其在 UCP 中的语义代表连接的建立。其次，根据 UCP 的语义及使用方法，我们选择 ucp_ worker 的地址而不是节点的 IP 地址作为连接标识，它包括该节点所有网络设备的相关信息。最后，我们在 send 和 recv 中分别调用 ucp_ tag_ send_ nb 和 ucp_ tag_ recv_ nb 与对等方进行通信。其中，tag 的设置综合了集合操作的标识符和发送者的 rank。此外，我们创建请求队列以维护这些操作的句柄，因为这些函数是非阻塞的，需要通过句柄来对其传输是否完成进行确认，以确保 waitSend 和 waitRecv 中 Buffer 中数据的正确性。

4 实验评估

本节中，我们将对该库中分布式训练中最常使用的操作 Allreduce 进行评估，并与 MPI 的实现及原生的 Gloo 进行比较。此外，我们还分别基于该库和 MPI 的实现在 MNIST 和 CIFAR-10 数据集上对模型进行了训练，测量了其训练速度并进行对比。

4.1 实验环境

实验主要在由并行超算云提供的集群上进行，集群具有 4 个节点，每个节点有 1 个 24 核的 E5-2678 的 CPU 及 64GB 的主存，集群网络环境为 56Gb/s 的 InfiniBand 和 1 000Mb/s 的以太网。此外，集群上安装有 OpenMPI 4. 0. 1、Horovod 0. 19. 1、Python 3. 7. 0、MXNet 1. 6. 0。

4.2 聚合通信操作

我们在 InfiniBand 网络的以太网（ib0）和 IB 网（mlx5_ 0）模式下分别测试了该库、OpenMPI 和原生 Gloo 的 Allreduce 操作的带宽，这里带宽指的是 Allreduce 处理的数据量和所花时间的比值。图 3 为实验结果数据。可以发现在以太网模式下，该库和 OpenMPI 及原生的 Gloo 的性能相近，而在高速网模式下，该库与 OpenMPI 有较为明显的性能差异，在数据大小小于 2MB 时 OpenMPI 性能更好，而大于 2MB 时则该库更有优势，产生这样现象的原因可能与底层网络接口库的使用方式的不同以及 MPI 对 Allreduce 操作的算法选择有关，还需要后续进一步实验分析。需要注意的是，原生 Gloo 仅支持使用以太网模式。

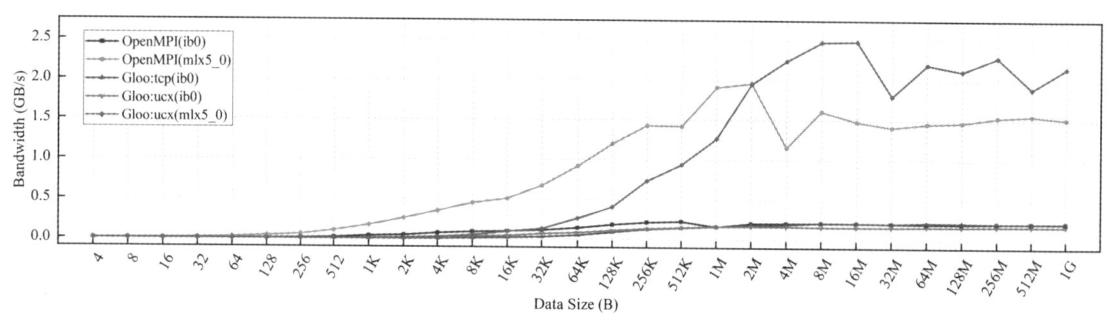

图 3 Allreduce 操作在不同数据大小下的带宽

4.3 深度学习应用

我们在上述这些库的基础上在 MXNet 框架中进行了分布式训练的实际应用，分别在 MNIST 和 CIFAR-10 数据集上训练了 LeNet5 和 ResNet18 两个模型，测量其在不同批大小下的训练速度并进行对比。图 4 和图 5 分别为 MNIST 和 CIFAR-10 的实验结果。可以发现这些库训练速度较为接近，而本文提出的库相较 OpenMPI 在大部分情况下有较小优势。结合图 3 中 Allreduce 性能的对比，较为相似的原因可能是每次同步的梯度较小，未达到图 3 中出现明显差异的值。

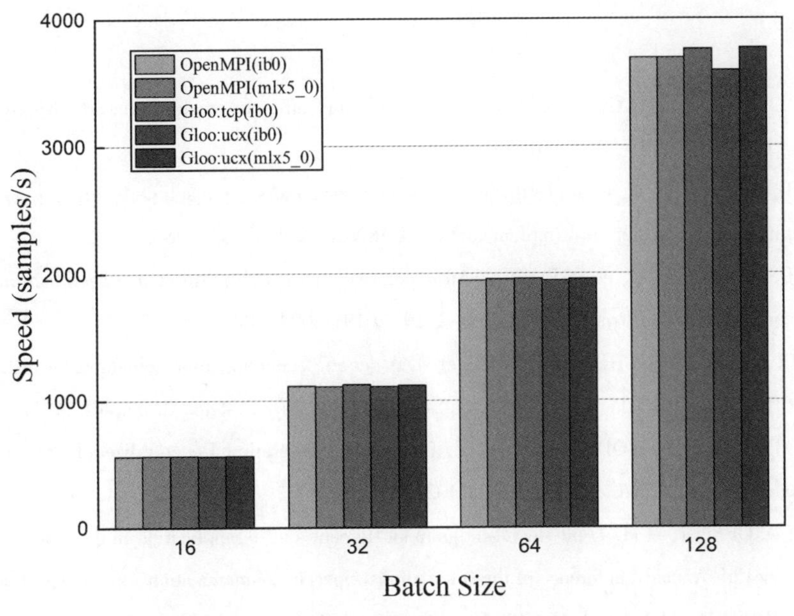

图 4　MNIST 数据集在不同批大小下的训练速度

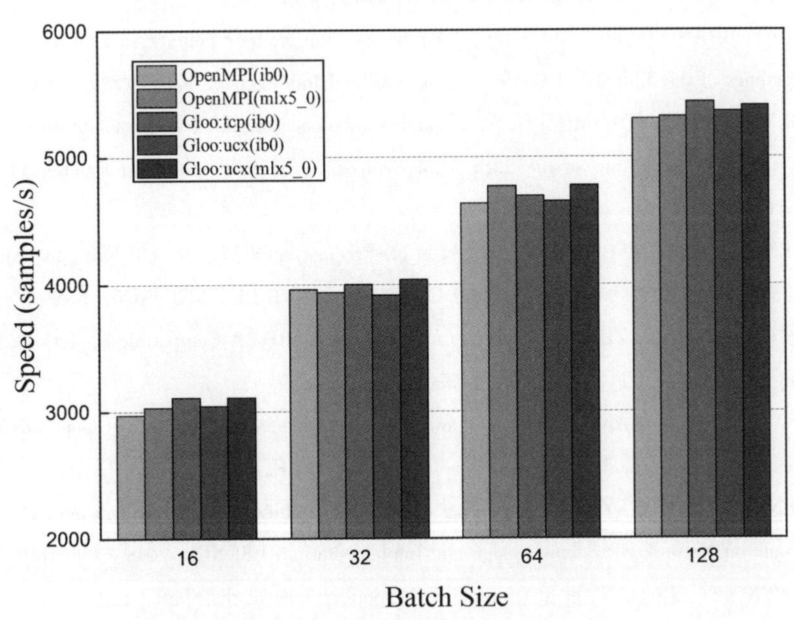

图 5　CIFAR-10 数据集在不同批大小下的训练速度

5　总结

本文提出并实现了一个用于分布式训练的轻量级聚合通信库。该库具有较为简洁的调用架构和较少的代码量，并且其提供了分布式训练中基本的聚合操作，对主流的深度学习框架和集群网络环境有较好的支持。相较于分布式训练中传统的基于 MPI 等一类的通信架构，该库的调用逻辑简单，能更清晰地展示聚合操作过程中的细节，对于进一步分析和改进分布式训练中的聚合通信操作实现更加便捷。并且得益于其对框架和网络的支持，用户可以在更多的环境配置下进行实验获得更广的影响。此外，我们分别从聚合通信操作和深度学习应用方面对该库的性能进行了评估，其在实际的深度学习应用方面与常用的 OpenMPI 性能相近，可以作为分析和研究分布式深度学习中梯度同步的聚合通信库。

参考文献：

[1] CHEN TIANQI, LI MU, LI YUTIAN, et al. Mxnet: A flexible and efficient machine learning library for heterogeneous distributed systems [J]. arXiv, 2015, 1512.01274.

[2] ABADI M, BARHAM P, CHEN J, et al. Tensorflow: A system for large-scale machine learning [C] //12th USENIX Symposium on Operating Systems Design and Implementation. USENIX, 2016: 265 - 283.

[3] PASZKE A, GROSS S, MASSA F, et al. Pytorch: An imperative style, high-performance deep learning library [C]. Annual Conference on Neural Information Processing Systems 2019. 2019: 8024 - 8035.

[4] PENG YANGHUA, ZHU YIBO, CHEN YANGRUI, et al. A generic communication scheduler for distributed dnn training acceleration [C] //Proceedings of the 27th ACM Symposium on Operating Systems Principles. ACM, 2019: 16 - 29.

[5] HASHEMI S H, JYOTHI S A, GODFREY B, et al. Caramel: Accelerating Decentralized Distributed Deep Learning with Computation Scheduling [J]. arXiv, 2020, 2004.14020.

[6] SEIDE F, FU H, DROPPO J, et al. 1-bit stochastic gradient descent and its application to data-parallel distributed training of speech dnns [C] //15th Annual Conference of the International Speech Communication Association. ISCA, 2014: 1058 -1062.

[7] ALISTARH D, GRUBIC D, LI J, et al. QSGD: Communication-efficient SGD via gradient quantization and encoding [J]. Advances in Neural Information Processing Systems. AAAI, 2017: 1709 - 1720.

[8] CHEN C Y, CHOI J, BRAND D, et al. Adacomp: Adaptive residual gradient compression for data-parallel distributed training [C] //Proceedings of the 32th AAAI Conference on Artificial Intelligence. 2018: 2827 - 2835.

[9] LI SHIGANG, BEN-NUN T, GIROLAMO S D, et al. Taming unbalanced training workloads in deep learning with partial collective operations [C] //Proceedings of the 25th ACM Symposium on Principles and Practice of Parallel Programming. ACM, 2020: 45 - 61.

[10] BAO YIXIN, PENG YANGHUA, CHEN YANGRUI, et al. Preemptive all-reduce scheduling for expediting distributed dnn training [C] //39th IEEE Conference on Computer Communications. IEEE, 2020: 626 - 635.

[11] LIU SHUO, WANG QIAOLING, ZHANG JUNYI, et al. NetReduce: RDMA-Compatible In-Network Reduction for Distributed DNN Training Acceleration [J]. arXiv, 2020, 2009.09736.

[12] NGUYEN T T, WAHIB M, TAKANO R. Topology-aware sparse allreduce for large-scale deep learning [C] //38th International Performance Computing and Communications Conference. IEEE, 2019: 1 - 8.

[13] SAPIO A, CANINI M, HO CHENYU, et al. Scaling distributed machine learning with in-network aggregation [C]. 18th USENIX Symposium on Networked Systems Design and Implementation. USENIX, 2019: 785 - 808.

[14] LI MINGFAN, WEN KE, LIN HAN, et al. Improving the performance of distributed mxnet with rdma [J]. International Journal of Parallel Programming, 2019, 47 (3): 467 - 480.

[15] JIA CHENGFAN, LIU JUNNAN, JIN XU, et al. Improving the performance of distributed tensorflow with rdma [J]. International Journal of Parallel Programming, 2018, 46 (4): 674 - 685.

[16] WANG SONGTAO, LI DAN, CHENG YANG, et al. BML: A high-performance, low-cost gradient synchronization algorithm for dml training [C] //Annual Conference on Neural Information Processing Systems. NIPS, 2018: 4243 - 4253.

[17] SERGEEV A, DEL BALSO M. Horovod: fast and easy distributed deep learning in TensorFlow [J]. arXiv, 2018, 1802.05799.

[18] Pieter Noordhuis et. al. Gloo. https: //github. com/facebookincubator/gloo, 2017.

[19] SHAMIS P, VENKATA M G, LOPEZ M G, et al. UCX: an open source framework for HPC network APIs and beyond [C] //23rd IEEE Annual Symposium on High-Performance Interconnects. IEEE, 2015: 40 - 43.

一种用于片上网络的拥塞感知哈密尔顿最短路径路由算法

康子扬[1]　彭凌辉[1]　周干[1]　林博[1]　王蕾[1]

[1]（国防科技大学计算机学院　长沙 410073）

[1]（kangziyang14@ nudt. edu. cn）

摘要　类脑处理器能够支持多种脉冲神经网络（Spiking Neural Networks，SNN）的部署来完成多种任务。片上网络能够用较小的资源和功耗，解决片上复杂的互连通信问题。现有的类脑处理器多采用片上网络来连接多个神经元核，来支持神经元之间的通信。SNN 瞬时突发的通信会在短时间内产生大量的脉冲报文。在这种通信行为下，片上网络会在短时间内达到饱和，造成网络的拥塞。片上网络中非拥塞感知的路由算法会进一步加剧网络的拥塞状态。如何在短时间内有效处理这些数据包，从而降低网络的延迟并且提高吞吐率成为我们目前所需要解决的问题。本文首先对脉冲神经网络的瞬时猝发通信特性进行了分析。然后提出一种拥塞感知的哈密尔顿路径的路由算法，来降低网络平均延迟和提高吞吐率。最后，我们使用 Verilog HDL 对该路由算法进行了实现，并通过模拟仿真进行性能评估。在网络规模为 16×16 的 2D Mesh 结构的片上网络中，相对于没有拥塞感知的路由算法，在发包数量不同和发包概率不同的实验方式下，我们算法的平均延迟分别降低了 13. 9% 和 15. 9%；吞吐率分别提高了 21. 6% 和 16. 8%。

关键词：类脑处理器；片上网络；哈密顿路径；路由算法；拥塞感知；

在摩尔定律[1]驱动下，单位面积芯片可承载的晶体管数量不断增多，计算机的计算能力与存储能力呈指数级上升。基于冯诺依曼体系结构处理器时钟频率和性能不断上升同时，存储器访问速度却增长缓慢，因此处理器与存储器之间的鸿沟愈大，即造成“存储墙”瓶颈。因此，亟需新的计算模式及其体系结构来满足与日益增的计算性能需求。

类脑计算[2]，没有沿用经典的冯诺依曼体系结构，从全新的角度出发，探索更高效的计算方法。类脑计算以脑科学的研究为基础，参考人类大脑皮质神经细胞的工作机制，并将其映射为实际的物理器件。

脉冲神经网络[3]（Spiking Neural Networks，SNN）的提出让类脑处理器的计算模式上升到了一个新的高度。在上世纪 90 年代，神经生物学家们发现，神经元细胞的轴突会发射出一系列电脉冲，这些脉冲会通过轴突传递给其他的神经元，其他神经元在接收到脉冲后，或是抑制，或是激活，激活的神经元照此继续向下传递脉冲。大脑通过这些突发的电脉冲，让神经元细胞相互激活和抑制，进行着复杂信息的传递。在这种采用脉冲传递进行信息交互的模式被发现后，脉冲神经网络的概念被提出。这种网络模式具有更真实的生物特性，并能更好地凸显人脑低功耗的特点。

大部分类脑处理器上运行的是 SNN[4]。一个路由器节点下面会挂载一个神经元核，而一个神经元核里面会包含数千个神经元。我们将成千上万的神经元进行实际的物理硬件映射，将通信量大的神经元放在一起，封装成神经元核，从而尽可能地增加核内通信，减少核间的通信。但是神经元核并不能包含太多的神经元，否则单核内的布局布线互连会成为问题。所以大量的核间通信仍然存在。

对于类脑处理器，当有神经元被触发后，会向所有与它连接的神经元发送脉冲报文，类脑处理器会花费一个时间步去处理当前时间步产生的事件，将所有的脉冲发送到目标神经元核并完成相应的计算。如图 1 所示，为不同时间步下放电神经元统计。可以看出，SNN 有着短时猝发的通信特点。在这些时间步内，大量的神经元同时发出脉冲，核间通信出现短时猝发激增情况，片上网络短时间内便会拥塞。所以，如何快速解决一个时间步内的短时猝发情况，便成为类脑处理器的片上网络设计亟待解决的问题。

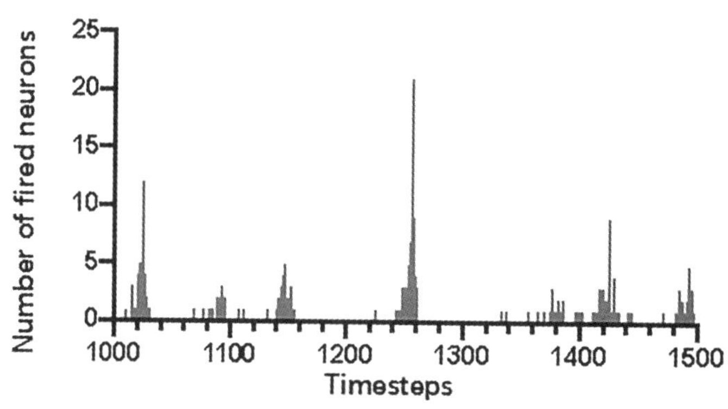

图 1　不同时间步下神经元的放电行为

本文针对类脑计算由于短时、猝发而导致片上网络拥塞的情况，提出了基于哈密顿路径[5]的拥塞感知自适应路由算法。相对于没有拥塞感知的哈密顿最短路径算法，在发包数量不同和发包概率不同的实验方式下，我们算法的平均延迟分别降低了 13.9% 和 15.9%，吞吐率分别提高了 21.6% 和 16.8%。

1　背景

1.1　片上网络

SoC（System on chip）即片上系统[6]，它是信息系统核心的芯片集成，是将系统关键部件集成在一块芯片上。一个系统会有许多不同的组件，将所有组件集成在一块芯片上，这样不仅能更加充分地利用芯片的资源，而且还能缩短组件之间的连线，从而降低系统的延迟，提高系统的稳定性。

一个系统里有许多的组件，这些组件我们称为 PE（processing element），即处理单元。以高性能处理器为例，PE 不仅指处理器核，也包括片上其他组件如 IO 接口和内存接口。任意两个 PE 均会有通信的可能，比如处理器核就一定会和内存进行通信。若每一个核都与内存接口互连，那么将会使用大量的资源去连线，这是极不合理的。为了解决 SoC 高效互连的问题，片上网络[7]的通信模式被提出，如图 2 所示。片上网络是片上专门负责 PE 之间通信的组件，将系统中所有的组件都挂载在片上网络上，PE 间再根据不同的通信协议进行通信。这样的通信模式，能极大地优化布局布线和减少功耗。

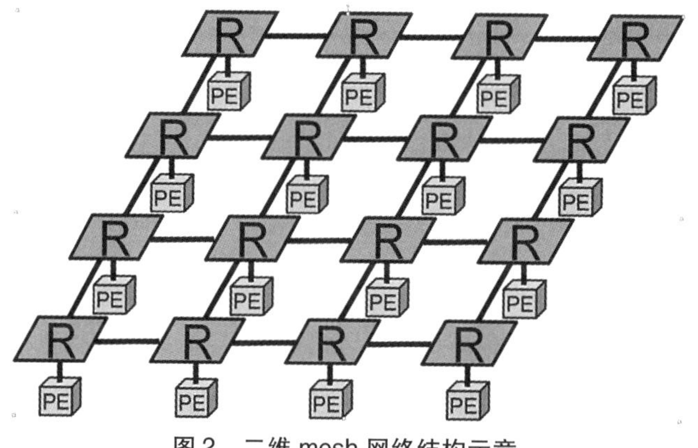

图 2　二维 mesh 网络结构示意

1.2 片上网络的设计空间

基本的片上网络的设计空间[8]包括拓扑结构、路由算法、流控机制，和路由器微体系结构设计。常用的拓扑结构有环网、二维Mesh、二维Torus[9]等，图2为二维Mesh结构。网络的拓扑结构决定了网络节点实际的物理分布和它们之间的连接关系，为了芯片能更好地布局布线，结构规整的二维Mesh网络被广泛应用在多核领域。

路由算法[10]是根据网络上数据包所携带的信息，以及自身所携带信息，对数据包进行路由计算，得到下一跳的方向。路由算法必须与网络结构相适应，否则容易产生死锁。路由算法有确定性路由和自适应路由，确定性路由即确定了当前节点到目的节点的路径。如XY路由，在二维Mesh的XY路由算法下，数据包先进行X方向传输，当X方向匹配时再进行Y方向传输。XY路由存在的问题也很明显[11]，在网络规模较大时，网络一旦拥堵起来，边缘和角落节点的吞吐率大大降低，网络的负载大部分由中部区域承担。从而增大了延迟并且降低了吞吐率。与确定性路由相对应的自适应路由的路径选择则不是固定的[12]，算法会根据当前网络节点的状态进行路径选择，但同时也会更容易出现死锁和活锁。

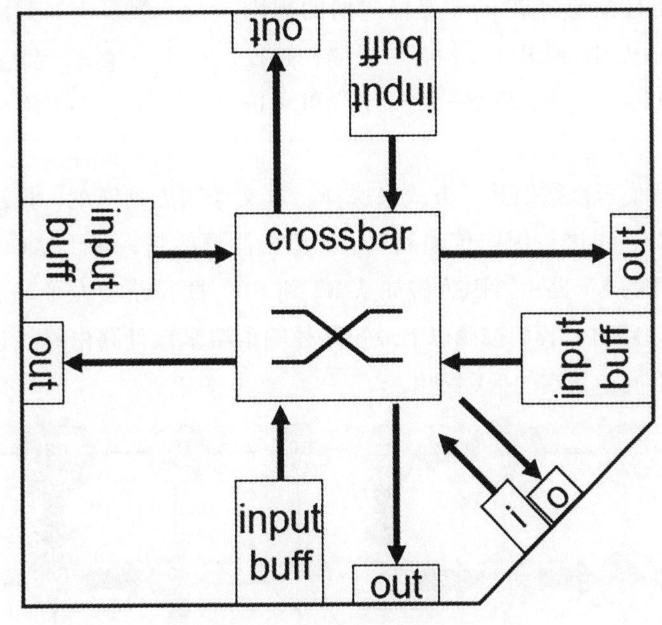

图3 片上网络路由器结构

流控机制为数据包分配资源，常用的流控机制有虚通道、存储转发以及虫孔路由[13]。

路由器微体系结构直接决定了路由器节点所需要的资源、面积、功耗、延迟等。图3为一个简单的片上网络节点路由器的微架构。其组成为5个输入端口缓冲，交叉开关和输出端口等部件。

网络拓扑结构一旦确定，其物理连接和物理实现便不能再改变，所以，探索更灵活的路由算法，能够使网络在相同的拓扑结构下，但是在不同的应用场景下，都能取得更好的性能，以最小的代价，获得相对最大收益。

1.3 哈密顿最短路径路由算法

哈密尔顿路径[14]对网络中的每个节点只访问一次。如图4所示，在该算法中，每个节点都会有自己单独的坐标Rnum（x，y），如图中的R5（2，1）。对于m×n的网络，会给每一个节点都分配一个编号num。对于每个节点的num，我们可以根据坐标（x，y）计算获得。若y为偶数，则num=x+y×n。若y为奇数，num=（y+1）×n−x−1。

对于任意两个点之间进行通信，根据哈密尔顿路径策略，每个节点只能经过一次。由于网络节点路由器是双向链路，所以在 R5 向 R6 进行通信时，并不会阻碍 R6 向 R5 通信。于是我们将网络分成两个子网，即高通道子网 H 和低通道子网 L。

在高通道子网 H 中，数据包沿着路径编号严格增大的方向进行传输，如图 5（a）中的 R2 到 R9，经过的路径是（2—3—4—5—6—7—8—9），同理，低通道子网 L 必须按照 num 严格递减的规则进行传输。此时我们能清楚地看到，这样的传输路径并不是最短路径。R2 到 R9 一共走了 7 跳，在 xy 路由中，只需要 3 跳即（2—1—6—9），显然这样的传输方法的效果不尽人意。于是按着最小路径的决策，并且依然按照 num 递增或递减的规则，便产生了“捷径路径”。如图 5（b）的最短路径中，从 R2 到 R9，捷径路径是（2—5—6—9）。同样是 3 跳，而且没有打破 num 严格递增的规则。捷径路径并不唯一，比如从 R1 到 R11，就有三条捷径路径，分别是（1—2—3—4—11）、（1—2—5—10—11）和（1—6—9—10—11）。

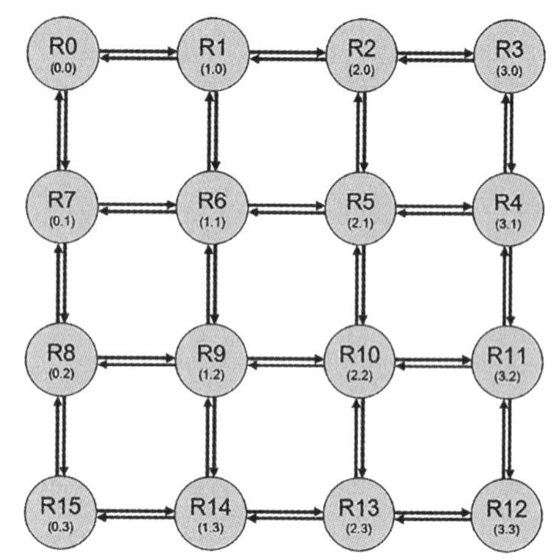

图 4　节点坐标与哈密尔顿标签

对于捷径的选择，我们可以按照某一方式来选择。本文采用先列匹配，再进行匹配的方法，数据包先从 R1 横向传输到 R3，再进行纵向传输到 R11。值得注意的是，基于这样的最短路径选择方法，并没有将网络约束为单纯的 XY 路由。因为假如从 R2 到 R6，捷径路径为（2—5—6），是先进行的 Y 方向路由，再进行 X 方向路由。我们按照以上最短路径的策略来设计路由算法，将会比原始不走捷径的策略效果要好，而且不同于基本的 XY 路由。

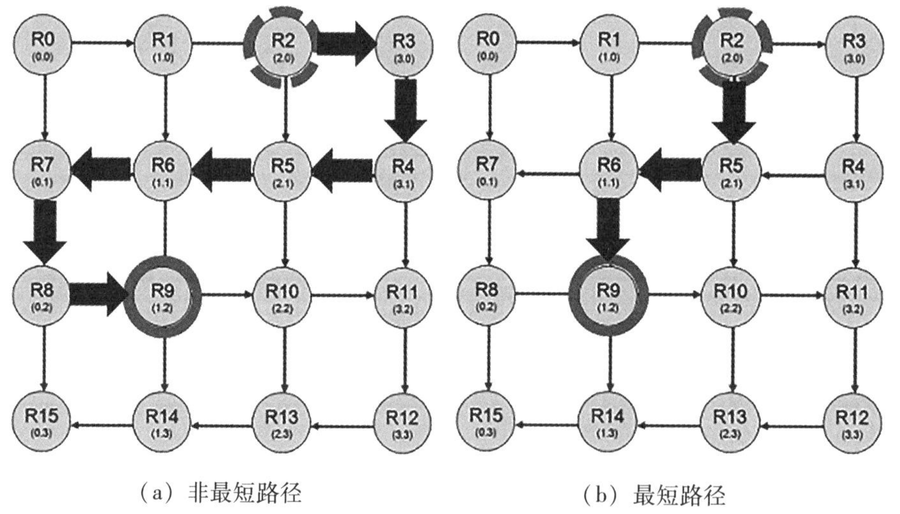

（a）非最短路径　　（b）最短路径

图 5　高通道子网下的两种传输路径

1.4　死锁

死锁[15]是片上网络设计必须解决的问题，死锁的本质问题，就是依赖关系产生环。如图 6 所示，各个节点分别向箭头所指节点发送请求。R0 的资源释放取决于 R1 的资源释放，R1 的资源释放取决于 R2，R3 的资源释放取决于 R0，依次形成环路。当前资源无法释放导致下一级资源无法释放，导致网络卡死。

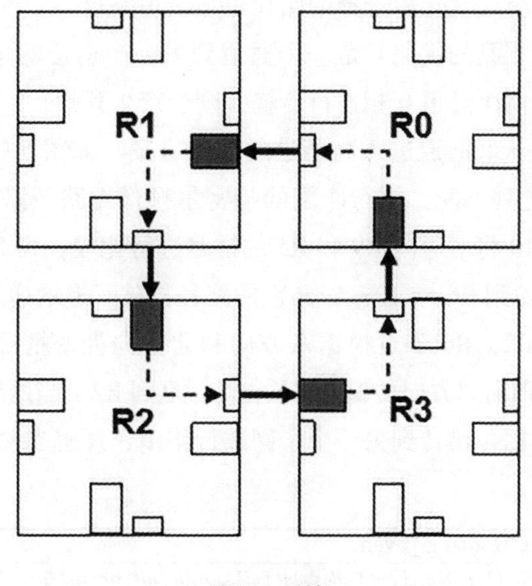

图 6 死锁

2 拥塞感知路由算法

本文基于哈汉密尔顿单播路由算法，研究拥塞感知的路由算法，优化类脑处理器片上网络的通信性能。

最短路径策略的路由算法以捷径为优先，在所有节点进行猝发的情况下，会使得网络在短时间内陷入拥塞。所以如何在拥塞情况下高效地进行传输，是我们要解决的问题。

我们以拥塞感知[16]为出发点，当前节点路由器会了解每一个与自己相邻节点路由器的链路 buffer 是否空闲。如图 7 所示，当前节点会获得相邻节点输入 fifo 的 full 信号。然后路由算法会根据四个相邻方向 full 信号的情况，实时地进行下一跳的出口选择。若某一方向的 full 信号为 1，则会在符合算法策略的前提下选择 full 信号为 0 的另一方向进行传输。

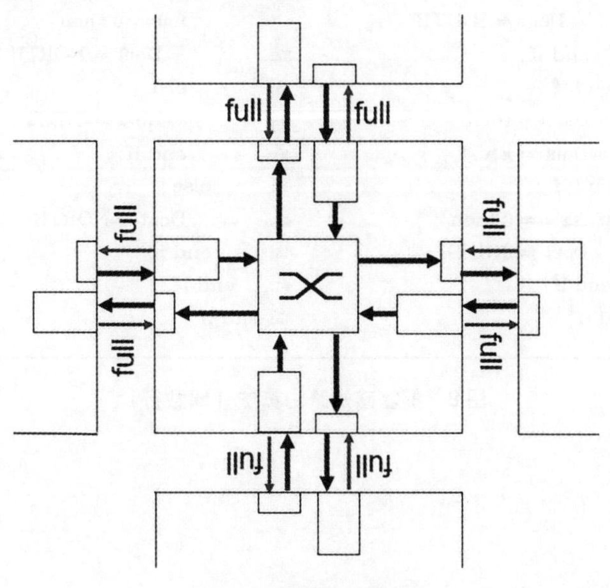

图 7 拥塞感知机制

我们的路径选择，不只是在原先的最短路径里面进行选择，还会打破递增或者递减规则进行路径选择。值得注意的是，我们在算法优化后选择的路径也是最短路径。

还需要注意的是，本文中提到的优化只是一个通道到另一个通道的单向通信，即高通道进入低通道或者低通道进入高通道。若两个通道互相进行传输，则会产生死锁。

本文的算法优化采用的是从低通道进入高通道的优化方案。如图 5 中数据包在 R10，数据包目的地为 R6，若按照本文提到的先列匹配，再行匹配的哈密尔顿最短路径路由算法，路径将是（10—9—6）。加入拥塞检测优化后，R10 将对通向 R9 和 R5 的链路进行比较，当 R10 西方向拥塞时，便将数据包向北传输。然后再由 R5 传输到 R6。（10—5—6）的路径打破了递增递减规则，但是不会死锁，后文将会进行证明。同理，R6 到 R2，R6 节点根据东方向和北方向拥塞情况进行选择。路径原本应该是（6—5—2），当东方向拥塞，则向北方向传输到 R1 节点，再到 R2。当网络面对拥塞时，为了提高链路利用率，降低延迟，选择将数据包跳转到另一个子网进行路由，缓解当前子网压力。

具体的算法实现如下图所示：

Algorithm 1 Routing_even

输入: $(Cx, Cy), (Dx, Dy), eastfull, westfull, southfull, northfull$

输出: $Dout$

```
(Cx,Cy) //当前节点坐标
(Dx,Dy) //目的节点坐标
eastfull, westfull, southfull, northfull
  // buffer 满信号
Δx = Dx-Cx, Δy = Dy-Cy

// 当前行处于偶数行
if Cy == 0 then
  if Δy > 0 then
    if Δx < 0 then
      if southfull == 1 AND westfull==0 then
        Dout = WEST
      else
        Dout = SOUTH
      end if
    end if
    if Δx > 0 then
      Dout = EAST
    end if
    if Δx == 0 then
      Dout = SOUTH
    end if
  end if
  if Δy == 0 then
    if Δx < 0 then
      Dout = WEST
    end if
    if Δx > 0 then
      Dout = EAST
    end if
    if Δx == 0 then
      Dout = LOCAL
    end if
  end if
  if Δy < 0 then
    if Δx < 0 then
      if westfull == 1 AND northfull==0 then
        Dout = NORTH
      else
        Dout = WEST
      end if
    else
      Dout = NORTH
    end if
  end if
end if
```

图 8　拥塞感知路由算法（偶数行）

Algorithm 2 Routing_odd

输入: $(Cx, Cy), (Dx, Dy), eastfull, westfull, southfull, northfull$

输出: $Dout$

```
(Cx,Cy) //当前节点坐标
(Dx,Dy) //目的节点坐标
eastfull, westfull, southfull, northfull
  // buffer 满信号
Δx = Dx-Cx, Δy = Dy-Cy

// 当前行处于奇数行
if Cy == 1 then
  if Δy > 0 then
    if Δx > 0 then
      if southfull == 1 AND east-
      full==0 then
        Dout = EAST
      else
        Dout = SOUTH
      end if
    end if
    if Δx < 0 then
      Dout = WEST
    end if
    if Δx == 0 then
      Dout = SOUTH
    end if
  end if
  if Δy == 0 then
    if Δx < 0 then
      Dout = WEST
    end if
    if Δx > 0 then
      Dout = EAST
    end if
    if Δx == 0 then
      Dout = LOCAL
    end if
  end if
  if Δy < 0 then
    if Δx > 0 then
      if eastfull == 1 AND north-
      full==0 then
        Dout = NORTH
      else
        Dout = EAST
      end if
    else
      Dout = NORTH
    end if
  end if
end if
```

图 9 拥塞感知路由算法（奇数行）

3 无死锁证明

我们通过证明通道依赖图（Channel Dependence Graph，CDG）是无环的[17]来证明所题算法是 deadlock-free。首先，我们将相邻的两个节点构建成两个通道，如 0 号节点和 1 号节点构建的通道为（0，1）和（1，0）。然后再根据我们的算法进行判断，是否相邻的通道间存在通道依赖。如，路径（10—5—6）符合算法策略，则通道（10，5）和通道（5，6）存在通道依赖；路径（6—9—8）不符合算法策略，则通道（6，9）和通道（9，8）不存在通道依赖。最后统计出所有的通道依赖得到算法的 CDG。我们以 4×4 规模为例构造了所题算法的 CDG。如图 10 所示，通道依赖图是无环的，即证明了本文所题算法无死锁。

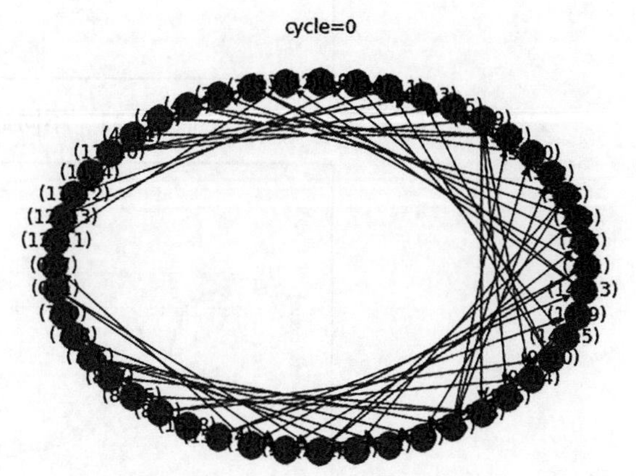

图 10 通道依赖图

4 实验与结果

为了验证本文提出的拥塞感知的哈密尔顿单播路由算法的可行有效，我们用 verilog HDL 进行了网络的搭建，对路由算法进行了实现，并且在仿真工具上进行了行为级的模拟。NoC 的配置如表 1 所示。由于神经元之间通过单个脉冲通信，所以每个数据包的长度为 1 个微片（filt）大小。

表 1 实验设置

拓扑类型	2D mesh
网络规模	16×16
缓存大小	128
数据包长度	1 个微片（flit）
通信模式	随机

为了更好地模拟类脑计算应用中的短时猝发情况，我们模拟两种发包情况。第一种情况是数量猝发模式，以单节点注入数量为变量，第二种则是概率猝发模式，以单节点注入概率为变量。在 16×16 的片上网络上，分别测得哈密顿最短路径路由算法和实现拥塞感知哈密顿路由算法的平均延迟和吞吐率。

以下是每个节点连续、随机发送 100~2 000 个数据包得到的优化前后平均延迟和吞吐率的结果。

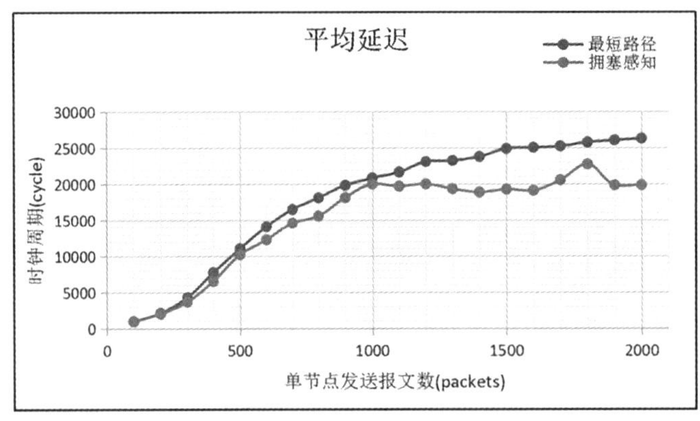

图 11 不同数量下平均延迟对比

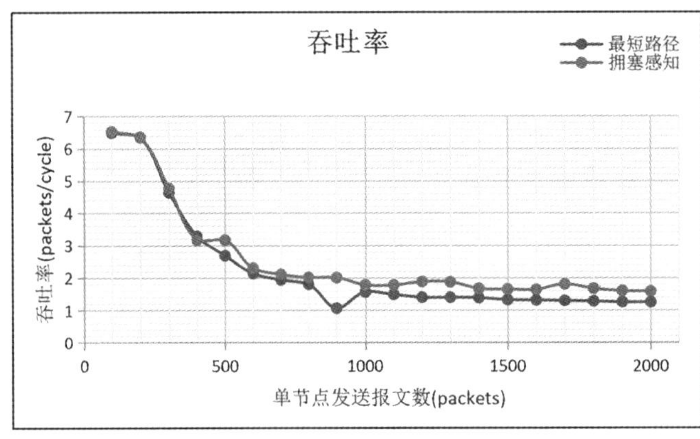

图 12 不同数量下吞吐率对比

以下是每个节点，分别以相同的概率随机发送数据包得到的优化前后平均延迟和吞吐率的结果。

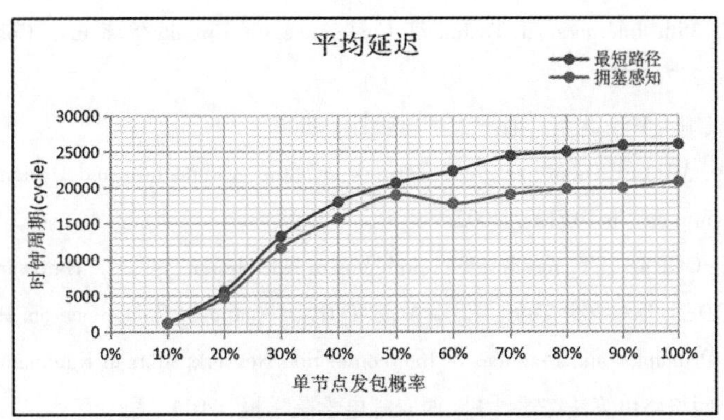

图 13　不同概率猝发模式下平均延迟对比

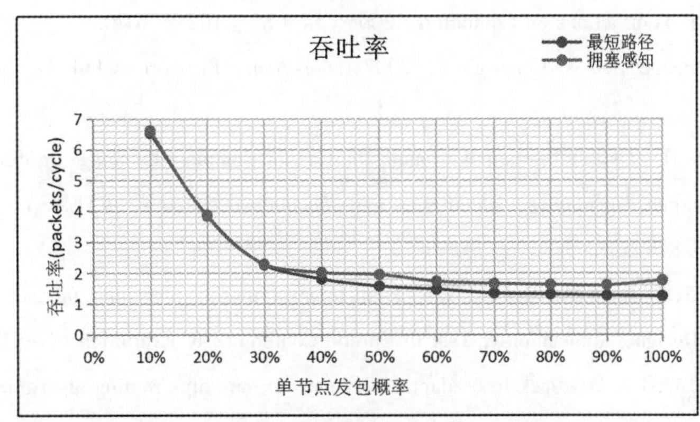

图 14　不同概率猝发模式下吞吐率对比

从上图可以看出，随着网络注入压力的增大，拥塞检测机制能够提高链路利用率，从而有效缓解网络压力，减少平均延迟，增大网络吞吐率。

5　总结

本文针对类脑处理器的片上网络报文猝发问题，研究类脑处理器的片上网络拥塞控制方法，基于哈密顿最短路径路由算法，提出了一种实时拥塞感知的，无死锁的哈密顿路由算法，在网络猝发、短时间内陷入拥堵的情况下，能更好地缓解网络压力，提升网络性能。最后，通过 Verilog HDL 建模，对路由算法进行了实现，进行行为级仿真，并与没有拥塞感知的情况进行了对比。实验结果表明，加入拥塞感知对网络性能会有较大提升。本文的研究成果能够应用到类脑计算这样通信量大，通信模式较为复杂通信场景下，具有广泛的应用场景。下一步，我们将把该算法用于类脑处理器片上网络的多播算法的实现。

参考文献：

[1] G. E. MOORE, Cramming more components onto integrated circuits, Electronics, vol. 38, no. 8, pp. 1-4, 1965.

[2] 陶建华，陈云霁. 类脑计算芯片与类脑智能机器人发展现状与思考［J］. 中国科学院院刊, 2016, 31（007）：803-811.

[3] LI S, GUO S, ZHANG L, et al. SNEAP：A Fast and Efficient Toolchain for Mapping Large-Scale Spiking Neural Network onto NoC-based Neuromorphic Platform［J］. 2020.

[4] 王秀青，曾慧，韩东梅，等. 基于脉冲神经网络的类脑计算［J］. 北京工业大学学报，2019，v. 45（12）：109-118.

[5] C. Hu, M. Conrad Meyer, X. Jiang and T. Watanabe, "A Fault-tolerant Hamiltonian-based Odd-Even Routing algorithm for

Network-on-chip," 2020 35th International Technical Conference on Circuits/Systems, Computers and Communications (ITC-CSCC), 2020, pp. 217 - 222.

[6] 郭兵. SoC 技术原理与应用 [M]. 北京：清华大学出版社, 2006.

[7] KUMAR S, JANTSCH A, MILLBERG M, et al. A Network on Chip Architecture and Design Methodology [C] // IEEE Computer Society Symposium on Vlsi. IEEE, 2002.

[8] MARCULESCU R, HU J, OGRAS U Y. Key research problems in NoC design [C] // Hardware/Software Codesign and System Synthesis, 2005. CODES+ISSS '05. Third IEEE/ACM/IFIP International Conference on. ACM, 2005.

[9] Dally W J, Towles B P. Principles and Practices of Interconnection Network. Morgan Kaufmann Publishers Inc. 2004.

[10] 王芳莉, 杜慧敏. 片上网络路由算法综述 [J]. 西安邮电学院学报, 2011.

[11] PANDE P P, GRECU C, JONES M, et al. Performance Evaluation and Design Trade-Offs for Network-on-Chip Interconnect Architectures [J]. IEEE Transactions on Computers, 2005, 54 (8): 1025 - 1040.

[12] Bahn J H, Lee S E, Bagherzadeh N. Copyright © 2007 Inderscience Enterprises Ltd. Design of a router for network-on-chip. 2008.

[13] A. Sen, A. Datta and M. De, "Fault Tolerant Wormhole Routing for Complete Exchange in Multi-Mesh," 2018 International Conference on Computational Techniques, Electronics and Mechanical Systems (CTEMS), 2018, pp. 415 - 420, doi: 10. 1109/CTEMS. 2018. 8769323.

[14] EBRAHIMI M, DANESHTALAB M, PLOSILA J. Fault-tolerant routing algorithm for 3D NoC using hamiltonian path strategy [C] // 2013 Design, Automation & Test in Europe Conference & Exhibition (DATE). IEEE, 2013.

[15] YUAN C, DONG X, XIANG J. Deadlock-free adaptive 3D network-on-chips routing algorithm with repetitive turn concept [J]. IET Communications, 2020, 14 (11): 1783 - 1792.

[16] HUANG P T, WEI H. An adaptive congestion-aware routing algorithm for mesh network-on-chip platform [C] // IEEE International Soc Conference. IEEE, 2009.

[17] 顾华玺, 邱智亮, 涂小行, 等. E-2D Torus 网络结构中的无死锁路由算法 [J]. 小型微型计算机系统, 2005 (07): 1140 - 114.

一种类脑处理器片上网络的验证框架

陈小帆[1] 杨智杰[1] 彭凌辉[1] 王世英[1] 周干[1] 李石明[1] 康子扬[1] 王耀[1] 石伟[1] 王蕾[1]

[1](中国人民解放军国防科技大学计算机学院 长沙 410073)

[1](chenxf_ jeff@ 163. com)

摘要 近年来，随着摩尔定律的放缓，传统体系架构逐渐面临“存储墙”和“功耗墙”问题。如今新型计算模式和体系结构层出不穷，其中就包含了类脑计算。由于存算一体的特点，类脑计算已逐步打破了冯诺依曼体系结构带来的“存储墙”和“功耗墙”限制，在类脑处理器上相关类脑算法得到了高效的应用。现阶段在大规模生物神经网络的应用场景下，需要提升多核类脑处理器的规模可扩展性、保持其高数据吞吐量和低传输延时。现今，大多数多核类脑处理器的设计采取了片上网络作为互连结构。然而目前关于这类片上网络的验证研究还相对较少。鉴于片上网络对多核类脑处理器的重要性，建立一套完整而鲁棒的片上网络功能验证框架意义重大。本文旨在基于随机化方法来生成行为级和 FPGA 硬件级测试所需的激励文件，通过脚本工具比对实现较为全面的功能验证。

关键词 片上网络；现场可编程逻辑门阵列；功能验证；脉冲神经网络；类脑计算

中图法分类号 TP391

随着摩尔定律不断发展，计算机的计算能力与存储能力呈指数级上升，虽然存储与计算单元分离的冯诺依曼体系结构推动着计算机计算性能的持续上升，但依旧存在着存储单元与计算单元之间的通信延迟瓶颈[1]。在处理器时钟频率和性能不断上升的同时，存储器访问速度却增长缓慢，因此处理器与存储器之间的鸿沟愈大，即造成“存储墙”瓶颈。此外，计算，存储和 I/O 的速度越来越不匹配，基于传统架构的平衡体系结构设计面临较大瓶颈[1]。同时，随着工艺特征尺寸的缩小以及片上设计复杂度的提升，芯片单位面积的功耗密度急剧上升，已经接近当前封装、散热以及底层技术所能支持的极限，即传统处理器也面临着“功耗墙”瓶颈。因此，亟需新的计算模式及其体系结构来满足与日益增的计算性能需求。

与此同时，类脑计算[2]（Neuromorphic Computing）作为人工智能领域的重要分支，其目标是实现类脑智能和类脑计算系统[2]。通过仿真生物神经元和突触的信息处理结构和功能，类脑计算可实现大规模神经网络。类脑计算具有存算一体和高能效的特点，能够很好地解决“存储墙”和“功耗墙”的问题。

类脑处理器作为新型的仿生架构，在弥补传统架构不足的基础上，面向生物神经网络来实现智能算法的高效部署。其中，基于超大规模集成电路系统来模拟脉冲神经网络功能的类脑处理器受到了学界和工业界越来越多的关注，例如 IBM 研发了 TrueNorth[3]，Intel 开发了 Loihi[4]，苏黎世联邦理工大学设计了 DynapSE[5]，曼彻斯特大学推出了 SpiNNaker[6]，清华大学研发了天机（Tianjic）[7]芯片以及

通信作者：陈小帆（chenxf_ jeff@ 163. com）

浙江大学的达尔文（Darwin）[8]芯片等类脑处理平台。此类处理器的一大基本特征即是“存储与计算合二为一”，即其内的处理单元既可进行计算也可存储数据[2]，这就从根本上避免冯诺依曼体系架构的存储墙问题。此外，类脑处理器凭借其较低的通信损耗，以及基于异步电路和脉冲数据的事件触发特性，在某些应用场景下功耗甚至仅为通用处理器的千分之一[2]，很好地避免了功耗墙问题。为计算机技术的发展提供了新的突破点。

然而随着脉冲神经网络的发展，单核类脑处理器因为支持的神经元数量不足，已无法有效地支持规模渐增的应用，因此正如传统微处理器的发展一样，片上多核互连技术成为实现类脑处理器的主流方案[9]。片内多核互连需要满足较高并行度、高吞吐率和低延时的要求，而传统的总线结构由于其可扩展性差、高延时和信号串扰等问题，无法用以实现此类架构[1]。而片上网络技术凭借其多进程和多任务的信息交换、易于扩展的结构化设计，以及在多时钟域下面积和功耗优势，逐步成为类脑处理器中主流的互连结构[2]。

脉冲神经网络中海量的脉冲数据，高并发和高猝发的通信模式，以及较大的片上互连规模，都给面向类脑计算的片上网络设计带来了挑战。目前针对这类片上网络的验证工作相对较少，本文主要从功能验证的角度提出了一个支持随机化激励生成的类脑处理器片上网络验证框架，用以辅助面向类脑计算的片上网络设计和性能测试。

本文的主要贡献包括 2 个方面：

1）我们提出了一种针对类脑计算的随机化片上网络激励生成的方法。通过设置网络规模、存储空间和通信模式等相关参数，可以获得类脑处理器片上网络行为级仿真和实际硬件测试所需的激励文件。

2）我们构建了一种测试类脑处理器片上网络的软硬件环境，通过在片上网络每一个处理单元上挂载 Injector 和 Collector 模块，以及设置相应的总线转接模块，借助结果比对的脚本工具，可以实现 2D-mesh 结构的片上网络功能验证。

1 背景和相关工作

1.1 片上网络技术

随着多核芯片复杂度的上升，总线结构的通信方式也逐步在面积，速度，功耗和数据吞吐量等诸多方面面临瓶颈[1]。

目前主流的互连结构包括总线结构（Bus）、交叉开关结构（Crossbar）以及片上网络结构（Network on Chip，NoC）。总线设计适用于节点数量较少的系统，但当通信节点较多时就易产生拥塞，成为系统瓶颈。Crossbar 结构可以实现所有节点之间的互连，吞吐率极高，但设计难度较大，复杂难度均在 O（N^2）[1]。相比带宽需求偏低的核间通信，数据交换更频繁的核内神经元互连则多采用了 Crossbar 结构。为了实现更好的扩展性，目前研究人员普遍采用片上网络作为神经形态核之间的互连结构。

一种典型 3×3 2D-Mesh 结构的 NoC 如图 1 所示[10]。其中，NoC 由处理单元（Processing Element，PE）、路由器（Router，R）和链路（Link）3 个主要部件构成。PE 也称为计算节点，可以完成广义的计算任务。NoC 工作时首先通过链路将源 PE 中的数据传输到路由器模块中，随后通过路由算法在网络中路由并辅以仲裁算法，使得数据包最终到达目的节点并由目的 PE 接收。

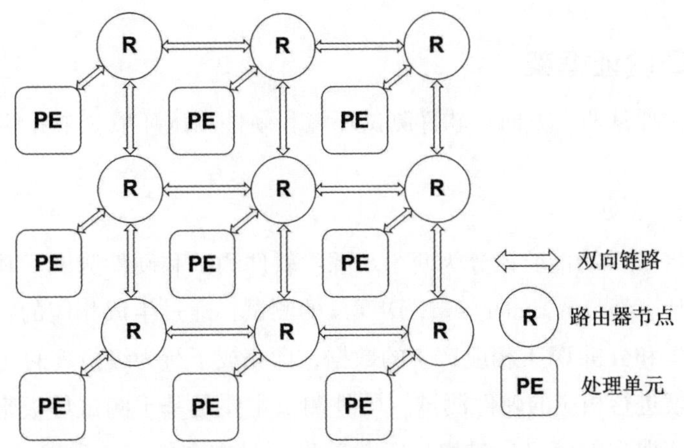

图1　3x3 2D-mesh NoC 架构

1.2　面向类脑计算的 NoC

类脑计算模型，尤其以脉冲神经网络（Spiking Neural Network，SNN）为代表。类脑计算模型在运行时在每一个时间步[25]内会产生大量的脉冲事件。这些脉冲数据在网络模型中有着高并发和高猝发的特性[11]，实现节点间高效的数据传输是一个严峻的问题。现在常用的数据传输方式[11]有单播、组播和广播等。对于大规模脉冲神经网络而言，类脑处理器需要实现大量处理节点之间的互连互通，其规模远超当前传统处理器的互连规模，例如 Intel 的 Loihi[4]芯片包含 128 个神经核，并最多支持 4 096 核互连；IBM 的 TrueNorth[3]芯片支持 4 096 个神经核。处理器内部互连规模已经超过传统 NoC 应用，所以针对类脑应用的 NoC 不仅需要适应高并发高猝发的类脑通信模式，而且在互连规模上也需要进一步提升，以实现良好的可扩展性。

类脑处理器通常是由大量 NoC 互连的神经形态核（即计算单元）组成的大规模并行系统，其中 NoC 是用以控制和优化处理单元之间通信。类脑处理器的通信可分为核内本地通信和核间全局通信。

主流类脑处理器的 NoC 结构各异，如 TrueNorth[3]和 DynapSE[5]采用的是 2D-mesh 结构、Loihi[11]采取的是 C-mesh 结构、SpiNNaker[6]采用的是 torus 结构，以及 CxQuad[12]平台是基于 NoC-tree 结构。目前，类脑处理平台大多采用了 mesh 结构的 NoC 设计来实现多核互连，而且每一个神经形态核都可同时支持多个神经元的计算。

1.3　NoC 的功能验证

在确定一个 NoC 的通信模式和基础架构后，需要结合应用，建立系统参数和变量来对 NoC 系统做出功能和性能评估。但目前和 NoC 验证相关的系统较少。目前针对网络设计初期已有一些功耗评估和分析的工作[13-16]；此外，也有基于模拟的片上网络的系统开发[17-19]；工作中提出了基于多处理器实时操作系统的系统行为分析[20]，以及基于不同体系结构的延迟、吞吐率和功耗的评估模型[21]；也有研究[22]是基于 FPGA 实现的 NoC 仿真环境。

然而，前述工作均是基于传统微处理器来开展的。对于此类通信模式和 NoC 规模需求较大的类脑应用，相关功能验证的研究较少。研究[23]基于 FPGA 构建了硬件环境，基于 Micro Blaze 软核构建了软件环境，通过分别设置软硬环境的配置文件来实现 NoC 的快速硬件仿真。但此工作没有对不同激励的测试进行探讨，而且软硬交互部分较为复杂，无法将行为级仿真和硬件级测试的结果进行分离分析。

对此，本文中提出的支持随机化测试的验证系统主要是针对 2D-mesh NoC 的类脑应用，来实现较为全面的测试激励覆盖，支持不同程度的负载压力测试，为 NoC 设计提供行为级和硬件级的初步评估。

2 类脑处理器 NoC 验证框架

在本节中，我们将主要从两个方面：软件测试环境和硬件测试环境，来介绍上文中提出的 NoC 功能验证系统。

2.1 验证框架设计

如图 2 所示，我们将 NoC 功能验证分为两个步骤：软件测试和硬件测试。其中软件测试指的是基于仿真环境下的待测设计（Design Under Test，DUT）的测试：通过生成相应的行为级测试激励，在仿真环境下输入激励，收集和分析 DUT 相应产生的数据，即完成了行为级仿真的功能验证；若 DUT 行为级功能符合预期，那么就进行相应的硬件测试。硬件测试主要是基于测试母板来对 FPGA 验证平台读写数据包，进而将母板获取到的信息通过串口工具输出到日志文件，最后进行上板结果的功能验证。若从该日志文件中解析出的数据同行为级仿真中所获得的数据保持一致，那么说明 DUT 上板后的功能同样符合预期。至此，DUT 的功能验证就完成了，否则需要具体在 DUT 中定位问题进行设计迭代。

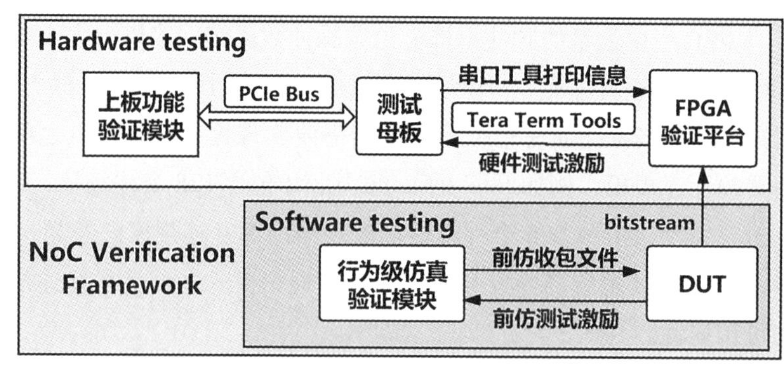

图 2 NoC 验证框架

2.2 软件测试环境

整个 NoC 验证平台的软件环境主要是用于生成测试激励（Incentive Files）和预期结果（Golden Results），并且在 DUT 即规模为 N×N 的 NoC 设计[16]中内嵌发包模块（Injector）和收包模块（Collector），用于模拟 PE 单元数据的发送与接收，数据均是存放在收发包模块上挂载的块随机存储器（Block RAM，BRAM）中，如图 3 的 PE 所示。

此外，为了实现测试母板同 FPGA 验证平台之间的通信，我们在 N×N 的 NoC 设计外部加入了 AXI Interconnector 模块和 AXI-PCIe Bridge 模块，如图 4 中 a 所示。

在图 4 中，b 部分是行为级仿真环境下激励输入部分，通过调用 AxiWrite 和 AxiRead 两个任务，可从激励文件中读取所需的地址和数据包信息。前者负责将数据包保存在各个 PE 节点的 Injector 模块中，后者在整个 NoC 完成运算后从各 PE 节点的 Collector 模块中读取数据。c 部分是基于 Python 来构建的激励生成与仿真/上板测试结果校验的测试环境：基于 Golden Results、行为级仿真结果，和 FPGA 硬件平台测试结果，我们可以按照 2.1 所言来验证该 NoC 设计是否符合预期要求。d 部分则是通过 UBOOT 引导程序和串口调试工具，获取 FPGA 验证平台上的测试数据以供 c 部分的功能校验。

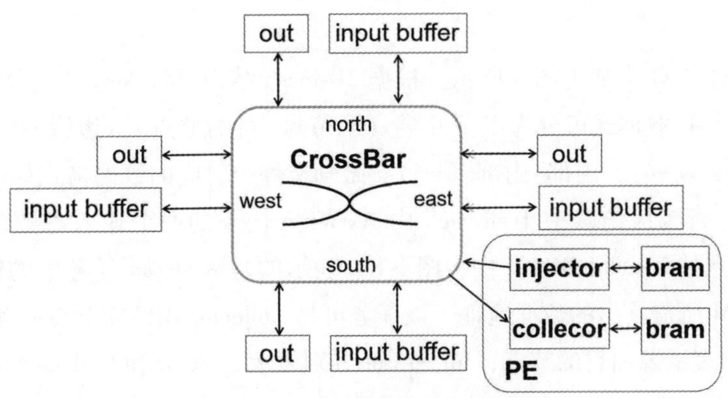

图 3　NoC 单节点的主要结构

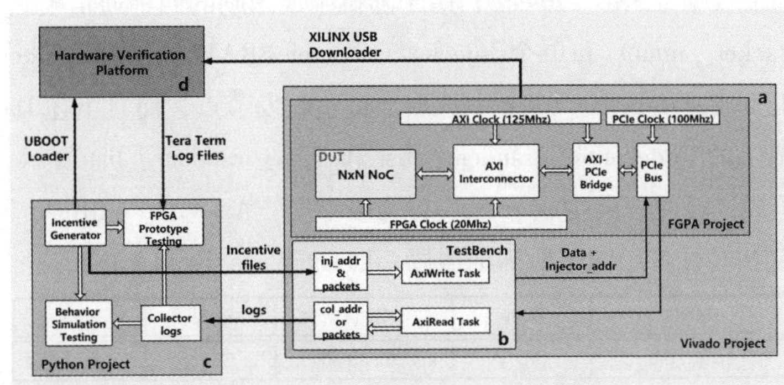

图 4　NoC 验证框架软件测试环境

2.3　硬件测试环境

硬件测试环境是由 FPGA 验证系统、测试母板、调试上位机，以及 Xilinx USB 下载器，UART 数据线和 PCIe 子卡构成，如图 5 所示。一方面，调试上位机通过 UART 数据线对 FPGA 平台的全局时钟进行配置，以及下载图 4 a 部分所示 FPGA Project 比特文件到 FPGA 验证平台上。同时，通过 Xilinx USB 可以抓取 FPGA 验证平台某些关键信号，可用以 DUT 调试。另一方面，通过 Tera Term 串口调试工具，调试上位机将 UBOOT 下的读写指令输入到测试母板上，测试母板进而通过 PCIe 总线将报文发送到 FPGA 验证系统，并且从中获取 NoC PE 单元中 Collector 模块所存储的数据，并通过串口工具保存到调试上位机中。

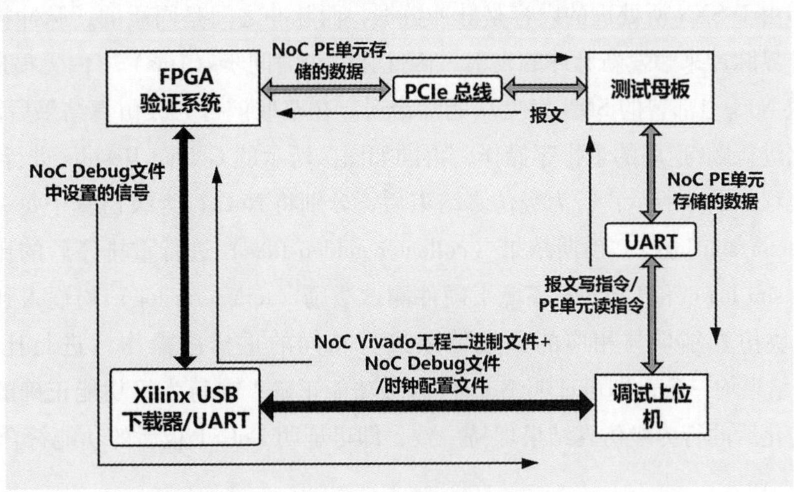

图 5　硬件测试环境

2.4 激励生成

NoC 单节点的主要结构[24]如上图 3 所示。根据 2D-mesh 结构可将 NoC 节点分为内部节点和边缘节点，进一步该 NoC 通信负载模式可分为以下几类（源节点-目的节点）：边缘-内部（e-i），内部-边缘（i-e），边缘-边缘（e-e），内部-内部（i-i）。激励文件中对应的数据格式如图 6 所示，其中（a）图和（c）图表示的是行为级仿真中 Testbench 内 AxiWirte 任务的两个输入参数，该任务可将相应的 Data 存入到对应源节点的 Injector BRAM 中；图（b）表示的是 AxiRead 任务中的输入参数，对应目的节点中 Collector BRAM 所需读出的数据地址，该任务可将 Collector BRAM 对应保存的数据读出到本地。此外，Src 和 Des 分别表示源和目的节点，Inj 和 Col 分别表示 Injector 和 Collector 模块。

如图 7 所示，根据随机化生成方法，我们需要输入相应的配置参数：片上网络规模（NoC_ size），脉冲神经网络的核间通信数据（SNN_ trace），用于随机生成激励的四种通信模式（NoC_ pattern），需生成的数据包数量（Packet_ num）和单个 Injector/Collector BRAM 的深度（Mem_ depth）。完成上述配置后，该框架会随机生成或从 SNN_ trace 中选取数据包收发节点，而且上述 Data 参数中的 PE_ data 是完全随机产生，如图 7 的 Connection_ random_ list 和 Data_ random_ list 所示；Address 参数则是按照数据包收发关系来生成。至此，即生成了 NoC 行为级激励：AxiWrite/AxiRead Files。结合 UBOOT 指令格式，可进一步生成 NoC 硬件级测试所需的激励：Uboot Write/Read Files。

14bits	4bits	1bit(1)	4bits	9bits
Invalid bits	Src_y	Injector selection	Src_x	Inj_address

(a). Address Format of AxiWrite Task

14bits	4bits	1bit(0)	4bits	9bits
Invalid bits	Des_y	Collector selection	Des_x	Col_address

(b). Address Format of AxiRead Task

4bits	4bits	4bits	4bits	16bits
Des_x	Des_y	Src_x	Src_y	PE_data

(c). Data Format of AxiWrite Task

图 6　激励数据格式

2.5 结果验证方法

对于 NoC 核间通信而言，由于拥塞和路由路径的长短各异，目的节点收包顺序和源节点发包顺序有可能不一致。但由于 SNN 所处理的内容是脉冲数据，而脉冲之间是同质的，脉冲神经元在单个时间步长内通过积累外界脉冲来触发新脉冲的发射，因此在一个时间步（1ms）[25]内无损地完成相应数据包的传输就不会导致 NoC 上部署的 SNN 发生功能性错误。在获取该行为级仿真结果后需要对各 Collector 模块所读出的数据进行顺/逆序的重排序操作，再同如图 7 所示的 Golden Results 进行比对。

具体的验证流程如图 8 所示：行为级仿真结束后，分别将 NoC 行为级仿真中每一个 Collector 模块的仿真结果（collector sim logs）、预期结果（collector golden files）进行重排序后的比对，仿真环境下获得的仿真结果（sim log）和 UBOOT 环境下硬件测试激励（tera term log）均输入到激励文件生成模型中。Collector 模块仿真结果与相应的预期结果进行相同的重排序操作后进行比对，若对每一个 Collector 节点而言结果均一致，即可证明 NoC 行为级功能正确；在行为级功能正确的基础上，若硬件测试结果和格式转化后的行为级仿真结果保持一致，即可证明 NoC 上板后的功能符合预期要求。

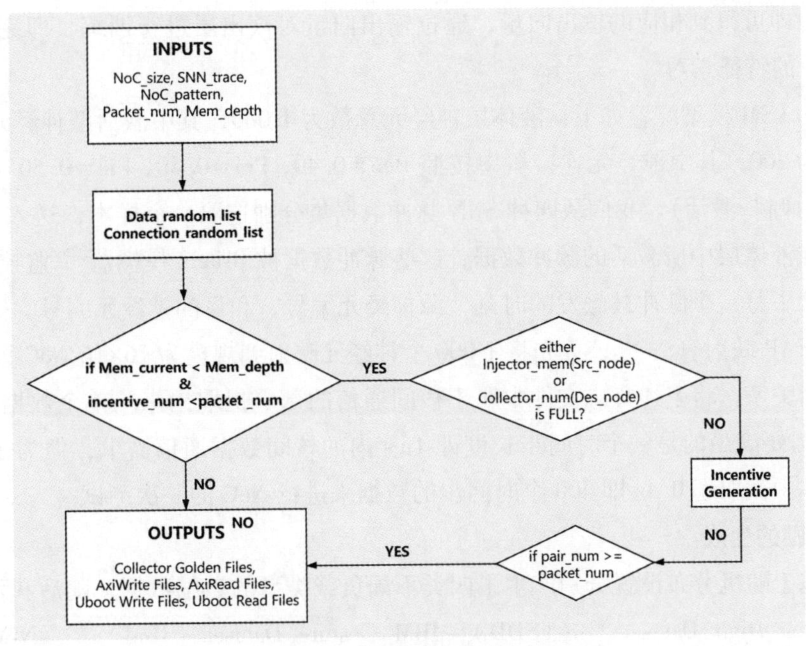

图 7　激励数据的生成方法

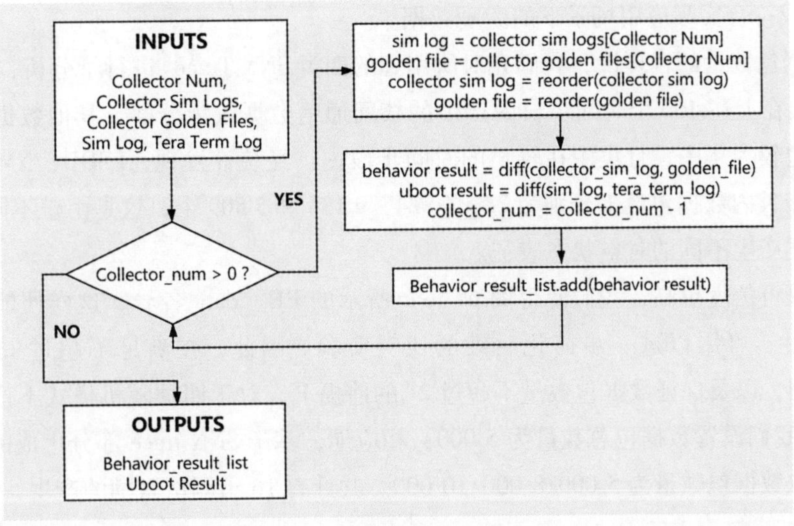

图 8　激励数据验证流程

3　实验设置

本实验的测试对象是基于 2D-mesh 结构的 16x16 NoC 设计，其内部节点的架构如图 3 所示。该 NoC 采取了 XY 路由算法以及轮询仲裁算法来实现数据包的传输。本节将详细介绍激励数据的生成，以及 NoC 相应的功能验证。

3.1　数据准备

我们采取了一种主流的 SNN 模型——单液体层的液体状态机（Liquid State Machine，LSM）模型[25]。LSM 模型由于其较强的时空信息处理能力，简单的架构和较低的训练复杂度而受到了广泛的关注。LSM 主要分为三部分[25]：输入层（Input Layer），水库层（Reservoir）以及分类层（Readout Layer）。水库层中包含兴奋型和抑制型两类神经元，这两类神经元之间存在一定的连接概率，脉冲信号经由该层的映射即可得到相应的输出向量，通过输出向量对读出层进行训练，即完成对输入脉冲序列（Spike trains）的特征学习。

实验所采取的 LSM 模型配置如下：液体层神经元总数为 1 000，其中激活型神经元个数为 800，抑制型神经元个数为 200，其中神经元连接概率按照 Pee = 0. 40，Pei = 0. 40，Pie = 0. 50（分别为激活-激活，激活-抑制，抑制-激活）。我们从四种 SNN 脉冲数据集分别选取一个样本，送入 LSM 模型中运行得到每一个样本在液体层中所激活的脉冲数据，这些脉冲数据被 Brian2 模拟器[26]监控并保存为日志文件，该文件中包含了每一个脉冲被激发的时刻，源神经元编号，和目的神经元编号。

通过采取 SNEAP 映射算法[27]，首先将 1 000 个神经元映射到规模为 16×16 NoC 即 256 个 PE 节点上；随后结合映射关系，将上述日志文件中属于核间通信的部分提取出来。单个数据样本的时间长度为 0. 8s，而 NoC 需要满足的是一个时间步长度即 1ms 内的核间数据通信需求，但为了增大通信负载，我们从每一个样本中截取了 0. 4s 即 400 个时间步的数据来进行 NoC 的一次测试。

3. 2　测试激励的生成

首先，我们基于随机分布设置分别产生了四类不同负载类型的激励数据，随后我们基于 LSM 模型来运行 Free Spoken Digit Dataset[28]（FSDD），IBM Gesture Dataset（IBM）[29]，N-MNIST Dataset[30]（NMI）和 N-TIGITS Dataset[31]（NTI）四类数据集，获得了处理单个样本时的网络通信数据（SNN Traces），进而生成符合实际应用场景下的激励数据。

为了保证数据包数量的合理性，我们先对所用到的四类 SNN Traces 进行了分析，结果如下图 10 所示。数据集 FSDD 在上述 400 个时间步长内产生的核间通信数据较为分散，其他数据集数据对应 LSM 激发的核间数据包较为集中，且集中在较早的时间步段内。经统计发现，FSDD，NMI、NTI 和 IBM 数据集在单个时间步长内数据包最多分别为 72，4 824，9 134 和 5 509 个，这是由于不同的数据来源和数据类型会导致数据产生不同的时空状态表征。

为了使得结果可信度更高，我们使得图 6（c）所示的 PE_ data 各异，这样便能保证激励文件中 Data 参数的各异性，可用以进一步简化后续的比对实验。因此，在满足不超过 Injector 和 Collector BRAM 的深度限制，以及保证数据包数量不超过 2^{16}的前提下，对于四种随机模式下产生的激励，根据图 10 所示结果，我们设置数据包总数量为 5 000；相应地，基于 SNN trace 部分生成的激励，对于每一个样本，分别选取数据包数量为 5 000/8 000/10 000。共计有 16 组测试激励的产生，如表 1 所示。

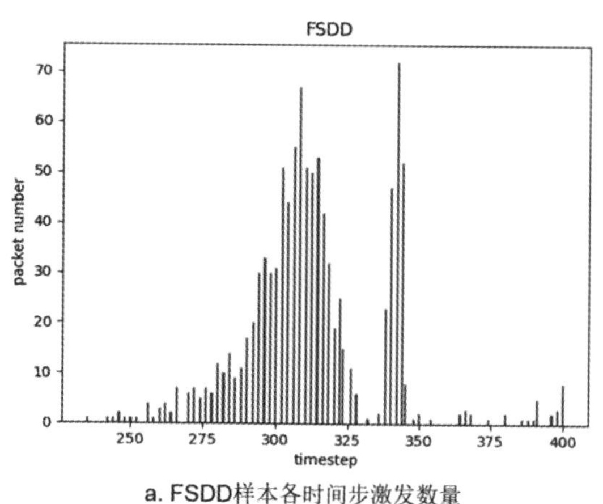

a. FSDD样本各时间步激发数量

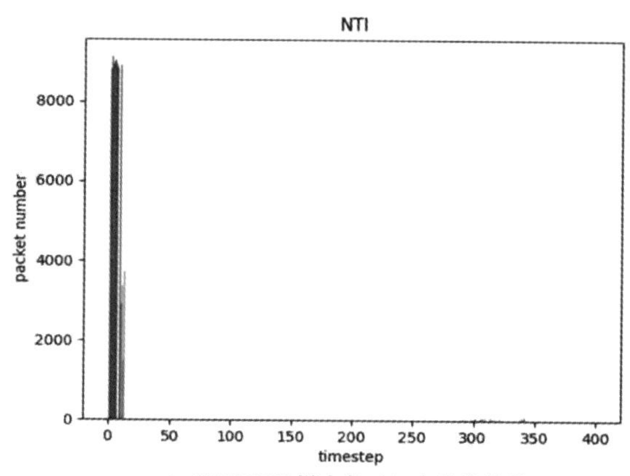

b. N-TIGITS样本各时间步激发数量

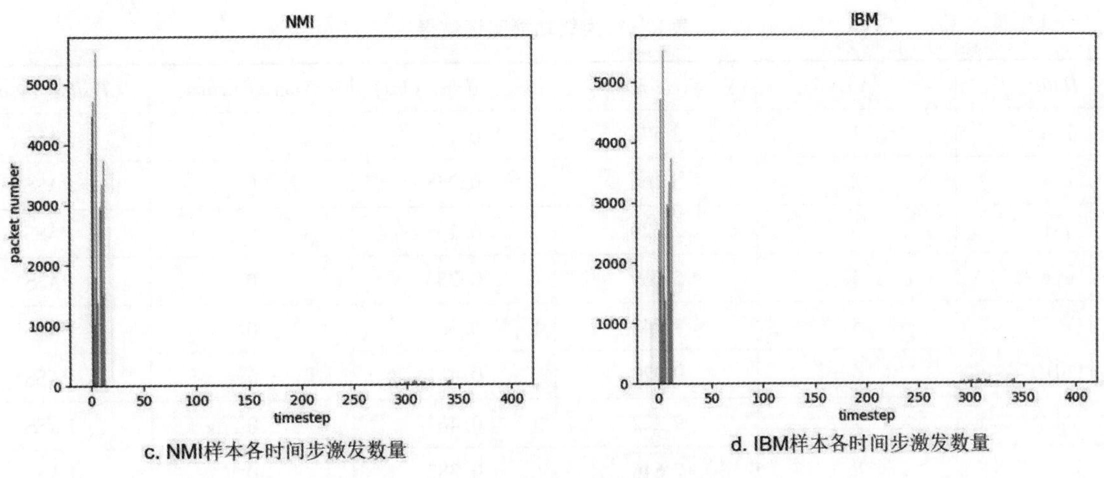

c. NMI样本各时间步激发数量　　d. IBM样本各时间步激发数量

图 10　400 个时间步长内的数据包分布

4　实验结果

我们一共设置了 4 组随机生成激励和 12 组基于 SNN Traces 生成的激励。通过脚本比对行为级仿真结果和预期的 Golden Results，我们可知每个 PE 的 Collector 模块在收包数量和报文内容上均保持一致。其中，对于每一个非空 Collector 日志文件，都会对其内容进行比对，结果如表 2 中"Num of Errors"一栏所示。其中的 Avg_ delay 是指在一次行为级仿真过程中，自 finish 信号置高（即 NoC 开始进行工作），直到所有最后一个数据包在 NoC 中传输完毕所需耗费的时间。我们通过在 Collector 模块进行数据包写入操作时拼接了时间信息；Num of Errors 指的是行为级仿真中 Collector 保存结果同 Golden Results 之间存在差异的节点个数。结果表明所有测试项中平均延时都在 1ms 内，即满足 NoC 实时性要求；而且对于每一个 Collector 而言，实际仿真结果与 Golden Result 保持一致，即 NoC 设计没有功能性错误。

硬件上板的功能验证操作如下：首先从 Tera Term 串口终端日志信息解析出硬件测试中 Collector 模块 log 信息；随后基于 Python 内建库 difflib，将 log 信息与仿真环境下所得的 log 文件即图 8 中的 sim_ files 进行比对，生成 html 格式文件来保存比对结果。该文件会统计出两部分信息中是否有元素的增添（Added）、更替（Changed）或删减（Deleted）。结果如表 3 所示，可知 16 组数据的比对结果均达到预期，即 Added、Changed、Deleted 三种信息变动数量全为 0，说明行为级仿真和上板测试所得 log 文件完全一致，硬件实际功能符合预期。

表 1　激励生成配置

No.	*NoC_ size*	*Gen_ type*	*SNN_ trace*	*Packets_ num*
1	16×16	i-e		5 000
2	16×16	e-i		5 000
3	16×16	i-i		5 000
4	16×16	e-e		5 000
5/6/7	16×16		FSDD	5 000/8 000/10 000
8/9/10	16×16		IBM	5 000/8 000/10 000
11/12/13	16×16		NMI	5 000/8 000/10 000
14/15/16	16×16		NTI	5 000/8 000/10 000

表 2 行为级功能验证结果

Data	No.	Cycle num	Avg_ delay (ms)	Num of Errors	Testing Result
i-e	1	2 571	0. 129	0	PASS
e-i	2	5 166	0. 258	0	PASS
i-i	3	2 629	0. 131	0	PASS
e-e	4	5 069	0. 253	0	PASS
FSDD	5	7 248	0. 362	0	PASS
	6	9 220	0. 461	0	PASS
	7	9 222	0. 461	0	PASS
IBM	8	7 646	0. 382	0	PASS
	9	7 649	0. 382	0	PASS
	10	7 646	0. 382	0	PASS
NMI	11	7 678	0. 384	0	PASS
	12	7 672	0. 384	0	PASS
	13	7 732	0. 387	0	PASS
NTI	14	7 692	0. 385	0	PASS
	15	7 674	0. 384	0	PASS
	16	7 674	0. 384	0	PASS

表 3 FPGA 上板功能验证结果

No.	Num (added)	Num (changed)	Num (deleted)	Testing Result
1	0	0	0	PASS
2	0	0	0	PASS
3	0	0	0	PASS
4	0	0	0	PASS
5/6/7	0/0/0	0/0/0	0/0/0	PASS
8/9/10	0/0/0	0/0/0	0/0/0	PASS
11/12/13	0/0/0	0/0/0	0/0/0	PASS
14/15/16	0/0/0	0/0/0	0/0/0	PASS

5 总结

本文提出了一种支持随机化测试的类脑处理器片上网络功能验证框架。我们通过在待测 NoC 的 PE 单元挂载 Injector 和 Collector 测试模块即可完成基本的数据读写操作。结合激励生成框架中产生的 Golden Results 来对规模为 N×N 的 NoC 中每一个节点的仿真结果数据做离线分析，进而检测 NoC 在逻辑上是否存在问题。借助该可扩展的硬件测试环境，我们可快速实现 NoC 的上板操作，进而通过串口工具读取 FPGA 验证平台上 Collector BRAM 的值。最后通过自动比对来检测 NoC 上板后是否符合预期。

通过设置16组不同配置的激励数据，在主时钟为20Mhz的条件下，实验结果表明所有的延时和功能测试项均满足预期要求，即该16×16NoC设计的鲁棒性较好，可以适应多种不同通信模式和数量的激励测试。现阶段针对类脑处理器的NoC测试平台较少，本文在这一方向上做出了尝试，提出的该随机化验证NoC测试平台可较好地支持2D-mesh结构的NoC调试过程，加速类脑处理器互连结构的设计迭代。

为了扩展该测试平台功能，我们在下一阶段将继续探索除2D-mesh结构外的其他结构NoC的验证设计，完善其中的激励生成框架；此外，我们也将进一步优化整体的软硬件测试流程，加入针对不同测试需求的内嵌模块，使得测试更加多样化和细粒度化。加入并优化软硬件交互模块，将激励生成和验证过程更好地融合在一起。最后，我们将尝试挂载相应的类脑处理器核到PE节点来改进现有测试方法，提升类脑处理器片上网络的性能。

参考文献：

[1] TUO HUANG. An Automatic Verification Method Based on Network on Chip [D]. Xidian University, 2018.
(黄拓. 一种基于片上网络的自动化验证方法研究 [D]. 西安电子科技大学，2018.)

[2] Tiejun Huang, Luping Shi, Huajing Tang, et al. Multimedia Technology Research: 2015——the Research Progress and Development Trend of Brain-inspired Computing [J]. Chinese Journal of Image and Graphics, 2016, 21 (11): 1411-1424.
(黄铁军，施路平，唐华锦，潘纲，陈云霁，于俊清. 多媒体技术研究：2015——类脑计算的研究进展与发展趋势 [J]. 中国图像图形学报，2016，21 (11)：1411-1424.)

[3] Filipp Akopyan, Jun Sawada, Andrew Cassidy, Rodrigo Alvarez-Icaza, John Arthur, Paul Merolla, Nabil Imam, Yutaka Nakamura, Pallab Datta, Gi-Joon Nam, et al. Truenorth: Design and tool flow of a 65 mw 1 million neuron programmable neurosynaptic chip. IEEE Transactions on Computer-Aided Design of Integrated Circuits and Systems, 34 (10): 1537-1557, 2015.

[4] DAVIES M, SRINIVASA N, LIN T H, et al. Loihi: A Neuromorphic Manycore Processor with On-Chip Learning [J]. IEEE Micro, 2018: 82-99.

[5] MORADI S, NING Q, STEFANINI F, et al. A Scalable Multicore Architecture With Heterogeneous Memory Structures for Dynamic Neuromorphic Asynchronous Processors (DYNAPs) [J]. IEEE Transactions on Biomedical Circuits and Systems, 2018, 12 (99): 106-122.

[6] FURBER S B, LESTER D R, PLANA L A, et al. Overview of the SpiNNaker System Architecture [J]. IEEE Transactions on Computers, 2013, 62 (12): 2454-2467.

[7] PEI J, DENG L, SONG S, et al. Towards artificial general intelligence with hybrid Tianjic chip architecture [J]. Nature, 2019, 572 (7767): 106.

[8] SHEN J, MA D, GU Z, et al. Darwin: a neuromorphic hardware co-processor based on Spiking Neural Networks [J]. Science China. Information Sciences, 2016, 59 (2): 1-5.

[9] YOUNG A R, DEAN M E, PLANK J S, et al. A Review of Spiking Neuromorphic Hardware Communication Systems [J]. IEEE Access, 2019, PP (99): 1-1.

[10] ZHANG YING, JI PENGFEI, JIANG JIANHUI. Survey on Network on Chip Test [J]. Journal of Xi'an University of Posts and Telecommunications, 2020, 25 (04): 73-80.
(张颖，季鹏飞，江建慧. 片上网络测试技术 [J]. 西安邮电大学学报，2020，25 (04)：73-80.)

[11] SAINI H. 1-2 Skip List Approach for Efficient Security Checks in Wireless Mesh Networks [J]. International Journal of Electronics and Information Engineering, 2014, 1 (1): 9-15.

[12] Indiveri G, Corradi F, Ning Q. Neuromorphic Architectures for Spiking Deep Neural Networks. IEEE, 2016.

[13] NILANJAN BANERJEE, PRAVEEN VELLANKI, KARAM S. Chatha. A Power and Performance Model for Network-on-Chip Architectures [P]. Design, automation and test in Europe, 2004.

[14] CHAN J, PARAMESWARAN S. NoCEE: energy macro-model extraction methodology for network on chip routers [C]. IEEE/ACM International Conference on Computer-aided Design. ACM, 2005.

[15] CHEN X, PEH L S. Leakage power modeling and optimization in interconnection networks [C]. International Symposium on Low Power Electronics & Design. IEEE, 2003.

[16] BAGHERZADEH L N. A high-level power model for Network-on-Chip (NoC) router [J]. Computers & Electrical Engineering, 2009.

[17] KOGEL T, DOERPER M, WIEFERINK A, et al. A Modular Simulation Framework for Architectural Exploration of On-Chip Interconnection Networks [J]. Codes+isss, 2003: 7 – 12.

[18] PALERMO G, SILVANO C. PIRATE: A Framework for Power/Performance Exploration of Network-on-Chip Architectures [C] Integrated Circuit and System Design, Power and Timing Modeling, Optimization and Simulation; 14th International Workshop, PATMOS 2004, Santorini, Greece, September 15 – 17, 2004, Proceedings. DBLP, 2004.

[19] WANG H S, ZHU X, PEH L S, et al. Orion: a power-performance simulator for interconnection networks [C]. IEEE/ACM International Symposium on Microarchitecture. ACM, 2002.

[20] MADSEN J, MAHADEVAN S, VIRK K, et al. Network-on-chip modeling for system-level multiprocessor simulation [C]. IEEE Real-time Systems Symposium. IEEE, 2003: 265 – 274.

[21] PANDE P P, GRECU C, JONES M, et al. Performance Evaluation and Design Trade-Offs for Network-on-Chip Interconnect Architectures [J]. IEEE Transactions on Computers, 2005, 54 (8): 1025 – 1040.

[22] GENKO N, ATIENZA D, MICHELI G D, et al. A complete network-on-chip emulation framework [C] Design, Automation & Test in Europe. IEEE, 2005.

LOTLIKAR S, PAI V, GRATZ P V. AcENoCs: A Configurable HW/SW Platform for FPGA Accelerated NoC Emulation [C]. 2011 24th International Conference on VLSI Design. IEEE, 2011.

[23] EL-SAYED H, RAGAB M, SAYED M S, et al. Hardware implementation and evaluation of the Flexible router architecture for NoCs. IEEE, 2013: 621 – 624.

[24] AKOPYAN F, SAWADA J, CASSIDY A, et al. TrueNorth: Design and Tool Flow of a 65 mW 1 Million Neuron Programmable Neurosynaptic Chip [J]. IEEE Transactions on Computer-Aided Design of Integrated Circuits and Systems, 2015, 34 (10): 1537 – 1557.

[25] TIAN S, QU L, WANG L, et al. A Neural Architecture Search based Framework for Liquid State Machine Design [J]. Neurocomputing, 2021.

[26] STIMBERG M, BRETTE R, GOODMAN D F. Brian 2, an intuitive and efficient neural simulator [J]. Elife. 2019, 8.

[27] LI S, WANG L, WANG S, et al. Liquid State Machine Applications Mapping for NoC-Based Neuromorphic Platforms [M]. 2020.

[28] Jackson, Zohar, César Souza, Jason Flaks, Yuxin Pan, Hereman Nicolas, and Adhish Thite. "Jakobovski/free-spoken-digit-dataset: v1. 0. 8 (Version v1. 0. 8)." Zenodo (2018). URL http: //doi. org/10. 5281/zenodo. 134240.

[29] AMIR A, TABA B, BERG D, et al. A Low Power, Fully Event-Based Gesture Recognition System [C]. IEEE Conference on Computer Vision & Pattern Recognition. IEEE, 2017.

[30] GARRICK O, AJINKYA J, COHEN G K, et al. Converting Static Image Datasets to Spiking Neuromorphic Datasets Using Saccades [J]. Frontiers in Neuroscience, 2015, 9 (178).

[31] JITHENDAR A, DANIEL N, D TOBI, et al. Feature Representations for Neuromorphic Audio Spike Streams [J]. Frontiers in Neuroence, 2018 12: 23.

基于 RISC-V 开源处理器核的远程图像识别系统

黄涤清[1]　王俊辉[1,2*]　李宣佚[1]　张亮[1]　雷国庆[1]

[1]（国防科技大学计算机学院　长沙 410073）

[2]（数学工程与先进计算国家重点实验室　无锡 214125）

（wangjunhui@ nudt. edu. cn）

摘要　随着电子产品的不断普及，芯片在现代社会中发挥着越来越重要的作用。然而，当前流行的指令集架构面临高昂的架构授权价格、沉重的架构历史负担、相对封闭的架构演变模式等问题。由此，RISC-V 指令集以及基于该指令集的开源处理器核及处理器被提出。但是，如何将这些设计更好地应用到实际工业生产中还是一个需要迫切解决的问题。因此，本文研究了基于 RISC-V 嵌入式平台的网络协议栈移植及远程图像识别。文章主要包括基于 FPGA 的硬件平台构建、FreeRTOS 系统与 LwIP 协议栈移植、TCP 传输的实现与图像识别算法等。最后搭建完成的系统资源占用和功耗较低，并可以通过 TCP 协议成功获取远程图像文件，然后利用轻量级的 KNN 算法进行数字图像的识别。文中所使用的测试字体识别率为 100%，且在主频为 50MHz 时识别速度小于 1 秒。本文通过构建基于 RISC-V 指令集的 FPGA 平台，并在硬件平台基础上实现网络协议以及图片识别功能，探索了基于 RISC-V 开源处理器的识别系统的性能，建立了基于 RISC-V 指令集的识别原型系统，为获取相关开源 RISC-V 处理器的性能数据以及后续面向特定场景的领域定制异构处理器设计提供了数据和平台支撑。

关键词　RISC-V；图像识别；远程；轻量；系统

中图法分类号　TP391

近些年，随着工艺和体系结构的不断进步，处理器性能迅速提升，其在社会生产和生活中发挥的作用越来越大，已经广泛被应用到工业和生活的各个方面。在处理器的发展过程中，其指令集架构开始趋向于统一。X86 和 ARM 作为主流指令集架构占据了主要的处理器市场。然而，其高昂的架构授权价格、沉重的架构历史负担、相对封闭的架构演变模式，都在一定程度上阻碍了处理器架构的快速演变，从而无法快速满足多场景的处理器需求。与此不同，RISC-V 指令集无需付费架构授权，无历史负担，可配置的模块化架构设计，使得其迅速成为研究热点。

当前，多种基于 RISC-V 指令集的开源处理器核及基础 SoC 设计已经被提出。但是，如何将这些设计更好地应用到实际工业生产中还是一个需要迫切解决的问题。本论文面向图像识别领域，通过构建基于 RISC-V 指令集的 FPGA 平台，并在硬件平台基础上实现网络协议以及图片识别功能，探索基于 RISC-V 开源处理器的识别系统的性能，为后续面向特定场景的领域定制异构处理器设计提供支撑。

本论文主要创新点如下：

1）构建了基于开源 RISC-V 处理器核的 FPGA 硬件平台，包含计算单元、互连模块、网络控制模

通信作者：王俊辉（wangjunhui@ nudt. edu. cn）

块、LCD 控制模块、内存控制模块和串口控制模块等。

2）完成了轻量级操作系统 FreeRTOS 及轻量级网络协议栈 LwIP 的移植，并实现了 TCP 传输功能。

3）基于轻量级图像识别算法，实现了远程数字图像的识别与显示。

接下来，本文将分 7 个章节对论文主要内容进行说明。第 1 章主要介绍了相关工作及背景。第 2 章简要介绍识别系统的总体结构。然后，第 3 章详细介绍了 FPGA 硬件平台的构成；第 4 章介绍了 FreeRTOS 及 LwIP 的移植及 TCP 传输的实现。轻量级图像识别算法、远程数字图像的识别与显示将在第 5 章讨论。第 6 章给出了一些实验的结果，用于说明构建系统的资源占用情况以及识别速度。最后，第 7 章对本文工作进行总结。

1 相关工作

1971 年，使用 PMOS 工艺的第一款微处理器 4004 发布[1]，开启了微处理器迅速发展的序幕。后续，英特尔、MIPS 等公司开始不断推出性能更高的产品，例如典型的奔腾系列等。近些年，英特尔、AMD、ARM 等公司更是以每年多款处理器或处理器核心的速度加速着微处理器的发展。然而，微处理器架构在近些年逐渐趋于统一，X86 架构和 ARM 架构成为市场的主流。然而，X86 和 ARM 指令集高昂的架构授权价格、沉重的架构历史负担、相对封闭的架构演变模式，都在一定程度上阻碍了处理器架构的快速演变。因此，RISC-V 架构作为一种开源的架构被提出，并得到了大量关注。

首先，RISC-V 的开创团队，伯克利大学开发了一款开源微处理器核 Rocket Core[2]，其性能与 Cortex-A5 相当，功耗更低。而且，Rocket Core 采用开源的高层次硬件描述语言 CHISEL[3]，使得代码具有更好的可配置性。除此之外，苏黎世瑞士联邦理工学院开发的 PULPino[4]、Clifford Wolf 开发的 PicoRV32、Syntacore 公司开发的 SCR1 Core、芯来科技的蜂鸟 E203[5]、平头哥的玄铁 910[6]等也相继被提出。

近些年，基于开源 RISC-V 处理器的应用也逐渐得到关注。邓紫珊等[7]通过对 Rocket Chip 的研究与分析，基于 130nm 工艺完成了基于开源 RISC-V 处理器核的 SoC 的物理实现，对其功能通过模拟器进行了仿真，最终将构建的 SoC 在 FPGA 平台实现，并且移植了 FreeRTOS 实时操作系统。

2 系统总体介绍

为了能够满足图像识别的需求以及对开源 RISC-V 处理器进行探索，本文实现的远程图像识别系统划分为了三个部分进行依次分别实现：包含开源 RISC-V 处理器核的底层 SoC 平台；包含 FreeRTOS 系统和 LwIP 网络协议栈以及 TCP 传输协议的中间层；包含图像预处理、KNN 算法以及显示功能的应用层。

如图 1 所示，底层硬件平台主要为包含利用 FPGA 实现的底层 SoC 以及包含 DDR 内存、网络 PHY、串口 PHY 和 LCD 显示屏的开发板。其中，底层 SoC 包含开源的基础 RISC-V 处理器、内存控制器、网络控制器、DMA 控制器、串口控制器以及互连模块等。中间层负责提供基础的操作系统、网络协议栈、TCP 传输以及 LCD 显示驱动的支持。最后，应用层负责实现图像文件的获取、预处理、识别以及结果展示等。

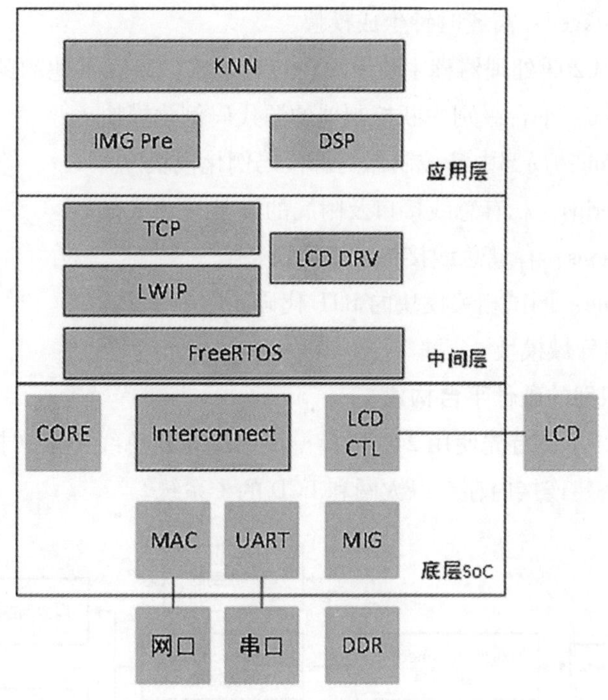

图 1　系统总体示意图

3　底层硬件平台介绍

3.1　蜂鸟 E203 总体介绍

目前，适合于嵌入式 FPGA 平台的开源处理器核及基础处理器有 SiFive 公司的 E300 处理器[8]、伯克利大学的 BOOM 处理器[9]、芯来科技有限公司的蜂鸟处理器等。蜂鸟 E203 属于芯来科技有限公司研发的蜂鸟 E200 系列处理器，是一款开源 RISC-V 处理器核。该处理器核在设计中大量复用数据通路，并采用同一个 Verilog RTL 编码风格，使用标准 DFF 模块例化生成寄存器。

蜂鸟 E203 遵循模块化设计原则，各模块单元之间接口清晰。其具有二级流水线深度，主体是位于第一级的“取指”和位于第二级的“执行”和“写回”。这其中，第一级“取指”，由 IFU 完成。“译码”、“执行”由 EXU 中完成，“写回”由 WB 完成，这三者均处于同一个时钟周期，位于流水线的第二级。在 Dhrystone 与 CoreMark 的性能测试中，蜂鸟 E203 的成绩均与 ARM 的 Cortex-M0+处理器核不相上下。

蜂鸟 E203 基础 SoC 包含了外部中断控制器 PLIC、软件和定时器中断控制器 CLINT、存储总线以及私有设备总线外挂的 UART 控制器等。蜂鸟 E203 内核 BIU 的私有设备接口 ICB 连接私有设备总线，通过其访问 SoC 中的 UART、GPIO 等设备；存储接口 ICB 连接系统存储总线，通过其访问 SoC 中的 ROM，Flash 的只读区间等。其中，ICB 总线协议为蜂鸟系列处理器中使用的自定义总线协议，也包含命令通道和返回通道，命令通道主要用于主设备向从设备发起读写请求，返回通道主要用于从设备向主设备返回读写结果。

此外，蜂鸟 E203 还提供了基础的 SoC 平台，其代码主要结构如下：

- e203_ subsys_ top：

-- e203_ subsys_ main：除了调试域和常开域外的全部模块

--- sirv_ ResetCatchAndSync_ 2：主同步模块

--- e203_ subsys_ hclkgen：高速时钟生成模块

--- e203_ top_ cpu：E203 处理器核主要模块，包含了 SRAM 和其他的逻辑

--- e203_ subsys_ plic：平台级别中断控制器的源代码例化模块

--- e203_ subsys_ clint：局部中断控制器的源代码例化模块

--- e203_ subsys_ perips：私有总线接口及附属的设备

--- e203_ subsys_ mems：存储总线接口及附属设备

-- sirv_ debug_ module：调试相关模块的 RTL 代码

-- sirv_ aon_ top：常开域模块

3.2 面向远程图像识别的硬件平台构建

为了扩展系统的功能，本文首先使用 2 级转换模块，将 ICB 总线协议转换为 AXI 协议。然后，使用 Vivado 中的 IP 模块来搭建连接内存、以太网和 LCD 的子系统。

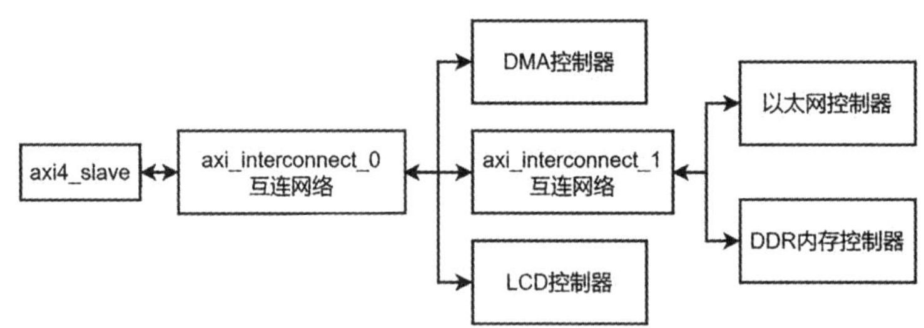

图 2 硬件系统外围设备 IP 示意图

本文的核心外设框架如图 2 所示。首先，来自基础 SoC 的 axi4_ slave 总线连接到 axi_ interconnect_ 0 互连网络中。该互连网络的下游依次挂载了 DMA 控制器、互连网络 axi_ interconnect_ 1、LCD 控制器和以太网控制器等 4 个模块。其中，DMA 控制器用来加速网络报文从以太网控制器传输到内存中的速度以及相反路径的速度。因此，互连网络 axi_ interconnect_ 1 依次挂载了 DDR 内存控制器和以太网控制器。这样，网络报文达到以后，通过中断信号 Ip2intc_ irpt 通知处理器核进入异常处理程序。该程序会控制 DMA 控制器完成报文从以太网控制器到内存的搬运。

简化来看，系统总体框图如图 3 所示。总体 SoC 通过私有设备总线连接了串口控制器，通过存储控制总线连接到了 DDR 内存控制器、DMA 控制器、LCD 控制器和 BRAM 控制器等。

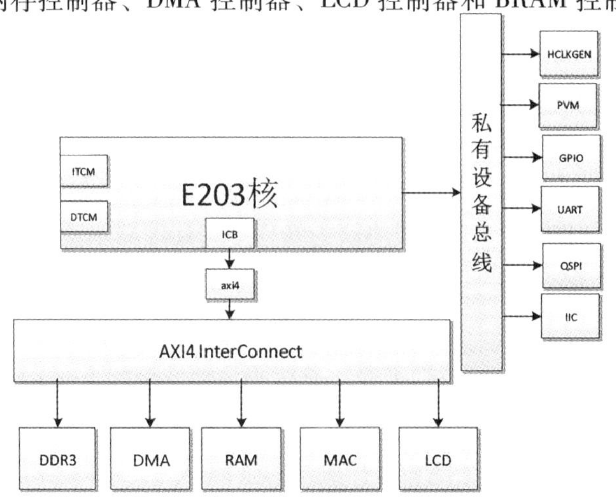

图 3 SoC 总体设计示意图

SoC 外围扩展设备地址映射如下表 1 所示，其中，axi4_ bram 对应图 3 中的 RAM，其内存地址范围为 0x48030000 至 0x4803FFFF；axi4_ lcd 对应图 3 中的 LCD，其内存地址范围为 0x48020000 至 0x4802FFFF；axi_ cdma_ 0 对应图 3 中的 DMA，其内存地址范围为 0x48010000 至 0x4801FFFF；axi_ ethernetlite_ 0 对应图 3 中的 MAC，其内存地址范围为 0x48000000 至 0x4801FFFF；mig_ 7series_ 0 对应图 3 中的 DDR3，其内存地址范围为 0x40000000 至 0x47FFFFFF。

表 1　SoC 外围扩展设备地址映射表

名称	起始地址	结束地址	容量
axi4_ bram	0x48030000	0x4803FFFF	64K
axi4_ lcd	0x48020000	0x4802FFFF	64K
axi_ cdma_ 0	0x48010000	0x4801FFFF	64K
axi_ ethernetlite_ 0	0x48000000	0x4801FFFF	8K
mig_ 7series_ 0	0x40000000	0x47FFFFFF	128M

4　底层系统移植与 TCP 传输的实现

为了能够满足文件传输与图像识别的需求，通过综合考量操作系统功能与复杂度，本文移植了 FreeRTOS 开源实时操作系统与 LwIP 开源 TCP/IP 协议栈。本章将对 FreeRTOS 系统与 LwIP 协议栈的主要结构以及移植过程进行详细说明。

本文采用的开发环境为 HBird-E-SDK，在 HBird-E-SDK 环境中，FreeRTOS 示例程序的相关代码存放结构如下：

Source 文件夹为 FreeRTOS 内核源代码，Demo 文件夹为 FreeRTOS 的示例 Demo 代码，Makefile 文件夹为主控制脚本。

主控制脚本中，指明了生成的 elf 文件名，FreeRTOS 程序所需要的特别的 GCC 编译器，并指明了程序所需要的 C 源文件。

在上述 Source 文件夹下的 Portable/GCC 子文件夹中，名为 E203 的文件夹即为蜂鸟 E203 移植的相关代码，开发时只需要修改此处的三个代码 port. c，portasm. S，portamacro. h，完成基本的中断和异常的底层移植，即可完成对于 FreeRTOS 的移植。由于硬件平台使用 xilinx 的 maclite 核，本文借鉴自带的网络驱动，将驱动程序移植到了 FreeRTOS 中。

LwIP 协议是一套用于嵌入式系统的开源 TCP/IP 协议栈，其在实现时保持了 TCP 协议的主要功能，并在此基础上减少了对 RAM 的占用，合理节省了资源。LwIP 协议栈采用分层设计，各项内容采取模块化构造。LwIP 文件夹下共有 3 个子文件夹，doc 中存放的是协议栈的一些相关的文档，协议栈源码存放于 src 中，而其余的一些协议栈测试代码则在 test 中。LwIP 与 FreeRTOS 的集成主要是利用 FreeRTOS 的线程和中断机制调用相关的协议栈函数，完成网络报文的发送和接收。

此外，本文编写了 TCP 服务器端与客户端程序用以进行图像文件传输。其中，服务器端主要通过 Socket、Bind、Listen、Accept 等进行实现。

其基本流程如上图 4 所示。建立连接后，服务器等待输入传输命令，待输入待传输的文件名后，服务器主动发起传输请求，将待识别的图像信息分段传输到客户端。

本文编写嵌入式代码烧录至板卡中，实现 TCP 客户端功能，用以接受来自服务器端的图像数据并

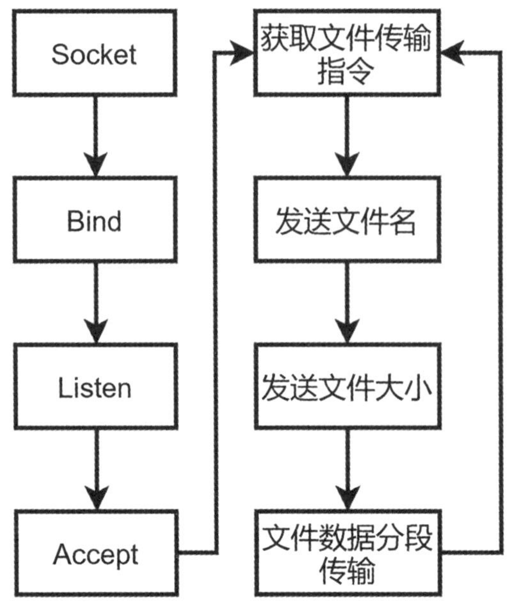

图 4　服务器端基本流程图

储存在内存中，以作算法解析。其逻辑流程如下图 5 所示：

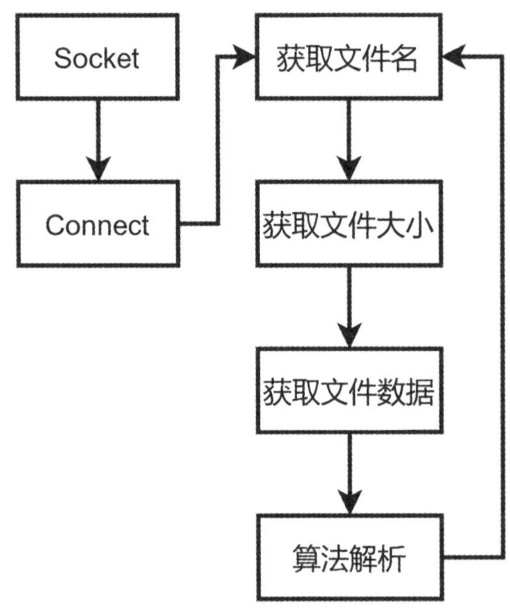

图 5　TCP 客户端流程示意图

5　应用层实现的介绍

在上述章节中，本文已经完成了基于 FPGA 的基础硬件平台构建，并进一步完成了 FreeRTOS 系统和 LwIP 协议栈的移植，最后实现了 TCP 服务器端与客户端。构建完成的系统可以从远程服务器获取数据以及传输文件到远程服务器。本章将进一步加入图像获取、预处理、识别和显示功能，完成最终系统的搭建。

5.1 图像获取与识别

由于本文未移植文件管理系统，因此图像识别过程不涉及文件操作、图像的定位、训练集的选取、图像识别过程中信息的存储等均在内存中进行。本文所实现的图像获取与识别整体流程如图 6 所示。

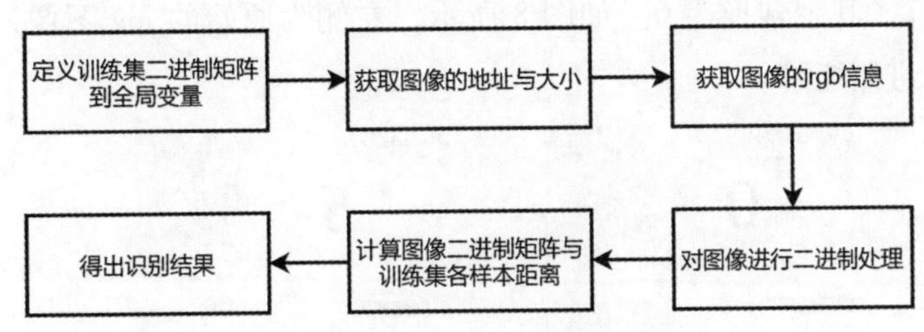

图 6 图像获取与识别流程示意图

（1）定义训练集二进制矩阵到全局变量

对作为训练样本的图像进行二值化处理，并如图 7 所示将最终获得的数据存入全局二维数组中。

```
int frpt[10][1024] =
{
    {1,0,0,0,0,0,0,0,0,0,0,0,0,1,1,1,1,0,0,0,0,0,0,0,0,0,0,0,0,0
    {1,0,0,0,0,0,0,0,0,0,0,0,0,0,0,0,0,0,0,0,0,0,0,0,0,0,0,0,0,0
    {1,0,0,0,0,0,0,0,0,0,0,0,0,0,1,1,1,1,1,1,0,0,0,0,0,0,0,0,0,0
    {1,0,0,0,0,0,0,0,0,0,0,0,0,0,0,0,1,1,1,1,1,0,0,0,0,0,0,0,0,0
    {1,0,0,0,0,0,0,1,1,1,0,0,0,0,0,0,0,0,0,0,0,0,0,0,0,0,0,0,0,0
    {1,1,1,1,1,1,1,1,1,1,1,1,1,1,1,1,1,1,1,1,1,1,1,1,1,1,1,1,1,1
    {1,0,0,0,0,0,0,0,1,1,1,1,1,1,0,0,0,0,0,0,0,0,0,0,0,0,0,0,0,0
    {1,1,1,0,0,1,1,0,0,0,0,1,1,1,1,0,0,1,1,1,1,1,1,1,1,1,1,1,1,1
    {1,0,0,0,0,0,0,0,0,0,0,0,0,0,1,1,1,1,1,0,0,0,0,0,0,0,0,0,0,0
    {1,0,0,0,0,0,0,0,0,0,0,0,0,1,0,0,1,1,1,0,0,0,0,0,0,0,0,0,0,0
};
```

图 7 训练集信息

（2）获取图像的地址与大小

利用 TCP 传输过程中的参数，即可获得图像的地址与大小，并将其传递到应用层中。

（3）获取图像的 rgb 信息

调用 fread（）函数，读取图像的 rgb 信息，并构建相关 rbg 结构体，将图像中各像素点的 rgb 信息进行存储。

（4）对图像进行二进制处理

在上文（3）的基础上，为方便计算，对图像的信息进行二值化处理，即黑色的像素点转化为 1，其余转化为 0。并将转化结果存入全局变量 int frp［1024］中，以便后续计算与各训练样本的距离。

（5）计算图像二进制矩阵与训练集各样本的距离

由于本文采用 KNN 算法[10]进行图像分类与识别，需要取测试图像的二进制矩阵中各为 1 的像素点，计算在各训练样本中，与该位置相距最近的数值为 1 的像素点的距离，并求和。最终的结果即为测试样本与训练样本的距离。

5.2 显示驱动

为将其识别结果在 LCD 显示屏中显示，需要在识别后调用 LCD 相关函数进行输出。

目前，LCD 控制器是以额定频率从特定存储区域中获取欲显示图像的二进制信息，然后将其依次发送到 LCD 显示屏进行显示。根据目前显示屏的大小，其所用的存储区域大小为 32×4096。因此，软件需要将识别出的数字转变为数字图像以后，按照对应格式要求写到存储区域中。

为便于显示结果，本文编写了相关 python 脚本来完成数字图像到存储所需格式之间的转换过程。该脚本可用于图像的二进制处理，可将 jpg 格式图像转换为 480×272 的二进制矩阵，其中 rgb 信息小于 130 的部分将被转换为 1，其余转换为 0。如图 8 所示，左侧为原始的 jpg 图像，右侧为经过脚本处理后生成的 480×272 的二进制矩阵。

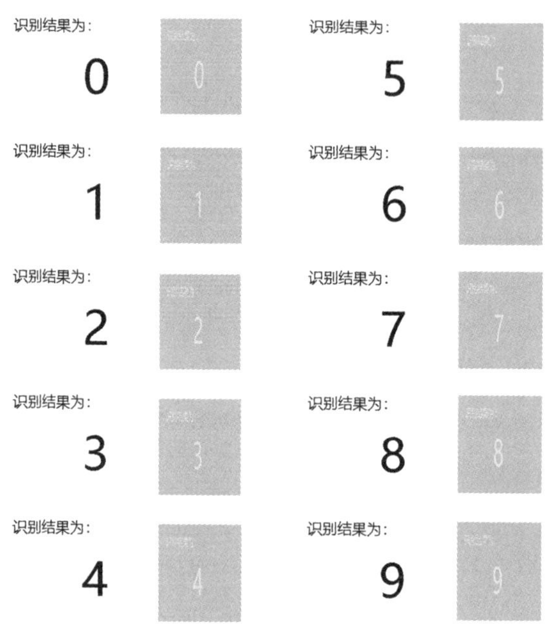

图 8　二进制转换过程示意图

此外，该脚本可根据开发板的小端存储格式，将待显示内容发送到 LCD 显示所使用的缓冲区中。

6　实验结果

在上述章节中，我们已经构建了系统所需的所有软件和硬件，接下来我们介绍完整的系统的实验结果。

6.1　实验环境准备

为了对上述搭建的系统进行功能验证，本文使用 ARTY-A7-100T 的开发板以及运行 Ubuntu16.04 的主机进行相关实验。上文所述的所有硬件设计均需要通过 Vivado 软件对 IP 模块以及自己编写的 Verilog RTL 进行编译、综合与实现，生成 bitstream 文件，再烧录至 ARTY-A7-100T 开发板。本文采用 make 指令进行编译和烧录，共分为以下 6 步。

（1）环境配置

本文使用的虚拟机版本为 Ubuntu16.04，并安装 Xilinx Vivado 至该环境。

（2）获取源码

通过 git-clone 指令在官网获取 e200_ opensource 项目源码。

（3）设置需要编译的 CORE 型号

在所下载的项目文件中，进入 fpga 文件夹，运行以下指令，指明需要为蜂鸟 E203 内核编译：

make install CORE=e203

该指令将在目前的 fpga 文件夹下生成一个放置了 Vivado 所需脚本的子文件夹 install。

（4）进行 SoC 扩展

根据图 2 所示核心外设框架与图 3 所示 SoC 总体设计，对蜂鸟 E203 进行扩展。

（5）生成 bitstream 文件

运行如下指令：

make bit

该指令将调用 Vivado 软件对 Verilog RTL 进行编译，生成 bit 文件。

（6）烧写程序

使用 Vivado 的 Hardware Manager 功能，将前述（4）中生成的 bit 文件烧录至开发板上。

然后，通过 OpenOCD 调试接口将软件直接下载到开发版，系统即开始启动。在 DDR 配置成功后，开发板将有蓝灯提示。

6.2 实验结果说明

首先，我们对硬件资源的占用情况进行了评估。在 ARTY-A7-100T 开发板中，我们构建 SoC 的资源利用情况如图 8 所示。

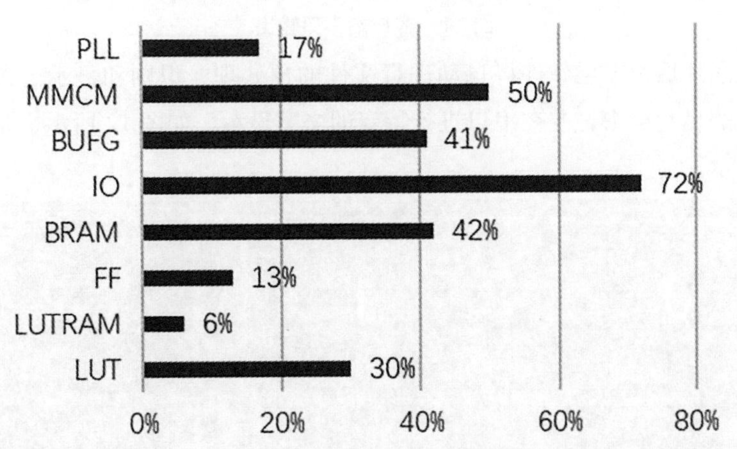

图 9 实现后资源利用占比

通过上图可以看出，包含开源单核的 SoC 只占用了 FPGA 芯片中核心 FF 资源的 13% 和 LUT 资源的 30%。鉴于 ARTY-A7-100T 本身的逻辑资源相对较小（LUT 数量为 15 850 个，FF 数量为 65 200 个），本文构建的 SoC 资源占用非常低。而且，通过 Vivado 对 SoC 进行功耗评估，在系统核心工作频率为 50MHz 的情况下，其总体功耗约 1.035W。可以看出，系统的资源和功耗占用情况可以很好满足嵌入式场景的需求。

然后进行图片文件传输的测试。开发板中运行的软件启动后，会自动连接特定 IP 的服务器。当成功建立连接以后，在服务器端输入“put fileName”即可进行图片文件的传输，服务器端和客户端均有日志和进度条显示。

服务器终端输出结果如图 10 所示，fileSize 打印了该文件的大小，进度条随着传输的进行而加载，并在传输结束后打印相关提示语。

```
$ ./server
client 0.0.0.0 : 0 connct to Server
server>put output0.bmp
put file: output0.bmp
open file: output0.bmp succeed
fileSize = 3126
start transter ..........
sending data         [100%]
end transter ..........
get transter  filename :output0.bmp suceed
```

图 10　服务器终端输出

客户端串口输出如图 11 所示，在文件进行传输前打印接收的文件名与文件大小。通过比对可以发现，开发板接收的文件大小与服务器端传输的文件大小一致，故可以验证文件被完整地传输到了开发板上。

```
recv file name = output0.bmp
recv file len = 3126
start receive data..........
fileSize = 3126, recvData = 3126, saveData = 3126
end receive data..........
fileSize = 3126, recvData = 3126, saveData = 3126

*********************************************************************************
```

图 11　客户端串口输出

客户端在接收到图片后，上层软件将自动进行文件的预处理、识别和显示。最终，正确识别的结果将会显示在开发板的显示屏中，并在串口进行特定的文字显示。如图 12 所示，系统可以针对所有数字图片正确识别并显示。

图 12　识别结果显示示意图

如图 13 所示，串口会将图片 0 的显示结果打印出来。

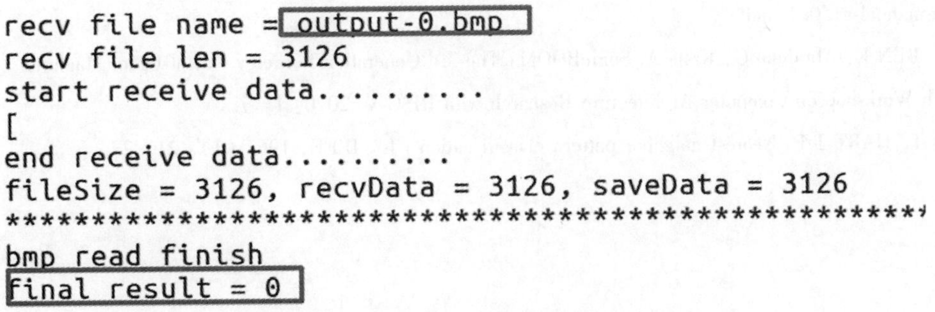

```
recv file name = output-0.bmp
recv file len = 3126
start receive data.........
[
end receive data.........
fileSize = 3126, recvData = 3126, saveData = 3126
*****************************************************
bmp read finish
final result = 0
```

图 13　串口识别结果显示示意图

经过观察，在处理器核运行频率为 50MHz 的情况下，系统接收完成图片以后，预处理、识别与显示所需要的时间小于 1 秒，完全可以满足多种嵌入式场景的需求。

7　总结

本论文主要实现了基于 RISC-V 开源处理器核的数字识别原型系统。论文首先介绍了开源蜂鸟 E203 处理器核及基础 SoC 结构。然后，通过加入互连网络、LCD 控制器、以太网控制器、DMA 控制器、内存控制器等相关功能模块，基于 FPGA 的硬件平台构建完成。之后，论文详细说明了 FreeRTOS 嵌入式操作系统及 LwIP 轻量级网络协议栈的移植方法和过程。为了进一步实现远程图像获取功能，文章实现了 TCP 协议。数字图像识别采用了轻量级的 KNN 算法来实现。最后，基于 RISC-V 开源处理器核的远程图像识别系统构建完成。系统可以自动从远端服务器下载指定的图片，完成识别后将其展示到串口和显示屏中。系统总体资源占用占比低，识别速度快，充分论证了基于 RISC-V 开源处理器核的系统在嵌入式图像识别中的应用潜力。

致谢

本文的工作得到了数学工程和先进计算国家重点实验室开放基金和国家自然科学基金项目（61902406）的资助。

参考文献：

[1] ASPRAY W. The Intel 4004 Microprocessor：What Constituted Invention?［J］. IEEE Annals of the History of Computing, 1997, 19（3）：4－15.

[2] KRSTE A, RIMAS A, JONATHAN B, et al. The Rocket Chip Generator［J］. Technical Report UCB/EECS-2016-17. EECS Department, University of California, Berkeley.

[3] JONATHAN B, HUY V, RICHARDS B, et al. Chisel：Constructing hardware in a Scala embedded language［C］//Proc of IEEE Design Automation Conference 2012, NJ：IEEE, 2012：1212－1221.

[4] GAUTSCHI M, SCHIAVONE P, TRABER A, et al. Near-Threshold RISC-V Core With DSP Extensions for Scalable IoT Endpoint Devices［J］. IEEE Transactions on Very Large Scale Integration（VLSI）Systems, 2017, 25（10）：2700－2713.

[5] 邓天传，胡振波. 一种超低功耗的 RISC-V 处理器流水线结构［J］. 电子技术应用，2019，45（06）：50－53.

[6] CHEN C, XIANG X, LIU C, et al. Xuantie-910：Innovating Cloud and Edge Computing by RISC-V［C］//Proc of 2020 IEEE Hot Chips 32 Symposium（HCS）, Piscataway, NJ：IEEE, 2020, pp. 1－19.

[7] 邓紫珊. 基于 RISC-V 的 SoC 设计及其 RTOS 移植［D］. 电子科技大学，2020.

[8] SiFive E300 Platform Reference Manual［OL］.［2021—06—18］https：//static. dev. sifive. com/SiFive-E300-platform-

reference-manual-v1. 0. 1. pdf.
[9] ZHAO J, BEN K, Abraham G, Krste A. SonicBOOM: The 3rd Generation Berkeley Out-of-Order Machine. [C] // Proc of the Fourth Workshop on Computer Architecture Research with RISC-V. 2020: 1 - 7.
[10] COVER T, HART T P. Nearest neighbor pattern classifi cation [J]. IEEE, 1967 (1): 21 - 27.

国产八路服务器结构与散热技术研究与设计

李红　周善祥　田宝华　张晓明

（中电长城圣非凡信息系统有限公司湖南计算机研发中心，湖南长沙 410205）

摘要：分析了多路服务器的研究和发展现状，设计了一款基于飞腾 64 核处理器的国产八路服务器，具有以下优点：其一，卓越性能，自主可控，安全可靠。8 颗飞腾中央处理器间采用基于高速串行链路的互连网络实现片间互连，直连接口带宽达到 200 Gbps，支持处理器错误处理框架；系统具有强大的并行计算能力和数据处理能力。其二，高可靠本地存储，系统支持 24 块 2.5 寸 HDD 磁盘阵列。其三，高速对外扩展 IO 丰富，支持 8 个全高全长 PCIE 设备扩展。其四，系统采用冗余风扇模组和独立风道，散热性能好，可靠性高。其五，刀片插框架构，可实现快速安装与维护。其六，机箱为标准 19 英寸 6U 机箱，结构紧凑、体积小。此八路服务器优点突出，具有很好的推广应用价值，可广泛应用于政府、金融、企业、能源、交通、运营商等行业的 ERP、CRM、数据分析等关键业务上。

关键词：多路服务器；八路服务器；国产服务器；结构与散热；飞腾 64 核

中图分类号：TP368.5　　**文献标志码：**A

1 引言

多路服务器是互联网时代的重要组成节点，为互联网用户提供计算、存储、数据交换等服务。多路服务器的多个中央处理器（CPU）共享系统资源及总线架构，协同为系统提供计算服务而具有更强大的并行计算能力、数据处理能力、高速对外扩展能力，提供更高的可靠性和更大的扩展空间。多路服务器能够满足关键业务对服务器的高性能、强大扩展性和 RAS 特性［可靠性（Reliability）、可用性（Availability）、可维护性（Serviceability）缩写 RAS］的需求，因而被广泛应用于关键业务应用中，如政府、国防、安全、电信、金融、交通、医疗、电力等。随着云计算、大数据技术的发展，对数据计算性能和计算密度要求越来越高，多路服务器的需求日益增长，国内外对多路服务器的技术研究和产品开发也屡见不鲜。

相文博[1]设计了一种基于 6U 空间的存储计算服务器，其结构包括服务器机箱和设置在服务器机箱中的计算节点、存储节点、电源，计算节点和存储节点在安装时能够混插，具有高密度扩展存储容量，实现存储与计算共存。龚振兴、赵瑞东、王雪，等[2]提出了一种提高多路高性能服务器散热性能的散热方法，机箱设计成上下两层，机箱上层设置有整机风扇和 CPU 散热器；机箱下层设置有电源模块、硬盘存储模块和面板散热风扇。郭晓宇[3]提出了一种多路服务器系统及 CPU 启动数量的调节方法，包括平台控制器 PCH、基板管理控制器 BMC、CPU 时序控制器以及若干个主从连接的 CPU。李倩倩[4]设计了一种多路服务器系统，包括 8 个主板和两个 QPI 互联板，每个主板包括相互连接的 CPU1

通讯作者：李红（lihong20051123@163.com）

和 CPU0，每个 QPI 互联板均包括 4 个互联芯片，每个 QPI 互联板的互联芯片通过 NI 总线两两互联。李文方[5]进行了服务器散热结构优化设计研究，采用供电系统和散热系统整合设计的结构形式，通过优化刀片结构、中背板结构和电源结构，提高服务器系统的可靠性。何智光、田浩、李震[6]进行了适用于服务器 CPU 散热的微通道两相流研究，设计了一套以 R134a 为冷媒的微槽道两相流循环散热系统，用于冷却高发热密度的服务器 CPU，其系统应用于大型数据中心全年理论能效比可以达到 10 以上。吴泽云[7]利用计算机辅助热分析软件对服务器的结构和散热做了优化设计。

华为、联想、紫光、浪潮、中科曙光、惠普、超微等相继开发了多路服务器。具有代表性的有华为 8U 服务器 KunLun 9008 V5，联想 4U 服务器 ThinkSystem SR950，紫光 8U 服务器 H3C UniServer R8900 G3，浪潮 4U 服务器天梭 TS860M5，中科曙光 4U 服务器天阔 I840-G30。然而这些多路服务器大多是基于 X86 架构的产品，采用英特尔至强处理器或 AMD 霄龙处理器，软硬件等核心技术受制于国外厂商，信息安全也得不到保障，使得国产自主可控多路服务器的研制成为必然。单个飞腾中央处理器的散热功耗高达 150 瓦以上，因此基于 X86 架构的系统设计方案已无法满足基于飞腾中央处理器平台的系统散热问题，从而会导致服务器集成性较差、散热效果不佳，使用寿命短等问题。本文的目的旨在设计一款国产八路服务器，采用 ARM 平台，支持高达 8 颗 64 核飞腾 S2500 处理器、64 个 DDR4 ECC RDIMM 内存插槽、24 块前置硬盘、8 块全宽全长全高 PCIE 设备等，采用 6U 机架式服务器机箱，提供强大的计算能力和本地存储空间，模块化冗余设计，全互联架构，满足大型数据库、云计算、高性能计算、大数据、人工智能等业务场景对高可用和高可靠性的极致要求。

2 硬件系统架构设计

基于飞腾 64 核处理器的八路服务器，其硬件系统架构如图 1 所示，由计算单元、监控单元、IO 扩展单元、互联背板、存储模块、电源模块、散热模块和机箱等组成。

其中，计算单元包含 4 块计算刀片，每个计算刀片上集成 2 颗 CPU，每个 DDR4 内存通道上配置 1 根内存插槽，每个 CPU 配置 8 个 DDR4 内存插槽，每个计算刀片共包含 16 个内存插槽，可接插 16 根 DDR4 ECC RDIMM 全高内存条。

监控单元由两个互为冗余备份的监控单元构成，分为主监控单元 0 和从监控单元 1，默认主监控单元处于工作状态，从监控单元处于热备状态，二者之间采用心跳协议感知对方状态。当主监控单元故障后，另一个从监控单元将接管系统监控工作。监控模块采用 2 块独立的双冗余监控刀片，集成 BMC 监控芯片。

IO 扩展单元包含 1 块独立的 IO 扩展底板，包含 8 个 PCI-E3.0 扩展插槽，每个 CPU 直接输出 1 路 PCIE x16 接口，连接到扩展插座，扩展插槽可安装标准尺寸的全高全长的 PCIE 扩展设备。

互连背板采用 1 块互连背板，与计算板平面垂直正交，互连背板实现 4 个计算刀片之间的 CPU 直连通道 FIT、计算刀片与 IO 扩展底板的 PCIE 信号通路、计算板与监控板之间的监控信号通路等多种信号通路，同时为各个计算刀片、IO 扩展底板、监控刀片提供电源。

存储模块包含前面板上的存储盘位和板内的 M. 2 盘位。板内 M. 2 盘主要用于系统盘以及面向大数据应用高速数据缓存。前面板存储盘主要用于数据存储，支持在线存储盘热插拔更换，最大支持 24 个 2. 5 寸盘位，兼容 SATA/SAS 和 NVMe 两种存储标准，支撑 RAID 功能。

电源模块采用 CRPS 标准服务器大功率独立电源模块，构成 N+2 冗余结构。

散热模块包含八个 8038 和三组 4038 智能调速静音风扇，风扇从 IO 扩展底板上取电，控制信号通

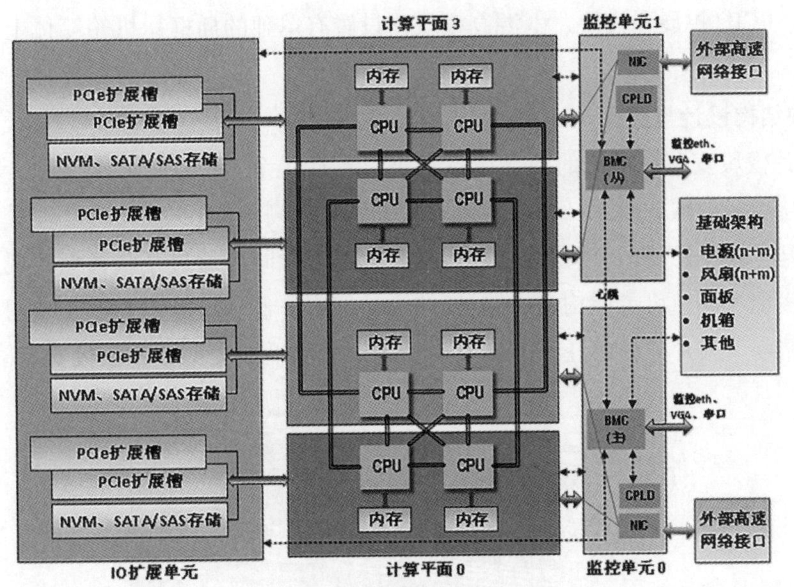

图1 八路服务器硬件系统架构

过IO模块（底板）中转后连接到监控模块。

3 物理结构设计与实现

3.1 物理架构基本组成

如图2所示，整机结构由机箱、前插模块、中间模块和后插模块组成。其中前插模块包括计算刀片模块、硬盘仓模块和Raid转接模块，中间模块包括互联背板模块和中置风扇模组，后插模块包括PCIE扩展仓模块、监控管理模块、电源仓模块和后置风扇模组。

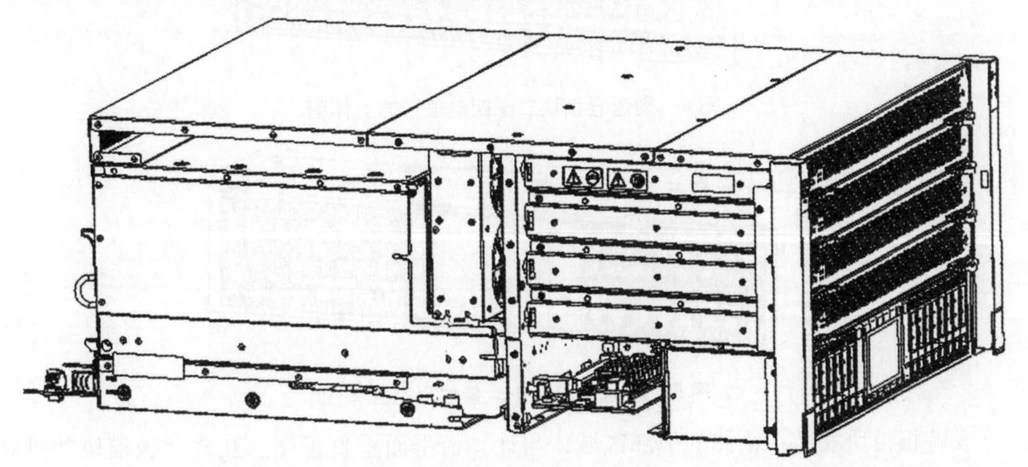

图2 系统立体结构示意图（隐藏箱体右侧板、底板、前面板）

机箱为标准19英寸6U机箱，深度为650mm。一方面通过科学设计，合理布局，实现了结构的紧凑性和高密度；另一方面，基于飞腾64核飞腾处理器的计算刀片和计算刀片间通过互联背板实现互连，控制了单板尺寸，缩短了走线长度，确保了高速信号质量的同时，实现了配置的灵活性，实现了小的机箱体积设计。机箱整机材质和各刀片插框材质均采用国产中钢SGCC，其中机箱主体承重结构件板厚T=1.5mm，插框主体承力托盘料厚T=1.2mm，材料冲压性能良好且具有较好的抗腐蚀和防锈能力，这使得整机具有较强的结构强度和抗冲击性能。整机具有快速安装与维护特性，其中计算刀片模块、硬盘仓模块、PCIE 扩展仓模块、电源仓模块均设置有单独的插框，机箱箱体上盖中部为可拆卸式盖板。

3.2 各模块结构设计与实现

（1）计算刀片模块安装在箱体的前部区域。机箱支持 4 个 1U 全宽计算刀片，每个计算刀片可单独实现计算处理功能。如图 3 所示，每个计算刀片配置 2 颗高性能 64 核飞腾处理器、16 根 DIMM 内存插槽和内存条。基于 64 核飞腾处理器的计算刀片和计算刀片间可通过互联背板实现互连，无需通过额外设置交换模块实现互连，可灵活构成八路/四路高性能服务器。计算刀片插拔采用活动导轨，以保证模块与背板插拔精度。刀片插框的托盘整体三面折弯，底部平面度良好，主板安装精度可得到保证。

图 3 计算刀片模块立体图（隐藏刀片插框上盖）

（2）硬盘仓模块设置在箱体的前下部区域。最大支持 24 个 2.5 寸热插拔 SAS/SATA/SSD 硬盘盘位。如图 4、图 5 所示，可同时兼容十六盘位及二十四盘位两种形态，当采用十六盘位形态时，中间八盘位空间设计安装一块 3.5 寸 LED 监控显示屏，兼容性好。

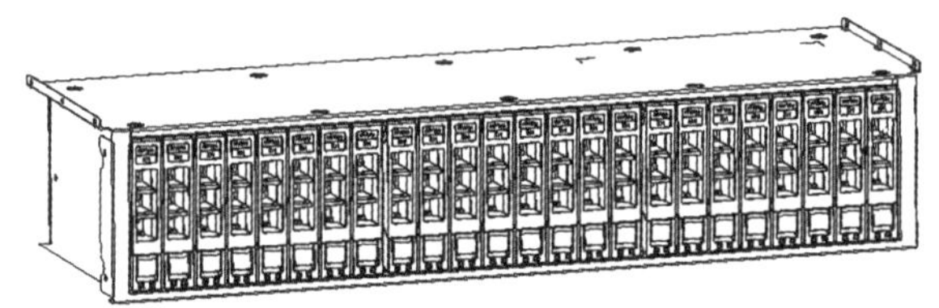

图 4 硬盘仓模块二十四盘位形态立体图

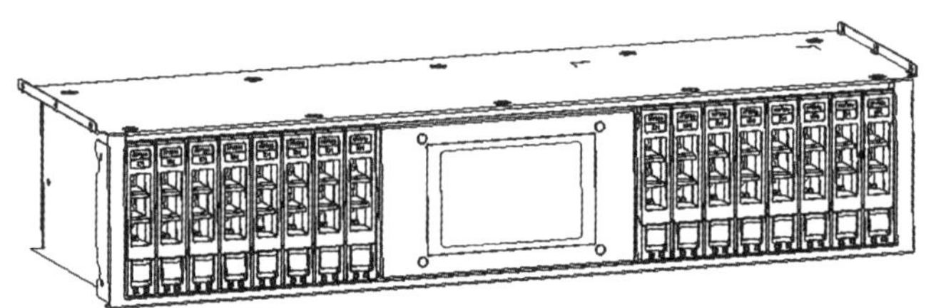

图 5 硬盘仓模块十六盘位形态立体图

（3）互联背板模块安装在箱体的中部区域，与计算板平面垂直正交。互联背板模块通过高速连接器、电源连接器与各模块进行互连，从而实现 4 个计算刀片之间的 CPU 直连通道 FIT、计算刀片与 IO 扩展底板的 PCIE 信号通路、计算板与监控板之间的监控信号通路等多种信号通路，同时为各个计算刀片、IO 扩展底板、监控刀片提供电源。

（4）PCIE 扩展仓模块安装在箱体的后部区域。如图 6 所示，包含 8 个标准 PCI-E3.0 插槽，支持 x16 全信号，支持全高全长 PCIE 扩展设备。当插入 8 个全高全长的 PCIE3.0x16 GPU 卡设备时可构成 8GPU 高性能服务器。

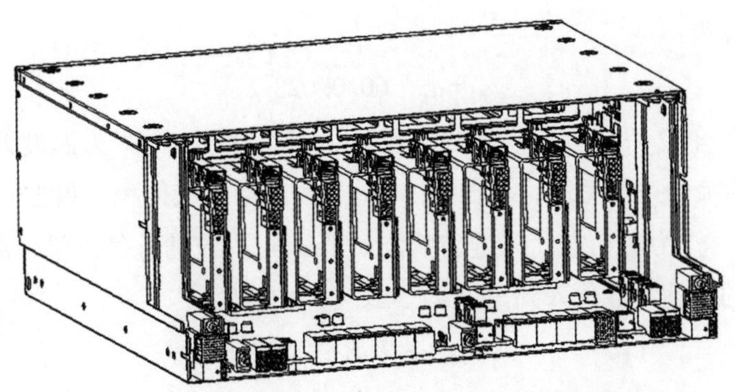

图 6　PCIE 扩展仓模块立体图-8GPU 高性能服务器

（5）监控管理模块，设置在箱体的后部区域，如图 5 所示，具体为设置在 PCIE 扩展仓模块插框的左、右两侧。包含 2 个监控管理刀片，支持 1+1 冗余，可靠性高。

4　散热结构设计与实现

（1）功耗预估

系统各级功耗预估情况如表 1 所示：

表 1　系统峰值功耗估算

序号	类别模块	子模块	单个功耗/W	数量	功耗/W	合计/W
1	计算刀片模块	CPU	150	8	1 200	1 570
		内存条	5	64	320	
		其他	50	1	50	
2	存储 IO 模块	硬盘/SSD	10	24	240	280
		Raid 卡	20	2	40	
3	监控管理模块	BMC	10	2	20	20
4	PCIE 扩展仓模块	PCIE 板卡	150	8	1 200	1 235
		PCIE 扩展板	35	1	35	
5	电源模块	PSU 电源模块	72	4	288	288
6	风扇模块	8 个风扇	48	8	384	384
7	其他	DVD、USB、网口、显示等	20	1	20	20
总计					3 797	

（2）散热设计分析

根据热转换方程式[8]：

$$Q=c\cdot m\cdot \Delta T \tag{1}$$

又

$$m=\rho\cdot V \tag{2}$$

$$Q=P\cdot t \tag{3}$$

由（1）、（2）、（3）得：

$$q_1=\frac{v}{t}=P/(c\cdot\rho\cdot\Delta T) \tag{4}$$

再进行流量单位换算得：

$$q_2 = q_1 \cdot 60/0.028 \tag{5}$$

其中 Q 为热转换量，单位 J；c 为空气比热，单位 J/（kg·K）；ΔT 为温度差，单位 K；m 为流动空气质量，单位 kg；ρ 为流动空气密度，单位 kg/m^3；V 为流动空气体积，单位 m^3；P 为整机功率，单位 W；t 为时间，单位 s；q_1 为流动空气流量，单位 m^3/s；q_2 为流动空气流量，单位 CFM。

将标准大气压空气的物性参数代入到式（4）、式（5）中得：

$$q_2 = 1.76P/\Delta T \tag{6}$$

本文中 P 取 3 797W，根据经验 ΔT 通常取 8K~15K[9]，本文中取 15K，

代入式（6）得 $q_2 = \dfrac{1.76P}{\Delta T} = 445.5\text{CFM}$

即系统风扇的总风量应大于 801.9（=445.5×1.8）CFM，其中 1.8 为系统阻抗系数[5]。

（3）风扇选型

根据上述分析，为满足系统的散热需求，设计时选用了两款轴流风扇，一款 8038 风扇，一款 4038 风扇，且带 PWM（Pulse Width Modulation 脉宽调制）控制，风扇参数见表 2：

表 2　风扇参数

型号	转速/RPM	风量/CFM	最大静压/Pa
8038	16 100	132（Typ.）	1 350（Typ.）
4038	25 000	31.8（Typ.）	1 100（Typ.）

系统采用了八个 8038 风扇和三组 4038 双胞胎风扇，系统额定风量为 1 151.4（=8×132+3×31.8）CFM；当 8038 风扇考虑 N+1 失效时，系统额定风量为 1 019.4（=7×132+3×31.8）CFM，均大于 801.9 CFM，满足设计要求。

（4）散热结构设计

首先，为计算刀片模块、Raid 转接模块、PCIE 扩展仓模块、监控管理模块、电源仓模块上发热量大、功耗高的芯片和器件布置铝制或铜制鳍片被动散热器，针对高功耗的芯片例如飞腾处理器芯片，为其散热器内镶嵌多根热管，以提高散热效率。

其次，系统采用两组风扇模组，第一组为中置风扇模组，安装在箱体的中部区域；第二组为后置风扇模组，安装在箱体的后部区域。中置风扇模组由八个 8038 风扇组成，主要为计算刀片模块、PCIE 扩展仓模块和监控管理模块进行散热。后置风扇模组由三组 4038 双胞胎风扇组成，主要为硬盘仓模块、Raid 转接模块、电源仓模块进行散热，为实现高可靠性，均支持 N+2 冗余设计。

第三，机箱箱体前面板、硬盘仓前窗、计算刀片插框的前窗进风开孔率设计为≥60%，能够保证足够的进风量。PCIE 扩展仓模块、监控管理模块、电源仓模块插框的后窗出风开孔率均≥60%，同时互联背板上设置多处大通风孔，有利于减小系统风阻从而提高整机散热效率。

第四，机箱内采用物理风道隔离，使得整机具有两个横穿整机的独立风道。如图 7 所示，第一风道为外部气流从机箱箱体前面板进入，通过计算刀片插框的前窗进风口进入计算刀片内部，流经计算刀片整板后，通过互联背板的通风口进入八个 8038 风扇（中置风扇模组）内，再进入 PCIE 扩展仓内，最后由 PCIE 扩展仓的后窗出风口排出机体，从而带走计算刀片模块、PCIE 扩展仓模块和监控管理模块的热量。

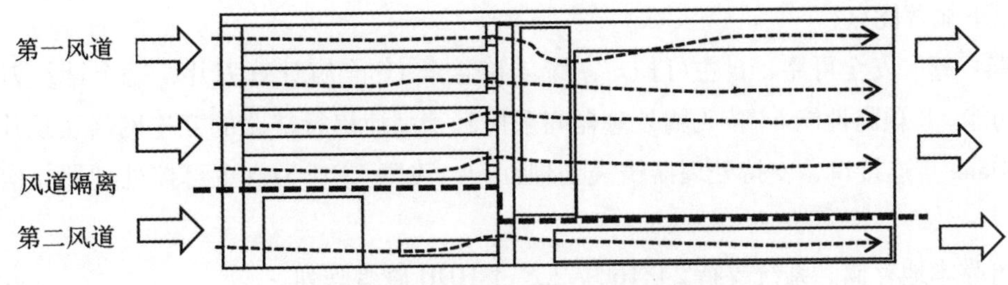

图7 整机风道示意图（机箱去侧板）

第二风道为外部气流从硬盘仓前窗进入，通过硬盘后，流经 Raid 转接模块整板后，通过互联背板的通风口进入电源仓模块，再进入三组 4038 双胞胎风扇（后置风扇模组）内，最后由电源仓的后窗出风口排出机体，从而带走硬盘仓模块、Raid 转接模块、电源仓模块的热量。两个横穿整机的独立风道大大地提高了整机的散热效率，解决了风冷高功耗服务器散热效果不佳的问题。同时，风扇均通过 PWM 控制转速，可根据系统负载调整转速，有利于降低系统功耗和运行噪音。

（5）散热仿真

利用计算机辅助热分析软件对服务器进行整机散热仿真，如图 8 所示为系统温度云图，当环境温度为 35℃时，系统内部空气温度为 45℃～50℃，温升为 10℃～15℃，满足散热设计要求。如图 9 所示为系统压力云图，系统风道比较顺畅。散热仿真结果显示，系统散热设计科学合理，完全满足系统结构与散热设计要求。

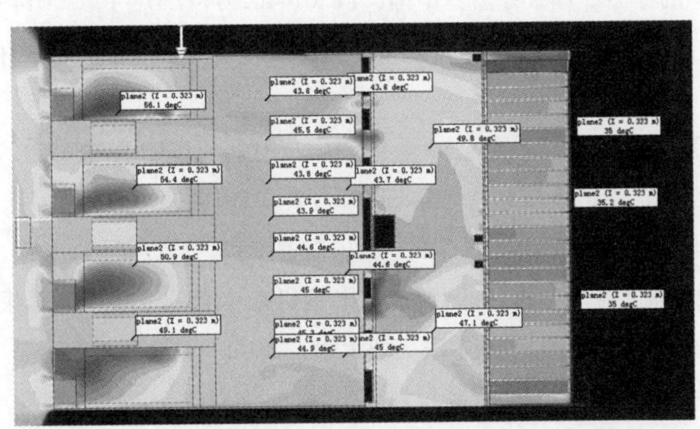

图8 系统温度云图

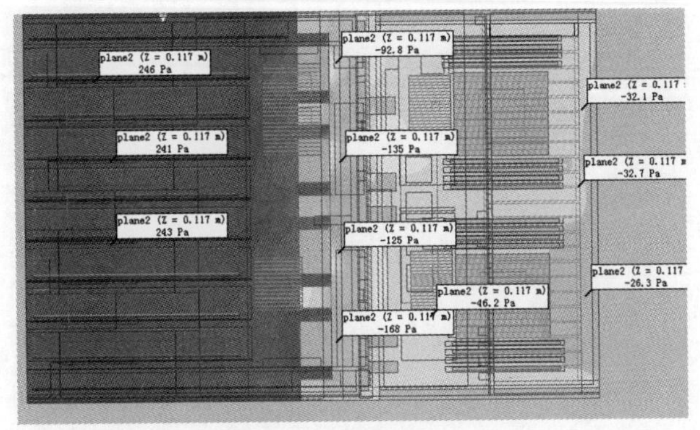

图9 系统压力云图

5 总结

本文设计的基于飞腾 64 核处理器的八路服务器目前已完成小批量过程验证测试，已进入量产阶段，其具有以下显著优点：

（1）性能卓越、安全可靠、自主可控。系统支持 4 个 1U 全宽计算刀片，每个计算刀片可单独实现计算处理功能。8 颗高性能 64 核飞腾处理器间采用基于高速串行链路的互连网络实现片间互连，支持 25Gbps * 4lane 直连接口，支持处理器错误处理框架。飞腾 CPU 为自主可控处理器，信息安全可得到保障。

（2）高可靠本地存储，系统支持 24/16 块 2.5 寸 HDD 磁盘阵列。

（3）高速对外互连，IO 扩展丰富。支持多类高速 PCIE 扩展设备，例如 100G 以太网卡、AI 加速卡、GPU 加速卡；PCIE 扩展仓模块包含 8 个标准 PCI-E3.0 插槽，支持 x16 全信号，支持 8 个全高全长 PCIE 扩展设备。

（4）系统的两组风扇模组和两个横穿整机的独立风道，提高了整机的散热效率，解决了风冷高功耗服务器散热效果不佳的问题。风扇均通过 PWM 控制转速，实现系统运行低噪音。

（5）各模块均设置有单独的插框，支持计算刀片、硬盘、PCIE 扩展卡、监控管理刀片、电源模组、风扇模块和互联背板的快速安装与维护。

（6）机箱为标准 19 英寸 6U 机箱，深度 650mm，结构紧凑，密度高。

参考文献：

[1] 相文博. 一种基于 6U 空间的存储计算服务器：中国，ZL201410291147.0 [P]. 2014—09—17.

[2] 龚振兴，赵瑞东，王雪，等. 一种提高散热性的多路高性能服务器及其散热方法：中国，ZL201810593364.3 [P]. 2018—11—20.

[3] 郭晓宇. 一种多路服务器系统及 CPU 启动数量的调节方法：中国，ZL202010686071.7 [P]. 2020—11—20.

[4] 李倩倩. 一种多路服务器系统：中国，ZL201810788308.5 [P]. 2018—12—18.

[5] 李文方. 高密度服务器散热结构优化设计研究 [J]. 中国设备工程，2019 (18)：68 - 69.

[6] 何智光，田浩，李震. 适用于服务器 CPU 散热的微通道两相流研究 [J]. 工程热物理学报，2020，41 (1)：161 - 168.

[7] 吴泽云. 2U 游戏服务器的散热研究 [D]. 哈尔滨工业大学，2016.

[8] 杨世铭，陶文铨. 传热学 [M]. 4 版. 北京：高等教育出版社，2006.

[9] 李红，李俊，龚国辉. 笔记本电脑散热结构优化设计 [J]. 计算机工程与科学，2019，41 (3)：446 - 451.

基于 MFCA 算法的卷积神经网络向量化映射方法

赵悦恺[1]　鲁建壮[1]　陈小文[1]

[1](国防科技大学计算机学院　长沙 410000)

摘要　卷积神经网络在计算机视觉领域证明了它在精度和速度上的优势。在部署段，神经网络推理加速专注于优化和提升卷积在处理器上的计算效率，以达到更快的识别速度。但作为计算密集型的程序，卷积对处理器的存储空间和计算能力提出了很高的要求。目前，针对向量处理器上卷积加速的研究工作数量有限，存在着很多亟待解决的问题。数据复用能够大大减少存储器的读写次数，提高了程序的计算效率。本文将一种基于矩阵转换的高效卷积计算优化（MFCA）方法，在 M-DSP 上进行卷积的向量化实现，通过增加任务量的方式来实现并行计算，从而提高处理器的计算效率。同时，通过多级存储结构增强数据利用，将卷积的源数据及时存储在一级缓存中，另外，建立双缓冲机制，减小数据传输对计算性能的影响。实验结果表明，MFCA 算法在 M-DSP 上映射卷积，最高能达到 45.24% 的计算效率，单位时钟内最多进行 2 084 次乘加操作，实现了卷积的有效加速。

关键词　卷积神经网络；MFCA 算法；向量处理器

中图法分类号　TP391

卷积神经网络（CNN）在计算机视觉领域表现优异，在目标检测[2]，行人识别[1]和轨迹追踪[3]等应用中的准确率都远远高于其他机器学习模型。为了提高神经网络的识别精度，研究者们使用数量众多的卷积层增强网络的特征提取能力，这使得卷积占据了神经网络中超过 70% 的计算量，而这庞大的计算量对处理器的计算能力提出了很高的要求。受限于体系架构，桌面处理器（CPU）的计算能力无法承担这样的负荷，其计算延时无法满足实时计算的需要。研究者们提出了优化卷积神经网络的两种方法：一是使用专用架构运行神经网络，提高算法的运行速度；二是优化神经网络的计算方法，降低算法复杂度，从而减少算法的运行时间。

卷积神经网络作为计算密集型的程序，对处理器的数据读写能力的要求很高，如何通过增加数据复用率来有效利用数据，减少片上内存的访问就成了研究的热点。专用集成电路（ASIC）作为一种为专门目的而设计的集成电路，具有设计灵活、功耗低、性能强、体积小等特点，适合用作卷积神经网络的专用加速器。文献［7］中介绍了一个名为 Eyeriss 的 CNN 加速器，它概括了数据复用的三种模式：输入固定、权重固定和输出固定。Eyeriss 通过在处理单元（Processing Elements ，PE）阵列上流动数据（输入数据斜向移动，权重数据横向移动，输出数据纵向移动），同时实现了这三种数据模式，极大地减少了数据搬运，从而加快运算、降低功耗。但是，在 Eyeriss 中，PE 之间由数据通路连接，数据只能按照既定的三个方向进行移动，在计算规模较小的情况下，长距离的数据

通信作者：鲁建壮（lujz1977@163. com）

流通导致了不必要的能源损耗。针对这一问题，文献［10］在数据搬移上进行了更深的研究，对数据移动的长度提出了改进措施。文中设计了一个名为 WAX 的 CNN 加速器，它采用了分布式的内存架构，通过不同层次和大小的 cache 整合计算节点，形成“H 树”的互联结构，大幅提高神经网络中的数据复用率和计算性能。但是，ASIC 的体系结构[8-9,12]限制了它的应用范围，既无法用于计算其他类型的任务，也无法兼顾不同计算量的任务。为了在通用处理器平台上进行高性能计算，NVIDIA 推出了 Compute Unified Device Architecture（CUDA）框架，使得 GPU 能够解决复杂的计算问题。CUDA 包含了 GPU 内部的并行计算引擎，支持高级语言调用 GPU 资源进行浮点运算，实现了 CPU 和 GPU 的协同处理。很多研究者在 CUDA 框架的基础上，实现了神经网络运行框架[4-5]，并用于神经网络的训练和推理。TensorRT 就是 NVIDIA 推出的用于神经网络推理的加速库。卷积神经网络训练时，为了保持较高的精度，常常采用高位数的格式，比如 32 位浮点数，然而，网络推理的过程中，对精度的要求远低于训练，保持 32 位浮点数的数据格式，在运算速度和数据存储上都有很大的开销，不利于降低推理的延迟，因此，TensorRT 将 Tensorflow 等通用框架中采用的 32 位浮点数格式的模型进行量化处理，将它们转化为 8 位整型数据的格式，达到加速推断的效果。除此之外，TensorRT 还会根据 GPU 的特性，对深度学习模型进行优化。比如，在通常情况下，卷积层会与一个标准化层和一个激活层连接，这三个网络层在计算时都需要调用 GPU 的 API。TensorRT 会合并这三个网络层，减少 API 的调用，从而降低延迟。

在本文中，我们基于 MFCA 算法[11]，在多核向量处理器上映射卷积神经网络，实现了卷积的高性能计算。MFCA 算法是利用数据按行存储的规律进行数据复用的卷积加速算法。我们将 MFCA 算法向量化，将输入图像映射到向量处理单元中，将卷积核映射到标量处理单元中，通过增加同一时间内处理卷积的数量，提高向量处理器的计算速度。我们将输入图像的数据按照维度、宽和高的顺序展开成一维向量，多副图像的向量可以横向拼接成一个二维矩阵，每次读取这个二维矩阵的一列数据，就可以通过向量处理器同时处理多幅图像。为了节约存储空间的开销，卷积核的数据仍然是以标量的形式存储，在使用前通过复制扩展的方式得到维度相同的向量，将这两个向量进行对应维度数据的相乘，就实现了乘法的向量化。

为了减少单个卷积的执行时间，我们将向量化的 MFCA 算法用于多核处理器。向量化虽然能够减少处理每张图像的平均时间，但是无法减少一张图像从输入到输出的绝对时间。将卷积计算任务分配到多个处理器核，减少单个处理器核的任务量，就能有效缩短计算时间。

本文的主要贡献包括 3 个方面：

1）我们提出了 MFCA 算法的向量化方法，实现了卷积在向量处理器上的高性能计算；

2）我们将卷积计算任务均匀分配给多个向量处理器核，减小每个核的计算任务，缩短整体的运行时间；

3）我们利用双缓冲机制，按照任务需求排列数据并合理划分数据块，增强了数据复用，提高了整体的计算效率。

1 相关工作

1.1 多核向量处理器 M-DSP

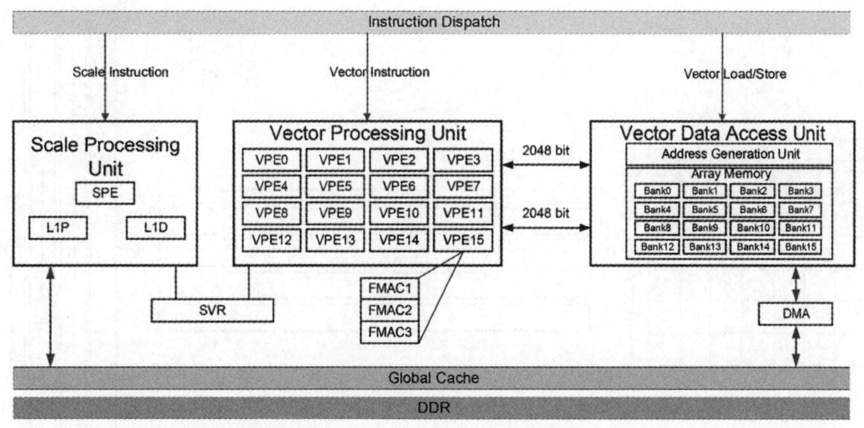

(a) Architecture of A single M-DSP core

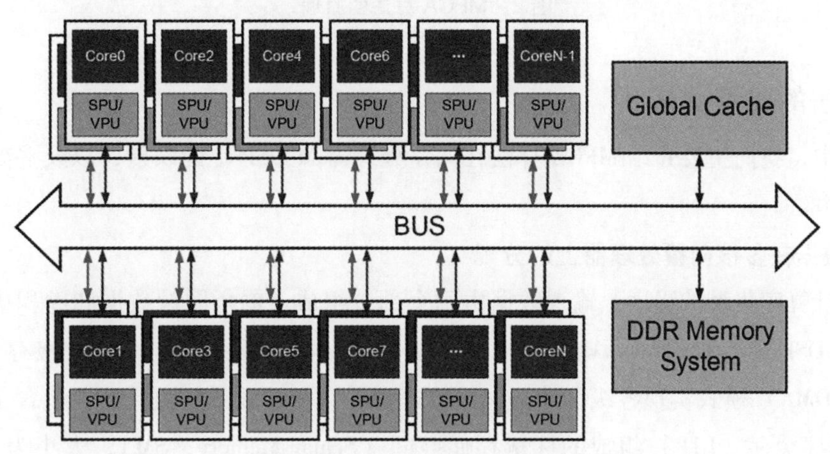

(b) Interconnection of M-DSP cores

图 1 M-DSP 的体系结构

M-DSP 是国防科技大学计算机学院自主研发的多核向量处理器，可用于高性能的浮点运算，该处理器集成了 24 颗向量处理器内核，半精度浮点计算性能为 9.216TFLOPS。[13-14]

M-DSP 处理器的体系结构如图 1 所示。单核 M-DSP 由标量处理单元（Scalar processing unit，SPU）和向量处理单元（Vector processing unit，VPU）组成。其中，SPU 用于标量计算和流程控制，它包含两个标量计算元件（Scalar processing element，SPE），可以同时进行两个标量的加法、减法、乘法以及标量内和标量外的复制扩展等操作。SPU 和 VPU 之间有一个标向量转换器，可以实现从标量到向量的单向转换，SPU 中标量寄存器内的数据复制扩展后，得到一个 16 维向量，存放在 VPU 中的向量寄存器内。VPU 主要提供向量计算能力，它集成了 16 个向量处理元件（Vector processing element，VPE），可以进行向量的乘法，加法和减法运算。每个 VPE 的数据位宽为 64 位，可以处理双精度浮点数、单精度浮点数和半精度浮点数这三种格式的数据。

1.2 MFCA 算法

MFCA 是文献［11］提出的一种基于矩阵转换的高效卷积计算优化方法，它根据输出矩阵的宽度和卷积核的大小对输入矩阵进行分块，并将这两个数据块转化为对应的矩阵，接着对这两个矩阵进行稀疏矩阵乘法，最后将输出的结果按序排列，得到最后的卷积结果。图 2 描述了 MFCA 算法的原理。该算法通过数据分块的方式提高缓存利用率，加速了卷积的计算。

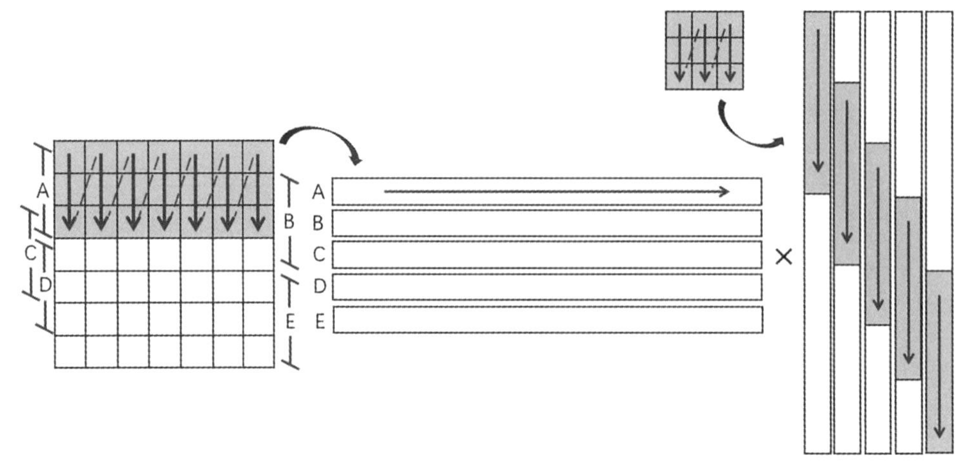

图 2　MFCA 算法的原理

2　MFCA 算法的向量化实现

在这一章节中，我们主要介绍 MFCA 算法在向量处理器 M-DSP 上的映射，以及多处理器核之间的数据分配和优化方法。

2.1　卷积数据在多核向量处理器上的分配

卷积是一个计算密集型的程序，输入数据由两个部分组成，输入图像数据和卷积核数据。图 3 右侧部分介绍了 M-DSP 的存储空间。M-DSP 采用多级存储结构，并提供丰富的直接存储访问（Direct Memory Access，DMA）模式实现各级存储空间的快速访问。在处理器核内，SPU 包含了一级数据缓存（L1D）和一级程序缓存（L1P）组成的标量存储空间（Scalar Memory，SM），大小为 64KB。在 VPU 中，向量存储空间（Array Memory，AM）的大小为 768KB，用于向 VPU 提供 1 024 位的向量数据。核之间通过大小为 6MB 全局缓存（Global Cache，GC）和 DDR 存储器进行数据交换。这些存储器之间可以通过 DMA 进行逐层的数据传输，也可以跨层传输。计算卷积时，初始数据均存放在 DDR 中。首先，为了方便数据分块，减少数据搬移对执行程序的影响，M-DSP 中除标量、向量寄存器外的每一个存储空间都需要分块。其中，SM 分为两个数据块，每块为 32KB；AM 和 GC 都分为四块，每块各为 192KB 和 1 536KB。DDR 中的数据按照输入图像的数据、卷积核的数据和输出数据进行排列。输入图像的数据根据 AM 的分块大小以及数据的实际情况划分，卷积核的数据根据 SM 的分块大小以及自身的数据量进行划分。使用 DMA 方式进行数据传输时，需要严格控制传输数据块的大小，减少建立传输通道相对于传输时间的损耗，从而提高整体的传输速度。通常情况下，一次传输两个数据，即使用双缓冲的机制，能够有效地减少传输带来的开销。另外，还需要在进行传输任务时，执行计算任务，提高处理器的硬件资源利用率。

M-DSP 支持点对点传输、分段传输和数据广播等多种数据传输方式。根据这三种数据传输方法，图 3 详细介绍了计算卷积时数据的流通方向。首先，根据 GC 的容量，将一部分输入图像的数据和卷积核的数据从 DDR 中按照标记 1 传输到 GC 中。卷积的计算量较大时，可以将输入图像按照通道进行划分，先传输一部分通道的数据，而卷积核的数据量较少，可以传输整数个卷积核，并将其存放在与输入图像相同的 GC 数据分块内。接着，需要将输入图像的数据和卷积核的数据传输到向量处理器核内。由于卷积时图像上的每一个数据块都和同一个卷积核进行计算，所以需要将卷积核以广播的方式传输到每一个处理器核的 SM 中，标记 2 指示了传输的方向。输入图像可以理解成一个大小为［维度，长，宽］的向量，将这个向量从维度和宽度两个角度进行数据分块后，就可以一次或分多次将输入图像的数据分摊给多个处理器核的 AM 中，实现卷积的并行计算。标记 3 介绍了分段传输到 AM 中的数据流通方向。具体的计算方式在 2.2 节中进行介绍。计算完毕后，按照标记 4 指示的方向，各个处理器核按照点对点的方式将计算结果传回 GC 进行汇总。

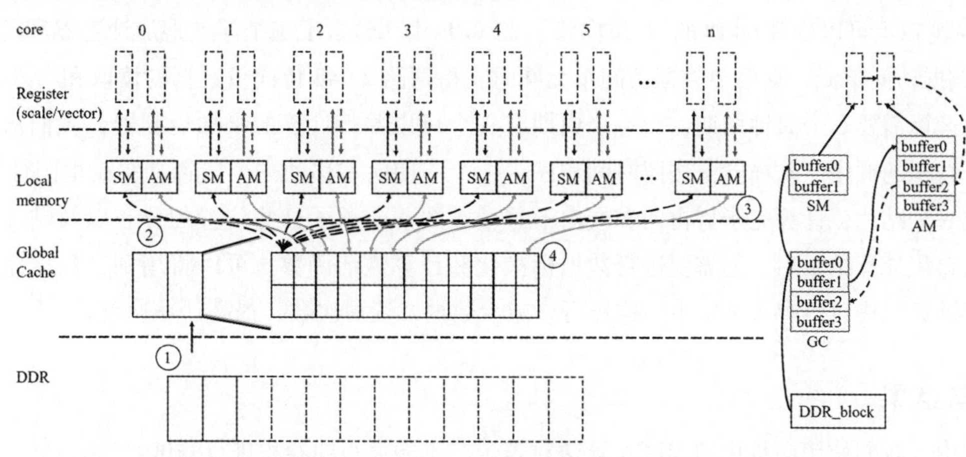

图 3　卷积数据的传输

2.2　卷积在单核向量处理器上的实现

2.1 节中详细介绍了卷积数据在多核向量处理器上的数据分配机制以及提高计算效率的优化方法。算法 1 在 1.2 节中 MFCA 算法原理的基础上，结合向量处理器的特点，描述卷积在单核 M-DSP 上的映射。其中，卷积核的大小选取最为常用的 3＊3。

算法 1. 卷积在向量处理器上的映射方法.

输入：卷积的长宽、卷积的维度、卷积核的数量、输入图像的起始地址、卷积核的起始地址、卷积核移动的步长。

输出：输出结果的起始地址、输出结果的长、宽和维度。

```
for each block in feature map
for each tile in block
        for each filter
            for each bar in filter /* a bar consists of a row of data in the filter */
Calculate the first bar with MFCA algorithm and store the temp result in the vector registers.
Calculate the second bar with MFCA algorithm and store the temp result in the vector registers.
Calculate the third bar with MFCA algorithm and store the temp result in the vector registers.
                end for
            end for
end for
end for
```

在计算标准卷积时，需要从输入图像中截取大小为［*channel*，3，3］的数据块，与大小为［*channel*，3，3］的卷积核进行对应位相乘，然后将所有位置的数据进行累加，最后得到一次卷积的结果。为了方便输出数据的排列和减少存储器的读写，我们在计算卷积时采用寄存器级别的输出数据复用以及一级缓存级别的输入数据复用和卷积核数据复用。在常见情况下，AM 的分块可以容纳下一个通道下卷积核平行移动时需要读取的数据，而 SM 的分块可以容纳下至少一个卷积核的数据。因此，将原数据存储在一级缓存中，可以有效减少对 GC 和 DDR 的读写需求，而计算的结果可以暂存在寄存器内，直到所有通道的数据都计算完毕后再将最终的卷积结果写回到 AM 中。

在使用单核 M-DSP 进行神经网络推理时，常用的数据格式是 16 位的半精度浮点数据，而 16 个 64 位的 VPE 在逻辑上可以处理 64 维的 16 位向量。在 VPE 中，包含了三个浮点乘加计算器和两个向量的读取/写回数据访问单元，这两个数据访问单元同时支持两路 2 048 位向量数据的读取和写入。由于 M-DSP 的乘加运算需要 6 个时钟周期，而一个周期有三个可以并行计算的乘加运算器，我们从纵向上同时计算三个卷积的顺序，从横向上按照时间顺序，一个周期向右移动一个位置。在输出图像上，这 18 个位置形成一个贴片，计算完毕后再向右或向下移动。图 4 介绍了这些位置的分布以及贴片的移动方式。考虑到卷积计算结束后，还需要进行数据标准化和计算激活函数，可以将用到二数据储在向量寄存器中，在计算完毕后再存入 AM 中，这样可以减少数据二读写次数，提高计算速度。

3 实验与结果

在本节中，我们使用向量化的 MFCA 算法对若干个不同大小的卷积进行测试。

3.1 度量标准

我们主要通过两个参数来判断卷积在处理器上的计算能力，分别是计算效率和计算速度。我们定义的公式如下。

$$Efficiency=\frac{Caculation}{Performance\times time}\times 100\% \tag{1}$$

$$\text{Speed}=\frac{1}{\text{time}}\times 100\% \tag{2}$$

其中，计算效率与计算量、处理器峰值性能和计算时间相关，用于判断 *M-DSP* 的利用效率的高低；计算速度与计算时间相关，用于评价处理器的浮点计算能力。

3.2 实验和结果

表 1 中介绍了实验中使用卷积的规格参数，我们选取不同大小的卷积，对应于常见卷积神经网络中使用的尺寸，来验证 MFCA 算法在向量处理器上加速卷积的效果。卷积的参数包括输入图像的长宽、输入图像的通道数、卷积核数以及处理一个批次的图像时每个处理器核上 AM、SM 需要存储的源数据量。我们发现，计算这些卷积时，需要根据实际情况调整存储器的分区，即在 *AM* 上排除源数据的空间后，建立输出数据的分区，能够增加输入数据的复用。

表 1　测试卷积的规格参数

	Input	*Channels*	*Filters*	*Storage of AM* (*KB*)	*Storage of SM* (*KB*)
Conv1	224	3	32	420	1. 69
Conv2	224	3	6	420	0. 32
Conv3	144	3	6	270	0. 32
Conv4	112	6	12	420	1. 27
Conv5	72	6	12	270	1. 27
Conv6	56	12	24	420	5. 06
Conv7	28	24	48	420	20. 25

图 4（a）中展示了不同尺寸的卷积在 M-DSP 上运行卷积的计算效率。我们发现，在计算量较小的情况下，数据传输对计算效率的影响较大。在仅增加卷积核的情况下（如 conv1 和 conv2），空闲传输时间不变，整体时间变长，因此计算效率变高。从图 4（b）中每个时钟周期的乘加操作数可以看出，conv3 和 conv5 在所有测试程序中表现最好，这是因为卷积中输入图像的尺寸契合 M-DSP 的核数，减少了硬件资源的浪费。而其他测试中都存在着不同程度上的空闲周期，影响了整体的性能。综合来看，我们又可以发现不同之处。图 4（b）中的性能差距无法实现在图 4（a）中的效率优势（如 conv4 的计算速度略高于 conv6，但其计算效率却远不及 conv6），这是因为在内核存储空间受限的情况下，多次的数据传输导致降低数据传输时间的比值，从而提高整体计算效率。总之，MFCA 算法在 M-DSP 上的向量化实现增强了数据复用，起到了提高卷积的计算效率、加速神经网络的效果。

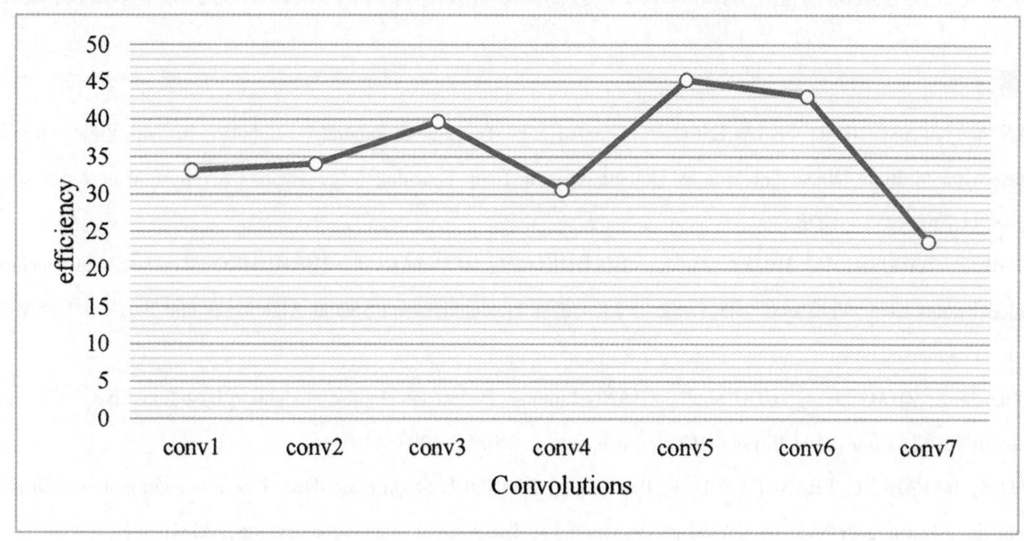

（a）Computational Efficiency

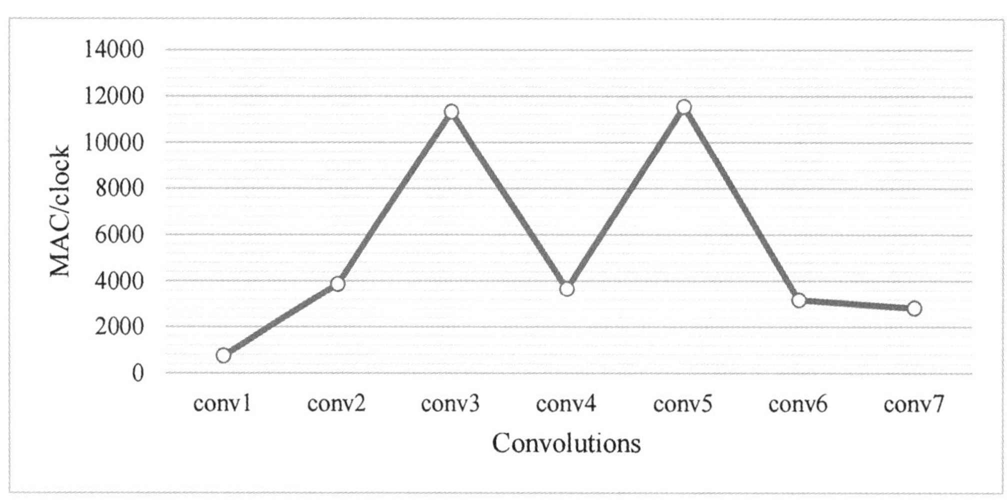

(b) Computational Speed

图 4 用向量化 MFCA 算法实现卷积的性能

4 总结

本文提出了一种卷积加速算法的向量化方法，该方法将卷积映射到向量处理器上，实现了输入数据和输出数据的复用。我们将一个批次图像展开成一维向量后并排放置，将不同图像中相同位置的像素组成一组向量，实现了图像级的并行计算。通过寄存器存储输入图像的方式实现了内核级的输入复用，通过寄存器暂存中间变量的方式实现了内核级的输出复用。实验结果表明，向量化的 MFCA 算法的数据读写次数仅为最高情况下的 22.5%，其计算效率最高为 45.24%，实现了对卷积的有效加速。

参考文献：

[1] IMRAN A, GWANGGIL J, FRANCESCO P, Giancarlo F. Towards Collaborative Robotics in Top View Surveillance: A Framework for Multiple Object Tracking by Detection Using Deep Learning [J]. IEEE/CAA Journal of Automatica Sinica, 2021, 8 (07): 1253 - 1270.

[2] TAKUMI F, ATSUSHI H, HIDEKAZU K, MIKIHIKO M, MASAAKI I, MICHIHIKO M. Detecting Deviations from Intended Routes Using Vehicular GPS Tracks [J]. ACM Transactions on Spatial Algorithms and Systems (TSAS), 2018, 4 (1).

[3] WU Xiaomeng, ZHAO Liying, GUO Shuli, ZHANG Lintong. Pedestrian inertial navigation based on CNN-SVM gait recognition algorithm [J]. Journal of Physics: Conference Series, 2021, 1903 (1).

[4] PABLO S, RAFAEL R, FRANCISCO D. I, PEDRO A, ENRIQUE S. Quintana-Ortí. Low precision matrix multiplication for efficient deep learning in NVIDIA Carmel processors [J]. The Journal of Supercomputing, 2021.

[5] YUAN Tao, YANGDONG DENG, SHUAI MU, ZHENZHONG ZHANG, MINGFA ZHU, LIMIN XIAO, LI RUAN. GPU accelerated sparse matrix-vector multiplication and sparse matrix-transpose vector multiplication [J]. Concurrency and Computation: Practice and Experience, 2015, 27 (14).

[6] SERVER K, SOYDAN R. High-Performance System-on-Chip-Based Accelerator System for Polynomial Matrix Multiplications [J]. Circuits, Systems, and Signal Processing, 2019, 38 (12).

[7] CHEN Y H, KRISHNA T, EMER J S, et al. Eyeriss: An Energy-Efficient Reconfigurable Accelerator for Deep Convolutional Neural Networks [C] //Solid-state Circuits Conference. IEEE, 2016.

[8] QIN E, SAMAJDAR A, KWON H, et al. SIGMA: A Sparse and Irregular GEMM Accelerator with Flexible Interconnects for DNN Training [C] // 2020 IEEE International Symposium on High Performance Computer Architecture (HPCA). IEEE, 2020.

[9] KANELLOPOULOS K, VIJAYKUMAR N, GIANNOULA C, et al. SMASH: Co-designing Software Compression and Hardware-Accelerated Indexing for Efficient Sparse Matrix Operations [J]. ACM, 2019.

[10] SUMANTH G, SURYA N, RAJEEV B, EDOUARD G, HARI K, PIERRE-EMMANUEL G. Wire-Aware Architecture and Dataflow for CNN Accelerators [P]. Microarchitecture, 2019.

[11] FANG YULING, CHEN QINGKUI. Optimization method of convolution calculation based on matrix transformation. Comput. Eng. 2019, 45, 217 - 221.

(方玉玲，陈庆奎. 基于矩阵转换的卷积计算优化方法 [J]. 计算机工程，2019，45 (07)：217-221+228.)

[12] HASITHA M, MASANORI H, MASAMICHI J. M, MASAYUKI O. OpenCL-based design of an FPGA accelerator for quantum annealing simulation [J]. The Journal of Supercomputing, 2019, 75 (8).

[13] LIU Z, TIAN X. Matrix multiplication vectorization method for multicore vector processors [J]. Chinese Journal of Computers, 2018, 41 (10): 2251 - 2264.

(刘仲，田希. 面向多核向量处理器的矩阵乘法向量化方法 [J]. 计算机学报，2018，41 (10)：2251 - 2264.)

[14] ZHANG J, GUO Y, HU X. Parallel computing method for two-dimensional matrix convolution [J]. Journal of ZheJiang University (Engineering Science), 2018, 52 (3): 515 - 523.

(张军阳，郭阳，扈啸. 二维矩阵卷积的并行计算方法 [J]. 浙江大学学报（工学版），2018，52 (03)：515 - 523.)

面向高性能计算的数据预取技术研究

毛磊[1]　王永文[1]

[1]（国防科技大学计算机学院微电子与微处理器研究所　长沙 410073）

摘要　硬件数据预取器是一种提升程序运行速度的有效方法，通过从低级存储器层次预取未来可能使用的数据到高级存储器层次，减少处理器停顿时间，弥补处理器和内存系统的性能差异，从而提升计算机性能。本文利用 ChampSim 模拟器对 NAS Parallel Benchmark（NPB）采取各种不同的预取策略，对其的性能进行分析，得出预取策略的摆放位置、不同规模的程序都对预取算法的性能产生较大的影响。

关键词　数据预取；高性能计算；基准测试；NPB；体系结构

中图法分类号　TP391

步入二十一世纪，计算机性能提升速度逐渐放缓，限制计算机性能提升的一个重大因素是内存墙问题[1]，图 1 表示处理器和内存性能随时间的变化图。随着架构和工艺等技术发展速度放缓，如何减少 CPU 和内存子系统的性能差异是计算机领域的一个重要课题。

硬件数据预取器是一种提升内存子系统速度的重要方法。数据预取器通过识别内存访问模式，进而预测内存访问的地址，在程序访问该地址之前将数据从低级存储器层次预取到高级存储器层次，减少内存访问的延迟，提升处理器的运行速度。作为一种提高处理性能的一种重要方法，硬件数据预取器普遍存在于高性能计算机中[3]。

当今世界所研究的科研和实际问题规模越来越大，高性能计算机得到了快速的发展，其研究领域在于解决计算密集型科学和工程问题。对高性能计算的性能的评估，学术界和产业界以一组权威的基准测试程序作为参考，基准测试程序为测试和评价计算机的性能提供了相应的性能指标，可以使得生厂商得到一个相对客观的性能对比。针对不同类型的计算机有着不同的基准测试程序，在高性能计算领域的测试基准主要有 NPB，SPEC，HPCC，Parboil 等。

NPB 程序在许多领域都有应用，具有很好的代表性。本文将研究预取策略应用在 NPB-Ser 基准测试程序时，分析规模、预取策略对程序性能的影响，从而为设计新的预取算法时提供普遍的注意事项以及一定的启示作用。

文章的内容，按如下方式组织：第一节介绍数据预取器的原理以及分类、内存层次结构划分、NPB 基准程序的特征和实验所采用的模拟器。第二节介绍实验数据的采集以及模拟器参数的配置。第三节展示了实验结果以及对实验结果的分析。第四节展示了实验的结论以及对未来工作的展望。

通信作者：王永文（yongwen@ nudt. edu. cn）

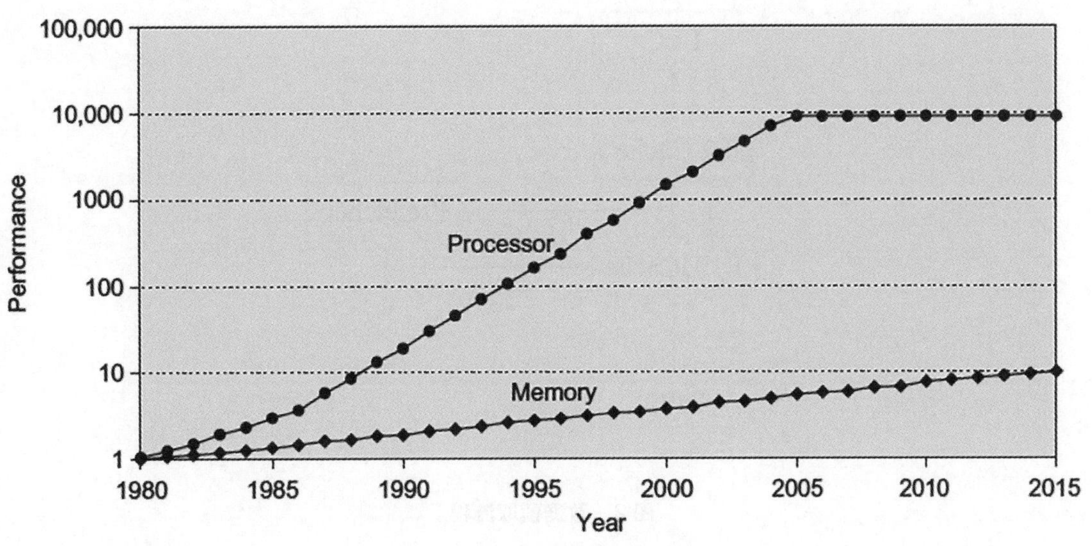

图 1　处理器和内存性能对比[2]

1　相关内容

本节介绍相关的背景知识，其中各个小结将对文章所涉及的内容做一个阐述。

1.1　硬件数据预取

数据预取器弥补了处理器和内存系统的性能差异，硬件数据预取器主要依据以下性质[3]：

(1) 时间地址关联：指地址以相同的顺序被多次访问（如果观测到 {A，B，C，D}，那么极有可能在访问 A 后访问 {B，C，D}）。时间地址关联利用的是程序中存在大量的循环以及对于某些数据结构（链表、树等）的重复遍历。利用该条性质的预取器称之为时序预取器。

(2) 空间地址关联：指对于不同内存区域的访问模型是类似的（如果程序访问 X 页的 {A，B，C，D}，那么可能访问其他页的 {A，B，C，D}。空间地址关联是由于程序使用了大量的数据结构，而数据结构在页中的地址分配是类似的。所以在访问同一种数据结构时，在不同的页上可能访问同样的地址。利用该种性质的预取器称之为空间预取器。

(3) 步长访问：步长访问模式是指访问地址之间的间隔是一个常数（例如 {A，A+K，A+2K，….}）。这种访问模式常见于多维数组中。Next line 是最为简单的步长预取策略。它利用的是数据局部性原理，即当前被访问数据的内存地址，其附近的地址很大可能将会被访问。当访问地址 X 时，若 X 不存在，则 Next line 预取策略总是预取 X+1 地址的数据。Next Line 广泛存在于各类应用程序中[4]。

图 2 构造的是一个 L1 数据预取器。数据预取的流程是：core 向 L1 DCache 发送数据请求，若访问不命中，则如图 2 中 1 所示向低级 Cache 发出访问请求，同时 Prefetcher 监视 1 中的访问地址，如果满足预取请求，则会构造一系列访问请求并发送给 L1 DCahe（如 3 所示）。从而达到在 core 访问该地址前，已经将该地址的内容存放在了 L1 DCache 中，减少处理器的等待时间，从而提高程序的运行速度。

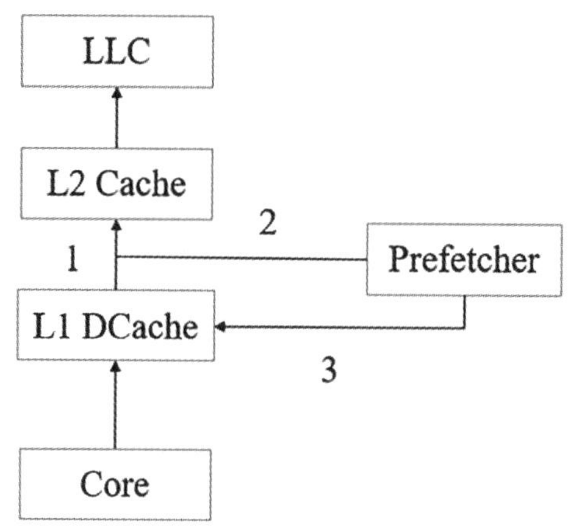

图2 数据预取流程

1.2 内存层次结构

现代处理器的存储层次架构一般为3级cache缓存，再加上主存以及硬盘，其容量依次递增，延迟依次增大。L1 cache离处理器最近，延迟最低，大概在几个时钟周期左右，相应的L2 cache和L3 cache在十几个周期左右，主存则需要几百个周期。数据预取利用的是三级Cache间以及和主存的性能差异来实现性能的提升。

1.3 NPB基准测试程序

NPB（NAS Parallel Benchmark）是一个广泛使用的并行基准测试程序，不像Linpack用于测试系统最佳浮点计算性能（用于TOP 500超级计算机排名），而是用于测试系统运行实际应用程序的性能状况。NPB中的8个程序来自流体动力学应用程序，相关程序在很多领域都有运用，具有很好的代表性，已经成为公认的评测大规模并行机和超级计算机的标准测试程序。NPB是美国NASA研究中心开发，以数值空气动力学模拟为主要内容的高度并行计算机系统性能评价基准测试程序集。NPB由5个核心程序（EP，IS，CG，MG，FT）以及3个模拟CFD的程序（BT，SP，LU）组成[5]。

表1 NPB程序功能简介

	子程序	子程序简介
BT	Block-Tridiagonal systems	3对角求解
CG	Conjugate gradient	检测不规则的长距离通信，求解大型稀疏对称正定矩阵的最小特征值的近似值
EP	Embarrassingly parallel kernel	计算高斯伪随机数，主要执行浮点数计算，不要求处理器之间相互通信，适合并行计算
FT	Fast Fourier Transform for Laplace equation	检测长距离的通信，求解基于FFT谱分析法的三维偏微分方程。
IS	Integer sort	检测整数计算速度和通信能力，不含浮点运算。但是要求处理器之间相互通信
LU	Lower-upper symmetric Gauss-Seidel	基于对称超松弛法求解快稀疏方程组

续表

	子程序	子程序简介
MG	Multi-grid method for Poisson equation	检测短距和长距的高度结构化通信，用 V 循环多重网格算法求解三维泊松方程的离散周期近似解
SP	Scalar Pentadiagonal systems	5 对角求解

NPB 的问题规模已经预先被定义为不同的类别（S，W，A，B，C，D，E，F），规模固定；S 类用于快速测试的目的，因此规模较少；W 类是 20 世纪 90 年代的工作站规模大小，相对于当前的计算能力，其像 S 类一样用于快速测试的目的；ABC 类为标准测试问题，从 A 类到 B 类以 4 倍的速度增长；DEF 类是较大的测试问题，从 D 类到 F 类以 16 倍的速度增长。NPB 包括 OpenMp 和 MPI 两种模型。由于多核中，各个核中的内存存在竞争关系，所以本次实验使用 NPB-serial 模型分析单核性能，从 NPB3.4 开始，NPB 不再提供单独的 serial 子程序，而是在 OpenMP 中设置相应的参数，来实现 serial 的功能。本次实验采用 NPB 3.4.1 中的 OpenMp 模型。

1.4 模拟器 ChampSim

在计算机体系结构的研究过程中，对于某一个想法，使用物理实现然后进行分析的方法是不可实现，原因在于其制造的复杂性、高成本以及长周期[6]，采用模拟器是评估体系结构的一种主流方法。本次实验采用的模拟器是基于 trace 的 ChampSim[7]。

ChampSim 是 Data Prefetching Championship（DPC）官方测试所用的模拟器。Trace 是程序运行时处理器看到的信息的记录，包括程序运行的顺序，访问内存的地址等信息，本次实验的 trace 通过 Intel 提供的工具 pin 采集。ChampSim 根据 trace 运行指令，根据指定的预取算法，来模拟程序在该预取算法下时的运行行为。

2 实验环境配置

2.1 Trace 采集

本实验中的 trace 是在 Dell 公司 Precision Tower 5820 型号的工作站进行采集。由于多核中内存存在竞争关系，影响性能的因素较多，因此本次实验仅对单核性能进行分析。所分析的程序对象为表 1 中的 8 个程序。

2.2 ChampSim 参数

表 2 Champsim 参数

参数	
频率	4G
L1	48KB 12way
L2	512KB 8way
LLC	2MB
页大小	4096B
块大小	64B

3 实验与结果

3.1 度量标准

计算机性能取决于三个特性：时钟周期（时钟频率）、每时钟周期指令数（Instruction Per Cycle，IPC）和指令数。

CPU 时间=指令数 * 时钟周期时间/IPC

处理器时钟周期由于散热和功耗等因素难以进一步缩少。程序的指令数涉及程序的编译。IPC 可以通过数据预取的方式提升，并且 IPC 的观察相对而言比较方便，只需要统计相关的指令条数，并可以计算出来。在同样 CPU 频率下，IPC 越高，处理器的性能越高。本文以在模拟器中不采取数据预取的 IPC 作为基准，然后对比不同数据预取器或者规模的 IPC 作为对比，以 IPC 性能的提升作为度量标准。

3.2 实验和结果

本次实验采用不同规模大小，不同的预取算法探究数据预取对 NPB-serial 的性能的影响，从而为设计新的预取算法时提供启发以及注意事项。

图 3 表示在不同程序、不同规模时采取预取策略和不采取预取策略的 IPC，nnn 表示三层 cache 都没有采取任何预取策略，nll 则表示 L1 cache 没有采取预取策略，L2、L3 则采取了 Next line 预取策略。图 4 分析在采取预取策略后相对于没有采取预取策略时提高了多少百分比（（IPC prefetch/IPCwith_ out_ pre-fetch-1）*100%）。图 5 表示，采取 nll 预取策略时，L2、LLC 预取的准确率（有用的预取/总共发射的预取）。由于 LLC 的准确率相对于 L2 的准确率非常低，并且 LLC 发射的预取指令数与 L2 的预取指令数在一个数量级上，因此在图 6 中只呈现出 LLC 发射的预取指令数。

结合图 4、图 5 图 6 可知，Bt、Ft、Is、Lu 四个应用表现出了相似的内存行为，在规模较少时 IPC 的性能提升较大；而在规模增大时，IPC 提升较少。原因在于随着规模的增大，虽然预取的准确率并没有变化太多（Ft 的预取准确率还逐步提升），但是 L2 所发射的预取指令数急剧减少，从而表现出和不采取预取策略时的性能相当。并且 Ft 的 IPC 随着规模的增大还逐渐降低，其原因在于预取的数据占据了可能会被访问的正常数据，导致虽然预取准确率提高，但是所带来的收益不足以弥补占据正常访问数据的性能减少，从而表现出 IPC 的下降。

Cg、Mg、Sp 三个应用表现出相似的内存行为，在规模为 W 时，他们的性能提升均达到了 40% 以上，表现出了极大的性能提升，且随着规模的增大，其性能提升趋于稳定，Cg 稳定在 2% 左右，Mg 稳定在 8% 左右，而 Sp 则稳定在 30% 左右。由图 6 可知，Cg、Mg、Sp 的 L2 预取准确率没有较大的变化，且 L2 所发射的预取指令条数在规模增大后趋向于一个稳定值。原因在于这三个应用的访问特性较符合 Next line 预取策略，即便规模的增大，也没有造成预取的数据在没访问时就被逐出 cache。且 Sp 还表现出随着规模的增大 IPC 也逐渐增大，原因在于虽然 L2 发射的预取指令数有所减少，但是预取的准确率也逐步提升，从而导致 IPC 的增大。

Ep 的表型最为特殊，其各个指标（IPC，IPC 提升，L2 预取准确率以及 L2 发射指令条数）均变化不大。原因在于 Ep 的内存足迹较少，在执行过程中，处理器很少因为访问延迟而停顿。所以导致其在各个规模时 IPC 都相似。并且它的 L2 预取准确率接近 100%，属于典型的 Next line 访问特性。

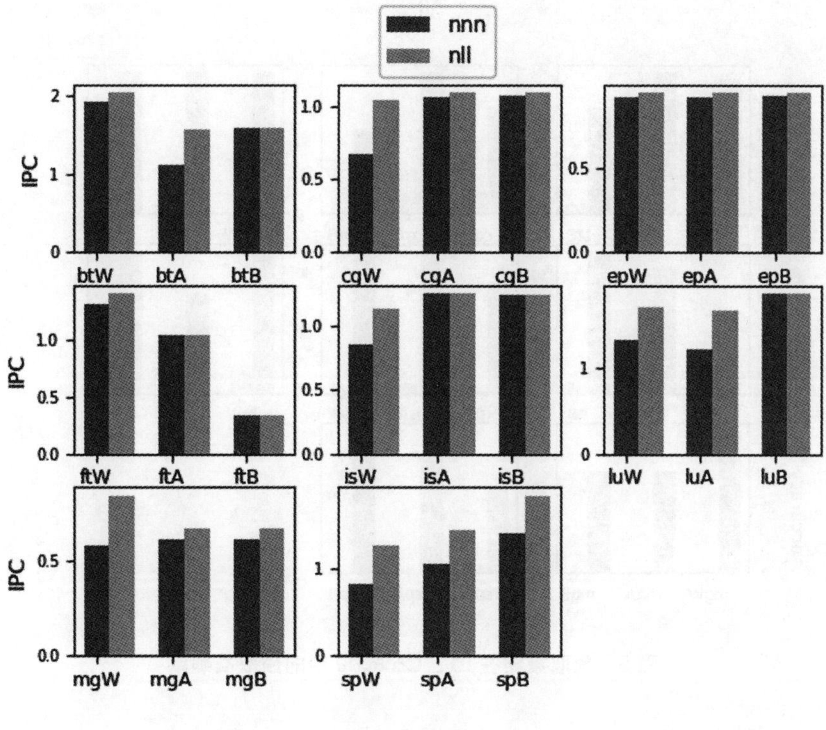

图 3　IPC

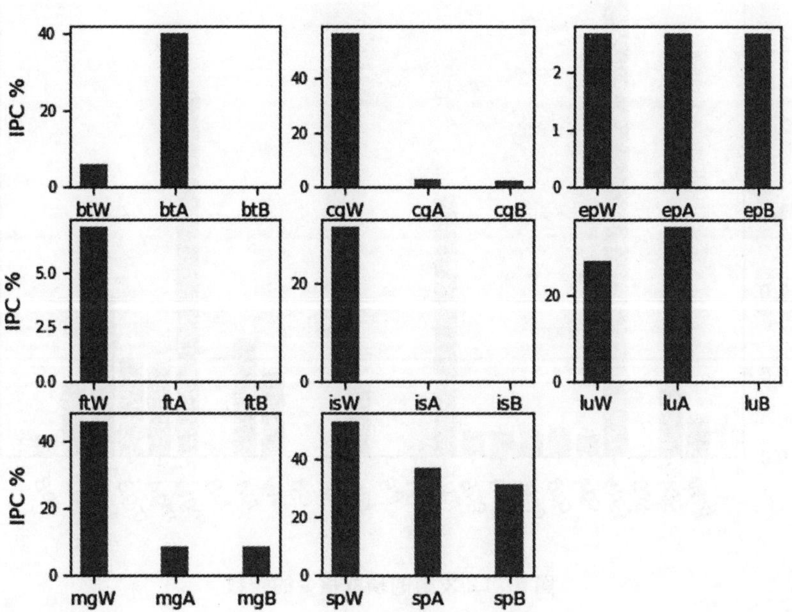

图 4　IPC 提升百分比

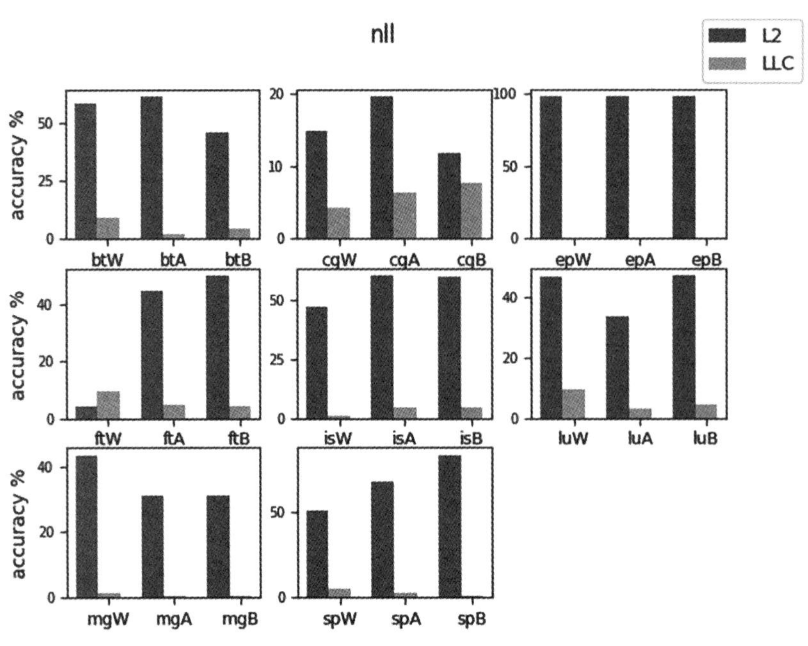

图 5　预取策略在 L1、L2cache 中的预取准确率

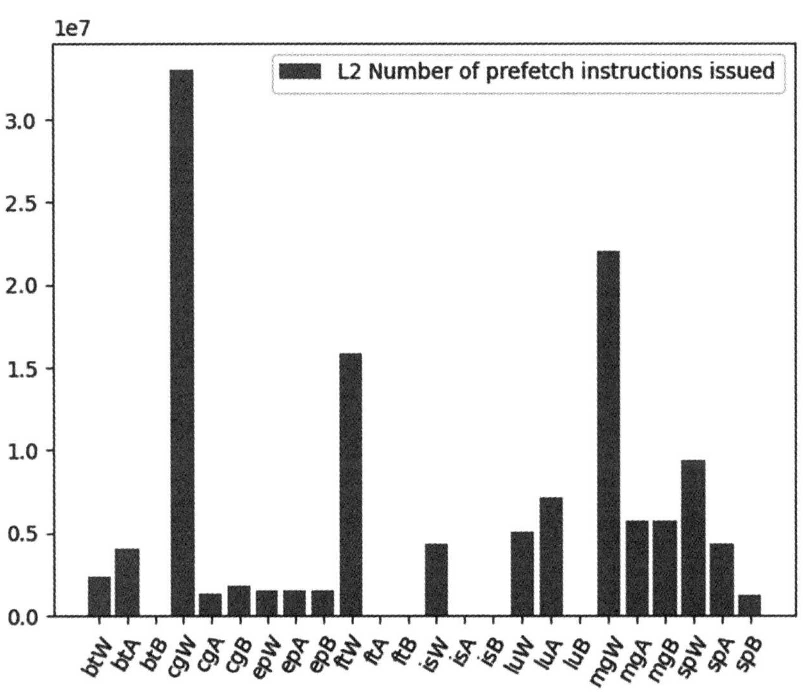

图 6　L2 发射的预取指令的条数

4　结论

硬件数据预取器广泛存在于高性能计算机中，有效地减少了处理器和内存访问的性能差异。在当今架构很难进行大的变动，工艺进一步突破的速度放缓，数据预取器带来的性能提升也因此得到了计算机领域的重视。

数据预取器对性能的影响来自于以下几个方面：数据预取的准确率，数据预取发射的指令条数。

一般来说准确率以及所发射的指令条数越多，数据预取器所带来的性能提升越大。但是我们应该注意过多的发射预取指令条数，可能存在所预取的数据占据了可能会被访问的数据，造成 cache 污染，从而导致性能的下降。这个需要针对特定的程序进行预取度的调整，或者制定自适应的数据预取算法来满足不同程序的预取距离的需要。

在本文中，通过对 NPB-Ser 的性能分析，我们可以得出如下结论：（1）预取策略不同的摆放位置所带来的性能有较大的差异，在本文中 L2、L3 所发射的预取指令数类似，但是 L3 的准确率远低于 L2 的准确率。因此 L2 所带来的性能提升远大于 L3 所带来的性能提升。（2）不同规模之间的程序，预取算法所带来的性能提升是不能类比的，原因在于规模的不同，程序访问的内存足迹不同，在 Cache 大小一定的时候，所预取的数据可能会被新的数据所覆盖，从而造成 cache 污染，造成程序性能的降低。（3）对于硬件数据预取器设计来说，我们要尽可能地多识别出访存的模式，将预取正确率提高，从而改进程序性能。

参考文献：

[1] W. A. Wulf and S. A. McKee, “Hitting the Memory Wall: Implications of the Obvious,” SIGARCH Comput. Archit. News, vol. 23, pp. 20 - 24, March 1995.

[2] JOHN HENNESSY DAVID PATTERSON. Computer Architecture 6th Edition A Quantitative Approach [M]. Elsevier, 2019: 80 - 81.

[3] Mohammad Bakhshalipour, Mehran Shakerinava, Fatemeh Golshan, Ali Ansari, Pejman Lotfi-Karman, and Hamid Sarbazi-Azad. “A Survey on Recent Hardware Data Prefetching Approaches with An Emphasis on Servers.” ArXiv: 2009.00715 [Cs], September 1, 2020.
http: //arxiv. org/abs/2009.00715.

[4] BRAD CALDER, DIRK GRUNWALD. Next cache line and set prediction [J]. ACM SIGARCH Computer Architecture News, 1995, 23 (2): 287 - 296.

[5] Rupak Biswas. http: //www. nas. nasa. gov/Software/NPB, 2021—05.

[6] Skadron K, MartonosiM, August DI, Hill MD, Lilja DJ, Pai VS. Challenges in computer architecture evaluation. Computer. 2003; 36 (8): 30 - 36.

[7] The Third Data Prefetching Championship (DPC3).
https: //dpc3. compas. cs. stonybrook. edu/.

附录： Transaction Recording and Viewing with SDI/HDL

Yang Yang[1] Chen Cheng[1]

[1]Shanghai High-Performance Integrated Circuit Design Center

chencheng@ icdc. org. cn

Abstract: The transaction-based verification methodology provides a compelling advantage in addressing the verification complexity challenge and makes the testbench efficiently. Transactions can give engineers a high-level view of the design behavior. With a set of attributes describe the behavior, transaction recording and viewing is helpful to identify failures for debugging, track and collect information about the interesting behaviors. The current transaction recording scheme provided by SystemC Verification (SCV), SystemVerilog API and Universal Verification Methodology (UVM) are more sophisticated than necessary and confused to use. This paper summarizes the previous work about transaction modelling and proposes the Simulation Data Interface (SDI) library to simplify the process of transaction recording and viewing. With the experiment on I^2C protocol, the proposed method amends the verification environment with minimal effort for transaction recording. The viewing of transactions can specify the wanted information by filtering and searching. It provides an efficient way for analyzing transaction attributes and the related values, and relationship of transactions.

Keywords: SystemVerilog; UVM; Transactions; SDI/HDL

1 Introduction

It is a hard process to develop an effective test suite for a Hardware Design Language (HDL) design [1]. A large number of high-quality stimulus are necessary to generate with a minimum of effort because of the design sizes exploding. The testbenches are required to be:

- Exercising the design thoroughly
- Self-checking to avoid manual confirmation of expected operation
- Checking the activities in a test case easily to find out problems in the design
- Analyzing coverage of the design easily to access the quality of the test suites

In order to realize these goals, the transaction-based verification methodology (TBV) is designed. Transactions can be used in many places of a verification environment, including drivers, monitors, tests, and register models. By introducing the concept of transactions to the verification tool, TBV can be used to debug simulation runs, and to analyze coverage [1].

Abstracting away lower-level implementation, transactions are used to model temporal system behavior [2]. For example, it is reasonable for two communication blocks exchange information by ignoring the details such as what bus standard is employed. Transactions can represent such things as abstracted data transfer and control directives. At a higher abstraction level, behavioral and statistical information can be recorded and analyzed by transactions. Transactions enable to make the environment more efficient and productive debugging.

With the development of transaction modeling, many libraries such as SCV, SystemVerilog API and UVM are released and support transaction recording. Transaction recording can be used for many things, including debug, coverage and traffic analysis [3].

In UVM, the infrastructure for a transaction recording scheme is provided. It uses so-called "hooks" functions that can be implemented by the user or a third-party. The transactions in common end-user design and verification activity can be recorded into some database when occurring in the testbench [4].

If the instructions of transaction recording remain complex, it will only be delivered by specialists, and will not be a common end-user design and verification activity. Every year there are improvements by vendor tools and supporting libraries to simplify transaction recording to empower both the specialists as well as end-users.

In this paper, a library is proposed for transaction recording from Verilog/VHDL, SystemVerilog and UVM. By calling functions, transactions can be recorded with little work on verification environment. It further explores the visualization of recorded transactions for more debugging information.

2 Background

2.1 General Transaction Modeling

The transaction model has streams, transactions on those streams, and attributes on those transactions.

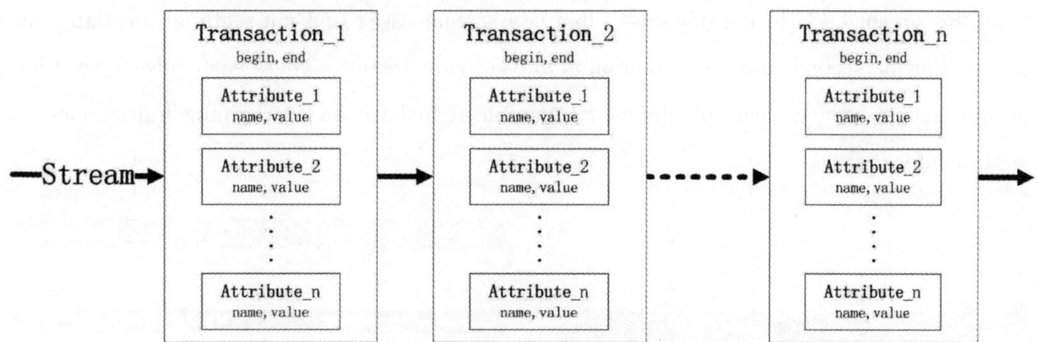

Fig. 1 The hierarchy of stream, transaction and attribute

2.2 Streams

A stream is the containers or holders of transactions, collected, found, displayed and processed over time. A stream is always with a name and within the testbench hierarchy-for example a monitor might have a stream which holds all the transactions that have occurred on the interface. The monitor stream would exist in the monitor. It would appear as a "member variable" for the monitor [3].

A stream could also be crated at the top level, like a generic stream that contains all the error transactions from a testbench [3]. Any error that is occurred is immediately recorded on the error stream at the top level. This top-level error stream could be a fast reference to any error conditions that exist.

A stream can also have a hierarchical name of its own when created, not mirroring any testbench structure [3] [5]. This sort of stream is helpful for collecting the transactions which together represent data flow or some communication flow. The focus of the stream is communication, instead of other situations.

As shown in Fig. 1, streams are often illustrated as a row in a graphical waveform [3]. A stream can be drawable if there are no overlapping transactions (Fig. 2a), as overlap can cause a confusing display ((Fig. 2b). However, it is impossible for a testbench to know whether transactions are going to overlap or not in advance. Different random seeds and different modes of protocols can affect overlap [3].

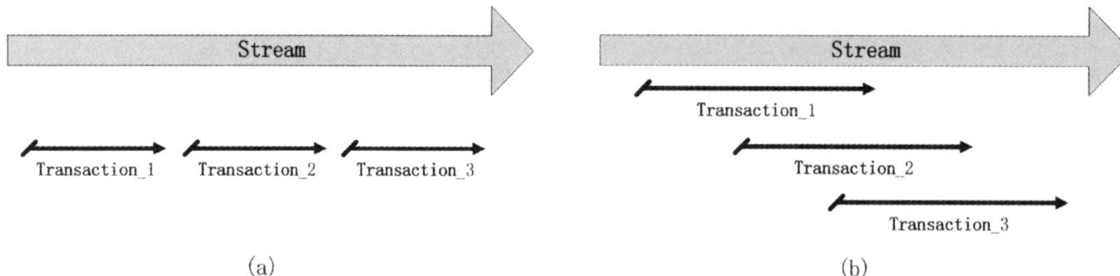

Fig. 2 Streams with (a) no overlapping transactions and (b) overlapping transactions

It is hard to predict or model how transactions interact with each other [5]. For example, the Advanced Peripheral Bus (APB) protocol may have no overlapping transactions. But when the bus is switched to an open core protocol with overlapping transactions, there are some major changes to the transaction modeling infrastructure in order to support the new protocol. So, overlap is naturally handled by the recording environment.

A recording system will eliminate the difficulties with drawing overlapping transactions by managing overlapping. There are two main cases of overlap as illustrated in Fig. 3. The first case (Fig. 3a) is a phase overlap which is a fully contained child of the original transaction and the second one (Fig. 3. b) is a true overlapping transaction on the stream [3]. In the first case, this is a special case, and not really an overlap, but rather a sub-transaction. For the second case, one solution is to use "sub-streams" where each sub-stream contains non-overlapping transactions. Since each sub-stream is guaranteed to have no overlapping transactions, it can be drawn in a straightforward way.

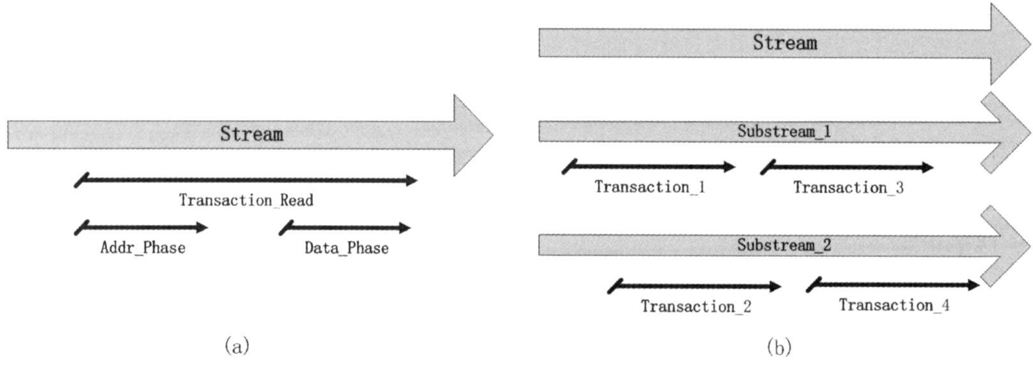

Fig. 3 Two main cases of overlapping model

2.3 Transactions and Attributes

Transaction model is simple. After a stream has been created, a transaction is "started" or begun on a stream (or sub-stream) with a begin time. A transaction may also have a collection of attributes (name value pairs) and relationship with other transactions. Attributes and relations are optional. When the transaction has completed, it is "stopped" or ended on a stream. When a transaction handle is no longer needed, it is destroyed and freed.

An attribute can be appended to a transaction handle. For example, a WRITE transaction might have the ADDRESS attribute, with the value 0x5555aaaa and the DATA attribute with the value of 0xffff.

Each transaction can attach as many attributes as necessary. The attributes have a simple string name, and a value. The attribute value can be any legal SystemVerilog data type, including user defined types like packed structs or arrays of arrays [3].

Attributes can be recorded or "attached" to a transaction at any time. As a transaction progresses through a system attributes are naturally added as new annotations are discovered. Each attribute is a simple (name, value) pair, and is viewed as a "field" within the transaction. No special treatment is given for begin or end attributes-except that they may be recorded by the design either earlier or later in the transaction [3].

2. 4 UVM Transaction Modeling

The SystemVerilog UVM includes a transaction modeling abstraction, and is able to record this transaction model using a vendor specific API. This transaction model and vendor specific saved database is very powerful for debug, performance analysis and modeling for communication [3].

There are multiple layers of the UVM transaction model which includes uvm_ component, uvm_ transaction and uvm sequences. Furthermore, a uvm recorder, used for collecting to the vender specific database, is the lowest level interface. In short, this layered transaction model is overly complicated, hard to understand and confusing to use [3] [4].

3 Transaction Recording and Viewing

3. 1 About SDI/HDL

Using Simulation Data Interface for Hardware Design Languages (SDI/HDL), transactions can be recorded from Verilog (SDI-Verilog) or VHDL (SDI-VHDL) code into an SST2 database. Transaction recording is implemented by inserting system task calls into Verilog code or foreign subprogram calls into VHDL code [6].

The SDI libraries are automatically loaded by NCSim if the Verilog code includes any calls to SDI tasks/functions or VHDL code includes any SDI foreign procedure calls. With a third-part Verilog simulator, the simulator' s mechanism must be implemented to link PLI applications. As the SDI libraries are coded by PLI 1. 0, any PLI 1. 0 - compliant Verilog simulator will work with the libsdi-verilog library. An example with VCS is shown in [6] for reference.

The following work will be focused on Verilog (SDI-Verilog) and implemented by NCSim.

3. 2 SDI/HDL Database Operations

SDI/HDL uses SST2 database to store information about the signal transitions that occur during simulation. These files can be used to debug the design, rather than debugging the design while the simulation is running. To open a database using an SDI command is presented below:

```
$sdi_ open (
    "sst2_ db_ file_ name", // String, Required
    use_ existing_ database, // Boolean, Optional, Default ture
    use_ compression // Boolean, Optional, Default false
)
```

`$sdi_ open` takes one required string argument-the name of the SDI database to open. It also has two optional Boolean arguments. If *use_ existing_ database* is **ture**, SDI/HDL first tries to use the most recently opend database. If there is currently no open database or *use_ existing_ database* is **false**, the SDI/HDL will open a database with the name specified as *sst2_ db_ file_ name* argument. If *use_ compression* is **true**, the database will be compressed to reduce the size, but requires more processor time. To close a database using an SDI command is $ `sdi_ close ( )` .

With NCSim, all the signal transitions are recorded by the database opened by `$ shm_ open`. So there is no need to call `$ sdi_ open` specifically.

3.3 SDI/HDL Streams/Fibers Operations

A stream and a fiber is the collection of transactions, recorded over time. Streams and fibers are created by an SDI command as follow:

```
fiberHandle = $ sdi_ create_ fiber (
    fiber_ name, // String, Optional
    fiber_ kind, // String, Optional, default value as TVM
    fiber_ scope // String, Optional, always missed
)
```

`fiberHandle` is a Verilog integer handle to the created stream/fiber. If the steam/fiber already exists, SDI /HDL returns a handle to that stream/fiber, which can be used as a feature to share the fibers/streams started by other applications.

3.4 SDI/HDL Transaction Operations

For a transaction on a stream/fiber, SDI/HDL supports beginning/ending a transaction and linking a transaction to another one. Beginning transactions by SDI/HDL command is shown as below:

```
transaction_ handle = $ sdi_ transaction (
  transaction_ specifier, //String, Required
  sdi_ handle, //Optional
    transaction_ type, // Required
    transaction_ label, // Optional
  transaction_ description, // Optional
  begin_ time // Optional
 )
```

`Transaction_ handle` is a Verilog integer handle used to refer to the transaction. in the calls by other SDI/HDL that add attributes, link the transaction to other transactions, or end the transaction.

`$ sdi_ transaction ( )` has two required arguments. The first one is a string that specifies the type of transaction that you are beginning. It must be enclosed in quotes and the valid transaction specifiers are shown in Table 1. Any other specifier is illegal. These specifier items are not case-sensitive. They can be listed in any order or separated by a comma followed by white space. If the items are conflicting, SDI/HDL gives them precedence in the order as listed in Table 1.

Table 1. Valid Transaction Specifier Items

“ ” “BeginEnd”	Starts a begin/end transaction.
“Link” “BeginEnd, Link”	Starts a begin/end transaction. Required if handle will be used after the transaction has ended.
“Error”	Starts an error transaction.
“Link, Error”	Starts an error transaction that can be linked.
“Event”	Starts an event transaction..
“Link, Event”	Starts an event transaction that can be link.
“Begin_ No_ Parent”	Starts a transaction without a parent—a top level transaction that can overlap other transactions on a stream..

The second required argument is a string that enclosed in quotes. A new transaction type will be created if it has not been defined. It can also be the transaction type previously defined by other SDI users. Multiple open transactions of the same transaction type are permitted by SDI/HDL. Transactions on a stream/fiber can overlap in time.

The following SDI/HDL command show the way to end transactions.

```
$sdi_ end_ transaction (
    [transaction_ handle | fiber_ handle], // Required
    [end_ time] // Optional, be ended at the current time if it is omitted
)
```

3.5 SDI/HDL Attribute Operations

Attributes can be used during and after a simulation to locate, filter, sort, report, and take actions on an object. They are displayed as name-value pairs and defined as a combination of the name of the attribute, the basic attribute type and the format used for viewing the attribute.

With SDI/HDL calls, it enable us to set the value of an attribute on a transaction, create an enumeration attribute on a transaction type, and set the value of enumeration attributes. It is to be noted that the child transaction cannot inherit the attributes from the parent transaction.

Creating attributes for transactions by SDI/HDL is shown as follow:

```
$sdi_ set_ attribute (
    transaction_ handle, // Required
    attribute_ name, // Required
    attribute_ value, // Required
    format_ string, // Optional as "`b", " `d", " `h", "`o", "`u", "`s" and "`x"
)
```

The legal SDI/HDL attributes and variable types are BIT/BYTE/LONGINT/SHORTINT in SystemVerilog (BOOL/CHAR/ENUMERATION/INT/LOGIC/REAL64/STRING/UNSIGNED/UNSPECIFIED _ TYPE for Verilog). There is a collection of built-in attributes that are defined implicitly by transactions, such as begin_ time, end_ time and so on. Their values are set automatically by SDI/HDL.

3.6 Transaction Stripe Chart Viewer

To NCSim, transaction information is gathered and stored in the simulation database along with the lower-level signal transactions. The transactions can be viewed in the Waveform window or in the Stripe Chart Viewer [7]. To Waveform window, transactions are shown with waveform traces and displayed along with the lower-level signals. The attributes can only be shown when the transaction trace is expanded vertically. Waveform window is more suitable for analyzing transactions in relation to signal transitions as they occur over time.

Stripe Chart Viewer displays transactions as a list of stripes or as rows in a table, where transaction attributes and their values are shown horizontally. So Stripe Chart Viewer is best for analyzing transaction attributes and their values and the relationship of transactions to each other.

In the Stripe Chart Viewer, transaction information can be filtered by their scope, expressions or the attributes and values displayed in the Viewer. Transactions can be searched based on the value of a transaction attribute. Transactions with parent/child relationships can be shown and specified a colored border within the same scope.

4 Experiment

In order to show the usage of SDI/HDL, an experiment based on I^2C protocol is exhibited with transaction recording and viewing. We updated the monitor component of the original verification environment to record the transactions of the master.

4.1 Modifications of Verification Environment

There are two streams created for recording the start/data byte and the whole package (at the stop moment) on the I^2C bus. The code is shown as follows:

```
integer i2c_ master_ monitor_ byte_ fiber;
integer i2c_ master_ monitor_ fiber;
i2c_ master_ monitor_ byte_ fiber =$ sdi_ create_ fiber ( "i2c_ master_
monitor_ byte_ fiber", "TVM" )
i2c_ master_ monitor_ fiber= $sdi_ create_ fiber ( "i2c_ master_ monitor_ fi-
ber", "TVM" ) ;
```

After the streams have been created, the relative transactions and attached attributes should be defined. In the monitor component of the I^2C master agent, we created three tasks for recording transactions as follows:

```
task i2c_ master_ monitor_ common:: sdi_ monitor_ start_ byte ( i2c_ master_
transaction trans, bit ack ) ;
    integer i2c_ master_ monitor_ start_ byte_ handle;
    i2c_ master_ monitor_ start_ byte_ handle = $sdi_ transaction ( "BeginEnd,
Link", i2c_ master_ monitor_ byte_ fiber, "sdi_ i2c_ start_ byte" ) ;
    $sdi_ set_ attribute ( i2c_ master_ monitor_ start_ byte_ handle,  "I2C
COMMAND", trans. cmd ) ;
    $sdi_ set_ attribute ( i2c_ master_ monitor_ start_ byte_ handle,  "I2C
```

第二十五届计算机工程与工艺年会暨第十一届微处理器技术论坛论文集

```
SLAVE ADDRESS", trans. addr ) ;
      $ sdi_ set_ attribute ( i2c_ master_ monitor_ start_ byte_ handle, "I2C ACK", ack ) ;
      $ sdi_ end_ transaction ( i2c_ master_ monitor_ start_ byte_ handle ) ;
   endtask : sdi_ monitor_ start_ byte
   task i2c_ master_ monitor_ common:: sdi_ monitor_ data_ byte ( i2c_ master_ transaction trans, bit [7: 0] sdi_ data, bit ack ) ;
      integer i2c_ master_ monitor_ data_ byte_ handle;
      i2c_ master_ monitor_ data_ byte_ handle = $ sdi_ transaction ( "BeginEnd, Link", i2c_ master_ monitor_ byte_ fiber, "sdi_ i2c_ data_ byte" ) ;
      $ sdi_ set_ attribute ( i2c_ master_ monitor_ data_ byte_ handle, "I2C COMMAND", trans. cmd ) ;
      $ sdi_ set_ attribute ( i2c_ master_ monitor_ data_ byte_ handle, "I2C SLAVE ADDRESS", trans. addr ) ;
      $ sdi_ set_ attribute ( i2c_ master_ monitor_ data_ byte_ handle, "I2C DATA", sdi_ data ) ;
      $ sdi_ set_ attribute ( i2c_ master_ monitor_ data_ byte_ handle, "I2C ACK", ack ) ;
      $ sdi_ end_ transaction ( i2c_ master_ monitor_ data_ byte_ handle ) ;
   endtask : sdi_ monitor_ data_ byte
   task i2c_ master_ monitor:: sdi_ transfer ( i2c_ master_ transaction trans ) ;
      integer i2c_ master_ monitor_ handle;
      int length = trans. data. size ( ) ;
      i2c_ master_ monitor_ handle = $ sdi_ transaction ( "BeginEnd, Link", i2c_ master_ monitor_ fiber, "sdi_ i2c_ transfer_ stop" ) ;
      $ sdi_ set_ attribute ( i2c_ master_ monitor_ handle, "I2C COMMAND", trans. cmd ) ;
      $ sdi_ set_ attribute ( i2c_ master_ monitor_ handle, "I2C SLAVE ADDRESS", trans. addr ) ;
      $ sdi_ set_ attribute ( i2c_ master_ monitor_ handle, "I2C DATA LENGTH", length ) ;
      $ sdi_ end_ transaction ( i2c_ master_ monitor_ handle ) ;
   Endtask
```

To the transactions of start/data byte, the selected attributes include "I2C COMMAND" for read/write operation, "I2C SLAVE ADDRESS" for the target slave, "I2C ACK" for the acknowledge and not acknowledge after every byte and "I2C DATA" for the transferred data. To the transaction of the whole package, "I2C DATA LENGTH" is chosen as an additional attribute.

4.2 Transaction Analysis

After simulating the design, all the transaction information can be illustrated as Fig. 4 with Stripe Chart Viewer in stripe format.

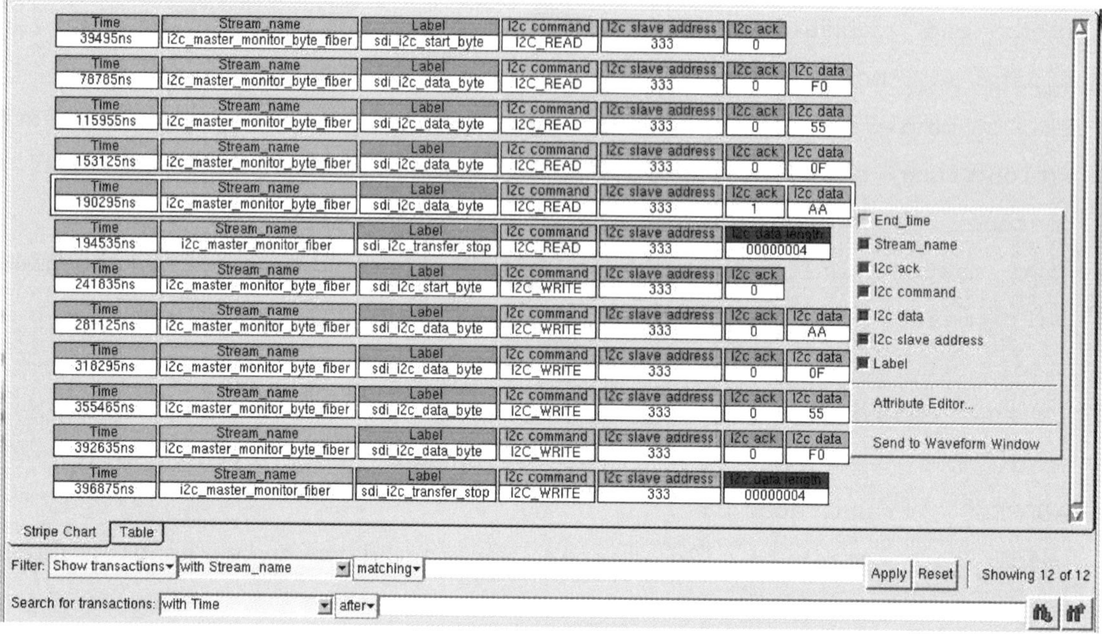

Fig. 4 All the transactions information in stripe format

Next, we can filter all the transactions with the attribute of "I2C COMMAND" in "I2C WRITE" as shown in Fig. 5 for further analysis. If we are interested in the stop moments of each I^2C package, the relative transactions can be filtered with the stream name of "i2c_ master_ monitor_ fiber" as shown in Fig. 6.

At last, all the transaction can be displayed along with the waveform traces of the lower-level signal. It is shown as Fig. 7 in the Waveform window.

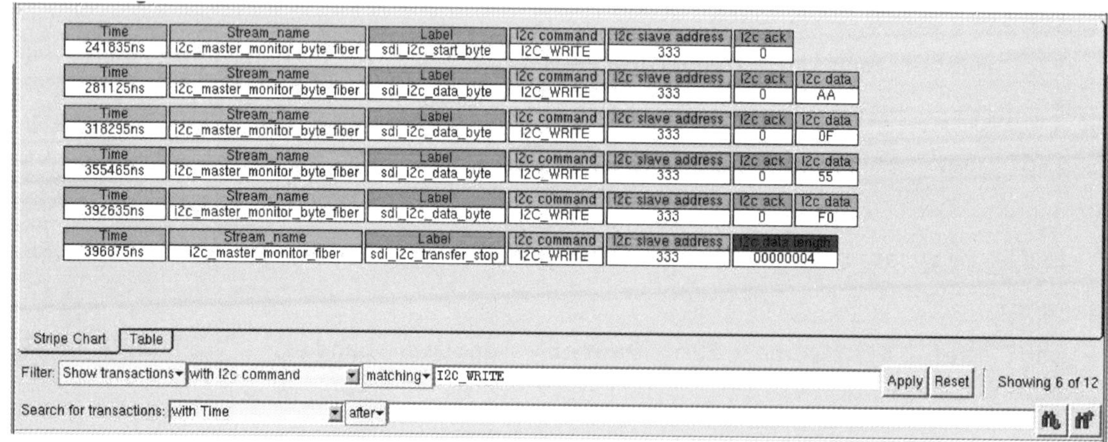

Fig. 5 All the transactions with "I2C WRITE" command

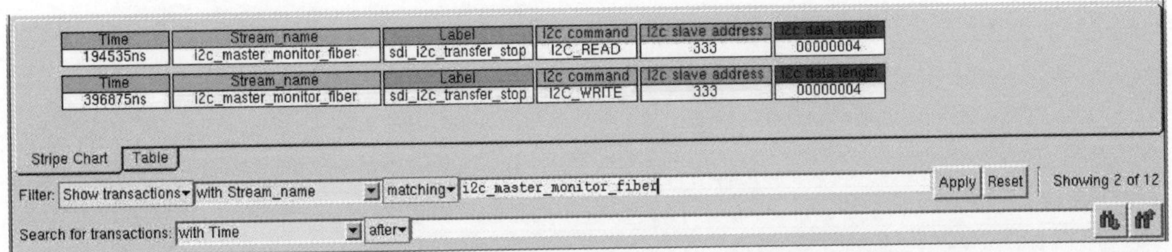

Fig. 6 All the transactions at the stop moments of I^{2}C bus

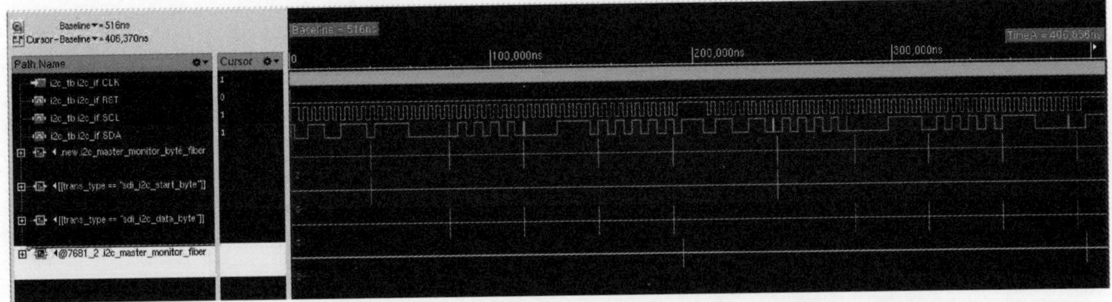

Fig. 7 Transactions in the Waveform window with lower-level signals

5 Conclusions

This paper constructs a transaction recording and viewing scheme based on SDI/HDL. With minimal amendments on verification environment, the transaction recording and viewing can be realized to make the verification and debugging more productive.

References:

[1] Dhananjay S. Brahme, Steven Cox, et al. The Transaction-Based Verification Methodology, Cadence Berkeley Labs, Technical Report #CDNL-TR－2000－0825, August 2000.

[2] Rich Edelman, Mark Glasser, Bill Cox, Debugging SoC Designs with Transactions, IPSOC2004.

[3] Rich Edelman, et al. Improving SystemVerilog UVM Transaction Recording and Modeling, www. design-resue. com/articles/28236/systemverilog-uvm-transaction-recording-modeling. html.

[4] Rex Chen, Bindesh Patel, Jun Zhao, UVM Transaction Recording Enhancement, DVCON 2011.

[5] Transaction Recording, Modeling and Extensions for SystemVerilog, www. design-resue. com/articles/15645/ transaction-recording-modeling-and-extensions-for-ystemverilog. html.

[6] Cadence, Transaction Recording SDI/HDL Reference, Product Version 15. 1, July 2015.

[7] Cadence, SimVision: Using the Transaction Stripe Chart Viewer, Product Version 15. 1, July 2015.

图书在版编目（ＣＩＰ）数据

第二十五届计算机工程与工艺年会暨第十一届微处理器技术论坛论文集 / 中国计算机学会主编. — 长沙 :湖南科学技术出版社，2022.10

ISBN 978-7-5710-1327-1

Ⅰ. ① 第… Ⅱ. ① 中… Ⅲ. ① 微处理器－文集 Ⅳ. ①TP332-53

中国版本图书馆 CIP 数据核字(2021)第 238509 号

DI－ERSHIWU JIE JISUANJI GONGCHENG YU GONGYI NIANHUI
JI DI－SHIYI JIE WEI CHULIQI JISHU LUNTAN LUNWENJI

第二十五届计算机工程与工艺年会暨第十一届微处理器技术论坛论文集

主　　编：中国计算机学会
出 版 人：潘晓山
责任编辑：王　斌
出版发行：湖南科学技术出版社
社　　址：长沙市芙蓉中路一段 416 号泊富国际金融中心
网　　址：http://www.hnstp.com
邮购联系：0731－84375808
湖南科学技术出版社天猫旗舰店网址：
　　　　http://hnkjcbs.tmall.com
印　　刷：长沙鸿发印务实业有限公司
　　　　（印装质量问题请直接与本厂联系）
厂　　址：长沙县黄花镇工业园 3 号
邮　　编：410137
版　　次：2022 年 10 月第 1 版
印　　次：2022 年 10 月第 1 次印刷
开　　本：898mm×1094mm　1/16
印　　张：22.25
字　　数：599 千字
书　　号：ISBN 978-7-5710-1327-1
定　　价：98.00 元